U0232337

中国科学院 白春礼院士题

论优缺并筑器件

致广大而尽精微

白春礼

戊戌春月

中国科学院科学出版基金资助出版

低维材料与器件丛书

成会明 总主编

石墨烯
控制生长与器件应用

任文才 著

科学出版社

北京

内 容 简 介

  本书为"低维材料与器件丛书"之一。本书基于作者在石墨烯领域多年研究成果的积累，并结合国内外最新的研究进展，围绕化学气相沉积石墨烯这一主线，系统全面地介绍了石墨烯的化学气相沉积生长方法与机制、控制生长、结构特征、独特性质以及典型器件应用，并在深入剖析现有问题与挑战的基础上展望了研究趋势和发展前景。全书共 7 章，涵盖了该领域的基础知识和研究前沿。

  本书可供学术同行参考，也可作为志在石墨烯研究的青年学子的入门书籍，同时对从事石墨烯应用研究和产业化推进的企业界人士具有参考价值。

图书在版编目（CIP）数据

石墨烯：控制生长与器件应用 / 任文才著. —北京：科学出版社，2024.9
（低维材料与器件丛书 / 成会明总主编）
ISBN 978-7-03-076017-3

Ⅰ. ①石… Ⅱ. ①任… Ⅲ. ①石墨烯－研究 Ⅳ. ①TB383

中国国家版本馆 CIP 数据核字（2023）第 129910 号

丛书策划：翁靖一
责任编辑：翁靖一 / 责任校对：杜子昂
责任印制：徐晓晨 / 封面设计：东方人华

科 学 出 版 社 出版
北京东黄城根北街 16 号
邮政编码：100717
http://www.sciencep.com

北京中科印刷有限公司印刷
科学出版社发行 各地新华书店经销
*
2024 年 9 月第 一 版 开本：720×1000 1/16
2024 年 9 月第一次印刷 印张：30 1/4
字数：592 000

定价：268.00 元
（如有印装质量问题，我社负责调换）

总　序

人类社会的发展水平，多以材料作为主要标志。在我国近年来颁发的《国家创新驱动发展战略纲要》、《国家中长期科学和技术发展规划纲要（2006—2020 年)》、《"十三五"国家科技创新规划》和《中国制造 2025》中，材料均是重点发展的领域之一。

随着科学技术的不断进步和发展，人们对信息、显示和传感等各类器件的要求越来越高，包括高性能化、小型化、多功能、智能化、节能环保，甚至自驱动、柔性可穿戴、健康全时监/检测等。这些要求对材料和器件提出了巨大的挑战，各种新材料、新器件应运而生。特别是自 20 世纪 80 年代以来，科学家们发现和制备出一系列低维材料（如零维的量子点、一维的纳米管和纳米线、二维的石墨烯和石墨炔等新材料)，它们具有独特的结构和优异的性质，有望满足未来社会对材料和器件多功能化的要求，因而相关基础研究和应用技术的发展受到了全世界各国政府、学术界、工业界的高度重视。其中富勒烯和石墨烯这两种低维碳材料的发现者还分别获得了 1996 年诺贝尔化学奖和 2010 年诺贝尔物理学奖。由此可见，在新材料中，低维材料占据了非常重要的地位，是当前材料科学的研究前沿，也是材料科学、软物质科学、物理、化学、工程等领域的重要交叉领域，其覆盖面广，包含了很多基础科学问题和关键技术问题，尤其在结构上的多样性、加工上的多尺度性、应用上的广泛性等使该领域具有很强的生命力，其研究和应用前景极为广阔。

我国是富勒烯、量子点、碳纳米管、石墨烯、纳米线、二维原子晶体等低维材料研究、生产和应用开发的大国，科研工作者众多，每年在这些领域发表的学术论文和授权专利的数量已经位居世界第一，相关器件应用的研究与开发也方兴未艾。在这种大背景和环境下，及时总结并编撰出版一套高水平、全面、系统地反映低维材料与器件这一国际学科前沿领域的基础科学原理、最新研究进展及未来发展和应用趋势的系列学术著作，对于形成新的完整知识体系，推动我国低维材料与器件的发展，实现优秀科技成果的传承与传播，推动其在新能源、信息、光电、生命健康、环保、航空航天等战略新兴领域的应用开发具有划时代的意义。

为此，我接受科学出版社的邀请，组织活跃在科研第一线的三十多位优秀科学家积极撰写"低维材料与器件丛书"，内容涵盖了量子点、纳米管、纳米线、石墨烯、石墨炔、二维原子晶体、拓扑绝缘体等低维材料的结构、物性及制备方法，并全面探讨了低维材料在信息、光电、传感、生物医用、健康、新能源、环境保护等领域的应用，具有学术水平高、系统性强、涵盖面广、时效性高和引领性强等特点。本套丛书的特色鲜明，不仅全面、系统地总结和归纳了国内外在低维材料与器件领域的优秀科研成果，展示了该领域研究的主流和发展趋势，而且反映了编著者在各自研究领域多年形成的大量原始创新研究成果，将有利于提升我国在这一前沿领域的学术水平和国际地位、创造战略新兴产业，并为我国产业升级、国家核心竞争力提升奠定学科基础。同时，这套丛书的成功出版将使更多的年轻研究人员获取更为系统、更前沿的知识，有利于低维材料与器件领域青年人才的培养。

历经一年半的时间，这套"低维材料与器件丛书"即将问世。在此，我衷心感谢李玉良院士、谢毅院士、俞书宏院士、谢素原院士、张跃院士、康飞宇教授、张锦教授等诸位专家学者积极热心的参与，正是在大家认真负责、无私奉献、齐心协力下才顺利完成了丛书各分册的撰写工作。最后，也要感谢科学出版社各级领导和编辑，特别是翁靖一编辑，为这套丛书的策划和出版所做出的一切努力。

材料科学创造了众多奇迹，并仍然在创造奇迹。相比于常见的基础材料，低维材料是高新技术产业和先进制造业的基础。我衷心地希望更多的科学家、工程师、企业家、研究生投身于低维材料与器件的研究、开发及应用行列，共同推动人类科技文明的进步！

成会明

中国科学院院士，发展中国家科学院院士
中国科学院深圳理工大学（筹）材料科学与工程学院名誉院长
中国科学院深圳先进技术研究院碳中和技术研究所所长
中国科学院金属研究所，沈阳材料科学国家研究中心先进炭材料研究部主任
Energy Storage Materials 主编
SCIENCE CHINA Materials 副主编

前　言

石墨烯是过去二十多年来材料科学领域最重要的科学发现之一，被认为是有可能主导未来高科技产业竞争的战略材料。历经十余年的研究，石墨烯材料已经逐渐走出实验室，进入产业化前期阶段。石墨烯的制备是实现其应用的前提和基础。在众多的制备方法中，化学气相沉积是批量控制制备高质量石墨烯的首选方法。化学气相沉积石墨烯具有优异的综合性能使其在器件应用领域展现出独特的优势，为发展低功耗芯片、射频晶体管、柔性显示器件、光通信器件等带来了新的机遇。为了使相关研究人员全面了解这一重要研究方向，著者基于团队多年的研究成果积累，结合国内外的最新研究进展，对该领域的主要研究成果进行了系统的梳理总结，撰写了《石墨烯：控制生长与器件应用》。

本书围绕化学气相沉积石墨烯这一主线，全面阐述了石墨烯的制备方法、结构特点、独特性质以及典型器件应用，力图系统而深入地介绍石墨烯的化学气相沉积控制生长与器件应用的研究现状和最新进展，同时对存在的问题以及面临的挑战进行了深入剖析，并提出了自己的见解，有助于研究人员掌握基本概念、了解主要进展、理清研究思路，从而把握该领域的关键科学与技术问题和发展趋势。对于促进石墨烯的化学气相沉积制备与应用研究，培养石墨烯领域的专业人才，进而推动石墨烯制备科学与应用技术的发展具有重要的学术参考价值。

本书由任文才负责框架的设定、统稿和审校。全书共7章。第1章为简介，概述了石墨烯的发现、结构与表征方法、物性与测试方法、主要制备方法以及应用。第2章系统介绍了石墨烯的化学气相沉积生长，包括化学气相沉积方法的基础知识、金属和非金属基底上控制生长各类石墨烯材料。第3章对化学气相沉积生长石墨烯的转移方法进行了专门论述，侧重转移介质、剥离方法和连续化转移。第4章从堆垛构型、晶界、缺陷、褶皱、掺杂和边界的角度全面介绍了石墨烯的典型结构。第5章系统阐述了石墨烯的重要性质，涵盖电学、光学、力学、热学、化学特性和其他性质。第6章介绍了化学气相沉积生长石墨烯在器件应用方面的研究进展，涉及电子器件、光电器件、传感器件和其他光/电器件。最后，第7章对现有研究面临的挑战进行了总结，并展望了该领域的发展趋势和前景。

本书的完成离不开恩师成会明院士的悉心指导，以及现在和曾经在团队中工作的同事、研究生的不懈奋斗，特别感谢团队中马来鹏（第1、3章）、杜金红（第6章），以及曾经作为博士研究生在团队中工作的高力波（第4、5章）、马伟、陈宗平和马腾（第 2 章）的科研贡献及在本书撰写、修改过程中所给予的支持和帮助。此外，袁国文博士、徐洁博士以及袁爽登、刘锐、戴念、许家俊等同学协助进行了部分资料的整理和校对工作，《材料研究学报》的黄青副编审通读了全书并提出了宝贵建议，在此一并表示感谢！

衷心感谢"低维材料与器件丛书"编委会专家对本书撰写的指导。特别感谢科学出版社领导和翁靖一编辑在本书出版过程中的辛勤付出。

由于石墨烯研究和应用的发展日新月异，新的成果不断涌现，加之著者的水平有限，书中难免有疏漏或不妥之处，敬请专家和读者批评指正。

2024 年 3 月

目　录

第1章

石墨烯简介

1.1 石墨烯的发现

石墨烯的科学研究最早可以追溯到 20 世纪 40 年代。考虑到绝对零度以上分子热振动的作用，基于朗道理论的分析曾认为厚度仅为单个原子的材料是无法独立稳定存在的。因此，早期的研究仅限于理论上的探讨，石墨烯被作为结构模型来表示石墨层状结构中的单个碳原子层结构单元，它是由碳原子以 sp^2 杂化的形式通过共价键形成的蜂窝状平面二维结构。1947 年，P. R. Wallace[1]在对石墨能带理论的研究中，最早计算了单层石墨（石墨烯）的电子结构。J. W. McClure[2]在 1956 年推导出了相应的波函数方程。随后的理论工作发现石墨烯可用于 2 + 1 维量子电动力学[3, 4]，从而极大促进了其作为结构模型的理论研究发展[5, 6]。

实验研究方面，化学法最早被用于制备石墨烯。1962 年，H. P. Boehm 等[7]通过对氧化石墨进行化学或热还原制备出了化学剥离的石墨片层。基于透射电子显微镜（TEM）的衬度分析，他们认为观察到了单层的碳结构，实际上对应于现在所指的还原氧化石墨烯（r-GO）。在随后的研究中，研究人员发现基于金属表面催化的高温生长方法也可以用于制备单层和多层碳结构。1968 年，A. E. Morgan 与 G. A. Somorjai[8]采用低能电子衍射（low energy electron diffraction，LEED）研究了高温下碳氢气体在 Pt(100)表面的吸附过程，但并未对吸附产物的结构进行深入的研究。而 J. W. May[9]则对其 LEED 数据做了进一步的分析，提出最终产物包括单层和多层石墨结构，并推测该石墨结构中与 Pt(100)表面接触的单层具有降低体系能量的作用。随后，J. M. Blakely 及其合作者[10-15]对 Ni(100)、Ni(111)、Pt(111)、Pd(100)和 Co(0001)等多种过渡金属表面高温形成单层和多层碳结构开展了较为全面的研究。在此基础上，T. A. Land 等[16]综合采用 LEED、俄歇电子能谱和扫描隧道显微镜（STM）系统研究了 Pt(111)表面碳结构的形成过程，发现单层和多层碳结构是由固溶在金属中的碳在高温下析出形成的。

1975 年，A. J. Vanbommel 等[17]发展出了在单晶 SiC(0001)表面制备单层石墨的方法。在超高真空条件下对 SiC 高温处理以将 Si 升华后，利用 LEED 和俄歇电子能谱进行表征，结果表明其表面形成了具有石墨烯结构的单层和多层碳材料。这种方法可以通过调控生长温度获得不同层数的材料。他们进一步认为，该过程可以由 D. V. Badami 等[18]提出的生长机制来解释，即 SiC 结构中的三层碳原子在高温下坍塌重构，形成了具有石墨烯结构的单层碳原子。

1986 年，H. P. Boehm 等[19]提出了用石墨烯一词来描述单层石墨材料，并于 1997 年被国际纯粹与应用化学联合会正式采纳。

目前在物性研究中主要采用胶带剥离法（也被称为机械剥离法或 Scotch 胶带法）制备石墨烯。虽然该方法早已经用于剥离石墨并研究其载流子动力学，但制备的样品为薄层石墨而非石墨烯[20]。而其他形式的胶带剥离方法通常也只能得到超薄的石墨片层[21, 22]。直到 2003 年，Y. Gan 等[23]在采用 STM 对高定向热解石墨（HOPG）表面超结构和晶界的表征研究中才剥离得到了单层石墨。

可以看出，早在几十年前科学家就已经制备出了超薄石墨甚至石墨烯。氧化还原法、化学气相沉积（CVD）法、SiC 升华法、胶带剥离法等目前普遍采用的制备方法或其基本原理也已发展起来。然而，当时的研究局限于对石墨烯的形貌结构进行表征。虽然也有电学和光学特性的相关研究，但其结果基于薄层石墨样品，并未揭示石墨烯本征的独特物性和优异的性能。直到 2004 年，英国曼彻斯特大学的 Andre K. Geim 和 Konstantin S. Novoselov 两位科学家利用胶带剥离石墨的方法获得了高质量独立存在的单层和少层石墨烯，并发现了其新奇而独特的电学性质[24]。此时，石墨烯的研究才逐渐引起了以物理学家为主的各学科研究人员的广泛关注，进而发现了一系列非常独特的电学、力学、光学、热学等性质。石墨烯发现 6 年之后，Andre K. Geim 和 Konstantin S. Novoselov 两位科学家便因其在石墨烯物理实验研究方面的开创性工作获得了 2010 年度诺贝尔物理学奖，从而激发了全世界范围内的石墨烯研究热潮。石墨烯的发现使人类对客观世界的认识从三维、零维、一维扩展到二维，并为基础研究和实际应用注入了新的生机和活力。

1.2 ▶ 石墨烯的结构与表征方法

石墨烯是由 sp^2 杂化的碳原子相互连接而成的二维蜂窝状晶体。然而，作为构建零维材料富勒烯、一维材料碳纳米管等同素异形体的基本组成单元（图 1.1）[25]，石墨烯却具有与富勒烯、碳纳米管等同素异形体迥然不同的物性。石墨烯的性质与层数密切相关，随着层数的增加，其能带结构逐渐发生变化。大致可分为单层、双层和少层（3～9 层）石墨烯[26]。而 10 层及以上的石墨烯能带结构更接近于块体石墨，被认为是石墨薄膜[27, 28]。

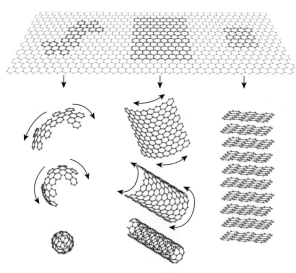

图 1.1　石墨烯是构建其他维数碳材料的基本单元[25]

1.2.1　堆垛构型

双层和少层石墨烯，其层间通常以特定的构型堆垛形成，而堆垛构型与石墨烯的制备方法密切相关。对于采用天然石墨作为原料胶带剥离制备的样品，双层石墨烯的稳定堆垛构型为 AB 堆垛（Bernal stacking）。理论研究表明，双层石墨烯中还存在 AA 堆垛，但相对于 AB 堆垛则为亚稳态，通常条件下难以获得。三层石墨烯的典型堆垛构型为 ABA 堆垛和 ABC 堆垛（Rhombohedral stacking）两种构型（图 1.2）[29]。实验分析发现，ABA 堆垛方式占优[30]。而对于采用 CVD 方法制备的样品，除了上述典型的堆垛方式外，还存在大量层间扭转堆垛的情况，即偏离了稳定的 AB 或 ABA 堆垛构型。

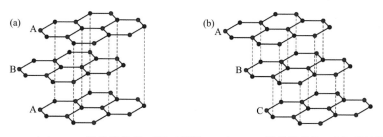

图 1.2　（a）ABA 堆垛结构的三层石墨烯；（b）ABC 堆垛结构的三层石墨烯[29]

从晶体学的角度看，可以通过扭转的方式获得任意堆垛构型的少层石墨烯，而具体构型可采用旋转角度来描述。当以 AA 堆垛双层石墨烯的任意一个碳原子为旋转对称中心，将其中一层石墨烯旋转 60° 后，结构就转变成为 AB 堆垛。实验上，则可以采用人工堆叠的方式制备出特定转角的少层石墨烯。该体系的独特之处在于通过改变转角可以调控石墨烯的层间相互作用，从而改变其能带结构。例如，转角双层石墨烯通常在狄拉克（Dirac）点附近具有线性的电子能量色散关系，这与 AB 堆垛双层石墨烯的二次方抛物线关系显著不同。更为重要的是，以魔角双层石墨烯为代表的特定转角少层石墨烯体系为研究高温超导机制以及研究大量的新奇物性提供了全新的研究平台，从而推动了转角电子学这一新兴学科的发展[31, 32]。

由于单一表征方法的局限性，为了更准确地确定石墨烯的堆垛构型，需要采用多种表征方法，不同方法之间互为补充、相互印证。在双层和三层石墨烯的结构表征研究中，通常采用拉曼光谱、高分辨透射电子显微镜（HRTEM）和扫描透射电子显微镜（STEM）等表征手段。其中，拉曼光谱具有不损伤样品和适合表征大面积样品统计平均结果的突出优势。具体操作过程中，可以根据其拉曼光谱 2D 峰的单点谱线和面扫统计结果进行分析。对于典型的 AB 堆垛双层石墨烯，其 2D 峰为非对称结构，洛伦兹拟合曲线的半高宽（FWHM）在 54 cm^{-1} 左右[33]。如果对 2D 峰进行分峰，可以用四个峰位和强度不同的峰进行拟合。此外，2D 峰的强度低于 G 峰，两者的强度比值（I_{2D}/I_G）大概为 0.8。对于 ABA 堆垛三层石墨烯，其 2D 峰同样为非对称结构，FWHM 在 63 cm^{-1} 左右。如果对 2D 峰进行分峰，则可以用六个峰位和强度不同的峰进行拟合。ABC 堆垛三层石墨烯的 2D 峰 FWHM 则更大，一般在 75 cm^{-1} 左右。其峰形也与 ABA 略有不同，肩峰更为明显。可以看出，采用拉曼光谱可以对石墨烯的堆垛结构进行初步的快速表征[29, 34]。

结合 HRTEM 和 STEM 等手段，可以在原子尺度上进一步表征石墨烯的堆垛构型。对于典型的 AB 堆垛双层石墨烯和 ABA 堆垛三层石墨烯，其大面积的 HRTEM 像为单一的六方对称结构，无莫尔条纹[35]。如果采用 STEM 分析其原子像，可以观察到亮暗交替排布的碳原子，其结构均为六方对称。每一个明亮的碳原子由六个相对暗淡的最近邻碳原子包围。其中，明亮的碳原子对应上下层重叠的 AB 原子[36]。

1.2.2 晶界

作为多晶材料中典型的缺陷，晶界也是多晶石墨烯的重要结构特征。与常规块体材料类似，石墨烯中绝大多数的晶界是由晶体取向不同的晶粒在生长拼接过程中形成的。但是，石墨烯中的晶界又具有不同于三维材料中晶界的独特之处。首先，区别于常见的二维或准三维的晶界结构，石墨烯的晶界为一维缺陷。微观结构上，典型的石墨烯晶界多由五元环、七元环等构成，其具体结构主要取决于两侧石墨烯晶粒的晶向偏转角和边界形态。由于晶界在石墨烯结构中引入了大量的非六元环结构，为了降低体系的能量从而稳定结构，晶界处通常会隆起[37]。由其结构特征可以看出，晶界作为一种缺陷结构，对局域的电学特性、化学反应特性以及多晶石墨烯的整体力学性能都具有显著的影响[38]。对于电学性质，大部分结构的晶界都会不同程度地增大石墨烯的电阻率。另外，石墨烯中还存在晶体取向相同的晶粒由于错位或不匹配形成的晶界。在镍表面生长的石墨烯中已经观察到此类晶界，一种典型的结构是 5-8-5 元环的直线排列[39]。此类晶界为制备和精确表征大尺寸的单晶石墨烯带来了额外的挑战。

目前，石墨烯晶界的结构表征方法主要可分为直接和间接两类方法。利用 STEM 的原子级分辨率，可以直接表征石墨烯晶界的精细原子结构。图 1.3 为采用 CVD 法制备的多晶石墨烯中的典型晶界结构，此处的晶界由五元环、七元环以及扭曲的六元环构成[40]。该方法具有较好的普适性，只要样品能够转移到透射电子显微镜微栅表面而且晶界处的表面洁净，都可以采用 STEM 进行表征。此外，如果石墨烯样品的基底具有良好的导电性，还可以采用 STM 对表面进行直接观察，获得石墨烯晶界的原子结构[39, 41]。然而，STM 对石墨烯样品的洁净度和平整度要求很高，如果存在表面污染则难以获得晶界的原子像。除了获得晶界的晶体结构信息外，如果结合扫描隧道谱（STS）的测试，STM 还可以用于研究晶界处的局域电学特性，包括局域的电子态密度、电荷密度以及电荷散射机制。上述两种方法虽然可以在原子级别的尺度上研究石墨烯晶界，但仅能在纳米尺度的范围进行观察，因此无法对大面积范围内的晶界形貌和分布进行高效表征。

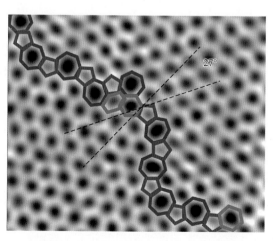

图 1.3　CVD 法制备的多晶石墨烯中典型晶界结构的 STEM 图[40]

间接表征方法主要包括暗场透射电子显微镜（DF-TEM）法、液晶法、氧化法和纳米粒子修饰法。此类方法虽然无法直接观察石墨烯晶界的精细原子结构，但可以表征出晶界的形貌和分布。例如，虽然同样采用 TEM 对石墨烯进行观察，但与 STEM 的原理不同，DF-TEM 是在对石墨烯选区衍射斑点分析的基础上获得不同取向晶粒的暗场像，从而可以在相对较大的范围内（微米级）获得晶界形貌和分布的信息[40]。液晶法采用特定的液晶分子，在多晶石墨烯表面形成涂层，由于液晶分子倾向于与石墨烯形成 AB 堆垛的排列，因此不同石墨烯晶粒表面的液晶分子表现出相应的不同晶体学取向。采用偏振光显微镜对样品表面进行观察，即可获得不同取向液晶的分布图像，从而间接得到石墨烯晶粒和晶界的分布[42]。氧化法无需转移石墨烯，可以直接表征初始基底表面的石墨烯晶界，主要用来分析铜表面 CVD 生长的多晶石墨烯薄膜。利用一定湿度条件下紫外光照等方法对样品进行氧化，由于氧化性自由基可以穿过晶界处的缺陷而难以透过晶格完整的晶粒，因此对晶界对应下方的铜基底造成择优氧化。氧化区域形成明显的体积膨胀，尺度在数百纳米，在光学显微镜中可以观察到明显的衬度差别，从而间接表征出了晶界的分布[43]。纳米粒子修饰法利用晶界处的缺陷与纳米粒子结合能较高的特性，通过在石墨烯表面沉积铂或金形成具有不同分布特征的纳米粒子[44, 45]。采用扫描电子显微镜（SEM）进行观察可以发现，直径较小的金纳米粒子沿石墨烯晶界形成弯曲的线形结构，整体呈现网状特征，与石墨烯晶粒内直径较大且无规则分布的金纳米粒子可以区分出来，从而表征出晶界的分布[45]。可以看出，后三种方法适合大面积石墨烯的快速高效表征，但分辨率明显低于 TEM，无法表征出小角度晶界等精细的晶界结构，而且液晶法也存在基底晶粒取向造成干扰的问题。

1.2.3 褶皱

褶皱是石墨烯中普遍存在的另一重要的结构特征。如图 1.4 所示，根据其横截面的结构特点，可以将褶皱分为三类，包括涟漪型、直立塌陷型和折叠型[46]。不同类型的褶皱的高度相差不大，通常为几纳米，其中直立塌陷型的高度最大。但三类褶皱的宽度存在明显差别。涟漪型、直立塌陷型褶皱的宽度通常仅有几纳米到十几纳米，而折叠型褶皱的宽度分布较为离散，最大宽度可以达到百纳米级。采用胶带剥离、液相剥离、CVD 以及 SiC 升华等不同方法制备的石墨烯中均可观察到褶皱。但是，褶皱并非石墨烯的固有特征，而是在制备过程中形成的。例如，机械或液相剥离石墨烯的过程以及随后将其置于目标衬底的过程中都可能引入褶皱。CVD 法制备的石墨烯中形成了大量的褶皱，主要是在 CVD 的降温过程中由于石墨烯与金属生长基底热膨胀系数失配引起了应力释放，同时在将石墨烯转移到目标衬底的过程中也会引入褶皱[47-49]。

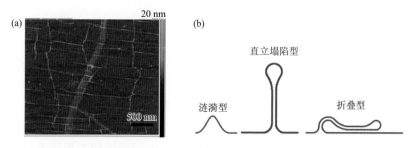

图 1.4　（a）SiO₂/Si 衬底上石墨烯褶皱形貌的原子力显微镜（AFM）图；（b）石墨烯中典型褶皱的横截面示意图[46]

虽然褶皱中并不存在晶界中的五元环、七元环等结构缺陷，但也显著改变了石墨烯局部的形貌结构，尤其是褶皱的高曲度可引起较大的应变，使得部分 sp² 键出现 sp³ 键的特征，甚至有可能打破石墨烯晶格的六重对称性，因而对石墨烯的本征物性和化学特性具有重要的影响。例如，褶皱处的电导存在明显的各向异性，而且褶皱对载流子的散射作用可显著降低石墨烯的载流子迁移率；此外，褶皱还会降低石墨烯的热导率和抗氧化性能等[46, 50-55]。因此，褶皱通常也被看作是一种线形缺陷结构。

由于褶皱的特征尺寸涵盖了数纳米到百纳米的尺度范围，因此可以采用多种表征手段研究褶皱的结构，不同表征结果之间可以互为补充。利用褶皱处的等效厚度大于平整区域的特点，可以采用常规的光学显微镜（OM）和 SEM 直接观察褶皱的形貌和大面积分布状态。在光学观察中，褶皱处表现出较高的衬度。因此，对于宽度大于光学分辨率极限的褶皱，可以直接在 OM 下进行观察[56]。类似地，采用 SEM 观察，等效厚度较大的褶皱处降低了二次电子的强度，在图像中表现为较暗的线条。相比于 OM，SEM 具有更高的分辨率，因此可以分辨出宽度为数十纳米的褶皱。此外，还可以采用拉曼光谱的面扫描图来表征石墨烯的褶皱。同样由于等效厚度的差别，在石墨烯 G 峰的面扫图中褶皱处的 G 峰强度较高[46]。也有研究发现，对于 sp³ 键特征较强的褶皱，其 D 峰强度较高，也可以利用相应的拉曼光谱面扫进行表征[57]。

虽然上述的 OM 和 SEM 可以方便地表征褶皱形貌，具有简单高效的优势，但受到工作原理的限制，无法分辨出宽度在十几纳米以下的小尺寸褶皱，所以难以提供是否存在褶皱的精确结果。目前，原子力显微镜（AFM）是表征褶皱结构最为典型的手段，适用于不同基底上石墨烯褶皱的表征。该方法既能够给出微米级范围内褶皱的分布状态，又可以分辨出宽度仅有十几纳米的细褶皱，并对褶皱的高度和宽度定量分析[46, 47]。不过，同样受到测试原理和针尖特性的限制，AFM 对褶皱高度的测量较为准确，但对宽度的分辨率较低，尤其难以准确测量宽度仅有几纳米的褶皱[56]。如果对高度和宽度都仅有数纳米的褶皱进行结构表征，则需要采用 STM 等手段。STM 可以在小范围内精确表征褶皱的高度、宽度和形貌结构。同时，利用 STM 原子级的分辨率，并结合 STS 图，还可以研究褶皱处晶格对称性、局域电子结构等特性的变化[16, 50]。但是，STM 仅适用于导电基底上石墨烯的表征。此外，若要准确分辨不同类型的褶皱，还可以结合 TEM 进行验证。例如，对于在生长基底上的石墨烯，利用截面成像能够直观地观察折叠型褶皱[46]。但是，采用 TEM 截面像表征褶皱，需要避免制样过程对褶皱的形貌结构造成改变。

1.2.4 点缺陷

点缺陷是晶体材料中典型的缺陷结构，存在于不同方法制备的石墨烯中。与常规的三维材料类似，空位是石墨烯中最简单的点缺陷，包括单原子空位、双原子空位甚至多原子空位。其中，单原子和双原子空位较为常见。理论计算表明，此类空位具有高达 8 eV 的形成能，因此只有在高温生长过程中或者高能电子束轰击下才能产生。由于存在悬键，单原子空位的稳定性较差，而且因其具有较低的扩散势垒（大约 1.3 eV），所以在加热或电子束轰击过程中有可能通过扩散迁移合并成更大的缺陷[58, 59]。但是，双原子空位扩散所需的活化能高达 7 eV，只有在极高温下才有可能通过原子迁移或者结构重构发生扩散，同时会引起局部的结构弯曲和变形。相比于单原子空位，双原子空位的结构更为多样化，可以通过碳-碳键的扭转产生重构，并消除悬键[59, 60]。

石墨烯的晶格由 sp^2 杂化的碳原子构成，其独特之处在于碳原子可以形成非六元环的结构，从而通过面内原子重排的方式产生点缺陷甚至线缺陷。最简单的例子是 Stone-Wales 缺陷，如图 1.5 所示[61]。与空位不同，此类缺陷仅通过扭转碳-碳键夹角将两个相邻六元环转变为一个五元环和七元环对，并不涉及碳原子缺失，因此不会形成悬键。由于其形成能高达 5 eV，同样只有在高温生长过程中或者高能粒子轰击下才能产生[62]。除此之外，通过原子重排还可以形成多种更为复杂的缺陷结构[63]。

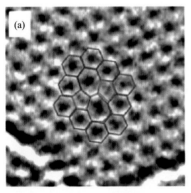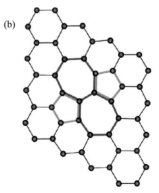

图 1.5　石墨烯中的 Stone-Wales 缺陷[61]：（a）TEM 图；（b）密度泛函理论（DFT）计算的原子结构图

除了上述的空位和原子重构等本征的缺陷结构外，异质原子是石墨烯中另一类重要的点缺陷。与硅等半导体材料类似，在结构中引入异质原子是调控石墨烯电子结构的有效手段。硼和氮原子因其半径与碳相近，是石墨烯等诸多碳材料制备研究中应用最为广泛的异质原子。两者相比于碳分别缺少和多余一个电子，可分别实现对石墨烯的空穴和电子掺杂[64, 65]。此外，异质原子还可作为活性位点，显著提高石墨烯的化学和电化学反应性能。例如，过渡金属原子修饰的石墨烯因其突出的催化性能，已成为近年来单原子催化研究的热点[66]。

TEM 是表征点缺陷原子结构的主要手段，可以直接对缺陷进行观察，从而确定其近邻原子的构型[61]。更为重要的是，可以利用 TEM 产生高能电子束，在石墨烯中形成由原子缺失或重排引起的各种构型的缺陷，并对其结构进行原位观察和研究[60]。此外，STM 也是研究石墨烯缺陷的重要工具。但其原理与 TEM 不同，STM 基于电子结构（主要是态密度）的差异对缺陷进行表征。例如，单原子空位处的悬键可引起石墨烯平面局域态密度显著增大，在 STM 形貌图中表现为高亮的突起[67]。

上述两种显微镜是研究单一缺陷的精细微观结构和电子结构的有效途径，但并不适用于在更大尺度上获取缺陷的统计信息，而且存在表征耗时、样品制备烦琐甚至损伤样品等不足。拉曼光谱是对石墨烯进行无损表征的有效手段，可以在短时间内获得从微米级局部区域到厘米级大面积范围内缺陷的统计分布信息，从而得到极为广泛的应用。对于石墨烯平面，如果存在缺陷结构，将激活拉曼光谱中的 D 峰。因此，D 峰可用作判断石墨烯缺陷的特征峰，通常根据 D 峰与 G 峰的相对强度（I_D/I_G）来定性或半定量比较缺陷的浓度。基于点缺陷的理论模型，还可以通过 I_D/I_G 进一步计算出缺陷之间的平均间距等缺陷结构的微观信息，从而得出石墨烯中平均的缺陷浓度，并据此进行定量分析[68]。此外，对于缺陷浓度较高的石墨烯，其拉曼光谱中的 D′峰也较为明显。统计分析表明，D 峰与 D′峰的相对强度（$I_D/I_{D'}$）可以用来粗略区分缺陷类型，如空位、边界以及 sp^3 型缺陷[69]。

1.2.5　边界

石墨烯的边界可以看作是一种一维的缺陷结构，是石墨烯最为典型的结构特征之一。理想的石墨烯边界主要分为三种，即扶手椅形（armchair）、锯齿形（zigzag）和手性（chiral）。绝大多数方法制备的石墨烯均存在外沿边界。而在石墨烯平面的内部，边界通常伴随着孔洞和裂纹等缺陷结构的形成而出现。由于影响因素较多，采用 CVD 方法生长的石墨烯，其边界的晶体取向比较复杂。此外，CVD 石墨烯晶粒之间在合并过程中也有可能形成搭接型晶界，即形成了边界。对于宽度仅有几纳米的石墨烯纳米带以及具有周期性纳米孔结构的石墨烯筛而言，边界类型对其电学和磁学等物性具有至关重要的影响[70, 71]。此外，如果存在较大的边界应力，可能会导致石墨烯片层发生翘曲或产生涟漪，甚至发生原子重构。

与点缺陷表征方法类似，TEM、STEM 和 STM 也是研究边界的重要手段，可以对边界的局部精细原子结构进行直接观察，从而准确地指认边界类型和结构[72, 73]。尤其在金属基底表面生长石墨烯纳米带的研究中，STM 作为一种洁净无损表征边界原子结构和电子结构的方法得到了广泛使用[74]。虽然拉曼光谱无法给出石墨烯边界的精确构型，但作为一种高效的表征手段，可以根据其 D 峰的有无或强弱来快速表征出边界是由何种构型主导。例如，采用偏振光沿着石墨烯的边界方向采集拉曼光谱，扶手椅形边界具有明显的 D 峰，而理想的锯齿形边界并无 D 峰，由此可以区分两种类型的边界。如上所述，实际的边界通常偏离理想的原子构型，但仍可以根据较强的 D 峰指认出该边界为扶手椅形主导，而较弱的 D 峰则表明边界的构型为锯齿形占优，并可以结合边界之间的夹角关系进一步验证拉曼光谱的分析结果[75]。

1.3 石墨烯的物性与测试方法

1.3.1 电学性质与测试方法

石墨烯优异的电学性质是由其独特的电子结构所决定的。石墨烯的价带和导带相交于布里渊区 K、K' 点，该点附近的电子能量和波矢呈线性色散关系[76]。由于这种色散关系与描述无质量的狄拉克费米子的狄拉克能谱相似，因此该点也称为狄拉克点[77]。K 和 K' 点上的线性色散关系相同但不等价，这使得 K 和 K' 点上的电子具有相似的波函数但手性不同，声子散射过程中电子不能相互转化，极大地降低了载流子被散射的概率[78]。这种电子结构特性赋予了石墨烯优异的电学性能：一方面，石墨烯载流子静止有效质量为零，费米速度为 10^6 m/s，1.7 K 时其载流子平均自由程超过 15 μm，迁移率可达 1×10^6 cm^2/(V·s)以上，室温电阻率小于 1.5×10^{-6} Ω·cm（六方氮化硼封装）[79]；另一方面，石墨烯具有半整数量子霍尔效应（QHE）[77, 80]和分数 QHE[81-83]，甚至可以观测到室温 QHE[84, 85]。石墨烯的另一个重要的电学特征是具有明显的双极性电场效应[24]。对石墨烯场效应管的栅极施加极性相反的电场可以改变载流子类型（电子或空穴），且随着电场强度的变化，载流子浓度会连续变化，最高时可达 10^{13} cm^{-2}。图 1.6 为石墨烯的双极性电场效应和 QHE 测量结果[25, 77]。

此外，石墨烯的电子结构会受到层数、堆垛方式、旋转角度、各种结构缺陷（空位、掺杂、晶界和边界等）以及应变的影响，从而显著影响石墨烯的电学性质[86-92]。本征单层石墨烯的带隙为零，被称为半金属，其能带在狄拉克点附近具有线性色散关系。与单层石墨烯在狄拉克点附近呈现的线性、无质量的色散

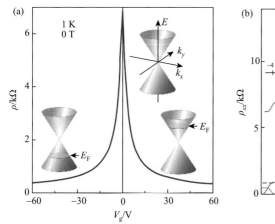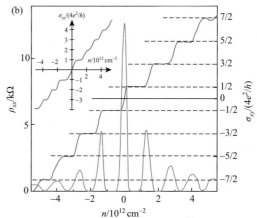

图 1.6　石墨烯的双极性电场效应（a）[25]和 QHE（b）[77]

关系不同，AB 堆垛的双层石墨烯在狄拉克点附近呈现出有质量的手性准粒子的二次色散分布，其能带结构对晶体的对称性高度敏感[93]。如果两个石墨烯片层不等价，如在垂直于石墨烯平面的方向施加偏置电场，AB 堆垛双层石墨烯的中心反演对称性将被打破，导致出现带隙，而且可以通过掺杂或者栅极调控的方式进行调制[26, 94, 95]。例如，张远波等[95]报道了通过构建 AB 堆垛双层石墨烯的双栅场效应晶体管（FET），并在垂直于石墨烯平面的方向通过栅极施加偏置电场，实现了 AB 堆垛双层石墨烯带隙（最大 250 meV）的连续调控。基于该特性，加利福尼亚大学的 A. F. Young 研究组[96]基于六方氮化硼（h-BN）包裹 AB 堆垛双层石墨烯的双栅场效应晶体管，发现了分数 QHE，表明双层石墨烯可以作为操纵和控制非阿贝尔激子拓扑基态的重要平台，对于研究量子比特调制具有重要意义。此外，利用不对称 K^+掺杂导致的偶极电场打破双层石墨烯的中心反演对称性，也能够实现双层石墨带隙的打开及调控。然而，通过双层石墨烯的表面吸附掺杂无法精确地对带隙进行连续调控[97-99]。而当堆垛方式为 AA 堆垛时，双层石墨烯呈现出与单层石墨烯类似的零带隙且具有无质量的狄拉克费米子等电学特征[100]。类似地，对于本征的少层石墨烯（3～9 层），堆垛方式对其电学性能具有至关重要的影响。当石墨烯堆垛方式发生变化时，其层间相互作用等也随之发生变化，导致其能带结构等发生变化[101-103]。少层石墨烯的片层除了 AB 堆垛、ABC 堆垛、AA 堆垛这三种主要的堆垛方式外[104]，还存在一种扭转堆垛结构，即石墨烯片层旋转角度无择优取向，存在旋转堆垛层错[103, 105]。ABA 堆叠方式产生的能带与 AB 双层石墨烯类似，在狄拉克锥处产生抛物线结构的能带，但不同之处在于缺失了双层石墨烯所具有的能带调控，而且电阻值随着偏置电场的增加而降低[106-108]；而 ABC 堆垛的三层石墨烯则是带隙连续可调的半导体，在相同的电场下，其可打开的带隙大小是 AB 堆垛双层石墨烯的 2 倍[109]。然而，仅通过施加外加偏置电场打开的带隙只有数百 meV，远低于半导体器件实际应用的阈值[26, 80, 86-88, 94]。F. Ke 等[110]通过增大 ABA 堆垛的三层石墨烯器件的环境压强，实现了对 ABA 堆垛的三层石墨烯本征带隙的调控，最高可达（2.5±0.3）eV，为发展碳基电子和光电子器件提供了新的思路。

对于扭转双层石墨烯，由于电子结构的改变而出现了奇特的凝聚态物理现象。2011 年，R. Bistritzer 和 A. H. MacDonald[111]通过对转角双层石墨烯的理论计算指出，在一系列魔角处费米速度降为零，莫尔能带结构中出现平带。2015 年，在实验中首次测量到转角双层石墨烯中的平带，对应的魔角大小约为 1.11°[112]。2018 年，P. Jarillo-Herrero 研究组[30, 31]制备出了旋转角度约 1.1°的双层石墨烯（魔角石墨烯），并通过栅极施加偏压电场的方式诱导魔角石墨烯发生了由类莫特绝缘态向超导体的相变。这一发现为进一步研究高温超导机制提供了一个理想的研究平台。2021 年，P. Jarillo-Herrero 研究组[113]发现三层魔角石墨烯同样存在超导特性，且相对于双层魔角石墨烯，其能带结构具有更好的可调控性和更为优异的超导性能。此外，D. Goldhaber-Gordon 研究组[114]和 A. F. Young 研究组[115]分别在转角为 1.20°和 1.15°的魔转角双层石墨烯中观测到了量子反常霍尔效应。这使得转角石墨烯成为继磁性掺杂的拓扑绝缘体体系之后，另一个实现该效应的材料体系。

缺陷同样对石墨烯的电子结构具有显著的影响。对于常见的点缺陷，某些空位或 Stone-Wales 缺陷可以在石墨烯中形成局域带隙（大约 300 meV）。而在线缺陷中，特定构型的晶界可以提高石墨烯中的局部态密度，从而提高沿晶界方向的电导。晶界还可以引起电子和空穴的不对称分布，从而改变局部的费米能级，并对石墨烯产生掺杂作用。此外，当把石墨烯的宽度减小到 10 nm 以下变成纳米带时，边界可对石墨烯的电学性质产生显著的影响，其电学特性由半金属转变为半导体，所构建的场效应晶体管具有最高可达 10^7 的高电流开关比[89]。类似地，将石墨烯加工成纳米筛结构也可以打开带隙，其场效应晶体管的电流开关比可达 10^2 以上[116]。但是总体上，缺陷作为载流子的散射中心，通常会降低石墨烯的载流子输运性能。其中，晶界和褶皱的影响较大。晶界对石墨烯的电学性能影响较为复杂。对两个单晶石墨烯融合区域的拉曼光谱研究和电学输运测试发现，晶界位置的电阻率远高于单个晶粒内部的电阻率，同时在晶界处出现了一定强度的局域效应，大幅度降低了石墨烯的导电性能[117, 118]。对平均晶粒尺寸不同的多晶石墨烯薄膜的电学性能测试也证实，石墨烯的电子迁移率随晶粒尺寸的增大而增加，即减少晶界密度有利于提高石墨烯的电子迁移率[119]。但是，基于第一性原理的量子输运计算表明，电子具有强烈的晶界结构依赖性，即电子在面对不同晶界结构时会表现出截然不同的传输行为[91]。结合 TEM 的原位电学测试进一步证实不同构型的晶界对石墨烯电导的影响也不尽相同。其中，搭接型晶界对电导的降低幅度最大。

如上所述，石墨烯中的褶皱同样具有不同的类型，因此对石墨烯的电学输运性能的影响也存在差异。总体上，褶皱处的基底对石墨烯的掺杂较弱，同时传输路径增加，因此会增大局部的电阻。但在直立塌陷型和折叠型褶皱中，由于底部的石墨烯之间已经相互贴合，电子的层间隧穿作用愈发明显，甚至成为主导的电子传输机制。此外，对于 CVD 等方法制备的石墨烯，转移过程中引入的有机物、刻蚀剂及其产物等杂质易于在褶皱处残留，从而降低石墨烯的载流子迁移率，并造成不可控的掺杂。

目前，主要采用 FET 和霍尔器件测试石墨烯的常规电学特性，包括载流子迁移率和浓度、电阻等。FET 测试是表征石墨烯载流子迁移率和载流子浓度最常用的方法。除了在半导体或绝缘基底上生长的石墨烯外，该方法需要先将石墨烯置于 SiO$_2$/Si 等基底上，再通过紫外光刻或电子束光刻等工艺加工出特定几何形状的沟道和电极。其中，电极包括源、漏和栅极三部分。根据栅极的不同，典型的 FET 分为背栅型和顶栅型。对于采用 SiO$_2$/Si 基底的 FET，背栅型器件因加工较为简单而应用更为普遍。为了提取石墨烯的载流子迁移率和载流子浓度，需要测试样品电流随源漏电压（输出特性曲线）和栅极电压（转移特性曲线）的变化曲线。根据输出特性曲线可以判断样品与电极是否为欧姆接触。对于欧姆接触的样品，根据转移特性曲线中线性区的斜率可以计算出载流子迁移率，根据狄拉克电压（V_{Dirac}）可以判断多数载流子的类型并估算出浓度。但是，由于 FET 测试受到接触电阻等因素的影响较大，提取出的载流子迁移率与材料本征值有一定偏差。

霍尔测试是基于霍尔效应来测量载流子迁移率和浓度。采用该方法得到的迁移率通常称为霍尔迁移率。在不考虑载流子速度分布的情况下，可以近似认为霍尔迁移率等同于载流子的电导迁移率。类似于 FET 测试，该方法同样需要将石墨烯置于 SiO$_2$/Si 等基底上。对于厘米级的规则样品，可以加工成正方形等范德堡构型，直接采用霍尔测试仪进行测量，从而得到石墨烯的载流子迁移率、浓度和方块电阻，测试较为简便。对于微米级的样品，仍需要先采用光刻等工艺加工出特定的霍尔条带构型，然后施加垂直磁场对所构建器件的电学特性进行测量，得到器件的霍尔电压和石墨烯的电阻率，最后可以依据霍尔效应公式计算出载流子迁移率和浓度。对于常用的霍尔条带构型，虽然接触电阻对提取石墨烯的迁移率影响较小，但条带的几何构型以及其尺寸的测量准确度同样会造成一定的偏差。因此，为了提高石墨烯载流子迁移率测试的准确性，建议同时采用上述两种方法，对所得到的结果进行相互验证。

1.3.2　热学性质与测试方法

以石墨烯作为基本结构单元的高质量碳材料均表现出优异的热导率，包括传统的块体石墨[热导率 1910 W/(m·K)][120]和准一维的碳纳米管［热导率超过3000 W/(m·K)］[121, 122]。直到 2008 年，研究人员才系统地开展石墨烯热学性能的实验研究。A. A. Balandin 等[123]首先采用拉曼光谱法测量了悬空石墨烯的热导率。他们假定石墨烯对于激光的吸收率是 13%，得到的热导率数值高达 5300 W/(m·K)，远高于石墨以及其他碳材料[123,124]。然而，石墨烯在实际使用过程中通常要放置于基底上，而基底对石墨烯声子传输有较大的影响。R. S. Ruoff 研究组[125]采用改进的拉曼光谱法测量了 CVD 法制备的石墨烯在悬空和有衬底支撑状态下的热导率，即直接测量激光穿透石墨烯的光学量而不是测定激光的功率，通过光透射量来确定石墨烯的温度。他们获得的悬空石墨烯在 350 K 时的热导率在1450～3600 W/(m·K)之间，有衬底支撑的石墨烯热导率在 50～1020 W/(m·K)之间。此外，J. H. Seol 等[126]采用胶带剥离法在硅片上制备出石墨烯，并采用器件测试的方法测量了有基底支撑的石墨烯的热导率，发现其数值约为 600 W/(m·K)。

石墨烯的热导率随着温度的增加而减小。在同一温度下，热导率随石墨烯片层宽度的增加而增加[127]。同时，石墨烯的热导率还会受到层间耦合与平面内晶界的显著影响。S. Ghosh 等[128]用拉曼光谱法测试了剥离的少层石墨烯，当石墨烯的层数由 2 变为 4 时，其热导率从 2800 W/(m·K)减小到 1300 W/(m·K)。随后，Z. Wang 等[129]用热桥法测量了少层石墨烯的热导率，得到的室温热导率为1250 W/(m·K)，进一步印证了随层数增加热导率减小的规律。热导率随石墨烯层数的变化，体现了从二维到三维的维度交迭过程中，低能声子耦合和声子翻转散射的变化。采用非平衡分子动力学模拟的研究也发现：室温下（300 K）石墨烯的面内热导率会随着层数的增加而降低。这是因为邻近石墨烯层间的相互作用或彼此约束限制了石墨烯自由振动，即声子的传输受到了阻碍，这与基底支撑的单层石墨烯情况类似[130]。对于被包覆的石墨烯而言，情况却是相反。W. Jang 等[131]将不同厚度的石墨烯及石墨薄膜（1～20 nm）包裹在 SiO₂ 中形成三明治结构。对不同厚度的石墨烯及石墨薄膜分别进行热导率测试发现，单层石墨烯的室温热导率仅为 160 W/(m·K)，而 8 nm 厚的石墨薄膜则会增至 1000 W/(m·K)。这表明包覆的氧化物破坏了邻近石墨烯层间的热传输：声子可通过石墨烯最外层渗漏至氧化层，在非均相的石墨烯与氧化物的界面处发生散射，而这种效应可渗透至约2.5 nm（约 7 层）；当石墨烯厚度增加时，这一效应对整体热导率的影响减弱，石墨烯层间热传导开始占据主导，因而呈现出热导率随石墨烯厚度的增加而升高的趋势。晶界对石墨烯热学性能的影响在理论上未形成统一的认识。Y. Lu 等[132]采用非平衡格林函数计算发现，晶界对石墨烯声子的传输无影响，所有类型的晶界均表现出极好的导热性能，不存在对晶界结构的依赖性。然而，A. Y. Serov 等[133]发现，每存在一个晶界，石墨烯热导率的下降幅度达 50%～80%。任文才研究组[134]系统地开展了石墨烯晶界对其电学和热学性能影响的实验研究，发现石墨烯的热导率随晶粒尺寸的减小而呈指数衰减，界面热导率为 3.8×10^9 W/(m$^2\cdot$K)。相比于经典的半导体热电材料，石墨烯的热导率随晶粒尺寸的减小衰减更快。

除了热导率外，石墨烯的重要热学性质还包括热膨胀系数和热电性质。W. Z. Bao 等[135]制备出悬空石墨烯，基于对褶皱的测量，得到 300 K 时单层石墨烯的热膨胀系数为-7×10^{-6} K^{-1}，其绝对值高于石墨的面内热膨胀系数-1×10^{-6} K^{-1}。V. Singh 等[136]采用谐振法测量了石墨烯的热膨胀系数，得到室温下石墨烯的热膨胀系数同样为-7×10^{-6} K^{-1}。Y. M. Zuev 等[137]采用胶带剥离的单层石墨烯，通过制作加热电极和温度传感器，室温下得到的石墨烯的泽贝克系数约为 80 μV/K，同时发现该系数随着温度的降低而降低。

对于最受关注的热导率，已经发展出多种测量方法，所依据的理论公式也各不相同，但大致可分为悬空和有衬底支撑两种方式。其中，采用悬空方式的拉曼光谱法应用较多。一种典型的方法是根据拉曼激光加热材料后引起的拉曼 G 峰的峰位变化来计算石墨烯的热导率[123]。首先将石墨烯转移到带有圆孔的硅片上，制备出部分悬空的石墨烯；然后，将共聚焦显微拉曼光谱仪的激光束聚焦到悬空石墨烯的表面，通过连续调节激光功率，实时测出 G 峰的位置随着激光功率的变化，并计算出悬空石墨烯 G 峰随温度变化的温度系数；再测出石墨烯对激光的吸收率；最后，根据温度系数、拉曼光谱 G 峰的偏移量、石墨烯吸收激光功率的变化量以及样品的尺寸信息，采用理论公式计算出石墨烯的热导率。此外，还可以将石墨烯放置于衬底上，采用电流加热与拉曼光谱法相结合的方法[138]或者测量界面热阻的方法[139]来得到热导率。

1.3.3 光学性质与测试方法

区别于传统材料，石墨烯中载流子的行为由狄拉克费米子描述，其高频电导率（光导率）为一常数。因此，本征石墨烯的光吸收由基本的精细结构常数（α）决定，而与频率无关。2008 年，A. K. Geim 研究组[140]将石墨烯剥离至带孔微栅上，用光学显微镜测量了石墨烯的光学特性，发现单层石墨烯的光吸收高达$\pi\alpha=2.3\%$，并且在可见光的范围内保持不变。同时，石墨烯的反射率极低（<0.1%），因此单层石墨烯的透光率高达 97.7%（图 1.7）。进一步的研究发现，在 5 层范围内，石墨烯的透光率与层数呈线性关系，即随层数的增加而每层递减 2.3%。石墨烯还表现出良好的宽光谱光学吸收特性，对紫外到太赫兹波段的光都具有高吸收，为相同厚度 GaAs 光吸收的 50 倍[141]。此外，由于石墨烯为零带隙的半导体，很容易对光饱和，对所有光具有较低的饱和通量。如此优异的全光谱光学特性并结合其高的导电性能，使得石墨烯在光电领域具有广阔的应用前景[142]。

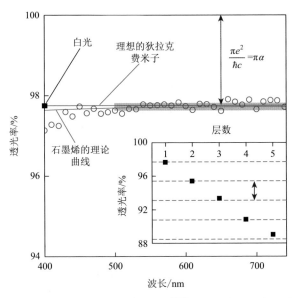

图 1.7　单层石墨烯在可见光波段的透射光谱[140]，插图为透光率随着层数的变化

由于能带结构具有线性的色散关系，石墨烯的光吸收可以通过改变费米能级（E_F）实现调制。2008 年，D. N. Basov 研究组[143]研究了 SiO_2/Si 基底上胶带剥离的单层石墨烯在红外波段的光学特性。他们从实验上证实了可以通过改变施加在 SiO_2/Si 基底上的栅极电压来调制石墨烯的透过和反射光谱。对于能量小于 $2E_F$ 的入射光，石墨烯的光导率显著降低，意味着在对应波段其透光率大幅提高。同时，在该波段内石墨烯仍存在明显的残余光导率，表明石墨烯中的载流子并非理想的狄拉克费米子，而是存在多体相互作用。2014 年，W. Z. Bao 等[144]采用电化学锂插层的方法制备出 n 型重掺杂的多层石墨烯，其电子浓度高达 6×10^{14} cm^{-2}。由于 $2E_F$（约 3 eV）已经覆盖大部分可见光波段，因此可以实现对石墨烯可见光波段的光学特性的调制。考虑到 Drude 电导率的影响，能量在 $\hbar/\tau \sim 2E_F$（τ 为载流子的弛豫时间）范围内的可见光的光吸收受到显著抑制。实验结果表明，无论是多层石墨烯还是纳米级厚度的石墨膜，n 型掺杂后透光率均有大幅提高，提高幅度取决于掺杂浓度和可见光波长。此外，理论研究表明石墨烯的堆垛结构对于其光导率具有重要影响。本征单层石墨烯和 AB 堆垛双层石墨烯的光导率与入射光的频率无关。而对于扭转双层石墨烯，两层单层石墨烯之间的旋转角度不同，其两层之间电子耦合强度的强弱不同，将使扭转双层石墨烯的能带结构发生变化，进而导致其态密度发生变化，出现范霍夫奇点，而态密度是影响石墨烯光导率的重要因素[145, 146]。Y. Wang 等[147]通过基于第一性原理的理论计算和实验发现，对于部分旋转角度（如 7.5°、13.7°、54.6°）的双层石墨烯，其光导率与入射光的频率有关。

等离激元是石墨烯又一重要的光学性质。石墨烯中存在对光的自由载流子响应，因此能够在其表面传导等离激元。但由于其电子为无质量的狄拉克费米子，石墨烯等离激元与传统金属的等离激元又有显著不同，如具有更强的局域性，可以通过改变载流子浓度进行调控以及具有更长的弛豫时间。这些特性使得基于石墨烯的等离激元研究有望解决如何减小传输损耗这一等离激元领域亟待解决的难题。在激发等离激元方面，目前已经发展出直接照射石墨烯微纳结构、利用周期性散射体激发、采用单个散射体近场激发以及通过其他束缚模式激发等多种方法[148-151]。而在实现等离激元的定向传导方面，可以通过加工石墨烯纳米带、电介质结构调控和电场调控等方式来实现[152-154]。

通常采用光学显微镜和分光光度计对石墨烯的基本光学性质进行研究。对于微米级尺寸的小样品，为了测试其可见光波段的光学特性，可以将其置于带孔微栅上，用光学显微镜的透射模式测量其透光率；如果研究红外波段的光学特性，可以将石墨烯剥离到典型的 SiO_2/Si 基底上，采用红外显微镜测量其透光率和反射率。对于厘米级尺寸的石墨烯样品，则需要将其转移到石英片等高透光率的基底上，采用分光光度计直接测量其在不同波段的透光率和反射率。此外，还可以采用分光光度计表征分散在溶液中的石墨烯微片的光吸收。在石墨烯等离激元的研究中，散射型扫描近场光学显微镜（scanning near-field optical microscope，SNOM）是一种功能强大的表征手段，可以通过近场来直接激发石墨烯中的等离激元并对其进行近场成像[150]。

1.3.4 力学性质与测试方法

在石墨烯中，每个碳原子以很强的 σ 键与周围三个碳原子连接，σ 键赋予了石墨烯极其优异的弹性模量和断裂强度。而垂直于碳平面的 π 键与相邻层的 π 键相互作用力远小于 σ 键，因此多层石墨烯的层间结合力弱，具有低的层间剪切强度。此外，石墨烯还具有低的摩擦系数[155]。2008 年，J. Hone 研究组[156]首次使用 AFM 测量了悬空石墨烯的变形深度与原子力显微镜针尖施加力的对应关系，计算出了石墨烯的断裂强度和弹性模量分别为 130 GPa 和 1 TPa，表明石墨烯是强度最高的材料。随后，他们分别采用 AFM 纳米压痕方法对 1～3 层石墨烯的杨氏模量及断裂强度和采用摩擦力显微镜对 1～4 层石墨烯的摩擦力性能进行了测试研究（图 1.8），发现 1～3 层的杨氏模量基本一致；断裂强度随着石墨烯层数的增加略有降低；而摩擦力随着层数的增加呈现明显的下降趋势（1～4 层），当层数≥5 时，则与块体石墨相当[157]。2017 年，A. Falin 等[158]同样采用 AFM 纳米压痕的方法对 1～4 层及 8 层石墨烯的力学性能进行了表征，进一步证实了随着层数的增加杨氏模量基本保持不变而断裂强度略有降低的规律。

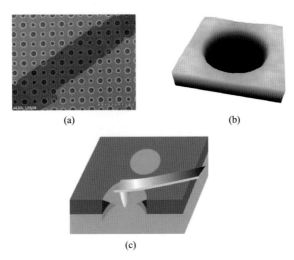

图 1.8　采用 AFM 纳米压痕方法测试悬空石墨烯薄膜的力学性能[157]

（a）多孔基底上石墨烯片的 SEM 图像；（b）悬空石墨烯的 AFM 形貌图；（c）对悬空石墨烯进行纳米压痕测试的示意图

　　然而，R. Grantab 等[159]在理论计算后提出，虽然石墨烯具有优异的力学性能，但是一旦引入缺陷，其强度会大幅降低。有趣的是，他们发现富含高密度缺陷的大角度晶界保持了和初始石墨烯同样的力学性能，远远超过几乎无缺陷的小角度晶界。Y. Wei 等[160]深入研究了晶界对力学性能的影响，发现石墨烯的强度不仅和缺陷浓度相关，而且也依赖于晶界结构中原子的排列方式，一般先从六、七元环处开始断裂。之后，G. H. Lee 等[161]结合纳米压痕测量技术与透射电子显微技术，从实验上研究了多晶 CVD 石墨烯的力学性能。结果表明，只要在转移等处理步骤中避免对样品造成破坏和引入褶皱，具有良好拼接的多晶石墨烯薄膜同样可以保持和单晶石墨烯相似的弹性模量。此外，石墨烯的本征断裂韧性较低。Z. L. Zhang 等[162]的实验研究表明，其数值仅为 15.9 J/m^2，与硅和玻璃等脆性材料相当。因此，如何在保持其本征高断裂强度和弹性模量的前提下提高其断裂韧性是石墨烯力学研究亟待解决的问题。

　　目前，单层石墨烯的弹性模量和断裂强度测试方法主要有三种，分别为两端固定悬空梁测试法、小孔悬空测试法和压差膨胀法。两端固定悬空梁测试法的原理是将石墨烯两端固定在基底上，中间部分悬空，然后利用探针在横梁中心进行加载，测得石墨烯的劲度系数，进而算得其弹性模量。相比之下，基于 AFM 纳米压痕的小孔悬空测试法是目前更为常用的方法。其原理是将石墨烯薄膜覆盖在小孔上，然后用 AFM 针尖在小孔的中心进行加载从而获得石墨烯薄膜的力-位移曲线，根据加载载荷与薄膜中心点压入深度之间的非线性关系可计算出石墨烯的弹性模量[156, 161, 163]。类似地，当对 AFM 针尖持续加载直至石墨烯破坏时，所获得的最大断裂力可以转换为石墨烯的面内力学强度，即断裂强度。然而，纳米压痕得到的力学性能仅是与压头接触部分的局部响应，并不能反映二维材料整体的力学性能，而且由于计算是基于薄膜力学模型，在石墨烯薄膜存在较大离面位移时，会产生较大的偏差。相比较而言，压差膨胀法实现了较为均匀的应变场，能够全面地反映材料的整体力学响应。该方法是将薄膜材料贴覆于一个微型凹坑上，形成一个封闭型腔，然后将这个型腔置于特殊环境中（如氮气、压缩空气等），使得型腔内外产生压强差，薄膜便会发生变形，根据压强差与薄膜中心点位移之间的函数关系可求得薄膜的弹性模量[164]。

1.3.5　其他物性

铁磁性也是石墨烯物性研究的重要内容。石墨烯铁磁性能通常是由其结构缺陷、氢化、掺杂和边界引起的。理论计算表明，在石墨烯中引入氢吸附缺陷和空位缺陷都会诱导出磁性，具体为铁磁性或抗磁性则取决于缺陷在石墨烯晶格中的位置[165]。对吸附在石墨烯上的孤立氢原子的 STM 研究证实，氢原子可以提供剩余的电子磁矩。因此可以通过使用 STM 尖端以原子精度操纵氢原子，从而调控所选择石墨烯区域的磁性[166]。室温下在吡咯氮掺杂的石墨烯中也观察到了磁滞回线，表明氮掺杂可以在石墨烯中诱导出磁性[167]。石墨烯边界诱导的磁性是近年来研究的热点[168]。对具有不同边界取向的石墨烯纳米带的研究发现，锯齿形边界的石墨烯纳米带在室温下表现出稳定的铁磁性[71]。

由于其表面对应力非常敏感，二氧化硅衬底上的石墨烯具有优异的压电特性，垂直压电系数约为 1.4 nm/V，远高于锆酸盐等传统压电材料[169]。石墨烯还具有光热电效应。对于单层和双层石墨烯形成的 p-n 结，界面处吸收光后会产生非局域的热载流子，从而在石墨烯表面出现光电流[170, 171]。

少层石墨烯还具有许多其他奇特的性能。例如，谷电子可以使双层石墨烯中出现全新的拓扑相。基于对 AB 堆垛双层石墨烯场效应晶体管中晶界处电学输运特性的研究，发现了一维谷极化弹道传输通道，对于探索石墨烯独特的拓扑相和谷物理的研究具有重要意义[172]。石墨烯具有较小的电子热容和较弱的电子-声子耦合，这意味着受到光照时其具有显著的电子温度变化。利用该特性，已经制备出了基于 AB 堆垛双层石墨烯的辐射热测量计，其响应速度显著优于商用硅基辐射热测量计[173]。此外，近年来对石墨烯超晶格物理的研究在探索新物性方面也不断涌现出许多重要的发现。

1.4　石墨烯的主要制备方法

石墨烯的制备是研究其物性和应用的前提和基础。迄今，已报道的石墨烯的制备方法有十多种。其中，根据所使用的原材料和基本处理过程不同，典型的方法可分为以下三类[174, 175]。

（1）"自上而下"的剥离方法：以石墨或其他碳晶质材料为原料，通过物理或化学/电化学方法克服石墨的层间相互作用并对其进行剥离制备石墨烯。

（2）"自下而上"的生长方法：以含碳气体或液/固态碳源为原料，通过在金属等基底表面高温催化分解生成的碳原子生长石墨烯的 CVD 方法；以有机分子作为碳源，通过在金属表面高温催化组装形成石墨烯的分子组装法。

（3）碳化硅外延生长法：高温下，利用碳化硅表面热蒸发硅原子后剩余的碳原子重排生成石墨烯。

上述各分类中又包含多种不同的工艺路线，因此所得石墨烯材料在结构和性能方面存在显著差别，适用的应用领域也有所不同，具体如表 1.1 所示。

表 1.1 石墨烯的主要制备方法、工艺特点和适合的应用[174, 175]

方法	原料	基本工艺过程	工艺特点及材料特性	适合的应用
胶带剥离	Kish 石墨或高定向石墨等	将石墨用透明胶带反复撕揭，然后将粘有石墨烯微片的透明胶带黏附在硅等平整衬底表面，将透明胶带去除即得到石墨烯	工艺简单、易于操作、石墨烯结晶质量高，但尺寸小（通常微米级）、尺寸和层数可控性差、成本高、不适于大规模制备	基本物理性质的研究或搭建概念性器件
CVD	烷烃气体或液/固态碳源	金属基底：首先利用碳源在金属等基底表面上的高温催化分解和重组形成石墨烯，然后将石墨烯与金属基底分离转移到目标基底上。非金属基底：直接利用碳源在基底表面上的高温分解和重组过程形成石墨烯	可获得大面积薄膜或大尺寸三维宏观体，石墨烯结晶质量高、可控性好、工艺易于放大，但大面积洁净无损转移仍存在挑战	柔性电子/光电器件、高性能电子/光子器件、气体阻隔膜、柔性电磁屏蔽材料等
液相剥离	天然石墨或柔性石墨纸等	氧化还原：首先在溶液中利用化学或电化学方法将石墨（或插层的石墨）等氧化获得氧化石墨，然后通过超声等方式将氧化石墨剥离得到氧化石墨烯，最后使用高温加热或化学还原剂去除氧化石墨烯上的含氧官能团，获得还原氧化石墨烯微/纳米片。剥离：利用插层物的化学反应、电化学插层、机械剪切作用等直接剥离得到石墨烯微/纳米片	氧化还原：工艺可放大、石墨烯单层率高，所得材料含有大量缺陷和部分官能团，导电性差。剥离：工艺简单、易于放大、石墨烯结晶质量较高，但多为少层石墨烯的混合物	复合材料、储能、热管理、分离膜、导电油墨、电磁屏蔽、药物或催化剂载体等
碳化硅外延生长	碳化硅晶体	将 SiC 单晶在高真空条件下加热（通常在 1300℃以上），晶格中的硅原子挥发后，保留的碳原子在基底晶格的诱导下重排形成石墨烯	可实现大面积生长、质量高、无需转移，但对基底和设备要求高、成本高、层数均匀性较差	高频电子器件、基本物理性质的研究
分子自组装	多环芳烃分子	多环芳烃分子在超高真空环境下被升华至金属催化剂表面，通过脱卤素偶联反应、环化脱氢反应等得到石墨烯	主要用于制备石墨烯纳米带，具有原子级精确的宽度和边界结构，缺陷浓度低	基本物理性质的研究，纳电子器件等

石墨烯的应用

由于诸多优异的物理化学性质，石墨烯在电子信息、能源环境、交通运输、航空航天、生物医药等领域具有广阔的应用前景（表 1.2）。

表 1.2　石墨烯的结构、性能和潜在的应用领域[176]

石墨烯的结构与性能	可推动的技术或应用	应用领域
原子级厚度；柔性；高电导率；高透光率	柔性电子/光电子器件；超薄器件	电子信息、健康医疗等领域
原子级平整；高迁移率；光吸收特性	二维异质结电子/光电子器件	
所有原子分布在表面	新型化学和生物传感器	电子信息、航空航天、交通运输、海洋工程、生物医药等领域
高力学强度；高电导率；高热导率；高阻隔性；溶液可加工性	高性能复合材料（轻质高强、高导热、高导电、高阻隔性等）；新型功能材料	
高迁移率	超高频电子器件	电子信息、环境监测、健康医疗等领域
光吸收特性；光热电效应	新型光电子和热电器件；高性能宽频光探测器	
场效应灵敏性	高灵敏度传感器	
高导电；高导热	热管理、电磁屏蔽、快速充电锂离子电池	电子信息、能源、环境等领域
光伏效应；宽频光透过（吸收）	能量转换（太阳能电池）；能量获取；自供能器件	
狄拉克费米子；赝自旋	自旋电子学；谷电子学	下一代电子器件

值得指出的是，石墨烯材料的应用很大程度上取决于所用的石墨烯材料的形态和性能。根据石墨烯材料的形态划分，可将其分为粉体（纳米片）、薄膜以及三维宏观体材料三大类。

石墨烯粉体的横向尺寸从纳米级到微米级不等，根据具体工艺路线不同其表面化学状态不同，在水及其他溶剂中的分散性也不同。在常规应用中，石墨烯粉体材料主要是作为导电、导热、防腐、力学增强或其他性能要求的填料，与基底或其他材料复合后使用，其应用主要集中于新能源领域的锂离子电池、超级电容器及其他新型储能器件，以及复合材料领域的导电导热材料、热界面材料、轻质高强材料、导电油墨和功能涂料等。在新型储能器件和复合材料应用方面，其柔性的"二维"结构特征使其在复合材料中更容易形成连续的导电、导热网络，且面接触的接触电/热阻要低于常规超细石墨和炭黑之间的点接触的接触电/热阻。而随着应用领域的扩展，许多新的应用不断出现，如用于发光及显示的石墨烯量子点，用于化工过程的石墨烯催化载体及催化剂，用于生物医药领域的石墨烯药物载体、生物传感器电极修饰材料等。

石墨烯薄膜的特点是横向尺寸大，根据应用不同从数毫米到数十英寸（1英寸为2.54厘米）不等。主要有两类，一类是以石墨烯粉体或分散液为原料通过一定处理制成的薄膜，其微观上是由石墨烯纳米片相互搭接、堆叠形成，厚度通常在数纳米到数百微米量级，存在纳米级通道，强度很高，主要应用于导电、导热、过滤、分离等领域；另一类是利用CVD或SiC外延生长的方法制备的单层或少层石墨烯薄膜，面内完整、连续，不存在石墨烯的搭接，质量更高，导电性能更好，主要作为电子器件、光电子器件、传感器器件等的沟道材料以及透明电极，如可应用于柔性显示、太阳能电池、超高频电子器件、光探测器等领域。

与薄膜材料类似，石墨烯三维宏观体材料主要包括两种制备方法，一类是以氧化石墨烯溶液为基础通过自组装工艺形成的石墨烯气凝胶材料；另一类则是利用CVD在以泡沫镍等为代表的三维金属框架结构表面生长石墨烯层，去除金属基底后得到的在原子结构上连续的石墨烯泡沫材料。这两类材料集成了多孔材料和石墨烯的结构性能优势，不仅具有极低的密度、丰富的孔结构和高比表面积，而且同时具有柔性，其中第一类材料中石墨烯表面含有丰富的官能团，而第二类材料具有非常优异的导电性，因此在电化学储能、催化、传感、吸附等领域具有广阔的应用前景。

参 考 文 献

[1] Wallace P R. The band theory of graphite. Physical Review，1947，71（9）：622-634.

[2] McClure J W. Diamagnetism of graphite. Physical Review，1956，104（3）：666-671.

[3] Semenoff G W. Condensed-matter simulation of a three-dimensional anomaly. Physical Review Letters，1984，53（26）：2449-2452.

[4] Haldane F D M. Model for a quantum Hall-effect without landau-levels-condensed-matter realization of the parity anomaly. Physical Review Letters，1988，61（18）：2015-2018.

[5] Gonzalez J，Guinea F，Vozmediano M A H. Marginal-Fermi-liquid behavior from two-dimensional Coulomb interaction. Physical Review B，1999，59（4）：R2474-R2477.

[6] Gorbar E V，Gusynin V P，Miransky V A，et al. Magnetic field driven metal-insulator phase transition in planar systems. Physical Review B，2002，66（4）：045108.

[7] Boehm H P，Clauss A，Fischer G O，et al. Das adsorptionsverhalten sehr dünner kohlenstoff-folien. Zeitschrift fur Anorganische und Allgemeine Chemie，1962，316（3-4）：119-127.

[8] Morgan A E，Somorjai G A. Low energy electron diffraction studies of gas adsorption on platinum(100) single crystal surface. Surface Science，1968，12（3）：405-425.

[9] May J W. Platinum surface LEED rings. Surface Science，1969，17（1）：267-270.

[10] Blakely J M，Kim J S，Potter H C. Segregation of carbon to (100) surface of nickel. Journal of Applied Physics，1970，41（6）：2693-2697.

[11] Shelton J C，Patil H R，Blakely J M. Equilibrium segregation of carbon to a nicke (111) surface: A surface phase transition. Surface Science，1974，43（2）：493-520.

[12] Hamilton J C，Blakely J M. Carbon layer formation on Pt(111) surface as a function of temperature. Journal of

Vacuum Science & Technology, 1978, 15 (2): 559-562.

[13] Eizenberg M, Blakely J M. Carbon monolayer phase condensation on Ni(111). Surface Science, 1979, 82 (1): 228-236.

[14] Eizenberg M, Blakely J M. Carbon interaction with nickel surfaces: Monolayer formation and structural stability. Journal of Chemical Physics, 1979, 71 (8): 3467-3477.

[15] Hamilton J C, Blakely J M. Carbon segregation to single-crystal surfaces of Pt, Pd and Co. Surface Science, 1980, 91 (1): 199-217.

[16] Land T A, Michely T, Behm R J, et al. STM investigation of single layer graphite structures produced on Pt(111) by hydrocarbon decomposition. Surface Science, 1992, 264 (3): 261-270.

[17] Vanbommel A J, Crombeen J E, Vantooren A. LEED and Auger-electron observations of SiC(0001) surface. Surface Science, 1975, 48 (2): 463-472.

[18] Badami D V. X-ray studies of the formation of graphite from silicon carbide. Carbon, 1964, 1 (3): 375.

[19] Boehm H P, Setton R, Stumpp E. Nomenclature and terminology of graphite intercalation compounds. Carbon, 1986, 24 (2): 241-245.

[20] Seibert K, Cho G C, Kutt W, et al. Femtosecond carrier dynamics in graphite. Physical Review B, 1990, 42 (5): 2842-2851.

[21] Ebbesen T W, Hiura H. Graphene in 3-dimensions: Towards graphite origami. Advanced Materials, 1995, 7 (6): 582-586.

[22] Lu X K, Yu M F, Huang H, et al. Tailoring graphite with the goal of achieving single sheets. Nanotechnology, 1999, 10 (3): 269-272.

[23] Gan Y, Chu W Y, Qiao L J. STM investigation on interaction between superstructure and grain boundary in graphite. Surface Science, 2003, 539 (1-3): 120-128.

[24] Novoselov K S, Geim A K, Morozov S V, et al. Electric field effect in atomically thin carbon films. Science, 2004, 306 (5696): 666-669.

[25] Geim A K, Novoselov K S. The rise of graphene. Nature Materials, 2007, 6 (3): 183-191.

[26] Castro E V, Novoselov K S, Morozov S V, et al. Biased bilayer graphene: Semiconductor with a gap tunable by the electric field effect. Physical Review Letters, 2007, 99 (21): 216802.

[27] Partoens B, Peeters F M. From graphene to graphite: Electronic structure around the K point. Physical Review B, 2006, 74 (7): 075404.

[28] Morozov S V, Novoselov K S, Schedin F, et al. Two-dimensional electron and hole gases at the surface of graphite. Physical Review B, 2005, 72 (20): 201401.

[29] Yacoby A. Graphene: tri and Tri again. Nature Physics, 2011, 7 (12): 925-926.

[30] Lui C H, Li Z Q, Chen Z Y, et al. Imaging stacking order in few-layer graphene. Nano Letters, 2011, 11 (1): 164-169.

[31] Cao Y, Fatemi V, Demir A, et al. Correlated insulator behaviour at half-filling in magic-angle graphene superlattices. Nature, 2018, 556 (7699): 80-84.

[32] Cao Y, Fatemi V, Fang S, et al. Unconventional superconductivity in magic-angle graphene superlattices. Nature, 2018, 556 (7699): 43-50.

[33] Ferrari A C, Meyer J C, Scardaci V, et al. Raman spectrum of graphene and graphene layers. Physical Review Letters, 2006, 97 (18): 187401.

[34] Cong C X, Yu T, Sato K, et al. Raman characterization of ABA- and ABC-stacked trilayer graphene. ACS Nano,

2011，5（11）：8760-8768.

[35] Huang M，Bakharev P V，Wang Z J，et al. Large-area single-crystal AB-bilayer and ABA-trilayer graphene grown on a Cu/Ni(111) foil. Nature Nanotechnology，2020，15（4）：289-295.

[36] Alden J S，Tsen A W，Huang P Y，et al. Strain solitons and topological defects in bilayer graphene. Proceedings of the National Academy of Sciences of the United States of America，2013，110（28）：11256-11260.

[37] Yazyev O V，Louie S G. Topological defects in graphene：Dislocations and grain boundaries. Physical Review B，2010，81（19）：195420.

[38] Malola S，Hakkinen H，Koskinen P. Structural，chemical，and dynamical trends in graphene grain boundaries. Physical Review B，2010，81（16）：165447.

[39] Lahiri J，Lin Y，Bozkurt P，et al. An extended defect in graphene as a metallic wire. Nature Nanotechnology，2010，5（5）：326-329.

[40] Huang P Y，Ruiz-Vargas C S，van der Zande A M，et al. Grains and grain boundaries in single-layer graphene atomic patchwork quilts. Nature，2011，469（7330）：389-392.

[41] Yang B，Xu H，Lu J，et al. Periodic grain boundaries formed by thermal reconstruction of polycrystalline graphene film. Journal of the American Chemical Society，2014，136（34）：12041-12046.

[42] Kim D W，Kim Y H，Jeong H S，et al. Direct visualization of large-area graphene domains and boundaries by optical birefringency. Nature Nanotechnology，2012，7（1）：29-34.

[43] Duong D L，Han G H，Lee S M，et al. Probing graphene grain boundaries with optical microscopy. Nature，2012，490（7419）：235-239.

[44] Kim K，Lee H B R，Johnson R W，et al. Selective metal deposition at graphene line defects by atomic layer deposition. Nature Communications，2014，5：4781.

[45] Yu S U，Park B，Cho Y，et al. Simultaneous visualization of graphene grain boundaries and wrinkles with structural information by gold deposition. ACS Nano，2014，8（8）：8662-8668.

[46] Zhu W J，Low T，Perebeinos V，et al. Structure and electronic transport in graphene wrinkles. Nano Letters，2012，12（7）：3431-3436.

[47] Bronsgeest M S，Bendiab N，Mathur S，et al. Strain relaxation in CVD graphene：Wrinkling with shear lag. Nano Letters，2015，15（8）：5098-5104.

[48] Liu N，Pan Z H，Fu L，et al. The origin of wrinkles on transferred graphene. Nano Research，2011，4（10）：996-1004.

[49] Chae S J，Gunes F，Kim K K，et al. Synthesis of large-area graphene layers on poly-nickel substrate by chemical vapor deposition：Wrinkle formation. Advanced Materials，2009，21（22）：2328-2333.

[50] Zhang Y F，Gao T，Gao Y B，et al. Defect-like structures of graphene on copper foils for strain relief investigated by high-resolution scanning tunneling microscopy. ACS Nano，2011，5（5）：4014-4022.

[51] Pereira V M，Neto A H C，Liang H Y，et al. Geometry，mechanics，and electronics of singular structures and wrinkles in graphene. Physical Review Letters，2010，105（15）：156603.

[52] Guinea F，Katsnelson M I，Vozmediano M A H. Midgap states and charge inhomogeneities in corrugated graphene. Physical Review B，2008，77（7）：075422.

[53] de Parga A L V，Calleja F，Borca B，et al. Periodically rippled graphene：Growth and spatially resolved electronic structure. Physical Review Letters，2008，100（5）：056807.

[54] Xu K，Cao P G，Heath J R. Scanning tunneling microscopy characterization of the electrical properties of wrinkles in exfoliated graphene monolayers. Nano Letters，2009，9（12）：4446-4451.

[55]　Zhang Y H，Wang B，Zhang H R，et al. The distribution of wrinkles and their effects on the oxidation resistance of chemical vapor deposition graphene. Carbon，2014，70：81-86.

[56]　Deng S K，Berry V. Wrinkled，rippled and crumpled graphene：An overview of formation mechanism，electronic properties，and applications. Materials Today，2016，19（4）：197-212.

[57]　Deng B，Pang Z Q，Chen S L，et al. Wrinkle-free single-crystal graphene wafer grown on strain-engineered substrates. ACS Nano，2017，11（12）：12337-12345.

[58]　Krasheninnikov A V，Lehtinen P O，Foster A S，et al. Bending the rules：Contrasting vacancy energetics and migration in graphite and carbon nanotubes. Chemical Physics Letters，2006，418（1-3）：132-136.

[59]　El-Barbary A A，Telling R H，Ewels C P，et al. Structure and energetics of the vacancy in graphite. Physical Review B，2003，68（14）：144107.

[60]　Robertson A W，Lee G D，He K，et al. Stability and dynamics of the tetravacancy in graphene. Nano Letters，2014，14（3）：1634-1642.

[61]　Meyer J C，Kisielowski C，Erni R，et al. Direct imaging of lattice atoms and topological defects in graphene membranes. Nano Letters，2008，8（11）：3582-3586.

[62]　Li L，Reich S，Robertson J. Defect energies of graphite：Density-functional calculations. Physical Review B，2005，72（18）：184109.

[63]　Kotakoski J，Eder F R，Meyer J C. Atomic structure and energetics of large vacancies in graphene. Physical Review B，2014，89（20）：201406.

[64]　Wang X R，Li X L，Zhang L，et al. N-doping of graphene through electrothermal reactions with ammonia. Science，2009，324（5928）：768-771.

[65]　Martins T B，Miwa R H，da Silva A J R，et al. Electronic and transport properties of boron-doped graphene nanoribbons. Physical Review Letters，2007，98（19）：196803.

[66]　Wang Y，Mao J，Meng X G，et al. Catalysis with two-dimensional materials confining single atoms：Concept，design，and applications. Chemical Reviews，2019，119（3）：1806-1854.

[67]　Ugeda M M，Brihuega I，Guinea F，et al. Missing atom as a source of carbon magnetism. Physical Review Letters，2010，104（9）：096804.

[68]　Cancado L G，Jorio A，Ferreira E H M，et al. Quantifying defects in graphene via Raman spectroscopy at different excitation energies. Nano Letters，2011，11（8）：3190-3196.

[69]　Eckmann A，Felten A，Mishchenko A，et al. Probing the nature of defects in graphene by Raman spectroscopy. Nano Letters，2012，12（8）：3925-3930.

[70]　Lee J，Roy A K，Wohlwend J L，et al. Scaling law for energy bandgap and effective electron mass in graphene nano mesh. Applied Physics Letters，2013，102（20）：203107.

[71]　Magda G Z，Jin X Z，Hagymasi I，et al. Room-temperature magnetic order on zigzag edges of narrow graphene nanoribbons. Nature，2014，514（7524）：608-611.

[72]　Jia X T，Hofmann M，Meunier V，et al. Controlled formation of sharp zigzag and armchair edges in graphitic nanoribbons. Science，2009，323（5922）：1701-1705.

[73]　Suenaga K，Koshino M. Atom-by-atom spectroscopy at graphene edge. Nature，2010，468（7327）：1088-1090.

[74]　Ruffieux P，Wang S，Yang B，et al. On-surface synthesis of graphene nanoribbons with zigzag edge topology. Nature，2016，531（7595）：489-492.

[75]　Beams R，Cancado L G，Novotny L. Raman characterization of defects and dopants in graphene. Journal of Physics-Condensed Matter，2015，27（8）：083002.

[76]   Abergel D S L，Apalkov V，Berashevich J，et al. Properties of graphene：A theoretical perspective. Advances in Physics，2010，59（4）：261-482.

[77]   Novoselov K S，Geim A K，Morozov S V，et al. Two-dimensional gas of massless Dirac fermions in graphene. Nature，2005，438（7065）：197-200.

[78]   Das Sarma S，Adam S，Hwang E H，et al. Electronic transport in two-dimensional graphene. Reviews of Modern Physics，2011，83（2）：407-470.

[79]   Wang L，Meric I，Huang P Y，et al. One-dimensional electrical contact to a two-dimensional material. Science，2013，342（6158）：614-617.

[80]   Zhang Y B，Tan Y W，Stormer H L，et al. Experimental observation of the quantum Hall effect and Berry's phase in graphene. Nature，2005，438（7065）：201-204.

[81]   Du X，Skachko I，Duerr F，et al. Fractional quantum Hall effect and insulating phase of Dirac electrons in graphene. Nature，2009，462（7270）：192-195.

[82]   Bolotin K I，Ghahari F，Shulman M D，et al. Observation of the fractional quantum Hall effect in graphene. Nature，2009，462（7270）：196-199.

[83]   Dean C R，Young A F，Cadden-Zimansky P，et al. Multicomponent fractional quantum Hall effect in graphene. Nature Physics，2011，7（9）：693-696.

[84]   Castro Neto A H，Guinea F，Peres N M R，et al. The electronic properties of graphene. Reviews of Modern Physics，2009，81（1）：109-162.

[85]   Novoselov K S，Jiang Z，Zhang Y，et al. Room-temperature quantum Hall effect in graphene. Science，2007，315（5817）：1379.

[86]   Ohta T，Bostwick A，Seyller T，et al. Controlling the electronic structure of bilayer graphene. Science，2006，313（5789）：951-954.

[87]   McCann E. Asymmetry gap in the electronic band structure of bilayer graphene. Physical Review B，2006，74（16）：161403.

[88]   Min H K，Sahu B，Banerjee S K，et al. *Ab initio* theory of gate induced gaps in graphene bilayers. Physical Review B，2007，75（15）：155115.

[89]   Li X，Wang X，Zhang L，et al. Chemically derived，ultrasmooth graphene nanoribbon semiconductors. Science，2008，319（5867）：1229-1232.

[90]   Rutter G M，Crain J N，Guisinger N P，et al. Scattering and interference in epitaxial graphene. Science，2007，317（5835）：219-222.

[91]   Yazyev O V，Louie S G. Electronic transport in polycrystalline graphene. Nature Materials，2010，9（10）：806-809.

[92]   Morozov S V，Novoselov K S，Katsnelson M I，et al. Strong suppression of weak localization in graphene. Physical Review Letters，2006，97（1）：016801.

[93]   McCann E，Fal'ko V I. Landau-level degeneracy and quantum Hall effect in a graphite bilayer. Physical Review Letters，2006，96（8）：086805.

[94]   Oostinga J B，Heersche H B，Liu X，et al. Gate-induced insulating state in bilayer graphene devices. Nature Materials，2008，7（2）：151-157.

[95]   Zhang Y，Tang T T，Girit C，et al. Direct observation of a widely tunable bandgap in bilayer graphene. Nature，2009，459（7248）：820-823.

[96]   Zibrov A A，Kometter C，Zhou H，et al. Tunable interacting composite fermion phases in a half-filled bilayer-graphene landau level. Nature，2017，549（7672）：360-364.

[97] Denis P A. Band gap opening of monolayer and bilayer graphene doped with aluminium, silicon, phosphorus, and sulfur. Chemical Physics Letters, 2010, 492 (4-6): 251-257.

[98] Varykhalov A, Scholz M R, Kim T K, et al. Effect of noble-metal contacts on doping and band gap of graphene. Physical Review B, 2010, 82 (12): 121101.

[99] Coletti C, Riedl C, Lee D S, et al. Charge neutrality and band-gap tuning of epitaxial graphene on SiC by molecular doping. Physical Review B, 2010, 81 (23): 235401.

[100] Tabert C J, Nicol E J. Dynamical conductivity of AA-stacked bilayer graphene. Physical Review B, 2012, 86 (7): 075439.

[101] Aoki M, Amawashi H. Dependence of band structures on stacking and field in layered graphene. Solid State Communications, 2007, 142 (3): 123-127.

[102] Latil S, Henrard L. Charge carriers in few-layer graphene films. Physical Review Letters, 2006, 97 (3): 036803.

[103] Varchon F, Mallet P, Magaud L, et al. Rotational disorder in few-layer graphene films on 6H-SiC (000$\bar{1}$): A scanning tunneling microscopy study. Physical Review B, 2008, 77 (16): 165415.

[104] Charlier J C, Gonze X, Michenaud J P. First-principles study of the stacking effect on the electronic properties of graphite(s). Carbon, 1994, 32 (2): 289-299.

[105] Warner J H, Rummeli M H, Gemming T, et al. Direct imaging of rotational stacking faults in few layer graphene. Nano Letters, 2009, 9 (1): 102-106.

[106] Craciun M F, Russo S, Yamamoto M, et al. Trilayer graphene is a semimetal with a gate-tunable band overlap. Nature Nanotechnology, 2009, 4 (6): 383-388.

[107] Bao W, Jing L, Velasco J, et al. Stacking-dependent band gap and quantum transport in trilayer graphene. Nature Physics, 2011, 7 (12): 948-952.

[108] Koshino M, McCann E. Gate-induced interlayer asymmetry in ABA-stacked trilayer graphene. Physical Review B, 2009, 79 (12): 125443.

[109] Lui C H, Li Z Q, Mak K F, et al. Observation of an electrically tunable band gap in trilayer graphene. Nature Physics, 2011, 7 (12): 944-947.

[110] Ke F, Chen Y, Yin K, et al. Large bandgap of pressurized trilayer graphene. Proceedings of the National Academy of Sciences of the United States of America, 2019, 116 (19): 9186-9190.

[111] Bistritzer R, MacDonald A H. Moiré bands in twisted double-layer graphene. Proceedings of the National Academy of Sciences of the United States of America, 2011, 108 (30): 12233-12237.

[112] Yin L J, Qiao J B, Zuo W J, et al. Experimental evidence for non-Abelian gauge potentials in twisted graphene bilayers. Physical Review B, 2015, 92 (8): 081406.

[113] Park J M, Cao Y, Watanabe K, et al. Tunable strongly coupled superconductivity in magic-angle twisted trilayer graphene. Nature, 2021, 590 (7845): 249-255.

[114] Sharpe A L, Fox E J, Barnard A W, et al. Emergent ferromagnetism near three-quarters filling in twisted bilayer graphene. Science, 2019, 365 (6453): 605-608.

[115] Serlin M, Tschirhart C L, Polshyn H, et al. Intrinsic quantized anomalous Hall effect in a moiré heterostructure. Science, 2020, 367 (6480): 900-903.

[116] Bai J W, Zhong X, Jiang S, et al. Graphene nanomesh. Nature Nanotechnology, 2010, 5 (3): 190-194.

[117] Yu Q K, Jauregui L A, Wu W, et al. Control and characterization of individual grains and grain boundaries in graphene grown by chemical vapour deposition. Nature Materials, 2011, 10 (6): 443-449.

[118] Jauregui L A, Cao H L, Wu W, et al. Electronic properties of grains and grain boundaries in graphene grown by

chemical vapor deposition. Solid State Communications，2011，151（16）：1100-1104.

[119] Li X，Magnuson C W，Venugopal A，et al. Graphene films with large domain size by a two-step chemical vapor deposition process. Nano Letters，2010，10（11）：4328-4334.

[120] Klemens P G，Pedraza D F. Thermal-conductivity of graphite in the basal-plane. Carbon，1994，32（4）：735-741.

[121] Kim P，Shi L，Majumdar A，et al. Thermal transport measurements of individual multiwalled nanotubes. Physical Review Letters，2001，87（21）：215502.

[122] Pop E，Mann D，Wang Q，et al. Thermal conductance of an individual single-wall carbon nanotube above room temperature. Nano Letters，2006，6（1）：96-100.

[123] Balandin A A，Ghosh S，Bao W，et al. Superior thermal conductivity of single-layer graphene. Nano Letters，2008，8（3）：902-907.

[124] Ghosh S，Calizo I，Teweldebrhan D，et al. Extremely high thermal conductivity of graphene：Prospects for thermal management applications in nanoelectronic circuits. Applied Physics Letters，2008，92（15）：151911.

[125] Cai W，Moore A L，Zhu Y，et al. Thermal transport in suspended and supported monolayer graphene grown by chemical vapor deposition. Nano Letters，2010，10（5）：1645-1651.

[126] Seol J H，Jo I，Moore A L，et al. Two-dimensional phonon transport in supported graphene. Science，2010，328（5975）：213-206.

[127] Nika D L，Pokatilov E P，Askerov A S，et al. Phonon thermal conduction in graphene：Role of umklapp and edge roughness scattering. Physical Review B，2009，79（15）：155413.

[128] Ghosh S，Bao W，Nika D L，et al. Dimensional crossover of thermal transport in few-layer graphene. Nature Materials，2010，9（7）：555-558.

[129] Wang Z，Xie R，Bui C T，et al. Thermal transport in suspended and supported few-layer graphene. Nano Letters，2011，11（1）：113-118.

[130] Nika D L，Balandin A A. Phonons and thermal transport in graphene and graphene-based materials. Reports on Progress in Physics，2017，80（3）：036502.

[131] Jang W，Chen Z，Bao W，et al. Thickness-dependent thermal conductivity of encased graphene and ultrathin graphite. Nano Letters，2010，10（10）：3909-3913.

[132] Lu Y，Guo J. Thermal transport in grain boundary of graphene by non-equilibrium Green's function approach. Applied Physics Letters，2012，101（4）：043112.

[133] Serov A Y，Ong Z Y，Pop E. Effect of grain boundaries on thermal transport in graphene. Applied Physics Letters，2013，102（3）：033104.

[134] Ma T，Liu Z，Wen J，et al. Tailoring the thermal and electrical transport properties of graphene films by grain size engineering. Nature Communications，2017，8：14486.

[135] Bao W Z，Miao F，Chen Z，et al. Controlled ripple texturing of suspended graphene and ultrathin graphite membranes. Nature Nanotechnology，2009，4（9）：562-566.

[136] Singh V，Sengupta S，Solanki H S，et al. Probing thermal expansion of graphene and modal dispersion at low-temperature using graphene nanoelectromechanical systems resonators. Nanotechnology，2010，21（16）：165204.

[137] Zuev Y M，Chang W，Kim P. Thermoelectric and magnetothermoelectric transport measurements of graphene. Physical Review Letters，2009，102（9）：096807.

[138] Freitag M，Steiner M，Martin Y，et al. Energy dissipation in graphene field-effect transistors. Nano Letters，2009，9（5）：1883-1888.

[139] Balandin A A. Thermal properties of graphene and nanostructured carbon materials. Nature Materials，2011，10：569-581.

[140] Nair R R，Blake P，Grigorenko A N，et al. Fine structure constant defines visual transparency of graphene. Science，2008，320（5881）：1308.

[141] Mak K F，Sfeir M Y，Wu Y，et al. Measurement of the optical conductivity of graphene. Physical Review Letters，2008，101（19）：196405.

[142] Bae S，Kim H，Lee Y，et al. Roll-to-roll production of 30-inch graphene films for transparent electrodes. Nature Nanotechnology，2010，5（8）：574-578.

[143] Li Z Q，Henriksen E A，Jiang Z，et al. Dirac charge dynamics in graphene by infrared spectroscopy. Nature Physics，2008，4（7）：532-535.

[144] Bao W Z，Wan J Y，Han X G，et al. Approaching the limits of transparency and conductivity in graphitic materials through lithium intercalation. Nature Communications，2014，5：4224.

[145] Moon P，Koshino M. Optical absorption in twisted bilayer graphene. Physical Review B，2013，87（20）：205404.

[146] Wang J，Mu X，Wang L，et al. Properties and applications of new superlattice：Twisted bilayer graphene. Materials Today Physics，2019，9：100099.

[147] Wang Y，Ni Z，Liu L，et al. Stacking-dependent optical conductivity of bilayer graphene. ACS Nano，2010，4（7）：4074-4080.

[148] Davoyan A R，Popov V V，Nikitov S A. Tailoring terahertz near-field enhancement via two-dimensional plasmons. Physical Review Letters，2012，108（12）：127401.

[149] Ju L，Geng B S，Horng J，et al. Graphene plasmonics for tunable terahertz metamaterials. Nature Nanotechnology，2011，6（10）：630-634.

[150] Chen J N，Badioli M，Alonso-Gonzalez P，et al. Optical nano-imaging of gate-tunable graphene plasmons. Nature，2012，487（7405）：77-81.

[151] Nikitin A Y，Alonso-Gonzalez P，Hillenbrand R. Efficient coupling of light to graphene plasmons by compressing surface polaritons with tapered bulk materials. Nano Letters，2014，14（5）：2896-2901.

[152] He S L，Zhang X Z，He Y R. Graphene nano-ribbon waveguides of record-small mode area and ultra-high effective refractive indices for future VLSI. Optics Express，2013，21（25）：30664-30673.

[153] Gao W L，Shi G，Jin Z H，et al. Excitation and active control of propagating surface plasmon polaritons in graphene. Nano Letters，2013，13（8）：3698-3702.

[154] Muench J E，Ruocco A，Giambra M A，et al. Waveguide-integrated，plasmonic enhanced graphene photodetectors. Nano Letters，2019，19（11）：7632-7644.

[155] Yan C，Kim K S，Lee S K，et al. Mechanical and environmental stability of polymer thin-film-coated graphene. ACS Nano，2012，6（3）：2096-2103.

[156] Lee C，Wei X，Kysar J W，et al. Measurement of the elastic properties and intrinsic strength of monolayer graphene. Science，2008，321（5887）：385-388.

[157] Lee C，Wei X D，Li Q Y，et al. Elastic and frictional properties of graphene. Physica Status Solidi B：Basic Solid State Physics，2009，246（11-12）：2562-2567.

[158] Falin A，Cai Q，Santos E J G，et al. Mechanical properties of atomically thin boron nitride and the role of interlayer interactions. Nature Communications，2017，8：15815.

[159] Grantab R，Shenoy V B，Ruoff R S. Anomalous strength characteristics of tilt grain boundaries in graphene. Science，2010，330（6006）：946-948.

[160] Wei Y，Wu J，Yin H，et al. The nature of strength enhancement and weakening by pentagon-heptagon defects in graphene. Nature Materials，2012，11（9）：759-763.

[161] Lee G H，Cooper R C，An S J，et al. High-strength chemical-vapor-deposited graphene and grain boundaries. Science，2013，340（6136）：1073-1076.

[162] Zhang Z L，Zhang X W，Wang Y L，et al. Crack propagation and fracture toughness of graphene probed by Raman spectroscopy. ACS Nano，2019，13（9）：10327-10332.

[163] Lin Q Y，Jing G，Zhou Y B，et al. Stretch-induced stiffness enhancement of graphene grown by chemical vapor deposition. ACS Nano，2013，7（2）：1171-1177.

[164] Vlassak J J，Nix W D. A new bulge test technique for the determination of Young modulus and Poisson ratio of thin-films. Journal of Materials Research，1992，7（12）：3242-3249.

[165] Yazyev O V，Helm L. Defect-induced magnetism in graphene. Physical Review B，2007，75（12）：125408.

[166] Gonzalez-Herrero H，Gomez-Rodriguez J M，Mallet P，et al. Atomic-scale control of graphene magnetism by using hydrogen atoms. Science，2016，352（6284）：437-441.

[167] Li J Y，Li X H，Zhao P H，et al. Searching for magnetism in pyrrolic N-doped graphene synthesized via hydrothermal reaction. Carbon，2015，84：460-468.

[168] Blackwell R E，Zhao F Z，Brooks E，et al. Spin splitting of dopant edge state in magnetic zigzag graphene nanoribbons. Nature，2021，600（7890）：647-652.

[169] da Cunha Rodrigues G，Zelenovskiy P，Romanyuk K，et al. Strong piezoelectricity in single-layer graphene deposited on SiO_2 grating substrates. Nature Communications，2015，6：7572.

[170] Basko D. A photothermoelectric effect in graphene. Science，2011，334（6056）：610-611.

[171] Gabor N M，Song J C W，Ma Q，et al. Hot carrier-assisted intrinsic photoresponse in graphene. Science，2011，334（6056）：648-652.

[172] Ju L，Shi Z，Nair N，et al. Topological valley transport at bilayer graphene domain walls. Nature，2015，520（7549）：650-655.

[173] Yan J，Kim M H，Elle J A，et al. Dual-gated bilayer graphene hot-electron bolometer. Nature Nanotechnology，2012，7（7）：472-478.

[174] Novoselov K S，Fal'ko V I，Colombo L，et al. A roadmap for graphene. Nature，2012，490（7419）：192-200.

[175] Ren W C，Cheng H M. The global growth of graphene. Nature Nanotechnology，2014，9（10）：726-730.

[176] Ferrari A C，Bonaccorso F，Fal'ko V，et al. Science and technology roadmap for graphene，related two-dimensional crystals，and hybrid systems. Nanoscale，2015，7（11）：4598-4810.

第2章

石墨烯的化学气相沉积生长

化学气相沉积（chemical vapor deposition，CVD）是目前控制制备高质量石墨烯的主要方法。作为一种"自下而上"的制备方法，CVD 具有很高的灵活性，可以从生长基底的设计、含碳前驱体的选择、生长气氛等工艺条件以及供能方式等多个方面进行设计和调控，从而控制得到不同结构、组成和形态的高质量石墨烯，以满足不同应用的需求。此外，该方法兼具低成本和易于规模化放大的优势，对于推动高质量石墨烯在电子/光电等领域的应用发挥了重要作用。本章将对 CVD 法制备石墨烯的基本情况和重要研究进展进行系统介绍。

2.1 基本情况

2.1.1 发展历史

CVD 是指利用热传导、等离子体辅助、光辐射等方法提供能量，使一种或几种气态化合物或单质在气相中或者固态基底表面发生化学反应，形成固态沉积物的制备技术。作为无机合成化学领域的一项重要技术，CVD 被广泛应用于制备各种单晶、多晶薄膜材料，在现代半导体工业中发挥了重要作用。正如在第 1 章中已经提到的，早在 20 世纪 60～70 年代就已有采用 CVD 制备单层石墨的报道[1, 2]，但当时主要是表面科学领域的科学家从催化剂失活的角度研究单层石墨在金属表面的形成行为，仅采用表面科学的方法进行了初步的结构表征，并未对其本征性能等进行研究。

直到 2004 年，英国曼彻斯特大学的 K. S. Novoselov 和 A. K. Geim 等[3]采用简单的胶带剥离法从石墨晶体中分离出了室温下可以稳定存在的高质量多层乃至单层的碳原子层，石墨烯众多优异性能才得以揭示并被广泛研究。自此之后，研究人员才开始有目的地开展大面积石墨烯的 CVD 制备研究。2008 年，P. W. Sutter 等[4]在超高真空下，采用 CVD 在 Ru(0001)单晶上率先实现了微米级单层和双层石墨烯晶畴的外延生长，证实了采用固态过渡金属基底作为催化剂和模板制备石墨烯的可行性。同年，Q. K. Yu 等[5]利用溶碳能力较强的镍箔作为生长基底，通过控制冷却速度实现碳析出生长出少层石墨烯。几乎与此同时，J. Kong 研究组[6]使用镍薄膜制备出了少层石墨烯；Y. H. Lee 研究组[7]和 B. H. Hong 研究组[8]也分别使用镍箔和镍薄膜制备出了少层石墨烯[6-8]。2009 年，R. S. Ruoff 研究组[9]提出使用溶碳量较低的铜箔作为生长基底，成功制备出以单层为主的石墨烯薄膜。随后，B. H. Hong 研究组[10]将铜箔卷曲后放到直径 8 in 的石英管中进行 CVD 生长，制备出了对角线尺寸达到 30 in 的石墨烯薄膜，并采用卷对卷转移技术得到了高性能的石墨烯柔性透明导电膜，实现了其在柔性触摸屏上的应用演示，从而掀起了CVD 制备石墨烯的研究热潮。

CVD 方法不仅可以低成本、高效地制备出质量可与胶带剥离法相媲美的大面积石墨烯（图 2.1），还可通过对生长气氛的调节、生长基底的选择和处理等制备出多晶、单晶、纳米晶、三维宏观体、掺杂结构、异质结构等多种不同形态和成分的石墨烯材料，从而满足不同应用的需求。此外，CVD 方法与分子束外延或液相外延等外延方法相比也有独特的优势，即使在化学性质截然不同的基底上，仍然可以生长出晶格常数与基底匹配的外延石墨烯薄膜。因此，CVD 法已经成为一种研究和应用极为广泛的高质量石墨烯的控制制备方法。

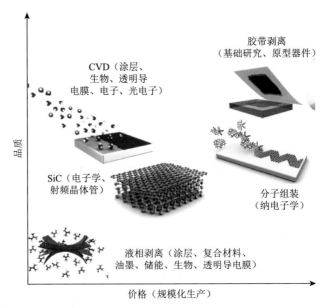

图 2.1　石墨烯主要制备方法的比较[11]

2.1.2　基本原理和过程

CVD 制备石墨烯，主要是利用含碳前驱体在一定温度或外场下，在气相或者基底表面发生裂解形成活性碳源，并在基底表面重组来形成石墨烯[12]。化学反应在整个制备过程中起了非常重要的作用，同时也是区别于其他沉积方法［如物理气相沉积（physical vapour deposition，PVD）］的显著特征。化学反应所需要的能量来源有热传导、光辐射、等离子体辅助等。根据含碳前驱体化学分解反应的不同，制备石墨烯的 CVD 方法可分为以非均相催化反应为主和以气相分解反应为主两种类型。以非均相催化分解反应为主的 CVD 方法普遍采用具有一定催化活性的金属基底，如铜、镍、铂等，活性碳源主要由前驱体在金属基底表面发生非均相催化分解得到，制备得到的石墨烯一般具有较高的结晶质量。其主要的生长过程如下：

（1）含碳前驱体（如甲烷、乙烯等）由载气（如氢气、氩气等）带入到反应腔内，并在基底表面附近形成气体黏滞层（边界层）；

（2）含碳前驱体吸附在金属基底表面；

（3）含碳前驱体在金属基底表面被催化分解为活性碳源（如碳原子等），并分别沿基底表面和向基底体相内部扩散；

（4）活性碳源在金属基底表面重组、形核并长大，最终生长得到石墨烯薄膜；

（5）化学反应副产物如氢气等在基底表面脱附；

（6）反应副产物等被气流带离反应腔体，进入到尾气处理装置。

根据固态金属基底溶碳量不同，石墨烯在其表面的生长行为和机制又大致可分为以下三种[12]。①渗碳-析碳生长［图 2.2（a，b）］：对于溶碳量较高的固态金属基底，如镍（约 0.9 at%[①]，900℃）等，甲烷等气态碳源在高温下在其表面被催化分解为碳原子后，首先渗入固态金属内部，随着基底内部碳源浓度升高，碳原子有可能在其表面的晶界等位置偏析（即恒温偏析）形成石墨烯，随后进一步降温析出更多的碳原子，形成少层或多层石墨烯。通过渗碳-析碳机制得到的石墨烯的层数往往取决于碳原子的析出量，而碳原子的析出量则很大程度上取决于降温速率和碳源浓度。然而，碳原子在基底表面的析出量往往分布不均匀，晶界处析出更多；此外，降温析碳过程本身是一个快速非平衡的过程，因而难以控制。这些因素导致了石墨烯的层数不均匀且可控性较差[7]。②表面自限制生长［图 2.2（c，d）］：对于溶碳量较低的固态金属基底，如铜（约 0.00048 at%，870℃）[13]等，其溶碳量基本可忽略不计。在高温下，气态碳源在其表面吸附、催化分解为活性碳源，进而直接形核、生长得到石墨烯。随着石墨烯在基底表面的覆盖率提高，具

---

① at%表示原子分数。

有催化活性的基底表面减少，气态碳源到达基底表面被催化分解得到的活性碳源也减少；当金属基底表面被石墨烯完全覆盖时，气态碳源将无法继续被催化分解为活性碳源用于增加石墨烯的层数。因此，在适合的实验条件下，基于该机制容易生长出单层占优的石墨烯[9]。③混合生长机制 [图 2.2（e, f）]：对于含碳量适中的金属基底，如 Pt（1.14 at%，998℃）等[14]，石墨烯的生长过程既受到表面催化控制，同时又可能会被渗碳-析碳机制所影响[15-18]。中国科学院金属研究所成会明、任文才研究组发展了 Pt 基底常压 CVD 方法，率先制备出毫米尺寸石墨烯单晶及由其构成的连续薄膜，并利用其既受表面催化控制，又受渗碳-析碳机制影响的特点，实现了石墨烯晶粒尺寸的控制。需要指出的是，上述反应机制是理想状态下的简单模型，实际的反应过程受很多因素影响，机制也更加复杂。虽然在一般情况下，金属基底上的石墨烯生长大致按照上述机制进行，但仍需结合具体的实验条件如基底状态、实验参数等进行具体分析。

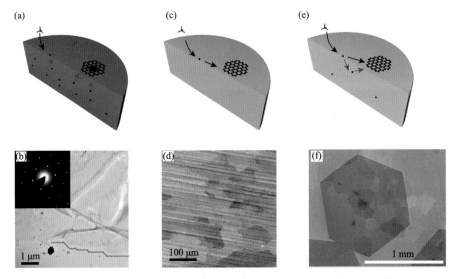

图 2.2　不同金属基底上石墨烯的生长机制示意图及所制得的石墨烯[5, 9, 12, 15, 16, 19]：（a, b）Ni 基底上的渗碳-析碳机制及所制得的少层石墨烯；（c, d）Cu 基底上的表面自限制生长机制及所制得的单层石墨烯；（e, f）Pt 基底上的混合生长机制及所制得的单层六边形单晶石墨烯

　　对于在低催化活性的非金属基底（如玻璃、蓝宝石、硅片等）上生长石墨烯，则普遍采用以气相裂解反应为主的 CVD 法，其活性碳源主要是含碳前驱体在气相中直接裂解得到，之后沉积到生长基底表面重构形成石墨烯薄膜。由于气相裂解反应效率较低且中间过程和产物组成更复杂，同时活性碳源在非金属基底表面扩散较为困难，因而该类方法普遍存在制备效率较低、石墨烯的均匀性和结晶质量较差等问题。

2.1.3　生长方法分类

根据不同的原则，可以将石墨烯的 CVD 生长方法分为不同类型。本节将对各种分类原则及对应的方法进行简要介绍。

（1）根据反应腔内总压强的大小，可分为常压 CVD（atmospheric pressure CVD，APCVD，1 atm[①]左右）、低压 CVD（low pressure CVD，LPCVD，10^{-3} Pa～1 atm 之间）、超高真空 CVD（ultrahigh vacuum CVD，UHV-CVD，$<10^{-3}$ Pa）。APCVD 生长系统设备简单，易于操作，搭建和维护成本相对较低，因而应用广泛。随着压强的降低，气体分子的平均自由程和扩散速率均会显著增加，气体分子在基底表面的分布更均匀，同时更容易穿过边界层到达基底表面。因此，相比于 APCVD，采用 LPCVD 生长系统更容易获得均匀的石墨烯薄膜。然而，无论是 APCVD 还是 LPCVD，都无法完全避免杂质和副反应对石墨烯生长的干扰。而 UHV-CVD 可以更有效地减少反应器内副产物的产生和杂质的干扰，其化学反应过程及产物主要取决于气固反应，基本不存在气体扩散及气体分子间相互作用等复杂过程。因此，在对 CVD 生长过程进行原位观测（如原位 SEM、原位 HRTEM、原位 LEEM/PEEM 等）时一般采用 UHV-CVD。

（2）根据 CVD 中涉及化学反应的类型可分为热 CVD（TCVD）和等离子体增强 CVD（plasma-enhanced CVD，PECVD）。由于采用 CVD 法制备石墨烯时，涉及的化学反应主要为吸热反应，因而需要提供充足的能量供给以促使反应不断进行。TCVD 通过维持较高的生长温度，并持续供给热量的方式促使 CVD 反应进行。TCVD 最常采用的是电阻丝加热，其具有设备简单、温度稳定、成本低等优势，是最为常用的一种制备石墨烯的方法，然而其生长温度一般较高。此外，TCVD 还可采用激光辅助、焦耳热、电磁感应、电阻式加热盘等方式为生长基底直接提供高温热源，而这些方法又可归类为冷壁 CVD，其优缺点将在下面展开讨论。

PECVD 又可分为射频 PECVD（RF-PECVD）、微波 PECVD（MW-PECVD）。RF-PECVD 是借助于外部射频电场的作用使前驱气体变成等离子体状态，等离子体激活前驱体发生化学反应，从而在基底表面生长石墨烯的方法。该方法有效地利用了非平衡等离子体的反应特征，从根本上改变了反应体系的能量供给方式，不依赖高温而直接可以使前驱体分解，从而实现了石墨烯制备工艺的低温化，并使得许多在普通 CVD 条件下进行十分缓慢或根本不能进行的反应能够得以有效进行。而 MW-PECVD 的等离子体是由微波的能量来激发，其能量利用效率更高，微波的放电区集中且不弥散，产生的等离子体也更加纯净，同时无电极污染，更有利于石墨烯的制备。然而，包含等离子体的基元反应一般较为复杂，往往会导

---

① 1 atm = $1.01325×10^5$ Pa。

致含碳前驱体分解的中间产物组成复杂；此外，相比于其他 CVD 方法，由于生长温度较低，活性碳源从基底表面的脱附较慢而破坏石墨烯的表面自限制生长，导致层数不均匀；同时，活性碳源在金属基底表面较低的扩散系数也导致所得到的石墨烯晶粒尺寸偏小。这些因素造成了 PECVD 法制备的石墨烯薄膜的质量和均匀性偏低。虽然部分研究组通过优化工艺参数，获得了较高质量的石墨烯薄膜，但总体说来，石墨烯的质量仍有待提高。

（3）根据反应腔外壁是否加热，可分为热壁 CVD（hot-wall CVD）和冷壁 CVD（cold-wall CVD）。热壁 CVD 的反应腔器壁、基底和前驱体都处于同一温度。其优点在于可以准确地控制反应温度，缺点在于成碳反应不仅发生在基底表面，也会同时发生在气相中，易生成杂质污染石墨烯的表面。冷壁 CVD 法则是针对热壁 CVD 设备功耗大、产量低等缺点而开发出来的新型 CVD 方法。在冷壁 CVD 反应器中，生长基底通过电磁感应、焦耳热、激光等方式直接加热，而炉壁则保持较低温度。冷壁式加热可实现生长基底的快速升温和降温，减少了碳源气体的分解量，同时器壁与基底之间存在温度梯度，可大幅度加快气体流动，提高前驱体的输送速度，不仅节约了成本，而且可提高制备效率。此外，冷壁 CVD 还具有背景气压低、杂质干扰小、副反应少、可控性强、能耗低、产率高等优点，在工业化生产方面具有巨大潜力[20]。

2.1.4 主要控制参数

（1）含碳前驱体。气态碳源（如甲烷、乙烯、CO_2 等）、液态碳源（如乙醇、苯、甲苯、噻吩、吡啶等）和固态碳源［如聚甲基丙烯酸甲酯（PMMA）、无定形碳等］均可作为含碳前驱体用于制备石墨烯。不同含碳前驱体的分解反应不同，对应的分解温度以及分解产物往往存在着明显差异，而这些差异将直接影响制备得到的石墨烯的结构、质量和均匀性。甲烷由于分解温度高、分解产物较为单一，生长得到的石墨烯质量较高且可控性较好，因而成为生长石墨烯最为常用的含碳前驱体。

（2）反应温度。反应温度是整个 CVD 过程中最重要的工艺参数之一。首先，温度影响前驱体的分解过程。温度不同，前驱体的分解产物和中间产物不同，进而导致石墨烯在形核过程中的临界碳浓度不同，从而影响石墨烯的形核和质量。此外，温度同样影响碳原子的重排过程。温度越高，碳原子的能量越高，能够越过能垒的概率越大，从而可以获得结晶性更好、具有更稳定结构的石墨烯。其次，温度还影响碳源等在基底表面的扩散速率。一般来说，升高温度可以增大碳源的扩散速率，从而提高石墨烯的生长速度。

（3）压强。气体的扩散系数（D）与压强（P）成反比（$D \propto T^{2/3}/P$，T 为温度），而边界层内的气体质量流量（h）则与 D 成正比（$h \propto D/\delta$，δ 为边界层厚度）。因

此，压强越低，气体的扩散系数越大，边界层内的气体质量流量越高。模拟研究表明[21]，在常压下，靠近基底表面的区域在垂直于气流方向存在着明显的浓度梯度，基底表面气体浓度最低，石墨烯生长主要受扩散过程控制；而在低压下，则基本上不存在浓度梯度，石墨烯生长过程通常表现为自限制生长模式，碳源浓度成为决定石墨烯生长速度的主要因素。一般情况下，相对高的压强有利于获得边界锐利的石墨烯结构，而相对低的压强则可以更好地控制石墨烯的层数和均匀性。

（4）反应气体的组成和分压。在 CVD 生长过程中，除了含碳前驱体外，氢气和氩气是最常用的两种载气，其中氢气可为石墨烯的生长提供还原气氛，去除生长基底表面的氧化物，同时还可辅助控制碳源的分解速度，防止其剧烈分解而产生大量无定形炭。此外，氢气还可刻蚀石墨烯中的缺陷结构，从而提升石墨烯的结晶质量。而氩气则主要作为稀释气体和保护气体，并辅助调控石墨烯的生长。反应气体的分压可直接影响石墨烯的形核密度、生长速度以及层数。当碳源气体分压较小时，分解得到的活性碳源浓度偏低，难以形成新的晶核，在有氢气存在的条件下，甚至可能会刻蚀掉已生成的石墨烯；当碳源气体分压较大时，分解得到的活性碳源浓度较高，石墨烯的形核密度、生长速度都将显著提高，但更有可能形成不均匀的多层区域。

（5）气流。在 CVD 系统中，气体一般是以连续流体的形式流动（克努森数 $Kn<0.01$），靠近生长基底表面的边界层的厚度与流速的平方根成反比。因此，气体流速越大，边界层越薄，碳源越容易越过边界层到达基底表面，化学反应速率越快。当流速达到一定程度时，可使生长过程由碳源扩散控制转变为表面化学反应控制。

（6）生长基底。CVD 生长石墨烯的主要过程是在生长基底表面及其附近的边界层进行的，因此生长基底对石墨烯的生长起着至关重要的作用。生长基底的催化活性、表面形貌、成分及其分布、表面晶格结构、溶碳量、放置方式等的不同均会使石墨烯的生长行为发生显著改变，进而影响石墨烯的结构、质量和均匀性。

（7）微量杂质元素。最近的研究表明，生长系统中微量的杂质元素，如 O、F 等[22-25]，可显著改变 CVD 生长过程中的动力学势垒，进而改变石墨烯在金属基底表面的形核密度、层数、生长速度等。

2.1.5　设备和装置

用于生长石墨烯的 CVD 设备包括多种类型，其基本构成主要包括如下部分。

（1）输入装置。输入物质一般由碳源前驱体和载气组成，前驱体可以是气态，也可以是液态或固态。当前驱体为气态时（如甲烷[5, 7-9]、乙烯[26]、乙炔[6]等），可通过质量流量计控制流量。当前驱体为液态时，通常采用两种方法控制其输入量：对于低沸点的液体，如乙醇[27]等，可用特定流量的载气通过液体，将其带入反应腔；对于高沸点的液体，如甲苯[28]等，需要将液体放入带有温控的蒸发容器中，同时使载气在温度恒定的液面上方通过，从而将前驱体在特定温度下产生的蒸气由载气带入反应腔。当前驱体以固态的形式供给时，需要直接将固体放入蒸发器内，加热使其升华，继而进入到反应腔或通过载气带入。另外，也可将固态碳源直接放到生长基底表面，高温下前驱体可直接转换成石墨烯，如聚甲基丙烯酸甲酯[29]和无定形碳[30, 31]等。

（2）反应腔体。反应腔体是 CVD 反应发生的区域，也是整个系统中最为关键和核心的部分。反应腔体的设计需充分考虑装置的气密性、温区的分布、反应气体的流动、生长基底的尺寸及放置方式等。反应腔体大多为圆筒形，可水平或垂直放置。

（3）能量供给装置。如上所述，CVD 生长石墨烯的反应一般为吸热反应。因此，需要专门的能量供给装置来持续提供反应所需的热量。如图 2.3（a）所示，采用电阻丝加热的管式炉是目前最为常用的加热装置。作为典型的热壁 CVD 的加热部分，该装置具有操作简单、恒温区可调范围大且温度稳定等优点，但也存在能耗偏高、升降温速率较慢等问题。如图 2.3（b～d）所示，采用感应加热、焦耳热、电阻式加热盘加热等方式供能的装置则可仅对生长基底及其附近的区域进行加热，即用于冷壁 CVD 制备石墨烯，升降温速率更快且更加节能。此外，还有光辐射加热 [图 2.3（e）]、激光辅助等供能方式。而简单的 PECVD 装置则在管式炉的前端添加一个等离子体发生器，以产生均匀的等离子体用于石墨烯的低温生长，如图 2.3（f）所示。

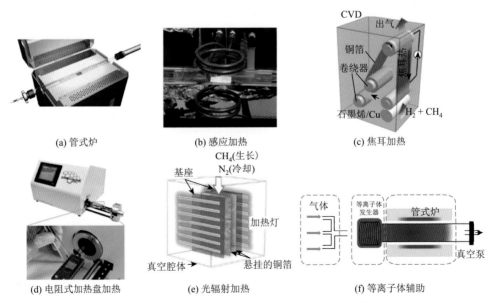

(a) 管式炉   (b) 感应加热   (c) 焦耳加热

(d) 电阻式加热盘加热   (e) 光辐射加热   (f) 等离子体辅助

图 2.3   CVD 生长石墨烯的能量供给装置[20, 32-36]

（4）排气处理装置。排气系统是用于将反应后包括副产物在内的气体处理和导出的装置，是 CVD 装置在安全方面最为重要的部分。部分 CVD 反应的副产物包含有毒有害的气体，因此需要处理后才可以排放，通常采用冷阱等冷却吸收的方式。对于 APCVD，通常需要设置防倒吸装置，以防止外界空气进入生长系统。

（5）其他装置。除上述装置外，采用卷对卷的方式连续化制备石墨烯薄膜时，需要连续传送生长基底的传动装置等。

2.2　金属基底上生长石墨烯

在 CVD 制备石墨烯的过程中，有无金属催化作用是决定石墨烯质量高低的关键因素之一。目前，高质量的 CVD 石墨烯多由金属作为生长基底制备得到。本节主要介绍以金属基底生长不同形态的石墨烯材料，包括石墨烯薄膜、石墨烯单晶、石墨烯纳米结构、石墨烯宏观体、掺杂石墨烯和石墨烯异质结构。

2.2.1　石墨烯薄膜

薄膜是 CVD 石墨烯最常见的形态之一。由于石墨烯的二维属性，层数、褶皱、表面污染物以及晶界的存在对石墨烯薄膜的性能具有重要的影响。因此，采用金属基底生长石墨烯的研究工作主要集中于对石墨烯的层数、平整度、洁净度以及晶粒尺寸的调控，以期实现均匀、高质量石墨烯薄膜的控制制备。

1. 层数控制

石墨烯的性质强烈依赖于其层数。不同层数石墨烯的电学特性[16, 23]、力学强度[37]、热导率[38]、透光率[39]等均具有明显的差异。因此，实现石墨烯薄膜的层数控制生长对于石墨烯薄膜整体性能的均匀一致，乃至后续的应用至关重要。

正如上文所述，由于铜等低溶碳量金属基底自限制生长的特性，采用 CVD 法易于制备出以单层为主的石墨烯薄膜。因此，均匀单层石墨烯薄膜的控制制备技术得以快速发展。与之相比，少层石墨烯的控制制备则较为复杂，不仅要控制石墨烯的层数，还需兼顾层与层之间堆垛角度的调控。少层石墨烯的层数和堆垛控制生长至今仍是石墨烯制备领域的一大挑战。本节将分别介绍单层和少层石墨烯薄膜的层数控制生长的代表性成果。

1）单层石墨烯薄膜

（1）铜基底上单层石墨烯薄膜的制备。

2009 年，R. S. Ruoff 研究组使用溶碳量较低的铜箔作为生长基底，制备得到了单层比例可达 95%的石墨烯薄膜[9]。此后，研究人员开展了大量采用铜等低溶碳量固态金属基底 CVD 制备单层石墨烯薄膜的研究。然而，由于固态金属基底上不同层数石墨烯的形成能相差不大、固态金属基底表面普遍存在晶界等缺陷以及实验过程中的扰动等因素，往往会形成少层或多层石墨烯岛 [图 2.4（a，b）]，从而无法实现严格单层石墨烯薄膜的制备。目前，制备完全均一单层石墨烯薄膜的研究工作一般基于两种思路：①通过调控反应条件、对生长基底进行处理等方式避免形成石墨烯岛；②在石墨烯岛形成后，通过改变实验条件去除石墨烯岛。本节将对基于上述两种思路的工作分别进行展开讨论。

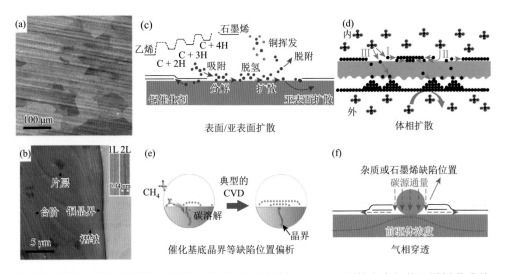

图 2.4　固态金属表面催化生长形成石墨烯岛的机制：（a，b）铜箔上生长的石墨烯薄膜的 SEM 图[9]；（c）碳原子通过在金属基底表面/亚表面扩散为生长石墨烯岛供给碳源的示意图[40]；（d）碳原子通过在金属基底内的体相扩散为生长石墨烯岛供给碳源的示意图[44]；（e）碳原子在金属基底的晶界等缺陷位置富集、偏析形成石墨烯岛的示意图[44]；（f）气相碳源通过石墨烯表面的杂质或者缺陷所在的位置为生长石墨烯岛供给碳源的示意图[41]

　　如图 2.4 所示，对于以表面催化机制为主的生长过程，石墨烯岛的形成方式一般可分为以下 4 种情况：①在第一层石墨烯未完全覆盖整个基底表面时，由暴露的基底表面催化分解得到的碳原子在基底表面或者亚表面扩散，并到达第一层石墨烯的下方形成石墨烯岛[40-42] [图 2.4（c）]。②当基底两侧的生长环境不对称时，基底两侧的碳原子浓度将出现浓度差，碳原子可从石墨烯生长速度较慢的一侧穿过基底向生长速度较快的一侧扩散，在生长速度较快的一侧、已形成的石墨烯薄膜下方形核、长大，形成石墨烯岛[23, 32, 43] [图 2.4（d）]。③碳原子通过在金属基底的表面缺陷处富集、偏析而形成石墨烯岛[44] [图 2.4（e）]。④当石墨烯薄膜表面存在杂质或者缺陷时，气相中的碳源有可能通过杂质或者缺陷附近的位置穿过石墨烯薄膜，到达其下方形成石墨烯岛[41, 42, 45]［图 2.4（f）］。

　　针对上述情况，除了精细调控生长参数外，金属基底的结构、状态、杂质含量及放置方式等对于避免形成石墨烯岛都具有非常关键的作用。电子科技大学的李雪松研究组[46]提出保持铜基底两侧相同的碳前驱体浓度是制备均匀单层石墨烯薄膜的关键。铜基底上下表面的生长环境不同将导致其上下表面的碳源前驱体的浓度不同，从而导致石墨烯岛以如图 2.4（d）所示的机制形成，破坏单层石墨烯薄膜的层数均匀性。基于此，他们将铜箔放置于石英架上悬空（图 2.5），使铜箔基底两侧的生长环境保持一致，从而避免基底两侧因碳原子浓度差异而导致的体相扩散，在一定条件下实现了均匀无岛的单层石墨烯薄膜的制备[46]。

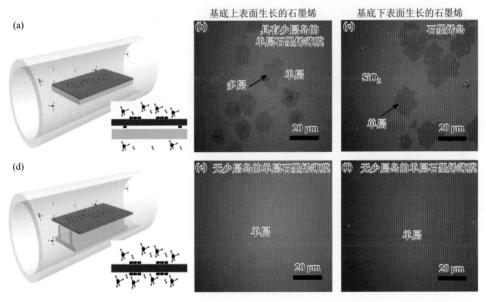

图 2.5　通过改变生长基底的放置方式制备完全无岛的单层石墨烯薄膜[46]：（a）石墨烯在平放于石英片上的铜箔上的生长过程示意图；（b，c）与（a）对应的铜箔上下表面得到的石墨烯转移至 SiO₂/Si 基底上的光学照片；（d）采用放置于石英架上的铜箔生长石墨烯的示意图；（e，f）与（d）对应的铜箔的上下表面得到的石墨烯转移至 SiO₂/Si 基底上的光学照片

　　Z. Luo 研究组[47]则通过在铜箔背面放置泡沫镍（图 2.6）来吸收多余的碳原子，防止其由铜箔背面经体相扩散到达正面形成石墨烯岛，同时有效降低铜箔正面的石墨烯形核密度，从而实现了较为均匀的单层石墨烯薄膜和尺寸可达 6 mm 的石墨烯单晶晶畴的制备。

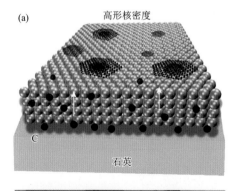
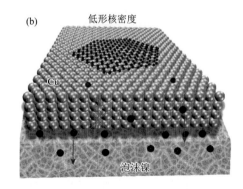

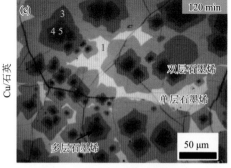
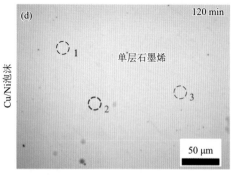

图 2.6 通过将铜箔放置于泡沫镍基底上制备均匀单层石墨烯薄膜[47]：石墨烯在平放于石英片上的铜箔表面的生长示意图（a）和生长得到的石墨烯转移至 SiO$_2$/Si 基底表面上的光学照片（c）；石墨烯在平放于泡沫镍上的铜箔表面的生长示意图（b）和生长得到的石墨烯转移至 SiO$_2$/Si 基底表面上的光学照片（d）

    针对由杂质或缺陷而导致石墨烯岛形成的情况，北京大学的刘开辉研究组[48]提出将铜基底放置于耐热盒中，避免来自石英管的二氧化硅颗粒掉落在石墨烯或者基底表面而形成缺陷。耐热盒的使用有效降低了石墨烯表面的孔洞密度，同时也降低了气相碳源从缺陷位置扩散进入石墨烯薄膜下方形成少层岛的可能性，提高了制备得到的单层石墨烯薄膜的均匀性（图 2.7）。

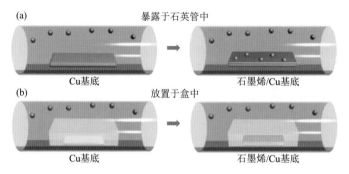

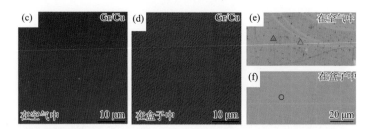

图 2.7　将铜基底放置于耐热盒中制备单层石墨烯薄膜[48]：石墨烯在直接放置于石英管内的铜基底表面的生长示意图（a）、生长得到的石墨烯的 SEM 图（c）及石墨烯转移到 SiO$_2$/Si 基底上的光学照片（e）；石墨烯在放置于耐热盒中的铜基底表面的生长示意图（b）、生长得到的石墨烯的 SEM 图（d）及石墨烯转移到 SiO$_2$/Si 基底上的光学照片（f）

D. Luo 等[49]提出铜箔亚表面微量的残余碳是形成石墨烯岛的重要原因，这些残留的碳导致在形核阶段即形成了少层和多层石墨烯，在后续生长过程中，由于各层生长速度不同而最终形成了含有岛的单层石墨烯薄膜。他们进一步提出可通过对铜箔进行长时间高温还原气氛退火处理，消除亚表面的残余碳，进而制备得到均一的单层石墨烯薄膜。

固态金属基底表面常见的原子台阶、杂质、划痕等可以为多层石墨烯的生长提供形核位点。因此，采用原子级平整的金属基底有利于减少石墨烯岛。武汉大学的付磊研究组[50]发现，将金属基底（Cu、In、Ga）升温至其熔点以上，在液态金属基底原子级平滑的表面上可以生长出均一的单层石墨烯薄膜。他们认为在反应终止的降温过程中，液态金属基底由液态转变为固态，其表面会优先固化形成不溶碳的固态晶格相，将多余的碳原子封闭在基底内部，从而可以有效避免由于碳原子的偏析形成石墨烯岛。此外，液态基底原子级平滑的表面还可避免由于基底表面不均匀而形成的石墨烯岛（图 2.8）。然而，关于采用液态金属基底制备均一单层石墨烯薄膜的具体机制仍存在争议。此外，采用液态金属基底也存在难以规模化放大制备的问题。

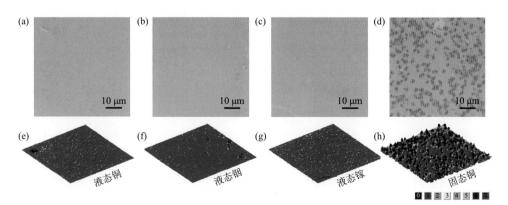

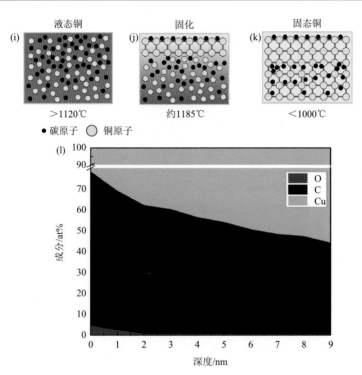

图 2.8 液态金属基底和固态铜基底上生长石墨烯[50]：（a～c）分别生长于液态铜、铟、镓基底上的石墨烯转移至 SiO₂/Si 基底上的光学照片；（d）将固态铜基底上生长的石墨烯转移至 SiO₂/Si 基底上的光学照片；（e～h）与（a～d）分别对应的石墨烯的层数分布图；（i～k）石墨烯生长结束后的降温过程中，铜基底由液态变为固态，基底中碳原子和铜原子的分布随温度变化的示意图；（l）生长结束后的铜基底中的元素成分随深度的分布

基于第二种思路，Z. Han 等[43]利用氢气的刻蚀作用，采用间歇供给甲烷的方式制备出了均一的单层石墨烯薄膜：当通入甲烷气体时，石墨烯开始生长，在第一层石墨烯形核位置易产生多层石墨烯区域；当关闭甲烷时，由于气氛中存在氢气，氢气会优先刻蚀掉高能量的多层区域，从而形成均一的单层石墨烯。以此循环往复，单层石墨烯薄膜的尺寸逐渐变大，最终制备得到严格单层的石墨烯薄膜[图 2.9（a～e）]。中国科学院化学研究所的刘云圻研究组[51]结合理论模拟和实验指出，相比于 C₂、CH₃ 等含碳前驱体，氢原子扩散到石墨烯与铜基底之间需要克服的势垒更低 [图 2.9（f～h）]，更容易到达石墨烯与铜基底之间的区域，从而使第一层石墨烯下方的氢碳比高于外界气氛的氢碳比。因此，当外界气氛的氢碳比升高时，位于第一层石墨烯薄膜下方的石墨烯岛会被优先刻蚀 [图 2.9（j～l）]。他们采用两步 CVD 法，在层数不均匀的石墨烯薄膜形成之后，调低甲烷流量，选择性刻蚀掉位于第一层石墨烯下方的石墨烯岛，最终制备得到了无石墨烯岛的单层石墨烯薄膜 [图 2.9（i）]。

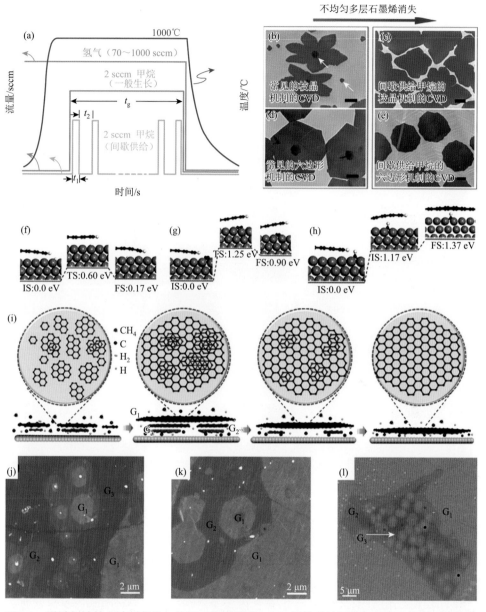

图 2.9　通过刻蚀的方法制备均一单层石墨烯薄膜：（a）间歇供给甲烷制备均一单层石墨烯薄膜的生长过程示意图；（b，d）连续供给甲烷制备的具有少层岛的石墨烯薄膜的 SEM 图；（c，e）间歇供给甲烷制备的均一单层石墨烯的 SEM 图[43]；（f~h）氢原子、C_2 和 CH_3 穿过第一层石墨烯边缘到达第一层石墨烯与铜基底之间的过程示意图及对应的势垒；（i）多层石墨烯岛的形成过程和石墨烯岛被选择性刻蚀的示意图；（j~l）发生选择性刻蚀并转移至 SiO_2/Si 基底上的石墨烯的 SEM 图（j，k）和光学照片（l），其中 G_1、G_2、G_3 分别为单层、双层、三层石墨烯区域[51]

中国科学院金属研究所的 X. Xing 等[52]发现，对于生长于固态铜基底上的不均匀石墨烯薄膜，仅通过将反应温度快速升至铜熔点以上，即可将其快速转变为均一的单层石墨烯薄膜（图 2.10）。同位素标记实验表明，在不均匀石墨烯薄膜/固态铜基底向均匀单层石墨烯薄膜/液态铜基底的转变过程中，不均匀石墨烯薄膜经历了"刻蚀-自对准-拼接"过程，由此得到的单层石墨烯薄膜的晶粒尺寸、结晶质量均得到了显著提升。

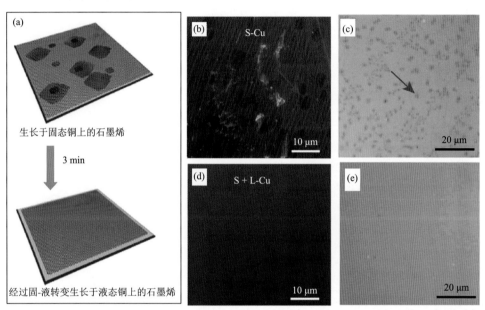

图 2.10　通过铜基底固-液转变快速制备均匀单层石墨烯薄膜[52]：（a）快速升温转化制备均一单层石墨烯的生长过程示意图；（b，c）固态铜基底上得到的具有不均匀多层区域的石墨烯薄膜的 SEM 图及转移至 SiO$_2$/Si 基底上的光学照片；（d，e）升温至铜熔点后，得到的均匀单层石墨烯薄膜的 SEM 图及转移至 SiO$_2$/Si 基底上的光学照片

（2）其他金属基底上单层石墨烯薄膜的制备。

除了铜之外，镍也是生长石墨烯的典型金属基底之一。然而，由于金属镍的碳溶解度较高，制备的石墨烯通常是不均匀的少层或多层。解决该问题的一种有效途径是引入其他金属元素来改变碳原子在镍基底中的形态和分布。如图 2.11 所示[53]，当在镍金属中引入钼元素时，由于钼可以和碳形成稳定的碳化钼，因而镍基底内部的碳原子可被钼元素以碳化钼的形式"固定"，从而可以在基底表面形成严格单层的石墨烯薄膜。实验发现，即使大范围调整生长时间、碳源浓度、钼膜的厚度、生长温度、冷却速度等，仍可实现均一单层石墨烯的制备。同理，钨元素也可在镍基底中发挥固定多余碳的作用[54]，实现均一单层石墨烯薄膜的制备。

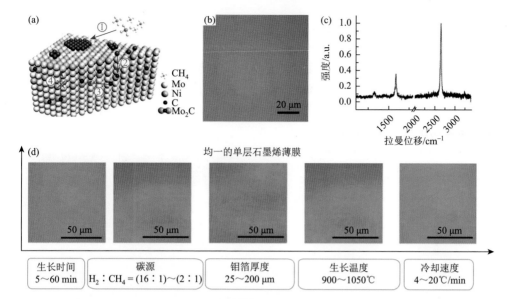

图 2.11　镍钼合金制备均一单层石墨烯薄膜[53]：（a）镍钼合金制备均一单层石墨烯薄膜的示意图；（b，c）转移至 SiO$_2$/Si 基底上的单层石墨烯薄膜的光学照片和拉曼光谱；（d）不同实验条件下，采用镍钼合金制备的均一单层石墨烯薄膜的光学照片（转移至 SiO$_2$/Si 基底上）

　　第四副族到第六副族金属可以与碳形成稳定的碳化物。将其作为生长石墨烯的金属基底，可以抑制因碳析出形成的石墨烯岛。研究表明，钛、钒、锆、铌、钼、铪、钽和钨等金属基底均可用于生长均一单层的石墨烯薄膜[55]。但是，由于表层的金属碳化物的催化活性较低，生长的石墨烯缺陷较多。

　　2）少层石墨烯薄膜

　　理论计算表明，除单层外，铜基底上其他不同层数石墨烯的形成能较为接近[56]。这意味着少层石墨烯薄膜的层数控制生长相比于单层石墨烯薄膜更加困难，且随着层数的增加，难度将进一步增大。目前关于少层石墨烯层数控制制备的研究工作主要集中于双层石墨烯薄膜，其基本思路是严格控制碳源的供给量。通常采用铜、镍、铂及其合金等作为生长基底，通过调节实验参数和改变基底的成分、结构来控制石墨烯的层数。下面将根据不同的生长机制来介绍铜、镍、铂及其合金基底上少层石墨烯的生长研究。

　　（1）高溶碳量金属基底上生长少层石墨烯薄膜。

　　金属镍具有较高的催化活性和溶碳量（约 2 at%，1000℃），其纳米粒子已作为催化剂广泛用于生长碳纳米管[57, 58]。镍也是最早用于生长石墨烯的金属催化基底之一。早期的研究发现，采用镍薄膜或者镍片作为基底，高温下含碳前驱体（如甲烷等）可在其表面催化裂解，形成的碳原子扩散进入金属内部；随后在快速降温过程中，碳原子从金属内部析出到达表面形成石墨烯[59]。Q. K. Yu 等[5]首先提出以镍箔作为基底生长石墨烯。如图 2.12（a）所示，他们通过改变降温速率来调控石墨烯薄膜的厚度，发现当采用极快速降温时，溶解在镍中的碳原子来不及析出而无法形成石墨烯；而如果采用极缓慢的速度冷却降温，碳原子则倾向于扩散进入镍基底内部，同样无法在表面形成石墨烯；仅采用适中的冷却速度时，亚表面的部分碳原子可从基底析出并形成少层石墨烯薄膜。

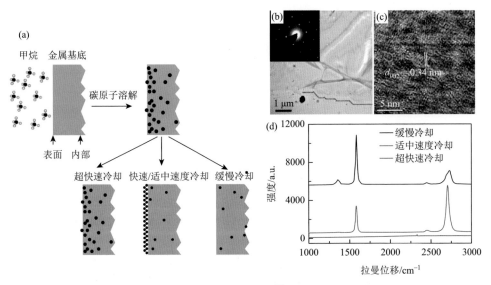

图 2.12　采用镍基底和调控降温速率制备少层石墨烯[5]：（a）采用镍基底，调控不同降温速率生长石墨烯的过程示意图；（b）石墨烯薄膜的低倍 TEM 图，红色虚线标出了石墨烯薄膜的边缘，左上角为石墨烯薄膜的 SAED 图；（c）石墨烯薄膜的 HRTEM 图；（d）采用不同冷却速度得到的少层石墨烯薄膜的拉曼光谱图

　　然而，由于碳从镍中的析出是一个非平衡的快速过程，因此仅通过控制降温速率仍很难实现层数和质量的精确调控［图 2.12（b～d）］。另外一个有效的方法是通过降低生长基底的溶碳量来调控析碳过程和石墨烯的生长。铜镍合金具有相对较低的溶碳量且其组成大范围可调，因此常被用于双层及少层石墨烯的制备[60-67]。R. S. Ruoff 研究组[67]率先采用铜镍合金制备出了双层石墨烯薄膜。他们将商用铜镍合金（质量分数：镍 31.00%，铜 67.80%，锰 0.45%，铁 0.60%，锌 0.07%）置于冷壁式反应炉中，通过控制生长温度和冷却速度，分别制备得到了单层、双层石墨烯薄膜和厚度约为 19 nm 的石墨膜。北京大学的刘忠范研究组[61]采用不同镍含量的铜镍合金作为生长基底，实现了覆盖率达 91% 的双层石墨烯薄膜的制备。R. S. Ruoff 研究组[60]进一步采用同位素标记实验，证明了采用铜镍合金（质量分数：铜 88.00%，镍 9.90%）生长双层石墨烯是典型的渗碳-析碳过程。在此基础上，许多研究工作采用铜镍合金为生长基底，并结合离子注入[62]、铜辅

助[63]、调控合金组成或者成分分布[64, 65]、基底单晶化[66]等方法来制备双层石墨烯薄膜。但是，由于恒温偏析和降温析碳过程的局限性，始终存在堆垛结构和层数分布不均一的问题，而且双层覆盖率不高的问题也较为普遍。

（2）低溶碳量金属基底上生长少层石墨烯薄膜。

如上文所述，对于铜等低溶碳量金属基底，石墨烯在其表面一般遵循自限制生长机制，制备的石墨烯通常以单层为主。然而，在某些条件下，石墨烯在形核阶段即为多层结构，或者在第一层石墨烯生长过程中乃至第一层石墨烯完全覆盖基底表面后，新一层石墨烯仍可形核、长大，从而实现少层石墨烯薄膜的制备。

根据不同层石墨烯的生长位置和生长速度的差异，利用低溶碳量金属基底制备少层石墨烯大致包含同步生长、层上生长、层下生长三种机制[68]。对于前两种生长机制，一般认为，活性碳源主要从基底表面或者第一层石墨烯的上表面扩散至多层石墨烯的生长边缘，为少层石墨烯生长供给碳源；而对于层下生长模式，活性碳源则主要通过从金属基底内部扩散至石墨烯和基底之间、从基底表面或者亚表面穿过第一层石墨烯的边缘以及直接穿过第一层石墨烯薄膜的方式，到达第一层石墨烯薄膜的下方，进而为少层石墨烯的生长提供碳源。下面详细介绍。

（a）同步生长机制：各层石墨烯的形核和生长同时进行，且生长速度相同。

J. M. Tour 研究组[69]发现通过提高甲烷的分压可以在铜箔上生长出少层石墨烯，其中双层石墨烯的比例可达 85%，如图 2.13（a～c）所示。进一步研究发现，当铜基底表面完全被石墨烯覆盖后，延长生长时间或增加气氛压力，石墨烯的层数不再发生改变，具有自限制生长的特点；缩短生长时间，在石墨烯完全覆盖铜箔基底之前停止生长，则形成了独立且厚度均匀的少层石墨烯岛。基于以上实验结果，他们提出了同步形核-表面自限制生长的机制［图 2.13（d）］。J. Wu 等[70]则采用聚苯乙烯作为碳源前驱体、铜箔作为生长基底，通过类似的同步生长模式制备得到了 AB 堆垛的双层石墨烯薄膜。韩国成均馆大学的 Y. H. Lee 研究组[71]则采用铜硅合金作为基底，通过调控合金成分和变温控制碳化硅的形成及分解，以同步生长的方式制备出了 AB 堆垛结构的双层、三层乃至四层石墨烯薄膜［图 2.13（e，f）］。

尽管同步生长对于制备层数和堆垛均匀的少层石墨烯是一种较为理想的生长模式，但需要指出的是，上述报道中得到的石墨烯一般存在较为明显的 D 峰，均匀性和结晶质量有待进一步表征和提高。此外，对于这种生长模式，其具体的生长机制仍存在争议[72]，需进一步研究和验证。

（b）层上生长机制：其他层位于第一层石墨烯之上，且第一层生长速度最快。

当金属基底表面被石墨烯完全覆盖后，其将失去催化活性而无法为石墨烯的

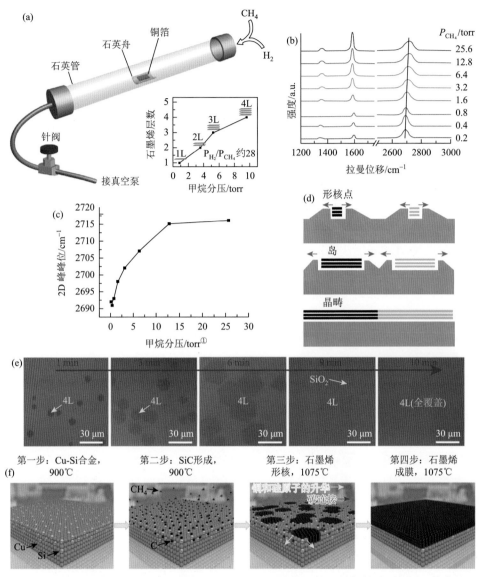

图 2.13　同步生长模式制备少层石墨烯：（a）少层石墨烯的 CVD 制备装置示意图，其中的压力由针阀及真空泵控制，插图为固定 H_2 和 CH_4 分压比例时，石墨烯的层数与甲烷分压的关系；（b）石墨烯的拉曼光谱随甲烷分压增加的变化图；（c）图（b）中 2D 峰的位置与甲烷分压的关系图；（d）同步生长机制示意图[69]；（e）四层石墨烯的形貌随生长时间的变化（转移至 SiO_2/Si 上的石墨烯的光学照片）；（f）采用铜硅合金基底生长石墨烯的示意图[71]

生长继续提供活性碳源。层上生长模式主要是通过在气流上游放置具有催化活性

---

① 1 torr = 1.33322×10^2 Pa。

的金属基底等方式来生成活性碳源，并通过气流将其带到下游的石墨烯薄膜表面沉积来生长少层石墨烯[73-75]。基于这一思路，2011 年，刘忠范研究组[74]采用双温区 CVD 系统，将已覆盖单层石墨烯薄膜的铜基底置于气流下游的温区（1000℃），而在气流上游温区（1040℃）放置无石墨烯的铜箔用于催化裂解甲烷，其产生的部分活性碳源被气流带到下游的单层石墨烯/铜表面，沉积生长第二层石墨烯［图 2.14（a～c）］，最终可得到覆盖率为 67%的双层石墨烯薄膜。值得注意的是，第二层石墨烯的晶畴形状、密度及尺寸分布不均匀，说明第二层石墨的形核及长大依然受到铜基底的影响。加利福尼亚大学洛杉矶分校的段镶锋研究组[75]采用类似的方法生长出了双层比例更高的石墨烯薄膜。如图 2.14（d～f）所示，他们采用了较长的铜基底以及较高的氢碳比，由气流上游（低温区）裸露的铜基底催化裂解甲烷获得活性碳源，而后部分活性碳源被气流带到下游（高温区）的石墨烯薄膜上方，用于双层石墨烯的生长，最终得到了 AB 堆垛比例为 90%、双层覆盖率为 99%的双层石墨烯薄膜。

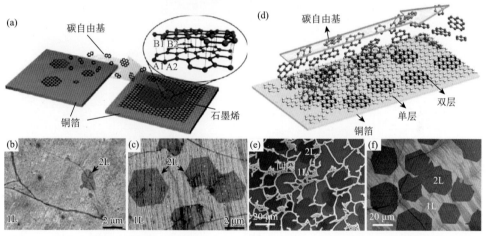

图 2.14　层上生长模式制备双层石墨烯：（a）采用双温区 CVD 系统和铜辅助制备双层石墨烯的实验示意图；（b，c）单层和双层石墨烯的 SEM 图[74]；（d）采用较长的铜箔制备双层石墨烯的示意图；（e）气流上游的铜基底上石墨烯的 SEM 图；（f）气流下游铜基底上石墨烯的 SEM 图[75]

　　为了证实少层石墨烯的层上生长模式，M. Kalbac 等[76]和 Z. J. Wang 等[77]分别对铜基底和铂基底上生长的不均匀少层石墨烯进行了原位氢气刻蚀，均发现石墨烯岛会在其附近的单层石墨烯边缘发生刻蚀之前被刻蚀，因此认为石墨烯岛位于石墨烯薄膜的上方，即符合层上生长模式。然而，氢气刻蚀实验是一种间接的表征手段，仍需要采用 LEEM[78,79]和同位素标记实验[80]等手段提供直接的表征证据。因此，层上生长模式仍有待于进一步的研究和证实。

　　（c）层下生长机制：其他层位于第一层石墨烯的层下（即位于第一层石墨烯

和基底之间），且第一层生长速度最快。

与层上生长模式不同，层下生长模式有更直接的实验证据。S. Nie 等[78, 79]利用低能电子衍射（LEED）技术，通过分析铜基底上生长的非 AB 堆垛双层石墨烯（其中一层为面积较小的六方晶畴）的衍射图案发现，面积较小的石墨烯片层的衍射斑点的强度小于大面积片层的衍射斑点的强度（图 2.15），由此判断小面积片层位于大面积片层的下方，即位于金属基底与大面积石墨烯片层之间。此外，厦门大学的 Q. Li 等[80]采用同位素标记实验和拉曼表征同样证实了石墨烯在铜基底上为层下生长模式。

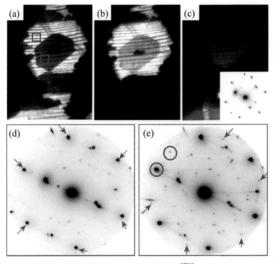

图 2.15　铜基底上非 AB 堆垛双层石墨烯的 LEED 表征[78]：（a）LEEM 明场像，中心灰色的六边形区域为双层石墨烯，而周围则为单层石墨烯，可以看出两个六边形有一定的旋转角度；（b，c）对应区域的 LEEM 暗场像；（d）图（a）中红色框所示区域的选区 LEED 表征，红色箭头标示出了单层石墨烯的一套六重衍射斑点；（e）图（a）中蓝色框所示区域的选区 LEED 表征，蓝色箭头标示出了单层石墨烯层下石墨烯的六重衍射斑点（强度较弱）；（b）中标示的暗场像来自（e）中红色圆圈标示出的上层石墨烯的衍射斑点，而（c）中的暗场像则来自（e）中蓝色圆圈标示出的下层石墨烯的衍射斑点

正如上文所述，对于层下生长模式，在第一层石墨烯未完全覆盖基底之前，活性碳源可穿过第一层石墨烯的生长边缘，在第一层石墨烯和基底之间或基底的亚表面扩散，为少层石墨烯的生长提供碳源。香港理工大学的 X. Zhang 等[81]通过第一性原理计算（*ab initio* calculations）对这一过程进行了模拟。如图 2.16 所示，他们发现在较高的氢气分压下，第一层石墨烯的边缘被氢终止，可使其边缘与基底分离，有利于活性碳源扩散进入第一层石墨烯的下方，形成双层石墨烯或者少层石墨烯。此外，活性碳源也可能在第一层石墨烯的缺陷等位置穿过第一层石墨

烯，扩散至多层石墨烯的生长边缘。中国科学技术大学的 P. Wu 等[45]基于第一性原理计算，提出了一种基于原子交换的穿透机制。基于上述机制以及理论计算结果，香港科技大学的 L. Gan 等[42]通过实验发现两种供碳机制同时存在，而表面或者亚表面扩散机制在第一层石墨烯未完全覆盖基底前对双层的生长具有主导作用。因此，他们通过表面氧化、化学抛光及提高氢气流量的方法来降低第一层石墨烯的形核密度和生长速度，进而延长活性碳源在基底表面及亚表面的扩散时间，从而制备出了亚毫米级的双层石墨烯晶畴。

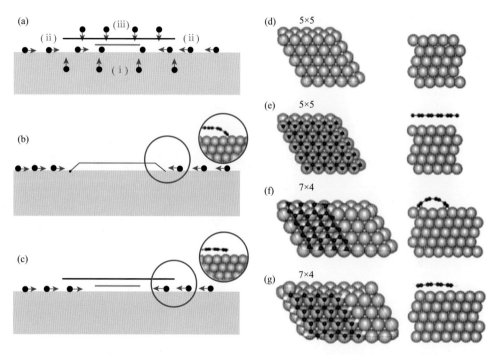

图 2.16　层下生长模式的第一性原理计算模拟[81]：（a）层下生长模式中三种碳源供应方式的示意图；（b）低氢气分压下，铜基底上边缘被金属钝化的石墨烯示意图；（c）高氢气分压下，铜基底上边缘被氢终止的石墨烯示意图；（d～g）用于研究活性碳源扩散的四种晶体模型的俯视图和侧视图

尽管由于碳在铜中的溶解度较低，直接从基底内部析出碳原子至基底表面来供给少层石墨烯生长的可能性较小，但当在铜箔两侧表面的碳源浓度存在浓度差时，碳原子可由铜箔的一侧表面扩散到另一侧表面，为少层石墨烯的生长提供碳源。麻省理工学院的 J. Kong 研究组[32]将铜箔折叠成信封结构作为生长基底。如图 2.17 所示，由于铜"信封"独特的近封闭结构，其内部甲烷浓度明显低于外部，从而构成了不对称的生长环境：内部铜表面的石墨烯生长速度明显较外部缓慢，在单层石墨烯覆盖满外表面后，内表面仍未被覆盖完全，甲烷

可在裸露的内表面分解为碳原子并穿过铜箔，到达基底外表面与单层石墨烯之间，从而在铜"信封"的外表面得到了高覆盖率的双层石墨烯薄膜。厦门大学的 Z. Zhao 等[44]的计算表明，碳原子可在 2.2 s 内扩散穿过 25 μm 厚的铜箔，并进一步采用同位素标记实验证实了铜"信封"的供碳生长机制。Y. Hao 等[23]在此基础上，采用 LEEM 和同位素标记方法对层下生长模式的供碳机制进行了进一步的研究，发现氧对于甲烷在铜表面的分解和碳原子在铜基底内的扩散具有促进作用。采用信封状的铜基底和氧辅助的方法，他们制备得到了晶粒尺寸达到约 500 μm，AB 堆垛比例为 80%的双层石墨烯薄膜。此外，J. Kong 研究组[56]发现在以铜"信封"为基底生长石墨烯的过程中，引入氧元素可以在能量上使生长双层石墨烯相对于生长三层石墨烯更有利，从而可以在一定程度上实现双层石墨烯的逐层生长。

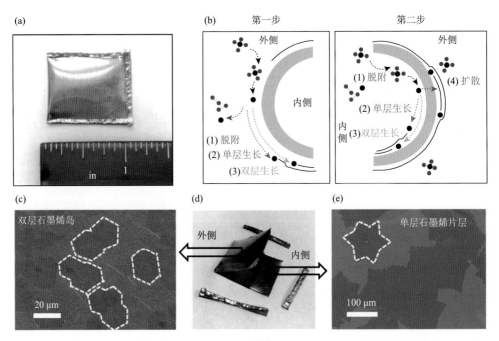

图 2.17　采用信封结构的铜基底生长双层石墨烯[32]：（a）铜"信封"基底的光学照片；（b）铜"信封"基底上石墨烯生长过程的示意图；生长完石墨烯后，铜"信封"外表面（c）、内表面（e）的 SEM 图和其剪开后的照片（d），通过观察可以发现，其外侧为双层石墨烯，而内侧表面为未成膜的单层石墨烯

由金属基底内外侧表面的碳源浓度差引起的体相扩散供碳机制，也可通过设计铜镍梯度合金基底来实现。Z. Gao 等[65]采用镍成分梯度分布的铜镍梯度合金作为生长基底 [图 2.18（a）]，利用基底上下表面镍成分的差异，使基底两侧石墨烯

的生长速度不同。如图 2.18（b，c）所示，由于镍成分的梯度分布导致碳饱和溶解度在整个基底内也呈梯度分布，碳原子可从贫镍一侧穿过基底向富镍一侧扩散。此外，由于铜的催化活性弱于镍，贫镍一侧石墨烯生长速度明显较富镍一侧缓慢，甲烷可到达未被石墨烯覆盖的贫镍侧基底表面持续分解，并扩散穿过基底持续为富镍一侧表面提供碳源，最终得到了晶粒尺寸约为 20 μm、以 AB 堆垛和扭角为 30° 占优的双层石墨烯。

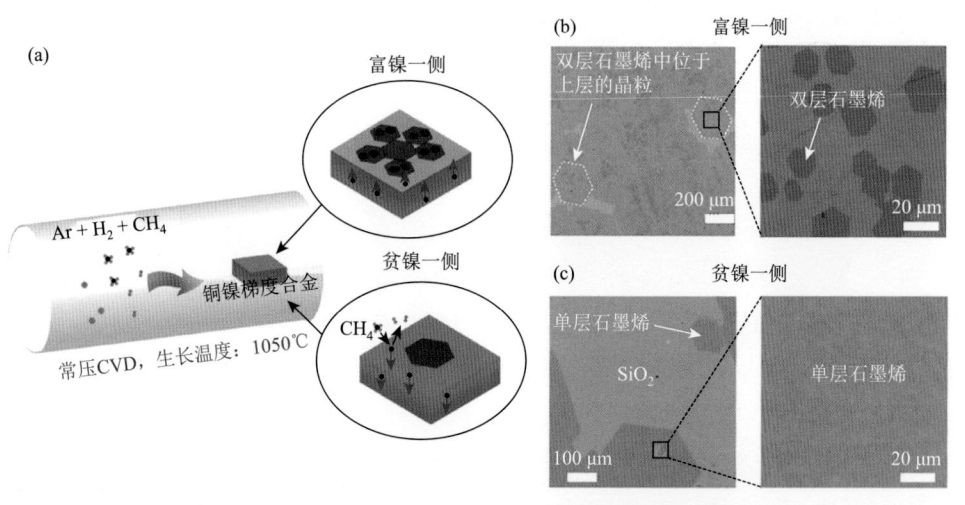

图 2.18　采用梯度铜镍合金制备双层石墨烯[65]：（a）采用梯度铜镍合金基底生长双层石墨烯的示意图；（b）梯度铜镍合金富镍一侧生长的石墨烯的光学照片（转移至 SiO₂/Si 基底上）；（c）梯度铜镍合金贫镍一侧生长的石墨烯的光学照片（转移至 SiO₂/Si 基底上）

同样采用层下生长以及催化基底内部蓄碳供碳的方式，任文才研究组[82]设计了一种新型的、高温下具有固-液核壳结构的复合基底 Pt₃Si（熔点：830℃）/Pt（熔点：1772℃）[图 2.19（a）]，并制备得到了晶圆级 AB 堆垛的双层石墨烯薄膜[图 2.19（b）]。如图 2.19（c～f）所示，其内部的固态 Pt 核发挥着蓄碳供碳的作用，在基底表面被第一层石墨烯薄膜快速覆盖后，通过精确控制生长温度缓慢降低，使其持续可控地向外供给第二层石墨烯生长所需的碳源；而包裹在固态 Pt 核上的液态 Pt₃Si 则充当缓冲层和碳原子快速扩散的通道，并降低固态金属基底不均匀析碳对石墨烯均匀性的影响；此外，其高催化活性和原子级的平滑表面使制备得到的双层的石墨烯薄膜具有极高的结晶质量和性能，与胶带剥离制备的样品相当[图 2.19（g～i）]。理论结合实验发现，由于石墨烯在液态 Pt₃Si 基底上容易发生移动和转动[图 2.19（j）]，第二层石墨烯得以采取能量最低的 AB 堆垛的形式，层间外延生长于第一层石墨烯薄膜的下方，最终得到的双层石墨烯薄膜具有完全的 AB 堆垛结构[图 2.19（i）]。

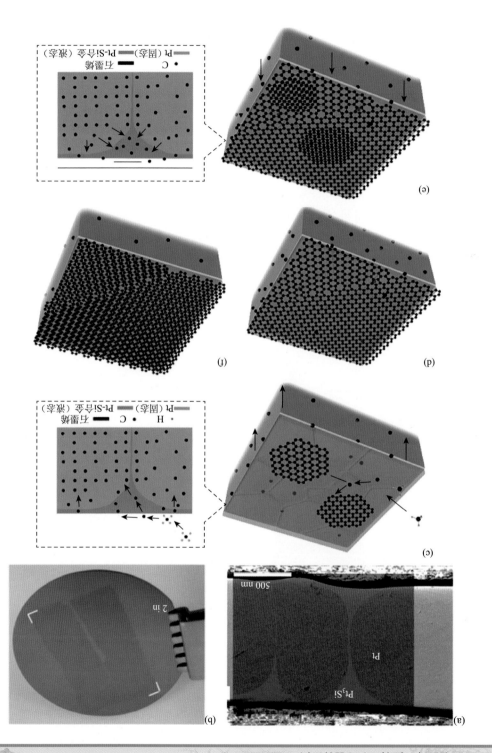

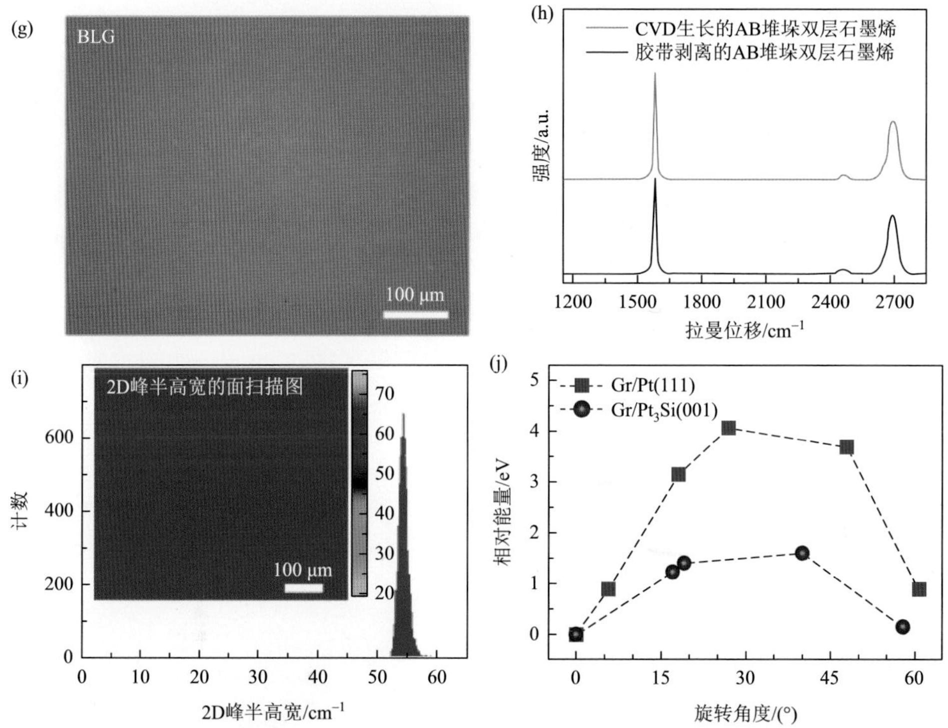

图 2.19　采用 Pt$_3$Si/Pt 复合基底层间外延制备双层石墨烯[82]：（a）Pt$_3$Si/Pt 复合基底截面 SEM 图和对应位置的 Si 元素 EDS 面扫的叠加图；（b）晶圆级双层石墨烯薄膜的宏观照片；（c～f）双层石墨烯在 Pt$_3$Si/Pt 复合基底上的生长过程示意图；（g）转移至 SiO$_2$/Si 基底上的双层石墨烯薄膜的光学照片；（h）CVD 法与胶带剥离法得到的双层石墨烯的拉曼光谱对比图；（i）双层石墨烯薄膜 2D 峰半高宽的大范围面扫图和统计分布图，其 2D 峰半高宽的分布范围为 52.4～57.1 cm^{-1}，符合 AB 堆垛的双层石墨烯的拉曼特征；（j）石墨烯分别在固态 Pt（111）和液态 Pt$_3$Si 上发生转动时所需能量与角度的关系图，可以发现石墨烯在液态 Pt$_3$Si 上转动一定角度所需的能量更低，更容易发生转动

　　需要指出的是，目前基于金属基底的少层石墨烯的层数控制生长普遍采用的是严格控制碳源的供给浓度和供给量的方式，如采用铜镍合金调控供碳量，采用铜"信封"结构向外侧表面缓慢供给碳源等，使供给的碳源以形成双层石墨烯为主，但无法保证得到的少层石墨烯薄膜的层数均一性。此外，由于普遍采用低浓度的碳源供应，往往会产生碳源供给不足的情况，因而仅能得到以双层为主的少层石墨烯薄膜。

　　正如上文所述，AB 堆垛结构相对于其他堆垛结构具有更低的能量状态，因此，上述研究工作中涉及的少层石墨烯均以稳定的 AB 堆垛为主。而对于非稳态的扭转堆垛结构，例如魔角双层石墨烯，在 CVD 生长所需的高温条件下往往难以稳定存在。同时，不同旋转角度的堆垛结构之间的能量差异较小，因而难以实现单一堆垛角度的控制生长，采用 CVD 法直接制备均匀、大面积的扭转堆垛结构的石墨烯则更加困难。尽管如此，扭转结构为石墨烯带来了包括超导、铁磁等诸多奇异的性能，而大面积均匀可控制备则是对这些奇异性能进一步研究和应用的先决条件，因此，实现大面积、旋转角度可控的少层石墨烯的制备将是未来 CVD 生长石墨烯的重要研究方向之一。

2. 平整度调控

理论上，理想的石墨烯薄膜是原子级平整的二维平面结构。然而，采用 CVD 法制备的石墨烯薄膜往往存在大量的起伏和褶皱 [图 2.20（a，b）]，其中褶皱的存在将严重影响石墨烯薄膜的电学、力学、热学等性能[83-90]。例如，在垂直于褶皱方向的石墨烯的电阻值[84]、摩擦力[85, 90]将显著增大；褶皱所在的区域

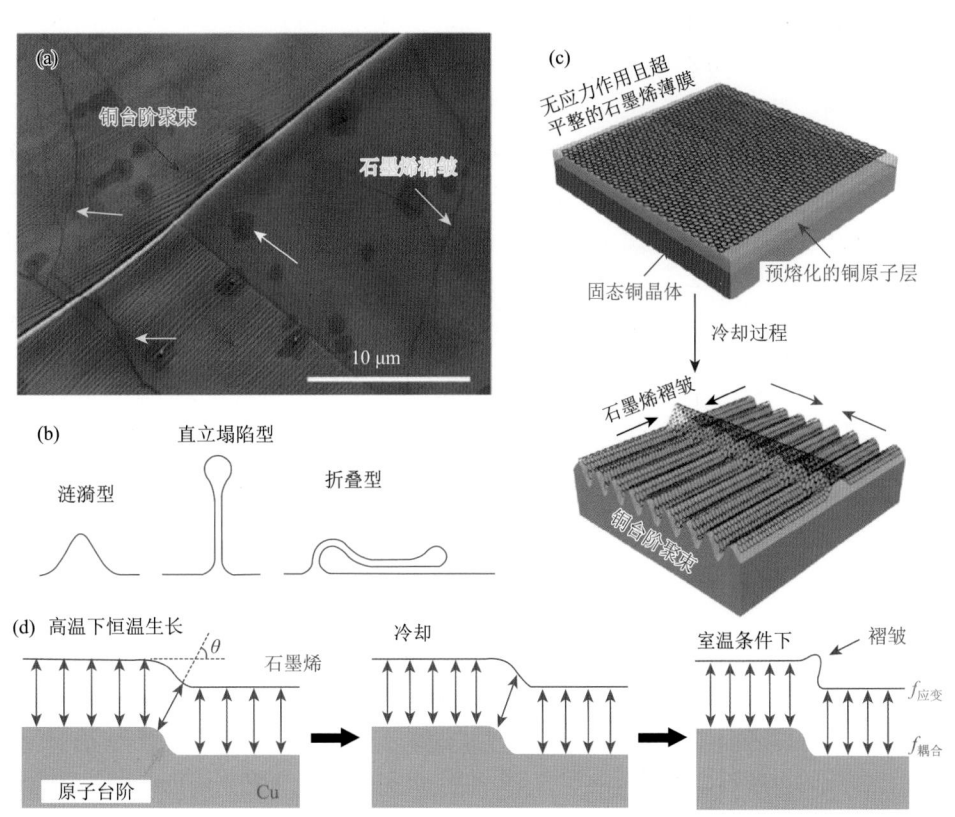

图 2.20 生长于铜基底上的石墨烯的褶皱及其形成过程示意图：（a）生长于铜基底表面分布有褶皱的石墨烯薄膜的 SEM 图[93]；（b）石墨烯褶皱的主要类型示意图[84]；（c）平行于铜表面台阶方向的应力释放时，石墨烯薄膜的褶皱形成过程示意图[93]；（d）垂直于铜表面台阶方向的应力释放时，石墨烯薄膜的褶皱形成过程示意图[94]

表面电势[89]升高，同时耐磨性能[86, 88]、热导率（降低约 27%）[83]、抗腐蚀性能[87]则明显降低。因此，制备平整、无褶皱的石墨烯薄膜对于基础研究和实际应用均具有重要意义。

对于采用金属基底制备的石墨烯薄膜，其褶皱主要是由于石墨烯热膨胀系数（室温下为 $-7 \times 10^{-6}\,\mathrm{K}^{-1}$）和金属基底热膨胀系数（如室温下铜为 $16.6 \times 10^{-6}\,\mathrm{K}^{-1}$）差异较大所致[91, 92]。如图 2.20（c，d）所示，在高温条件下，石墨烯薄膜在铜基底表面形核、长大[93, 94]。在此过程中，石墨烯薄膜铺展在铜基底表面，内部基本无应力作用，也无褶皱形成。然而在后续的降温过程中，铜基底发生体积收缩，表面出现大量平行且密集排列的原子台阶（即台阶聚并现象），而石墨烯薄膜则发生晶格膨胀并受到压应力的作用，同时金属基底则受到拉应力作用，随着应力的累积和释放，石墨烯表面将产生大量的起伏和褶皱［图 2.20（a，b）］[93]。

为了制备无褶皱的高质量石墨烯，其中一个方法是采用热膨胀系数小的金属基底，减小降温过程中因金属基底收缩而产生的应力，从而制备得到无褶皱石墨烯薄膜。2012 年，任文才研究组[16]采用与石墨烯热膨胀系数相差较小的金属铂作为生长基底，制备得到了平均褶皱高度仅为 0.8 nm 的石墨烯薄膜[图 2.21（a～c）]。J. H. Lee 等[95]采用热膨胀系数较小的 Ge(110)单晶制备得到了无褶皱的单晶石墨烯薄膜。除了 Ge(110)单晶热膨胀系数小而使石墨烯所受的应力较小外，氢终止的 Ge(100)晶面可以使石墨烯薄膜接近悬空状态，使其受基底收缩导致的应力进一步减小，从而避免了褶皱的形成［图 2.21（d～f）］。南京大学的高力波研究组[94]则进一步利用氢辅助实现了无褶皱单层石墨烯薄膜的制备。他们首先在铜(111)单晶薄膜上制备得到单层石墨烯薄膜，而后在不损伤石墨烯薄膜的前提下，通过电感耦合等离子体（ICP）产生的质子对其进行处理。利用质子可以穿过单层石墨烯薄膜的特点，在石墨烯薄膜和基底之间引入质子，随后其结合成氢气分子，促使石墨烯薄膜与生长基底脱耦合，得到接近悬空状态的石墨烯薄膜，从而避免降温过程中生长基底体积收缩对石墨烯的影响，进而制备得到了无褶皱的高质量石墨烯薄膜［图 2.21（g～i）］。该方法进一步突破了生长基底种类的限制，并有望用于制备其他无褶皱二维材料。

另外一个方法是提高金属基底与石墨烯间的界面相互作用，避免应力以形成褶皱的形式释放。北京大学的彭海琳研究组采用与石墨烯存在强相互作用的单晶铜(111)

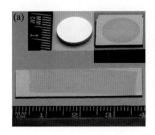
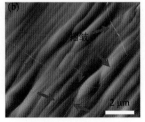
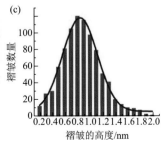

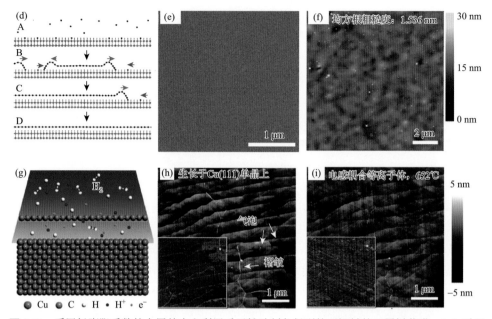

图 2.21 采用低膨胀系数的金属基底和利用质子辅助制备得到的无褶皱的石墨烯薄膜：（a）采用多晶铂基底和单晶铂基底（插图）制备并转移至硅片上的单层石墨烯薄膜的宏观照片；（b）生长在单晶基底上石墨烯的高度形貌图；（c）转移至硅片上的石墨烯褶皱的高度统计分布，褶皱的平均高度约为 0.8 nm[16]；（d）Ge(110)单晶基底上石墨烯的生长过程示意图；（e, f）生长于 Ge(110)单晶基底上的石墨烯的 SEM 和 AFM 高度形貌图[95]；（g）质子辅助制备无褶皱石墨烯薄膜的示意图；（h）未经处理的生长于铜(111)单晶基底上的石墨烯的 AFM 高度形貌图，可以观察到明显的褶皱；（i）在 650℃下，氢等离子体处理后的生长于铜(111)单晶基底上的石墨烯的 AFM 高度形貌图，可以观察到褶皱消失；（h，i）中左下角的插图为 AFM 相图[94]

薄膜制备得到了无褶皱的石墨烯薄膜[96]［图 2.22（a～c）］。研究发现，相比于铜(100)或者铜(110)单晶，石墨烯薄膜与铜(111)晶面的晶格失配度更小，因而具有更强的相互作用［图 2.22（d）］，可以保持石墨烯薄膜在冷却过程中形成的压应力，避免应力释放而形成褶皱。因此，生长在铜(111)单晶表面的石墨烯在室温下仍存在较强的压应力［图 2.22（e）］，同时也具有更加平坦的形貌［图 2.22（f）］。

R. S. Ruoff 研究组[97]通过进一步研究发现，只有外延生长于铜(111)晶面的石墨烯才能保持面内的应力（0.15%～0.50%）而无褶皱产生［图 2.23（a～d）］。他们的实验结果表明，铜(111)单晶表面生长的石墨烯大部分具有外延关系，但同时也存在着少量非外延生长区域，这些区域的石墨烯相比于外延石墨烯更容易发生滑动［图 2.23（e，f）］，从而释放应力产生褶皱。此外，他们通过实验发现，外延生长于铜(111)单晶基底上、受到压应力作用的无褶皱石墨烯相比于生长于多晶铜上、存在褶皱的石墨烯表现出更高的化学活性。

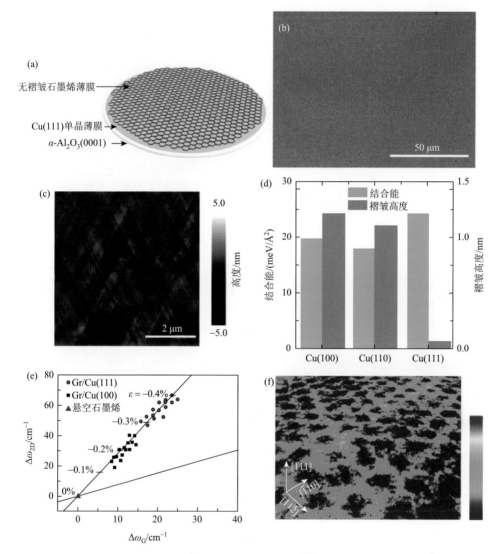

图 2.22　采用铜(111)单晶薄膜制备无褶皱石墨烯薄膜[96]：生长于铜(111)单晶薄膜/单晶 α-Al$_2$O$_3$(0001)基底上的无褶皱石墨烯的示意图（a）、SEM 图（b）和 AFM 高度形貌图（c）；（d）石墨烯在铜(100)、铜(110)、铜(111)单晶基底上的结合能和褶皱高度对比；（e）生长于铜(111)和铜(100)单晶基底上的石墨烯相对于悬空石墨烯的拉曼 G 峰和 2D 峰峰位变化分布，可以发现，石墨烯在铜(111)基底上受到了更大的压应力的作用；（f）生长于铜(111)单晶上的石墨烯高度形貌图的分子动力学模拟结果

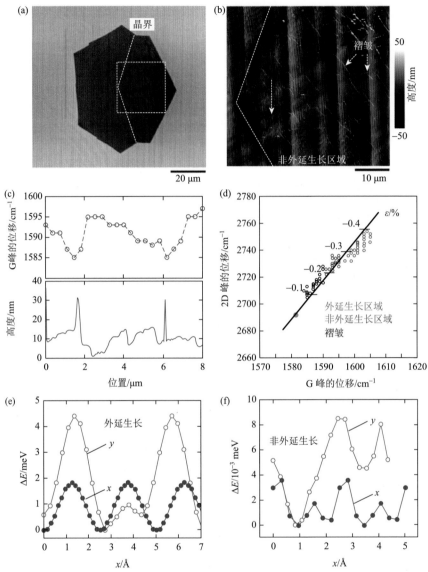

图 2.23　采用铜（111）单晶基底外延生长无褶皱石墨烯[97]：（a）生长于铜(111)单晶表面的石墨烯多晶晶畴的 SEM 图，其中的两条白色虚线为多晶晶畴的晶界位置；（b）与图（a）中的虚线框对应的、包含非外延生长的石墨烯晶畴区域的 AFM 高度形貌图，可以观察到明显的褶皱分布；（c）与图（b）中的白色带箭头的虚线所对应的位置的 G 峰峰位分布（上）和高度分布（下）；（d）外延生长区域、非外延生长区域及分布有褶皱区域的 G 峰和 2D 峰峰位分布图，可以看出外延生长区域的石墨烯所受应力大于非外延生长区域及分布有褶皱区域的石墨烯；（e，f）在铜(111)单晶表面外延和非外延生长的石墨烯沿 x 轴和 y 轴滑动的能量变化图，可以发现外延生长的石墨烯在铜(111)单晶基底表面发生滑动所需的能量相对于非外延生长的石墨烯更高，对应的摩擦力更大（约 2 倍）

2021 年，R. S. Ruoff 研究组[98]提出折叠型褶皱 [图 2.20（b）] 的形成与生长温度相关。他们采用铜镍(111)（镍含量：20.0 at%）单晶合金箔片作为生长基底，发现在高于 1030 K 的生长温度制备石墨烯薄膜的降温过程中，当温度降至 1030~1040 K 时，铜镍(111)单晶基底表面将开始出现台阶聚并现象，石墨烯薄膜形成涟漪型褶皱以释放垂直于台阶方向的压应力，同时诱导平行于台阶方向的应力释放形成垂直于台阶方向的涟漪型和折叠型褶皱 [图 2.24（a, b, d, e）]；而当生长温度低于 1030 K 时，在降温过程中，则不会出现折叠型褶皱 [图 2.24（c, f）]。基于上述发现，他们采用乙烯作为碳源，在 1000~1030 K 的温度区间，在铜镍(111)基底上制备出无折叠型褶皱的石墨烯单晶薄膜，并进一步采用石蜡转移消除涟漪型褶皱[99]，最终得到了无褶皱的单晶石墨烯薄膜。

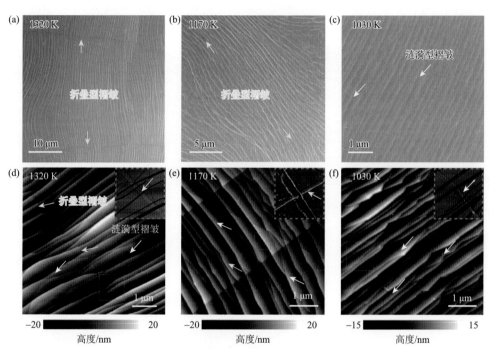

图 2.24　折叠型褶皱与生长温度的关系[98]：（a~c）采用 1320 K、1170 K 和 1030 K 的生长温度，在铜镍(111)（镍含量：20.0 at%）单晶基底上制备得到的石墨烯薄膜的 SEM 图；（d~f）采用 1320 K、1170 K 和 1030 K 的生长温度，在铜镍(111)（镍含量：20.0 at%）单晶基底上制备得到的石墨烯薄膜的 AFM 高度形貌图，右上角为对应图中蓝色虚线框所标示区域的放大图，黄色箭头标示出了折叠型褶皱，白色箭头标示出了涟漪型褶皱

3. 洁净度调控

由于石墨烯的二维特性，表面污染物将严重影响其电学[99, 100]、热学[101]、表面化学[102]等性质，进而阻碍其进一步的研究和应用。一般认为，石墨烯表面污染

物的来源主要是转移过程中有机高分子的残留[99, 103, 104]以及放置于大气环境中时污染物的吸附[102]。刘忠范、彭海琳研究组发现，除了上述两个来源外，在常规CVD 生长中形成的无定形碳（a-C）也是一个主要来源。他们认为采用固态铜基底生长石墨烯的过程中，在铜基底表面催化分解得到的活性碳源（如 C、CH、CH_2、CH_3 等）会发生部分脱附，离开铜表面并扩散到气相中，其中一部分相互之间进一步发生反应，形成更大的碳原子簇，当这些碳原子簇的浓度达到一定程度时，可在石墨烯表面形核、长大形成无定形碳［图 2.25（a）］，导致最终得到的石墨烯薄膜表面分布有大量的无定形碳污染物［图 2.25（b，c）］[105]。基于上述发现，如图 2.25（d）所示，该研究组通过采用泡沫铜/铜箔垂直堆垛结构生长石墨烯[105]，借助泡沫铜在高温下的升华向铜箔表面的黏滞层内持续供给铜蒸气，从而促进气相中活性碳物种充分裂解，抑制无定形碳污染物的形成，制备得到了洁净度可达 99%的高质量石墨烯薄膜［图 2.25（e，f）］。此外，基于铜蒸气辅助的策略，采用醋酸铜作为碳源和铜蒸气源，同样可以实现石墨烯薄膜的洁净制备[106]。然而，需要指出的是，采用铜蒸气辅助是否会导致金属残留以及对石墨烯性能的影响仍需进一步研究。

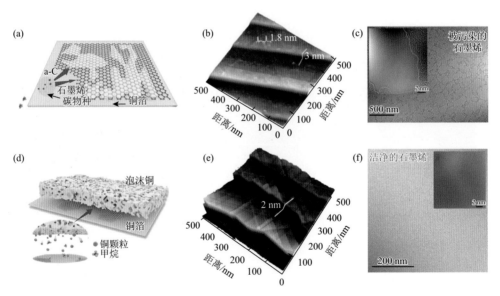

图 2.25　采用铜辅助生长的方式制备超洁净石墨烯薄膜[105]：（a）在石墨烯薄膜的生长过程中，无定形碳的形成过程示意图；（b，c）采用常规 CVD 法制备得到的石墨烯在铜基底上的 AFM 高度形貌图以及转移至微栅上的石墨烯的 HRTEM 图；（d）采用泡沫铜辅助 CVD 法制备洁净石墨烯薄膜的示意图；（e，f）采用泡沫铜辅助 CVD 法制备得到的石墨烯在铜基底上的 AFM 高度形貌图以及转移至微栅上的石墨烯的 HRTEM 图

如上文所述，冷壁 CVD 仅对反应基底进行加热，可有效减少石墨烯生长过程中的副反应。基于此，刘忠范、彭海琳研究组[107]提出采用冷壁 CVD 法制备洁净的石墨烯薄膜（图 2.26）。不同于热壁 CVD 的加热方式，冷壁 CVD 仅对金属基底加热，而反应器壁不加热，这就使得高温区域主要集中在金属基底及其附近，其气相温度则显著低于常规 CVD 的气相温度。从冷壁 CVD 体系的温度场模拟结果可以看出，在垂直于生长基底表面方向上的温度分布存在明显的变化 [图 2.26（b）]，气相温度随着与生长基底表面距离的增加而逐渐降低。在距离生长基底表面 3 cm 的位置处，气相温度就已降低到 700℃。而分子动力学模拟结果表明，在 CVD 制备石墨烯的过程中，黏滞层中的化学反应是无定形碳形成的主要原因。当气相温度与生长基底的温度相近时，黏滞层中的 CH_3 等活性碳氢化合物运动剧烈，更易聚合形成 C_2H_6、C_4H_{10} 等更大分子量的碳团簇。而大的碳团簇具有较高的迁移势垒，容易吸附在石墨烯表面形核长大，导致石墨烯表面无定形碳生成。而当气相温度较低时，CH_3 等活性碳物种很难在气相中演变成更大的碳团簇，从而提高了石墨烯的洁净度。因此，采用冷壁 CVD可以制备得到较为洁净的石墨烯薄膜。

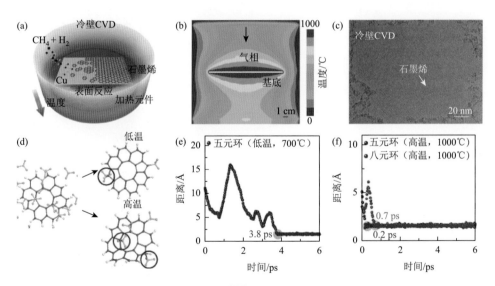

图 2.26　采用冷壁 CVD 法制备洁净石墨烯[107]：（a）采用冷壁 CVD 制备洁净石墨烯的示意图；（b）冷壁 CVD 生长系统中温度分布的模拟结果图；（c）采用冷壁 CVD 制备的洁净石墨烯的HRTEM 图，其存在着大面积的洁净区域；（d）不同温度下，分子动力学模拟的初态和终态的示意图；低温（e）和高温（f）条件下，CH_3 中的碳原子与碳团簇中的碳原子之间的距离随时间的变化。红色和蓝色圆圈分别标示出了碳原子被捕获的时间

除了抑制石墨烯薄膜在生长过程中的副反应外，该研究组还提出利用弱氧化剂二氧化碳对石墨烯和无定形碳反应活性的差异，在合适的反应温度窗口内（约 500℃），对已形成的无定形碳等表面污染物进行原位选择性刻蚀而不破坏石墨烯晶格结构，从而制备得到高质量洁净的石墨烯薄膜[108]［图 2.27（a～c）］。他们采用密度泛函理论探究了二氧化碳选择性刻蚀无定形碳的机制。如图 2.27（d，e）所示，二氧化碳在与无定形碳或石墨烯反应时会从物理吸附转变为化学吸附，并进一步发生反应，产生脱附产物一氧化碳。理论结果表明，二氧化碳刻蚀石墨烯的反应势垒（4.76 eV）远高于刻蚀无定形碳所需跨越的势垒（2.03～3.31 eV）。根据阿伦尼乌斯公式，不同温度下二氧化碳刻蚀无定形碳的反应速率比刻蚀石墨烯的速率高出 5～10 个数量级，表明二氧化碳在合适条件下可以有效地刻蚀无定形碳而不破坏石墨烯的结构。其中，温度对于二氧化碳的刻蚀选择性非常重要：温度过低时，二氧化碳对无定形碳的刻蚀作用有限；温度过高时，石墨烯和无定形碳会被同时刻蚀，从而影响石墨烯薄膜的完整度。只有在合适的温度区间内，才可以有效实现无定形碳的刻蚀，并保证石墨烯薄膜的完整度。

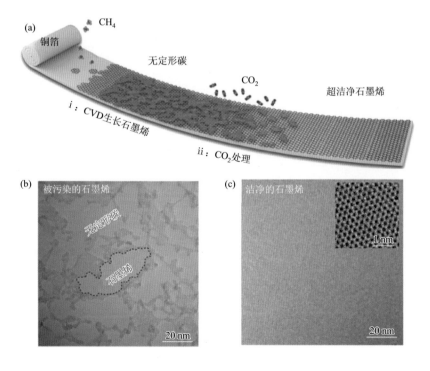

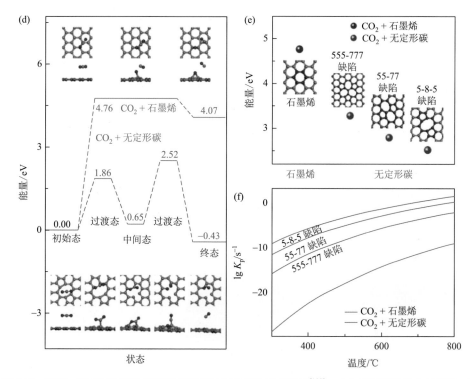

图 2.27　采用二氧化碳对无定形碳选择性刻蚀制备超洁净石墨烯[108]：（a）以铜箔作为生长基底，采用 CVD 法生长石墨烯薄膜和采用二氧化碳选择性刻蚀无定形碳制备超洁净石墨烯的示意图；（b）采用常规 CVD 法制备得到的石墨烯的 HRTEM 图；（c）经过二氧化碳选择性刻蚀的超洁净石墨烯的 HRTEM 图，右上角为放大图；（d）二氧化碳刻蚀无定形碳和石墨烯的主要步骤和对应能量的示意图；（e）二氧化碳刻蚀石墨烯和无定形碳的势垒对比图；（f）二氧化碳刻蚀石墨烯和无定形碳的反应速率对比图，其中 555-777、55-77、5-8-5 分别为用于代替无定形碳的石墨烯所具有的拓扑缺陷类型

　　该研究组进一步通过设计调控界面间的相互作用，在加热条件下，使用表面黏附有活性碳的粘毛辊多次辊压石墨烯表面，实现了超洁净石墨烯薄膜的制备［图 2.28（a～c）］[109]。为了揭示活性碳有效去除石墨烯表面无定形碳的原因，他们比较了无定形碳与活性碳和石墨烯间的相互作用力。具体地，他们将包覆有无定形碳的微球粘至 AFM 悬臂上作为特殊的 AFM 探针，测定了无定形碳与石墨烯和无定形碳与活性碳复合物之间相互作用力的曲线和界面黏附力大小。从黏附力的统计结果可以得出：无定形碳和石墨烯的作用力［(93.1±10.9) nN］小于无定形碳和活性碳复合物之间的作用力［(373.2±158.0) nN］。这表明活性碳复合物与无定形碳之间相比于石墨烯与无定形碳间具有更强的范德瓦耳斯相互作用［图 2.28（d，e）］。他们进一步通过 Johnson-Kendall-Roberts 理论计算发现活性碳与无定形碳之间的黏附能[W = (15.8±6.7) mJ/m^2]要大于无定形碳与石墨烯之间的黏附能[W = (4.0±0.5) mJ/m^2]，且远远小于石墨烯与铜衬底之间的相

互作用。因此，在石墨烯不发生破损的前提下，该方法可以有效去除无定形碳。其中，处理温度对于石墨烯表面的清洁效果具有非常重要的影响：温度过低时，无定形碳不易脱附，清洁效果较差，温度过高则会影响粘毛辊所用的黏结剂的性能，因此，随着温度的升高，粘毛辊的清洁能力先上升后下降。

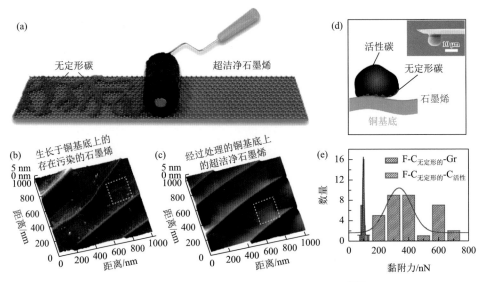

图 2.28　采用"活性碳粘毛辊"处理 CVD 石墨烯制备超洁净石墨烯[109]：（a）"活性碳粘毛辊"处理 CVD 石墨烯制备超洁净石墨烯的示意图；（b）处理前生长于铜基底上的石墨烯的高度形貌图，可以观察到明显的污染物；（c）经过处理的铜基底上的超洁净石墨烯的高度形貌图；（d）活性碳与表面分布有无定形碳的石墨烯薄膜之间相互作用的示意图；右上角为被无定形碳包裹的微球探针的 SEM 图，用于测试无定形碳与石墨烯和无定形碳与活性碳复合物之间的相互作用；（e）无定形碳和石墨烯与无定形碳和活性碳复合物之间的黏附力分布图

4. 晶粒尺寸调控

晶界是多晶石墨烯薄膜中最常见的线缺陷结构，对石墨烯薄膜的电学[15, 110-112]、力学[110, 113-115]、热学[15, 110, 116]以及化学[117]性能均具有显著影响。因此，通过控制石墨烯薄膜的晶粒尺寸来调控晶界密度，实现对上述性质的调控对于石墨烯的研究和应用具有重要意义。

对于生长在固态铜基底上的石墨烯，其形核位点一般是铜基底表面的杂质处[118-120]、原子台阶[119, 121, 122]和位错等缺陷位置[122]。随机的形核位置往往导致最终得到的石墨烯薄膜晶粒尺寸分布分散[115]。为了实现均匀尺寸晶粒的石墨烯薄膜的制备，其中一个方法是借助电子束刻蚀（electron beam lithography，EBL）技术，在铜基底表面预置石墨烯形核位点，进而实现均匀晶粒尺寸石墨烯薄膜的可控制备。美国休斯敦大学的于庆凯等首先采用 EBL 对预先在铜基底上制备的石墨烯薄膜进行加工，制备得到均匀分布在铜基底表面的石墨烯晶种（约 500 nm）[图 2.29 (a)]，而后将其置于 CVD 生长系统中重新生长石墨烯，得到了以石墨烯晶种作为核心、均匀分布且尺寸接近的石墨烯晶畴阵列 [图 2.29 (b，c)] 以及具有均匀晶粒尺寸的石墨烯薄膜[123]。此外，采用 EBL 对聚甲基丙烯酸甲酯薄膜进行加工也可以形成预置的形核位点[124]。值得注意的是，借助器件集成工艺，可进一步在上述方法制备得到的空间、尺寸分布可控的石墨烯单晶晶畴阵列上构筑集成单晶石墨烯器件，从而有效避免晶界对集成器件性能的影响。然而，这一方法需要借助于 EBL 或者光刻技术，显著增加了制备工艺的复杂度。

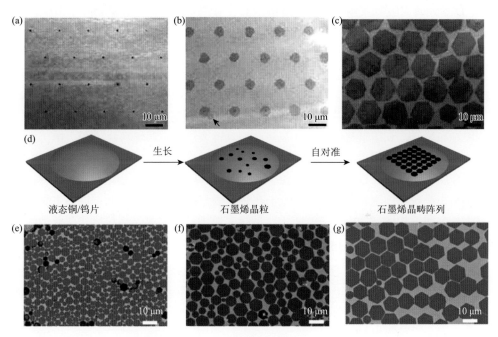

图 2.29　晶粒尺寸分布均匀的单层石墨烯薄膜的制备：（a）铜基底表面的石墨烯晶种阵列的 SEM 图；（b，c）分别经过 5 min、15 min 重新生长后，石墨烯晶畴阵列的 SEM 图[123]；（d）采用液态铜基底制备晶粒尺寸分布均匀的石墨烯晶畴的示意图；（e～g）甲烷流量分别为 12 sccm、8 sccm、5 sccm 时，制备得到的晶粒尺寸分别为 3 μm、8 μm、12 μm 的石墨烯晶畴，其中当甲烷流量为 5 sccm 时，石墨烯晶畴具有自对准的倾向[125, 126]

　　如上所述，石墨烯在固态铜基底上随机形核主要是由固态铜基底表面不均匀造成的。刘云圻研究组发现液态铜基底具有各向同性、原子级平滑的液态表面，可以有效避免固态金属基底表面不均匀的问题。他们采用液态铜作为生长基底，使石墨烯在其表面均匀形核，进而长大形成尺寸分布均匀的六边形石墨烯晶畴 [图 2.29 (d)]。进一步延长时间，即可得到晶粒尺寸分布均匀的单层石墨烯薄膜。其中石墨烯薄膜的平均晶粒尺寸可通过调节反应温度和碳氢比，在 3～120 μm 的范围连续调控 ［图 2.29（e～g）］[125, 126]。

当石墨烯薄膜的晶粒尺寸缩小到纳米级时，晶界密度骤增，晶界对于石墨烯薄膜整体性能的影响也更为显著。因此，制备具有纳米级晶粒尺寸的石墨烯薄膜，并进一步研究晶粒尺寸对薄膜性能的影响对于基础研究和应用均具有重要意义。采用固态铜基底及常规 CVD 方法，一般仅能制备得到平均晶粒尺寸在 1 μm 以上的石墨烯薄膜。新加坡国立大学的 K. P. Loh 研究组[112, 127]采用 PECVD，借助等离子体辅助提高活性碳源供给浓度，在较低的温度下（750～800℃）、在 CuNi(111)单晶薄膜基底上制备得到了晶粒取向高度一致、平均晶粒尺寸在 20～150 nm 的单层石墨烯薄膜。任文才研究组[15]采用具有一定溶碳量的金属铂（溶碳量 1.16 at% C，1090℃）[14]作为生长基底，利用铂基底在不同条件下可分别实现渗碳-析碳生长和表面自限制生长的特性，通过渗碳-析碳生长模式提高形核密度，而后切换到表面自限制生长使石墨烯拼接成单层薄膜。如图 2.30（a）所示，其具体的生长过程如下：首先，使用高浓度碳源快速生长出以单层为主的石墨烯薄膜，由于铂基底具有一定的碳溶解度，一些碳原子会同时溶解到基底内部 ［图 2.30（b）］；随后，用纯氩气替换反应气氛中的甲烷和氢气，利用氩气中的水、氧等杂质刻蚀表层的石墨烯薄膜 ［图 2.30（c）］；之后再在反应体系中引入微量氢气，使溶解在铂基底内的碳原子在氢气的作用下析出到金属表面，形成石墨烯微小晶粒 ［图 2.30（d）］；最后引入小流量甲烷气体，使析出的小晶粒继续生长为完整的单层石墨烯薄膜 ［图 2.30（e）］。通过调节生长温度等生长参数，如图 2.30（f～i）所示，最终实现了石墨烯薄膜晶粒尺寸在亚微米尺度的连续可调（200 nm～1 μm）。

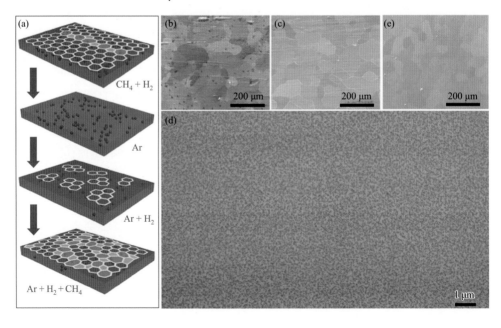

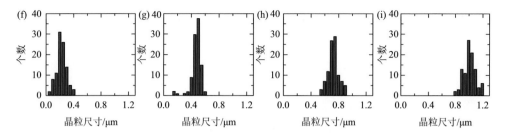

图 2.30　采用"析碳-表面自限制"策略生长亚微米晶粒尺寸的石墨烯薄膜[15]：（a）采用"析碳-表面自限制"策略生长亚微米晶粒尺寸石墨烯薄膜的示意图；（b）使用较高流量甲烷（7 sccm）在铂基底上制备得到的以单层为主的石墨烯薄膜的 SEM 图；（c）采用纯氩气（700 sccm，20 min）对图（b）中的样品处理后的 SEM 图，石墨烯薄膜已经消失；（d）采用小流量的氢气（5 sccm，20 min）对图（c）中的样品处理后的 SEM 图，形成了均匀、密集的石墨烯小晶畴；（e）在图（d）的基础上，通入小流量的甲烷（0.1sccm，1 h）后得到的均匀单层石墨烯薄膜的 SEM 图；生长温度分别为 900℃（f）、950℃（g）、1000℃（h）和 1040℃（i）时，得到的石墨烯薄膜对应的晶粒尺寸的统计分布，其平均晶粒尺寸分别为(224±73) nm、(470±74) nm、(721±79) nm、和(1013±99) nm

　　该研究组进一步发明了淬火法生长晶粒尺寸仅有数纳米的石墨烯薄膜[110]。如图 2.31（a）所示，首先将表面抛光过的 Pt 基底在氩气气氛中快速加热到一定温度（900～1050℃），然后在液态乙醇中快速淬火，仅用数秒便制备得到了平均晶粒尺寸在 3.6～10.3 nm 的纳米晶石墨烯薄膜［图 2.31（b～i）］。在这一淬火过程，高温铂基底可使其附近的乙醇被快速催化分解，为石墨烯在铂表面超高密度的形核、生长提供充足的碳源；而液态乙醇可使铂基底快速降温，从而有效降低了铂表面活性碳源的脱附速率，确保可以实现超高密度的石墨烯形核及成膜，同时又可避免乙醇过量分解，导致不均匀多层的出现。这种方法具有很好的普适性，可适用于铜、镍等其他的金属基底，并可用于超快制备高质量的超薄石墨膜和三维石墨烯网络等。

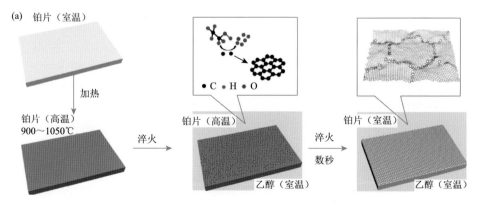

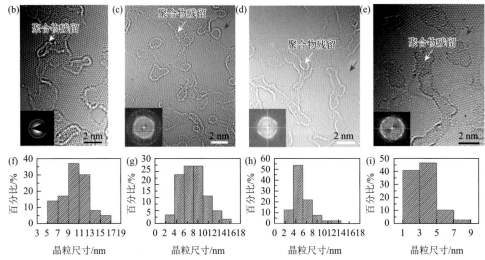

图 2.31 淬火法制备纳米晶石墨烯薄膜[110]：（a）采用淬火法制备 10 nm 及以下具有均匀晶粒尺寸的纳米晶石墨烯薄膜的过程示意图；淬火前铂片的温度为 1050℃（b）、1000℃（c）、950℃（d）和 900℃（e）时，得到的纳米晶石墨烯薄膜转移至微栅上的 HRTEM 图，图（b）左下角的插图为相应样品的选区电子衍射图，图（c~e）左下角的插图分别为对应 HRTEM 图的傅里叶变换图；（f~i）与图（b~e）相对应的纳米晶石墨烯样品的晶粒尺寸的统计分布，其对应的平均晶粒尺寸分别为 10.3 nm、8.0 nm、5.8 nm 和 3.6 nm

2.2.2 石墨烯单晶

为了消除晶界对石墨烯性能的不利影响，CVD 生长大面积高质量单晶石墨烯一直是石墨烯制备领域的重要研究目标之一。目前，制备大尺寸单晶石墨烯大致有两种思路：①单个石墨烯形核并长大（简称单核长大）；②石墨烯在多处形核且取向一致，进一步拼接成大面积单晶石墨烯（简称多核拼接）。下面将分别就两种思路进行介绍。

1. 单核长大

在早期的研究中，主要通过提高氢气与甲烷的流量比来降低石墨烯的形核密度，但仅能够生长出微米级六边形单晶石墨烯晶畴[123, 128]。之后，随着单晶石墨烯制备研究的迅速兴起，其尺寸和质量不断提高。研究发现，生长基底表面的平整度、生长气氛和碳源浓度对石墨烯的形核均有显著影响。基底表面的晶界、位错等表面缺陷位置通常是石墨烯的形核位点。因此，通过综合调节基底表面的粗糙度和生长气氛可降低石墨烯的形核密度。2011 年，R. S. Ruoff 研究组[129]在前期制备单层石墨烯薄膜的基础上[9]，通过采用铜的折叠结构，减小了低压条件下铜原子挥发，进而保证了石墨烯表面的平整度，得到了枝晶状的单晶石墨烯晶畴，尺寸最大可达 0.5 mm。而如果将铜箔做长时间退火处理，并使用极低的甲烷浓度则可制备出相同尺寸的四边形单晶石墨烯[118]。单晶石墨烯的形状同时也会受到反应气氛的影响。利用气流阻塞技术，研究人员制备了 100 μm 左右的花状石墨烯，并发现通过改变压强和碳氢比，石墨烯单晶花瓣的数量可以由 4 个变成 6 个[130]。

2012 年，成会明、任文才研究组[16]利用铂金属作为基底，采用 APCVD 首次制备出了 1 mm 左右的六边形石墨烯单晶。相比于铜基底，铂基底具有更强的催化分解甲烷、氢气的能力和更高的溶碳量，因而可采用较高氢碳比的反应气氛，有效抑制形核密度，从而得到了大尺寸的单晶石墨烯。采用低能电子衍射技术分别对不同形状的石墨烯晶畴进行表征，他们发现六边形的石墨烯为单晶，而在不规则石墨烯晶畴的优角处存在晶界，如图 2.32 所示。该结果为快速判断所得石墨

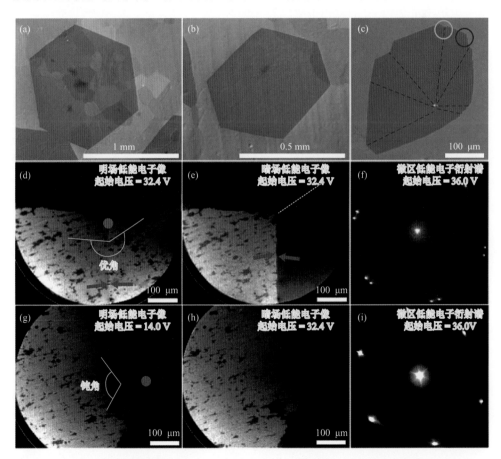

图 2.32　铂基底上单晶石墨烯的生长与表征[16]：（a，b）铂基底上六边形石墨烯的 SEM 图；（c）铂基底上不规则石墨烯的 SEM 图；（d~i）石墨烯优角和钝角部位的 LEEM 表征，研究发现，石墨烯的优角部位存在晶界，而钝角区域为完整的单晶，由此说明，图（a）和图（b）的六边形石墨烯均为单晶，而图（c）中的石墨烯为多个晶粒拼接而成

烯是否为单晶提供了一种简便的方法。重要的是，铂基底 APCVD 方法所制得的石墨烯的褶皱平均高度只有 0.8 nm，低于采用常规 CVD 在铜基底上生长的石墨烯的褶皱高度，且具有很高的质量，其在 SiO_2/Si 基底上的室温迁移率高达 7100 $cm^2/(V·s)$。随后，该研究组系统研究了石墨烯在铂基底上的生长动力学行为，实现了石墨烯单晶的边缘控制生长，并发现生长和刻蚀为可逆过程，通过简单改变氢碳比便可实现二者的切换，且刻蚀之后再次生长可以有效去除缺陷[17]。在此基础上，他们提出了重复"生长-刻蚀-再生长"的策略，通过刻蚀过程显著降低基底上的形核密度，并对石墨烯缺陷处进行刻蚀，再通过再生长过程，进一步修复晶格缺陷并使优势晶畴进一步长大，最终实现了约 3 mm 高质量六边形单晶石墨烯的制备[18]。J. M. Tour 研究组则通过结合使用长时间退火和低甲烷浓度，在铜箔上生长出了 2.3 mm 的六边形单晶石墨烯[131]。

　　进一步的研究表明，仅仅通过对基底进行长时间退火并改变生长气氛已经难以再次提高石墨烯的尺寸。2013 年，研究人员通过引入原子氧将单晶石墨烯的尺寸从毫米级提高到厘米级。H. Zhou 等[132]通过将铜箔在非还原气氛中退火，在铜表面获得惰性 Cu_2O 层，有效地钝化了铜表面的催化活性中心，从而大幅度降低了石墨烯的形核密度，制备了尺寸达 5 mm 的六边形单晶石墨烯。类似地，L. Gan 等[133]将铜箔放置于纯氩气中退火，在铜基底表面得到了微量的氧化物颗粒。随后这些颗粒可在后续的氢气和氩气的混合气氛下的高温处理中变大，并可以此作为形核点生长石墨烯，其单晶石墨烯的尺寸达到 5.9 mm。R. S. Ruoff 研究组[22]系统研究了铜表面的原子氧在石墨烯生长中的作用。他们发现氧不仅可以通过钝化铜表面活性位点而降低石墨烯的形核密度，更重要的是，原子氧可以加速石墨烯的生长并把石墨烯的生长动力学从边界连接控制转变为扩散控制，从而得到了厘米级单晶石墨烯（图 2.33）。

 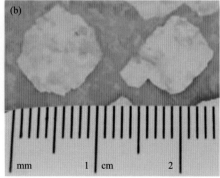

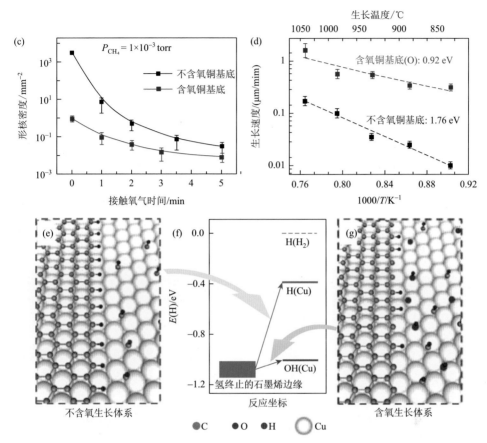

图 2.33　表面氧辅助制备石墨烯单晶[22]：（a）含氧铜基底经过氧气处理后生长得到的具有低形核密度的石墨烯单晶的 SEM 图；（b）采用经过氧气处理的含氧铜基底制备得到的厘米级单晶石墨烯的光学照片，生长完成后，铜基底经过了氧化处理（180℃，30 min）以使石墨烯单晶在铜基底上的光学衬度更加明显；（c）含氧铜基底和不含氧铜基底上石墨烯的形核密度与氧气处理时间的关系图，可以发现在两种基底上石墨烯的形核密度均随着氧气处理时间的延长而降低，说明表面氧化可以有效降低石墨烯在铜基底上的形核密度；（d）含氧铜基底和不含氧铜基底上石墨烯的生长速度随温度的变化图，可以发现不同温度下，石墨烯在含氧铜基底上的生长速度均高于不含氧铜基底上的生长速度；在无氧辅助（e）和有氧辅助（g）时，石墨烯在铜基底上的生长边缘的原子级结构示意图；（f）通过密度泛函理论计算得到的氢的不同键合状态对应的能量差，可以发现在铜基底上氢以 OH 的形态存在时体系的能量更低，从而可以实现促进甲烷脱氢的作用，进而加快石墨烯生长，使石墨烯的生长动力学从边界连接控制转变为扩散控制

　　随着单晶石墨烯的尺寸达到厘米级，所需的生长时间越来越长，极大地制约了单晶石墨烯研究的进一步发展。因此如何提高单晶石墨烯的生长速度显得尤为重要。鉴于原子氧能够显著降低石墨烯的形核密度并提高石墨烯的生长速度，如

何实现充分且连续的供氧成为关键所在。2016 年，刘开辉研究组[24]发展出了快速生长单晶石墨烯的新技术。他们提出在铜箔生长基底的下方距离大约 15 μm 处放置氧化物衬底，在高温生长时这种衬底可以连续地释放氧［图 2.34（a，b）］。尽管氧化物释放的氧含量很少，但由于铜箔和氧化物衬底之间的间隙非常狭小，氧浓度仍然能够达到较高水平，最终获得了 60 μm/s 的单晶石墨烯生长速度。另外，采用二氧化硅和氧化铝衬底均可使铜箔正对氧化物衬底的一面生成毫米级圆形石墨烯［图 2.34（c，d）］，而在铜箔的另一面只出现了 40 μm 左右的星状石墨烯。进一步的理论计算表明，氧化物衬底表面提供的氧显著降低了碳源的分解势垒，从而大幅度提高了石墨烯的生长速度，如图 2.34（e～g）所示。类似地，氟原子也有加快石墨烯生长速度的作用。通过将铜箔放置于含氟金属盐上，其表面生长石墨烯的速率可提高至约 200 μm/s[25]。

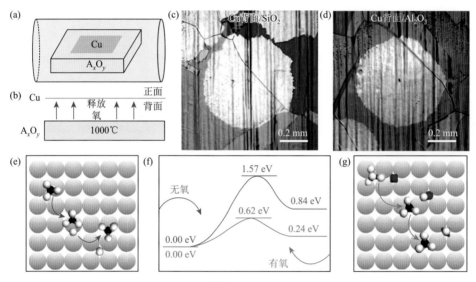

图 2.34 持续氧辅助快速制备石墨烯单晶[24]：（a）持续氧辅助实验装置示意图；（b）与图（a）实验装置对应的侧视图；采用二氧化硅（c）和氧化铝（d）来持续供给氧制备得到的毫米级圆形石墨烯的光学照片；在铜基底上，无氧（e）和有氧（g）存在时，甲烷在其表面催化脱氢的过程示意图及相应的能量变化图（f）

铜镍合金既有一定的溶碳量，又具有较高的催化能力，其降低碳源分解势垒的效果要明显优于纯铜基底。如图 2.35 所示，中国科学院上海微系统与信息技术研究所谢晓明研究组[134]使用具有一定溶碳能力的 $Cu_{85}Ni_{15}$ 合金作为生长基底，通过局域引入碳源，实现了石墨烯的单点控制形核。此外，适当的合金组成使得溶解在基底内部的碳原子参与了生长过程，石墨烯单晶呈现近乎线性生长，速度可达到 180 μm/min，最终用 2.5 h 获得了约 1.5 in 的单晶石墨烯薄膜。

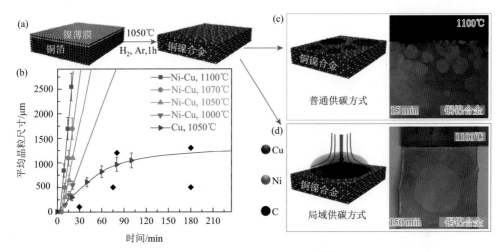

图 2.35　采用铜镍合金和局域供给碳源方式制备单晶石墨烯[134]：（a）铜镍合金的制备过程示意图；（b）不同温度下的铜镍合金基底和铜基底上石墨烯的生长速度对比图；未采用（c）和采用（d）局域供碳的方式，石墨烯在铜镍合金基底上生长的示意图和光学照片

　　在此基础上，研究人员进一步借鉴生长块体单晶常用的提拉法思路，在石墨烯生长过程中拖拽基底，从而突破了衬底的尺寸限制[135]。研究发现，采用铜基底，保持局部引入碳源的方式不变，随着载气的流速从 8 cm/s 增加到 120 cm/s，石墨烯的形状逐渐呈拉长趋势，且大幅减少了生长前端处石墨烯的额外形核。由图 2.36 可看出，在低流速下，由于石墨烯的形核先于石墨烯单晶前沿的生长，此时拖拽基底只能形成多晶石墨烯。而当载气流速增加到 32 cm/s 时，极大地抑制了新形核的产生，从而形成了清晰且锐利的铜-石墨烯边界。当把基底换成铜镍合金，同时提高反应温度至 1100℃，新形核完全消失。此时如果按一定速度拖拽基底，可连续得到单晶石墨烯材料，研究人员采用乙烷作为碳源前驱体，在生长速度为 2.5 cm/h 的条件下，制备出了长达 1 in 的单晶石墨烯薄膜。

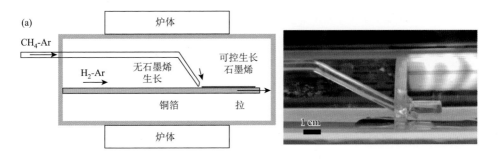

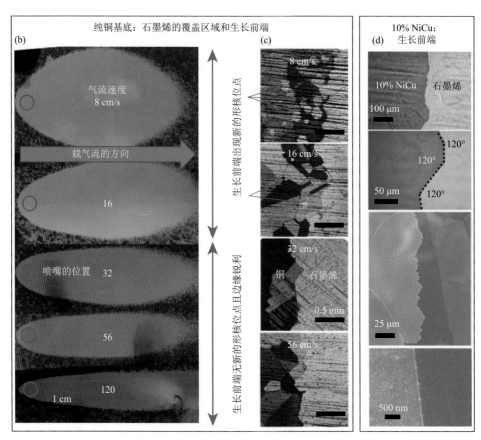

图 2.36　连续拖拽法制备单晶石墨烯[135]：（a）拖拽法制备单晶石墨烯的示意图及照片：在生长过程中，气流分成两路进行供给：H_2-Ar 混合载气直接向石英管内供给，而含碳的混合气流则从直径仅约为 1 mm 的石英喷嘴中向基底表面直接供给，在最优的生长条件下，将基底持续向右以一定速度拉出，从而达到连续制备石墨烯的目的；保持基底静止，仅改变 H_2-Ar 混合载气流速时，铜基底上石墨烯的光学照片（b）和石墨烯生长前端位置的光学照片（c），当载气流速较低时（V_b = 8～16 cm/s），石墨烯生长前端出现其他取向的形核点，而当载气流速>32 cm/s，新的形核位点被显著抑制；（d）当生长基底换为铜镍合金（Ni 含量：10%）时，石墨烯在其上生长前端处的光学照片和 SEM 图，同样可以有效抑制新形核点的形成

2. 多核拼接

实现单晶石墨烯制备的另一个思路是利用相同取向的大量单晶石墨烯晶畴拼接成膜。采用这种生长方式时，虽然石墨烯形核密度大，但由于基底的限制作用，所有晶畴都是同一取向，因此在晶畴长大拼接后仍然具有单一取向，从而形成更大尺寸的单晶石墨烯薄膜。这种方式的优点在于生长效率高，制备的石墨烯单晶尺寸仅依赖于基底的大小。但严格控制石墨烯形核的取向仍然是不小的挑战，目前采用的主要方法是使用单晶金属基底通过外延的方式制备单晶石墨烯。

　　这种思路最早由中国科学院物理研究所高鸿钧研究组[136]在 2009 年采用。他们使用钌单晶作为生长基底，在 STM 腔体内实现了单晶石墨烯薄膜的制备。这种石墨烯薄膜的晶粒取向与基底有固定的外延关系，因此也和基底一样具有单晶结构。但这种外延式生长模式导致石墨烯与钌基底间结合力较强，石墨烯的 STM 图出现了莫尔条纹，难以转移至其他衬底。随后，H. Ago 等[137]在单晶蓝宝石基底上制备出(0002)取向的单晶钴薄膜。在生长温度为 1000℃时，以这种单晶钴膜作为基底制备得到的石墨烯的取向和基底呈外延关系，表现出单晶特性。但当把镀膜基底由蓝宝石换成 SiO₂/Si 基底时，石墨烯不再和基底具有外延取向关系，这说明生长基底的单晶特性对石墨烯外延生长具有决定性作用。

　　研究人员通过使用单晶锗基底实现了晶圆级单晶石墨烯薄膜的制备[95]。当采用氢化的单晶 Ge(110)晶面作为生长平面时，取向一致的石墨烯晶粒可无缝拼接且不会产生晶界（图 2.37）。经过深入研究发现，石墨烯只有在台阶密度较高的

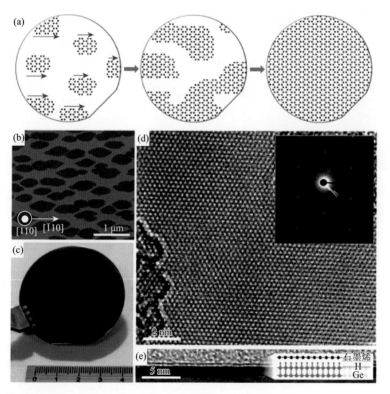

图 2.37　单晶锗基底上制备晶圆级单晶石墨烯[95]：（a）单晶锗基底表面外延生长的多个石墨烯晶畴通过无缝拼接得到单晶石墨烯薄膜的示意图；（b）取向一致的石墨烯晶畴的 SEM 图；（c）生长于单晶锗基底上的晶圆级单晶石墨烯薄膜；（d）单晶石墨烯的 HRTEM 图以及选区电子衍射图；（e）单晶石墨烯的截面 HRTEM 图，表明石墨烯为单层，右侧插图为在氢化的单晶锗基底上生长的石墨烯结构示意图

锗基底表面上生长才具有高度取向性，且形核位置通常位于台阶边缘，而在经过高温退火处理后得到的平整锗基底表面，石墨烯的取向性则较差。理论研究表明，锗原子与碳原子会在台阶边缘处形成很强的 Ge—C 化学键，且两者的晶格匹配关系决定了石墨烯晶畴的取向性[138]。

从晶格匹配的角度，单晶铜(111)基底表面和石墨烯具有较好的晶格匹配关系，是目前使用最多的单晶基底。因此，如何高效制备大面积高质量的铜(111)单晶基底尤为重要。J. Park 研究组[139]采用长时间退火重结晶的方式对铜箔进行处理，使其变成单晶铜(111)基底。之后控制反应参数，使石墨烯在铜基底的(111)晶面上形核，进而生长为大面积单晶石墨烯薄膜（图 2.38）。Y. H. Lee 研究组则使用化学-机械抛光处理铜箔表面，之后置于 1075℃长时间退火并重复数次直到铜箔全部转变为铜(111)取向[140]。在此基础上，他们采用高的氢气甲烷比生长出取向一致的石墨烯晶畴，通过延长时间使其"无缝"拼合成单晶石墨烯薄膜。

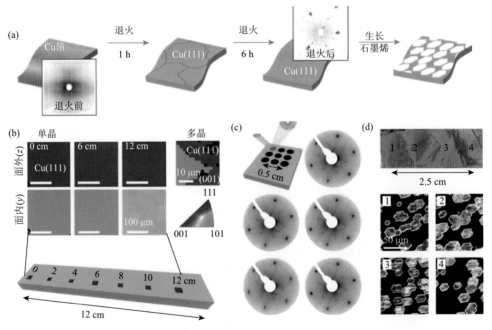

图 2.38　采用长时间退火重结晶的方式制备铜(111)单晶基底和在其表面生长取向一致的石墨烯[139]：（a）采用长时间退火重结晶的方式制备铜(111)单晶基底的示意图，插图分别为铜基底退火前和退火后的劳厄衍射图；（b）在长度为 12 cm 的铜(111)单晶基底上选取的 6 个200 μm×200 μm 区域的 EBSD 表征，作为对比，右上角为多晶铜基底的 EBSD 表征；(c)铜(111)单晶基底不同位置的 LEED 表征；上述表征结果均表明制备得到的铜(111)单晶基底具有良好的取向均一性；（d）铜(111)单晶基底上生长取向一致石墨烯晶畴后的宏观光学照片（上）和对应数字所示区域的暗场光学照片，黄色虚线示出了六边形石墨烯晶畴的取向

2017 年，刘开辉研究组[141]基于温度梯度加热技术发展出了连续化退火制备单晶铜箔的方法。首先，通过高温退火使多晶铜箔的锥形端转变为表面能最低的铜(111)单晶，然后使多晶铜箔缓慢通过管式炉中心高温区（1030℃），通过温度梯度驱动铜（111）单晶区域持续长大，最终将工业级的多晶铜箔全部转变为单晶铜(111)基底［图2.39（a～d）］。他们利用制备得到的单晶作为生长基底，实现了石墨烯的单一取向外延生长和无缝拼接，将石墨烯的单晶尺寸提升到米级。随后，R. S. Ruoff 研究组[142]提出接触应力不利于单晶金属箔片的制备，发展出了悬挂法制备单晶金属箔。如图 2.39（e）所示，他们将商用铜箔悬挂起来使之不受接触应力的影响，然后在氢气气氛中、接近铜熔点的温度下进行退火处理，同样利用表面能的差异作为驱动力实现了单晶铜(111)的制备［图 2.39（f，g）］。采用该方法还可以制备出镍(111)、钴(0001)、铂(111)和钯(111)单晶基底。上述方法提供了一种低成本制备单晶铜箔的思路，为石墨烯单晶的大规模工业生产奠定了基础。沙特阿卜杜拉国王科技大学的 J. Li 等[143]将商用多晶铜箔放置于单晶蓝宝石(0001)上进行长时间（24～30 h）高温（1350 K）退火处理，得到了铜(111)/蓝宝石(0001)衬底。在此基础上，采用多次等离子体刻蚀辅助生长的方法，在铜(111)与蓝宝石(0001)的界面制备得到了单层石墨烯的单晶薄膜，并进一步利用液氮急冷处理，直接将铜箔从石墨烯上撕下，从而得到了未经转移、介电基底上的英寸级高质量石墨烯单晶薄膜。

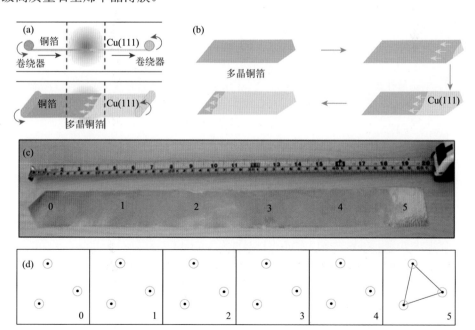

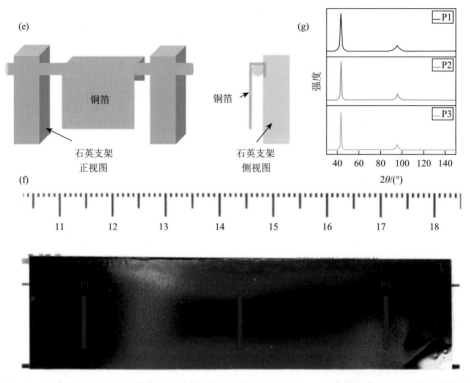

图 2.39 温度梯度驱动和无接触退火制备大面积单晶铜(111)：（a）连续制备铜(111)单晶的实验原理图；（b）在退火过程中，单个铜(111)晶核首先在楔角位置产生，而后逐渐扩展到整个铜表面；（c）采用温度梯度驱动制备得到的尺寸为 5 cm×50 cm 的铜(111)单晶箔片（处理时间50 min）；（d）与图（c）中数字标记位置对应的单晶铜的 LEED 图案[141]；（e）无接触退火处理时，铜箔悬挂在石英架上的示意图；（f）采用无接触退火法制备得到的铜(111)单晶箔片的光学照片；（g）图（f）中红线标记对应位置的 XRD 表征结果[142]

　　相比于低晶面指数的铜(111)单晶，高晶面指数的单晶金属在生长单晶二维材料时不受晶体对称性匹配的限制。因此，采用高晶面指数的单晶金属基底制备石墨烯及其他二维材料单晶已成为近年来的研究热点。刘忠范、彭海琳研究组[144]提出将多晶铜箔放置于石墨衬底上，利用适当的接触应力并结合静态温度梯度进行退火，得到多种高指数单晶铜箔。刘开辉研究组[145]发现将多晶铜箔氧化处理后再进行退火处理，可以得到一系列的高指数单晶铜箔。此外，K. P. Loh 研究组[146]通过在铜箔边缘人为制造切口的方式引入应力，在较短的时间内同样得到了高指数单晶铜箔。但是，上述方法本质上仍然是随机获得某一高晶面指数单晶，缺乏可控性。为此，刘开辉研究组[145]进一步提出采用已有的某一高晶面指数单晶铜箔作为形核的"种子"，批量制备出了特定晶面的高指数单晶铜箔。

2.2.3　石墨烯纳米结构

1. 石墨烯量子点

石墨烯量子点是纳米尺寸的石墨烯片。当其尺寸小于 10 nm 时，由于强烈的量子限域及边界效应，石墨烯量子点展现出诸多独特的性质，如光致发光、电化学发光、多光子激发（上转换发光）等[147]。目前对石墨烯量子点光学性质的研究中应用最广泛的是荧光光谱，石墨烯量子点的尺寸、形状、组成成分以及边界结构强烈影响其荧光量子产率及激发波长。到目前为止，已经发展出多种方法来制备石墨烯量子点，主要分为两种途径：自上而下，即将大面积的石墨烯如胶带剥离石墨烯、CVD 生长的石墨烯及氧化剥离石墨烯等在机械、化学、电化学等多种手段处理下破碎得到石墨烯量子点；自下而上，即采用各种小分子作为原料进行逐步化学反应合成石墨烯量子点[148]。

2011 年，R. Fasel 研究组[149]首次通过在超高真空环境中将环六联苯分子作为前驱体沉积在 Cu(111)表面，并退火至约 500 K 引发环化脱氢反应直接制备得到了三角形纳米石墨烯。这些石墨烯量子点具有精确规整的原子排列，边长仅为 1 nm 左右 [图 2.40（a，c）]。该研究组基于此方法，通过设计开发其他有机小分子前驱体，还成功制备出"高脚杯"状联三角烯 [图 2.40（b，d）][150]及三角烯二聚体[151]等多种纳米石墨烯。通过 STM 和自旋激发光谱分析，发现这种联三角烯显示出稳定的反铁磁性，其交换耦合强度达 23 meV，优于过渡金属纳米磁体，并超过了室温下最小能量耗散的朗道尔极限，表明自旋逻辑运算可在室温下实现。

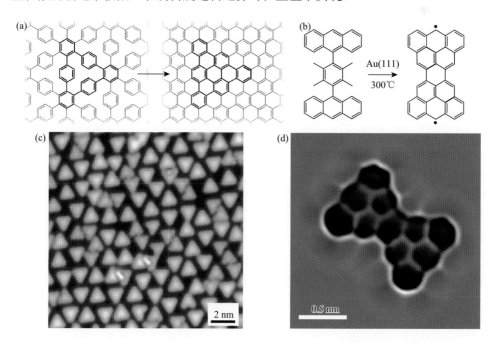

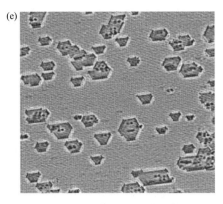 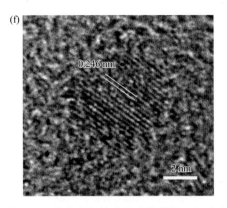

图 2.40　自下而上制备石墨烯量子点：（a～d）超高真空环境中制备具有精确结构的三角纳米石墨烯和联三角烯的示意图及高分辨 STM 图[149, 150]；（e，f）CVD 法所制备的石墨烯量子点的高分辨 STM 图及 TEM 图[153]

　　此外，采用 CVD 方法以各种碳源气体及有机小分子为原料可以在金属及绝缘基底表面自下而上直接生长出不同形貌和尺寸的石墨烯量子点。例如，2013 年，朱宏伟研究组[152]采用甲烷作为碳源在铜箔表面 CVD 生长石墨烯，通过控制 CVD 参数使得石墨烯在初始阶段的生长速度远小于形核速度，从而形成紧密排列的高密度石墨烯小岛，当其尺寸控制到纳米级时就获得了石墨烯量子点。他们将甲烷浓度控制在极小的范围，在 1000℃温度下生长 3 s 得到的石墨烯量子点的尺寸仅有 5～15 nm，厚度则在 1～3 nm 之间，对应 1～5 层石墨烯。由于石墨烯量子点存在大量的活泼边缘，因此很容易与氧反应形成羟基、羧基等官能团。他们将制备的石墨烯量子点转移到石英表面观察到了光致发光现象，荧光光谱峰位与量子点的尺寸密切相关。

　　2014 年，M. S. Hybertsen 研究组[153]则采用六苯并蔻作为分子前驱体在钴(0001)单晶表面生长出了石墨烯量子点。他们制备的石墨烯量子点具有比较规则的形状，边沿为平直的锯齿形（zigzag）边界 [图 2.40（e）]。如果采用含氮的碳源，则可以制备出氮掺杂的石墨烯量子点。例如，2018 年，G. D. Nessim 研究组[154]采用壳聚糖作为氮源和碳源，以铜箔作为生长基底在 300℃的低温下制备了氮掺杂的石墨烯量子点。其尺寸为 10～15 nm，厚度为 2～5 nm，而氮含量达到 4.2%。对铜箔表面的石墨烯量子点进行荧光光谱测试发现，样品在 448 nm 的峰位上有很强的荧光发射峰。

　　除了金属基底外，人们还尝试在绝缘基底上生长石墨烯量子点。2014 年，X. L. Ding 研究组[155]采用常压 CVD 方法直接在氮化硼表面生长出了石墨烯量子点。在 CVD 生长中使用甲烷作为碳源，通过调节甲烷的浓度可以从单层到多层控制石墨烯量子点的厚度，而其尺寸均在 80 nm 左右。他们对不同层数的石墨烯量子点进行了荧光光谱分析，发现石墨烯量子点的层数强烈影响其光致发光现象。其中单层石墨烯量子点在不同波长激发光下的发射峰较宽并且发生了红移。而当石墨烯量子点的层数超过 10 层后，发射峰比较尖锐，而且其发射峰形状与位置几乎与激发光波长无关。2016 年，杨德仁研究组[156]采用 CVD 方法在硅片表面生长出了石墨烯量子点。他们采用甲烷作为碳源，并以铜蒸气作为催化剂加速甲烷裂解。制备的石墨烯量子点呈现近圆形，尺寸为 5～10 nm，层数为 1～3 层。XPS 结果显示制备的石墨烯量子点比较纯净，没有氧化等化学修饰。对硅片表面生长的样品直接进行荧光光谱分析，石墨烯量子点可在 460 nm 附近激发出强烈尖锐的荧光，峰半高宽仅有 7～10 nm，远小于一些化学方法制备的石墨烯量子点。他们的分析还显示，石墨烯量子点激发的荧光由两个紧挨的峰组成，这可能是由于石墨烯量子点边缘的两种边界即扶手椅形及锯齿形边界引起的。由于石墨烯量子点边缘上的这两种边界以及可能存在的一些点缺陷，他们还观察到了石墨烯量子点的磷光现象。2018 年，魏大程研究组[157]则采用 PECVD 的方法直接在硅片上生长出了石墨烯量子点。在 PECVD 生长中采用甲烷作为碳源，生长温度的升高会导致石墨烯量子点尺寸增大。在 605℃温度下生长的石墨烯量子点尺寸可小至 2 nm［图 2.40（f）］。PECVD 制备的石墨烯量子点具有很高的质量及纯度，但荧光光谱分析没有观察到明显的荧光现象。尽管如此，他们发现石墨烯量子点在表面拉曼增强方面表现出优异的性能，其中对罗丹明染料分子的检测浓度低至 1×10^{-9} mol/L，并且不同尺寸的石墨烯量子点对不同分子的拉曼增强效果具有选择性。

2. 石墨烯纳米带

尽管石墨烯具有优异的载流子输运特性，其室温载流子迁移率最高可超过 200000 $cm^2/(V \cdot s)$，但由于其带隙为零，因此在半导体器件应用中受到很大的限制。为了在石墨烯中打开带隙，已经发展了多种方法，包括将其裁剪成纳米带或纳米筛、掺杂、氢化等。石墨烯纳米带作为一维条带状石墨烯纳米结构，其载流子输运被限域在准一维方向，同时其边界也会对载流子产生强烈散射作用[158-160]。由于量子限域和边界效应的共同作用，石墨烯纳米带的电子结构与其宽度和边缘结构密切相关。理论研究表明，具有扶手椅形边缘结构的石墨烯纳米带呈现半导体性，其带隙随纳米带宽度的减小而增加；而具有锯齿形边缘结构的石墨烯纳米带则表现出自旋极化特性和边缘磁性状态。尤为奇特的是，具有特定交替边缘结构的石墨烯纳米带还表现出新颖的拓扑特性，可实现一维拓扑能带结构与量子态的调控[160-165]。与石墨烯量子点的制备方法类似，石墨烯纳米带的制备也主要分为自上而下和自下而上两种。其中自上而下的制备方法主要是将石墨烯及碳纳米管等现成材料裁剪成纳米带，采用的裁剪方法包括光刻、化学刻蚀、等离子体刻蚀、超声剪切等。自上而下制备方法易于与现代电子加工工艺相结合，也可以比较方便地控制石墨烯纳米带的位置与排列，但裁剪得到的石墨烯纳米带具有粗糙的边界以及比较大的宽度，因此其结构几乎不可控。自下而上的制备方法则采用各种分子原料在金属催化剂表面通过逐步化学反应合成出石墨烯纳米带，因此有可能获得具有精确结构的石墨烯纳米带。

根据采用的原料种类，在金属表面自下而上制备石墨烯纳米带的方法大致可分为两大类，第一种方法是采用多环芳烃分子作为结构单元在金等金属表面互相连接组装成为石墨烯纳米带，第二种方法是采用以甲烷为代表的简单碳氢化合物在镍等金属表面制备石墨烯纳米带。下面将分别对这两种方法做进一步的介绍。R. Fasel 与 K. Müllen 研究组[161]在 2010 年首次报道了第一种自下而上制备石墨烯纳米带的方法。在这种方法中，作为重复结构单元的含卤素多环芳烃分子是制备石墨烯纳米带的关键（图 2.41）。例如，他们设计并合成了 10, 10′-二溴-9, 9′-联二蒽（DBBA）分子，以之作为原料可制备得到宽度仅为 7 个碳原子的扶手椅形石墨烯纳米带（7-AGNRs）[图 2.41（a，b）]。这些作为结构单元的多环芳烃分子在超高真空环境下被升华至金属催化剂如 Au(111) 或 Ag(111) 表面，并在加热条件下发生脱卤素偶联反应连接成为线形的聚合物长链，最后在金属表面催化作用下进一步发生环化脱氢反应得到最终产物：具有原子级精确结构的石墨烯纳米带。

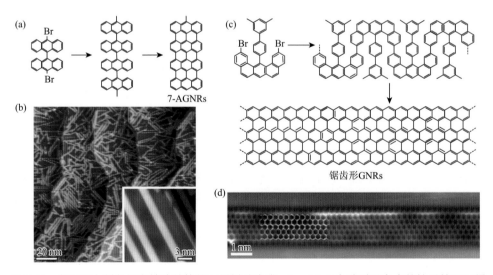

图 2.41　自下而上制备具有精确结构的石墨烯纳米带：（a，b）7 个碳原子宽度的扶手椅形石墨烯纳米带的制备及高分辨 STM 图[161]；（c，d）6 个碳原子宽度的锯齿形石墨烯纳米带的制备及高分辨 AFM 图[162]

相对于自上而下制备方法的不可控，采用多环芳烃分子作为结构单元自下而上制备石墨烯纳米带的方法则具有显而易见的优势：对多环芳烃分子结构单元的设计即可决定石墨烯纳米带的宽度和边界结构，精度达到原子级；采用高纯度的分子原料可以将石墨烯纳米带中的缺陷控制在很低的水平[166, 167]。正是这种方法的通用性及化学有机合成的便利性，使设计并制备各种具有不同结构和宽度的石墨烯纳米带成为可能。该领域的前期研究主要集中在制备具有扶手椅形边界的石墨烯纳米带。

除了上述 7 个碳原子宽度的扶手椅形石墨烯纳米带外，采用不同的原料分子还可制备出其他不同宽度的扶手椅形石墨烯纳米带。目前，从聚对苯撑（可认为是宽度仅为 3 个碳原子的石墨烯纳米带）到宽度为 5 个、9 个、13 个碳原子宽度的扶手椅形石墨烯纳米带都已经被成功制备出来[168-172]。可控备不同宽度的扶手椅形石墨烯纳米带为实验上研究石墨烯纳米带的电子结构与宽度之间的关系提供了可能。理论计算结果表明扶手椅形石墨烯纳米带根据其宽度（横截面碳原子个数 N）可分为三组，分别是 $N = 3n$，$3n + 1$，$3n + 2$（n 为整数）[160]。属于同一组的石墨烯纳米带的带隙与其宽度成反比；但在不同组中，具有相同 n 的不同宽度石墨烯纳米带的带隙大小遵循以下大小关系：$3n + 2 \ll 3n < 3n + 1$。这些理论预测与实验观测结果相符合。通过扫描隧道谱（STS）原位研究生长在金表面的石墨烯纳米带，在宽度为 5 个、7 个、9 个、13 个碳原子的扶手椅形石墨烯纳米带中观测到的带隙分别为 0.1 eV[170]、2.3 eV[171]、1.4 eV[172] 及 1.4 eV[173]。

当然，这种自下而上制备石墨烯纳米带的方法不局限于扶手椅形边缘结构，还可以制备其他更多具有周期性规则边缘结构的石墨烯纳米带，如人字型（chevron-type）[161, 174]、港湾型（cove-type）[175, 176]。通过设计前驱体分子，除了可以实现特殊边缘结构的控制制备外，还可以从原子层面控制石墨烯纳米带的掺杂。常见的取代纳米带中碳原子的异质原子有氮、硼、硫及氧等，其中异质原子的掺杂量及掺杂位置可直接通过前驱体分子的设计来决定[177-184]。研究发现石墨烯纳米带中氮原子取代碳原子的掺杂几乎不影响纳米带的带隙大小，但可令其能带结构向低能量偏移，而且前驱体分子中每一个氮原子可产生约 0.13 eV 的偏移[177, 181]。当依次采用两种或更多前驱体分子进行生长时，可制备出石墨烯纳米带的异质结。这种异质结由于相邻结构单元的不同可形成原子层面的急剧转变。目前已报道了由于不同掺杂形成的异质结[178, 181, 185, 186] 及不同宽度单元形成的异质结[174, 187, 188]。以上介绍的几种石墨烯纳米带特别是扶手椅形结构纳米带的制备与物性研究已经取得了大量成果，但制备具有锯齿边界结构的石墨烯纳米带则面临更大的挑战。上述多环芳烃分子之间的环化脱氢反应并不能形成锯齿形边界，因此不能直接采用常用的设计制备思路。

2016 年，R. Fasel 与 K. Müllen 研究组[162]设计了一种新的伞状分子，其中包含部分的锯齿边界结构及额外的甲基基团。这种新型分子在制备石墨烯纳米带的反应中通过最后一步甲基的环化脱氢关环反应形成了完全的锯齿形纳米带边界

[图 2.41（c, d）]。他们在这种锯齿形石墨烯纳米带中实验观察到了自旋极化的边缘态，从实验上首次证实了对锯齿形石墨烯纳米带电子结构的理论预测。但由于锯齿形石墨烯纳米带边缘态的强反应活性及与金属基底的强耦合状态，其独特的磁边缘结构一直无法被直接观察到。2021 年，S. G. Louie 及 Felix R. Fischer 研究组[165]通过沿纳米带的锯齿形边缘引入 N 原子取代掺杂形成超晶格，从而在热力学上稳定了高反应性的自旋极化边缘态，并实现了其与基底的解耦。该工作直接证实了锯齿形石墨烯纳米带中已被预测的磁序性质，为其在纳米传感和逻辑器件中的应用探索提供了一个强大的平台。

以上介绍的自下而上制备石墨烯纳米带的方法主要是在超高真空条件下进行，复杂昂贵的超高真空设备与操作条件严重限制了高质量石墨烯纳米带的大规模低成本制备。而 CVD 方法以其简易、低成本的特点，已经在大规模制备高质量石墨烯方面取得了重要进展。从 2016 年开始，Z. Chen 及 K. Müllen 等[189-191]借鉴超高真空条件下制备石墨烯纳米带的方法，采用类似的多环芳烃分子作为前驱体在 APCVD 系统中实现了高质量石墨烯纳米带的大面积低成本制备。在 CVD 制备中，沉积在云母表面的 Au(111) 薄膜置于水平管式炉中作为生长基底，而前驱体分子置于上游，通过加热升华并被载气（H_2/Ar）输送至金基底表面进行石墨烯纳米带的生长。金表面的前驱体分子在加热条件下发生表面辅助的偶联聚合反应以及环化脱氢成环反应，从而获得具有精确结构的石墨烯纳米带。他们在 CVD 常压条件下制备了大面积高质量的人字型及宽度为 5 个、7 个、9 个碳原子的扶手椅形石墨烯纳米带（5-AGNRs、7-AGNRs、9-AGNRs），面积可达 18 cm^2 [图 2.42（a）]，并且生长的石墨烯纳米带可以大面积转移带氧化层硅片等绝缘基底进行光电器件及光谱研究[191]。对 CVD 制备的各种石墨烯纳米带进行吸收光谱表征，得出扶手椅形纳米带 7-AGNRs、9-AGNRs 及人字型纳米带的带隙分别为：1.6 eV、1.0 eV 及 1.7 eV [图 2.42（b）][189, 190]。他们还采用超快太赫兹光谱对比研究了几种石墨烯纳米带的本征载流子迁移率，其中宽度为 9 个碳原子的扶手椅形石墨烯纳米带（9-AGNRs）的载流子迁移率可达 350 cm^2/(V·s)，比 7-AGNRs 及人字型纳米带分别高 1.2 倍及 2.5 倍[190]。此外，他们在制备 5-AGNRs 扶手椅形纳米带时发现了石墨烯纳米带的融合加宽现象 [图 2.42（c）][189]。生长在金表面的 5-AGNRs 纳米带继续在高于 400℃温度的处理下，两条或更多条纳米带之间发生融合反应，其宽度由 5 个碳原子逐渐加倍变成 10 个、15 个、20 个碳原子，表明石墨烯纳米结构之间存在相互作用并能够发生化学反应。

除了以上介绍的采用多环芳烃分子作为原料自下而上制备石墨烯纳米带的方法外，还有一种方法是采用以甲烷为代表的简单碳氢化合物作为原料在镍等金属表面制备石墨烯纳米带。由于这种制备方法主要是通过控制催化剂表面形成准一

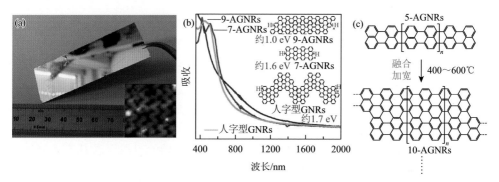

图 2.42　CVD 自下而上制备具有精确结构的石墨烯纳米带：（a）生长在金表面的大面积石墨烯纳米带及 STM 图[191]；（b）不同石墨烯纳米带的吸收光谱及对应的带隙大小[189, 190]；（c）石墨烯纳米带在高温处理下的融合加宽反应[189]

维结构，石墨烯被局限于一维方向上生长，从而制备得到石墨烯纳米带，因此这种方法也可称为模板生长法。其核心就是准一维催化剂模板结构的控制，而镍是最常用来催化生长石墨烯的基底之一。2012 年，T. Kato 研究组[192]在镍纳米条带上通过 CVD 方法直接生长出了石墨烯纳米带 [图 2.43 (a)]。他们采用常规的电子束曝光光刻方法制备了作为催化基底的镍纳米条带，宽度为 50～100 nm，长度为 200～5000 nm。由于采用了光刻的方法，这些镍纳米条带的排布可以很容易图案化，而且条带的两端直接与电极相连，为下一步的器件研究提供了便利。他们在快速升温 PECVD 生长过程中采用甲烷作为碳源，在这些镍纳米条带上生长出少层石墨烯（5～10 层）。由于镍纳米条带比较窄，在快速升温生长石墨烯的同时会发生收缩与升华，因此石墨烯生长结束后，镍纳米条带部分或全部消失，仅剩下石墨烯纳米带连接在电极上。而且由于镍纳米条带发生收缩，制备的石墨

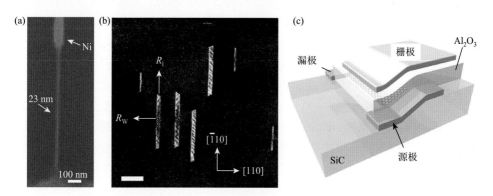

图 2.43　（a）以镍纳米条带为模板制备石墨烯纳米带[192]；（b）在锗(001)晶面外延生长石墨烯纳米带，标尺代表 400 nm[198]；（c）在 SiC(1$\bar{1}$0 n)晶面条带上外延生长石墨烯纳米带及其器件构建示意图[202]

烯纳米带宽度比镍纳米条带宽度小，最窄的石墨烯纳米带宽度仅为 23 nm。由于生长的石墨烯纳米带两端直接与电极相连，因此 CVD 生长后的样品不需要额外的处理就可以直接测试 FET 器件性能。其中宽度为 23 nm 的石墨烯纳米带在室温下的电流开关比仅为 16，但当测试温度降至 13 K 时，电流开关比升至 1.5×10^4。从器件的 I_{ds}-V_{ds} 曲线可计算出器件的输运带隙为 58.5 meV。

2012 年，M. Arnold 研究组[193]则采用电子束曝光光刻的方法，直接在铜箔表面沉积一层图案化的氧化铝薄膜作为 CVD 生长石墨烯的阻挡层，石墨烯只在未覆盖氧化铝的表面生长，从而得到图案化的石墨烯。通过控制氧化铝模板的形状，他们制备出了宽度约为 30 nm 的石墨烯纳米带阵列。制备的 FET 器件在室温下的电流开关比为 6.4，载流子迁移率可达 215 cm^2/(V·s)。尽管这种制备方法可经由电子束曝光光刻实现石墨烯纳米带的图案化，但复杂昂贵的光刻工艺限制了其广泛应用，而且受限于光刻工艺的精度，进一步减小纳米带的宽度也面临很大的挑战。同年，Y. Zhang 研究组[194]则提出在镍纳米结构的垂直方向上生长石墨烯纳米带。与上述在平面内限制镍纳米条带的宽度相比，在垂直方向上控制镍薄膜的厚度要容易得多。他们在带氧化层的硅片表面沉积一层 20 nm 厚的镍薄膜，再覆盖上一层 75 nm 厚的氧化铝作为保护层。这个双层膜结构在进一步图形化之后在侧边就暴露出镍薄膜的边沿，作为 CVD 生长石墨烯的催化基底，最终可得到宽度约为 20 nm 并且垂直于硅片基底的石墨烯纳米带。器件测试结果表明，制备的石墨烯纳米带的载流子迁移率可高达 1000 cm^2/(V·s)，但其电流开关比仅为 2 左右。

2013 年，Z. Bao 研究组[195]采用 DNA 作为 CVD 生长模板也制备出了石墨烯纳米带。他们将 DNA 溶液在硅片表面进行旋涂，使得 DNA 长链在硅片表面伸展长度超过 20 μm，并排列成定向的阵列。旋涂完的 DNA 先在 $Cu(NO_3)_2$ 溶液中浸泡吸附铜离子作为催化剂，然后将其加热到 800～1000℃，并采用甲烷作为碳源进行石墨烯纳米带的生长。获得的石墨烯纳米带复制了 DNA 模板的形貌，其宽度为 4.9～10.0 nm，但石墨化程度较低，除了 sp^2 杂化碳外还含有较大量的 sp^3 杂化碳，意味着样品中含有较多缺陷及无定形碳成分。根据 CVD 生长条件的不同，得到的石墨烯纳米带可表现出金属性或半导体性，但其载流子迁移率仅为 0.21 cm^2/(V·s)。除了 DNA 外，他们还采用由静电纺丝制备的聚合物纳米线作为 CVD 生长模板，并以 $Pd(OAc)_2$ 作为催化剂来制备石墨烯纳米带[196]。制备的石墨烯纳米带的平均宽度和厚度分别为 81 nm 和 11 nm，最小宽度可达 10 nm。其 FET 器件的电流开关比为 14，载流子迁移率为 28 cm^2/(V·s)。

除了上述几种金属基底外，半导体锗也可以作为 CVD 生长的基底制备大面积高质量的石墨烯[97, 197]。2015 年，M. Arnold 研究组[198]发现石墨烯在锗(001)单晶表面的生长具有各向异性，从而直接制备出石墨烯纳米带［图 2.43（b）］。控制石墨烯各向异性生长的关键是石墨烯的生长速度，他们通过控制生长温度、甲烷与氢气比例等 CVD 生长参数，把石墨烯的生长速度控制在极低的范围，获得了较大的石墨烯纳米带长宽比。例如，石墨烯纳米带横向的生长速度可小至 1.4 nm/h，而纵向生长速度可达 40 nm/h。在如此慢的生长速度下，石墨烯纳米带的宽度可控制在 10 nm 以下，其长宽比可达 70。此外，石墨烯纳米带的生长方向受到锗基底的强烈影响，在锗(001)晶面上呈现定向的排列，方向与锗〈110〉晶向偏差 3°左右。他们推测石墨烯在锗(001)晶面上的这种各向异性生长现象是由于 CVD 生长过程中产生的碳氢活性基团更倾向于附着于纳米带的短边，因此石墨烯优先沿纵向生长，从而不断延长而不是加宽。他们将生长的石墨烯纳米带转移至硅片上制备了 FET 器件，宽度越小的纳米带表现出越大的电流开关比，其中宽度为 12 nm 的纳米带器件的电流开关比达到 36。

　　由于与石墨烯之间具有良好的晶格匹配，h-BN 可作为另一种优良模板来控制生长石墨烯纳米带。王浩敏和谢晓明研究组[199, 200]利用不同金属纳米粒子在 h-BN 表面沿特定取向［扶手椅形（AC）和锯齿形（ZZ）］刻蚀出边缘平直且具有单原子层厚度的沟槽，然后通过 CVD 在沟槽中生长出宽度小于 5 nm 且取向可控的高质量石墨烯纳米带（图 2.44）。在 CVD 过程中，石墨烯通过面内外延的方式在 h-BN 边界处生长并填充整个沟槽，从而制备出具有原子级平整扶手椅形及锯

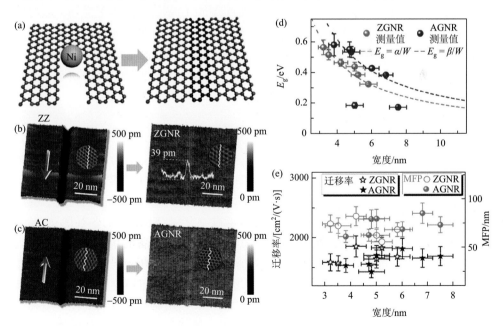

图 2.44　（a）对 h-BN 刻蚀并生长取向可控的石墨烯纳米带的方法[199, 200]；（b，c）嵌入 h-BN 的特定取向纳米沟槽和不同取向石墨烯纳米带的 AFM 图；（d）不同取向石墨烯纳米带的带隙 E_g 与其宽度 W 的关系；α 为常数，约为 1.89 eV·nm，β 为常数，约为 2.44 eV·nm；（e）不同取向石墨烯纳米带的载流子迁移率和散射平均自由程（MFP）与其宽度的关系

齿形边界的石墨烯纳米带（分别为 AGNR 及 ZGNR）。电学输运测量结果表明，所有宽度小于 5 nm 的 ZGNR 都显示出大于 0.4 eV 的带隙且其带隙与宽度成反比，而窄的 AGNR 的带隙随宽度变化的趋势波动较大。由带隙较大的石墨烯纳米带制成的晶体管在室温下的电流开关比大于 10^5，载流子迁移率高于 1500 cm²/(V·s)。此外，在 8～10 nm 宽的 ZGNR 的转移曲线中出现了明显的电导峰，而在大多数 AGNR 中却没有观测到。同时，磁输运研究结果表明，ZGNR 具有较小的磁导，而 AGNR 具有更高的磁导。该研究成果首次实现将手性可控的石墨烯纳米带面内集成在 h-BN 晶格中，向基于石墨烯纳米带的高性能集成电路开发迈出了重要的一步。

与 CVD 生长石墨烯的方法不同，SiC 单晶高温外延生长是另一种制备大面积高质量石墨烯的有效方法[201]。因此，如果在 SiC 表面形成准一维模板结构，使得石墨烯被局限于一维方向上生长，也可形成石墨烯纳米带。W. A. de Heer 研究组[199]通过光刻的方法在 SiC 表面刻蚀出纳米尺寸的台阶并作为模板生长出石墨烯纳米带 [图 2.43（c）]。他们首先在(0001)表面通过光刻曝光工艺制备一层图案化的镍薄膜作为掩膜，在离子刻蚀处理下在 SiC 晶面上刻蚀出 20 nm 深的台阶。处理过的 SiC 晶片在 1200～1300℃高温处理下，表面的台阶转变成宽度约为 40 nm 的(1$\bar{1}$0 n)晶面条带。然后，SiC 晶片进一步加热至 1450℃高温开始外延生长石墨烯。通过控制生长参数，使得石墨烯只在(1$\bar{1}$0 n)晶面条带上生长，从而得到了宽度约为 40 nm 的石墨烯纳米带。石墨烯纳米带的宽度可通过 SiC 刻蚀的厚度进行控制。SiC 晶片上生长的石墨烯纳米带可以直接制备成大规模 FET 器件，在 0.24 cm² 的晶片面积上可集成多达 10000 个 FET 器件。该 FET 器件在室温下的电流开关比约为 10，载流子迁移率高达 2700 cm²/(V·s)。

2.2.4 石墨烯宏观体

石墨烯优异的综合性质使其在能源储存与转化、传感、复合材料及生物医学等诸多领域展现出巨大的应用前景。而实现这些应用的前提是实现石墨烯的宏量制备，并根据不同应用的需要将二维的石墨烯组装成具有特定宏观结构的石墨烯三维宏观体[203-205]。这些石墨烯三维宏观体可以综合利用石墨烯的各项优异性能，使石墨烯的性能在宏观尺度得到充分体现。与二维石墨烯薄膜相比，三维石墨烯网络材料具有极低的密度和极高的孔隙率，除了具备石墨烯优异的电学、热学、力学性能外，还具有比表面积大的特点。所以开发具有三维网络结构的石墨烯泡沫及其宏量制备方法，可极大拓展石墨烯的物性和应用领域，推动其在导电和导热复合材料、热管理、电磁屏蔽、吸波、催化、传感及储能等领域的应用，具有重要的工业应用价值和广阔的市场前景。目前制备石墨烯三维宏观体结构的几种常见方法包括模板法、自组装法等，但这些方法所采用的石墨烯原料一般是由化学氧化剥离法制得，不可避免地含有大量的官能团和结构缺陷，导电能力差，并且所得宏观结构中石墨烯片与片之间也同样存在严重的接触电阻，导致其电学性能不足以满足大部分应用的需求。CVD 方法的迅速发展极大地促进了大面积高质量石墨烯的制备及其在电子和光电器件方面的应用。但是，传统 CVD 方法多以铜箔、镍膜等平面金属作为生长基底，只能得到二维平面的石墨烯薄膜，难以满足复合材料、储能材料等宏量应用的要求。

2010 年，成会明、任文才研究组[206]采用具有曲面结构的镍颗粒取代具有平面结构的镍薄膜作为生长基底，探索了 CVD 宏量制备高质量石墨烯粉体的可能性。他们发现石墨烯可包覆镍颗粒表面，而镍颗粒的表面积远大于镍薄膜的表面积，因此可实现单层到少层高质量石墨烯粉体的宏量制备，产量可达所用镍颗粒质量的 2.5%。在此基础上，他们首次提出采用具有三维连通网络结构的泡沫金属作为生长基底，利用 CVD 方法制备出了具有三维连通网络结构的泡沫状石墨烯材料[207]。其中，兼具平面和曲面结构特点的泡沫金属不仅作为石墨烯催化生长的表面，而且也是使其成为三维连通网络的模板。在该方法中，他们首先通过常压 CVD 在泡沫金属表面裂解甲烷等碳源气体生长出石墨烯并将泡沫金属完整包覆，然后在聚合物聚甲基丙烯酸甲酯（PMMA）薄膜的保护下将泡沫金属骨架溶解去除，最后用热丙酮将 PMMA 保护层溶解去除，从而获得了具有三维连通网络结构的石墨烯泡沫（图 2.45）。这种新颖的石墨烯三维宏观体材料完整地复制了泡沫金属的结构，其中的石墨烯以无缝连接的方式构成全连通的整体，具有低密度（<5 mg/cm^3）、高孔隙率（99.7%）、高比表面积（850 m^2/g）及优异的导电性能（10 S/cm）。该方法可控性好，易于放大，通过改变工艺条件可以调控石墨烯的平均层数、石墨烯泡沫的比表面积、密度和导电性，并且采用基底卷曲的方法可制备出 170 mm×220 mm 及更大面积的石墨烯泡沫材料［图 2.46（a，b）］。

成会明、任文才研究组提出的这种以多孔金属作为生长基底的模板 CVD 法是石墨烯 CVD 生长的一条新思路，不仅可实现高质量石墨烯的宏量制备，也为具有特定结构、性能和应用的石墨烯三维宏观体材料的制备提供了一个基本策略。石墨烯三维网络结构材料集成了三维网络独特的形貌特征和石墨烯独特的物理化学性质，不仅具有极低的密度、极高的孔隙率和高比表面积，而且还具有石墨烯优异的电学、热学、力学性能，为石墨烯在导电、导热复合材料、热管理、电磁屏蔽、吸波、催化、传感及储能等领域的应用奠定了坚实的基础。例如，他们基于石墨烯三维网络独特的结构特点，开发出高导电的石墨烯三维网络/聚合物复合材料：其电导率比基于化学剥离石墨烯的复合材料高约六个数量级，并具有很好的柔韧性和稳定性，可以任意弯曲、拉伸和扭曲而不破损，因而有望作为弹性导体在柔性显示、人造皮肤和可穿戴移动通信设备等柔性电子领域获得应用［图 2.46（c，f）］[207]。他们还基于石墨烯三维网络结构材料研制出高性能、

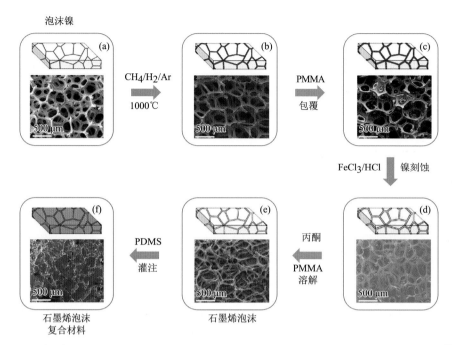

图 2.45　采用泡沫镍为基底的模板 CVD 法制备石墨烯三维连通网络结构材料（石墨烯泡沫）[207]：
（a、b）用泡沫镍作为 CVD 模板生长石墨烯；（c）在生长的石墨烯表面包覆一层 PMMA 保护
层；（d）用 HCl 或 FeCl3 水溶解去除泡沫镍基底；（e）用丙酮溶解去除 PMMA 保护层得到独立
的石墨烯泡沫；（f）真空灌注制备柔性石墨烯泡沫复合材料

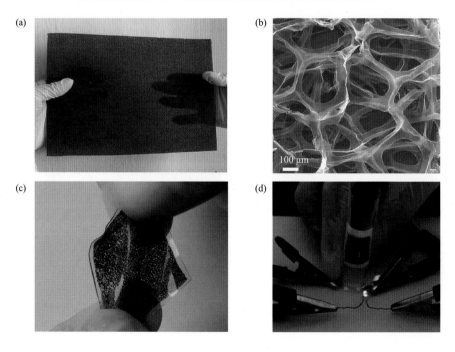

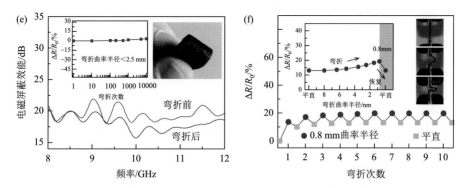

图 2.46　石墨烯三维连通网络结构材料的大面积制备及其应用[207-209]：（a，b）面积达 170 mm×220 mm 的石墨烯三维连通网络结构材料及其 SEM 图；基于石墨烯三维连通网络结构材料的高导电弹性导体（c）、可快速充放电的柔性锂离子电池（d）及轻质、高效的柔性电磁屏蔽材料（e）；（f）基于石墨烯三维连通网络结构材料的弹性导体弯折时的电阻变化

轻质、柔性的石墨烯/聚合物复合电磁屏蔽材料，其单位质量的电磁屏蔽效能高达 500 dB·cm³/g，比常用的金属材料和其他碳材料/聚合物复合材料高一个数量级以上 [图 2.46（e）][208]。此外，他们以石墨烯三维网络结构材料作为高导电的柔性集流体，设计并制备出可快速充放电的柔性锂离子电池，在弯曲时其充放电特性保持不变，并可在 6 min 内完成充放电，为下一代柔性电子器件的发展提供了柔性高功率能源驱动的解决方案 [图 2.46（d）][209]。

　　在上述研究工作的带动下，其他研究组通过改变碳源及 CVD 生长参数，也制备出了类似的高质量石墨烯三维网络结构材料[210-217]。例如，2011 年，H. Zhang 研究组[211]采用乙醇作为碳源、泡沫镍作为 CVD 生长模板也制备出了高质量的石墨烯三维网络。R. S. Ruoff 研究组[212, 213]同样采用泡沫镍作为模板，制备出了层数更多的石墨三维网络。为了得到结构更坚固的石墨网络，他们将泡沫镍加热至 1050℃的高温，并采用甲烷作为碳源生长 1 h 后缓慢冷却。在这样的高温条件下，大量碳原子在镍骨架中扩散溶解，并在缓慢冷却过程中析出形成厚达几十纳米的石墨层包覆在泡沫镍骨架表面。由于石墨层具有较大的厚度及强度，因此在溶解去除镍骨架时可以不使用 PMMA 作为保护层。此外，通过在 CVD 生长碳源中引入其他元素，还可制备出异质原子掺杂的石墨烯三维网络结构材料，如氮掺杂、硼掺杂甚至硼氮共掺杂[216, 217]。多种不同的纳米材料如金属氧化物颗粒也可以方便地复合到这种三维石墨烯网络表面，共同形成具有更多功能的复合材料以满足更多领域的使用需求，如超级电容器[211, 214, 218-223]、锂电池[209, 212, 224-226]、铝离子电池[227]、燃料电池[217, 228-232]、太阳能电池[210, 233]、传感器[221, 222, 234-238]、生物组织工程材料[239, 240]等。

　　采用以泡沫镍为代表的多孔金属作为 CVD 生长模板制备三维石墨烯网络是一个非常有效的策略。然而，商用的泡沫镍本身具有非常大的孔尺寸，因而得到的三维石墨烯网络的孔尺寸可达几十甚至几百微米，孔隙率达 99.7%。为了制备孔尺寸小至微米甚至纳米尺度的石墨烯网络，需要开发其他具有相应孔尺寸的多孔金属模板。R. Polsky 研究组[241]采用光刻胶热解形成的多孔碳作为模板制备了一种具有规整结构的三维多孔石墨烯网络。他们首先采用干涉曝光光刻技术制备了具有周期性结构的多孔光刻胶，再进行高温热解形成具有近似面心立方规则周期结构的三维多孔碳模板。随后在三维多孔碳模板表面沉积一层镍薄膜，在加热至 750℃热处理 50 min 后，三维多孔碳模板本身便转变成了三维连通的多层石墨烯网络。该石墨烯网络的孔尺寸仅为 500 nm 左右，比泡沫镍制备的三维石墨烯网络的孔尺寸小两个数量级。2012 年，李述汤研究组[242]采用镍颗粒作为模板，PMMA 作为固态碳源也制备了多孔石墨烯材料。他们将镍颗粒与 PMMA 混合后置于管式炉中加热至 1000℃，在后续快速降温过程中，石墨烯在镍颗粒表面析出。由于镍颗粒在高温处理过程中互相团聚交联成为多孔网络结构，因此生长的石墨烯复制了这种结构，在去除镍颗粒后仍保持了三维多孔结构。由于得到的三维多孔石墨烯结构具有丰富的表面积及快速的电荷传导能力，他们将铂纳米粒子负载在其表面，获得了具有优异电化学催化活性的催化剂。2013 年，刘立伟研究组[243]通过直接原位还原 $NiCl_2$ 粉末得到多孔镍骨架并作为 CVD 生长石墨烯的模板，获得的三维多孔石墨烯具有很高的比表面积（560 m^2/g）和电导率（12 S/cm），在吸附重金属离子等应用中表现出优异的性能。H. T. Jung 研究组[244]将镍纳米线过滤或压制成膜，并作为 CVD 生长的模板制备出三维连通的石墨烯网络。M. Chen 研究组[245, 246]则采用去合金法制备了平均孔径只有 10 nm 的多孔镍骨架作为 CVD 生长模板［图 2.47（a）］。他们将多孔镍骨架加热至 900℃，通入苯作为碳源生长石墨烯并将镍骨架表面包覆。通过控制 CVD 生长的温度和时间，最终制备的多孔石墨烯的平均孔径可在 100 nm～2 μm 之间调控。他们还进一步采用吡啶和噻吩作为碳源制备了硫氮共掺杂的多孔石墨烯，其电解水产氢的催化性能可比拟商业铂催化剂[245]。通过把 RuO_2 纳米粒子负载锚定在氮掺杂的多孔石墨烯表面，他们还制备出了一种复合电极并应用在锂空气电池中，其充放电容量可高达 8700 mA·h/g，同时表现出良好的长时间循环稳定性[225]。该方法制备的多孔石墨

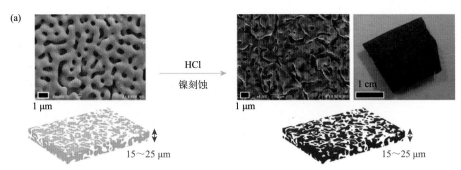

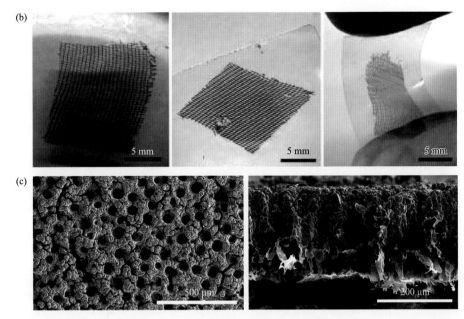

图 2.47　采用纳米多孔镍[245, 246]（a）、铜网[249]（b）及多孔铜/镍薄膜[250]（c）作为 CVD 生长模板制备的多孔石墨烯网络结构材料

烯网络同样表现出了超高的电磁屏蔽效能[247]，厚度为 300 μm 的材料的电磁屏蔽效能达 83 dB，单位面积的电磁屏蔽效能高达 61630 dB·cm^2/g。

　　除了采用多孔镍骨架作为模板制备三维多孔石墨烯外，其他多孔金属如多孔铜或铜镍合金等也可用于制备三维多孔石墨烯。成会明、任文才研究组[207]最先尝试了采用泡沫铜作为 CVD 生长模板。与泡沫镍表面生长多层石墨烯不同的是，泡沫铜表面只生成单层石墨烯，因此在最后去除铜模板时石墨烯网络容易破碎坍塌。J. Kim 研究组[248]采用类似的工艺制备了比较完整的石墨烯网络，并作为电极材料应用在 GaN 发光二极管中。朱宏伟研究组[249]采用铜网作为 CVD 生长模板制备出一种相互交织的石墨烯网络［图 2.47（b）］。他们首先采用常压 CVD 方法在铜网的铜丝表面生长出少层石墨烯。在溶解去除铜网模板后，铜丝表面的石墨烯塌陷成为双层的石墨烯带。这些石墨烯带保留了原来铜网的排列结构，形成相互正交交织的石墨烯网络。通过控制铜网模板的网孔大小即可控制石墨烯网络的紧密程度，得到不同透光率（50%～90%）和方块电阻（200～1200 Ω/sq）的薄膜材料，可用于复合材料、传感器及太阳能电池等领域。D. L. Fan 研究组[215]通过修饰泡沫镍得到具有更丰富孔结构的合金泡沫，并作为 CVD 生长模板制备三维石墨烯泡沫结构。他们首先在泡沫镍表面电化学沉积一层铜，然后通过高温退火形成多孔铜镍合金泡沫。为了进一步调控泡沫镍的孔结构，他们对形成的铜镍合金进行电化学刻蚀，形成尺寸约 5 μm 的微孔，从而有效提高了铜镍合金泡沫的表面积。以这种新型多孔铜镍合金泡沫作为模板，采用低温 CVD 即可生长出多层石墨烯的三维网络结构。R. S. Ruoff 研究组[250]使用电化学方法在铜箔上沉积多孔镍薄膜，并对其进行退火后作为 CVD 生长模板制备多孔石墨烯泡沫 [图 2.47（c）]。制备得到的石墨烯泡沫壁为 2～5 层的石墨烯，其相互连接形成低密度多孔网络，孔隙大小从数百纳米至 60 μm，具有高的孔隙率（98.5%～99.0%）。此外，该石墨烯泡沫的电导率达 1600 S/cm，并具有优良的电磁屏蔽效能，其单位质量电磁屏蔽效能高达 720 dB·cm³/g，优于大多数其他材料。

除了以上的多孔金属模板外，多孔非金属也可作为模板来生长多孔石墨烯材料。例如，多孔氧化铝[251]、多孔氧化镁[252]、天然贝壳（碳酸钙及氧化钙）[253]、硅藻土 [图 2.48（a）][254]等材料都可作为 CVD 生长模板来制备多孔石墨烯材料。但由于非金属模板的催化活性低，制备的石墨烯材料缺陷较多，质量还有待提高。2013 年，J. C. Yoon 研究组[255]采用二氧化硅胶体小球紧密堆积成的面心立方结构作为 CVD 生长模板，制备出了具有规整结构的多孔石墨烯网络 [图 2.48（b）]。为了弥补二氧化硅模板本身催化生长石墨烯能力较差的缺点，他们将聚乙烯醇/氯化铁溶液渗透进二氧化硅模板分别作为石墨烯生长的碳源及催化剂。在氢气还原性气氛的高温处理下，氯化铁分解还原为高活性的单质铁，进一步催化裂解聚乙烯醇，在二氧化硅小球表面生长出石墨烯。反应后将二氧化硅模板及铁催化剂溶解去除，即可获得具有面心立方结构的三维多孔石墨烯网络。其孔尺寸由使用的二氧化硅小球决定，可小至 30 nm。制备的多孔石墨烯网络由于具有规整的连通孔结构，其比表面积可达 1025 m²/g，电导率高达 52 S/cm，在超级电容器中表现出良好的性能。黄富强研究组[256]采用介孔二氧化硅 SBA-15 作为石墨烯生长的模板，并在模板孔道中预先引入镍颗粒作为催化剂，制备出高质量的多孔石墨烯材料 [图 2.48（c）]。他们还引入含氮固态碳源制备了高掺杂量的氮掺杂多孔石墨烯，应用到超级电容器中可实现 855 F/g 的超高容量。丁军研究组[257]采用 3D 打印方法设计制备了具有复杂结构的多孔硅模板，并引入传统陶瓷烧结工艺制造大量微孔结构。他们在该多孔硅模板上进行石墨烯的 CVD 生长，制备出了结构及表面性质可调控的多孔石墨烯材料，其具有高达 994.2 m²/g 的比表面积，2.39 S/cm 的电导率及 239.7 kPa 的杨氏模量。这种三维石墨烯材料在传感、能量存储以及水处理等领域展现出了良好的性能。刘忠范和孙靖宇研究组[258]则采用食盐晶体作为石墨烯生长模板，批量制备出氮掺杂石墨烯纳米笼 [图 2.48（d）]。食盐模板易于去除，通过水洗后即可获得石墨烯纳米笼，其经过超声分散后可规模化制备成石墨烯墨水直接应用于可打印的储能器件，如柔性准固态超级电容器及Li-S 电池等。如果对食盐晶体进行压制并预烧结得到三维模板结构，有望制备出三维多孔石墨烯网络结构材料。

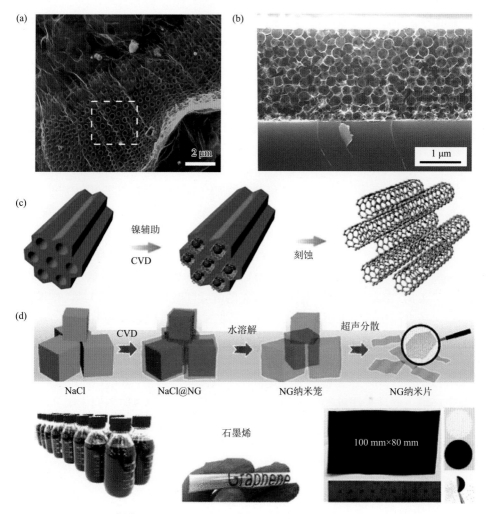

图 2.48 采用硅藻土[254]（a）、二氧化硅胶体[255]（b）、介孔二氧化硅[256]（c）及食盐晶体[258]
（d）作为模板制备多孔石墨烯网络结构材料

2.2.5 掺杂石墨烯

本征石墨烯是一种零带隙的半金属性二维材料。因此，要实现其在大规模逻辑器件中的应用，需要调控石墨烯的电子结构，以获得 p 型及 n 型半导体特性。对石墨烯的化学掺杂可提高其载流子浓度，因而是一种调控石墨烯电子结构的有效手段。对石墨烯的掺杂主要有两种方式，分别是分子表面吸附及异质原子取代。分子表面吸附掺杂一般通过简单的溶液处理来实现，但对石墨烯的掺杂效果较弱，而且容易受环境影响而脱附失效。而异质原子取代碳原子则可以达到稳定的掺杂效果。在取代掺杂中，异质原子与碳原子在石墨烯晶格中形成共价键，因此这种方式能保证石墨烯在很多应用中保持稳定有效的掺杂效果。目前针对石墨烯的异质原子掺杂发展出了多种方法，如氧化石墨烯与掺杂元素的高温还原处理[259]、电弧或高能等离子体处理[260,261]以及 CVD 原位掺杂等[262]。本节将集中介绍采用 CVD 方法制备异质原子掺杂的石墨烯。

1. 氮掺杂

2009 年，刘云圻研究组[262]最早在 CVD 生长中引入 NH_3 参与反应，制备出了氮掺杂的少层石墨烯。通过改变通入的 NH_3 与 CH_4 的不同比例可以调节石墨烯的掺杂量，最高可达 8.9 at%。XPS 分析结果表明，氮原子与碳原子以共价键方式键合并以石墨化氮为主，还包含部分吡啶氮和吡咯氮（图 2.49）。采用氮掺杂石墨烯制备的 FET 器件表现出明显的 n 型半导体特性，电流开关比可达 10^3。由于晶格中氮原子的散射，掺杂后石墨烯的载流子迁移率有所下降，但仍可达到 200～450 $cm^2/(V·s)$。由于生长温度仅为 800℃，因此石墨烯的结晶质量还有待提高。2011 年，J. M. Tour 研究组[263]则采用液态的吡啶同时作为碳源和氮源，在铜箔表面生长出了大面积单层的氮掺杂石墨烯。他们采用的生长温度为 1000℃，在此高温下吡啶分子会首先分解为碳和氮原子团簇，再在铜的催化下重组为氮掺杂石墨烯。石墨烯中氮掺杂量为 2.4 at%，并以吡啶氮为主。但掺杂石墨烯的载流子迁移率仅为 5 $cm^2/(V·s)$，比无掺杂石墨烯低两个数量级。同年，Saiki 研究组[264]在超高真空环境下同样采用吡啶作为原料制备出氮掺杂石墨烯。但他们采用 Pt(111)单晶作为生长基底，且生长温度主要控制在 500℃，制备的石墨烯掺杂量约为 4 at%。由于 Pt 较强的催化活性，吡啶分子在高温 Pt 表面也是先分解为小的分子团簇，再重组为氮掺杂石墨烯。2012 年，刘云圻研究组[265]也采用了吡啶作为原料，在铜箔表面制备出氮掺杂石墨烯，但将生长温度降低至 300℃（图 2.50）。与之前文献报道的在较高温度下先分解吡啶再重组成为石墨烯的反应过程不同，采用 300℃的低反应温度可保留吡啶分子的完整性，并在铜的催化下发生分子间的环化脱氢反应，从而相互拼接直接形成含氮原子的石墨烯晶格。由于吡啶分子没有分解而是直接拼接成石墨烯，因此得到的石墨烯样品的氮掺杂量高达 16.7 at%。值得注意的是，采用该方法制备的掺杂石墨烯均为单层，并且呈现定向排布的长方形条块阵列，排列方向与铜基底的晶格取向有关。此外，电子衍射测试表明这些长方形石墨烯都是单晶形态。FET 器件测试表明，制备的掺杂石墨烯在大气和真空环境中均表现出稳定的 n 型半导体特性，载流子迁移率可达 73 $cm^2/(V·s)$。除了上述气态和液态氮源外，固态的氮源也可以用来生长氮掺杂石墨烯。2014 年，P. Hu 研究组[266]采用固态的五氯吡啶作为原料，进一步将 CVD 生长石墨烯的温度降至 230℃。相比于吡啶，五氯吡啶分子中的氯原子可以在更低的温度下被铜催化脱离，形成高活性的自由基，进而分子之间相互耦合形成氮掺杂石墨烯。掺杂石墨烯首先在铜表面形核并生长成为小的六边形单晶，随着生长时间的延长，这些单晶不断长大并融合成为完整的薄膜。进一步研究表明，掺杂石墨烯的平均生长速度可高达 7.2 μm²/min，甚至高于高温条件下石墨烯的生长速度。但得到的氮掺杂石墨烯的掺杂量为 7.3 at%，低于采用吡啶作为原料制备的样品。FET 器件测试得到的空穴与电子的迁移率分别为 59.5～288.7 cm²/(V·s) 和 80.1～302.7 cm²/(V·s)。

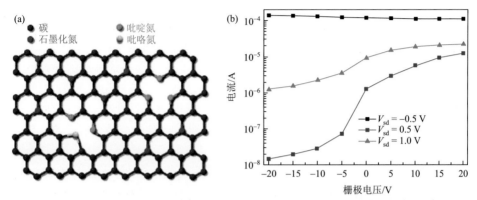

图 2.49　（a）氮掺杂石墨烯中氮原子成键示意图；（b）基于氮掺杂石墨烯的 FET 器件测试曲线，其中黑线为石墨烯，绿线及红线为氮掺杂石墨烯[262]

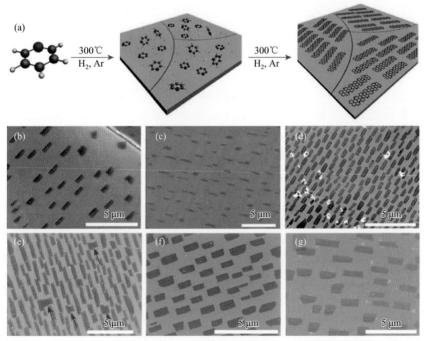

图 2.50　以吡啶为原料制备氮掺杂石墨烯的示意图（a）及得到的条块状石墨烯的 SEM 图（b～g）[265]

2010 年，J. M. Tour 研究组[29]将三聚氰胺与 PMMA 的混合溶液旋涂在铜表面分别作为固态的氮源和碳源制备了氮掺杂石墨烯。其他固态的含氮分子或聚合物如三嗪[267]、吡嗪[268]、卟啉配合物[269]、聚吡咯[270]及聚苯胺等也可用于制备氮掺杂石墨烯。此外，对于一些含氮类生物质如聚多巴胺[271]、壳聚糖[272]等形成的薄膜，可以不借助催化剂在任意基底上将其高温碳化为氮掺杂的石墨烯薄膜。金属包埋的氮和碳元素也可以用来制备氮掺杂的石墨烯[273]。在这种方法中，固态的氮和碳元素首先被蒸发沉积至硅片表面，然后再沉积一层镍薄膜覆盖在上面；最后将样品在真空环境下高温加热，包埋的氮及碳原子在镍薄膜中扩散并在表面析出形成氮掺杂的石墨烯。相比于本征石墨烯的高载流子迁移率，上述氮掺杂石墨烯的载流子迁移率显著降低。这是由于氮掺杂引入了大量的电荷散射中心，如吡啶氮及吡咯氮等。而石墨化氮掺杂不仅具有 n 型掺杂效应，而且对石墨烯晶格的破坏较轻微，因此石墨烯能保持高的载流子迁移率。但是，如何精确控制石墨烯中氮原子的构型仍然是一个很大的挑战。2019 年，彭海琳研究组[274]利用氧气对非石墨化氮掺杂的选择性刻蚀效应，首次在铜基底上实现了石墨化氮团簇掺杂石墨烯（Nc-G）的选择性生长（图 2.51），其载流子迁移率高达 13000 cm^2/(V·s)，比其他报道的氮掺杂石墨烯高出几个数量级。同时，其方块电阻低至 130 Ω/sq，而且掺杂的稳定性得到显著提高。Nc-G 中石墨化氮团簇掺杂可以保持高载流子迁移率的主要原因为：①氧气的引入可以选择性刻蚀吡啶氮和吡咯氮等破坏石墨烯晶格的掺杂类型，石墨化氮掺杂为主要的掺杂类型；②掺杂的石墨化氮原子在石墨烯的晶格中以团簇形式存在，每个掺杂中心含有三至六个甚至更多的三角形平面内石墨化氮原子掺杂构型，由于掺杂氮团簇的独特空间排列，可以有效降低氮原子对石墨烯中载流子的散射；③石墨化氮掺杂石墨烯的晶粒尺寸达毫米量级，减少了晶界对石墨烯中载流子的散射。团簇氮掺杂石墨烯在保持高掺杂浓度的同时，保持了本征石墨烯良好的透光性、导电性、稳定性和高载流子迁移率，有望促进石墨烯在透明导电薄膜及电子器件等领域的应用。

(a)
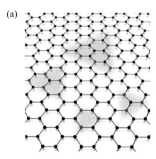
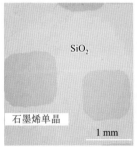

石墨烯单晶 SiO$_2$ 1 mm

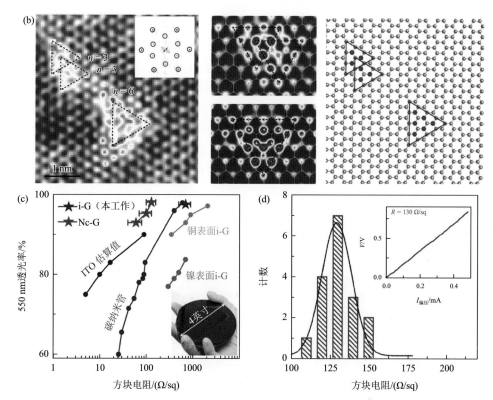

图 2.51　石墨化氮团簇掺杂石墨烯[274]：（a）石墨化氮团簇掺杂石墨烯的结构示意图，大单晶的光学照片及制备的触摸屏器件照片；（b）石墨化氮团簇掺杂石墨烯的 STM 图及模拟结构；（c）多种透明导电膜材料的透光率与方块电阻的关系图；（d）石墨化氮团簇掺杂石墨烯的方块电阻分布

2. 硼掺杂

与石墨烯的氮掺杂方法类似，目前也已经有多种有效的方法可以制备硼掺杂石墨烯。在常用的 CVD 方法中，使用合适的硼源与碳源可以在铜等金属表面生长出硼掺杂的石墨烯。2012 年，朱宏伟研究组[275]将硼粉置于铜箔表面作为硼源，并采用乙醇作为碳源制备出了大面积的硼掺杂石墨烯。石墨烯的层数为 3～5 层，硼掺杂量约为 0.5 at%。霍尔效应测试表明制备的硼掺杂石墨烯呈现明显的 p 型半导体性质，并且在太阳能电池中可以与 n 型硅之间形成 p-n 结，AM 1.5 条件下能量转化效率可达 3.4%。Shen 研究组[276]采用硼酸及聚苯乙烯分别作为硼源和碳源，制备出了大面积的单层硼掺杂石墨烯。通过控制硼源和碳源的用量，石墨烯中硼的掺杂量可在 0.7 at%～4.3 at%范围内调节，其中硼在石墨烯中主要以 BC_3 的形式成键。以硼掺杂石墨烯制备的 FET 器件呈现 p 型半导体特性，载流子迁移率可达 450～650 $cm^2/(V \cdot s)$。2013 年，刘忠范研究组[277]采用苯基硼酸同时作

为碳源和硼源，制备了大面积高质量的硼掺杂石墨烯。相对于分别使用碳源和硼源，采用单一的硼碳源可以更好地控制制备大面积均匀的样品，硼的掺杂量约为 1.5 at%。FET 器件测试表明所制备的硼掺杂石墨烯具有 p 型半导体特性，载流子迁移率高达 800 cm²/(V·s)，高于其他已报道的硼掺杂石墨烯器件。

除了以上介绍的氮和硼掺杂石墨烯，如果同时引入氮源和硼源还可以制备出硼氮共掺杂的石墨烯。Ajayan 研究组[278]采用甲烷和氨硼烷分别作为碳源和硼氮源制备出了硼氮共掺杂的石墨烯（图 2.52）。掺杂的程度通过硼氮源的使用量来控制，可以从 0% 调节至 90%。当硼氮掺杂量较高时，会生成六方氮化硼晶畴并随机分布在石墨烯薄膜中形成面内异质结材料（见 2.2.6 小节）。碳含量为 94% 的掺杂石墨烯薄膜样品的电阻率为 10^{-3} Ω·cm，而且薄膜电阻随着氮化硼含量的增加而增加。对于碳含量为 40% 的掺杂石墨烯薄膜，其 FET 器件呈现双极性的特性，载流子迁移率为 5～20 cm²/(V·s)，远小于不掺杂的石墨烯，这是由于六方氮化硼晶畴与石墨烯之间的晶界对载流子造成了严重的散射。通过变温输运测试，可计算出碳含量为 56% 的掺杂石墨烯的带隙约为 18 meV。2013 年，K. H. Chen 研究组[279]采用类似的方案也制备了硼氮共掺杂的石墨烯。但不同的是他们更关注于低掺杂量的石墨烯，因为低掺杂量可以避免形成大的六方氮化硼晶畴，有利于形成更均匀的掺杂石墨烯。他们在硼氮掺杂量为 6% 的石墨烯样品中观察到 600 meV 的带隙，而进一步提高掺杂量后其带隙反而降低。这是由于更高的掺杂量会导致硼氮元素聚集形成大尺寸的六方氮化硼晶畴，从而与石墨烯晶畴形成两相分离的状态。为了进一步减少六方氮化硼晶畴的形成，2016 年王恩哥研究组[280]选择三甲基硼烷作为硼碳源，同时采用氨气作为氮源来生长硼氮共掺杂石墨烯。他们的研究结果表明，硼碳源中的 B—C 化学键更有利于形成 B-C-N 三元化学均匀混合相。化学成分为 $C_{0.91}(BN)_{0.09}$ 的掺杂石墨烯样品在变温输运测试中呈现出明显的半导体特性，带隙可达 21.8 meV，比采用氨硼烷制备的样品高一个数量级。此外在 2013 年，J. Qu 研究组[217]还制备了硼氮共掺杂的三维石墨烯泡沫。他们采用二硼酸三聚氰胺同时作为碳源、硼源和氮源，并采用泡沫镍作为基底来生长石墨烯。电化学测试表明，制备的掺杂石墨烯泡沫在氧还原反应中具有优异的催化活性及循环稳定性，可望在高性能燃料电池电极中获得应用。

3. 其他元素掺杂

磷具有与氮同样数目的价电子，但磷具有额外的电子轨道及更强的电子贡献能力。因此，磷对石墨烯的掺杂效果要优于氮，可进一步增强石墨烯的 n 型半导体特性。刘云圻研究组[281]以三聚氯化磷腈同时作为磷源和氮源，乙醇作为碳源，通过 CVD 方法制备出了大面积的磷氮共掺杂石墨烯，其中磷和氮的掺杂量分别

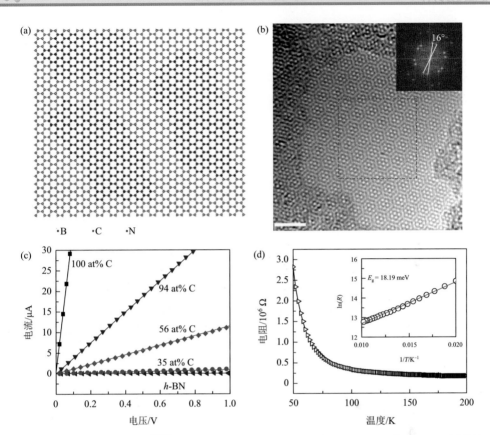

图 2.52　硼氮共掺杂石墨烯[278]：（a）六方氮化硼晶畴在石墨烯中的分布示意图；（b）样品的 HRTEM 图，标尺为 2 nm；（c）不同碳含量的掺杂石墨烯的 *I-V* 曲线；（d）掺杂石墨烯的电阻随温度变化的曲线

为 2.5 at%和 4.5 at%。尽管掺杂量不高，但制备的掺杂石墨烯表现出了更强的 n型半导体特性，其狄拉克点移动到–40 V 的负偏压，远小于掺杂量更高的氮掺杂石墨烯。2014 年，G. Ning 研究组[282]采用$(NH_4)_3PO_4$ 同时作为磷源和氮源，在多孔氧化镁表面 CVD 生长了磷氮共掺杂的多孔石墨烯。磷和氮元素的掺入，使多孔石墨烯在锂离子电池中的充放电容量及循环稳定性均得到了大幅度提高。2021 年，K. Cho 研究组[283]采用 Cu_3P 合金作为催化基底生长出磷掺杂的多层石墨烯，磷掺杂量可高达 6 at%，但大部分磷物理吸附在石墨烯表面。所制备的石墨烯由于磷的掺杂呈现出 n 型掺杂特性，但在吸附水分子后可转变为 p 型掺杂，在制备的 FET 器件中对狄拉克电压的调节范围可达 150 V。

　　由于 C—S 键能较小且硫原子直径大于碳原子直径，因此硫掺杂石墨烯的难度较大。2012 年，Ajayan 研究组[284]将硫溶解于己烷分别作为硫源和碳源制备了硫掺杂的石墨烯，但硫掺杂量非常低（小于 0.6 at%），而且部分硫还以单质硫纳米晶的形式聚集在石墨烯表面。2014 年，P. Hu 研究组[266]采用四溴噻吩同时作为碳源和硫源，在 300℃的低温下制备了硫掺杂的石墨烯。XPS 结果显示晶格掺杂的硫含量约为 1.54 at%。尽管硫掺杂量不高，但 FET 器件测试表明硫掺杂石墨烯呈现出比氮掺杂石墨烯更强的 n 型半导体效应，其电中性点向负电压偏移至约 $-35\,V$，空穴与电子迁移率分别为 $1.3\sim17.9\,cm^2/(V\cdot s)$ 和 $2.6\sim17.1\,cm^2/(V\cdot s)$，比未掺杂石墨烯样品低三个数量级以上。这是由硫掺杂原子及晶格变形对载流子的强烈散射造成的。2017 年，Y. Li 研究组[285]采用噻蒽作为硫源制备了硫掺杂石墨烯。XPS 结果显示样品的硫掺杂量可高达 4.01 at%，主要包含 S—C 及 S—H 两种键合方式，而且可以通过 CVD 的氢气流量来调节两种键的比例。硫掺杂石墨烯的载流子迁移率最高可达 $270\,cm^2/(V\cdot s)$。此外，采用噻蒽作为硫源，并以泡沫镍作为 CVD 生长基底，可制备出硫掺杂的三维石墨烯泡沫[286]，硫掺杂量可达 2.9 at%，表现出优异的电化学催化性能。2015 年，M. Chen 研究组[245]采用 CVD 方法在纳米多孔镍上制备了硫氮共掺杂的三维多孔石墨烯。他们采用的硫源和氮源分别为噻吩和吡啶，且生长温度可低至 500℃。作为石墨烯晶格中的缺陷位点，共掺杂的硫和氮元素可以降低氢离子的吸附-脱附吉布斯自由能，进而提高石墨烯电极在电化学催化析氢反应中的活性。

　　除了以上介绍的各种掺杂元素外，与碳同族的硅也可以取代石墨烯中的碳原子形成硅掺杂石墨烯。理论计算预测硅掺杂石墨烯在催化、储氢及传感等领域具有优异的性能[287, 288]。2014 年，吕瑞涛研究组[288]采用 CVD 方法率先制备出大面积的硅掺杂石墨烯。他们分别采用甲氧基三甲基硅烷和己烷作为硅源和碳源，铜片作为生长基底，制备的硅掺杂石墨烯以单层为主，硅掺杂量约为 1.75 at%。相对于其他掺杂元素，硅掺杂石墨烯的拉曼光谱峰的位置几乎没有发生变化，这可能是由于硅与碳同属Ⅳ A 族，硅原子对碳原子的取代并未在石墨烯晶格中引入新的载流子。但硅原子直径大于碳原子，硅原子的掺杂会引起石墨烯晶格的局部扭曲，可以增强一些染料分子与石墨烯之间的结合力及电荷转移，从而提高石墨烯对染料分子的拉曼增强检测信号，因而硅掺杂石墨烯有望作为高灵敏度传感器用于痕量有机分子的检测。2015 年，Y. Li 研究组[289]则采用三苯基硅烷同时作为碳源和硅源来生长硅掺杂石墨烯，硅掺杂量可达 2.63 at%。器件测试表明硅掺杂石墨烯呈现 p 型半导体特性，载流子迁移率可达 $660\,cm^2/(V\cdot s)$。2016 年，S. Lin 研究组[290]采用硅烷和甲烷分别作为硅源和碳源制备了硅掺杂石墨烯。通过改变硅烷与甲烷的比例，硅掺杂量可从 2.7 at%调节至 4.5 at%。UPS 分析表明，硅掺杂石墨烯的功函数比非掺杂石墨烯高 $0.13\sim0.25\,eV$。他们将制备的硅掺杂石墨烯转移到 GaAs 表面形成异质结太阳能电池，其能量转换效率比未掺杂石墨烯制备的太阳能电池高约 33.7%。

2.2.6　异质结构

石墨烯已经展现出很多优异的性能，为低维物理学探索提供了一个独一无二的研究平台，并且有望构造出下一代高性能电子器件。尽管如此，石墨烯仍然有一些不足之处有待解决，如其零带隙的固有特性。相比于石墨烯，其他二维层状材料具有更为多样的电学特性，包括绝缘体，如 h-BN，以及带隙分布范围广泛的半导体，如过渡金属硫族化合物（TMDC）、黑磷等。这些种类丰富并具有特殊物理性质的二维层状材料提供了从原子层面构建异质结构的可能，有望创造出具有全新物理性质和独特功能的新颖复合结构。总体上，二维层状材料的异质结构包括叠层异质结构和面内异质结构两大类。

1. 叠层异质结构

二维层状材料都是表面无悬键的原子级厚度片层状材料，其表面化学键饱和，层间为范德瓦耳斯力相互作用。由于没有直接的化学键合以及范德瓦耳斯力的弱相互作用，因此可以将各种完全不同的二维材料堆叠在一起，而不受晶格匹配的限制。由于二维层状材料的丰富多样性，将不同种类二维层状材料按照一定顺序堆叠构筑成的范德瓦耳斯异质结构展现出了诸多前所未有的新物性[291]。制备叠层异质结构的方法主要有自上而下的堆叠法和自下而上的生长法。

堆叠法最早在 2010 年由 C. R. Dean 等[292]提出，他们将石墨烯转移至 h-BN 表面来制备高性能电子器件。在他们的方法中，一层 h-BN 首先被转移至硅片等基底上，然后将需要转移的石墨烯附着在透明 PMMA 薄膜上并转移至 h-BN 上方，最后将调整好角度的石墨烯按压至 h-BN 表面完成一次转移。通过重复上述转移过程，可以将不同的二维材料按照一定的次序和角度叠加在一起获得多层的异质结构[293]。这些具有原子级平整界面的多层异质结构提供了一个操控二维层状材料界面处载流子、激子、光子及声子的产生、限域及传播等行为的全新平台，为新型器件的设计与制备提供了大量的可能。与堆叠法相比，CVD 生长法可获得更干净和紧密接触的异质结界面。目前采用这种自下而上生长的方法已经制备出多种二维材料异质结构，如 h-BN 生长在石墨烯表面，石墨烯生长在 h-BN 表面，多种 TMDC 包括 MoS_2、WS_2、$MoSe_2$ 等生长在石墨烯表面等。

2011 年，P. M. Ajayan 研究组[294]首先报道了采用 CVD 方法在石墨烯表面直接生长 h-BN 形成异质结。他们采用了两步 CVD 生长法来制备异质结，第一步采用己烷作为碳源在 950℃ 的条件下在铜箔表面生长一层石墨烯，紧接着第二步中采用氨硼烷作为原料在 1000℃ 的温度下在石墨烯表面生长一层 h-BN，从而形成叠层异质结［图 2.53（a）］。然而，拉曼光谱测试发现作为基底的石墨烯在二次高温 CVD 生长过程产生了破损。2021 年，S. Wang 研究组[295]提出一步 CVD 法在氢

封端 *h*-BN 模板下外延嵌入生长石墨烯，形成 *h*-BN/石墨烯双层异质结构。他们发现大部分 *h*-BN/石墨烯异质结的层间旋转角度小于 0.5°。由于受到顶层 *h*-BN 层的保护，*h*-BN/石墨烯异质结的载流子迁移率可达 14000 cm^2/(V·s)，显著高于未经保护的单层石墨烯样品 [图 2.53（d）]。2022 年，X. X. Zhang 研究组[296]提出了

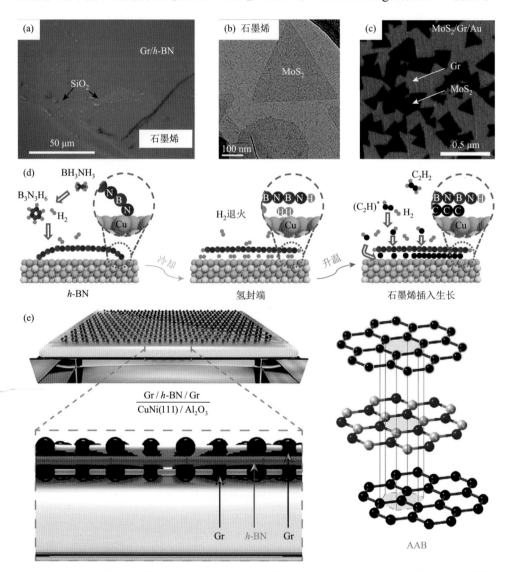

图 2.53　CVD 生长二维材料叠层异质结：（a）以石墨烯为基底生长 *h*-BN 异质结的光学照片[294]；（b）以石墨烯为基底生长 MoS$_2$ 异质结的 TEM 图[300]；（c）以石墨烯为基底生长 MoS$_2$ 异质结的 SEM 图[302]；（d）一步 CVD 生长 *h*-BN/石墨烯双层异质结[295]；（e）原位 CVD 生长 AAB 堆垛的石墨烯/*h*-BN/石墨烯三层异质结[296]

一种原位 CVD 生长策略合成了晶圆级 AAB 堆垛的单晶石墨烯/h-BN/石墨烯三层范德瓦耳斯异质结构。他们首先在蓝宝石/CuNi(111)表面合成了单层单晶 h-BN，然后在 h-BN 表面外延生长单层单晶石墨烯，形成石墨烯/h-BN 双层异质结构。最后，通过逐渐降低生长温度，使碳原子从 CuNi(111)中析出，在 h-BN 和 CuNi(111)之间的界面形成另一层单晶石墨烯，从而制备出石墨烯/h-BN/石墨烯三层范德瓦耳斯异质结构 [图 2.53（e）]。由于 h-BN 在高温下相比于石墨烯具有更高的稳定性，因此更常用的做法是将石墨烯生长在 h-BN 表面形成石墨烯/h-BN 异质结，这部分将在 2.3.2 小节作详细介绍。

在 TMDC/石墨烯异质结的制备方面，2012 年 J. Kong 研究组[297]最早尝试在石墨烯表面生长 MoS$_2$ 形成异质结。他们采用(NH$_4$)$_2$MoS$_4$ 作为原料，将其沉积在 CVD 生长的石墨烯表面，并加热分解形成小尺寸的多层 MoS$_2$ 纳米晶。他们还采用 MoO$_3$ 和硫作为 CVD 生长原料，同时采用有机小分子全氟酞菁铜（copper hexacafluoro phthalocyanine，F$_{16}$CuPc）作为形核促进剂，在胶带剥离石墨烯及 h-BN 表面成功制备出大面积的单层 MoS$_2$[298]。2014 年，Y. C. Lin 等[299]采用 SiC 外延生长的石墨烯作为基底生长了 MoS$_2$、WSe$_2$ 以及 h-BN。他们将制备的异质结应用在光探测器中，光响应率获得了 200 倍以上的提升。H. Ago 等[300]则采用 CVD 生长的六边形石墨烯单晶作为基底，在较高温度（880～900℃）下直接外延生长出三角形的单层 MoS$_2$ 单晶 [图 2.53（b）]。他们发现 MoS$_2$ 更倾向于在石墨烯的晶界处形核，并且在石墨烯单晶内部呈现择优的外延生长方向。因此，当 CVD 生长的多晶石墨烯被选作基底生长 MoS$_2$ 后，可以通过观测 MoS$_2$ 的晶格取向来确定石墨烯基底的晶格取向。A. Azizi 等[301]在悬空的石墨烯表面生长 TMDC 异质结并对其结构进行了深入的 TEM 表征。他们首先将 CVD 生长的石墨烯转移至 TEM 微栅上得到悬空的石墨烯，并以此为基底分别采用 MOCVD 和普通 CVD 生长 WSe$_2$ 和 MoS$_2$ 单晶。TEM 表征结果表明，生长的 WSe$_2$ 三角形单晶在石墨烯表面以外延的形式生长，其晶格取向呈现较为规整的排列，强烈依赖于石墨烯基底的晶格取向。而 MoS$_2$ 三角形单晶在石墨烯表面则呈现无规则的排列，表明其并未按外延的方式生长。然而造成这种生长差别的原因尚不清楚，可能与采用的不同生长方法、原料及生长温度等因素有关。

在以上报道中，作为生长基底的石墨烯一般是通过剥离法获得或者经过了转移过程，不可避免地在石墨烯表面残留一些污染物，可能会影响异质结的界面接触和相互作用。2015 年，刘忠范研究组[302]在同一套 CVD 系统中将石墨烯及后续 MoS$_2$ 的生长紧密结合起来，直接制备了 MoS$_2$/石墨烯异质结 [图 2.53（c）]。他们采用金箔作为基底，首先采用甲烷作为碳源在 970℃的温度及常压条件下制备了单层石墨烯。随后不进行转移操作，而是将生长好的石墨烯直接作为基底，并以 MoO$_3$ 和 S 作为原料进一步生长单层的 MoS$_2$。拉曼光谱及荧光光谱等表征结果表明，制备的 MoS$_2$/石墨烯异质结具有较高的质量以及干净的界面。但生长的 MoS$_2$ 单晶在石墨烯表面呈随机取向排列，说明并未遵循外延方式生长。可以看出，目前人们尝试制备的叠层异质结主要是 MoS$_2$/石墨烯结构，但通过选用其他氧化物及相应硫族元素也可以制备出其他 TMDC/石墨烯的叠层异质结构。

2. 面内异质结构

以上介绍的二维材料叠层异质结可同时由自上而下和自下而上两种方法来进行制备，而二维材料的另一种重要异质结构——面内异质结则只能通过自下而上的生长方法来制备。目前采用 CVD 方法已经实现了石墨烯与其他二维材料在平面内拼接形成异质结构。这种新颖的面内异质结在一个二维平面上集成了两种或多种二维导体材料、半导体材料及绝缘材料，有望发展出仅有原子级厚度的平面内连续的集成电子器件。

2010 年，P. M. Ajayan 研究组[278]最早采用 CVD 方法制备出了 h-BN/石墨烯面内异质结构。他们同时通入甲烷和氨硼烷，在铜箔表面生长出了 h-BN/石墨烯面内异质结的连续薄膜，厚度为 1～3 个原子层。XPS 分析表明，硼和氮元素主要以 h-BN 的结构存在并都与碳原子形成共价连接，表明薄膜是由石墨烯和 h-BN 两相组成。其晶粒尺寸可小至几纳米到几十纳米，而且两相含量比例可由甲烷和氨硼烷的比例来控制。但是，这种方法制备的异质结中石墨烯和 h-BN 两相以无规则的方式混合。为了对 h-BN/石墨烯异质结的形貌和排列进行控制，2012 年 J. Park 研究组[303]发展出了两步 CVD 交替生长的方法。首先，对铜箔表面生长的大面积石墨烯薄膜采用光刻或反应离子刻蚀等方法进行图案化，并在暴露出来的新鲜铜表面进行二次 CVD 生长 h-BN，而二次生长的 h-BN 与暴露的石墨烯边界形成了无缝连接的异质结（图 2.54）。由于采用了图案化技术，该方法可以方便地设计并控制石墨烯及 h-BN 的形状及排布，也使得在原子级厚度的单层薄膜中构建电绝缘的石墨烯器件成为可能。采用这种生长方法，该研究组还制备出了导电的石墨烯/氮掺杂石墨烯异质结。这种掺杂石墨烯异质结可以看作是单层石墨烯平面内的 p-n 结，因此可用来制备只有单层原子厚的平面内连续电子器件。此外，他们制备的这些异质结构保持了二维材料的机械强度与柔性，可以被转移至其他基底，有望用于构建下一代柔性透明的二维集成电路器件。

2013 年，P. M. Ajayan 研究组[304]也采用类似图案化结合二次 CVD 的方法制备了 h-BN/石墨烯异质结。他们采用光刻或聚焦离子束对铜箔表面生长的 h-BN 进行图案化加工，在刻蚀出的空白区域进行二次 CVD 生长石墨烯并形成无缝的异质结。采用聚焦离子束加工，可在单层 h-BN 内制备出宽度小至 100 nm 的石墨烯条带。由于光刻图案化的便利，他们设计并制备出了具有各种形状和大小的 h-BN/石墨烯异质结构，包括一些具有特定性能的电路结构。例如，他们制备出了一种单原子厚的柔性闭环谐振器可用作带通滤波器。除了二次 CVD 方法制备 *h*-BN/石墨烯异质结外，P. M. Ajayan 研究组[305]还提出了一种可将石墨烯转化成 *h*-BN 的方法，并以此为基础制备异质结。在这种化学转化反应过程中，石墨烯中的碳原子在高温下被活性的硼和氮原子逐步取代，并最终全部转化成为 *h*-BN。以此转化反应为基础，他们采用光刻图案化的方法将部分石墨烯掩埋起来，而暴露的石墨烯则转化成为 *h*-BNC 或 *h*-BN，并与未转化的石墨烯形成石墨烯/*h*-BN 两相异质结甚至石墨烯/*h*-BNC/*h*-BN 三相异质结。这种三相异质结构在单层原子二维平面上集成了导体、半导体及绝缘体，为制备单原子厚度的集成电子器件奠定了基础。

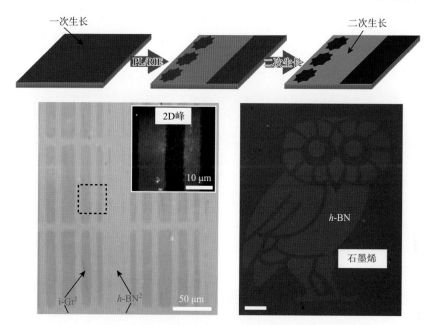

图 2.54　CVD 生长二维材料面内异质结的示意图及得到的具有特定形貌的异质结图案[303]

PL 表示曝光光刻；RIE 表示反应离子刻蚀

上述方法一般使用光刻及刻蚀工艺，不可避免地在石墨烯边界上引入大量的缺陷，从而导致石墨烯/*h*-BN 异质结的界面处存在大量缺陷。为了制备出具有原子级锐利界面的异质结，有必要在具有平直边界的石墨烯边缘上继续外延生长其他二维材料，而如何避免使用刻蚀等方法来获取石墨烯平直边界是这一方法的关键。2013 年，G. H. Han 等[306]采用连续两步生长的方法直接在铜箔表面制备出石墨烯/*h*-BN 异质结。他们首先采用常压 CVD 在铜箔表面生长出离散的六边形石墨烯单晶，保证了石墨烯拥有平直的边界，并在石墨烯的生长过程中通入氨硼烷生长 *h*-BN。研究发现 *h*-BN 以石墨烯边界为模板向外外延生长，形成了具有锐利界面的石墨烯/*h*-BN 异质结。他们还尝试将制备的异质结置于空气中热处理氧化去除石墨烯，只留下外围一圈 *h*-BN 纳米带。

2014 年，L. Liu 等[307]则利用氢气的高温刻蚀作用在石墨烯薄膜中刻蚀出孔洞并进行二次 *h*-BN 生长（图 2.55）。他们首先采用 CVD 在铜箔表面生长一层石墨烯薄膜，在氢气气氛中加热至 1050℃的高温进行刻蚀，在石墨烯中形成具有锯齿形边界的规则六边形孔洞。然后以石墨烯边界作为形核位点外延生长 *h*-BN，最后将石墨烯中的孔洞填满，形成连续的石墨烯/*h*-BN 异质结。他们对制备的异质结进行了高分辨 STM 分析，可以直接观察到无缝连接的锐利界面。他们还发现界面两侧的石墨烯及 *h*-BN 由于电学性质不同而存在一定的高度差，但远小于石墨烯或 *h*-BN 的层间距，说明石墨烯/*h*-BN 异质结是在同一原子层的面内连接而成。他们从 STM 观察到石墨烯与 *h*-BN 之间沿着锯齿形边连接，形成锐利的锯齿形界面，与原石墨烯锯齿形边界相吻合。而且根据与石墨烯相连的是氮原子还是硼原子，异质结界面上的能级比面内的费米能级高或低 0.6 eV[308]。此外，他们还通过 LEED 测试发现 *h*-BN 的晶格取向与石墨烯完全一致，而不受铜基底晶格的影响。P. Sutter 等[309]通过切换乙烯/氨硼烷两种反应原料的方法，在 Ru(0001)单晶表面交替生长了石墨烯/*h*-BN 条纹异质结。通过快速切换原料气源，他们获得了交替平行排列的石墨烯和 *h*-BN 纳米条带，宽度窄至 80 nm。

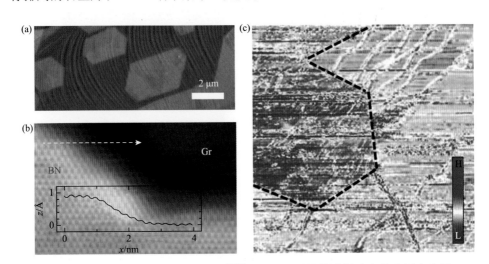

图 2.55　石墨烯/*h*-BN 面内异质结的制备[307]：（a）在石墨烯薄膜刻蚀出的孔洞中生长 *h*-BN；（b）石墨烯/*h*-BN 异质结界面的原子分辨 STM 照片；（c）石墨烯/*h*-BN 异质结的隧穿电流扫描图像，虚线为异质结的界面

除了以上介绍的石墨烯/*h*-BN 异质结外，石墨烯与其他二维 TMDC 材料也能形成面内异质结。目前报道的石墨烯/TMDC 异质结主要采用图案化结合二次 CVD 生长的方法来制备[310-312]。然而，目前尚未实现石墨烯与 TMDC 之间的无缝共价

连接，这是由于石墨烯与 TMDC 的晶格常数差异较大（如石墨烯与 MoS_2 之间相差 25%），导致二者之间难以外延生长。TEM 结果显示石墨烯与 TMDC 在交接处发生重叠，重叠处宽度为数纳米至数百纳米，而石墨烯与 TMDC 之间也没有晶格取向关系。因此，TMDC 仅在石墨烯的边缘处形核，而并没有以外延的方式生长。尽管如此，石墨烯与 TMDC 在交接处依然形成了良好的欧姆接触，意味着石墨烯可以作为高导电的电极将 TMDC 整合成为二维电子器件。通过精确光刻图案化工艺结合大面积 CVD 生长，目前已经制备出了高质量大面积石墨烯/MoS_2电子器件，如 FET、二极管以及在此基础上构建的反相器、或非门和与非门等[310, 311]。

2.3　非金属基底上生长石墨烯

采用 CVD 方法在金属基底上制备的石墨烯薄膜具有结晶质量高等显著的优势。然而，为了满足实际的电子器件应用需求，需要将石墨烯从金属基底上转移至电介质或绝缘基底上。在这个复杂且高成本的过程中，不可避免地会造成石墨烯的污染、破损及缺陷。因此，直接在非金属基底生长石墨烯具有重要的科学和应用价值。由于其免于转移过程，有助于实现石墨烯在电子器件中的实际应用。然而与常用的金属基底相比，非金属基底对碳源裂解及石墨烯生长的催化活性很低。为了促进并控制石墨烯在非金属基底表面的生长，必须有效降低石墨烯生长过程的激活能。在过去几年中，对直接在非金属基底上 CVD 生长高质量石墨烯进行了大量的探索。目前，主要发展出了两种途径，分别是金属辅助催化和提高 CVD 生长环境的活性（如高温活化、等离子体活化及基底表面处理等）。下面将对典型非金属基底上生长石墨烯的进展进行介绍。

2.3.1　硅基底

1. 金属辅助

硅片是电子器件中使用最广泛的基底，大部分石墨烯基器件也是将石墨烯转移至硅片来进行搭建和构筑，因此人们首先探索了在硅片表面直接生长石墨烯以用于各种器件研究。然而由于硅片表面的二氧化硅绝缘层较低的催化活性，在其表面直接生长高质量石墨烯的难度较大。为此，人们尝试了引入金属催化剂来辅助石墨烯在硅片上的生长。

2011 年，L. J. Li 研究组[313]率先报道了在硅片表面采用铜辅助催化生长大面积的石墨烯薄膜。他们采用甲烷作为碳源，在表面沉积有铜薄膜的硅片基底上生长石墨烯，发现铜催化甲烷产生的碳原子会通过铜薄膜内部的晶界扩散到铜与硅片之间的界面处，最后在硅片表面形成了连续的大面积多层石墨烯薄膜。CVD 生长结束后将表面的铜薄膜溶解去除即可得到位于硅片表面的石墨烯（图 2.56）。2012 年，T. Kato 研究组[314]采用 PECVD 方法在表面沉积有镍薄膜的硅片基底上生长石墨烯，同样发现除了镍薄膜表面生长了单层的石墨烯外，在镍薄膜与硅片的界面处也生长了单层的石墨烯。借助等离子体及镍的催化作用，他们实现了在低温条件下直接在硅片等表面制备高质量的单层石墨烯。如果预先对镍薄膜进行图案化，则可以直接在硅片上制备出图案化的石墨烯。此外，在 PECVD 生长过程中引入 NH$_3$，则可以生长出氮掺杂的石墨烯，而且其掺杂程度可以由 NH$_3$ 的浓度来调控。在采用氮掺杂石墨烯制备的 FET 器件中，随着 NH$_3$ 浓度的增加，器件的输运特性可从 p 型连续调节到 n 型。

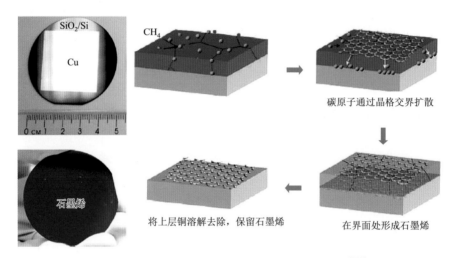

图 2.56　在铜薄膜与硅片界面处生长大面积石墨烯[313]

　　类似地，还可以采用镍或铜薄膜将固态碳源包覆在硅片表面形成三明治结构，在高温下金属薄膜将固态碳源转化成为石墨烯并附着在硅片表面[315-317]。已报道的固态碳源包括自组装单分子膜、无定形碳及聚合物等。通过优化覆盖的金属薄膜的厚度、热处理温度及碳源沉积量等参数，可以直接在硅片等绝缘基底上制备出高质量的石墨烯。2011 年，Y. H. Lee 研究组[315]最先报道了这种方法，采用镍作为包覆金属，研究了不同种类的自组装单分子膜与最终得到的石墨烯层数之间的关系。根据不同分子的结构及含碳量，制备的石墨烯的层数可从两层至五层之间调节。2015 年，李述汤研究组[318]采用铜作为包覆金属，直接在硅片上制备了氮掺杂的石墨烯。他们采用的碳源为含氮的多环芳烃化合物，研究发现采用平面型多环芳烃分子比非平面分子制备的石墨烯具有更高的质量。尽管上述研究中避免了石墨烯的转移，但还是需要采用湿化学法将金属薄膜刻蚀清除。2013 年，Y. Lu 研究组[316]开发了一步到位的方法，直接将包覆的镍薄膜在高温处理过程中升华，避免了后续的湿化学法刻蚀步骤（图 2.57）。他们采用的热处理温度达到 1100℃，而且镍薄膜的厚度较薄（约 65 nm）。伴随着石墨烯的生成，多余的碳与镍生成亚稳态的 Ni$_3$C并在高温处理下分解升华。经过一步热处理得到的石墨烯表面光滑平整，表现出很高的质量和导电性能（50 Ω/sq，550 nm 可见光下透光率 95.8%）。

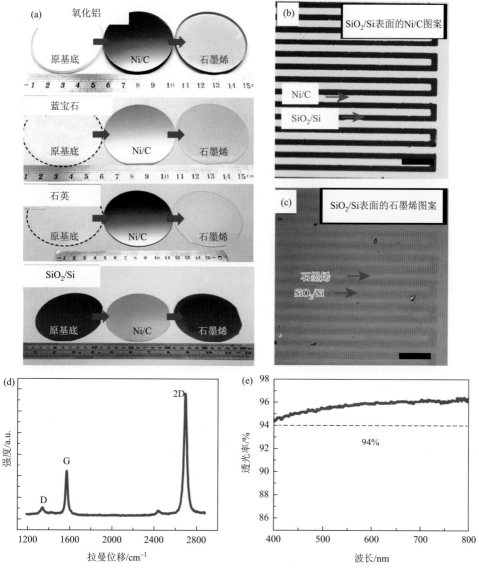

图 2.57　绝缘基底表面包覆 Ni/C 薄膜直接制备石墨烯：（a）不同基底表面的 Ni/C 包覆薄膜在高温处理下转化为石墨烯；（b）Ni/C 的图形化；相应得到的石墨烯图案（c）、拉曼光谱（d）和光学透射光谱（e）[316]

在 CVD 生长过程中引入微量的金属蒸气，是另外一种可以促进石墨烯在硅片等绝缘基底上的生长并提高其质量的有效方法。2012 年，P. Chiu 研究组[319]首先报道了这一方法，将一片铜片置于硅片前方作为铜蒸发源。在 CVD 生长中加热至 1000℃的铜片开始升华，在硅片表面附近形成铜蒸气。碳源分子被铜蒸气催化裂解并活化，从而在硅片上沉积生长成石墨烯。由于石墨烯并没有与金属形成物理接触，因此也不需要后续的金属刻蚀步骤。但得到的石墨烯薄膜中存在一些缺陷及多层石墨烯区域，这可能是由石墨烯杂乱的形核点以及碳源在硅片表面较慢的迁移速度造成的。为了提高石墨烯的质量，他们还将胶带剥离的石墨烯碎片转移至硅片表面作为种子诱导生长出缺陷更少的石墨烯。H. C. Choi 研究组[320]在此基础上进行了改良，将铜片置于硅片上方，并优化碳源浓度，最终在硅片等绝缘基底上获得了更高质量的石墨烯。除了铜蒸气外，镍蒸气[321]及镓蒸气[322, 323]也可以辅助生长石墨烯，但得到的石墨烯样品的晶粒尺寸比较小且缺陷较多，尚需进一步优化生长条件。

2. PECVD

在 CVD 生长过程中引入等离子体是另一种可有效促进石墨烯在绝缘基底表面生长的方法。等离子体由反应气体在低压电弧放电或高能射频作用下激发产生，包含大量电离后产生的高能活化正负离子。在 PECVD 中，这些高能离子与反应气体产生剧烈碰撞，促进碳源气体分子分解成为活性成分，以利于石墨烯的形核及后续长大。等离子体部分弥补了绝缘基底催化活性低的不足，显著促进了石墨烯在绝缘基底表面的生长，同时也可以降低生长石墨烯的温度。2013 年，D. Wei 等[324]在 CVD 生长石墨烯中引入氢等离子体，通过调节氢气的比例、气压及反应温度等条件，可以实现石墨烯边界的刻蚀与形核生长之间的平衡控制。他们发现氢等离子体对石墨烯的刻蚀只发生在石墨烯的边界，因此能够去除石墨烯边界处的部分缺陷，暴露出的新边界将有利于石墨烯在硅片等绝缘基底上继续生长。他们首先将胶带剥离的少层石墨烯片转移至硅片表面作为种子，采用氢等离子体活化石墨烯的边界，通入碳源后石墨烯就沿着新边界外延生长。此外，他们还通过控制反应参数在硅片表面先形成石墨烯的小团簇，并以其为种子在较低温度下进一步外延长大成为六边形的石墨烯单晶，尺寸达 1.35 μm，并可拼接成连续薄膜（图 2.58）。当采用更易于分解的乙烯作为碳源时，石墨烯的生长温度可低至 400℃。除了氢气外，在 PECVD 反应中引入氨气也同样可以起到刻蚀并活化石墨烯边界的作用[325]。由于使用了高能氮等离子体，生长得到的是氮掺杂石墨烯。通过控制引入氢气与氨气的顺序，还可制备出石墨烯的 p-n 异质结。

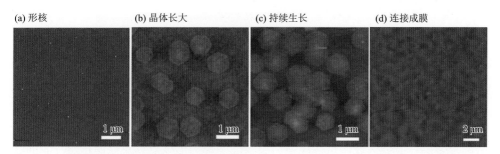

(a) 形核　　　　　　(b) 晶体长大　　　　　　(c) 持续生长　　　　　　(d) 连接成膜

图 2.58　在硅片表面采用 PECVD 直接生长石墨烯：（a）形核、（b）晶体长大、（c）持续生长、（d）连接成膜的过程[324]

3. 氧/水辅助

除了上述等离子体处理可活化生长基底促进石墨烯在硅片表面的生长之外，2011 年刘云圻研究组[326]提出了氧辅助活化法，在 SiO_2/Si 基底上直接制备了大面积石墨烯薄膜。研究表明，在石墨烯生长前，将 SiO_2/Si 置于 800℃ 的氧气流中进行高温热处理可以活化石墨烯的形核位点，从而提高其形核密度。活化后 SiO_2/Si 表面的氧可以增强硅片对 CH_x($x = 0 \sim 4$) 的吸附，降低 C—C 键的形成能，从而提高石墨烯的形核与生长速度。经过长时间生长，最终可在 SiO_2/Si 表面获得大面积连续的石墨烯薄膜，其表现出很高的质量和导电性能［方块电阻达约 800 Ω/sq，550 nm 可见光下透光率约 91.2%，载流子迁移率达 531 $cm^2/(V\cdot s)$］。为了提高石墨烯在 SiO_2/Si 基底上的生长速度，2019 年成会明、任文才研究组[327]报道了一种水辅助 CVD 方法，无需金属催化剂及超高温条件，即可在 SiO_2/Si 基底上快速生长出单层石墨烯薄膜（图 2.59）。他们发现，即使在 CVD 过程中只引入微量的水，也可大幅减少石墨烯单层薄膜中的结构缺陷。此外，水的引入还能够同时提高石墨烯薄膜的结构均匀性和生长速度。这可能是由于水在 CVD 生长过程中具有温和的氧化作用，并加速了 SiO_2/Si 基底释放氧，从而降低石墨烯的生长动力学势垒，使石墨烯得以快速形核与生长，在 1.5 h 内即可得到厘米级的单层石墨烯薄膜。器件输运测试表明，得到的石墨烯薄膜呈现 p 型掺杂，并具有很高的空穴载流子浓度，空穴载流子迁移率可达 365 $cm^2/(V\cdot s)$，开关比为 6.4。上述工作为硅片基底上高效可控生长高质量石墨烯提供了有效途径。

2.3.2　六方氮化硼基底

h-BN 被认为是石墨烯电子器件应用中最有前景的一种电介质基底，这是因为其具有高达 6.0 eV 的直接带隙[328]，无悬键的原子级平整表面，以及与石墨烯之间小于 2% 的晶格失配度[292, 329]。因此，采用 *h*-BN 作为石墨烯器件的基底，可以最大程度降低常规硅片基底的界面陷阱电荷及粗糙表面对石墨烯中载流子的散

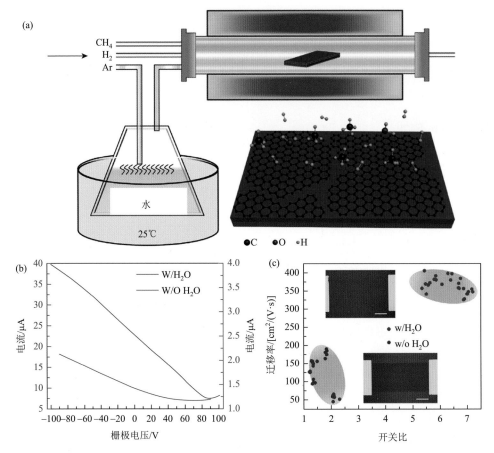

图 2.59 （a）水辅助 CVD 法在 SiO$_2$/Si 基底上生长石墨烯的示意图；（b）水辅助制备的石墨烯样品的电学输运曲线；（c）水辅助制备的石墨烯样品的载流子迁移率与 FET 器件开关比[327]

射。由于 *h*-BN 与石墨烯之间良好的晶格匹配，因此石墨烯可以沿着氮化硼的边缘外延生长形成面内异质结或者沿着垂直方向外延生长形成叠层异质结。本小节主要介绍氮化硼表面直接生长石墨烯叠层异质结。

如上所述，尽管采用堆叠转移的方法可以制备石墨烯/*h*-BN 叠层异质结，但转移的步骤比较烦琐，也会在界面处引入较多污染物，而且难以实现石墨烯/*h*-BN 之间的严格晶格取向匹配。由于氮化硼的物理性质与其他普通绝缘基底相似，因此可以采用绝缘基底生长石墨烯的通用方法在氮化硼表面直接生长石墨烯。2013 年，张广宇研究组[330]采用 PECVD 方法首次实现了在氮化硼表面直接生长大尺寸石墨烯单晶。图 2.60（a）展示了石墨烯在氮化硼表面的外延生长过程：甲烷分子首先在等离子体的作用下裂解为高活性基团，并在氮化硼表面形核，然后沿着石墨烯边缘不断长大。拉曼光谱表明生长的石墨烯为单层或双层。从 AFM 图

［图 2.60（b）］可以看出，生长的石墨烯呈现六角边形的单晶形态，并沿着同样的取向在氮化硼表面排列分布。此外，石墨烯表面还可以直接观察到波长约为 15 nm 的周期排列莫尔条纹相，这是由生长的石墨烯与氮化硼基底之间的晶格失配造成的。这些石墨烯单晶在 PECVD 生长中可以进一步长大并融合成为完整连续的石墨烯薄膜。对石墨烯/氮化硼叠层异质结 FET 器件的研究表明，石墨烯的载流子迁移率在 1.5 K 的低温下可达 5000 cm^2/(V·s)。他们还在单层石墨烯/氮化硼叠层异质器件中观察到了半整数霍尔量子效应。2015 年，谢晓明研究组[331]发现在常规 CVD 生长过程中引入硅烷可极大提高石墨烯在氮化硼表面的生长速度（约 1 μm/min），甚至可媲美石墨烯在金属基底上的生长速度［图 2.60（c）］。在 20 min 的短时间内石墨烯单晶即可生长至 20 μm［图 2.60（d）］。而且制备的石墨烯单晶具有高的结晶质量，霍尔器件测量表明其室温载流子迁移率高达 20000 cm^2/(V·s)。理论计算结果表明，在石墨烯边缘附着的硅原子可以有效降低生长过程中碳原子结合到石墨烯边缘的临界势垒，从而大幅提高了石墨烯的生长速度。

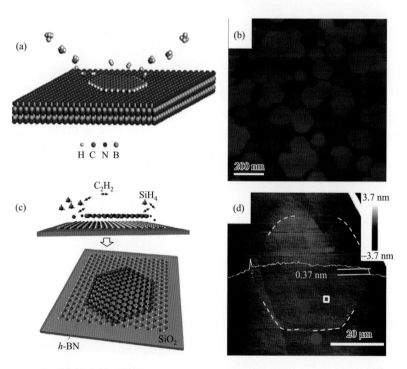

图 2.60　*h*-BN 表面直接生长石墨烯：（a）石墨烯在氮化硼表面的外延生长过程[330]；（b）生长在氮化硼表面的石墨烯六角边形单晶的 AFM 图；（c）CVD 生长过程中引入硅烷加速石墨烯在氮化硼表面生长的示意图[331]；（d）生长的石墨烯单晶尺寸达 20 μm

　　因为以上工作中使用的氮化硼为胶带剥离方法制备得到，所以氮化硼表面会存在由于转移而残留的污染物，并可能会保留在石墨烯与氮化硼的界面处，从而影响石墨烯的性能。因此人们也尝试直接在 CVD 制备的氮化硼表面连续进行下一次 CVD 生长来制备石墨烯/氮化硼叠层异质结构[332]。与将石墨烯转移至氮化硼表面得到的样品相比，连续 CVD 生长制备的石墨烯/氮化硼样品在 FET 器件中表现出更高的载流子迁移率，以及更小的狄拉克电压值，这意味着连续 CVD 生长的石墨烯具有很高的质量以及更少的掺杂和电荷散射点。此外，2015 年，刘忠范、彭海琳研究组[333]还开发了一种共析出的方法直接制备大面积的石墨烯/氮化硼异质结薄膜。他们将固态的氮化硼和碳掺杂的镍先后沉积到镍基底上形成三明治结构，然后在真空下进行高温热处理。在热处理过程中，碳原子首先扩散到镍薄膜表面并析出形成一层石墨烯，而硼原子和氮原子紧接着也在镍薄膜中扩散并在石墨烯的下方形成一层氮化硼，从而形成叠层异质结。采用这种共析出的方法已经实现了 4 英寸晶圆级大面积异质结薄膜的制备。然而 Raman 光谱、XPS 及俄歇电子能谱（AES）等表征发现，该方法制备的石墨烯为硼氮共掺杂的石墨烯，导致其在 FET 器件中表现出较低的载流子迁移率。同年，刘忠范研究组[334]还发现以苯甲酸作为碳源在大于 900℃ 的临界温度处理下分解出的 CO_2 气体会刻蚀铜箔表面生长的氮化硼。因此，通过控制石墨烯生长温度高于或低于氮化硼刻蚀的临界温度，可实现石墨烯/氮化硼的面内异质结或叠层异质结的选择性制备。其中在得到的叠层异质结中，石墨烯的晶格排列方向与底层氮化硼的晶格方向完美吻合，证明石墨烯是在氮化硼表面外延生长形成的。而且得到的石墨烯也具有很高的质量，在制备的 FET 器件中其载流子迁移率高达 15000 $cm^2/(V\cdot s)$。但由于氮化硼表面的惰性性质，碳前驱体在其表面的分解速度相当低，因此石墨烯的生长速度依然较低。

为了进一步提高石墨烯在 h-BN 表面的生长速度，2017 年刘忠范研究组[335]在石墨烯的生长过程中引入二茂镍作为生长促进剂，其分解的镍原子作为气态催化剂可以促进碳源的分解并降低石墨烯生长的能量势垒，从而极大提高了石墨烯的生长速度（相比以苯甲酸作为碳源快 8～10 倍）和单晶尺寸（可达 20 μm），可快速制备出晶圆级尺寸的石墨烯/氮化硼异质结薄膜（图 2.61）。这项工作作为高质量石墨烯/氮化硼异质结的快速生长提供了一条新的路线，具有高效率及规模化可扩展的能力，有望推动其在透明电极、高性能电子器件和能量转化等领域的应用。2013 年，J. Kong 研究组[336]报道了另一种方案实现石墨烯/氮化硼面内异质结及叠层异质结的选择性生长。他们首先在铜箔表面生长出氮化硼单晶，紧接着进行二次 CVD 生长石墨烯。当引入的甲烷浓度较低时，石墨烯会优先在氮化硼边界处形核并长大，与氮化硼形成面内异质结。当甲烷浓度升高并进行长时间的石墨烯生长时，他们发现石墨烯会直接在裸露的铜表面形核长大。当石墨烯的生长推进到氮化硼边界处时将会跨越氮化硼继续生长，从而形成叠层异质结。

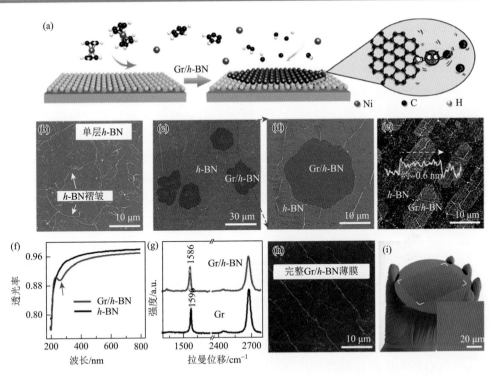

图 2.61　二茂镍辅助在氮化硼表面快速生长石墨烯[335]：（a）分别用氨硼烷和二茂镍作为前驱体的两步 CVD 生长石墨烯/氮化硼异质结的示意图；（b）首先生长的单层氮化硼在铜箔上的 SEM 图；（c, d）在全覆盖单层氮化硼上第二步沉积生长的石墨烯的 SEM 图；（e）转移到 SiO₂ 基底上的异质结构的 AFM 图；（f）石墨烯/氮化硼异质结及氮化硼的紫外-可见光透射光谱；（g）石墨烯/氮化硼异质结及石墨烯的拉曼光谱；（h）铜箔上完全覆盖的石墨烯/氮化硼异质结的 SEM 图；（i）大面积石墨烯/氮化硼异质结的光学照片

2.3.3　玻璃基底

　　玻璃在我们的生活中无处不在，将石墨烯转移至玻璃表面可以结合石墨烯和玻璃的优异特性，由此得到的石墨烯玻璃有可能会在我们日常生活中获得广泛的应用。为了实现石墨烯玻璃的低成本、快速、规模化制备，开发玻璃表面直接 CVD 生长石墨烯的方法至关重要。由于组成玻璃的各种氧化物的催化活性较低，因此要实现石墨烯在玻璃表面的直接生长，通常需要在 CVD 生长中引入高能量等离子体将气态碳源分解为活性成分，以促进石墨烯在玻璃表面的形核与生长[337-339]。但这个方法得到的石墨烯质量还有待提高，而且可能得到垂直于基底的石墨烯纳米片[339]。除了等离子体活化外，2015 年刘忠范研究组[340]采用常压 CVD 在高温条件下实现了在硼硅玻璃和石英玻璃等耐高温玻璃表面直接生长均匀的高质量石墨烯薄膜。这种在玻璃表面直接高温

生长的过程包含了表面沉积及非常缓慢的外延生长过程。生长过程从气态碳源的热解开始，由于玻璃表面的惰性，碳源的热解过程中没有明显的催化裂解效应，主要依赖碳源的高温自分解反应。热分解后的 CH_x 活性成分通过 C—O 及 H—O 键合作用吸附到玻璃表面并开始形成石墨烯的形核点。随着碳源活性成分的持续分解并沿着表面及边界的缓慢扩散，石墨烯形核点开始缓慢向外生长扩展。这个生长过程表明，相对于在金属基底表面的生长，石墨烯在玻璃等绝缘基底表面的生长需要更高的温度，而且石墨烯完整覆盖玻璃基底表面所需的生长时间也长至数小时。为了改善石墨烯在玻璃基底上的生长动力学，他们提出气流限域 CVD 生长方法大幅度提高了石墨烯在玻璃表面的形核密度与生长速度[341]。在该方法中，他们将磨砂石英板放置在目标玻璃基板上，形成 2～4 μm 的间隙，使 CH_4 气流局域在狭窄空间，提高了 CH_4 在玻璃表面的局部浓度与碰撞概率。采用气流限域 CVD 法在石英玻璃上长满一层连续的单层石墨烯薄膜仅需 45 min，相比常规 CVD 方法大大缩短了生长时间，有利于快速制备大面积高质量的石墨烯薄膜。但当玻璃基片大于 4 in 后，生长的石墨烯薄膜的均匀性受到很大影响，气流上游区域生长的石墨烯将明显厚于下游区域，严重影响了大面积石墨烯薄膜的实际应用[342]。2017 年刘忠范研究组[343]以乙醇为碳源，通过低压 CVD 法在玻璃表面快速制备出大面积均匀石墨烯。与他们之前报道的常压 CVD 相比，该方法可快速制备长度达 25 in 的均匀石墨烯薄膜，这是由于低压 CVD 可提高传质速率，使活性碳源气氛在整个玻璃表面分布更均匀［图 2.62（a）］。而且乙醇的热分解温度（800℃）低于甲烷（1000℃），可为石墨烯的形核、生长提供充足的碳源。同时乙醇在分解时产生的羟基自由基可抑制无定形碳的生长，从而保证高质量石墨烯的快速生长，在 4 min 内即可长满 25 in 玻璃表面，比常压 CVD 生长快了 20 倍。制备的单层石墨烯薄膜方块电阻为 3.8 kΩ/sq。然而，上述工作中采用的高温（>1000℃）超过了普通玻璃的软化点，因此需要采用石英等高熔点玻璃来维持其固态结构。

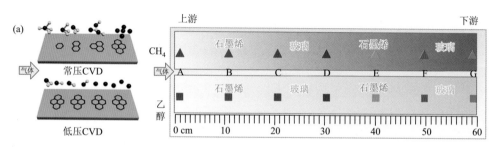

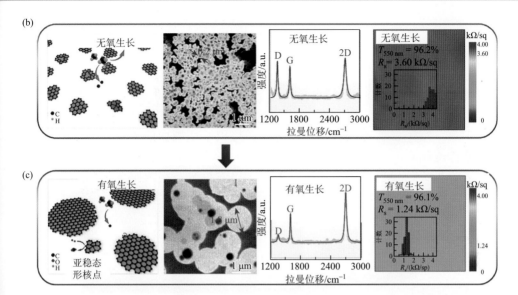

图 2.62　（a）采用基于甲烷的常压 CVD 方法和基于乙醇的低压 CVD 方法获得的 25 in 石墨烯玻璃的照片[343]；（b，c）无氧与有氧辅助 CVD 制备石墨烯的反应示意图、晶畴 SEM 图、拉曼光谱表征及方块电阻统计[345]

　　此外，2015 年刘忠范研究组[344]还研究了在高温熔融态的普通钠钙硅酸盐玻璃表面生长石墨烯薄膜。他们发现在熔融的玻璃表面形成了尺寸一致且均匀分布的石墨烯圆盘（图 2.63）。这可能是由于熔融的玻璃能够为石墨烯的生长提供一个各向同性的表面，并且消除了表面的高能位点，促使石墨烯在平整的熔融玻璃表面均匀形核。同时熔融的表面还为碳源活性成分提供了更快的扩散速率，因此石墨烯在熔融玻璃表面的生长速度比在固态玻璃表面快十倍以上。随着生长时间的延长，均匀分布的石墨烯圆盘最终互相连接成为完整的薄膜，其可见光透光率约为 97.1%，方块电阻为 3 kΩ/sq。将该石墨烯薄膜转移至硅片制备场效应晶体管器件，测试结果表明其载流子迁移率可达 127～426 cm^2/(V·s)。这种在玻璃表面直接制备的石墨烯薄膜在电加热器件、低成本电极及智能窗等方面显示出了良好的应用前景。2021 年，刘忠范研究组[345]还报道了一种氧辅助 CVD 方法，可直接在 6 in 石英玻璃表面生长高质量石墨烯。他们在生长过程中引入痕量的氧气，发现高温下氧对不稳定的石墨烯形核中心会产生刻蚀作用，可有效调节石墨烯在石英玻璃表面的形核密度，并实现对石墨烯晶畴尺寸的调控［图 2.62（b，c）］。使用氧辅助 CVD 方法，石英玻璃表面生长的石墨烯晶畴尺寸得到了明显增加（从 200 nm 增大到 1.8 μm）。所获得石墨烯薄膜的方块电阻随着石墨烯晶畴尺寸的增大而不断降低，最低可达 900 Ω/sq（可见光透光率为 91.8%），是目前在玻璃基底表面生长的性能最高的石墨烯。这种较高电导率的石墨烯玻璃有望用于透明加热器件以及电控智能滤光片等领域。

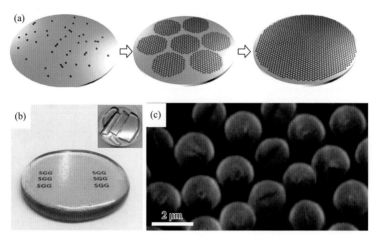

图 2.63　在熔融玻璃表面生长石墨烯的示意图（a），样品照片（b）和 SEM 图（c）

2.3.4　蓝宝石基底

直接在绝缘基底上实现晶圆级高品质石墨烯薄膜的生长对于实现石墨烯在电学、光学与光电器件方面的应用至关重要。蓝宝石作为一种低成本的单晶绝缘基底，广泛应用于先进半导体集成电路和光电器件的制造。2012 年，H. J. Song 等研究表明，石墨烯可在低至 950℃的温度下在蓝宝石表面的台阶处形核生长并扩展至整个表面，同时蓝宝石表面暴露的非饱和成键的氧原子也可促进石墨烯的形核与生长[346]。2021 年，刘忠范研究组[347]采用自主设计研发的电磁感应高温生长设备，在蓝宝石表面直接生长出了由高度取向晶畴拼接而成的晶圆级高质量单层石墨烯（图 2.64）。研发的石墨烯生长设备可以在短时间内升温至 1400℃，并且高温可以被局域在生长衬底附近。高温生长环境克服了碳源较高的热裂解和扩散势垒，促使碳源有效裂解成为高活性碳物种并在表面快速扩散，实现了石墨烯的快速生长。而且石墨烯与蓝宝石之间存在择优取向，当石墨烯相对蓝宝石旋转 30°时系统能量最低，而高温环境将有助于石墨烯在蓝宝石表面达到最稳定构型，实现石墨烯的高度一致取向。与此同时，他们采用了特殊的冷壁设计，降低了气相温度，可有效抑制无定形碳的形成和多层形核副反应的发生。因此，该反应在 30 min 内就可以获得晶圆级高质量单层石墨烯。毫米尺寸范围内低能电子衍射的结果表明石墨烯薄膜是由高度一致取向的晶畴拼接而成。选区电子衍射及扫描隧道显微镜在微观尺度也证实了石墨烯具有很高的结晶性和高度一致的取向性。获得的准单晶石墨烯薄膜在晶圆尺寸范围内具有低至约 587 Ω/sq 的方块电阻。而且输运器件测试表明其迁移率在 4 K 的低温下高达 14700 cm²/(V·s)，室温下为 9500 cm²/(V·s)。太赫兹时域光谱表征进一步表明，当分辨率为 250 μm 时其迁移率依旧高于 6000 cm²/(V·s)，且具有很好的均匀性，这是当时在常规绝缘基底上直接生长得到的晶圆级石墨烯的最高性能。

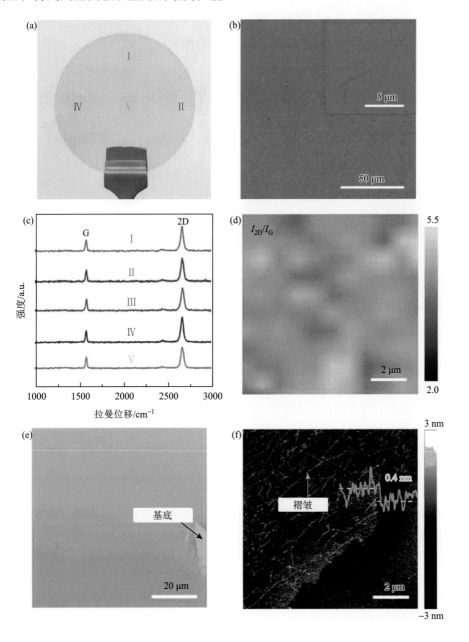

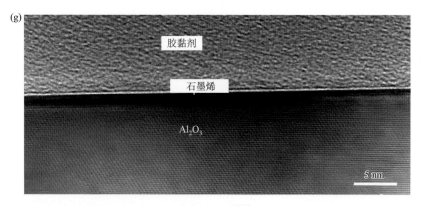

图 2.64　蓝宝石表面直接生长晶圆尺寸单层石墨烯[347]：（a）石墨烯/蓝宝石晶圆的实物照片；（b）石墨烯薄膜的典型 SEM 图；（c）石墨烯薄膜的拉曼光谱；（d）石墨烯薄膜的拉曼 I_{2D}/I_G 面扫描图；（e）转移到 SiO₂/Si 基底上的石墨烯的光学照片；（f）转移到 SiO₂/Si 基底上的石墨烯的 AFM 图；（g）石墨烯/蓝宝石界面的 TEM 图

2.3.5　其他基底

　　如上所述，尽管绝缘基底的催化活性远不如金属基底，但还是有一些绝缘基底有利于石墨烯的形核与生长。例如，MgO 与 ZrO₂ 粉末可以在较低温度（低至 325℃）下生长石墨烯纳米片。深入研究表明，石墨烯生长时倾向于在这些氧化物颗粒的台阶处形核并继续生长，直至其表面全部被石墨烯包覆[348]。理论计算结果表明，碳源乙炔分子与 MgO 表面的台阶边缘处具有更强的结合力，而且台阶边缘处的高活性位点对碳源分子的裂解至关重要。其他常用来生长石墨烯的基底还包括高介电常数材料，如 Si₃N₄[349]、SrTiO₃[350] 及 CuO 等。相比于介电常数较低的 SiO₂，如果可以直接将石墨烯生长在高介电常数材料的表面，则能有效降低电子器件的漏电流，改善栅极的调制作用。2014 年，刘忠范研究组[350]采用 SrTiO₃ 作为基底在常压 CVD 系统中直接生长出了石墨烯，所制备的石墨烯薄膜具有较高的质量及均匀性。他们以 SrTiO₃ 作为栅极的绝缘层构建了石墨烯 FET 器件，在低至 0.11 V 的偏压下仍能观察到双极性特性，且器件载流子迁移率可达 870~1050 cm²/(V·s)。2013 年，刘云圻研究组[349]采用两步法在 Si₃N₄ 表面生长了大面积连续石墨烯薄膜。为了避免石墨烯形核与生长之间的竞争，他们第一步使用较低的碳源流量获得较低密度的石墨烯形核点，而在第二步中使用较高的碳源流量使石墨烯在已有形核点上进一步生长成为连续薄膜。制备的石墨烯薄膜表现出较高的质量，其 FET 器件的载流子迁移率可达 1510 cm²/(V·s)。他们进一步降低碳源的供应量，发现在近平衡的生长状态下石墨烯生长成为六边形甚至十二边形单晶[351]。研究结果表明，低的碳源流量可以有效阻止石墨烯的多重形核，并且使碳原子以最低的能量状态结合到石墨烯边缘的最优位点，从而使高质量的石墨烯单晶在绝缘基底上的直接生长成为可能。制备的石墨烯单晶的尺寸最大为 11 μm，其 FET 器件的载流子迁移率高达 5650 cm^2/(V·s)，该性能已可比拟金属基底催化生长的石墨烯的性能。

参 考 文 献

[1] Eizenberg M，Blakely J M. Carbon monolayer phase condensation on Ni(111). Surface Science，1979，82（1）：228-236.

[2] Isett L C，Blakely J M. Segregation isosteres for carbon at the(100)surface of nickel. Surface Science，1976，58（2）：397-414.

[3] Novoselov K S，Geim A K，Morozov S V，et al. Electric field effect in atomically thin carbon films. Science，2004，306（5696）：666-669.

[4] Sutter P W，Flege J I，Sutter E A. Epitaxial graphene on ruthenium. Nature Materials，2008，7（5）：406-411.

[5] Yu Q K，Lian J，Siriponglert S，et al. Graphene segregated on Ni surfaces and transferred to insulators. Applied Physics Letters，2008，93（11）：113103.

[6] Reina A，Jia X，Ho J，et al. Large area，few-layer graphene films on arbitrary substrates by chemical vapor deposition. Nano Letters，2009，9（1）：30-35.

[7] Chae S J，Gunes F，Kim K K，et al. Synthesis of large-area graphene layers on poly-nickel substrate by chemical vapor deposition: Wrinkle formation. Advanced Materials，2009，21（22）：2328-2333.

[8] Kim K S，Zhao Y，Jang H，et al. Large-scale pattern growth of graphene films for stretchable transparent electrodes. Nature，2009，457（7230）：706-710.

[9] Li X S，Cai W W，An J H，et al. Large-area synthesis of high-quality and uniform graphene films on copper foils. Science，2009，324（5932）：1312-1314.

[10] Bae S，Kim H，Lee Y，et al. Roll-to-roll production of 30-inch graphene films for transparent electrodes. Nature Nanotechnology，2010，5（8）：574-578.

[11] Novoselov K S，Fal'ko V I，Colombo L，et al. A roadmap for graphene. Nature，2012，490（7419）：192-200.

[12] Li X，Cai W，Colombo L，et al. Evolution of graphene growth on Ni and Cu by carbon isotope labeling. Nano Letters，2009，9（12）：4268-4272.

[13] López G A，Mittemeijer E J. The solubility of C in solid Cu. Scripta Materialia，2004，51（1）：1-5.

[14] Siller R H，Oates W A，McLellan R B. The solubility of carbon in palladium and platinum. Journal of the Less Common Metals，1968，16（1）：71-73.

[15] Ma T，Liu Z B，Wen J X，et al. Tailoring the thermal and electrical transport properties of graphene films by grain size engineering. Nature Communications，2017，8：14486.

[16] Gao L，Ren W，Xu H，et al. Repeated growth and bubbling transfer of graphene with millimetre-size single-crystal grains using platinum. Nature Communications，2012，3：699.

[17] Ma T，Ren W，Zhang X，et al. Edge-controlled growth and kinetics of single-crystal graphene domains by chemical vapor deposition. Proceedings of the National Academy of Sciences of the United States of America，2013，110（51）：20386-20391.

[18] Ma T，Ren W，Liu Z，et al. Repeated growth-etching-regrowth for large-area defect-free single-crystal graphene by chemical vapor deposition. ACS Nano，2014，8（12）：12806-12813.

[19] Lin L，Liu Z. Graphene synthesis on-the-spot growth. Nature Materials，2016，15（1）：9-10.

[20]　Bointon T H, Barnes M D, Russo S, et al. High quality monolayer graphene synthesized by resistive heating cold wall chemical vapor deposition. Advanced Materials, 2015, 27 (28): 4200-4206.

[21]　Li G, Huang S H, Li Z. Gas-phase dynamics in graphene growth by chemical vapour deposition. Physical Chemistry Chemical Physics, 2015, 17 (35): 22832-22836.

[22]　Hao Y, Bharathi M S, Wang L, et al. The role of surface oxygen in the growth of large single-crystal graphene on copper. Science, 2013, 342 (6159): 720-723.

[23]　Hao Y, Wang L, Liu Y, et al. Oxygen-activated growth and bandgap tunability of large single-crystal bilayer graphene. Nature Nanotechnology, 2016, 11 (5): 426-431.

[24]　Xu X Z, Zhang Z H, Qiu L, et al. Ultrafast growth of single-crystal graphene assisted by a continuous oxygen supply. Nature Nanotechnology, 2016, 11 (11): 930-935.

[25]　Liu C, Xu X, Qiu L, et al. Kinetic modulation of graphene growth by fluorine through spatially confined decomposition of metal fluorides. Nature Chemistry, 2019, 11 (8): 730-736.

[26]　Wood J D, Schmucker S W, Lyons A S, et al. Effects of polycrystalline Cu substrate on graphene growth by chemical vapor deposition. Nano Letters, 2011, 11 (11): 4547-4554.

[27]　Dong X C, Wang P, Fang W J, et al. Growth of large-sized graphene thin-films by liquid precursor-based chemical vapor deposition under atmospheric pressure. Carbon, 2011, 49 (11): 3672-3678.

[28]　Zhang B, Lee W H, Piner R, et al. Low-temperature chemical vapor deposition growth of graphene from toluene on electropolished copper foils. ACS Nano, 2012, 6 (3): 2471-2476.

[29]　Sun Z Z, Yan Z, Yao J, et al. Growth of graphene from solid carbon sources. Nature, 2010, 468 (7323): 549-552.

[30]　Kwak J, Chu J H, Choi J K, et al. Near room-temperature synthesis of transfer-free graphene films. Nature Communications, 2012, 3: 645.

[31]　Ji H, Hao Y, Ren Y, et al. Graphene growth using a solid carbon feedstock and hydrogen. ACS Nano, 2011, 5 (9): 7656-7661.

[32]　Fang W, Hsu A L, Song Y, et al. Asymmetric growth of bilayer graphene on copper enclosures using low-pressure chemical vapor deposition. ACS Nano, 2014, 8 (6): 6491-6499.

[33]　Piner R, Li H, Kong X, et al. Graphene synthesis via magnetic inductive heating of copper substrates. ACS Nano, 2013, 7 (9): 7495-7499.

[34]　Kobayashi T, Bando M, Kimura N, et al. Production of a 100-m-long high-quality graphene transparent conductive film by roll-to-roll chemical vapor deposition and transfer process. Applied Physics Letters, 2013, 102(2): 023112.

[35]　Ryu J, Kim Y, Won D, et al. Fast synthesis of high-performance graphene films by hydrogen-free rapid thermal chemical vapor deposition. ACS Nano, 2014, 8 (1): 950-956.

[36]　Li M L, Liu D H, Wei D C, et al. Controllable synthesis of graphene by plasma-enhanced chemical vapor deposition and its related applications. Advanced Science, 2016, 3 (11): 1600003.

[37]　Lee C, Wei X D, Li Q Y, et al. Elastic and frictional properties of graphene. Physica Status Solidi B: Basic Solid State Physics, 2009, 246 (11-12): 2562-2567.

[38]　Ghosh S, Bao W, Nika D L, et al. Dimensional crossover of thermal transport in few-layer graphene. Nature Materials, 2010, 9 (7): 555-558.

[39]　Nair R R, Blake P, Grigorenko A N, et al. Fine structure constant defines visual transparency of graphene. Science, 2008, 320 (5881): 1308.

[40]　Celebi K, Cole M T, Choi J W, et al. Evolutionary kinetics of graphene formation on copper. Nano Letters, 2013, 13 (3): 967-974.

[41] Li J，Zhuang J，Shen C，et al. Impurity-induced formation of bilayered graphene on copper by chemical vapor deposition. Nano Research，2016，9（9）：2803-2810.

[42] Gan L，Zhang H，Wu R，et al. Grain size control in the fabrication of large single-crystal bilayer graphene structures. Nanoscale，2015，7（6）：2391-2399.

[43] Han Z，Kimouche A，Kalita D，et al. Homogeneous optical and electronic properties of graphene due to the suppression of multilayer patches during CVD on copper foils. Advanced Functional Materials，2014，24（7）：964-970.

[44] Zhao Z，Shan Z，Zhang C，et al. Study on the diffusion mechanism of graphene grown on copper pockets. Small，2015，11（12）：1418-1422.

[45] Wu P，Zhai X F，Li Z Y，et al. Bilayer graphene growth via a penetration mechanism. Journal of Physical Chemistry C，2014，118（12）：6201-6206.

[46] Shen C Q，Yan X Z，Qing F Z，et al. Criteria for the growth of large-area adlayer-free monolayer graphene films by chemical vapor deposition. Journal of Materiomics，2019，5（3）：463-470.

[47] Abidi I H，Liu Y Y，Pan J，et al. Regulating top-surface multilayer/single-crystal graphene growth by "gettering" carbon diffusion at backside of the copper foil. Advanced Functional Materials，2017，27（23）：1700121.

[48] Xu X，Qiao R，Liang Z，et al. Towards intrinsically pure graphene grown on copper. Nano Research，2021（2）：919-924.

[49] Luo D，Wang M，Li Y，et al. Adlayer-free large-area single crystal graphene grown on a Cu(111)foil. Advanced Materials，2019，31（35）：e1903615.

[50] Zeng M，Tan L，Wang J，et al. Liquid metal：An innovative solution to uniform graphene films. Chemistry of Materials，2014，26（12）：3637-3643.

[51] Yao W，Zhang J，Ji J，et al. Bottom-up-etching mediated synthesis of large-scale pure monolayer graphene on cyclic-polishing-annealed Cu(111). Advanced Materials，2021，34（8）：e2108608.

[52] Xin X，Xu C，Zhang D，et al. Ultrafast transition of nonuniform graphene to high-quality uniform monolayer films on liquid Cu. ACS Applied Materials & Interfaces，2019，11（19）：17629-17636.

[53] Dai B，Fu L，Zou Z，et al. Rational design of a binary metal alloy for chemical vapour deposition growth of uniform single-layer graphene. Nature Communications，2011，2：522.

[54] Yang J H，Hwang J S，Yang H W，et al. Growth of ultra-uniform graphene using a Ni/W bilayer metal catalyst. Applied Physics Letters，2015，106（4）：043110.

[55] Zou Z，Fu L，Song X，et al. Carbide-forming groups ⅣB-ⅥB metals：A new territory in the periodic table for CVD growth of graphene. Nano Letters，2014，14（7）：3832-3839.

[56] Wang H，Yao Z，Jung G S，et al. Frank-van der Merwe growth in bilayer graphene. Matter，2021，4（10）：3339-3353.

[57] Hofmann S，Csanyi G，Ferrari A C，et al. Surface diffusion：The low activation energy path for nanotube growth. Physical Review Letters，2005，95（3）：036101.

[58] Lin M，Ying Tan J P，Boothroyd C，et al. Direct observation of single-walled carbon nanotube growth at the atomistic scale. Nano Letters，2006，6（3）：449-452.

[59] Sung C M，Tai M F. Reactivities of transition metals with carbon：Implications to the mechanism of diamond synthesis under high pressure. International Journal of Refractory Metals & Hard Materials，1997，15（4）：237-256.

[60] Wu Y，Chou H，Ji H，et al. Growth mechanism and controlled synthesis of AB-stacked bilayer graphene on Cu-Ni alloy foils. ACS Nano，2012，6（9）：7731-7738.

[61] Liu X, Fu L, Liu N, et al. Segregation growth of graphene on Cu-Ni alloy for precise layer control. The Journal of Physical Chemistry C, 2011, 115 (24): 11976-11982.

[62] Wang G, Zhang M, Liu S, et al. Synthesis of layer-tunable graphene: A combined kinetic implantation and thermal ejection approach. Advanced Functional Materials, 2015, 25 (24): 3666-3675.

[63] Yang C, Wu T, Wang H, et al. Copper-vapor-assisted rapid synthesis of large AB-stacked bilayer graphene domains on Cu-Ni alloy. Small, 2016, 12 (15): 2009-2013.

[64] Yoo M S, Lee H C, Lee S, et al. Chemical vapor deposition of Bernal-stacked graphene on a Cu surface by breaking the carbon solubility symmetry in Cu foils. Advanced Materials, 2017, 29 (32): 28635145.

[65] Gao Z, Zhang Q, Naylor C H, et al. Crystalline bilayer graphene with preferential stacking from Ni-Cu gradient alloy. ACS Nano, 2018, 12 (3): 2275-2282.

[66] Huang M, Bakharev P V, Wang Z J, et al. Large-area single-crystal AB-bilayer and ABA-trilayer graphene grown on a Cu/Ni(111)foil. Nature Nanotechnology, 2020, 15 (4): 289-295.

[67] Chen S, Cai W, Piner R D, et al. Synthesis and characterization of large-area graphene and graphite films on commercial Cu-Ni alloy foils. Nano Letters, 2011, 11 (9): 3519-3525.

[68] Qing F Z, Shen C Q, Jia R T, et al. Catalytic substrates for graphene growth. MRS Bulletin, 2017, 42 (11): 819-824.

[69] Sun Z, Raji A R, Zhu Y, et al. Large-area Bernal-stacked bi-, tri-, and tetralayer graphene. ACS Nano, 2012, 6 (11): 9790-9796.

[70] Wu J, Wang J Y, Pan D F, et al. Synchronous growth of high-quality bilayer Bernal graphene: From hexagonal single-crystal domains to wafer-scale homogeneous films. Advanced Functional Materials, 2017, 27 (22): 1605927.

[71] Nguyen V L, Duong D L, Lee S H, et al. Layer-controlled single-crystalline graphene film with stacking order via Cu-Si alloy formation. Nature Nanotechnology, 2020, 15 (10): 861-867.

[72] Gao Z, Zhao M Q, Alam Ashik M M, et al. Recent advances in the properties and synthesis of bilayer graphene and transition metal dichalcogenides. Journal of Physics: Materials, 2020, 3 (4): 042003.

[73] Zhao P, Kim S, Chen X, et al. Equilibrium chemical vapor deposition growth of Bernal-stacked bilayer graphene. ACS Nano, 2014, 8 (11): 11631-11638.

[74] Yan K, Peng H, Zhou Y, et al. Formation of bilayer Bernal graphene: Layer-by-layer epitaxy via chemical vapor deposition. Nano Letters, 2011, 11 (3): 1106-1110.

[75] Liu L, Zhou H, Cheng R, et al. High-yield chemical vapor deposition growth of high-quality large-area AB-stacked bilayer graphene. ACS Nano, 2012, 6 (9): 8241-8249.

[76] Kalbac M, Frank O, Kavan L. The control of graphene double-layer formation in copper-catalyzed chemical vapor deposition. Carbon, 2012, 50 (10): 3682-3687.

[77] Wang Z J, Dong J, Cui Y, et al. Stacking sequence and interlayer coupling in few-layer graphene revealed by *in situ* imaging. Nature Communications, 2016, 7: 13256.

[78] Nie S, Wu W, Xing S R, et al. Growth from below: Bilayer graphene on copper by chemical vapor deposition. New Journal of Physics, 2012, 14: 093028.

[79] Nie S, Walter A L, Bartelt N C, et al. Growth from below: Graphene bilayers on Ir(111). ACS Nano, 2011, 5 (3): 2298-2306.

[80] Li Q, Chou H, Zhong J H, et al. Growth of adlayer graphene on Cu studied by carbon isotope labeling. Nano Letters, 2013, 13 (2): 486-490.

[81] Zhang X，Wang L，Xin J，et al. Role of hydrogen in graphene chemical vapor deposition growth on a copper surface. Journal of the American Chemical Society，2014，136（8）：3040-3047.

[82] Ma W，Chen M L，Yin L，et al. Interlayer epitaxy of wafer-scale high-quality uniform AB-stacked bilayer graphene films on liquid Pt$_3$Si/solid Pt. Nature Communications，2019，10（1）：2809.

[83] Chen S，Li Q，Zhang Q，et al. Thermal conductivity measurements of suspended graphene with and without wrinkles by micro-Raman mapping. Nanotechnology，2012，23（36）：365701.

[84] Zhu W，Low T，Perebeinos V，et al. Structure and electronic transport in graphene wrinkles. Nano Letters，2012，12（7）：3431-3436.

[85] Klemenz A，Pastewka L，Balakrishna S G，et al. Atomic scale mechanisms of friction reduction and wear protection by graphene. Nano Letters，2014，14（12）：7145-7152.

[86] Zhang Y H，Wang B，Zhang H R，et al. The distribution of wrinkles and their effects on the oxidation resistance of chemical vapor deposition graphene. Carbon，2014，70：81-86.

[87] Zhang Y H，Zhang H R，Wang B，et al. Role of wrinkles in the corrosion of graphene domain-coated Cu surfaces. Applied Physics Letters，2014，104（14）：143110.

[88] Vasić B，Zurutuza A，Gajić R. Spatial variation of wear and electrical properties across wrinkles in chemical vapour deposition graphene. Carbon，2016，102：304-310.

[89] Wang R，Pearce R，Gallop J，et al. Investigation of CVD graphene topography and surface electrical properties. Surface Topography：Metrology and Properties，2016，4（2）：025001.

[90] Long F，Yasaei P，Yao W，et al. Anisotropic friction of wrinkled graphene grown by chemical vapor deposition. ACS Applied Materials & Interfaces，2017，9（24）：20922-20927.

[91] Yoon D，Son Y W，Cheong H. Negative thermal expansion coefficient of graphene measured by Raman spectroscopy. Nano Letters，2011，11（8）：3227-3231.

[92] Bao W，Miao F，Chen Z，et al. Controlled ripple texturing of suspended graphene and ultrathin graphite membranes. Nature Nanotechnology，2009，4（9）：562-566.

[93] Deng B，Wu J，Zhang S，et al. Anisotropic strain relaxation of graphene by corrugation on copper crystal surfaces. Small，2018，14（22）：e1800725.

[94] Yuan G，Lin D，Wang Y，et al. Proton-assisted growth of ultra-flat graphene films. Nature，2020，577（7789）：204-208.

[95] Lee J H，Lee E K，Joo W J，et al. Wafer-scale growth of single-crystal monolayer graphene on reusable hydrogen-terminated germanium. Science，2014，344（6181）：286-289.

[96] Deng B，Pang Z，Chen S，et al. Wrinkle-free single-crystal graphene wafer grown on strain-engineered substrates. ACS Nano，2017，11（12）：12337-12345.

[97] Li B W，Luo D，Zhu L，et al. Orientation-dependent strain relaxation and chemical functionalization of graphene on a Cu(111)foil. Advanced Materials，2018，30（10）：29337385.

[98] Wang M，Huang M，Luo D，et al. Single-crystal，large-area，fold-free monolayer graphene. Nature，2021，596（7873）：519-524.

[99] Leong W S，Wang H，Yeo J，et al. Paraffin-enabled graphene transfer. Nature Communications，2019，10（1）：867.

[100] Bolotin K I，Sikes K J，Jiang Z，et al. Ultrahigh electron mobility in suspended graphene. Solid State Communications，2008，146（9）：351-355.

[101] Pettes M T，Jo I，Yao Z，et al. Influence of polymeric residue on the thermal conductivity of suspended bilayer

graphene. Nano Letters，2011，11（3）：1195-1200.

[102] Li Z，Wang Y，Kozbial A，et al. Effect of airborne contaminants on the wettability of supported graphene and graphite. Nature Materials，2013，12（10）：925-931.

[103] Zhang Z，Du J，Zhang D，et al. Rosin-enabled ultraclean and damage-free transfer of graphene for large-area flexible organic light-emitting diodes. Nature Communications，2017，8：14560.

[104] Lin Y C，Lu C C，Yeh C H，et al. Graphene annealing：How clean can it be？. Nano Letters，2012，12（1）：414-419.

[105] Lin L，Zhang J，Su H，et al. Towards super-clean graphene. Nature Communications，2019，10（1）：1912.

[106] Jia K，Zhang J，Lin L，et al. Copper-containing carbon feedstock for growing superclean graphene. Journal of the American Chemical Society，2019，141（19）：7670-7674.

[107] Jia K，Ci H，Zhang J，et al. Superclean growth of graphene using a cold-wall chemical vapor deposition approach. Angewandte Chemie International Edition，2020，59（39）：17214-17218.

[108] Zhang J，Jia K，Lin L，et al. Large-area synthesis of superclean graphene via selective etching of amorphous carbon with carbon dioxide. Angewandte Chemie International Edition，2019，58（41）：14446-14451.

[109] Sun L，Lin L，Wang Z，et al. A force-engineered lint roller for superclean graphene. Advanced Materials，2019，31（43）：e1902978.

[110] Zhao T，Xu C，Ma W，et al. Ultrafast growth of nanocrystalline graphene films by quenching and grain-size-dependent strength and bandgap opening. Nature Communications，2019，10（1）：4854.

[111] Tsen A W，Brown L，Levendorf M P，et al. Tailoring electrical transport across grain boundaries in polycrystalline graphene. Science，2012，336（6085）：1143-1146.

[112] Nai C T，Xu H，Tan S J，et al. Analyzing Dirac cone and phonon dispersion in highly oriented nanocrystalline graphene. ACS Nano，2016，10（1）：1681-1689.

[113] Wei Y，Wu J，Yin H，et al. The nature of strength enhancement and weakening by pentagon-heptagon defects in graphene. Nature Materials，2012，11（9）：759-763.

[114] Xu J，Yuan G，Zhu Q，et al. Enhancing the strength of graphene by a denser grain boundary. ACS Nano，2018，12（5）：4529-4535.

[115] Huang P Y，Ruiz-Vargas C S，van der Zande A M，et al. Grains and grain boundaries in single-layer graphene atomic patchwork quilts. Nature，2011，469（7330）：389-392.

[116] Lu Y，Guo J. Thermal transport in grain boundary of graphene by non-equilibrium Green's function approach. Applied Physics Letters，2012，101（4）：043112.

[117] Duong D L，Han G H，Lee S M，et al. Probing graphene grain boundaries with optical microscopy. Nature，2012，490（7419）：235-239.

[118] Wang H，Wang G，Bao P，et al. Controllable synthesis of submillimeter single-crystal monolayer graphene domains on copper foils by suppressing nucleation. Journal of the American Chemical Society，2012，134（8）：3627-3630.

[119] Nie S，Wofford J M，Bartelt N C，et al. Origin of the mosaicity in graphene grown on Cu(111). Physical Review B，2011，84（15）：155425.

[120] Strudwick A J，Weber N E，Schwab M G，et al. Chemical vapor deposition of high quality graphene films from carbon dioxide atmospheres. ACS Nano，2015，9（1）：31-42.

[121] Han G H，Gunes F，Bae J J，et al. Influence of copper morphology in forming nucleation seeds for graphene growth. Nano Letters，2011，11（10）：4144-4148.

[122] Kim H, Mattevi C, Calvo M R, et al. Activation energy paths for graphene nucleation and growth on Cu. ACS Nano, 2012, 6 (4): 3614-3623.

[123] Yu Q, Jauregui L A, Wu W, et al. Control and characterization of individual grains and grain boundaries in graphene grown by chemical vapour deposition. Nature Materials, 2011, 10 (6): 443-449.

[124] Wu W, Jauregui L A, Su Z, et al. Growth of single crystal graphene arrays by locally controlling nucleation on polycrystalline Cu using chemical vapor deposition. Advanced Materials, 2011, 23 (42): 4898-4903.

[125] Geng D, Wu B, Guo Y, et al. Uniform hexagonal graphene flakes and films grown on liquid copper surface. Proceedings of the National Academy of Sciences of the United States of America, 2012, 109 (21): 7992-7996.

[126] Geng D, Luo B, Xu J, et al. Self-aligned single-crystal graphene grains. Advanced Functional Materials, 2014, 24 (12): 1664-1670.

[127] Gao L, Xu H, Li L, et al. Heteroepitaxial growth of wafer scale highly oriented graphene using inductively coupled plasma chemical vapor deposition. 2D Materials, 2016, 3 (2): 021001.

[128] Wu B, Geng D, Guo Y, et al. Equiangular hexagon-shape-controlled synthesis of graphene on copper surface. Advanced Materials, 2011, 23 (31): 3522-3525.

[129] Li X, Magnuson C W, Venugopal A, et al. Large-area graphene single crystals grown by low-pressure chemical vapor deposition of methane on copper. Journal of the American Chemical Society, 2011, 133 (9): 2816-2819.

[130] Zhang Y, Zhang L, Kim P, et al. Vapor trapping growth of single-crystalline graphene flowers: Synthesis, morphology, and electronic properties. Nano Letters, 2012, 12 (6): 2810-2816.

[131] Yan Z, Lin J, Peng Z, et al. Toward the synthesis of wafer-scale single-crystal graphene on copper foils. ACS Nano, 2012, 6 (10): 9110-9117.

[132] Zhou H, Yu W J, Liu L, et al. Chemical vapour deposition growth of large single crystals of monolayer and bilayer graphene. Nature Communications, 2013, 4: 2096.

[133] Gan L, Luo Z. Turning off hydrogen to realize seeded growth of subcentimeter single-crystal graphene grains on copper. ACS Nano, 2013, 7 (10): 9480-9488.

[134] Wu T, Zhang X, Yuan Q, et al. Fast growth of inch-sized single-crystalline graphene from a controlled single nucleus on Cu-Ni alloys. Nature Materials, 2016, 15 (1): 43-47.

[135] Vlassiouk I V, Stehle Y, Pudasaini P R, et al. Evolutionary selection growth of two-dimensional materials on polycrystalline substrates. Nature Materials, 2018, 17 (4): 318-322.

[136] Pan Y, Zhang H, Shi D, et al. Highly ordered, millimeter-scale, continuous, single-crystalline graphene monolayer formed on Ru(0001). Advanced Materials, 2009, 21 (27): 2777-2780.

[137] Ago H, Ito Y, Mizuta N, et al. Epitaxial chemical vapor deposition growth of single-layer graphene over cobalt film crystallized on sapphire. ACS Nano, 2010, 4 (12): 7407-7414.

[138] Dai J, Wang D, Zhang M, et al. How graphene islands are unidirectionally aligned on the Ge(110) surface. Nano Letters, 2016, 16 (5): 3160-3165.

[139] Brown L, Lochocki E B, Avila J, et al. Polycrystalline graphene with single crystalline electronic structure. Nano Letters, 2014, 14 (10): 5706-5711.

[140] Nguyen V L, Shin B G, Duong D L, et al. Seamless stitching of graphene domains on polished copper(111) foil. Advanced Materials, 2015, 27 (8): 1376-1382.

[141] Xu X, Zhang Z, Dong J, et al. Ultrafast epitaxial growth of metre-sized single-crystal graphene on industrial Cu foil. Science Bulletin, 2017, 62 (15): 1074-1080.

[142] Jin S, Huang M, Kwon Y, et al. Colossal grain growth yields single-crystal metal foils by contact-free annealing.

Science，2018，362（6418）：1021-1025.

[143] Li J，Chen M，Samad A，et al. Wafer-scale single-crystal monolayer graphene grown on sapphire substrate. Nature Materials，2022，21（7）：740-747.

[144] Li Y，Sun L，Chang Z，et al. Large single-crystal Cu foils with high-index facets by strain-engineered anomalous grain growth. Advanced Materials，2020，32（29）：e2002034.

[145] Wu M，Zhang Z，Xu X，et al. Seeded growth of large single-crystal copper foils with high-index facets. Nature，2020，581（7809）：406-410.

[146] Li L，Ma T，Yu W，et al. Fast growth of centimeter-scale single-crystal copper foils with high-index planes by the edge-incision effect. 2D Materials，2021，8（3）：035019.

[147] Zheng X T，Ananthanarayanan A，Luo K Q，et al. Glowing graphene quantum dots and carbon dots：Properties，syntheses，and biological applications. Small，2015，11（14）：1620-1636.

[148] Wang Z，Zeng H，Sun L. Graphene quantum dots：Versatile photoluminescence for energy，biomedical，and environmental applications. Journal of Materials Chemistry C，2015，3（6）：1157-1165.

[149] Treier M，Pignedoli C A，Laino T，et al. Surface-assisted cyclodehydrogenation provides a synthetic route towards easily processable and chemically tailored nanographenes. Nature Chemistry，2011，3（1）：61-67.

[150] Mishra S，Beyer D，Eimre K，et al. Topological frustration induces unconventional magnetism in a nanographene. Nature Nanotechnology，2020，15（1）：22-28.

[151] Mishra S，Beyer D，Eimre K，et al. Collective all-carbon magnetism in triangulene dimers. Angewandte Chemie International Edition，2020，59（29）：12041-12047.

[152] Fan L L，Zhu M，Lee X，et al. Direct synthesis of graphene quantum dots by chemical vapor deposition. Particle & Particle Systems Characterization，2013，30（9）：764-769.

[153] Prezzi D，Eom D，Rim K T，et al. Edge structures for nanoscale graphene islands on Co(0001)surfaces. ACS Nano，2014，8（6）：5765-5773.

[154] Kumar S，Aziz S K T，Girshevitz O，et al. One-step synthesis of N-doped graphene quantum dots from chitosan as a sole precursor using chemical vapor deposition. The Journal of Physical Chemistry C，2018，122（4）：2343-2349.

[155] Ding X L. Direct synthesis of graphene quantum dots on hexagonal boron nitride substrate. Journal of Materials Chemistry C，2014，2（19）：3717-3722.

[156] Huang K，Lu W L，Yu X G，et al. Highly pure and luminescent graphene quantum dots on silicon directly grown by chemical vapor deposition. Particle & Particle Systems Characterization，2016，33（1）：8-14.

[157] Liu D，Chen X，Hu Y，et al. Raman enhancement on ultra-clean graphene quantum dots produced by quasi-equilibrium plasma-enhanced chemical vapor deposition. Nature Communications，2018，9（1）：193.

[158] Barone V，Hod O，Scuseria G E. Electronic structure and stability of semiconducting graphene nanoribbons. Nano Letters，2006，6（12）：2748-2754.

[159] Yang L，Park C H，Son Y W，et al. Quasiparticle energies and band gaps in graphene nanoribbons. Physical Review Letters，2007，99（18）：186801.

[160] Son Y W，Cohen M L，Louie S G. Energy gaps in graphene nanoribbons. Physical Review Letters，2006，97（21）：216803.

[161] Cai J M，Ruffieux P，Jaafar R，et al. Atomically precise bottom-up fabrication of graphene nanoribbons. Nature，2010，466（7305）：470-473.

[162] Ruffieux P，Wang S，Yang B，et al. On-surface synthesis of graphene nanoribbons with zigzag edge topology. Nature，2016，531（7595）：489-492.

[163] Gröning O，Wang S，Yao X，et al. Engineering of robust topological quantum phases in graphene nanoribbons. Nature，2018，560（7717）：209-213.

[164] Rizzo D J，Veber G，Cao T，et al. Topological band engineering of graphene nanoribbons. Nature，2018，560（7717）：204-208.

[165] Blackwell R E，Zhao F，Brooks E，et al. Spin splitting of dopant edge state in magnetic zigzag graphene nanoribbons. Nature，2021，600（7890）：647-652.

[166] Talirz L，Ruffieux P，Fasel R. On-surface synthesis of atomically precise graphene nanoribbons. Advanced Materials，2016，28（29）：6222-6231.

[167] Narita A，Wang X Y，Feng X L，et al. New advances in nanographene chemistry. Chemical Society Reviews，2015，44（18）：6616-6643.

[168] Joshua L D，Oleksandr I，Dmitrii P，et al. Synthesis of polyphenylene molecular wires by surface-confined polymerization. Small，2009，5（5）：592-597.

[169] Zhang H，Lin H，Sun K，et al. On-surface synthesis of rylene-type graphene nanoribbons. Journal of the American Chemical Society，2015，137（12）：4022-4025.

[170] Kimouche A，Ervasti M M，Drost R，et al. Ultra-narrow metallic armchair graphene nanoribbons. Nature Communications，2015，6：10177.

[171] Ruffieux P，Cai J，Plumb N C，et al. Electronic structure of atomically precise graphene nanoribbons. ACS Nano，2012，6（8）：6930-6935.

[172] Talirz L，Sode H，Dumslaff T，et al. On-surface synthesis and characterization of 9-atom wide armchair graphene nanoribbons. ACS Nano，2017，11（2）：1380-1388.

[173] Chen Y C，de Oteyza D G，Pedramrazi Z，et al. Tuning the band gap of graphene nanoribbons synthesized from molecular precursors. ACS Nano，2013，7（7）：6123-6128.

[174] Bronner C，Durr R A，Rizzo D J，et al. Hierarchical on-surface synthesis of graphene nanoribbon heterojunctions. ACS Nano，2018，12（3）：2193-2200.

[175] Sakaguchi H，Song S，Kojima T，et al. Homochiral polymerization-driven selective growth of graphene nanoribbons. Nature Chemistry，2017，9（1）：57-63.

[176] Liu J Z，Li B W，Tan Y Z，et al. Toward cove-edged low band gap graphene nanoribbons. Journal of the American Chemical Society，2015，137（18）：6097-6103.

[177] Bronner C，Stremlau S，Gille M，et al. Aligning the band gap of graphene nanoribbons by monomer doping. Angewandte Chemie International Edition，2013，52（16）：4422-4425.

[178] Durr R A，Haberer D，Lee Y L，et al. Orbitally matched edge-doping in graphene nanoribbons. Journal of the American Chemical Society，2018，140（2）：807-813.

[179] Nguyen G D，Toma F M，Cao T，et al. Bottom-up synthesis of $n = 13$ sulfur-doped graphene nanoribbons. The Journal of Physical Chemistry C，2016，120（5）：2684-2687.

[180] Cloke R R，Marangoni T，Nguyen G D，et al. Site-specific substitutional boron doping of semiconducting armchair graphene nanoribbons. Journal of the American Chemical Society，2015，137（28）：8872-8875.

[181] Cai J M，Pignedoli C A，Talirz L，et al. Graphene nanoribbon heterojunctions. Nature Nanotechnology，2014，9（11）：896-900.

[182] Kawai S，Saito S，Osumi S，et al. Atomically controlled substitutional boron-doping of graphene nanoribbons. Nature Communications，2015，6：8098.

[183] Zhang Y，Zhang Y F，Li G，et al. Direct visualization of atomically precise nitrogen-doped graphene nanoribbons.

Applied Physics Letters，2014，105（2）：023101.

[184] Zhang Y F，Zhang Y，Li G，et al. Sulfur-doped graphene nanoribbons with a sequence of distinct band gaps. Nano Research，2017，10（10）：3377-3384.

[185] Nguyen G D，Tsai H Z，Omrani A A，et al. Atomically precise graphene nanoribbon heterojunctions from a single molecular precursor. Nature Nanotechnology，2017，12：1077.

[186] Pedramrazi Z，Chen C，Zhao F，et al. Concentration dependence of dopant electronic structure in bottom-up graphene nanoribbons. Nano Letters，2018，18（6）：3550-3556.

[187] Chen Y C，Cao T，Chen C，et al. Molecular bandgap engineering of bottom-up synthesized graphene nanoribbon heterojunctions. Nature Nanotechnology，2015，10（2）：156-160.

[188] Jacobse P H，Kimouche A，Gebraad T，et al. Electronic components embedded in a single graphene nanoribbon. Nature Communications，2017，8（1）：119.

[189] Chen Z，Wang H I，Bilbao N，et al. Lateral fusion of chemical vapor deposited $n = 5$ armchair graphene nanoribbons. Journal of the American Chemical Society，2017，139（28）：9483-9486.

[190] Chen Z，Wang H I，Teyssandier J，et al. Chemical vapor deposition synthesis and terahertz photoconductivity of low-bandgap $n = 9$ armchair graphene nanoribbons. Journal of the American Chemical Society，2017，139（10）：3635-3638.

[191] Chen Z，Zhang W，Palma C A，et al. Synthesis of graphene nanoribbons by ambient-pressure chemical vapor deposition and device integration. Journal of the American Chemical Society，2016，138（47）：15488-15496.

[192] Kato T，Hatakeyama R. Site- and alignment-controlled growth of graphene nanoribbons from nickel nanobars. Nature Nanotechnology，2012，7（10）：651-656.

[193] Safron N S，Kim M W，Gopalan P，et al. Barrier-guided growth of micro- and nano-structured graphene. Advanced Materials，2012，24（8）：1041-1045.

[194] Martin-Fernandez I，Wang D，Zhang Y. Direct growth of graphene nanoribbons for large-scale device fabrication. Nano Letters，2012，12（12）：6175-6179.

[195] Sokolov A N，Yap F L，Liu N，et al. Direct growth of aligned graphitic nanoribbons from a DNA template by chemical vapour deposition. Nature Communications，2013，4：2402.

[196] Liu N，Kim K，Hsu P C，et al. Large-scale production of graphene nanoribbons from electrospun polymers. Journal of the American Chemical Society，2014，136（49）：17284-17291.

[197] Wang G，Zhang M，Zhu Y，et al. Direct growth of graphene film on germanium substrate. Scientific Reports，2013，3：2465.

[198] Jacobberger R M，Kiraly B，Fortin-Deschenes M，et al. Direct oriented growth of armchair graphene nanoribbons on germanium. Nature Communications，2015，6：8006.

[199] Chen L X，He L，Wang H S，et al. Oriented graphene nanoribbons embedded in hexagonal boron nitride trenches. Nature Communications，2017，8：14703.

[200] Wang H S，Chen L，Elibol K，et al. Towards chirality control of graphene nanoribbons embedded in hexagonal boron nitride. Nature Materials，2021，20（2）：202-207.

[201] Berger C，Song Z M，Li X B，et al. Electronic confinement and coherence in patterned epitaxial graphene. Science，2006，312（5777）：1191-1196.

[202] Sprinkle M，Ruan M，Hu Y，et al. Scalable templated growth of graphene nanoribbons on SiC. Nature Nanotechnology，2010，5（10）：727-731.

[203] Li C，Shi G Q. Three-dimensional graphene architectures. Nanoscale，2012，4（18）：5549-5563.

[204] Nardecchia S，Carriazo D，Ferrer M L，et al. Three dimensional macroporous architectures and aerogels built of carbon nanotubes and/or graphene: Synthesis and applications. Chemical Society Reviews，2013，42（2）：794-830.

[205] Yin S Y，Niu Z Q，Chen X D. Assembly of graphene sheets into 3D macroscopic structures. Small，2012，8（16）：2458-2463.

[206] Chen Z P，Ren W C，Liu B L，et al. Bulk growth of mono- to few-layer graphene on nickel particles by chemical vapor deposition from methane. Carbon，2010，48（12）：3543-3550.

[207] Chen Z，Ren W C，Gao L B，et al. Three-dimensional flexible and conductive interconnected graphene networks grown by chemical vapour deposition. Nature Materials，2011，10（6）：424-428.

[208] Chen Z，Xu C，Ma C，et al. Lightweight and flexible graphene foam composites for high-performance electromagnetic interference shielding. Advanced Materials，2013，25（9）：1296-1300.

[209] Li N，Chen Z P，Ren W C，et al. Flexible graphene-based lithium ion batteries with ultrafast charge and discharge rates. Proceedings of the National Academy of Sciences of the United States of America，2012，109（43）：17360-17365.

[210] Bi H，Huang F，Liang J，et al. Large-scale preparation of highly conductive three dimensional graphene and its applications in CdTe solar cells. Journal of Materials Chemistry，2011，21（43）：17366-17370.

[211] Cao X，Shi Y，Shi W，et al. Preparation of novel 3D graphene networks for supercapacitor applications. Small，2011，7（22）：3163-3168.

[212] Ji H，Zhang L，Pettes M T，et al. Ultrathin graphite foam: A three-dimensional conductive network for battery electrodes. Nano Letters，2012，12（5）：2446-2451.

[213] Pettes M T，Ji H X，Ruoff R S，et al. Thermal transport in three-dimensional foam architectures of few-layer graphene and ultrathin graphite. Nano Letters，2012，12（6）：2959-2964.

[214] He Y，Chen W，Li X，et al. Freestanding three-dimensional graphene/MnO_2 composite networks as ultralight and flexible supercapacitor electrodes. ACS Nano，2013，7（1）：174-182.

[215] Ning J，Xu X，Liu C，et al. Three-dimensional multilevel porous thin graphite nanosuperstructures for $Ni(OH)_2$-based energy storage devices. Journal of Materials Chemistry A，2014，2（38）：15768-15773.

[216] Wu J，Liu M，Sharma P P，et al. Incorporation of nitrogen defects for efficient reduction of CO_2 via two-electron pathway on three-dimensional graphene foam. Nano Letters，2016，16（1）：466-470.

[217] Xue Y，Yu D，Dai L，et al. Three-dimensional B，N-doped graphene foam as a metal-free catalyst for oxygen reduction reaction. Physical Chemistry Chemical Physics，2013，15（29）：12220-12226.

[218] Dong X，Wang X，Wang L，et al. Synthesis of a MnO_2-graphene foam hybrid with controlled MnO_2 particle shape and its use as a supercapacitor electrode. Carbon，2012，50（13）：4865-4870.

[219] Xiao T，Hu X，Heng B，et al. $Ni(OH)_2$ nanosheets grown on graphene-coated nickel foam for high-performance pseudocapacitors. Journal of Alloys and Compounds，2013，549：147-151.

[220] Zhou W，Cao X，Zeng Z，et al. One-step synthesis of Ni_3S_2 nanorod@$Ni(OH)_2$ nanosheet core-shell nanostructures on a three-dimensional graphene network for high-performance supercapacitors. Energy & Environmental Science，2013，6（7）：2216-2221.

[221] Dong X C，Xu H，Wang X W，et al. 3D graphene-cobalt oxide electrode for high-performance supercapacitor and enzymeless glucose detection. ACS Nano，2012，6（4）：3206-3213.

[222] Dong X，Cao Y，Wang J，et al. Hybrid structure of zinc oxide nanorods and three dimensional graphene foam for supercapacitor and electrochemical sensor applications. RSC Advances，2012，2（10）：4364-4369.

[223] Zhi J，Zhao W，Liu X Y，et al. Highly conductive ordered mesoporous carbon based electrodes decorated by 3D

graphene and 1D silver nanowire for flexible supercapacitor. Advanced Functional Materials，2014，24（14）：2013-2019.

[224] Tang Y，Huang F，Bi H，et al. Highly conductive three-dimensional graphene for enhancing the rate performance of LiFePO$_4$ cathode. Journal of Power Sources，2012，203：130-134.

[225] Guo X W，Liu P，Han J H，et al. 3D nanoporous nitrogen-doped graphene with encapsulated RuO$_2$ nanoparticles for Li-O$_2$ batteries. Advanced Materials，2015，27（40）：6137-6143.

[226] Wang B，Li S，Wu X，et al. Integration of network-like porous NiMoO$_4$ nanoarchitectures assembled with ultrathin mesoporous nanosheets on three-dimensional graphene foam for highly reversible lithium storage. Journal of Materials Chemistry A，2015，3（26）：13691-13698.

[227] Lin M C，Gong M，Lu B，et al. An ultrafast rechargeable aluminium-ion battery. Nature，2015，520（7547）：324-328.

[228] Maiyalagan T，Dong X，Chen P，et al. Electrodeposited Pt on three-dimensional interconnected graphene as a free-standing electrode for fuel cell application. Journal of Materials Chemistry，2012，22（12）：5286-5290.

[229] Qiu H，Dong X，Sana B，et al. Ferritin-templated synthesis and self-assembly of Pt nanoparticles on a monolithic porous graphene network for electrocatalysis in fuel cells. ACS Applied Materials & Interfaces，2013，5（3）：782-787.

[230] Yong Y C，Dong X C，Chan-Park M B，et al. Macroporous and monolithic anode based on polyaniline hybridized three-dimensional graphene for high-performance microbial fuel cells. ACS Nano，2012，6（3）：2394-2400.

[231] Krishnamurthy A，Gadhamshetty V，Mukherjee R，et al. Passivation of microbial corrosion using a graphene coating. Carbon，2013，56：45-49.

[232] Chen Y，Prasad K P，Wang X，et al. Enzymeless multi-sugar fuel cells with high power output based on 3D graphene-Co$_3$O$_4$ hybrid electrodes. Physical Chemistry Chemical Physics，2013，15（23）：9170-9176.

[233] Tang B，Hu G，Gao H，et al. Three-dimensional graphene network assisted high performance dye sensitized solar cells. Journal of Power Sources，2013，234：60-68.

[234] Yavari F，Chen Z，Thomas A V，et al. High sensitivity gas detection using a macroscopic three-dimensional graphene foam network. Scientific Reports，2011，1：166.

[235] Dong X C，Wang X W，Wang L H，et al. 3D graphene foam as a monolithic and macroporous carbon electrode for electrochemical sensing. ACS Applied Materials & Interfaces，2012，4（6）：3129-3133.

[236] Cao X，Zeng Z，Shi W，et al. Three-dimensional graphene network composites for detection of hydrogen peroxide. Small，2013，9（9-10）：1703-1707.

[237] Si P，Dong X C，Chen P，et al. A hierarchically structured composite of Mn$_3$O$_4$/3D graphene foam for flexible nonenzymatic biosensors. Journal of Materials Chemistry B，2013，1（1）：110.

[238] Dong X，Ma Y，Zhu G，et al. Synthesis of graphene-carbon nanotube hybrid foam and its use as a novel three-dimensional electrode for electrochemical sensing. Journal of Materials Chemistry，2012，22（33）：17044-17048.

[239] Crowder S W，Prasai D，Rath R，et al. Three-dimensional graphene foams promote osteogenic differentiation of human mesenchymal stem cells. Nanoscale，2013，5（10）：4171-4176.

[240] Li N，Zhang Q，Gao S，et al. Three-dimensional graphene foam as a biocompatible and conductive scaffold for neural stem cells. Scientific Reports，2013，3：1604.

[241] Xiao X，Beechem T E，Brumbach M T，et al. Lithographically defined three-dimensional graphene structures. ACS Nano，2012，6（4）：3573-3579.

[242] Shan C，Tang H，Wong T，et al. Facile synthesis of a large quantity of graphene by chemical vapor deposition: An advanced catalyst carrier. Advanced Materials，2012，24（18）：2491-2495.

[243] Li W，Gao S，Wu L，et al. High-density three-dimension graphene macroscopic objects for high-capacity removal of heavy metal ions. Scientific Reports，2013，3：2125.

[244] Min B H，Kim D W，Kim K H，et al. Bulk scale growth of CVD graphene on Ni nanowire foams for a highly dense and elastic 3D conducting electrode. Carbon，2014，80：446-452.

[245] Ito Y，Cong W，Fujita T，et al. High catalytic activity of nitrogen and sulfur co-doped nanoporous graphene in the hydrogen evolution reaction. Angewandte Chemie International Edition，2015，54（7）：2131-2136.

[246] Ito Y，Tanabe Y，Qiu H J，et al. High-quality three-dimensional nanoporous graphene. Angewandte Chemie International Edition，2014，53（19）：4822-4826.

[247] Kashani H，Giroux M，Johnson I，et al. Unprecedented electromagnetic interference shielding from three-dimensional bi-continuous nanoporous graphene. Matter，2019，1（4）：1077-1087.

[248] Kim B J，Yang G，Park M J，et al. Three-dimensional graphene foam-based transparent conductive electrodes in GaN-based blue light-emitting diodes. Applied Physics Letters，2013，102（16）：161902.

[249] Li X，Sun P，Fan L，et al. Multifunctional graphene woven fabrics. Scientific Reports，2012，2：395.

[250] Huang M，Wang C，Quan L，et al. CVD growth of porous graphene foam in film form. Matter，2020，3（2）：487-497.

[251] Zhou M，Lin T Q，Huang F Q，et al. Highly conductive porous graphene/ceramic composites for heat transfer and thermal energy storage. Advanced Functional Materials，2013，23（18）：2263-2269.

[252] Ning G，Fan Z，Wang G，et al. Gram-scale synthesis of nanomesh graphene with high surface area and its application in supercapacitor electrodes. Chemical Communications，2011，47（21）：5976-5978.

[253] Shi L R，Chen K，Du R，et al. Scalable seashell-based chemical vapor deposition growth of three-dimensional graphene foams for oil-water separation. Journal of the American Chemical Society，2016，138（20）：6360-6363.

[254] Chen K，Li C，Shi L，et al. Growing three-dimensional biomorphic graphene powders using naturally abundant diatomite templates towards high solution processability. Nature Communications，2016，7：13440.

[255] Yoon J C，Lee J S，Kim S I，et al. Three-dimensional graphene nano-networks with high quality and mass production capability via precursor-assisted chemical vapor deposition. Scientific Reports，2013，3：1788.

[256] Lin T，Chen I W，Liu F，et al. Nitrogen-doped mesoporous carbon of extraordinary capacitance for electrochemical energy storage. Science，2015，350（6267）：1508-1513.

[257] Xu X，Guan C，Xu L，et al. Three dimensionally free-formable graphene foam with designed structures for energy and environmental applications. ACS Nano，2020，14（1）：937-947.

[258] Wei N，Yu L，Sun Z，et al. Scalable salt-templated synthesis of nitrogen-doped graphene nanosheets toward printable energy storage. ACS Nano，2019，13（7）：7517-7526.

[259] He J，Luo H M，Yan B，et al. Beneficial effects of quetiapine in a transgenic mouse model of Alzheimer's disease. Neurobiology of Aging，2009，30（8）：1205-1216.

[260] Panchokarla L S，Subrahmanyam K S，Saha S K，et al. Synthesis，structure，and properties of boron- and nitrogen-doped graphene. Advanced Materials，2009，21（46）：4726-4730.

[261] Wang Y，Shao Y，Matson D W，et al. Nitrogen-doped graphene and its application in electrochemical biosensing. ACS Nano，2010，4（4）：1790-1798.

[262] Wei D，Liu Y，Wang Y，et al. Synthesis of N-doped graphene by chemical vapor deposition and its electrical properties. Nano Letters，2009，9（5）：1752-1758.

[263] Jin Z, Yao J, Kittrell C, et al. Large-scale growth and characterizations of nitrogen-doped monolayer graphene sheets. ACS Nano, 2011, 5 (5): 4112-4117.

[264] Imamura G, Saiki K. Synthesis of nitrogen-doped graphene on Pt(111)by chemical vapor deposition. Journal of Physical Chemistry C, 2011, 115 (20): 10000-10005.

[265] Xue Y, Wu B, Jiang L, et al. Low temperature growth of highly nitrogen-doped single crystal graphene arrays by chemical vapor deposition. Journal of the American Chemical Society, 2012, 134 (27): 11060-11063.

[266] Zhang J, Li J, Wang Z, et al. Low-temperature growth of large-area heteroatom-doped graphene film. Chemistry of Materials, 2014, 26 (7): 2460-2466.

[267] Lu Y F, Lo S T, Lin J C, et al. Nitrogen-doped graphene sheets grown by chemical vapor deposition: Synthesis and influence of nitrogen impurities on carrier transport. ACS Nano, 2013, 7 (8): 6522-6532.

[268] Ortiz-Medina J, Luisa García-Betancourt M, Jia X, et al. Nitrogen-doped graphitic nanoribbons: Synthesis, characterization, and transport. Advanced Functional Materials, 2013, 23 (30): 3755-3762.

[269] Xu Z, Li H, Yin B, et al. N-doped graphene analogue synthesized by pyrolysis of metal tetrapyridinoporphyrazine with high and stable catalytic activity for oxygen reduction. RSC Advances, 2013, 3 (24): 9344-9351.

[270] Kwon O S, Park S J, Hong J Y, et al. Flexible FET-type VEGF aptasensor based on nitrogen-doped graphene converted from conducting polymer. ACS Nano, 2012, 6 (2): 1486-1493.

[271] Li R, Parvez K, Hinkel F, et al. Bioinspired wafer-scale production of highly stretchable carbon films for transparent conductive electrodes. Angewandte Chemie International Edition, 2013, 52 (21): 5535-5538.

[272] Primo A, Atienzar P, Sanchez E, et al. From biomass wastes to large-area, high-quality, N-doped graphene: Catalyst-free carbonization of chitosan coatings on arbitrary substrates. Chemical Communications, 2012, 48 (74): 9254-9256.

[273] Zhang C, Fu L, Liu N, et al. Synthesis of nitrogen-doped graphene using embedded carbon and nitrogen sources. Advanced Materials, 2011, 23 (8): 1020-1024.

[274] Lin L, Li J Y, Yuan Q H, et al. Nitrogen cluster doping for high-mobility/conductivity graphene films with millimeter-sized domains. Science Advances, 2019, 5 (8): eaaw8337.

[275] Li X, Fan L, Li Z, et al. Boron doping of graphene for graphene-silicon p-n junction solar cells. Advanced Energy Materials, 2012, 2 (4): 425-429.

[276] Wu T, Shen H, Sun L, et al. Nitrogen and boron doped monolayer graphene by chemical vapor deposition using polystyrene, urea and boric acid. New Journal of Chemistry, 2012, 36 (6): 1385-1391.

[277] Wang H, Zhou Y, Wu D, et al. Synthesis of boron-doped graphene monolayers using the sole solid feedstock by chemical vapor deposition. Small, 2013, 9 (8): 1316-1320.

[278] Ci L, Song L, Jin C H, et al. Atomic layers of hybridized boron nitride and graphene domains. Nature Materials, 2010, 9 (5): 430-435.

[279] Chang C K, Kataria S, Kuo C C, et al. Band gap engineering of chemical vapor deposited graphene by *in situ* BN doping. ACS Nano, 2013, 7 (2): 1333-1341.

[280] Wang H, Zhao C, Liu L, et al. Towards the controlled CVD growth of graphitic B-C-N atomic layer films: The key role of B-C delivery molecular precursor. Nano Research, 2016, 9 (5): 1221-1235.

[281] Xue Y, Wu B, Liu H, et al. Direct synthesis of phosphorus and nitrogen co-doped monolayer graphene with air-stable n-type characteristics. Physical Chemistry Chemical Physics, 2014, 16 (38): 20392-20397.

[282] Ma X, Ning G, Qi C, et al. Phosphorus and nitrogen dual-doped few-layered porous graphene: A high-performance anode material for lithium-ion batteries. ACS Applied Materials & Interfaces, 2014, 6 (16): 14415-14422.

[283] Yoo M S，Lee H C，Lee S B，et al. Cu-phosphorus eutectic solid solution for growth of multilayer graphene with widely tunable doping. Advanced Functional Materials，2021，31（4）：2006499.

[284] Gao H，Liu Z，Song L，et al. Synthesis of S-doped graphene by liquid precursor. Nanotechnology，2012，23（27）：275605.

[285] Zhou J，Wang Z，Chen Y，et al. Growth and properties of large-area sulfur-doped graphene films. Journal of Materials Chemistry C，2017，5（31）：7944-7949.

[286] Zhou J，Qi F，Chen Y，et al. CVD-grown three-dimensional sulfur-doped graphene as a binder-free electrocatalytic electrode for highly effective and stable hydrogen evolution reaction. Journal of Materials Science，2018，53（10）：7767-7777.

[287] Zhou W，Kapetanakis M D，Prange M P，et al. Direct determination of the chemical bonding of individual impurities in graphene. Physical Review Letters，2012，109（20）：206803.

[288] Lv R T，dos Santos M C，Antonelli C，et al. Large-area Si-doped graphene：Controllable synthesis and enhanced molecular sensing. Advanced Materials，2014，26（45）：7593-7599.

[289] Wang Z，Li P，Chen Y，et al. Synthesis，characterization and electrical properties of silicon-doped graphene films. Journal of Materials Chemistry C，2015，3（24）：6301-6306.

[290] Zhang S J，Lin S S，Li X Q，et al. Opening the band gap of graphene through silicon doping for the improved performance of graphene/GaAs heterojunction solar cells. Nanoscale，2016，8（1）：226-232.

[291] Liu Y，Weiss N O，Duan X，et al. Van der Waals heterostructures and devices. Nature Reviews Materials，2016，1：16042.

[292] Dean C R，Young A F，Meric I，et al. Boron nitride substrates for high-quality graphene electronics. Nature Nanotechnology，2010，5（10）：722-726.

[293] Haigh S J，Gholinia A，Jalil R，et al. Cross-sectional imaging of individual layers and buried interfaces of graphene-based heterostructures and superlattices. Nature Materials，2012，11（9）：764-767.

[294] Liu Z，Song L，Zhao S，et al. Direct growth of graphene/hexagonal boron nitride stacked layers. Nano Letters，2011，11（5）：2032-2037.

[295] Wang S，Crowther J，Kageshima H，et al. Epitaxial intercalation growth of scalable hexagonal boron nitride/graphene bilayer Moiré materials with highly convergent interlayer angles. ACS Nano，2021，15（9）：14384-14393.

[296] Tian B，Li J，Chen M，et al. Synthesis of AAB-stacked single-crystal graphene/hBN/graphene trilayer van der Waals heterostructures by *in situ* CVD. Advanced Science，2022，9（21）：2201324.

[297] Shi Y M，Zhou W，Lu A Y，et al. Van der Waals epitaxy of MoS$_2$ layers using graphene as growth templates. Nano Letters，2012，12（6）：2784-2791.

[298] Ling X，Lee Y H，Lin Y X，et al. Role of the seeding promoter in MoS$_2$ growth by chemical vapor deposition. Nano Letters，2014，14（2）：464-472.

[299] Lin Y C，Lu N，Perea-Lopez N，et al. Direct synthesis of van der Waals solids. ACS Nano，2014，8（4）：3715-3723.

[300] Ago H，Fukamachi S，Endo H，et al. Visualization of grain structure and boundaries of polycrystalline graphene and two-dimensional materials by epitaxial growth of transition metal dichalcogenides. ACS Nano，2016，10（3）：3233-3240.

[301] Azizi A，Eichfeld S，Geschwind G，et al. Freestanding van der Waals heterostructures of graphene and transition metal dichalcogenides. ACS Nano，2015，9（5）：4882-4890.

[302] Shi J P，Liu M X，Wen J X，et al. All chemical vapor deposition synthesis and intrinsic bandgap observation of

MoS$_2$/graphene heterostructures. Advanced Materials，2015，27（44）：7086-7092.

[303] Levendorf M P，Kim C J，Brown L，et al. Graphene and boron nitride lateral heterostructures for atomically thin circuitry. Nature，2012，488（7413）：627-632.

[304] Liu Z，Ma L L，Shi G，et al. In-plane heterostructures of graphene and hexagonal boron nitride with controlled domain sizes. Nature Nanotechnology，2013，8（2）：119-124.

[305] Gong Y J，Shi G，Zhang Z H，et al. Direct chemical conversion of graphene to boron- and nitrogen- and carbon-containing atomic layers. Nature Communications，2014，5：3193.

[306] Han G H，Rodriguez-Manzo J A，Lee C W，et al. Continuous growth of hexagonal graphene and boron nitride in-plane heterostructures by atmospheric pressure chemical vapor deposition. ACS Nano，2013，7（11）：10129-10138.

[307] Liu L，Park J，Siegel D A，et al. Heteroepitaxial growth of two-dimensional hexagonal boron nitride templated by graphene edges. Science，2014，343（6167）：163-167.

[308] Park J，Lee J，Liu L，et al. Spatially resolved one-dimensional boundary states in graphene-hexagonal boron nitride planar heterostructures. Nature Communications，2014，5：5403.

[309] Sutter P，Huang Y，Sutter E. Nanoscale integration of two-dimensional materials by lateral heteroepitaxy. Nano Letters，2014，14（8）：4846-4851.

[310] Ling X，Lin Y X，Ma Q，et al. Parallel stitching of 2D materials. Advanced Materials，2016，28（12）：2322-2329.

[311] Zhao M，Ye Y，Han Y，et al. Large-scale chemical assembly of atomically thin transistors and circuits. Nature Nanotechnology，2016，11：954.

[312] Guimaraes M H D，Gao H，Han Y M，et al. Atomically thin ohmic edge contacts between two-dimensional materials. ACS Nano，2016，10（6）：6392-6399.

[313] Su C Y，Lu A Y，Wu C Y，et al. Direct formation of wafer scale graphene thin layers on insulating substrates by chemical vapor deposition. Nano Letters，2011，11（9）：3612-3616.

[314] Kato T，Hatakeyama R. Direct growth of doping-density-controlled hexagonal graphene on SiO$_2$ substrate by rapid-heating plasma CVD. ACS Nano，2012，6（10）：8508-8515.

[315] Shin H J，Choi W M，Yoon S M，et al. Transfer-free growth of few-layer graphene by self-assembled monolayers. Advanced Materials，2011，23（38）：4392-4397.

[316] Xiong W，Zhou Y S，Jiang L J，et al. Single-step formation of graphene on dielectric surfaces. Advanced Materials，2013，25（4）：630-634.

[317] Yan Z，Peng Z W，Sun Z Z，et al. Growth of bilayer graphene on insulating substrates. ACS Nano，2011，5（10）：8187-8192.

[318] Zhuo Q Q，Wang Q，Zhang Y P，et al. Transfer-free synthesis of doped and patterned graphene films. ACS Nano，2015，9（1）：594-601.

[319] Teng P Y，Lu C C，Akiyama-Hasegawa K，et al. Remote catalyzation for direct formation of graphene layers on oxides. Nano Letters，2012，12（3）：1379-1384.

[320] Kim H，Song I，Park C，et al. Copper-vapor-assisted chemical vapor deposition for high-quality and metal-free single-layer graphene on amorphous SiO$_2$ substrate. ACS Nano，2013，7（8）：6575-6582.

[321] Yen W C，Chen Y Z，Yeh C H，et al. Direct growth of self-crystallized graphene and graphite nanoballs with Ni vapor-assisted growth: From controllable growth to material characterization. Scientific Reports，2014，4：4739.

[322] Tan L，Zeng M，Wu Q，et al. Direct growth of ultrafast transparent single-layer graphene defoggers. Small，2015，11（15）：1840-1846.

[323] Murakami K, Tanaka S, Hirukawa A, et al. Direct synthesis of large area graphene on insulating substrate by gallium vapor-assisted chemical vapor deposition. Applied Physics Letters, 2015, 106 (9): 093112.

[324] Wei D, Lu Y, Han C, et al. Critical crystal growth of graphene on dielectric substrates at low temperature for electronic devices. Angewandte Chemie International Edition, 2013, 52 (52): 14121-14126.

[325] Wei D, Peng L, Li M, et al. Low temperature critical growth of high quality nitrogen doped graphene on dielectrics by plasma-enhanced chemical vapor deposition. ACS Nano, 2015, 9 (1): 164-171.

[326] Chen J, Wen Y, Guo Y, et al. Oxygen-aided synthesis of polycrystalline graphene on silicon dioxide substrates. Journal of the American Chemical Society, 2011, 133 (44): 17548-17551.

[327] Wei S, Ma L P, Chen M L, et al. Water-assisted rapid growth of monolayer graphene films on SiO2/Si substrates. Carbon, 2019, 148: 241-248.

[328] Watanabe K, Taniguchi T, Kanda H. Direct-bandgap properties and evidence for ultraviolet lasing of hexagonal boron nitride single crystal. Nature Materials, 2004, 3 (6): 404-409.

[329] Giovannetti G, Khomyakov P A, Brocks G, et al. Substrate-induced band gap in graphene on hexagonal boron nitride: *Ab initio* density functional calculations. Physical Review B, 2007, 76 (7): 073103.

[330] Yang W, Chen G R, Shi Z W, et al. Epitaxial growth of single-domain graphene on hexagonal boron nitride. Nature Materials, 2013, 12 (9): 792-797.

[331] Tang S, Wang H, Wang H S, et al. Silane-catalysed fast growth of large single-crystalline graphene on hexagonal boron nitride. Nature Communications, 2015, 6: 6499.

[332] Wang M, Jang S K, Jang W J, et al. A platform for large-scale graphene electronics-CVD growth of single-layer graphene on CVD-grown hexagonal boron nitride. Advanced Materials, 2013, 25 (19): 2746-2752.

[333] Zhang C H, Zhao S L, Jin C H, et al. Direct growth of large-area graphene and boron nitride heterostructures by a co-segregation method. Nature Communications, 2015, 6: 6519.

[334] Gao T, Song X, Du H, et al. Temperature-triggered chemical switching growth of in-plane and vertically stacked graphene-boron nitride heterostructures. Nature Communications, 2015, 6: 6835.

[335] Li Q, Zhao Z, Yan B, et al. Nickelocene-precursor-facilitated fast growth of graphene/*h*-BN vertical heterostructures and its applications in OLEDs. Advanced Materials, 2017, 29 (32): 1701325.

[336] Kim S M, Hsu A, Araujo P T, et al. Synthesis of patched or stacked graphene and *h*BN flakes: A route to hybrid structure discovery. Nano Letters, 2013, 13 (3): 933-941.

[337] Munoz R, Gomez-Aleixandre C. Fast and non-catalytic growth of transparent and conductive graphene-like carbon films on glass at low temperature. Journal of Physics D: Applied Physics, 2014, 47 (4): 045305.

[338] Zhang L, Shi Z, Wang Y, et al. Catalyst-free growth of nanographene films on various substrates. Nano Research, 2011, 4 (3): 315-321.

[339] Sun J, Chen Y, Cai X, et al. Direct low-temperature synthesis of graphene on various glasses by plasma-enhanced chemical vapor deposition for versatile, cost-effective electrodes. Nano Research, 2015, 8 (11): 3496-3504.

[340] Sun J, Chen Y, Priydarshi M K, et al. Direct chemical vapor deposition-derived graphene glasses targeting wide ranged applications. Nano Letters, 2015, 15 (9): 5846-5854.

[341] Chen Z, Guan B, Chen X D, et al. Fast and uniform growth of graphene glass using confined-flow chemical vapor deposition and its unique applications. Nano Research, 2016, 9 (10): 3048-3055.

[342] Chen Z, Qi Y, Chen X, et al. Direct CVD growth of graphene on traditional glass: Methods and mechanisms. Advanced Materials, 2019, 31 (9): 1803639.

[343] Chen X D, Chen Z, Jiang W S, et al. Fast growth and broad applications of 25-inch uniform graphene glass.

Advanced Materials，2017，29（1）：1603428.

[344] Chen Y，Sun J，Gao J，et al. Growing uniform graphene disks and films on molten glass for heating devices and cell culture. Advanced Materials，2015，27（47）：7839-7846.

[345] Liu B，Wang H，Gu W，et al. Oxygen-assisted direct growth of large-domain and high-quality graphene on glass targeting advanced optical filter applications. Nano Research，2021，14（1）：260-267.

[346] Song H J，Son M，Park C，et al. Large scale metal-free synthesis of graphene on sapphire and transfer-free device fabrication. Nanoscale，2012，4（10）：3050-3054.

[347] Chen Z L，Xie C Y，Wang W D，et al. Direct growth of wafer-scale highly oriented graphene on sapphire. Science Advances，2021，7（47）：eabk0115.

[348] Scott A，Dianat A，Boerrnert F，et al. The catalytic potential of high-κ dielectrics for graphene formation. Applied Physics Letters，2011，98（7）：073110.

[349] Chen J，Guo Y，Wen Y，et al. Two-stage metal-catalyst-free growth of high-quality polycrystalline graphene films on silicon nitride substrates. Advanced Materials，2013，25（7）：992-997.

[350] Sun J，Gao T，Song X，et al. Direct growth of high-quality graphene on high-κ dielectric SrTiO$_3$ substrates. Journal of the American Chemical Society，2014，136（18）：6574-6577.

[351] Chen J，Guo Y，Jiang L，et al. Near-equilibrium chemical vapor deposition of high-quality single-crystal graphene directly on various dielectric substrates. Advanced Materials，2014，26（9）：1348-1353.

第3章

石墨烯的转移

"转移"是制备高质量石墨烯过程中至关重要的环节。实际上，在采用胶带剥离法制备高质量石墨烯微片及其物性和器件研究中，就包含了将石墨烯从胶带转移到硅片等目标基底上的过程。同样地，为了实现金属表面 CVD 生长的高质量石墨烯在电子/光电器件等众多领域中的应用[1, 2]，多数情况下需要将其转移到硅片、石英、聚合物薄膜等非金属基底上。但是，转移后的石墨烯存在破损和污染等一系列问题，严重影响了器件的性能与一致性。总体上，相比于采用胶带剥离石墨烯制备的器件，基于转移 CVD 石墨烯得到的器件在性能方面仍有一定差距[3, 4]。因此，CVD 石墨烯的转移已成为制约其在高性能器件领域研究和应用的瓶颈环节。理想的转移方法应具有无损、洁净、可控、高效和易于放大等特点。其中，"无损"既指保证石墨烯结构完整、不引入各类缺陷，又指对金属基底没有损耗；而"洁净"则要求没有转移造成的各种残留污染物和不可控掺杂；而对于大面积石墨烯的转移，则需要转移工艺简单、高效且可控，从而易于实现大规模的连续化生产、工艺一致性好。然而，转移过程涉及诸多影响因素，因此实现上述目标颇具挑战。本章将分别从转移介质的类型、石墨烯与金属基底的剥离方法以及卷对卷连续化转移工艺三个主要方面来介绍近年来在石墨烯转移方面的主要研究进展。

3.1 转移介质

在 CVD 石墨烯的转移过程中，普遍采用转移介质来提高石墨烯的结构完整性和转移效果的一致性。转移介质对石墨烯的性能具有至关重要的影响。根据转移介质与石墨烯之间不同的结合与分离原理，大致可将转移介质分为三类：溶解去除型、结合力调控型和目标基底型。无论采用哪种转移介质，CVD 石墨烯的转移过程基本都可以分解为如下步骤：①在金属表面生长的石墨烯上覆盖转移介质层；②将石墨烯与金属基底分离；③将石墨烯与目标基底结合以及去除转移介质（目标基底型除外）。

3.1.1 溶解去除型转移介质

采用溶解去除型转移介质的转移工艺具有对不同金属和目标基底普适性好和重复性高的突出特点，因此成为转移 CVD 石墨烯最具代表性的方法。此类介质包括高分子聚合物、小分子有机物、惰性金属以及金属氧化物等，在转移后需要采用溶解或热处理等方法从石墨烯表面去除。基本工艺过程包括在石墨烯表面覆盖转移介质层，将石墨烯与金属基底分离，石墨烯与目标基底结合，去除转移介质和清洗干燥[5]。其中，通常采用基底腐蚀法将石墨烯与金属基底分离。可用作溶解去除型转移介质的材料需要同时满足易于去除，具有足够的柔性和力学强度，并且在刻蚀剂和水溶液中具有良好的稳定性等基本要求。高分子聚合物聚甲基丙烯酸甲酯（PMMA）薄膜是最为常用的溶解去除型介质，具有在多种有机溶剂中可溶、对刻蚀剂和水溶液较稳定以及薄膜具有一定的柔性和力学强度等特点[6]。典型的 PMMA 转移法为湿法刻蚀工艺：首先在石墨烯表面旋涂 PMMA 的溶液并固化成膜，其次使用化学溶液刻蚀金属基底将 PMMA/石墨烯膜与其分离，采用去离子水清洗后，利用目标基底将 PMMA/石墨烯膜从水中捞起以转移到其表面，充分烘干使两者紧密贴合，然后采用有机溶剂浸泡等方式溶解 PMMA 层，最后对表面作清洗和干燥处理从而完成转移。其中，多个因素对石墨烯的转移质量具有决定性影响，包括 PMMA 膜的性质、石墨烯与目标基底的界面结合以及后处理方法。采用合适的厚度是同时实现 PMMA 薄膜具有足够柔性和力学强度的关键，典型的厚度为 100～300 nm，主要通过改变旋涂的参数来调控。但是，即使采用了 PMMA 膜作为结构支撑和保护，转移后的石墨烯仍然容易出现裂纹和孔洞等结构破损。这主要是由于石墨烯与目标基底之间局部存在间隙，导致该处的界面结合较差，因此在溶解去除 PMMA 层的过程中产生撕裂。Ruoff 研究组提出，由于 PMMA 薄膜复制了铜箔的粗糙表面形貌，并且 PMMA 具有相对较大的刚度，与硅片、石英等目标基底的平整表面不匹配从而产生间隙。对此，他们提出了重溶 PMMA 的方法：将 PMMA/石墨烯膜贴合到目标基底后，在表面再涂覆 PMMA 溶液将原有的 PMMA 薄膜溶解，利用液态 PMMA 良好的流动性提高石墨烯与目标基底的界面结合，从而减少随后处理对石墨烯的破坏。如图 3.1 所示，采用该方法可以有效减少转移石墨烯中的裂纹等破损[5]。

随后的研究发现，多数情况下间隙是由残留在界面的水造成的。湿法转移大多数是在水中将 PMMA/石墨烯膜捞起贴合到目标基底上，所以两者的界面存在水膜。因为石墨烯和多数目标基底的亲水性较差，界面处的水无法充分铺展，所以干燥后局部仍有微量水未能充分去除，从而束缚在界面处。为了解决该问题，已经发展出多种有效的方法。X. L. Liang 等[7]对常用的 PMMA 转移工艺进行了改进，采用亲水处理的目标基底并结合 150℃左右的烘干处理促进水在基底表

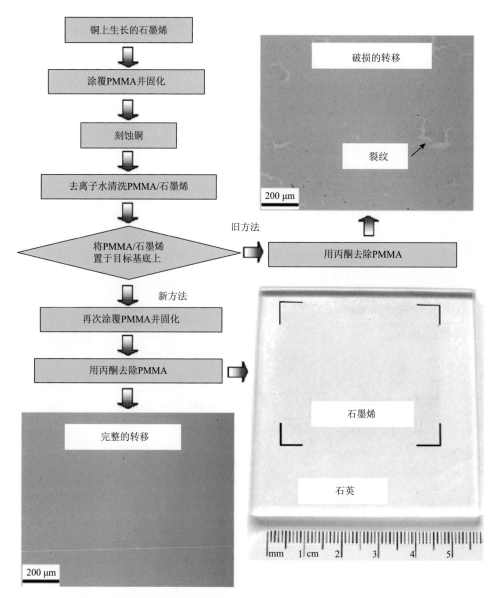

图 3.1 采用重溶 PMMA 法转移石墨烯的工艺流程以及与常规方法的对比[5]

面的润湿铺展和蒸发，从而提高石墨烯与基底的结合，大幅提高了石墨烯向硅片表面转移的完整性。此外，还可以利用低表面能液体在不同固体表面铺展性良好的特点，采用易挥发的低表面能液体来替代水。J. Chan[3]采用异丙醇替代水，并结合 300℃的超高真空（UHV）退火处理充分去除异丙醇。结果表明，相比于使用水的转移工艺，石墨烯中的裂纹明显减少。H. H. Kim 等[8]的对比研究发现，采用庚烷替代水显著减少了目标基底上 PMMA/石墨烯薄膜的局部突起和褶皱，有效改善了石墨烯与目标基底的界面结合，从而将石墨烯完整地转移到不同类型的目标基底表面，甚至包括超疏水的氟树脂材料（图 3.2）。与采用水的工艺相比，该方法可以显著提高转移石墨烯的载流子迁移率。其原因可能在于减少了界面残留水对石墨烯中载流子的散射和掺杂。PMMA 等溶解去除型转移介质尤其适合向多孔和粗糙表面转移石墨烯[9-11]。一方面，由于溶解的方式较为温和，可以最大程度地减少去除转移介质过程中因外力导致的结构破损。另一方面，此类转移介质为高柔性的纳米薄膜，与粗糙表面的贴合性较好，利于石墨烯与目标基底形成充分接触。采用 PMMA 转移工艺，已经实现了石墨烯薄膜向不同孔径的多孔硅片表面转移，可以获得微米级的悬空石墨烯薄膜[9]。而对于向粗糙表面的共形转移，采用乙烯-乙酸乙烯共聚物（EVA）树脂薄膜的转移效果要明显优于 PMMA。原因在于 EVA 树脂较 PMMA 具有更低的接触刚度和弹性模量，更易于在粗糙表面甚至微米级的台阶处形成共形贴合，可以避免形成易破损的悬空石墨烯[11]。

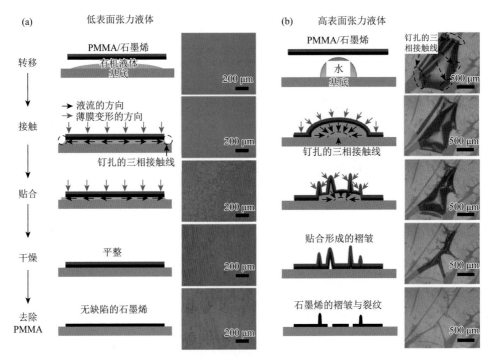

图 3.2　采用低表面张力液体（庚烷）（a）和高表面张力液体（水）（b）将石墨烯转移到低表面能基底表面的效果对比[8]

在转移效率方面，采用溶解去除型介质相比于其他方法存在工艺复杂和耗时长的明显不足，而且石墨烯的转移质量也容易受到实验操作技能的影响。"面对面"转移技术可以实现晶圆级石墨烯向目标基底的自发转移。该技术先采用氮等离子体对目标基底（如硅片）进行预处理，然后在其表面沉积金属薄膜作为石墨烯的生长基底[12]。如图 3.3 所示，不同于常规工艺中先将石墨烯与金属分离再与目标基底结合的方法，该技术利用刻蚀金属薄膜过程中产生气泡的毛细桥接作用，自发地将石墨烯结合在硅片基底表面。该技术的原理决定了其关键转移步骤不受操作技术的影响，因此适合晶圆级石墨烯的批量化转移，可以提高石墨烯的结构完整性和转移的一致性。但由于目标基底同时作为生长基底用于高温 CVD 生长，因此该技术的适用范围仅限于耐高温的目标基底，而无法用于聚合物柔性基底。

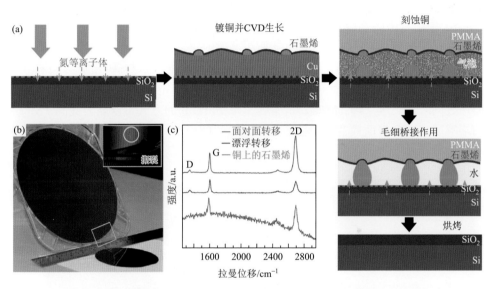

图 3.3　采用"面对面"转移技术实现晶圆级石墨烯的转移：（a）转移流程示意图；（b）转移到 8 in 硅晶圆上的大尺寸石墨烯；（c）转移前后的石墨烯拉曼光谱[12]

对于采用溶解去除型转移介质的转移方法，最大的挑战在于如何完全去除转移介质。即使采用强力的溶剂清洗，PMMA 等高分子聚合物仍以薄膜、颗粒等形式在石墨烯表面形成不同程度的残留，降低了石墨烯的电学、热学和光学性能，从而影响了电子和光电器件的构建和性能。例如，残留的 PMMA 颗粒成为石墨烯中载流子的散射中心[3]；同时，PMMA 残留也影响了声子在石墨烯中的传输，从而降低了其热导率[13]；此外，表面的 PMMA 颗粒也降低了石墨烯的透光率[14]。对于石墨烯场效应晶体管（FET）等电子器件，残留的 PMMA 可导致载流子的散射、不可控掺杂以及增大石墨烯与金属电极的接触电阻等问题，从而大幅降低器件的载流子迁移率，引起器件的狄拉克电压偏移[3]。而对于显示和发光器件（如OLED），PMMA 颗粒会造成电极之间产生较大的漏电流甚至发生短路。如果采用逐层转移法制备多层石墨烯，残留转移介质的累积效应将导致石墨烯的表面粗糙度显著增大[15]。虽然采用无转移介质的方式可以从根本上解决该问题，但是这种方法不适用于大面积石墨烯薄膜的转移，通常只能获得厘米级以下的样品[16, 17]。所以，为了实现洁净转移，大部分研究集中在发展有效去除残留转移介质的技术和探索新型转移介质材料。

去除 PMMA 残留的技术大致可以分为成分改性和后处理两种方式。成分改性的主要目的在于提高 PMMA 的溶解度，从而更易于去除。研究表明，通过降低 PMMA 前驱体溶液的浓度或者对固化的 PMMA 薄膜进行紫外光照射都可以提高 PMMA 的溶解度，有效减少残留[18, 19]。其中，紫外光照射的原理是通过打开 PMMA 中酯基团的侧链来弱化 PMMA 与石墨烯的分子间作用。目前，更多的研究集中在发展后处理方法，主要包括使用高效的溶剂清洗、退火、等离子体刻蚀、离子束轰击、电子束辐照、激光照射和机械力去除等[3, 19-40]。研究发现，采用长时间的丙酮浸泡可以减少石墨烯表面的 PMMA 残留，但并不能将其完全去除[22]。而通过同时加高压（约 1MPa）和加热（如 140℃）的方式可以显著提高 PMMA 的溶解度，减少表面残留，但会造成石墨烯的破损。而结合乙醇的脱水处理，可以减少界面残余水造成的结构破损，如图 3.4 所示[21]。

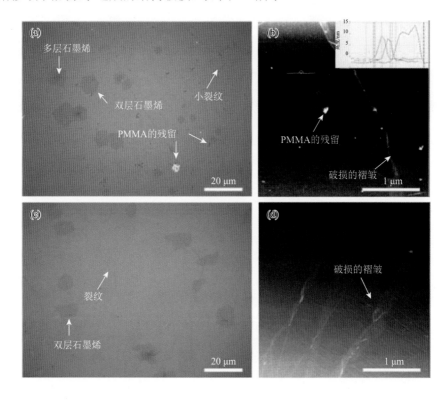

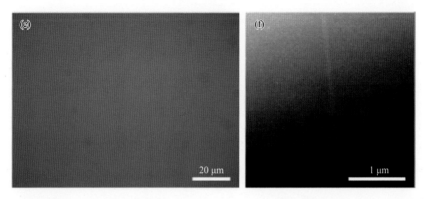

图 3.4　典型 PMMA 法转移石墨烯的光学照片（a）与 AFM 图（b）；采用高压加热溶解处理转移石墨烯的光学照片（c）与 AFM 图（d）；采用高压加热溶解与乙醇预处理相结合转移石墨烯的光学照片（e）与 AFM 图（f）[21]

　　由于单一的溶剂清洗效果并不理想或者需要使用毒性较大的有机溶剂，因此多数研究通过结合真空或气氛下热处理进一步去除残留颗粒。在各种热处理方法中，真空热处理的研究较早而且应用最为广泛。J. Chan[3]研究了 PMMA 残留对石墨烯电学输运性能的影响，发现在超高真空中 300℃热处理 3 h 可以有效消除 PMMA 残留颗粒，从而将石墨烯的载流子迁移率提高大约 2 倍。这种处理工艺的最大优势在于对石墨烯的本征结构和性能影响较小（图 3.5）。K. Kumar 等[26]通过对比真空热处理前后石墨烯的拉曼光谱，发现热处理未在石墨烯中引入缺陷。类似地，W. J. Xie 等[27]根据 XPS 的结果，认为 500℃真空热处理后石墨烯中不存在结构缺陷。Z. G. Cheng 等[28]甚至发现，在 500℃真空热处理后，石墨烯中拉曼光谱的 D 峰消失，表明其处理有效去除了 sp^3 型的结构缺陷。虽然石墨烯的晶格结构未受到明显破坏，但真空热处理对其造成了掺杂。拉曼光谱的结果表明，400℃真空热处理后石墨烯中出现了明显的 p 型掺杂。他们认为这是 SiO_2 基底与石墨烯的相互作用增强的结果。此外，也有观点认为对于真空热处理的石墨烯，暴露在大气环境中后，石墨烯表面对水/氧的吸附增强，因此产生了显著的 p 型掺杂。可以看出，对于真空热处理，处理温度和真空度是最重要的影响因素。但是，温度对去除 PMMA 和石墨烯性质的影响较为复杂。Z. G. Cheng 等[28]报道 400℃真空热处理 3 h 后就可以完全去除 PMMA 残留颗粒。W. J. Xie 等[27]却认为温度达到 500℃才能有较好的效果。然而，L. H. Karlsson 等[29]的研究表明即使在 900℃下，PMMA 的分解都不完全，甚至出现了石墨化的情况。而对于掺杂的效果，X. H. Wang 等[30]发现在超高真空中 350℃处理 1 h 可以减弱石墨烯中的 p 型掺杂，但若采用 600℃处理则会加重掺杂效果。造成上述不一致结果的原因可能在于不同实验中热处理的真空度不同，导致气氛中残留气体含量存在差异，从而造成了效果上的区别。

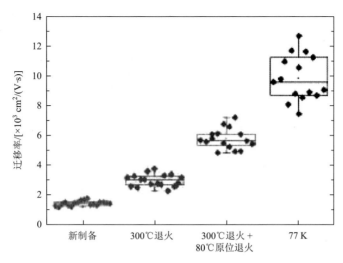

图 3.5　不同热处理方法对 PMMA 转移石墨烯的载流子迁移率的影响[3]

　　在氩气或氮气的气氛下热处理也是十分常用的方法。相比于真空热处理，该工艺的优势在于对设备要求较低，操作简单易行，普通的常压管式炉就可以操作。但是，在气氛下热处理后，PMMA 易于发生碳化等副反应。例如，C. Gong 等[23]发现，对于氮气气氛中 150～200℃处理的石墨烯，其拉曼光谱中出现了新峰，这可能是因为 PMMA 中的 sp^3 杂化结构分解转化成了 sp^2 型多烯碳结构。此外，多项研究发现在惰性气氛中热处理后，石墨烯的拉曼光谱中的特征峰出现了宽化，表明石墨烯的表面形成了无定形碳。但是，无定形碳难以通过常规的溶剂清洗和热处理去除。而且，对于需要加工制作电子和光电器件的情况，表面残留的无定形碳易于与光刻胶等器件加工中常用的有机物结合，从而对石墨烯造成二次污染。

　　相比于上述两种方法，在还原性或者氧化性气氛中热处理能更有效地去除 PMMA 的残留。基本原理是利用氧化还原反应，将 PMMA 分解/转化为气态产物，其最大特点是能在一定程度上避免或去除热处理产生的无定形碳或石墨化碳结构的污染。前者主要使用氢气或氢氩混合气。例如，L. W. Huang 等[31]的研究发现，通过在热处理过程中使用氢气，可以有效避免 PMMA 形成更稳定的碳化产物。氢气可能与 PMMA 甚至无定形碳中存在悬挂键的碳原子反应，生成甲烷等气相产物。目前，使用氧化性气氛是去除 PMMA 残留最为有效的热处理方法，利用的气氛主要包括空气、氧气和二氧化碳等。但是，在空气甚至氧气等较强的氧化性气氛中热处理同时会对石墨烯造成氧化性破坏。例如，Y. C. Lin 等[20]的研究表明，即使在 250℃下空气气氛中处理 30 min，石墨烯就会出现裂纹。在其他温度下处理也观察到了类似的结构破坏。因此，需要选择氧化强度合适的气体和相应的热处理温度。C. Gong 等[23]系统研究了采用不同氧化性气体热处理对石墨烯结构的影响，如图 3.6 所示。通过拉曼光谱表征，他们发现二氧化碳氧化强度最弱，处理后的石墨烯中缺陷最少，而二氧化氮的氧化性过强，能够将单层石墨烯完全刻蚀掉。

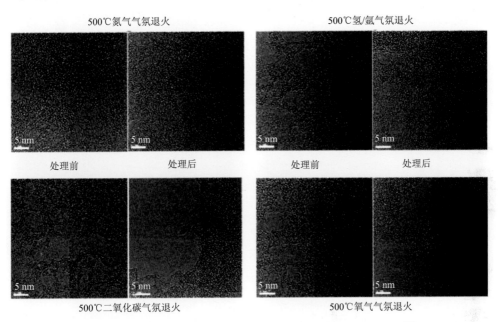

图 3.6 PMMA 转移石墨烯在不同气氛中热处理前后的 TEM 图[23]

除了采用热处理的方式外，等离子体刻蚀、离子束轰击、电子束辐照和激光照射也能通过促进 PMMA 的分解从而将其去除。例如，利用氧等离子体的强刻蚀作用可以显著去除石墨烯表面的 PMMA 残留。但是，拉曼光谱表明石墨烯中的缺陷浓度也会增大[32]。如果采用氢等离子体处理，虽然不会对石墨烯造成氧化刻蚀，但会形成氢化石墨烯，还需要通过高真空的热处理来消除氢化[33]。也有研究表明，如果采用极低强度的氩等离子体处理少层石墨烯，不仅可以减少 PMMA 残留，还能够提高载流子迁移率、减少掺杂[34]。作为表面分析仪器中常用的样品表面清洁手段，氩离子束轰击同样可以用于去除石墨烯表面的 PMMA 残留[35]。理论上，为了避免造成结构破坏，离子束的能量应低于石墨烯中碳-碳键的结合能，同时还应高于 PMMA 中的键能，而电子束辐照通常需要结合溶剂清洗来使用。辐照可以破坏 PMMA 中的键合，随后采用溶剂清洗更易于将其去除（图 3.7）[36]。激光照射则可以通过瞬间的加热作用促使 PMMA 分解和气化，从而达到去除的目的[37]。

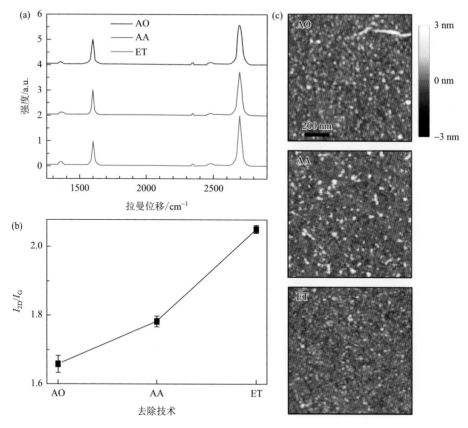

图 3.7 转移石墨烯过程中分别采用丙酮（AO）和乙酸（AA）浸泡以及电子束辐照（ET）三种 PMMA 去除方式的效果对比：（a，b）拉曼光谱；（c）AFM 图[36]

上述方法都是利用溶解和分解等化学作用来去除 PMMA。此外，还可以利用机械力直接去除 PMMA。作为一种物理过程，此类方法能够避免产生化学反应的副产物。根据作用范围的大小，可以大致将机械力方法分为微区和宏观方法。前者主要采用不同形式的探针与石墨烯直接接触，通过类似于刮擦的作用直接去除其表面的 PMMA 层。例如，A. M. Goossens 等[38]发现，当采用 AFM 的接触模式对双层石墨烯进行扫描时，在成像的同时也有清洁表面的作用。类似地，在 SEM 和 TEM 中同样可以利用探针"擦除"石墨烯表面的 PMMA 残留（图 3.8）[39]。但是，这类方法需要精确控制作用力的大小以避免破坏石墨烯，而且难以高效清洁大面积的石墨烯薄膜。相比而言，宏观方法更易于操作，而且适用于大面积薄膜。其基本原理是基于静电力的作用，即利用易于通过摩擦产生正电荷的布料在石墨烯表面摩擦，即可通过静电力产生的兆帕级高压将 PMMA 黏附去除甚至直接挥发[40]。

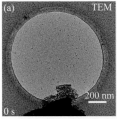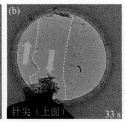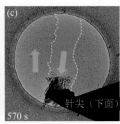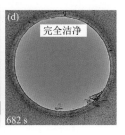

图 3.8 在 TEM 中利用探针"擦除"石墨烯表面 PMMA 残留过程的 TEM 图[39]

(a) 表面有 PMMA 残留的石墨烯；(b，c) 采用探针对表面反复刮擦；(d) 得到表面洁净的石墨烯

但是上述各种后处理方法均存在不足，多数会对石墨烯的本征结构和性能造成不同程度的破坏。此外，热处理仅适用于硅片、TEM 微栅等耐高温的基底材料，无法用于高分子柔性基底（使用温度一般低于 180℃）。而离子束、电子束等辐照类的方法和利用 TEM 中的探针刮擦的方法则需要使用特殊设备，难以推广使用。更为重要的是，现有的后处理方法尚无法完全去除石墨烯表面残留的转移介质。因此，亟需发展新型的转移介质材料，其同时具有良好的柔性、力学强度、化学稳定性并且可以完全去除。目前，已发展的新型转移介质大致可以分为聚合物、小分子有机物、金属及其氧化物等。对聚合物型转移介质的早期研究表明，采用双酚 A 型聚碳酸酯替代 PMMA 可以减少残留[41, 42]。此外，最近的研究发现，软化处理的聚苯乙烯也是一种较为洁净的转移介质，转移残留要少于 PMMA，如图 3.9 所示。而且，相比于常规的聚苯乙烯，软化处理能够避免大面积膜因脆性而出现破裂，与聚酰亚胺（PI）薄膜结合使用可以转移 10 cm×10 cm 的大尺寸样品[43]。Y. Zhang 等[44]的研究发现，以丙烯酸酯三元共聚物作为有效成分的商用液体喷雾也是一种便捷的洁净转移介质。相比于 PMMA 转移的石墨烯，采用该介质转移的样品不仅表面残留颗粒更少，而且载流子迁移率更高、掺杂浓度更低。此外，丙烯酸酯三元共聚物薄膜具有低的弹性模量和较高的柔性，因此适合向粗糙表面转移石墨烯。对比研究表明，对于表面起伏为微米级的目标基底，丙烯酸酯三元共聚物转移的石墨烯基本可以保持结构完整，而 PMMA 转移的样品则破损严重。

相比于高分子聚合物，小分子有机物通常具有更低的挥发温度和更高的溶解度，从而更容易通过后处理方法去除。因此，近期的研究多数集中在发展基于小分子有机物的洁净转移介质。例如，环十二烷是一种易挥发的小分子有机物，而且常温下为固体。利用这一特性，可以将其作为一种洁净的转移介质，转移后通过简单的室温放置即可去除[45]。但是，对转移样品的拉曼光谱研究发现，石墨烯的 D 峰显著增高，表明石墨烯在转移过程中产生较多缺陷。这可能是由环十二烷薄膜的力学强度较低造成的。类似地，并五苯等多环芳香化合物也具有加热易挥发的特性，同样可以用作洁净的转移介质[46, 47]。但是，H. H. Kim 等[47]的研究

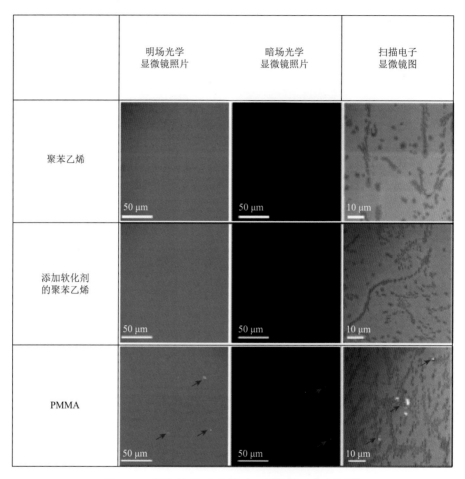

	明场光学 显微镜照片	暗场光学 显微镜照片	扫描电子 显微镜图
聚苯乙烯	50 μm	50 μm	10 μm
添加软化剂 的聚苯乙烯	50 μm	50 μm	10 μm
PMMA	50 μm	50 μm	10 μm

图 3.9　采用不同聚合物转移石墨烯的形貌表征[43]

表明，加热处理的去除效果并不理想，部分并五苯颗粒残留在石墨烯表面并未挥发。因此，他们发展了一种溶剂插层的新方法来去除并五苯，实现了晶圆级石墨烯的洁净转移（图 3.10）。结构表征和电学特性研究表明，转移石墨烯中未观察到明显的 D 峰，同时样品具有高的载流子迁移率，证实了转移的石墨烯具有较高的质量。此外，由于多环芳香化合物与石墨烯的相互作用较弱、无明显电荷转移，因此其残留物对石墨烯的费米能级和能带结构均无明显改变。对石墨烯 FET 的电学性能测试证实狄拉克电压接近零点。此外，研究发现 PMMA 的单体 MMA 同样可以作为转移介质。AFM 和 XPS 的表征结果均表明，相比于PMMA，MMA 转移的石墨烯表面颗粒残留更少[48]。但是，MMA 是否适合转移较大尺寸的石墨烯薄膜以及对石墨烯电学和光学等基本特性的影响还需要进一步研究。

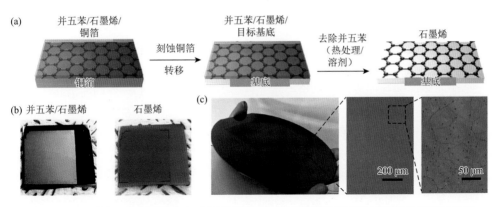

图 3.10 （a）以并五苯作为转移介质将铜表面生长的石墨烯转移到目标基底的流程示意图；（b）转移到小尺寸 SiO_2/Si 基底上的并五苯/石墨烯和石墨烯；（c）转移到 6 in SiO_2/Si 晶圆表面的石墨烯照片以及微区的光学显微图像[47]

    J. Kong 研究组[49]提出了采用石蜡作为洁净转移介质。如图 3.11 所示，该方法的独特之处在于，除了基于石蜡作为小分子易于溶解去除的特点外，还利用其较低的熔点，在水清洗步骤对石蜡/石墨烯薄膜加热处理，将石蜡再熔化以释放石墨烯中的褶皱。AFM 的表征结果表明石蜡转移石墨烯的表面残留颗粒明显少于 PMMA 转移的样品，减少褶皱的效果尤为显著。FET 的器件测试表明，采用石蜡转移可以有效提高石墨烯的载流子迁移率，并减少石墨烯的掺杂。其中，石墨烯的平均电子迁移率达到 7000 $cm^2/(V·s)$ 以上，远高于采用 PMMA 转移样品的性能 [低于 2000 $cm^2/(V·s)$]。

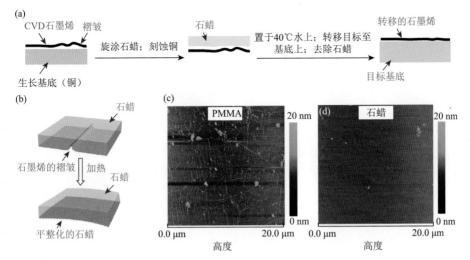

图 3.11 以石蜡作为转移介质转移石墨烯的工艺示意图（a，b）和表面形貌的 AFM 结果对比（c，d）[49]

任文才研究组[15]的研究发现，采用松香作为一种新型的转移介质，可以实现大面积石墨烯的洁净、无损转移。松香具有溶解性好、与石墨烯结合力弱和薄膜力学强度较高等特点，因此是一种理想的石墨烯转移介质材料。转移得到的单层和多层石墨烯薄膜的表面粗糙度、透光性、方块电阻及其均一性均显著优于传统 PMMA 法转移得到的石墨烯（图 3.12）。单层薄膜的最大粗糙度仅为 15 nm，通过叠层转移得到的 5 层石墨烯薄膜的最大粗糙度也只有 35 nm，并且在大范围内方块电阻的变化小于 1%。这种洁净无损的石墨烯透明导电薄膜在制备大面积薄膜电子和光电器件方面具有独特的优势。例如，由于大面积石墨烯表面转移介质残留极易造成器件的电击穿失效，传统采用石墨烯作为透明电极制得的 OLED 的发光面积大多数小于 1 cm^2。而利用松香转移的多层石墨烯薄膜作为透明电极，首次制备出了尺寸达 4 in 的柔性石墨烯基 OLED 发光器件，亮度高达约 10000cd/m^2 而

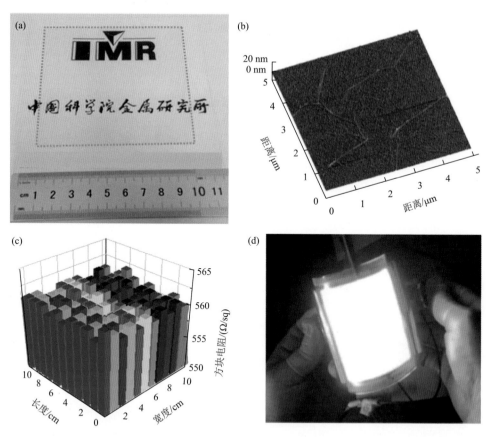

图 3.12　（a）采用松香作为转移介质转移至 PET 柔性基底表面的大面积单层石墨烯薄膜（尺寸 10 cm×10 cm）的照片；（b）采用 AFM 表征的样品表面粗糙度；（c）方块电阻的面分布图；（d）基于石墨烯透明阳极的 4 in 级柔性 OLED[15]

且发光均匀，已经初步达到了商用发光和显示器件的使用要求。在此基础上，该研究组进一步发展出了 PMMA/松香双层结构作为转移介质，使松香辅助转移的方法更具普适性[50]。除了大面积 CVD 石墨烯外，还可用于生长在贵金属 Au、Pt 等基底表面的其他二维材料向目标基底的洁净、无损转移，所得二维材料薄膜具有高的平整度和电学性能。例如，对于以 WSe_2 为沟道材料构建的背栅型 FET，PMMA/松香转移样品的器件性能相比于常规转移方法制备的器件提高了一个数量级以上。该研究为 CVD 方法制备的石墨烯等二维材料的洁净无损转移提供了一个通用方法。

金属薄膜也可以替代 PMMA 作为转移介质来减少残留。其中，金可以通过专用的刻蚀剂溶解而且不溶解于水和铜的刻蚀剂，即同时满足可溶解性和优异的溶液稳定性，是一种典型的金属薄膜转移介质[51-53]。通常采用真空镀膜的方法沉积在石墨烯表面形成厚度 100 nm 左右的薄膜。为了提高金薄膜的力学强度，也可以在其表面再涂覆一层 PMMA 薄膜或贴合胶带形成双层膜的结构。去除过程需要首先溶解 PMMA 或剥离胶带，然后再溶解金薄膜。相比于 PMMA 方法，虽然通过 AFM 等手段仍能观察到金颗粒残留，但表面残留和结构破损明显减少[53]。因此，所制备出的石墨烯 FET 器件表现出更小的狄拉克电压偏移，更高的载流子迁移率和更稳定的电学输运特性。为了克服金属转移介质及其刻蚀产物的残留问题，J. Y. Moon 等[54]提出了以水溶性金属氧化物作为转移介质的方法。他们采用了 MoO_3/PMMA 双介质层，其中电子束沉积的 MoO_3 作为易于去除的洁净型转移介质，而 PMMA 主要作为结构支撑层，最后采用水溶解去除 MoO_3。利用该方法，他们实现了在锗上生长的石墨烯的洁净转移。对比研究表明，相比于金薄膜，采用 MoO_3/PMMA 双介质转移的石墨烯表面无明显颗粒残留，XPS 也未检测到残留的钼元素。电学测试也表明样品达到了 $6800 \ cm^2/(V \cdot s)$ 的高迁移率。但是，仍需要厘米级以上较大尺寸范围的电学测试进一步确认样品的结构完整性和均匀性。

除了固态的转移介质外，有机溶剂同样可以用作洁净的液态转移介质。例如，采用己烷液体作为新型转移介质，通过己烷/水溶液的双相结构来稳定液相中的石墨烯，实现了石墨烯薄膜向 AFM 针尖表面和 TEM 微栅表面的洁净转移[55]。但是，由于液体无法对大面积石墨烯提供足够大而且均匀的支撑力，如果同样采用类似 PMMA 湿法转移的"捞起"方式向目标基底转移，石墨烯极易破损。针对该问题，X. W. Zhang 等[56]改进了液态转移介质的方法，通过上表面直接贴合的方式直接将石墨烯与目标基底结合。如图 3.13 所示，其关键技术在于通过在液体表面放置框架在石墨烯覆盖的区域形成上凸型液面，从而实现大面积石墨烯与目标基底充分接触。这种方法适用于向不同类型的目标基底上的转移，包括平整的硅片、石英片，柔性的聚二甲基硅氧烷（PDMS），三维的隐形眼镜，表面粗糙的织物、纸张、树叶和硬币。采用正庚烷作为液态转移介质，他们实现了对角线尺寸达到 10 in 的大面积石墨烯薄膜的转移。由于不采用固态转移介质，石墨烯表面洁净无颗粒残留。因此，其单层样品的载流子迁移率相比于 PMMA 转移样品提高 1 倍以上。但是，载流子迁移率的绝对值[1200 cm^2/(V·s)]相比于文献报道的 PMMA 样品并无明显提高，而且薄膜的方块电阻（1200 Ω/sq）要高于文献里的典型值，表明转移样品中存在较多缺陷。

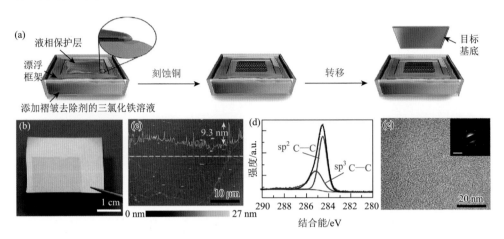

图 3.13 （a）采用正庚烷液态转移介质转移石墨烯的工艺示意图；（b）转移至硅片表面的厘米级石墨烯的照片；转移石墨烯的 AFM 图（c），XPS 谱线（d），TEM 图与选区电子衍射图（e）[56]

　　在减少转移介质残留的研究方面，虽然通过发展后处理方法和探索新型介质已经获得了良好的效果，但针对 CVD 石墨烯生长质量对转移洁净度影响的相关研究还很少。刘忠范、彭海琳研究组发现，除了转移过程中聚合物介质的残留和存储过程中碳氢化合物吸附污染的问题外，采用固态铜基底高温生长石墨烯的过程中碳氢化合物会发生许多副反应，导致大量的无定形碳沉积在石墨烯薄膜表面，从而造成 CVD 石墨烯的"本征污染"。更为严重的是，无定形碳会导致转移后的石墨烯薄膜表面聚合物残留量增多。如图 3.14 所示，他们通过采用泡沫铜/铜箔垂直堆垛结构或含铜前驱体获得较高浓度的铜蒸气，利用铜蒸气对气相中活性碳物种的催化裂解作用，抑制无定形碳污染物的形成，制备得到了洁净度达到 99% 的高质量石墨烯薄膜[57, 58]。此外，通过后处理的方法也可以制备得到高质量的洁净石墨烯薄膜。例如，利用弱氧化剂二氧化碳对石墨烯和无定形碳反应活性的差异，在约 500℃的条件下可以选择性刻蚀掉石墨烯表面的无定形碳[59]。此外，利用无定形碳与活性碳之间相比于石墨烯更强的范德瓦耳斯力，他们使用自制的活性碳粘毛辊在加热条件下对铜箔上生长的石墨烯进行辊压，也可以去除表面的大部分无定形碳[60]。更为重要的是，采用这种洁净的石墨烯进行转移，即使采用标准的 PMMA 湿法工艺也能获得低表面残留的洁净石墨烯薄膜。他们认为这是因为常规 CVD 法生长的石墨烯表面普遍存在无定形碳污染，PMMA 与无定形碳之间的作用较强，因此难以去除。而 PMMA 与洁净的石墨烯表面相互作用较弱，易于溶解去除，因此能够得到更洁净的表面。电学测试表明，转移得到的洁净石墨烯具有高达 17000 cm^2/(V·s)的室温载流子迁移率，显著高于非洁净的石墨烯[11000 cm^2/(V·s)]。而且前者的透光率（97.6%）也高于后者（97%）[57, 58]。

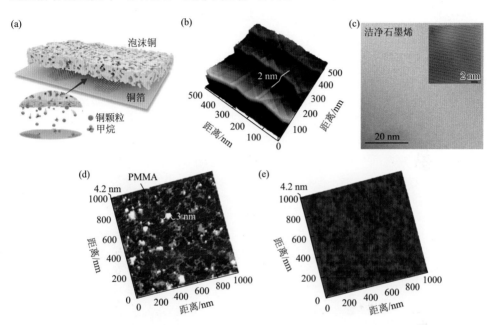

图 3.14　泡沫铜辅助 CVD 生长洁净石墨烯的工艺示意图（a），AFM 表面形貌（b）；TEM 表征结果（c）；采用 PMMA 转移的普通方法生长的石墨烯（d）和泡沫铜辅助生长的洁净石墨烯（e）的 AFM 形貌图[57]

　　值得一提的是，虽然多数情况下需要尽可能去除石墨烯表面的转移介质，但如果在特定的器件应用中不需要洁净表面甚至暴露的表面，则可以利用转移介质或其残留颗粒作为表面功能涂层来提高石墨烯器件的电学性能和稳定性。R. S. Ruoff 研究组[61]提出采用氟树脂 CYTOP 同时作为转移介质和掺杂剂，通过对转移后的样品进行加热或者溶剂浸泡处理，表面的 CYTOP 残留可以对石墨烯产生较强的 p 型掺杂。他们认为掺杂来自 CYTOP 中含氟官能团重排后产生的静电势掺杂作用。为了提高石墨烯 FET 器件的环境稳定性，H. H. Kim 等[62]采用 PMMA/PBU 双层膜同时作为转移介质层和表面保护层。转移后，将薄膜保留在石墨烯表面而不加以去除，从而起到降低空气中水/氧等分子对石墨烯吸附掺杂的作用。该方法的效果显著，器件的狄拉克电压和载流子迁移率在空气中放置 130 天后未发生明显变化。相比之下，无保护层器件的载流子迁移率则大幅降低。

　　对于 FET 等电子器件方面的应用，如果使用湿法转移的石墨烯则需要消除界面残留水对器件性能的影响，否则将造成器件性能大幅下降。如上所述，采用易挥发的异丙醇来替代水或者对转移后的样品进行真空退火处理都可以有效去除界面残留的水分。结合这两种处理工艺，能够将石墨烯 FET 的载流子迁移率提高5 倍以上[3]。但是，湿法转移工艺对于水敏感甚至可溶于水的基底就不适用。因此，要从根本上解决该问题需要采用干法工艺将剥离的石墨烯结合到目标基底表面。典型的干法工艺是在将表面覆盖转移介质的石墨烯与金属基底分离后，对石墨烯进行充分的清洗和干燥，然后利用加热、气流甚至激光照射等方式产生的压力将石墨烯与目标基底通过范德瓦耳斯作用力直接贴合，最后再去除转移介质。为了提高石墨烯结构的完整性和易于操作，转移中通常利用额外的框架或介质层来支撑石墨烯薄膜[9, 62, 63]。对以 PMMA 作为转移介质膜的研究表明，由于不存在界面残留水的影响，干法转移可以进一步减少裂纹和孔洞等破损，从而提高薄膜的电导率。相比于湿法，干法在向多孔基底上转移制备悬空石墨烯方面具有更加明显的优势，可以显著减少石墨烯的破损，提高薄膜的覆盖率（2 μm 小孔的覆盖率高达 98%），如图 3.15 所示。其中，合适的 PMMA 膜厚度、加热温度和足够长的加热时间可以

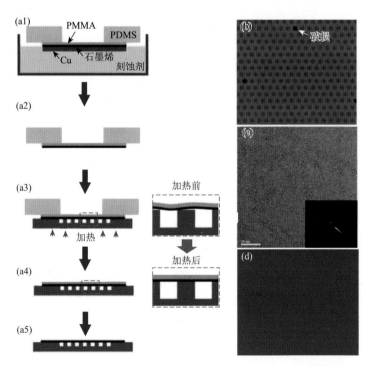

图 3.15　（a1～a5）以 PMMA 作为介质干法转移石墨烯的工艺示意图；转移到多孔基底上石墨烯的 SEM 图（b）和 TEM 图与选区电子衍射图（c）；（d）将石墨烯转移到平整硅片基底上的光学照片[9]

保证石墨烯与基底充分接触又不产生过度形变，是提高转移完整性的关键工艺参数[9]。在制备高性能 FET 方面，干法转移的石墨烯也明显优于湿法制备的样品。H. H. Kim 等[62]通过干法转移得到了 PI 薄膜表面的石墨烯，进而制备出了柔性石墨烯 FET。电学性能测试表明，该器件的狄拉克电压接近零点，而且栅极漏电流为皮安量级，相比于湿法制备石墨烯的器件降低了 7 个数量级。

3.1.2　结合力调控型转移介质

除了利用涂覆和溶解去除的方式分别实现石墨烯与转移介质的结合和分离外，还可以通过调控两者的结合力来实现上述过程。该方法利用石墨烯/目标基底之间的结合力大于石墨烯/转移介质之间的结合力直接将石墨烯从介质膜转移到目标基底上。采用与石墨烯具有弱结合力的转移介质材料是实现调控结合力转移的关键。目前使用的材料大致可分为两类，分别是具有本征弱结合力（低表面能）的高分子聚合物［如聚二甲基硅氧烷（PDMS）］和结合力可调的聚合物（如热释放胶带）。使用溶解去除型转移介质时，需要利用其溶液前驱体在石墨烯表面成膜。与之不同，该方法直接采用固态薄膜作为转移介质。金属基底生长的石墨烯通常具有明显的微观起伏，为了确保石墨烯与转移介质及目标基底均形成充分的界面接触，转移介质的柔性对提高石墨烯转移完整性至关重要。此类转移介质通常具有较高的力学强度，易于放大而且操作简便，因此在转移大面积石墨烯方面明显优于溶解去除型转移介质。相比之下，后者的力学强度低，其大面积薄膜在单独使用时易破损。以 PDMS 为代表的低表面能转移介质膜还可以重复使用，进一步降低了转移成本。此外，此类转移介质通过直接贴合实现石墨烯与目标基底结合，是最具代表性的干法工艺，也避免了上述界面残留水对石墨烯结构完整性和器件性能的不利影响。

典型的 PDMS 转移（也称印章转移）主要包括以下步骤。首先将 PDMS 薄膜按压在石墨烯/金属基底的表面；然后将 PDMS/石墨烯薄膜与金属基底分离（通常采用刻蚀金属的方法）；对 PDMS/石墨烯薄膜进行清洗和干燥后将其按压在目标基底表面，并确保接触良好；最后直接将 PDMS 薄膜从石墨烯表面剥离。当目标基底与石墨烯之间的结合力大于石墨烯与 PDMS 之间的结合力时，石墨烯可保留在目标基底表面。由于 PDMS 薄膜具有足够的力学强度和优异的弹性，因此既可以与金属基底上的石墨烯形成充分接触，又可以使其表面结合的石墨烯与目标基底充分接触。相比于 PMMA 等溶解去除型转移介质，使用 PDMS 转移避免了热处理和溶剂溶解等耗时步骤，具有简单、高效的显著特点。该方法在制备图形化的石墨烯薄膜方面具有独特优势，可以利用表面图形化的 PDMS 薄膜同时实现石墨烯的转移和图形化，不仅简化了转移工艺，而且避免了常规图形化处理造成的二次表面污染。但是，由于 PDMS 受力时变形较显著，如何在大面积转移过程中确保图形的完整性和一致性是需要解决的问题。此外，如何实现高精度的图形化也是该方法面临的一大挑战。早期的研究主要采用 PDMS 转移金属薄膜（如沉积在硅片上的镍或铜）表面生长的石墨烯。由于硅片上沉积的金属薄膜表面平整，有利于 PDMS 与石墨烯之间形成充分贴合，因此转移的石墨烯具有较高的完整性（图 3.16）[64]。如果采用厚度仅有几十纳米的 PDMS 薄膜，并结合模具和真空处理，也可以将石墨烯转移到具有三维形貌的目标基底上，从而进一步拓展了转移石墨烯的适用范围。例如，采用该技术实现了在牙科和骨科植入体的表面覆盖石墨烯薄膜[65]。与 PDMS 类似，热释放胶带（TRT）法同样利用结合力的差异将石墨烯转移到特定基底表面。但与 PDMS 不同之处在于，热释放胶带具有较高的本征黏接力，但可以通过加热将其显著降低，即具有热释放特性[66]。因此，热释放胶带更适合转移铜箔等粗糙金属表面生长的大面积石墨烯薄膜。相关内容将在卷对卷转移方法部分详细介绍。

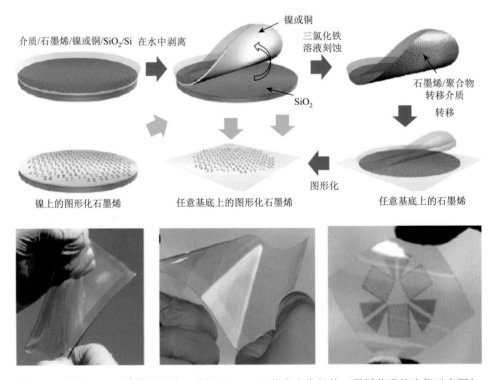

图 3.16　采用 PDMS 薄膜转移镍（或铜）/SiO$_2$/Si 基底上生长的石墨烯薄膜的流程示意图与样品照片[64]

因为弹性的 PDMS 在受压时发生明显的形变，所以在将石墨烯按压转移到目标基底的过程中容易导致石墨烯破损。因此，精确控制转移压力对提高转移的完整性至关重要。将此类介质材料与溶解去除型介质结合使用是解决该问题的另一有效途径。例如，首先依次在石墨烯表面涂覆溶解去除型介质（如 PMMA）和按压贴合 PDMS 薄膜；然后利用 PDMS 的印章转移方式将介质膜/石墨烯转移到目标基底表面；最后将 PMMA 溶解去除[67]。该方法类似于 PMMA 干法转移工艺，PDMS 主要起到结构支撑层和释放层的作用。由于 PMMA 直接与石墨烯接触，主要决定了转移的完整性和表面残留，可以在很大程度上避免 PDMS 由于变形而造成的破损。

　　然而，直接采用 PDMS 作为转移介质同样存在残留污染的问题。与 PMMA 等聚合物不同，PDMS 具有很高的化学稳定性，其残留颗粒难以通过溶剂清洗或高温退火等方式去除干净。因此，为了实现洁净的印章转移，S. J. Kim 等[68]在 PDMS 组分的基础上合成了一种低表面能聚合物（PSAF）。如图 3.17 所示，相比于 PMMA，采用 PSAF 不仅可以减少表面聚合物残留，而且显著提高了石墨烯的电学性能。样品仅表现出弱的 p 型掺杂，而且载流子迁移率提高了 3 倍。PSAF 能够用于向不同基底上转移大面积石墨烯，如转移到 4 in 晶圆和 B5 尺寸的 PET 薄膜表面，也可以实现图形化转移。

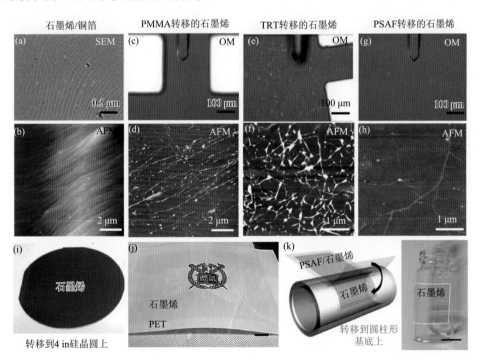

图 3.17　采用 PSAF 转移石墨烯：（a～h）采用 PSAF 与其他介质转移石墨烯的形貌对比；采用 PSAF 转移至不同目标基底上的石墨烯：4 in 硅晶圆（i），B5 尺寸的 PET 薄膜（j），圆柱形基底（k）[68]

总体上，相比于典型的 PMMA 湿法转移，基于结合力调控的干法转移在石墨烯的结构完整性方面还需要进一步提高。近期的研究发现，通过实现石墨烯与目标基底的充分贴合以提高两者的结合力是关键。为此，刘忠范、彭海琳研究组提出了两种解决思路。从表面能匹配的角度，他们发展出了具有梯度表面能的复合转移介质膜[69]。如图 3.18 所示，这种转移介质膜依次由小分子膜、PMMA 膜和 PDMS 层构成，形成了逐渐降低的表面能梯度，既有利于提高石墨烯与目标基底的结合力，又易于实现 PDMS 层的剥离，最后通过有机溶剂浸泡去除小分子/PMMA 膜。因此，在将石墨烯向目标基底转移的过程中可以避免产生结构破损。他们以冰片作为小分子，实现了石墨烯向 4 in 硅晶圆的洁净无损转移，石墨烯的结构完整度高达 99.8%，而且表面无明显介质残留和褶皱。硅晶圆上的石墨烯展现出了优异的电学性能，载流子浓度低至 3×10^{11} cm^{-2}，而平均空穴迁移率为 6000 cm^2/(V·s)，相比于 PMMA 转移的样品提高了 2 倍。此外，在 h-BN 包覆的样品中还能够观察到分数 QHE，表明其具有与剥离石墨烯相当的高质量。

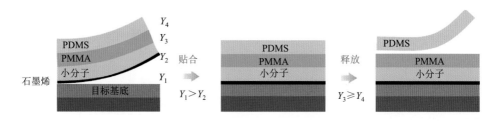

图 3.18 采用具有梯度表面能的复合介质膜转移石墨烯[69]

此外，从促进转移介质变形从而与目标基底充分贴合的角度，他们还发展出了基于 PMMA 的二元转移介质[70]。如图 3.19 所示，将 PMMA 与含羟基的易挥发分子（OVMs）混合作为转移介质，利用加热 OVMs 挥发后 PMMA 高分子链的重排行为产生充分变形，从而将石墨烯与微观粗糙的目标基底表面共形贴合。首先，将 PMMA 与 OVMs 的混合溶液旋涂于单晶铜膜生长的石墨烯表面形成转移介质薄膜，随后辊压一层热释放胶带作为结构支撑层；再通过电化学鼓泡法将石墨烯与铜剥离并干燥；然后，将石墨烯/二元转移介质/热释放胶带直接与目标基底贴合，通过在 120℃加热使二元转移介质充分变形，实现石墨烯与目标基底的共形贴合；最后，直接将二元转移介质/热释放胶带机械剥离即可完成石墨烯向 4 in 硅晶圆的转移。类似地，他们采用 PMMA 与 PPC 的二元转移介质实现了大面积石墨烯向 A4 尺寸 PET 薄膜的转移。该方法的最大特点在于实现了大面积石墨烯与目标基底的共形贴合，不仅转移石墨烯的结构完整度高（大于 99.3%），而且平整无明显褶皱，同时有效释放了转移过程中的应力。此外，二元转移介质与石墨烯之间的结合较弱，机械剥离后无明显表面残留；而且干法转移避免了界面水氧的掺杂作用。因此，该方法转移的石墨烯同样展现出了优异的电学性能，采用 h-BN 包覆的样品具有超过 70000 cm^2/(V·s) 的室温载流子迁移率。

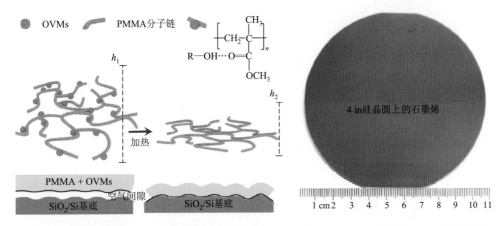

图 3.19　采用 PMMA/OVMs 复合转移介质实现大面积石墨烯向 4 in 硅晶圆的洁净无损转移[70]

3.1.3　目标基底型转移介质

除了上述的特定转移介质材料外，石墨烯的目标基底材料也可以直接作为转移介质来使用。由于不存在转移介质的表面污染问题，该方法尤其适合石墨烯的洁净转移。而且目标基底材料通常具有较高的力学强度，在转移大面积石墨烯时可以提供足够的结构支撑，因此也是实现规模化转移的有效途径。如上所述，金属箔片生长的石墨烯具有较大的微观起伏，而且石墨烯与目标基底之间的相互作用通常为较弱的范德瓦耳斯力。因此，采用该方法制备高质量石墨烯的关键和难点在于确保金属基底上生长的石墨烯与目标基底之间形成充分的界面结合。其中，向刚性基底完整转移大面积石墨烯最具挑战性。该方法最早用于向 TEM 微栅洁净转移小面积的石墨烯薄膜。此类应用对表面洁净度有很高的要求，需要避免转移介质残留，否则将严重影响表面样品的成像和成分标定。直接将微栅作为转移介质较好地解决了该问题。首先，在生长有石墨烯的铜箔表面滴涂易挥发的有机溶剂（如异丙醇）；然后，将微栅直接贴合在表面，利用有机溶剂挥发过程中产生的表面张力将两者压合在一起；最后，将铜箔刻蚀溶解并清洗干净，从而完成转移（图 3.20）[71]。该方法适合制备新型的微栅用石墨烯支撑膜，石墨烯既可以作为阻隔膜实现密封液体[72]，也可以作为冷冻电子显微镜用的高性能碳膜[73]。最近的研究表明，石墨烯本征的高平整二维平面尤其适合用于冷冻电子显微镜的碳膜，能够进一步提高成像质量。彭海琳研究组采用单晶铜膜生长的超平石墨烯批量化转移制备出了高平整度的碳膜，将高度起伏从普通石墨烯碳膜的几十纳米降低到±1 nm，显著提高了其表面冰层厚度的可控性和均匀性，从而有效提高了血红蛋白样品的成像质量[74]。

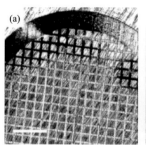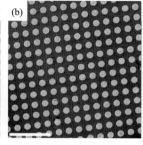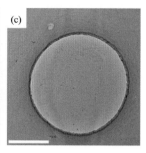

图 3.20　采用 TEM 微栅转移石墨烯，图（a～c）中的标尺分别为 0.5 nm、10 μm 和 0.5 μm[71]

如果采用柔性目标基底作为转移介质，可以实现大面积石墨烯的高效转移。Han 等[75]采用该方法制备出了大面积石墨烯透明导电薄膜。他们将商用的热熔胶膜（表面涂覆聚乙烯-聚乙酸乙烯酯共聚物的 PET 薄膜，EVA/PET）热压在生长有石墨烯的大面积铜箔表面。由于聚乙烯-聚乙酸乙烯酯共聚物的软化点低而且加热后的流变性较好，可以与石墨烯形成良好的界面结合（图 3.21）。采用化学法刻蚀铜箔后制备出对角线尺寸达 40 in 的柔性石墨烯透明导电薄膜，其方块电阻约为 2000 Ω/sq。利用柔性基底软化点较低的特点，也可以直接将金属基底上生长的石墨烯热压在常用的聚合物薄膜、纸张甚至织物的表面，在溶解去除金属后即可制备出柔性石墨烯薄膜[76]。但是采用这种方法制备的薄膜普遍具有较高的方块电阻，可能是因为通过简单的热压难以使聚合物与石墨烯充分贴合，因此在去除金属的过程中造成破损。与上述的溶解去除型转移介质类似，也可以采用有掺杂作用的高分子聚合物作为功能型基底，从而对石墨烯形成较为稳定的掺杂。最为典型的材料是聚偏氟乙烯-六氟丙烯共聚物，该材料具有独特的铁电性质。其转移工艺较为简单：先将聚偏氟乙烯-六氟丙烯共聚物的溶液涂覆在生长有石墨烯的铜箔表面并固化成膜，再将铜箔刻蚀去除即完成转移，从而获得以聚偏氟乙烯-六氟丙烯共聚物为基底的石墨烯薄膜。聚偏氟乙烯-六氟丙烯共聚物在电场极化处理后可对石墨烯产生较强的掺杂作用，将其载流子浓度提高到约 10^{13} cm^{-2}[77]。随后的研究表明，该薄膜可以用于制备柔性的声学器件和纳米发电机[78]。采用柔性目标基底作为转移介质存在的主要问题是，如果将金属箔片表面生长的石墨烯转移到柔性基底表面，柔性基底将复制金属箔片的粗糙形貌，导致过大的表面粗糙度。对于柔性透明电极的应用，粗糙表面会明显增加光的散射，从而降低石墨烯透明电极的整体透光率。更为重要的是，高的表面粗糙度无法满足有机发光二极管、太阳能电池等光电器件对低粗糙度电极的要求。此外，对于采用胶黏剂转移的石墨烯薄膜，需要系统表征胶黏剂对其热稳定性和化学溶剂稳定性的影响。

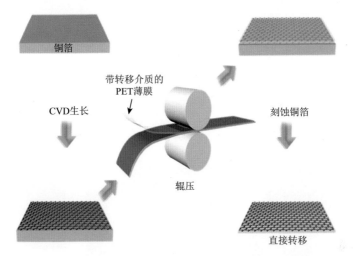

图 3.21　采用商用 EVA/PET 热熔胶膜转移铜箔表面生长的大面积石墨烯工艺流程示意图[75]

　　针对向硅片为代表的刚性基底上转移大尺寸石墨烯，R. S. Ruoff 研究组[79]发展了一种有效的方法。与其他方法的不同之处在于，转移前需要对硅片进行表面修饰处理，形成一层疏水的单分子层自组装薄膜（如 F-SAM，见图 3.22）。其作用在于避免在随后的刻蚀和溶剂清洗过程中水插层到石墨烯与硅片界面处，从而减少石墨烯破损甚至脱落。采用该方法，他们实现了向 4 in 硅晶圆表面洁净转移大面积石墨烯，样品的表面粗糙度仅有 0.26 nm 而且结构完整。相比于典型 PMMA 工艺转移的样品，石墨烯的载流子迁移率提高了 2 倍。该方法同样适用于向 PET 等柔性基底转移大面积石墨烯。通过对铜箔表面石墨烯进行预先的光刻加工，该方法同样可以实现石墨烯图形的直接转移，避免了后续加工产生的表面污染。

　　将石墨烯转移到多孔目标基底上是测试石墨烯薄膜力学和热学等基本物性的主要方法，同时在过滤膜、气体分离等方面也都有重要的应用前景。为了避免转移介质残留的不利影响，利用多孔目标基底进行直接转移是一种较为理想的方式，但同样也面临较大的挑战，关键在于如何避免转移过程中对孔洞处的悬空石墨烯造成破损。针对氢气提纯分离的应用，S. Q. Huang 等[80]提出了采用多孔碳膜同时作为基底和转移介质，制备结构完整无损的单层石墨烯分离膜。通过旋涂聚合物前驱体并结合热分解处理，他们在铜箔上 CVD 生长的石墨烯表面，原位形成了厚度约为 100 nm，孔径为 20～30 nm 的多孔碳膜。在用刻蚀剂刻蚀掉铜箔后，即可得到多孔碳膜上的单层石墨烯薄膜。采用这种方法，可以在毫米级尺度上实现石墨烯的完整无破损。由于 CVD 单层石墨烯中存在空位等结构缺陷，这种洁净转移的薄膜可以作为氢气/甲烷混合气的分离膜，氢气/甲烷的筛分比可以达到 25。对石墨烯孔结构进行化学修饰后，其氢气的选择分离性能还能够进一步提高。

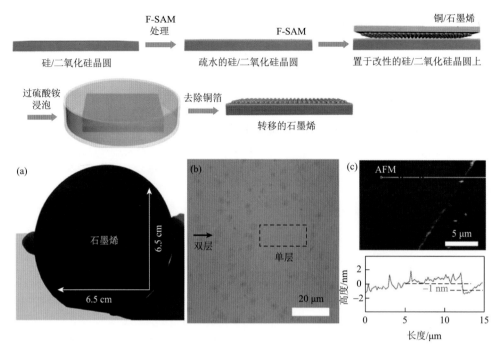

图 **3.22** 采用单分子层自组装薄膜表面修饰处理的硅片直接转移石墨烯：（上图）转移的工艺流程；（下图）转移石墨烯的形貌表征，其中（a）和（b）分别为转移到 4 英寸硅片上石墨烯的照片和光学显微图像，（c）为石墨烯边缘处的 AFM 图像[79]

3.2 ▶ 基底腐蚀法

腐蚀法通过完全腐蚀（或刻蚀）金属生长基底来实现其与石墨烯分离，是目前最常用的方法。由于不采用外力剥离石墨烯，该方法具有剥离过程相对温和的优点，对石墨烯造成的破损较小，而且对多数金属均适用，工艺效率相对于液相剥离法通常也较高。根据腐蚀原理，该方法可以分为化学腐蚀法和电化学腐蚀法。前者最为常用，文献中涉及的基底腐蚀法通常为化学腐蚀法。

化学腐蚀法采用氧化性化学试剂（刻蚀剂）来腐蚀金属基底，常见的刻蚀剂包括 $FeCl_3$/盐酸[64]、$(NH_4)_2S_2O_8$[66]、硝酸[81]、$Fe(NO_3)_3$[5]及 $CuCl_2$[82]的水溶液等。其中，$FeCl_3$/盐酸的水溶液因为腐蚀速度适中且不产生气泡和腐蚀性挥发物而广为使用。相比之下，硝酸因腐蚀过程中产生气泡对石墨烯造成破损，并且有强腐蚀性挥发物，仅在早期研究中使用。高浓度的 $(NH_4)_2S_2O_8$ 同样存在产生气泡的问题，而且因其强氧化性还会对石墨烯造成较强的不可控 p 型掺杂，因此研究中大部分采用低浓度的水溶液（浓度通常小于 0.1 mol/L）。而 $Fe(NO_3)_3$ 和 $CuCl_2$ 的水溶液使用相对较少。

化学腐蚀法的主要问题在于刻蚀剂和金属基底的残留物污染石墨烯[83]。虽然采用$(NH_4)_2S_2O_8$可以避免刻蚀剂中的金属残留，但无法解决金属生长基底残留的问题。对于在硅基电子器件中的应用，即使微量的金属残留也将影响器件性能和稳定性[84]。此外，研究也表明金属基底（铜、镍）和刻蚀剂（含铁试剂）在石墨烯表面的残留还会对石墨烯的电化学性质产生极大的影响。例如，残留的铁具有高的电催化活性，从而使石墨烯电极在电化学反应中诱发额外的氧化还原反应[85]。为了减少基底腐蚀过程中产生的残留污染，X. L. Liang 等[7]对用于半导体清洗的 RCA 标准工艺进行了改进，将其用于后处理清洗化学腐蚀法[采用 $Fe(NO_3)_3$ 刻蚀剂]转移的石墨烯（图 3.23）。研究表明，将生长在铜表面的石墨烯刻蚀剥离，然后依次采用$H_2O/H_2O_2/HCl$ 和 $H_2O/H_2O_2/NH_4OH$ 溶液浸泡处理后，即可有效减少铜的残留。XPS测试结果显示，石墨烯表面观测不到铜的特征峰。但是，综合采用分辨率更高的时间分辨二次离子质谱（TOF-SIMS）和全反射 X 射线荧光（TXRF）分析对刻蚀转移石墨烯的精细研究表明，清洗后的石墨烯表面仍存在浓度超过 10^{13} 原子/cm^2 的铜和铁的残留[84]。更为严重的是，部分残留金属在加热条件下可在石墨烯表面扩散，对器件应用尤为有害。此外，由于常用的刻蚀剂均为氧化性试剂，刻蚀过程中都会对石墨烯造成不同程度的不可控掺杂，从而影响石墨烯电子器件的性能和一致性。

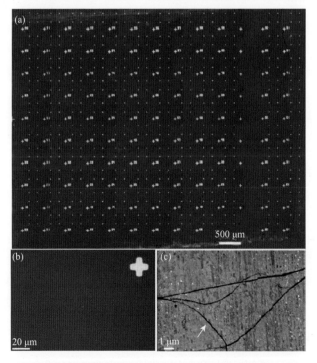

图 3.23　结合改进的 RCA 工艺转移得到的硅片表面上的石墨烯薄膜，其中（a）～（c）分别为不同放大倍数下石墨烯的光学显微图像[7]

与基于氧化剂的化学腐蚀法不同，电化学腐蚀法利用电化学氧化反应刻蚀金属基底。对铜表面生长石墨烯的转移研究表明，相比于化学腐蚀法，电化学腐蚀法具有更高的刻蚀效率，并且不存在刻蚀剂的金属污染问题[86]。电化学腐蚀法还可以通过采用相对于化学氧化剂（如 $FeCl_3$）更小的氧化电势来减少对石墨烯的 p 型掺杂。此外，电化学腐蚀过程同样具有较好的可控性，可以通过增加氧化电势提高金属腐蚀的速度。但是基于拉曼光谱的研究表明，过高的氧化电势会对石墨烯的结构造成破坏，其缺陷浓度明显升高。由于电化学腐蚀需要使用电化学电源和装置，而且与化学腐蚀法相比并无显著的优势，因此在转移研究中使用较少。

对于大面积石墨烯的转移，尤其是石墨烯薄膜的规模化生产，无论采取哪种腐蚀方法，都存在转移成本高和环境污染的突出问题。其中，转移成本主要包括金属基底的损耗和刻蚀产物的排污处理（化学腐蚀法还包括刻蚀剂的成本）。如果生长基底为铂、金等昂贵且化学惰性的贵金属，基底腐蚀法不仅需要王水等更强腐蚀性的刻蚀剂，而且将造成转移成本的急剧增加。因此，亟需发展适合规模化转移大面积石墨烯的无损剥离技术。

3.3　液相剥离转移法

液相剥离转移法是典型的非刻蚀转移技术，主要包括电化学鼓泡转移法、电化学插层剥离法和热水剥离法。成会明、任文才研究组首次提出了电化学鼓泡转移法，在不刻蚀金属生长基底（如铜、镍、铂、钌、铱等）的情况下，实现石墨烯的低成本高效无损转移[87]。电化学鼓泡转移法的基本原理是将表面生长有石墨烯的金属作为电解水的负极，通过电解水产生的氢气泡将石墨烯从金属基底表面剥离[87]。典型的转移过程如下[87]：在生长有石墨烯的金属基底表面涂覆转移介质（如 PMMA），然后将其作为负极电解水溶液，通过该过程中在其表面产生的氢气泡将石墨烯/转移介质膜与金属基底分离。随后即可采用湿法或干法工艺将石墨烯/转移介质膜转移到目标基底表面。在电化学鼓泡转移铜箔和镍箔表面石墨烯的研究中，成会明、任文才研究组[88]发现铜和镍会被微弱氧化和刻蚀，这是由于其与电解液较高的化学反应活性造成的。Y. Wang 等[89]在电解液中加入少量刻蚀剂以促进铜箔上生长的石墨烯的剥离过程。采用该方法，他们实现了将英寸级尺寸的石墨烯转移到硅片表面，而且证实铜箔可以重复使用生长石墨烯。研究发现，在同一片铜箔表面反复地生长和鼓泡转移可以显著提高石墨烯的载流子迁移率。其机制在于该过程中的反复加热和刻蚀可以平整化铜箔表面，从而减少石墨烯中的纳米级褶皱。但是，即使采用刻蚀剂辅助，石墨烯的鼓泡剥离的速度仍较低。例如，剥离尺寸仅为 5 cm×5 cm 的薄膜通常需要 30 min。相比之下，在同样条件下采用刻蚀法通常不超过 10 min。

成会明、任文才研究组[88]采用金属铂表面生长的石墨烯首次实现了非刻蚀的电化学鼓泡转移（图 3.24）。与铜基底不同，铂具有高度的化学惰性，因此在鼓泡转移过程中不产生刻蚀损耗。实验结果表明，在经过数千次的转移后，铂基底仍完好无损。理论上，铂基底可以无限制的反复使用。而且，转移得到的石墨烯没有刻蚀法产生的金属颗粒残留。该方法对无损转移石墨烯单晶和连续薄膜都具有很好的效果，采用典型湿法工艺转移的石墨烯单晶具有高达 7100 cm^2/(V·s) 的载流子迁移率。由于避免了刻蚀剂的掺杂作用，石墨烯具有接近本征特性的极低载流子浓度（约为 2×10^{11} cm^{-2}）。此外，采用该方法大幅度提高了鼓泡转移的速度，仅需要数十秒即可剥离尺寸为厘米级的样品。随后的研究表明，结合使用半刚性的边框增强聚合物转移介质膜，该方法同样适用于干法工艺转移石墨烯，可以进一步减少转移造成的破损和褶皱，从而提高转移结果的可重复性[90]。总体上，该技术提供了一种可同时用于转移常规金属和贵金属的普适方法。

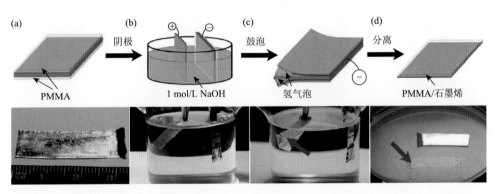

图 3.24　电化学鼓泡法无损转移铂表面生长的石墨烯的流程示意图与对应实验结果的照片：（a）在铂上生长的石墨烯表面涂覆 PMMA 转移介质层；（b）将其作为负极浸入 NaOH 的水溶液中进行电解；（c）电解产生的氢气泡从边缘处将石墨烯/PMMA 膜与铂分离；（d）完全分离后得到漂浮在电解液表面的石墨烯/PMMA 膜[88]

　　除了常规的 PMMA 等溶解去除型转移介质外，电化学鼓泡转移法与目标基底型转移介质也有良好的兼容性。两者的结合可以显著减少金属和转移介质残留污染。例如，可以采用硅基底替代 PMMA 薄膜作为结构支撑，通过电化学鼓泡法一步剥离和转移铂基底上（沉积在蓝宝石表面的铂单晶膜）生长的石墨烯。为了利于鼓泡剥离，需要先对生长有石墨烯的铂基底进行水插层处理，从而弱化石墨烯与铂的界面结合。可以通过将样品在大气环境下放置数天或直接浸泡在温水中等方式来实现水插层。然后，将硅片压合在样品表面进行鼓泡剥离，即可完成石墨烯的直接转移[91]。柔性薄膜的制备工艺则更为简单，例如，先将 PI 的前驱体溶液涂覆在石墨烯表面，待其固化成膜后进行鼓泡剥离，即可获得石墨烯/PI 柔性薄膜[92]。由于采用溶液涂覆利于聚合物与石墨烯形成充分的界面结合，薄膜的导电性与采用 PMMA 鼓泡法制备的样品性能相当。类似地，也可以采用热压的方式直接将商用的聚合物薄膜（如聚氯乙烯薄膜）贴合在石墨烯表面[93]。

从规模化转移的角度，电化学鼓泡转移技术的剥离效率较低，而且随着样品尺寸的增大变得愈加突出。因此，需要解决如何在保证石墨烯结构完整性的前提下大幅提高剥离速度。然而，目前对电化学鼓泡剥离机制的认识还有待深入。通常认为氢气泡的鼓泡效应是促使石墨烯剥离的驱动力。所以，多数研究通过促进电解过程中氢气泡的产量和效率来提高鼓泡剥离速度，这主要是通过增大溶液中的电流来实现。例如，在恒压电解模式下，仅通过提高电解液（KOH 或 NaOH）的浓度即可有效增大溶液中的电流，从而将鼓泡剥离的时间缩短至原先的 1/10 到 1/27[94, 95]。G. Fisichella 等[94]从动力学的角度对上述过程开展了研究，认为石墨烯的褶皱有助于在石墨烯剥离边缘形成氢气泡的形核位。因此，增大石墨烯中的褶皱密度有可能进一步提高剥离速度。而 L. H. Liu 等[95]针对溶液中离子的扩散过程进行了研究，认为提高 NaOH 电解液浓度除了具有增大电流的效果外，还同时提高了转移介质层表面非反应离子的浓度，从而对氢离子产生屏蔽效应，进而促使氢离子在石墨烯与金属基底的界面处富集，有利于在该处形成氢气泡。另外，K. Verguts 等[96]基于对铂表面生长石墨烯的鼓泡剥离研究，提出了离子插层的新机制。他们认为电解质溶液中阳离子在石墨烯/金属界面处的插层作用是鼓泡剥离的主要驱动力，与是否形成氢气泡无关。对不同类型电解质的对比研究发现，如果阳离子在电解过程中被还原而无法插层，即使生成大量氢气泡也未观察到明显的石墨烯剥离。而且在仅施加电势而不形成电流（即不产生气泡）的条件下同样可以剥离石墨烯。虽然上述研究强调离子插层对于剥离石墨烯的必要性，但典型鼓泡转移过程中离子插层同时伴随着氢气泡形成，因此无法排除氢气泡对剥离的促进作用。

但是，对于典型的铜箔上石墨烯的鼓泡剥离，由于石墨烯/铜以及支撑层/石墨烯的界面结合力相近，难以仅通过增强氢气鼓泡效应（即增大剥离力）来大幅提高剥离速度，否则会导致石墨烯与支撑层分离破损。针对该问题，任文才研究组[97]提出了通过"压应变调制"弱化石墨烯/铜界面结合以提高剥离速度的新思路。如图 3.25 所示，他们采用环氧胶作为转移介质的界面层，利用环氧胶的后固化收缩特性，在石墨烯/铜界面处引入压应变能来促进界面剥离。由于无需增大剥离力，该方法解决了剥离速度与完整度的矛盾。通过进一步结合加热电解液的"热鼓泡"技术，在保持石墨烯结构完整的前提下可以将剥离速度提高 25 倍之多。这种方法易于放大，与卷对卷连续转移工艺具有良好的兼容性。转移得到的薄膜方块电阻分布均匀，性能甚至略好于常规鼓泡法慢速剥离转移的样品。而且，"压应变调制"适用于任何具有固化收缩特性的转移介质，有助于发展高效率剥离转移石墨烯的普适性方法。

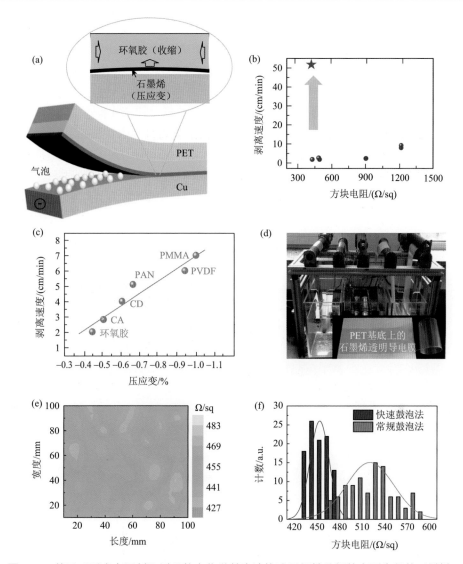

图 3.25 基于"压应变调制"原理的电化学鼓泡法快速无损转移铜箔表面生长的石墨烯：
（a）"压应变调制"促进鼓泡剥离的原理示意图；（b，c）"压应变调制"大幅提高无损转移的速度；（d）基于"压应变调制"原理的卷对卷鼓泡转移装置和转移的石墨烯/PET 薄膜卷材；（e）石墨烯/PET 薄膜的方块电阻面分布图；（f）分别采用"压应变调制"快速鼓泡法与常规鼓泡法转移样品的方块电阻对比[97]

　　此外，对于以 PMMA 薄膜作为转移介质的湿法转移工艺而言，存在石墨烯下表面形成残留气泡的问题。与上面提到的界面残留水类似，界面的残留气泡在石墨烯向目标基底转移过程中同样会造成石墨烯破损。为了解决该问题，Ozyilmaz 和 Booth 两个研究组[98, 99]分别在电化学鼓泡转移法的基础上独立发展出了电化学插层转移法（图 3.26）。与鼓泡法的不同之处在于，该方法采用低于电解水所需的电压以避免形成气泡。其基本原理是，首先在铜与石墨烯的界面处形成氧化铜（在空气中预氧化或利用电解液中溶解氧的氧化作用），然后利用电化学还原氧化铜的反应实现水在铜/石墨烯界面处插层，从而剥离石墨烯。对于空气中预氧化处理的样品，在电化学插层剥离过程中还需要结合将样品浸入电解液过程中产生的外力来辅助剥离石墨烯[98]。剥离下来的石墨烯可以采用湿法工艺转移到硅片等基底上。相比于高普适性的电解鼓泡剥离技术，该方法具有明显的局限性，仅适用于易氧化且可以电化学还原的金属基底，而且转移速度也低于鼓泡转移法。

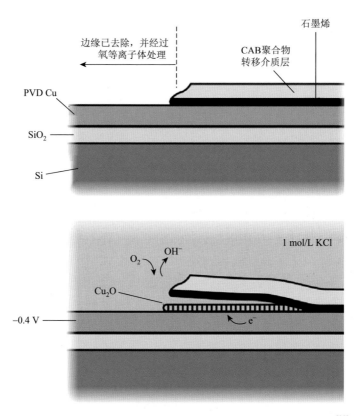

图 3.26　电化学插层法转移铜箔表面生长的石墨烯的流程示意图[98]

不同于电化学插层法对金属氧化和还原反应的要求，直接将生长有石墨烯的金属基底浸泡在加热的水基电解液甚至是热水中也可以将石墨烯与金属剥离。例如，利用羟基与金属较强的相互作用，将表面生长有石墨烯的铂直接浸泡在 90℃ 的氢氧化钠热水溶液中即可将石墨烯从铂表面剥离[100]。由于该方法无需基底导电而且不产生气泡，尤其适用于绝缘或半导体基底表面沉积的图形化金属基底。但是该方法仅适用于耐碱液腐蚀的金属基底，而且存在剥离速度低的明显不足。例如，即使采用高浓度的氢氧化钠溶液，剥离尺寸仅有 1 cm² 的石墨烯薄膜也需要 30 min。类似地，P. Gupta 等[101]发现可以采用热水浸泡的方法剥离石墨烯。由于不使用强腐蚀性的碱液，热水剥离对铜和铂基底都适用，而且具有环境友好的优点，如图 3.27 所示。但是剥离后的石墨烯破损较严重，且剥离效率更低。例如，需要长达 2 h 的时间才能剥离仅有厘米级的石墨烯薄膜。而且，热水剥离的机制并不清楚，还需要开展深入的研究。

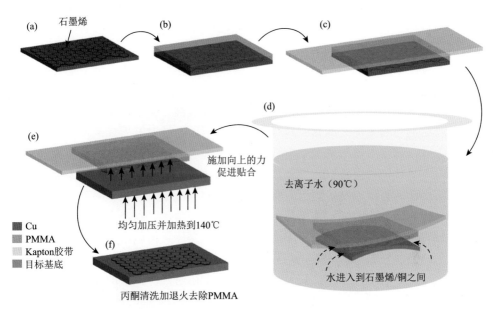

图 3.27　热水插层法转移铜箔表面生长的石墨烯的流程示意图[101]

（a）～（c）在表面生长有石墨烯的铜上依次涂覆 PMMA 层和贴合 Kapton 胶带；（d）将其浸泡在 90℃的去离子水中，水插层进入石墨烯与铜箔的界面将两者分离；（e）将石墨烯/PMMA/Kapton 胶带从铜箔表面剥离并热压到目标基底上；（f）采用丙酮清洗和退火处理去除 PMMA 后完成转移[101]

3.4 ▶ 机械剥离法

　　机械剥离法通常以目标基底作为转移介质，与金属表面 CVD 生长的石墨烯结合后进行力学剥离，可以在快速剥离的同时直接将石墨烯转移到目标基底表面。机械剥离法实现了金属基底重复使用，同时可以避免表面污染（转移介质）以及界面污染（水、刻蚀产物等）。因此，这是一种高效、低成本和表面洁净的转移方法。从转移效率的角度，机械剥离法是目前最简单、最高效的转移方法。然而，只有在满足石墨烯/目标基底的结合力大于石墨烯/金属基底之间作用力的条件下才能实现剥离转移。这在一定程度上限制了该方法的适用范围。目前对机械剥离的研究主要集中在发展提高石墨烯与目标基底之间结合力的有效途径，包括使用有机分子修饰、胶黏剂、热塑性变形和提高结合能等[102-106]。研究发现，采用有机分子对聚合物基底进行表面修饰后，在热压条件下基底即可与铜表面生长的石墨烯形成共价键结合[102]。由于强共价键作用，可以在外力作用下直接将英寸级大小的石墨烯从铜表面剥离下来，从而得到转移到聚合物基底的柔性石墨烯薄膜。得到的薄膜具有较好的电学性能，其方块电阻约为 1000 Ω/sq，已经接近采用PMMA 刻蚀法转移的薄膜性能。类似地，也可以采用环氧树脂等高性能胶黏剂在石墨烯与目标基底之间形成强的结合力，通过直接剥离得到胶黏剂/目标基底表面的石墨烯，对柔性的聚合物基底和刚性的硅晶圆基底均适用。T. Yoon 等[103]采用该方法制备出了石墨烯/环氧树脂/PI 柔性薄膜，并通过构建柔性 FET 器件研究了石墨烯的电学性能。对器件的弯折测试结果表明，在器件的曲率半径减小到 4 mm后，其载流子迁移率仍能保持稳定，仅有 10%的衰减。但是，由于共价键结合的分子和胶黏剂与石墨烯之间具有较强的相互作用，必然对石墨烯的本征性质产生影响。因此，需要对石墨烯的电学输运性能等性质进行系统研究，从而揭示主要影响因素。另外，采用环氧树脂剥离石墨烯的转移技术是一种研究石墨烯与金属基底的结合能的有效方法。通过对剥离力曲线的分析即可计算出两者的界面结合能。进一步的研究表明，石墨烯与环氧树脂的结合力随剥离速度的增加而增大。因此，只有在较高的剥离速度下才能实现石墨烯与环氧树脂的结合力大于其与铜的结合力，实现完整剥离[106]。

对于向聚合物柔性基底的转移，除了采用上述引入界面层的方式外，还可以利用聚合物具有热塑性的特点，直接将其热压在石墨烯表面形成较强的界面结合。研究表明，聚合物在加热条件下的流变性决定了能否形成充分的界面结合，从而影响转移的完整性[105]。由于在铜箔等金属表面 CVD 生长的石墨烯粗糙度较大，还可以在热压前在界面处加入醇类溶剂，利用其挥发过程中的毛细作用力改善聚合物与石墨烯的界面结合[107]。而同时采用加热、加压和静电场（MET 技术）三种手段则可以大幅提高石墨烯与目标基底的界面结合能[104]。采用这种方法，不仅可以将石墨烯转移到常规的聚合物基底（如 PET 和 PDMS）上，还实现了石墨烯向玻璃表面的转移（图 3.28）。对于前者，研究人员认为聚合物具有黏弹性，在静电力和范德瓦耳斯力的共同作用下易与石墨烯形成充分的界面结合。而对于刚性的玻璃，其中的氧化物成分在静电力的作用下可以与石墨烯形成强的 C—O 共价键结合。采用该方法转移的石墨烯在加热和潮湿条件下均表现出高的电学稳定性。

对于机械剥离铜箔等金属箔上生长的石墨烯薄膜，无论采用有机分子修饰，还是胶黏剂黏接和热塑性变形聚合物等结合方式，都会复制金属箔表面的粗糙形貌并将其固化保留，导致石墨烯薄膜的粗糙度显著增大，无法应用于对平整度有较

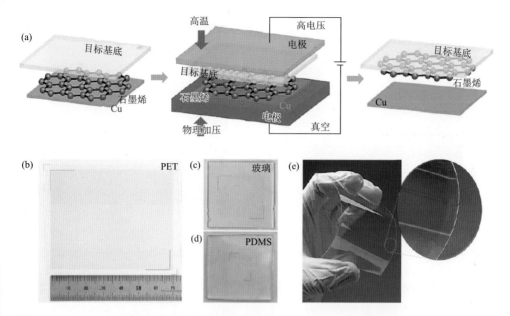

图 3.28　（a）MET 转移技术的工艺流程；转移到（b）PET、（c）玻璃和（d）PDMS 基底上的石墨烯照片；（e）PET 基底上石墨烯柔性透明导电膜的照片[104]

高要求的领域（如有机发光二极管、柔性太阳能电池等薄膜光电器件）。为了解决该问题，Y. M. Seo 等[108]提出了采用具有黏弹性的聚合物凝胶作为界面层机械剥离转移石墨烯。如图 3.29 所示，他们制备出了一种简称为 PEI-GA 的凝胶，将其作为石墨烯与目标基底的黏接剂界面层，可以实现大面积石墨烯薄膜的机械剥离转移。然后，利用 PEI-GA 凝胶的黏弹性特点，通过短时间的放置使其充分松弛变形，从而得到平整的表面。例如，对于铜箔上表面粗糙度（RMS）为 2.78 nm 的石墨烯样品，剥离转移后放置 30 min，表面粗糙度降低到 0.26 nm。此外，PEI-GA 凝胶中的氨基官能团对转移的石墨烯还有明显的 n 型掺杂作用，可有效提高石墨烯导电性。同时，PEI-GA 凝胶具有高的透光率，仅造成很小的光吸收损失。因此，该方法转移的石墨烯表现出良好的透明导电性能。而且，他们进一步采用数十纳米的 PEI-GA 凝胶薄膜实现了石墨烯/PEI-GA 凝胶复合膜的叠层转移，显著提高了石墨烯薄膜的导电性。例如，四层薄膜的方块电阻仅有 40.9 Ω/sq，透光率为 89.2%（550 nm 处）。

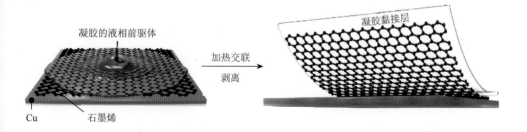

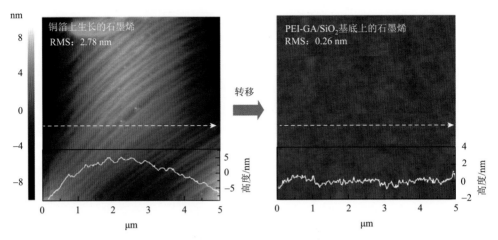

图 3.29 采用 PEI-GA 凝胶剥离转移石墨烯的工艺示意图和石墨烯转移前后的表面粗糙度对比[108]

上述方法均借助于界面层或通过热压使得石墨烯与目标基底之间形成强结合，因此适用的目标基底存在较大局限性。例如，对于电子器件和光学器件，多数情况下直接将石墨烯转移到硅晶圆等目标基底上而不能使用界面层。所以，需要发展与典型转移介质兼容的机械剥离转移技术。研究表明，基于 PDMS 的复合转移介质具有较好的效果。虽然 PDMS 与石墨烯的本征结合力弱，但通过对石墨烯界面改性可增强两者的结合，从而可用于直接机械剥离石墨烯。S. Y. Yang 等[109]发现表面涂覆聚乙烯醇（PVA）的石墨烯与 PDMS 之间的作用力随剥离速度的增大而显著增加。采用快速剥离产生的强作用力足以将 4 in 大小的石墨烯直接从铜基底表面剥离下来，得到的石墨烯/PVA/PDMS 薄膜可以转移到硅晶圆或聚醚砜（PES）薄膜表面。之后，通过慢剥离即可将 PDMS 与石墨烯/PVA 复合膜分离；最后将 PVA 清洗去除即可完成转移（图 3.30）。

在上述研究中，主要通过增强石墨烯与转移介质之间的结合力提高转移石墨烯的结构完整性。此外，还可以通过弱化石墨烯与铜之间的作用力来降低剥离的阻力，从而实现完整转移。例如，为了转移铜箔表面生长的石墨烯单晶畴，先通过氧化处理在界面处形成氧化铜，从而弱化两者的作用力。然后，将 h-BN 的复合薄膜（h-BN/PMMA/PVA/PDMS）贴合在石墨烯表面并直接将石墨烯剥离下来，从而得到 h-BN 基底上的石墨烯（图 3.31）[110]。还可以将上述薄膜贴合到其他基底表面，在依次剥离 PDMS 薄膜和溶解 PVA、PMMA 层后即可实现向任意基底干法转移 h-BN/石墨烯叠层异质结[111]。由于不存在界面聚合物残留，采用该法制备的 h-BN/石墨烯/h-BN 在结构完整性和残留应力方面均优于 PMMA 湿法转移的样品。但是，预氧化处理不适用于铂等惰性贵金属基底。而且，如何将该方法用于转移大面积石墨烯薄膜也是亟需解决的问题。为了剥离铂生长的石墨烯单晶畴，

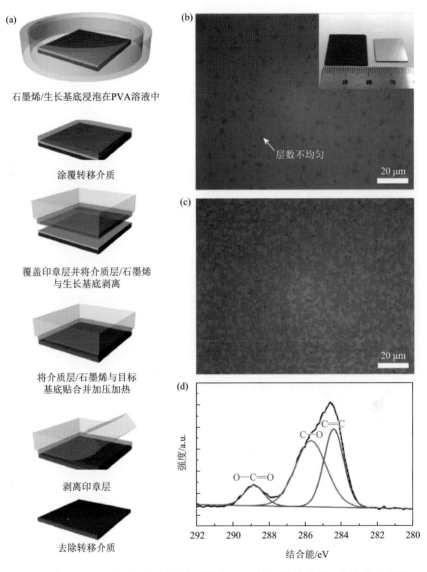

图 3.30 （a）采用 PDMS 快速剥离转移表面修饰 PVA 的石墨烯薄膜工艺流程示意图；（b）采用表面修饰 PVA 和（c）不采用表面修饰 PVA 转移到 SiO_2/Si 基底上的石墨烯的光学图像对比，（b）中的插图为转移到 SiO_2/Si 基底上的石墨烯（左）和剥离石墨烯后的生长基底（右）的照片；（d）石墨烯表面修饰 PVA 后的 XPS 谱图[109]

刘忠范研究组[112]提出了采用二氧化碳气体插层的方法来弱化两者的界面结合。对样品进行插层处理后，采用 PDMS 薄膜即可将石墨烯直接剥离并转移到不同的目标基底表面。但受到二氧化碳气体插层原理的限制，该方法仅适用于转移石墨烯晶畴等小尺寸样品。

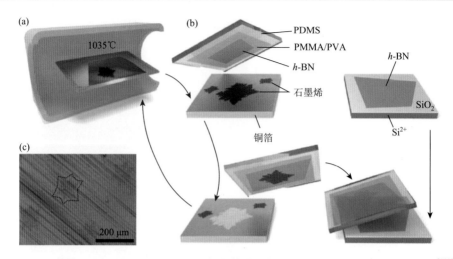

图 3.31　采用 *h*-BN/PMMA/PVA/PDMS 复合薄膜剥离转移制备 *h*-BN 基底上的石墨烯[110]

（a）采用 CVD 法在信封结构的铜箔内表面生长石墨烯单晶畴的示意图；（b）剥离转移工艺的流程示意图；
（c）铜箔内表面生长的石墨烯单晶畴的光学图像

3.5　卷对卷转移

在工业生产中，卷对卷工艺广泛应用于各类柔性薄膜的制备，具有效率高和易于实现自动化的优点。为了实现石墨烯柔性薄膜的连续制备并与柔性器件的加工工艺兼容，采用卷对卷的方式是规模化转移制备石墨烯柔性薄膜的首选。除了工艺简单并易于放大之外，卷对卷转移方法还需要转移介质材料具有较高的力学强度，以满足卷对卷设备的运行要求。鉴于此，目前主要采用结合力调控型转移介质和目标基底型转移介质来实现卷对卷的转移。

对于结合力调控型转移介质，典型的 PDMS 薄膜和热释放胶带都与卷对卷转移工艺具有良好的兼容性。如上所述，PDMS 薄膜的优势在于可实现图形化的转移。如图 3.32 所示，T. Choi 等[113]采用大面积的商用 PDMS/PET 薄膜作为转移介质，利用卷对卷的方式将铜箔上的石墨烯转移到柔性的 PET 和刚性的硅片基底表面。通过在 PDMS/PET 薄膜表面加工出特定的图案，可以直接转移得到图形化的石墨烯。该研究为规模化制备图形化的柔性石墨烯薄膜提供了一种有效的解决方案。

相比于 PDMS，热释放胶带具有较高的初始黏接力，因此更适合卷对卷转移铜箔等粗糙金属表面生长的大面积石墨烯薄膜。这主要是由于较高的黏接力可与石墨烯形成良好的界面结合和较强的相互作用，避免卷对卷转移过程中石墨烯从热释放胶带表面脱落和破损。而其热释放特性则能够确保表面的石墨烯转移到具有更高结合力的目标基底表面。结合金属刻蚀工艺，该方法最早实现将 30 in 级的大面积石墨烯薄膜卷对卷辊压转移到 PET 柔性基底上（图 3.33）[66]。对转移工艺

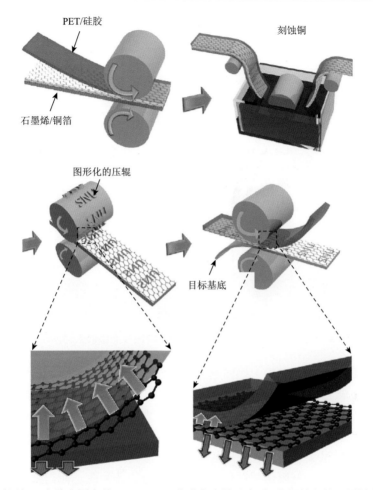

图 3.32　采用加工有特定图案的 PDMS/PET 薄膜作为转移介质，将铜箔上的石墨烯卷对卷转移至柔性基底表面制备图形化石墨烯的工艺流程[113]

的系统研究发现，在确保石墨烯与目标基底充分贴合的前提下，降低辊压压力对于减少结构破损至关重要。电学性能的测量结果表明，采用优化后的较低压力可以明显降低转移薄膜的方块电阻并提高电阻的均匀性[114]。J. Kang 等[115]发现，虽然卷对卷转移的方式有利于实现柔性薄膜的连续制备，但并不适合向硅片或玻璃等刚性基底的转移。主要原因是压辊与刚性基底的界面处受力不均，部分区域存在较大的应力。相比于卷对卷辊压的方式，加热板压更适合采用热释放胶带向刚性基底表面转移大面积石墨烯。由于受力均匀，板压转移样品的方块电阻和均匀性得到明显改善。但是，热释放胶带价格较高而且仅能单次使用，对规模化制备而言存在转移成本高的突出问题。此外，由于热辊压时在热释放胶带中形成了温度梯度，可能造成结合力弱化不均匀，从而影响释放的效果。

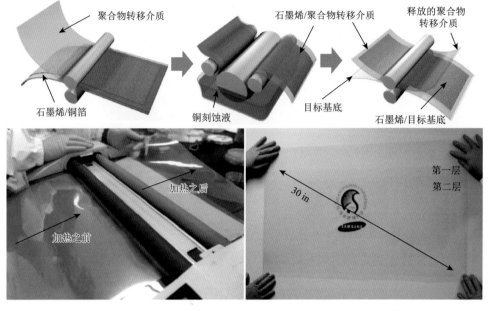

图 3.33 采用热释放胶带卷对卷转移 30 英寸石墨烯柔性薄膜[66]

针对热释放胶带存在的上述问题，Y. H. Hung 等[116]提出了采用紫外光释放胶带（UV-RT）转移石墨烯。从转移方法的角度，其与 TRT 的主要区别在于利用紫外光照而非加热对胶带进行改性来弱化其黏接力，如图 3.34 所示。采用紫外光照可以避免大面积加热不均匀的问题，而且紫外光释放胶带的成本要低于热释放胶带。但是，实验结果表明单独使用紫外光释放胶带无法成功转移石墨烯，两者之间的黏接力始终大于石墨烯与硅片等基底的结合力。为此，他们将松香转移介质与紫外光释放胶带结合使用，即将松香作为石墨烯与紫外光释放胶带的界面层，实现了石墨烯的洁净转移，效果优于常规的 PMMA 法和热释放胶带法，而且石墨烯的电学性能得到进一步提高，载流子迁移率分别提高了 60%和 10%。机制研究表明，紫外光照促进了松香层的氧化分解，因此更容易通过溶剂去除干净。

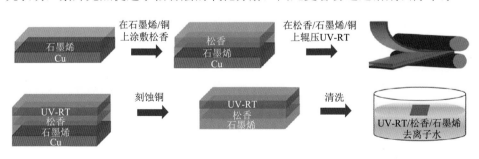

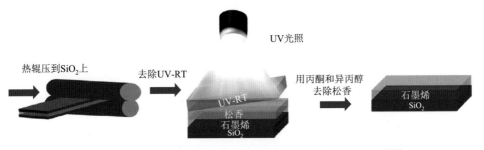

图 3.34　利用紫外光释放胶带转移石墨烯的工艺流程示意图[116]

　　采用柔性目标基底作为转移介质具有工艺简单、转移成本低和力学强度高的突出优势，所以非常适合以卷对卷的方式批量制备柔性石墨烯薄膜。目标基底型转移介质最先被用于卷对卷机械剥离转移石墨烯。Z. Y. Juang 等[117]采用商用的 EVA/PET 胶膜作为目标基底和转移介质，利用卷对卷热压的方式将其贴合在生长有少层石墨烯的镍箔表面，经过卷对卷冷压后直接机械剥离，从而得到转移至 EVA/PET 胶膜上的少层石墨烯薄膜。但是，该薄膜的光电性能较差，54%透光率时的方块电阻仍高达 5000 Ω/sq。类似地，N. Hong 等[118]采用 EVA/PET 胶膜作为转移介质，针对铜箔上单层石墨烯的卷对卷转移，研究了张力和速度对转移石墨烯电学性能的影响。研究表明，张力和速度之间存在最优的参数组合，转移单层石墨烯的最佳性能为 9500 Ω/sq。他们进一步制作出了 EVA/PET 胶膜上的柔性石墨烯 FET，其平均载流子迁移率为 205 cm²/(V·s)。可以看出，这种采用胶膜转移的石墨烯电学性能较差，这可能是由剥离过程对石墨烯薄膜造成破损所致。因此，在随后的研究中，利用目标基底型转移介质的卷对卷转移大多数采用基底腐蚀法分离石墨烯。例如，索尼公司报道了采用涂覆有环氧树脂的 PET 作为基底和转移介质，基于铜刻蚀工艺卷对卷转移铜箔表面的石墨烯，制备出了长达 100 m 的柔性石墨烯透明导电薄膜（图 3.35）[82]。薄膜的初始方块电阻约为 500 Ω/sq，与 PMMA 转移样品的典型性能相当。但薄膜存在电阻均匀性较差的问题，可能与薄膜中存在的裂纹有关。C. Y. Cai 等[119]发现，在石墨烯与胶黏剂之间引入界面层可以进一步改善界面结合，从而减少裂纹，提高薄膜电阻的均匀性。

　　相比于基底刻蚀法，液相剥离法在降低卷对卷转移成本方面具有优势。刘忠范、彭海琳研究组[120]采用 EVA/PET 作为透明基底和转移介质，利用卷对卷/电化学鼓泡的方法制备出了银纳米线/石墨烯复合透明导电薄膜（图 3.36）。与上述方法的不同之处在于，转移前需先在热熔胶膜表面涂覆银纳米线薄膜，然后再热压到生长有石墨烯的铜箔表面进行鼓泡剥离。石墨烯薄膜的主要作用在于降低银纳米线的接触电阻和提高其抗氧化性。该复合薄膜具有优异的导电性，可用于制备长循环寿命的柔性电致变色器件。

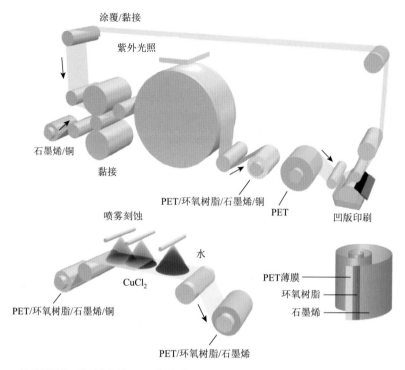

图 3.35　采用涂覆有环氧树脂的 PET 作为基底和转移介质，基于铜刻蚀工艺卷对卷转移铜箔表面生长的石墨烯制备柔性透明导电薄膜的工艺流程[82]

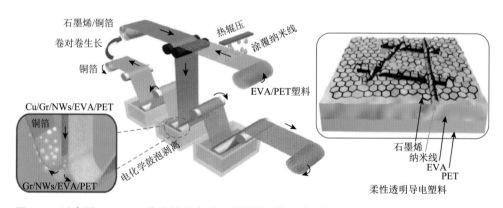

图 3.36　以商用 EVA/PET 作为转移介质，采用卷对卷/电化学鼓泡法制备银纳米线/石墨烯复合透明导电薄膜的方法、装置和薄膜结构示意图[120]

　　任文才研究组[121]将其发展的电化学鼓泡剥离技术与目标基底转移技术相结合，提出了一种光学环氧胶辅助的卷对卷转移技术。如图 3.37 所示，该方法利用光学环氧胶优异的溶剂稳定性和高的黏接力，将其涂覆在生长有石墨烯的铜箔表面，作为界面层用于改善石墨烯与柔性基底转移介质的结合。通过电化学鼓泡法进行剥离,实现了铜箔上单层石墨烯薄膜的洁净无损转移。同时,光学环氧胶可原位生成一种新型的高效 p 型掺杂剂——氟碲酸,不仅可将本征石墨烯薄膜的空穴浓度提高 10 倍以上,电阻率降低 95%,而且展现出优异的长期室温稳定性以及良好的加热稳定性和溶剂稳定性。薄膜同时具有良好的弯折稳定性和高的基底结合力,综合性能优于采用常规转移方法和典型掺杂剂制备的石墨烯透明导电薄膜,成本已接近商用氧化铟锡(ITO)薄膜。基于该技术,他们进一步发展出卷对卷转移的方法,实现了米级石墨烯透明导电薄膜的连续制备。采用大面积石墨烯柔性透明导电薄膜制作出了高性能的柔性石墨烯电容式触摸屏,触控精度和灵敏度接近基于 ITO 薄膜的商用触摸屏,并实现了其在大尺寸平板计算机中的应用验证。

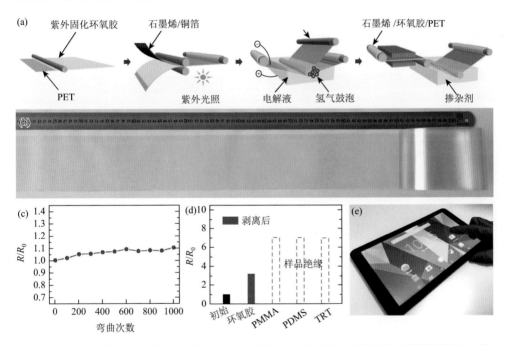

图 3.37 采用光学环氧胶辅助的无损转移与高效掺杂技术制备高性能柔性石墨烯透明导电薄膜:(a)卷对卷转移工艺示意图;转移得到的米级柔性石墨烯透明导电薄膜(b)及其弯曲稳定性能(c);(d)以其他转移介质制得的石墨烯薄膜抵抗胶带剥离性能的对比;(e)采用柔性石墨烯透明导电薄膜制作的电容式触摸屏在大尺寸平板计算机中的应用演示[121]

类似地,J. Kong 研究组[122]将聚对二甲苯及其含氯衍生物同时作为石墨烯转移用界面层材料和掺杂剂。他们首先将聚对二甲苯的薄膜沉积在石墨烯/铜箔表面,然后将其与 EVA/PET 透明基底辊压结合,最后再通过电化学鼓泡剥离将石墨烯与铜箔基底分离,从而同时实现对石墨烯的掺杂和转移。电学性能测试表明,相比于直接利用 EVA/PET 透明基底转移的石墨烯薄膜(1470 Ω/sq),采用聚对二甲苯界面层制备样品的电阻率均有显著降低，最佳性能为方块电阻392 Ω/sq，载流子浓度增大到 1.2×10^{13} cm^{-2}。他们认为电阻率降低来自聚对二甲苯两方面的贡献：提高石墨烯转移的完整度和p型掺杂作用。相比于EVA胶层，聚对二甲苯与石墨烯之间的结合能更高，因此可以提高转移过程中石墨烯的结构完整度。他们同时展示了聚对二甲苯/石墨烯薄膜作为柔性透明电极在柔性有机太阳能电池中具有应用潜力，器件的功率转化效率已经接近同等条件下制备的ITO器件。

此外，刘忠范、彭海琳研究组[123]还提出了一种基于热水剥离的卷对卷转移方法。针对热水剥离法剥离效率低的问题，在剥离前先对石墨烯/铜箔进行预氧化处理以弱化界面作用力，并利用卷对卷工艺连续化的剥离方式，大幅提高了转移速度，最高可达 1 cm/s。然而，转移的石墨烯仍然存在电阻率高的问题，表明热水剥离在石墨烯中引入较多的缺陷。

参 考 文 献

[1] Ren W C，Cheng H M. The global growth of graphene. Nature Nanotechnology，2014，9（10）：726-730.

[2] Ferrari A C，Bonaccorso F，Fal'ko V，et al. Science and technology roadmap for graphene，related two-dimensional crystals，and hybrid systems. Nanoscale，2015，7（11）：4598-4810.

[3] Chan J. Reducing extrinsic performance limiting factors in graphene grown by chemical vapor deposition. ACS Nano，2012，6（4）：3224-3229.

[4] Petrone N，Dean C R，Meric I，et al. Chemical vapor deposition-derived graphene with electrical performance of exfoliated graphene. Nano Letters，2012，12（6）：2751-2756.

[5] Li X S，Zhu Y W，Cai W W，et al. Transfer of large-area graphene films for high-performance transparent conductive electrodes. Nano Letters，2009，9（12）：4359-4363.

[6] Reina A，Son H B，Jiao L Y，et al. Transferring and identification of single- and few-layer graphene on arbitrary substrates. Journal of Physical Chemistry C，2008，112（46）：17741-17744.

[7] Liang X L，Sperling B A，Calizo I，et al. Toward clean and crackless transfer of graphene. ACS Nano，2011，5（11）：9144-9153.

[8] Kim H H，Lee S K，Lee S G，et al. Wetting-assisted crack- and wrinkle-free transfer of wafer-scale graphene onto arbitrary substrates over a wide range of surface energies. Advanced Functional Materials，2016，26（13）：2070-2077.

[9] Suk J W，Kitt A，Magnuson C W，et al. Transfer of CVD-grown monolayer graphene onto arbitrary substrates. ACS Nano，2011，5（9）：6916-6924.

[10] Lee C K，Hwangbo Y，Kim S M，et al. Monatomic chemical-vapor-deposited graphene membranes bridge a half-millimeter-scale gap. ACS Nano，2014，8（3）：2336-2344.

[11] Hong J Y，Shin Y C，Zubair A，et al. A rational strategy for graphene transfer on substrates with rough features. Advanced Materials，2016，28（12）：2382-2392.

[12] Gao L，Ni G X，Liu Y，et al. Face-to-face transfer of wafer-scale graphene films. Nature，2014，505（7482）：190-194.

[13] Mercado E, Anaya J, Kuball M. Impact of polymer residue level on the in-plane thermal conductivity of suspended large-area graphene sheets. ACS Applied Materials & Interfaces, 2021, 13 (15): 17910-17919.

[14] Wang D Y, Huang I S, Ho P H, et al. Clean-lifting transfer of large-area residual-free graphene films. Advanced Materials, 2013, 25 (32): 4521-4526.

[15] Zhang Z K, Du J H, Zhang D D, et al. Rosin-enabled ultraclean and damage-free transfer of graphene for large-area flexible organic light-emitting diodes. Nature Communications, 2017, 8: 14560.

[16] Ren Y J, Zhu C F, Cai W W, et al. An improved method for transferring graphene grown by chemical vapor deposition. Nano, 2012, 7 (1): 1150001.

[17] Lin W H, Chen T H, Chang J K, et al. A direct and polymer-free method for transferring graphene grown by chemical vapor deposition to any substrate. ACS Nano, 2014, 8 (2): 1784-1791.

[18] Suk J W, Lee W H, Lee J, et al. Enhancement of the electrical properties of graphene grown by chemical vapor deposition via controlling the effects of polymer residue. Nano Letters, 2013, 13 (4): 1462-1467.

[19] Jeong H J, Kim H Y, Jeong S Y, et al. Improved transfer of chemical-vapor-deposited graphene through modification of intermolecular interactions and solubility of poly(methylmethacrylate) layers. Carbon, 2014, 66: 612-618.

[20] Lin Y C, Lu C C, Yeh C H, et al. Graphene annealing: How clean can it be? . Nano Letters, 2011, 12 (1): 414-419.

[21] Chen Z Y, Ge X M, Zhang H R, et al. High pressure-assisted transfer of ultraclean chemical vapor deposited graphene. Applied Physics Letters, 2016, 108 (13): 132106.

[22] Park H, Brown P R, Buloyic V, et al. Graphene as transparent conducting electrodes in organic photovoltaics: Studies in graphene morphology, hole transporting layers, and counter electrodes. Nano Letters, 2012, 12 (1): 133-140.

[23] Gong C, Floresca H C, Hinojos D, et al. Rapid selective etching of PMMA residues from transferred graphene by carbon dioxide. The Journal of Physical Chemistry C, 2013, 117 (44): 23000-23008.

[24] Lee J, Kim Y, Shin H J, et al. Clean transfer of graphene and its effect on contact resistance. Applied Physics Letters, 2013, 103 (10): 103104.

[25] Islam A E, Zakharov D N, Carpena-Nunez J, et al. Atomic level cleaning of poly-methyl-methacrylate residues from the graphene surface using radiolized water at high temperatures. Applied Physics Letters, 2017, 111 (10): 103101.

[26] Kumar K, Kim Y S, Yang E H. The influence of thermal annealing to remove polymeric residue on the electronic doping and morphological characteristics of graphene. Carbon, 2013, 65: 35-45.

[27] Xie W J, Weng L T, Ng K M, et al. Clean graphene surface through high temperature annealing. Carbon, 2015, 94: 740-748.

[28] Cheng Z G, Zhou Q Y, Wang C X, et al. Toward intrinsic graphene surfaces: A systematic study on thermal annealing and wet-chemical treatment of SiO_2-supported graphene devices. Nano Letters, 2011, 11 (2): 767-771.

[29] Karlsson L H, Birch J, Mockute A, et al. Graphene on graphene formation from PMMA residues during annealing. Vacuum, 2017, 137: 191-194.

[30] Wang X H, Dolocan A, Chou H, et al. Direct observation of poly(methyl methacrylate) removal from a graphene surface. Chemistry of Materials, 2017, 29 (5): 2033-2039.

[31] Huang L W, Chang C K, Chien F C, et al. Characterization of the cleaning process on a transferred graphene. Journal of Vacuum Science & Technology A, 2014, 32 (5): 050601.

[32] Peltekis N，Kumar S，McEvoy N，et al. The effect of downstream plasma treatments on graphene surfaces. Carbon，2012，50（2）：395-403.

[33] Castellanos-Gomez A，Wojtaszek M，Arramel，et al. Reversible hydrogenation and bandgap opening of graphene and graphite surfaces probed by scanning tunneling spectroscopy. Small，2012，8（10）：1607-1613.

[34] Lim Y D，Lee D Y，Shen T Z，et al. Si-compatible cleaning process for graphene using low-density inductively coupled plasma. ACS Nano，2012，6（5）：4410-4417.

[35] Tyler B J，Brennan B，Stec H，et al. Removal of organic contamination from graphene with a controllable mass-selected argon gas cluster ion beam. Journal of Physical Chemistry C，2015，119（31）：17836-17841.

[36] Son B H，Kim H S，Jeong H，et al. Electron beam induced removal of PMMA layer used for graphene transfer. Scientific Reports，2017，7：18058.

[37] Jia Y H，Gong X，Peng P，et al. Toward high carrier mobility and low contact resistance：Laser cleaning of PMMA residues on graphene surfaces. Nano-Micro Letters，2016，8（4）：336-346.

[38] Goossens A M，Calado V E，Barreiro A，et al. Mechanical cleaning of graphene. Applied Physics Letters，2012，100（7）：073110.

[39] Schweizer P，Dolle C，Dasler D，et al. Mechanical cleaning of graphene using *in situ* electron microscopy. Nature Communications，2020，11（1）：1743.

[40] Choi W J，Chung Y J，Park S，et al. A simple method for cleaning graphene surfaces with an electrostatic force. Advanced Materials，2014，26（4）：637-644.

[41] Lin Y C，Jin C H，Lee J C，et al. Clean transfer of graphene for isolation and suspension. ACS Nano，2011，5（3）：2362-2368.

[42] Wood J D，Doidge G P，Carrion E A，et al. Annealing free, clean graphene transfer using alternative polymer scaffolds. Nanotechnology，2015，26(5)：055302.

[43] Nasir T，Kim B J，Kim K W，et al. Design of softened polystyrene for crack- and contamination-free large-area graphene transfer. Nanoscale，2018，10（46）：21865-21870.

[44] Zhang Y，Ren Q C，Zhang X W，et al. Facile graphene transfer using commercially available liquid bandage. ACS Applied Nano Materials，2021，4（7）：7272-7279.

[45] Capasso A，de Francesco M，Leoni E，et al. Cyclododecane as support material for clean and facile transfer of large-area few-layer graphene. Applied Physics Letters，2014，105（11）：113101.

[46] Chen M G，Stekovic D，Li W X，et al. Sublimation-assisted graphene transfer technique based on small polyaromatic hydrocarbons. Nanotechnology，2017，28（25）：255701.

[47] Kim H H，Kang B，Suk J W，et al. Clean transfer of wafer-scale graphene via liquid phase removal of polycyclic aromatic hydrocarbons. ACS Nano，2015，9（5）：4726-4733.

[48] Shen X，Wang D，Ning J，et al. MMA-enabled ultraclean graphene transfer for fast-response graphene/GaN ultraviolet photodetectors. Carbon，2020，169：92-98.

[49] Leong W S，Wang H Z，Yeo J J，et al. Paraffin-enabled graphene transfer. Nature Communications，2019，10：867.

[50] Zhang D D，Du J H，Hong Y L，et al. A double support layer for facile clean transfer of two-dimensional materials for high-performance electronic and optoelectronic devices. ACS Nano，2019，13（5）：5513-5522.

[51] Hsu C L，Lin C T，Huang J H，et al. Layer-by-layer graphene TCNQ stacked films as conducting anodes for organic solar cells. ACS Nano，2012，6（6）：5031-5039.

[52] Lemaitre M G，Donoghue E P，McCarthy M A，et al. Improved transfer of graphene for gated Schottky-junction，

vertical，organic，field-effect transistors. ACS Nano，2012，6（10）：9095-9102.

[53]　Jang M，Trung T Q，Jung J H，et al. Improved performance and stability of field-effect transistors with polymeric residue-free graphene channel transferred by gold layer. Physical Chemistry Chemical Physics，2014，16（9）：4098-4105.

[54]　Moon J Y，Kim S I，Son S K，et al. An eco-friendly，CMOS-compatible transfer process for large-scale CVD-graphene. Advanced Materials Interfaces，2019，6（13）：1900084.

[55]　Zhang G H，Guell A G，Kirkman P M，et al. Versatile polymer-free graphene transfer method and applications. ACS Applied Materials & Interfaces，2016，8（12）：8008-8016.

[56]　Zhang X W，Xu C，Zou Z X，et al. A scalable polymer-free method for transferring graphene onto arbitrary surfaces. Carbon，2020，161：479-485.

[57]　Lin L，Zhang J C，Su H S，et al. Towards super-clean graphene. Nature Communications，2019，10：1912.

[58]　Jia K C，Zhang J C，Lin L，et al. Copper-containing carbon feedstock for growing superclean graphene. Journal of the American Chemical Society，2019，141（19）：7670-7674.

[59]　Zhang J C，Jia K C，Lin L，et al. Large-area synthesis of superclean graphene via selective etching of amorphous carbon with carbon dioxide. Angewandte Chemie International Edition，2019，58（41）：14446-14451.

[60]　Sun L Z，Lin L，Wang Z H，et al. A force-engineered lint roller for superclean graphene. Advanced Materials，2019，31（43）：1902978.

[61]　Lee W H，Suk J W，Lee J，et al. Simultaneous transfer and doping of CVD-grown graphene by fluoropolymer for transparent conductive films on plastic. ACS Nano，2012，6（2）：1284-1290.

[62]　Kim H H，Chung Y，Lee E，et al. Water-free transfer method for CVD-grown graphene and its application to flexible air-stable graphene transistors. Advanced Materials，2014，26（20）：3213-3217.

[63]　Smits E C P，Walter A，de Leeuw D M，et al. Laser induced forward transfer of graphene. Applied Physics Letters，2017，111（17）：173101.

[64]　Lee Y，Bae S，Jang H，et al. Wafer-scale synthesis and transfer of graphene films. Nano Letters，2010，10（2）：490-493.

[65]　Morin J L P，Dubey N，Decroix F E D，et al. Graphene transfer to 3-dimensional surfaces：A vacuum-assisted dry transfer method. 2D Materials，2017，4（2）：025060.

[66]　Bae S，Kim H，Lee Y，et al. Roll-to-roll production of 30-inch graphene films for transparent electrodes. Nature Nanotechnology，2010，5（8）：574-578.

[67]　Song J，Kam F Y，Png R Q，et al. A general method for transferring graphene onto soft surfaces. Nature Nanotechnology，2013，8（5）：356-362.

[68]　Kim S J，Choi T，Lee B，et al. Ultraclean patterned transfer of single-layer graphene by recyclable pressure sensitive adhesive films. Nano Letters，2015，15（5）：3236-3240.

[69]　Gao X，Zheng L M，Luo F，et al. Integrated wafer-scale ultra-flat graphene by gradient surface energy modulation. Nature Communications，2022，13（1）：5410.

[70]　Zhao Y X，Song Y Q，Hu Z N，et al. Large-area transfer of two-dimensional materials free of cracks，contamination and wrinkles via controllable conformal contact. Nature Communications，2022，13（1）：4409.

[71]　Regan W，Alem N，Aleman B，et al. A direct transfer of layer-area graphene. Applied Physics Letters，2010，96（11）：113102.

[72]　Zhang J C，Lin L，Sun L Z，et al. Clean transfer of large graphene single crystals for high-intactness suspended membranes and liquid cells. Advanced Materials，2017，29（26）：1700639.

[73] Zheng L M，Liu N，Liu Y，et al. Atomically thin bilayer Janus membranes for cryo-electron microscopy. ACS Nano，2021，15（10）：16562-16571.

[74] Zheng L M，Liu N，Gao X Y，et al. Uniform thin ice on ultraflat graphene for high-resolution cryo-EM. Nature Methods，2023，20（1）：123-130.

[75] Han G H，Shin H J，Kim E S，et al. Poly(ethylene co-vinyl acetate)-assisted one-step transfer of ultra-large graphene. Nano，2011，6（1）：59-65.

[76] Martins L G P，Song Y，Zeng T Y，et al. Direct transfer of graphene onto flexible substrates. Proceedings of the National Academy of Sciences of the United States of America，2013，110（44）：17762-17767.

[77] Ni G X，Zheng Y，Bae S，et al. Graphene-ferroelectric hybrid structure for flexible transparent electrodes. ACS Nano，2012，6（5）：3935-3942.

[78] Bae S H，Kahya O，Sharma B K，et al. Graphene-P(VDF-TrFE) multilayer film for flexible applications. ACS Nano，2013，7（4）：3130-3138.

[79] Wang B，Huang M，Tao L，et al. Support-free transfer of ultrasmooth graphene films facilitated by self-assembled monolayers for electronic devices and patterns. ACS Nano，2016，10（1）：1404-1410.

[80] Huang S Q，Dakhchoune M，Luo W，et al. Single-layer graphene membranes by crack-free transfer for gas mixture separation. Nature Communications，2018，9：2632.

[81] Lee Y H，Lee J H. Scalable growth of free-standing graphene wafers with copper（Cu）catalyst on SiO_2/Si substrate：Thermal conductivity of the wafers. Applied Physics Letters，2010，96（8）：083101.

[82] Kobayashi T，Bando M，Kimura N，et al. Production of a 100-m-long high-quality graphene transparent conductive film by roll-to-roll chemical vapor deposition and transfer process. Applied Physics Letters，2013，102（2）：023112.

[83] Bhaviripudi S，Jia X T，Dresselhaus M S，et al. Role of kinetic factors in chemical vapor deposition synthesis of uniform large area graphene using copper catalyst. Nano Letters，2010，10（10）：4128-4133.

[84] Lupina G，Kitzmann J，Costina I，et al. Residual metallic contamination of transferred chemical vapor deposited graphene. ACS Nano，2015，9（5）：4776-4785.

[85] Ambrosi A，Pumera M. The CVD graphene transfer procedure introduces metallic impurities which alter the graphene electrochemical properties. Nanoscale，2014，6（1）：472-476.

[86] Yang X W，Peng H L，Xie Q，et al. Clean and efficient transfer of CVD-grown graphene by electrochemical etching of metal substrate. Journal of Electroanalytical Chemistry，2013，688：243-248.

[87] 任文才，高力波，马来鹏，等. 一种低成本无损转移石墨烯的方法：ZL 201110154465.9. 2011-06-09.

[88] Gao L，Ren W，Xu H，et al. Repeated growth and bubbling transfer of graphene with millimetre-size single-crystal grains using platinum. Nature Communications，2012，3：699.

[89] Wang Y，Zheng Y，Xu X F，et al. Electrochemical delamination of CVD-grown graphene film：Toward the recyclable use of copper catalyst. ACS Nano，2011，5（12）：9927-9933.

[90] de la Rosa C S J L，Sun J，Lindvall N，et al. Frame assisted H_2O electrolysis induced H_2 bubbling transfer of large area graphene grown by chemical vapor deposition on Cu. Applied Physics Letters，2013，102（2）：022101.

[91] Verguts K，Schouteden K，Wu C H，et al. Controlling water intercalation is key to a direct graphene transfer. ACS Applied Materials & Interfaces，2017，9（42）：37484-37492.

[92] Wang X H，Tao L，Hao Y F，et al. Direct delamination of graphene for high-performance plastic electronics. Small，2014，10（4）：694-698.

[93] Mafra D L，Ming T，Kong J. Facile graphene transfer directly to target substrates with a reusable metal catalyst. Nanoscale，2015，7（36）：14807-14812.

[94] Fisichella G, di Franco S, Roccaforte F, et al. Microscopic mechanisms of graphene electrolytic delamination from metal substrates. Applied Physics Letters, 2014, 104 (23): 233105.

[95] Liu L H, Liu X, Zhan Z Y, et al. A mechanism for highly efficient electrochemical bubbling delamination of CVD-grown graphene from metal substrates. Advanced Materials Interfaces, 2016, 3 (8): 1500492.

[96] Verguts K, Coroa J, Huyghebaert C, et al. Graphene delamination using 'electrochemical methods': An ion intercalation effect. Nanoscale, 2018, 10 (12): 5515-5521.

[97] Ma L P, Dong S C, Cheng H M, et al. Breaking the rate-integrity dilemma in large-area bubbling transfer of graphene by strain engineering. Advanced Functional Materials, 2021, 31 (36): 2104228.

[98] Cherian C T, Giustiniano F, Martin-Fernandez I, et al. 'Bubble-free' electrochemical delamination of CVD graphene films. Small, 2014, 11 (2): 189-194.

[99] Pizzocchero F, Lessen B S, Whelan P R, et al. Non-destructive electrochemical graphene transfer from reusable thin-film catalysts. Carbon, 2015, 85: 397-405.

[100] Choi J K, Kwak J, Park S D, et al. Growth of wrinkle-free graphene on texture-controlled platinum films and thermal-assisted transfer of large-scale patterned graphene. ACS Nano, 2015, 9 (1): 679-686.

[101] Gupta P, Dongare P D, Grover S, et al. A facile process for soak-and-peel delamination of CVD graphene from substrates using water. Scientific Reports, 2014, 4: 3882.

[102] Lock E H, Baraket M, Laskoski M, et al. High-quality uniform dry transfer of graphene to polymers. Nano Letters, 2012, 12 (1): 102-107.

[103] Yoon T, Shin W C, Kim T Y, et al. Direct measurement of adhesion energy of monolayer graphene as-grown on copper and its application to renewable transfer process. Nano Letters, 2012, 12: 1448-1452.

[104] Jung W, Kim D, Lee M, et al. Ultraconformal contact transfer of monolayer graphene on metal to various substrates. Advanced Materials, 2014, 26 (37): 6394-6400.

[105] Fechine G J M, Martin-Fernandez I, Yiapanis G, et al. Direct dry transfer of chemical vapor deposition graphene to polymeric substrates. Carbon, 2015, 83: 224-231.

[106] Na S R, Suk J W, Tao L, et al. Selective mechanical transfer of graphene from seed copper foil using rate effects. ACS Nano, 2015, 9 (2): 1325-1335.

[107] Li R L, Zhang Q H, Zhao E, et al. Etching- and intermediate-free graphene dry transfer onto polymeric thin films with high piezoresistive gauge factors. Journal of Materials Chemistry C, 2019, 7 (42): 13032-13039.

[108] Seo Y M, Jang W, Gu T, et al. Defect-free mechanical graphene transfer using n-doping adhesive gel buffer. ACS Nano, 2021, 15 (7): 11276-11284.

[109] Yang S Y, Oh J G, Jung D Y, et al. Metal-etching-free direct delamination and transfer of single-layer graphene with a high degree of freedom. Small, 2014, 11 (2): 175-181.

[110] Banszerus L, Schmitz M, Engels S, et al. Ultrahigh-mobility graphene devices from chemical vapor deposition on reusable copper. Science Advances, 2015, 1 (6): e1500222.

[111] Banszerus L, Janssen H, Otto M, et al. Identifying suitable substrates for high-quality graphene-based heterostructures. 2D Materials, 2017, 4 (2): 025030.

[112] Ma D, Zhang Y, Liu M, et al. Clean transfer of graphene on Pt foils mediated by a carbon monoxide intercalation process. Nano Research, 2013, 6 (9): 671-678.

[113] Choi T, Kim S J, Park S, et al. Roll-to-roll continuous patterning and transfer of graphene via dispersive adhesion. Nanoscale, 2015, 7 (16): 7138-7142.

[114] Jang B, Kim C H, Choi S T, et al. Damage mitigation in roll-to-roll transfer of CVD-graphene to flexible

substrates. 2D Materials，2017，4（2）：024002.

[115] Kang J，Hwang S，Kim J H，et al. Efficient transfer of large-area graphene films onto rigid substrates by hot pressing. ACS Nano，2012，6（6）：5360-5365.

[116] Hung Y H，Hsieh T C，Lu W C，et al. Ultraclean and facile patterning of CVD graphene by a UV-light-assisted dry transfer method. ACS Applied Materials & Interfaces，2023，15（3）：4826-4834.

[117] Juang Z Y，Wu C Y，Lu A Y，et al. Graphene synthesis by chemical vapor deposition and transfer by a roll-to-roll process. Carbon，2010，48（11）：3169-3174.

[118] Hong N，Kireev D，Zhao Q S，et al. Roll-to-roll dry transfer of large-scale graphene. Advanced Materials，2021，34：2106615.

[119] Cai C Y，Jia F X，Li A L，et al. Crackless transfer of large-area graphene films for superior-performance transparent electrodes. Carbon，2016，98：457-462.

[120] Deng B，Hsu P C，Chen G C，et al. Roll-to-roll encapsulation of metal nanowires between graphene and plastic substrate for high-performance flexible transparent electrodes. Nano Letters，2015，15（6）：4206-4213.

[121] Ma L P，Dong S C，Chen M L，et al. UV-epoxy-enabled simultaneous intact transfer and highly efficient doping for roll-to-roll production of high-performance graphene films. ACS Applied Materials & Interfaces，2018，10（47）：40756-40763.

[122] Tavakoli M M，Azzellino G，Hempel M，et al. Synergistic roll-to-roll transfer and doping of CVD-graphene using parylene for ambient-stable and ultra-lightweight photovoltaics. Advanced Functional Materials，2020，30（31）：2001924.

[123] Chandrashekar B N，Deng B，Smitha A S，et al. Roll-to-roll green transfer of CVD graphene onto plastic for a transparent and flexible triboelectric nanogenerator. Advanced Materials，2015，27（35）：5210-5216.

第4章

石墨烯的结构

石墨烯的独特魅力在于其"二维"结构属性以及奇特的物理性质,二者密不可分。对石墨烯物性的研究发现,层数和堆垛构型可以从根本上改变其电子输运等性质,甚至产生了大量的新奇物性。从材料科学的角度,晶体缺陷也是石墨烯重要的结构特征。采用 CVD 等生长方法制备的石墨烯中包含了丰富的缺陷类型和结构,大致可以分为点缺陷、线缺陷和面缺陷三类。其中,点缺陷大量存在于掺杂石墨烯中,而以晶界和褶皱为代表的线缺陷已经成为 CVD 石墨烯的顽疾。然而,部分缺陷(特殊情况下也称为"掺杂")也在石墨烯的性质测量中起到了调控的作用。此外,类似于块体材料的表面效应,石墨烯纳米带和石墨烯量子点中也存在高密度的边界效应,即边界态改变了石墨烯的性质。本章将从堆垛构型、晶界、缺陷、褶皱、掺杂和边界等几个方面系统介绍石墨烯结构研究的重要进展,并简单阐述相应结构对其性质的影响,其中既涵盖了石墨烯的基本结构特征,又包括了在 CVD 石墨烯中比较典型的晶体结构。

4.1 堆垛构型

严格意义上,石墨烯结构特指单层石墨所具有的单原子层结构。然而在石墨烯的物性测量过程中,研究者发现单层石墨、双层石墨、三层石墨及其他少层石墨都不同程度地具有与块体石墨不同的性质。因此,这些不同层数的石墨也称为"双层石墨烯""三层石墨烯"等。大量的研究表明,少层石墨烯的堆垛构型对其物性具有至关重要的影响。除了热力学较稳定的 ABAB 和 ABCABC 堆垛构型外,通过人工堆垛的方式已经制备出了热力学不稳定的其他堆垛形式(具体对应两层石墨烯之间不同的旋转角度),并在其中发现了前所未有的、极为丰富的新奇物性。因此,对石墨烯堆垛构型的研究是探索和调控石墨烯物性的重要基础。

4.1.1 石墨烯的晶体结构

石墨是由一个碳原子与周围其他三个碳原子以共价键的形式在平面内排列成蜂窝状的碳单原子层，而层与层之间通过范德瓦耳斯（van der Waals）作用力结合在一起的晶体。这个体系可认为是由 N 层碳单原子层（即石墨烯）通过归属于 $P63/mmc$（194）空间群六边形的 AB 重复单元或者归属于 $R\text{-}3\,m$（166）空间群菱形的 ABC 重复单元堆垛而成。石墨烯中的碳原子之间以 sp^2 杂化轨道形成六角蜂巢状晶格，其单层的厚度为 0.334 nm。石墨烯的原胞由矢量 a_1 和 a_2 定义，且一个原胞内有两个原子，分别位于 A 和 B 的子晶格上。

$$a_1 = a\left(\frac{3}{2}, \frac{\sqrt{3}}{2}\right), \quad a_2 = a\left(\frac{3}{2}, -\frac{\sqrt{3}}{2}\right)$$

石墨烯在动量空间中也是六角结构，它的晶格矢量可以写为

$$b_1 = \frac{2\pi}{3a}\left(1, \sqrt{3}\right), \quad b_2 = \frac{2\pi}{3a}\left(1, -\sqrt{3}\right)$$

4.1.2 双层石墨烯

1. 晶体结构

单层石墨烯的原胞内存在两个不等价的碳原子（A 和 B）。而双层石墨烯有两种常见的堆垛方式：AA 堆垛（turbostratic stacking）、AB 堆垛（Bernal stacking）。AA 堆垛是指上下两个碳原子层组成的六元环完全重合，即上下两层对应的 A 原子和 B 原子各自重合；而 AB 堆垛则是上层的 A 原子和 B 原子分别与下层的 B 原子和 A 原子重合，也就是 AB 堆垛相对于 AA 堆垛平移了一个 C—C 键的距离，如图 4.1（a）所示。显然，当以 AA 堆垛双层石墨烯的任意一个碳原子为旋转对称中心，将其中一层石墨烯旋转 60°后，其堆垛方式就变成为 AB 堆垛。

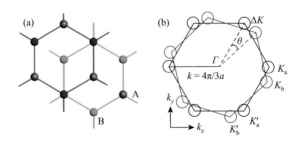

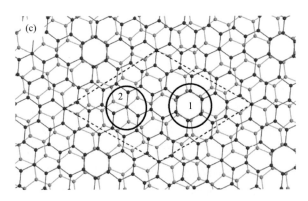

图 4.1 （a）AB 堆垛双层石墨烯示意图；（b）旋转双层石墨烯的第一布里渊区示意图[1]；（c）旋转双层石墨烯（1，7）示意图，虚线框为该旋转石墨烯的晶胞，1 为"类 AA 堆垛"区，2 为"类 AB 堆垛"区[2]

为了更好地描述双层石墨烯的层间旋转情况，在单层石墨烯上取基矢，a_1（$\sqrt{3}/2$，$-1/2$）和 a_2（$\sqrt{3}/2$，$1/2$），则存在整数 m、n 使得在上下两个石墨烯平面内分别有矢量 $V_1 = ma_1 + na_2$ 和 $V_2 = ma_2 + na_1$。这两个矢量大小相等，方向不同。将其中的一层石墨烯在其所在的平面内以某一个原子为中心旋转，使得 V_1 和 V_2 重合，则这时的旋转角度 θ 满足 $\cos\theta = (n^2 + 4nm + m^2)/2(n^2 + nm + m^2)$，旋转之后形成的原胞对应的基矢为 $T_1 = V_2 = na_1 + ma_2$ 和 $T_2 = -ma_1 + (m+n)a_2$。原胞内的碳原子数为 $N = 4(n^2 + nm + m^2)$[1]。

值得注意的是：当 $\theta \approx 0°$ 时，m 和 n 很大，$|m-n|$ 很小；当 $\theta \approx 30°$ 时，$|m-n|$ 很大；当 $\theta \approx 60°$ 时，也就是接近 AB 堆垛时，$m = 1$（$n = 1$）而 n（m）很大。另外，如图 4.1（c）所示，旋转双层石墨烯的晶格在某些局部区域出现"类 AB 堆垛"和"类 AA 堆垛"的情形。所谓的"类 AB 堆垛"就是石墨烯的堆垛方式和严格的 AB 堆垛方式很接近，只出现了很小的平移和旋转，对于"类 AA 堆垛"也是同理的。不同的堆垛方式将影响双层石墨烯上下层间的相互作用，从而对其能带结构产生不同的影响，这一点将在后面深入讨论。

通过上述的几何分析，可见旋转双层石墨烯的原胞大小和 m、n 的取值是密切相关的。例如，取$(m, n) = (1, 2)$，此时的旋转角度为 21.787°，其原胞的晶格常数为 6.509 Å，每个原胞内的原子数为 28；取$(m, n) = (1, 10)$，此时的旋转角度为 9.5°，其原胞的晶格常数为 14.964 Å，每个原胞内的原子数为 148。而旋转双层石墨烯的第一布里渊区的大小也依赖于 m 和 n 的取值。图 4.1（b）给出了旋转双层石墨烯的布里渊区，其中 K_a 为第一层石墨烯的第一布里渊区的基矢，而 K_b 为第二层石墨烯的第一布里渊区的基矢。两个第一布里渊区基矢旋转后产生的矢量差为ΔK。显然，$\Delta|K| = |K_a| \times 2 \times \sin(\theta/2)$。另外，可以证明$\Delta K$ 为旋转后的双层石墨烯原胞所对应的第一布里渊区的基矢[2]。

2. 能带结构

在没有掺杂的情况下，单层和双层石墨烯都是无带隙的半导体，但是单层石墨烯具有线性的能量色散关系，而双层石墨烯的能量色散关系是二次方抛物线。通过对双层石墨烯施加外电场可以实现对其带隙的调控。

图 4.2 给出了具有不同旋转角度，即不同手性（不同 m 和 n 取值）的旋转双层石墨烯的电子能带结构[1]。对于手性分别为(1, 10)、(1, 16)、(1, 25)和(1, 45)的旋转双层石墨烯，图中给出了其第一布里渊区能带结构的理论计算结果。随着旋转角度的变化，双层石墨烯的晶胞和第一布里渊区的大小也将发生变化。为了便于比较，在每一个旋转石墨烯的能带图上，画出了相同晶胞大小的单层石墨烯的能带结构（虚线）。从图中可以看出，对于不同手性的旋转双层石墨烯，狄拉克点附近都表现出了线性的电子能量色散关系。这与单层石墨烯是一致的，即电子在旋转双层石墨烯中表现出和在单层石墨烯中一样的行为，但 AB 堆垛双层石墨烯的类抛物线色散关系并没有在旋转石墨烯的狄拉克点附近表现出来。这已经得到了实验上的证实，Hass 等[3]在 SiC(0001)表面外延生长的多层旋转石墨烯中观测到了线性的电子能量色散关系。

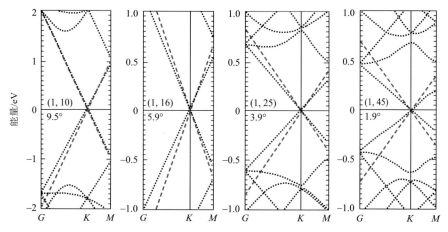

图 4.2　从左到右分别为(1, 10)、(1, 16)、(1, 25)和(1, 45)旋转双层石墨烯的能带结构图[1]

图 4.2 显示，随着旋转角度越来越小，双层石墨烯的费米速度也逐渐变小。对于(1, 10)的旋转双层石墨烯（9.5°），多种理论计算结果都说明其费米速度相比于单层石墨烯下降了5%，而随着旋转角度的减小，费米速度下降得更严重。2007 年，W. A. de Heer 等[4]在外延生长石墨烯实验中观察到的费米速度为$(0.7\sim 0.8)\times 10^6$ m/s，这个数值比单层石墨烯的费米速度低了 20%～30%。

3. 特殊能带结构及其态密度

图 4.3 （a）所示的分别是$(m, n) = (1, 2)$、旋转角度为 21.8° 和 $(m, n) = (1, 10)$、旋转角度为 9.5° 时，双层石墨烯沿着 G-K-M 方向的电子能带图和相应的电子态密度（DOS）。可以看出，价带和导带的能级在第一布里渊区的 M 点处发生了分裂。相对于单层石墨烯，价带和导带在 M 点的带隙都由 0 eV 变为约 0.2 eV。有趣的是，对于所有价带和导带在 M 点处存在能带分裂的情况，其带隙均为约 0.2 eV。2013 年，A. Bostwick 等[5]基于实验结果，利用这种理论解释了在旋转双层石墨烯中，对于某个特定入射光波长的模增强效应，这也在一定程度上证明了这个带隙

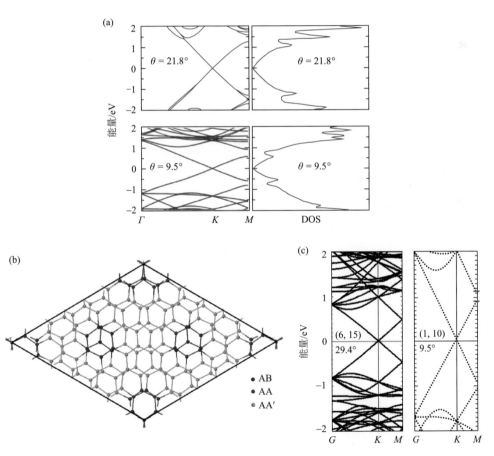

图 4.3 （a）旋转角度分别为 21.8°(1, 2) 和 9.5°(1, 10) 时的能带图和 DOS；（b）(1, 10) 旋转石墨烯中不同的堆垛区域；（c）旋转角度为 29.4°(6, 15) 和 9.5°(1, 10) 的能带图，(6, 15) 在 M 点处的带隙并没有打开，(1, 10) 在 M 点处的带隙已打开[1]

的存在。此外，这类堆垛构型的旋转石墨烯在 M 点处表现出了抛物线型的电子能量色散关系。由于在 AB 堆垛的双层石墨烯中，狄拉克点附近也有类似的能量色散关系，而且存在着约 0.25 eV 的带隙，因此可以推测在此类旋转双层石墨烯中存在"类 AB 堆垛"，而其层间相互作用是产生此带隙的根源。同时，其 DOS 在能带分裂处还出现了一个明显的尖峰，不同于单层石墨烯中近似线性的变化关系。

在 $(m, n) = (1, 10)$ 旋转石墨烯中有三种处于不同位置类型的碳原子，分别称为 AB、AA 和 AA′型，如图 4.3（b）所示。如图 4.3（c）所示，$(m, n) = (6, 15)$、旋转角度为 29.4° 的旋转双层石墨烯在 M 点处的带隙并不存在，其在 M 点处的能带呈现出线性的电子能量色散关系，与图 4.3（c）中的双层石墨烯 $(1, 10)$ 截然不同。比较图 4.3（c）中两种双层石墨烯的堆垛情况发现，在 $(1, 10)$ 双层石墨烯中，同时存在着"类 AA 堆垛区""类 AB 堆垛区"和"类 AA′堆垛区"，而在 $(6, 15)$ 双层石墨烯，只存在"类 AA 堆垛区"和"类 AA′堆垛区"。这进一步证明了正是"类 AB 堆垛区"导致了 M 点处出现带隙。

2018 年，Cao 等[6, 7]在实验上制备出了旋转角度为 1.05°（称为"魔角"）的双层石墨烯。在这种特殊角度的旋转双层石墨烯中，垂直堆叠的原子区域会形成窄电子能带，电子相互作用效应增强，从而产生非导电的 Mott 绝缘态，如图 4.4 所示。在这种 Mott 绝缘态的情况下，如果加入少量电荷载流子，就可以成功转变为超导态。这是首次在纯碳体系中实现超导态，展示了旋转双层石墨烯的魅力。仅仅经过几年的研究，通过对栅极电压、旋转角度、应变、垂直电场、外磁场等的精确调控，在这种少层二维材料体系中实现了二维狄拉克电子气、莫特绝缘体、拓扑绝缘体、超导、轨道铁磁/反铁磁、量子反常霍尔效应、铁电等凝聚态物理领域的多种量子态，同时也预示着更多更新奇的物性将会被发掘[8]。

4.1.3 三层石墨烯

1. 晶体结构

因存在层间范德瓦耳斯相互作用，石墨烯的多层结构显现出了多种组合形式。在三维石墨体材料中，有两种不同的层间组合方式，分别称作 Bernal 和 rhombohedral，也可简单称作 ABA 堆垛型与 ABC 堆垛型，而作为体单元的三层石墨烯也具备这两种结构，即 ABA 与 ABC 型本征三层石墨烯结构。如图 4.5 所示，ABC 与 ABA 的区别在于 ABC 中的单层任意原胞仅向单一方向平移且不返回[9]。

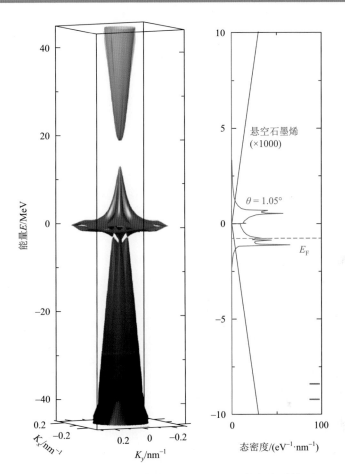

图 4.4　旋转角度为 1.05° 的双层石墨烯靠近第一布里渊区的能带结构图，以及对应的在
−10～10 MeV 之间的 DOS[6, 7]

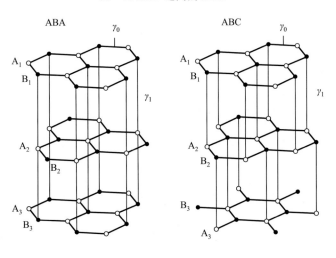

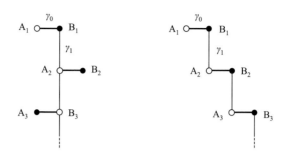

图 4.5　ABA 与 ABC 型堆垛的三层石墨烯结构示意图[9]

　　吸收光谱、拉曼光谱和透射电子显微镜（TEM）等多种实验表征技术已用于表征多层石墨烯的结构，主要包括层数和堆垛结构。一般情况下，石墨的结构倾向于 ABA 与 ABC 的复合型。在层数不多的情况下，关于石墨的各项物理性质都有成熟的研究工作，在此不再赘述。从石墨中剥离出的石墨烯多层体系，一般呈现稳定的 ABA（或 AB）堆垛结构，但是也发现了 ABC 堆垛结构以及两种结构交互存在的体系。本章仅限于三层石墨烯及其相应掺杂体系的能带情况，结合密度泛函理论（DFT）的计算结果，并适当与相关实验结果对比。若仅考虑三层体系的物理特性，那么 ABA 与 ABC 就是需要考虑的经典三层堆垛结构。

　　2. 能带结构

　　一般情况下，不同的层数以及层间的不同堆垛方式都会导致不同的电子能带结构，同时其层间距也不尽相同。本征三层石墨烯的层间距可以简单认为每种堆垛方式的层间距都是均匀的，即对于一种确定的结构，相邻两层的间距是一个定值。ABA 堆垛型本征三层石墨烯的层间距比 ABC 堆垛型本征三层石墨烯的层间距略小，因此，可以得到 ABC 型的形成能比 ABA 型稍大，故 ABA 型三层结构比较稳定，对应于双层石墨烯的 AB 型结构[10]。

　　石墨烯的能带结构对体系的堆垛构型极为敏感。ABA 型堆垛的三层石墨烯的电子能带特征综合了本征双层石墨烯与本征单层石墨烯的能带特点，费米能级处的狄拉克点依旧呈线性色散关系。而 ABC 型堆垛石墨烯的电子能带完全不同于ABA 型，在费米能级附近由两对近乎相对平坦的能带构成。对 ABC 堆垛三层石墨烯能带结构的理论计算发现，不同层间碳原子的 π 电子布洛赫（Bloch）波函数具有明显动量依赖的相位差，且与动量空间的贝里（Berry）相密切相关。通过DFT 计算，研究人员拟合了 σ 电子紧束缚模型的各项跃迁能量参数，发现若在近似中保留相隔较远层间的相互作用，则紧束缚模型下三重狄拉克（Dirac）点会沿 *K-M* 方向分裂成三个独立的狄拉克点（图 4.6）[11, 12]。

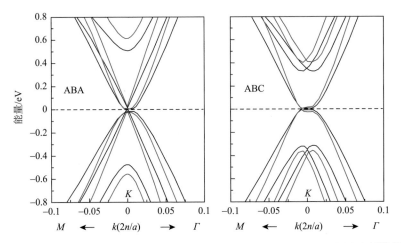

图 4.6　ABA 与 ABC 型堆垛的本征三层石墨烯在狄拉克点附近的色散关系[11, 12]

对于三层石墨烯甚至更多层体系的本征体系能带结构，仍然可以运用紧束缚理论模型给出能带随层数变化的关系。在三层以及更多层结构的理论方面，2010 年，日本东北大学 M. Koshino[9]提出了任意堆垛方式下的多层石墨烯能带结构的计算方法，即将任意堆垛结构看成是由 rhombohedral 型堆垛（视作连接处的缺陷）连接成的一系列有限层的 Bernal 堆垛体系，并将这些不同 Bernal 部分之间的耦合看作微扰作用。理论计算结果发现，在狄拉克点附近不同体系能量本征态（即能带）大部分位于每一个 Bernal 部分，且狄拉克点附近这些态的色散关系近似与相应层数的不完整 Bernal 型石墨相同，即呈现一次线性、二次平方性、三次立方性等准粒子能谱。

4.1.4　堆垛结构的表征

1. 电子衍射

图 4.7（a）为旋转双层石墨烯的实空间 TEM 图。对该样品进行选区电子衍射表征，得到了两套六角形衍射斑点，每层一套，如图 4.7（b）所示。衍射斑点明确标定了两个不同取向的单晶石墨[13]。样品区域基本上是洁净和平坦的，但存在小而分散的暗区。这些暗区很可能是夹在两层石墨烯之间的碳残留物。除了这些区域外，旋转双层石墨烯的两层之间通常有干净的界面，在原子尺度上显示出清晰的莫尔条纹，见图 4.7（c）。对于 AA、AB 堆垛的双层石墨烯以及 ABA、ABC 堆垛的三层石墨烯，由于不存在层间旋转，当电子束垂直入射时，仅有一套六角对称的衍射图案。但是，可以通过改变电子束入射角的方法将多层石墨烯与单层石墨烯区分开来。

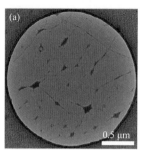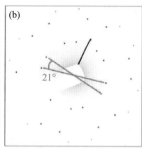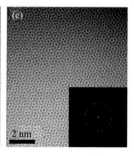

图 4.7 （a）具有旋转角度的双层石墨烯 TEM 图，石墨烯样品悬空在直径为 2 μm 的孔中；（b）该样品的选区电子衍射斑，两组六角形图案相对旋转 21°，衍射用的电子束直径为 1 μm；（c）旋转角度为 21°的双层石墨烯的原子分辨图像，显示出莫尔条纹[13]

2. 拉曼光谱

拉曼光谱作为一种分析测试手段，在碳材料的研究中发挥了极其重要的作用。碳材料的拉曼光谱虽然只有几个非常强的特征谱峰和少数其他调制结构，但根据谱峰的形状、强度和位置的不同，能够快速辨别碳材料。例如，通过石墨烯的拉曼光谱中的 2D 峰（约 2700 cm^{-1}）与 G 峰（约 1590 cm^{-1}），可以清楚地分辨出石墨烯的层数。单层石墨烯的 2D 峰具有符合洛伦兹线形的单峰峰形，并且强度大于 G 峰的强度。然而随着层数增加，2D 峰的半高宽（FWHM）逐渐增大，AB 堆垛的双层石墨烯的 2D 峰可以劈裂出四个洛伦兹线形的单峰，而 ABA 堆垛的三层石墨烯的 2D 峰则可以用六个洛伦兹峰进行拟合。在有限厚度内（通常<7 层），G 峰的强度则随着层数的增加而近似地线性增加。

双层和多层石墨烯的拉曼振动模与层间的堆垛角度也存在着密切联系。图 4.8 为不同旋转角度（3°、7°、10°、14°、20°、27°）的双层石墨烯与单层石墨烯拉曼光谱（激光波长 632.8 nm，1.96 eV）的对比[13]。单层石墨烯显示了典型的 2D 峰强度与 G 峰强度比值的特征（此样品约为 6），2D 峰的半高宽约为 28.7 cm^{-1}。而对于旋转双层石墨烯，拉曼光谱体现出了旋转角度从小到大顺序变化的影响。低角度（<8°）时，不同旋转角度的拉曼特征显示了双层石墨烯之间的强耦合作用。而在高角度（>13°）时，拉曼光谱特征比较接近于单层的石墨烯。双层石墨烯的 2D 峰峰位相对于单层石墨烯的 2D 峰峰位发生了蓝移，蓝移幅度非单调地依赖于旋转角度。同时，对于 G 峰，也存在着一个特殊角度（10°）会发生强烈共振。然而，G 峰的峰位和半高宽几乎与角度无关，而 2D 峰的峰强和半高宽则会表现出相当复杂的角度依赖关系。这些测量结果可以用与旋转角度有关的电子能带结构来解释。此外，在一定的旋转角度下，在 G 峰的周围还存在其他振动模式，并在最近的研究中得到验证。

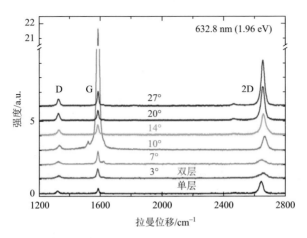

图 4.8　用 632.8 nm 波长激光测量的单层石墨烯和不同旋转角度的双层石墨烯的拉曼光谱[13]

4.2 晶界

在对形核不加控制的情况下，由于遵循多点形核的机制、生长基底的缺陷以及生长的晶粒取向各不同的原因，CVD 法通常得到含有晶粒和晶界的多晶石墨烯薄膜[14-20]。晶界作为一维点缺陷，有可能对石墨烯薄膜的物理化学性质有着至关重要的影响，尤其在微电子器件的应用中，晶界作为缺陷结构将显著影响器件的电学性能。因此，研究晶界对石墨烯力学和电学等性质的影响，无论对丰富石墨烯的基础理论，还是对将来器件应用的性能寿命设计等，都有着非常重要的意义。

4.2.1　石墨烯的晶界结构

石墨中由五元环和七元环（57）成对组成的晶界最早由 Thrower 和 Reynolds[21]提出，并在 2002 年由 Simonis 研究组[22]通过 STM 所证实。而对于石墨烯来说，在多种方法制备的样品中，发现了其他更多的晶界形态。TEM 观察发现，晶界大多数是某些缺陷的线性周期性分布，通常情况下由（57）缺陷或者（58）缺陷构成。而在某些特殊的情况下，晶界可能会弯曲延伸并导致晶界方向变化，也有部分晶界不是周期性分布的缺陷。在载流子输运测量中，研究人员发现石墨烯晶界对载流子有完全阻止或者部分减弱的两种不同形式。另外，AFM 的力学测量也发现，多晶石墨烯的杨氏模量和断裂强度在很大程度上依赖于晶界的具体结构。

除了上述实验观测以外，近年来的理论计算通过基于 Tersoff-Brenner 势的经典模拟或者半经验的 DFT 方法对不同的石墨烯晶界结构及其形成能进行了大量的探索。石墨烯晶界可以通过晶向偏转角来定义：$\theta = \theta_U + \theta_D$（其中 θ_U 和 θ_D 分别为上下两部分旋转的角度）。当 $\theta_U = \theta_D$ 时，形成对称倾斜晶界。因为对称倾斜晶界的取向角不同，所以晶界的类型和密度不一样。2010 年，B. I. Yakobson 和 Y. Y. Liu[23]考虑了一系列的包含（57）缺陷的晶界，提出了晶界的形成能（E_{GB}）和晶向偏转角（θ）之间的关系，如图 4.9 所示。他们的研究结果表明，晶界角为 32.2° 的晶界形成能较低，并且能在自然界中稳定存在。晶界角为 21.8° 和 32.2°的晶界是由一个五元环和一个七元环组成的链状结构，通常五元环和七元环缺陷在石墨烯内部会使其能量升高，但是晶界角为 60°的晶界对石墨烯的形成能影响很小。而 O. V. Yazyev 和 S. G. Louie[24]的计算结果表明，21.8° 和 38.2°两种石墨烯晶界的形成能都很低。此外，B. I. Yakobson 和 Y. Y. Liu[23]通过分子动力学（MD）模拟高温退火得到晶界，发现其呈现多样化的晶界存在形态，包含了许多无序的结构。有些晶界中不仅仅包含五元环和七元环，甚至还出现诸如四元环、八元环甚至九元环等。他们还通过研究一系列的对称性晶界结构，提出了其原子结构构型、能量、化学活性和振动行为等规律。

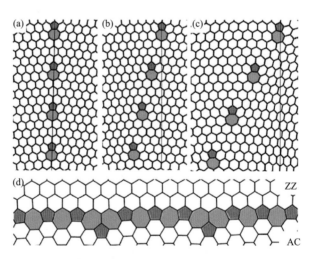

图 4.9 简单的晶界结构：（a）一般的平分线，（b）偏转角 12°，（c）偏转角 24°；（d）锯齿形和扶手椅形边界构成的晶界（30°）[23]

除了经验的或半经验的理论研究以外，2010 年，O. V. Yazyev 和 S. G. Louie[25]通过第一性原理研究了晶界对石墨烯电学、力学以及磁性的影响，如图 4.10 所示。对于（57）周期性晶界，其 DOS 在费米能级附近 0.5 eV 内，具有范霍夫奇点（van Hove singularity，VHS），这是线缺陷导致的一维电子结构特征。然而在非平衡状态下的第一性原理计算表明，石墨烯晶界对载流子输运有两种截然不同的影响：在一定能量范围内对载流子的完全阻碍或者完全通过取决于晶界两侧的晶向指数关系。上述结果为实验上载流子输运的测量提供了丰富的理论依据。除了电学特性以外，晶界也对石墨烯的力学性质有一定的影响。例如，研究人员通过 MD 模拟发现，石墨烯的力学强度依赖于晶向偏转角和弯曲角。2011 年，L. Z. Kou 等[26]还从理论上预测了晶界会导致石墨烯产生磁性，而磁性和其稳定性可以通过在不同方向上施加应力来进行调控。

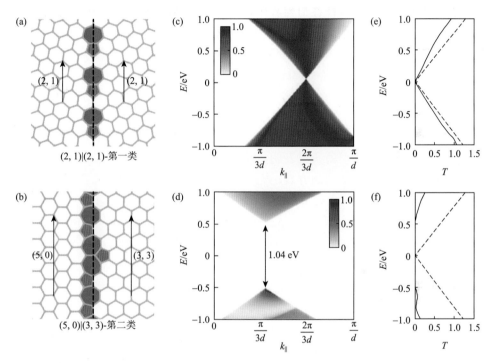

图 4.10　通过石墨烯晶界的电子输运：（a，b）偏转角分别为 8° 和 30° 的晶界原子结构；（c，d）该晶界的电子传输透过概率；（e，f）对应零偏压下单位长度上的电子传输透过概率[25]

　　尽管已经取得了上述理论和实验研究结果，但是石墨烯晶界仍然存在很多亟待解决和解释的问题，需要在理论和实验方面进行进一步的探索。首先，石墨烯晶界的力学性质依赖于晶向偏转角和弯曲角，并与缺陷浓度无关。同时，晶界的形成能也与其晶向偏转角有函数依赖关系，因此，在弯曲角和晶界的稳定性之间应该有与力学性质类似的依赖关系。其次，根据 O. V. Yazyev 等提出的输运性质与晶向关系的公式，所有对称性的晶界都能够对电子输运完全透过，只有非对称的晶界才可能导致输运势垒。然而，目前为止的理论研究仍然局限于对称性的晶界，而对于实际更为常见的非对称晶界的结构、稳定性以及电子结构的研究都相对缺乏。因此，研究非对称的晶界对于丰富和完善石墨烯晶界的认识具有重要的意义。最后，晶界作为一种线缺陷可以导致费米能级附近的 DOS 增强，费米能级中峰值的出现则是由（58）缺陷导致的。但是，晶界结构和电子输运性质之间是否存在更具体的联系？除了增强 DOS 外，对其他电学特性是否也有影响？这一系列问题仍待进一步研究。

4.2.2 石墨烯晶界的电学输运性质

多晶材料的物理性质往往由其晶粒的尺寸以及晶界的结构决定。因此，多晶石墨烯的物理性质也会由于晶界这种一维线缺陷的存在而发生较大的变化。之前，人们发现石墨烯中的点缺陷对能带结构有两种不同的扰动：在费米能级附近的 DOS 增强，或打开小的带隙（<0.3 eV）。然而，对于一维的线缺陷，仅发现有费米能级附近的 DOS 增强效应。至今为止，还没有可控的，且利用石墨烯晶界来打开带隙并进行大幅度能带调控的报道。

除了 DOS 之外，晶界对石墨烯输运性质的影响是将来微纳电子器件应用必须考虑的一个重要因素。理论研究表明，在非平衡状态下，多晶石墨烯中的晶界对电子的输运有两种截然不同的方式：完全透过并实现电导增强，或者反射部分能量范围内的电子。这取决于晶界两侧平移矢量的关系，即满足关系 $n_1 - m_1 = 3q$ 且 $n_1 - m_1 = 3a$，或者 $n_R - m_R \neq 3q$ 且 $n_R - m_R \neq 3q$（q 为整数）的晶界，电子都可以完全透过。从实验中载流子输运的测量来看，大部分的晶界都会导致石墨烯电阻率的增加，电阻率的增加值和测量范围内晶界的个数呈正比例关系。但是，直到现在为止，关于输运特性和晶界处的具体原子结构的关系还不明确，需要更多的研究进行揭示。

对石墨烯晶界位置电学输运性质的研究已经取得了大量进展。Q. K. Yu 等[18]发现石墨烯晶界处电子传输存在弱局域效应，并影响着石墨烯的载流子迁移率（数据请参考第 5 章中的图 5.20 以及相应的内容描述）。此后，J. W. Park 研究组[27]发现，具有良好晶界缝合特征的多晶石墨烯具有与胶带剥离法样品和单晶石墨烯相类似的优异电学性能，而缝合特征较差的晶界则在很大程度上降低了石墨烯的载流子输运特性。2017 年，高鸿钧研究组[28]采用四探针 STM 系统，在未对样品进行微纳米加工的前提下，在高真空环境中直接测量了石墨烯两个单晶晶粒及其组成晶界的电学特性，发现石墨烯晶界处的迁移率比本征石墨烯低三至四个数量级。石墨烯的电学输运性质是否会因为晶界中范霍夫奇点的出现而增强，一直存在争议。2014 年，中国科学技术大学的侯建国研究组[29]利用 STM 表征了多种具有原子分辨的石墨烯有序晶界结构，并利用扫描隧道谱（STS）技术，在实验上证明了石墨烯有序晶界中存在范霍夫奇异性引起的电子态，如图 4.11 所示。他们的实验结果表明了范霍夫奇异态可以显著地提高有序晶界附近的载流子浓度和电导[29]。

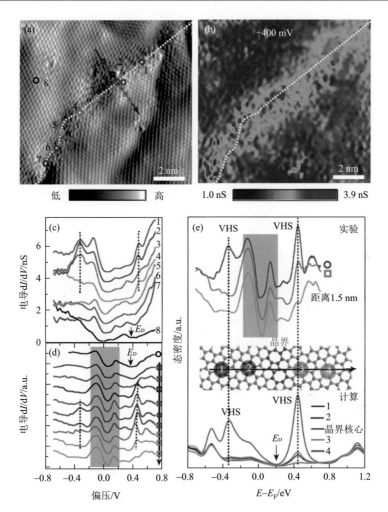

图 4.11　石墨烯晶界处的 STM 图（a）以及在相同区域上的 STS 图（b）；沿着晶界（c）和垂直晶界（d）方向获得的代表性 STS 图；（e）计算的局域 DOS 与实验数据的对比图[29]

4.2.3　石墨烯晶界的力学性质

在实际应用中，材料的强度和硬度是决定其器件寿命和可靠性的关键因素。作为目前已知的强度最高的材料，石墨烯的杨氏模量达 1 TPa，本征断裂强度为 130 GPa。然而，实验中制备的石墨烯材料往往含有各种各样的缺陷，如空位、晶界、裂缝以及孔洞等，从而影响石墨烯的力学性能。例如，单层石墨烯的杨氏模量随着空位密度的增加而单调下降，而引入较大裂缝或者孔洞则能够将石墨烯的断裂强度降到 30～40 GPa。

近年来，石墨烯晶界的结构和稳定性以及相关电学性质等得到了研究者的极大关注，但是关于力学性质方面的研究还处于起步阶段。2011 年，D. A. Müller 研究组[30]利用 AFM 实验测量了多晶石墨烯的负载强度，发现石墨烯断裂的负载压力值比单晶石墨烯下降了约一个数量级。在理论模拟方面，2010 年，V. B. Shenoy 等[31]研究了多晶石墨烯的力学强度随晶界的晶向偏转角的变化，并发现多晶石墨烯的本征强度与晶界处缺陷的密度没有直接关系，而与晶界偏转角成正比。他们采用 MD 模拟发现，在加载单轴拉伸应力下，石墨烯的起始断裂点不一定发生在石墨烯的晶界处。2012 年，中国科学院力学研究所魏宇杰研究组[32]系统地研究了石墨烯晶界的拉伸断裂性质，发现当晶界上的缺陷呈现非常规的均匀分布时，V. B. Shenoy 等的结论成立；然而，当缺陷分布变化时，锯齿形晶向的强度变化则与 V. B. Shenoy 等预测的结论正好相反，如图 4.12 所示。

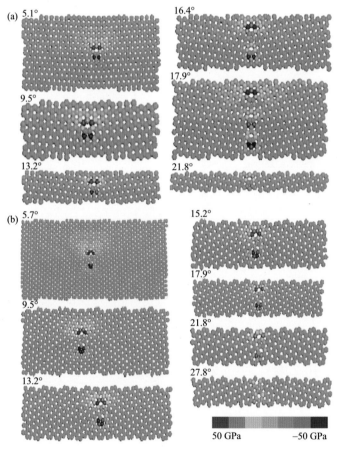

图 4.12　不同晶界偏转角时的晶界应力图：（a）扶手椅形偏转角晶界随着偏转角的增加，六边形-七边形对处的最大拉应力先减小，再增大，然后再减小；（b）锯齿形偏转角晶界随着偏转角的增加，最大拉应力单调减小[32]

在双层石墨烯的晶界处，其力学性质仍然会受到其中一层晶界的影响[33]。和单层情况类似，当晶向偏转角增加时，本征强度和关键断裂应变都呈线性增加。无论对于锯齿形还是扶手椅形取向的双层石墨烯晶界，较大晶向偏转角都对缺陷环有较好的包容性。对于较大的晶向偏转角，单层和双层的本征强度没有显著区别，然而对于较小晶向偏转角的晶界，单层和双层的本征力学行为则表现不同。对于锯齿形取向的双层石墨烯晶界，晶向偏转角为 7.3°时的本征强度为 55.7 GPa，低于单层时的 66 GPa；而扶手椅形取向时，晶向偏转角为 17.5°时的本征强度为 62.3 GPa，则又高于单层时的 44.9 GPa。这表明在小角度偏转角时，范德瓦耳斯作用对其本征强度有一定的影响。

近年来，关于多晶石墨烯的弹性模量和断裂强度的研究逐渐增加，研究者通过实验和理论模拟等方式，量化了多晶石墨烯的缺陷与其力学性质的对应关系，即结构-性能关系。例如，J. Hone 研究组[34]利用纳米压痕方法，系统测量了单晶及多晶石墨烯的力学性质，发现多晶石墨烯的弹性模量和单晶石墨烯基本没有差别，而平均晶粒尺寸为 1~5 μm 的多晶石墨烯，其断裂强度则显著小于单晶石墨烯（具体数据请参考第 5 章中图 5.40 以及相应描述）。

2013 年，清华大学徐志平研究组[35]利用 MD 模拟研究了由（57）晶界和正六边形规则晶粒组成的多晶石墨烯的力学性质，结果表明多晶石墨烯的杨氏模量和断裂强度均随着石墨烯晶粒尺寸的增加而减小，如图 4.13 所示。2014 年，B. Mortazavi 等[36]采用单轴拉伸的 MD 方法研究了具有随机拓扑结构的多晶石墨烯的力学性质，发现其弹性模量随晶粒增大而增大，而断裂强度随晶粒增大而减小。

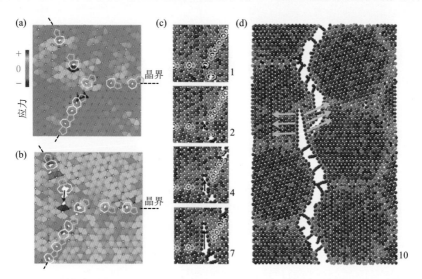

图 4.13　（a）位力压力 σ_{xx} 分布显示了在五边形和七边形没有施加负载的情况下，高强度和压应力的局域化；（b）在荷载作用下，裂纹前沿产生了局部拉应力；（c，d）晶粒内和晶粒间裂纹的形核和扩展[35]

2014 年，H. Y. Chen 等[37]则预测多晶石墨烯的断裂强度并不依赖于晶粒的尺寸，但弹性模量随晶粒的增大而增大。上述 MD 结果都是基于对单轴拉伸的模拟，关于纳米压痕的模拟研究则较少。2014 年，Y. W. Zhang 等[38]则利用 MD 模拟研究了纳米压痕下多晶石墨烯的破坏机制，结果表明多晶石墨烯的破坏强度依赖于压头下碳原子的结构和形貌。

2016 年，A. Shekhawat 和 R.O. Ritchie[39]利用微观模拟和连续模型研究了纳米晶石墨烯薄膜的力学性能。该统计理论预测韧性和强度的变化可以用"最弱链"统计来理解，当平均晶粒尺寸小于 25.6 nm 时，晶界网络会对多晶石墨烯薄膜的力学性能产生广泛影响。2018 年，高力波研究组[40]利用纳米压痕方法，系统研究了具有葡萄干布丁晶界结构的多晶石墨烯的力学性能。他们发现高密度的纯晶界可以显著提高其杨氏模量和断裂强度；而在低密度下，晶界会降低其综合力学性能，如图 4.14 所示。

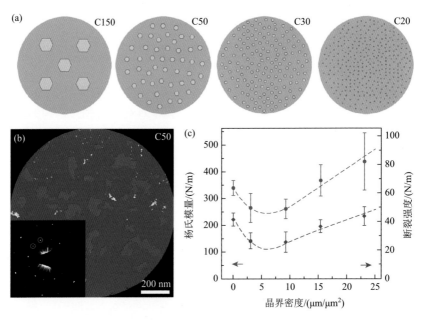

图 4.14　（a）具有葡萄干布丁模型的纳米晶石墨烯薄膜；（b）平均晶粒尺寸为 50 nm 的石墨烯薄膜的 TEM 暗场像；（c）杨氏模量和断裂强度随着晶界密度的变化统计图[40]

4.2.4　石墨烯晶界的磁性

纯碳体系中的磁性目前已成为实验和理论研究的重要方向。除了富勒烯、碳纳米管、石墨和纳米金刚石外，最近也有研究报道在化学法制备的石墨烯中发现了磁性。基于理论计算研究，这些体系中所观察到的磁性行为可以根据石墨晶格结构中的缺陷来解释，如具有低配位数的碳原子、空位、间隙位置的碳原子以及具有悬空键的边界原子，包括使用氢原子饱和裸露在外的悬空键的石墨烯纳米带或者量子点。这些缺陷处都会产生局部磁矩，并且在费米能级附近出现平带，进而导致磁有序行为。另外，磁性也会来自异质掺杂原子，它们本身（如氢、氟或氮）或许并没有磁性，但是在特定的化学环境下也会产生局部磁矩。对石墨烯中铁磁性的实验报道，其测试样品是由化学法氧化并经过高温退火获得的。然而，反常的现象是饱和磁化强度与退火温度无关[41]。另有研究也指出，由于存在大量边界缺陷，并不会观察到强的顺磁性。相反，当温度高于 50 K 时，石墨烯会表现出较强的抗磁性行为[42]。在较低的温度下，可以发现一个相对较弱，但是高度重复性的顺磁行为，这可能与石墨烯微晶边界处的磁矩有关。

在 CVD 生长的多晶石墨烯中，最常见的晶界大多数是由（57）对组成。2010 年，M. Batzill 研究组[43]在单晶 Ni(111)基底上生长出一种新型的晶界结构，它是由两个五元环和一个八元环周期性重复排列构成的（558）结构。当把（558）和（57）晶界结构分别引入到大面积石墨烯中时，前者相比于后者表现出更加独特的电子和磁学行为，如图 4.15 所示。（558）晶界在费米能级附近引入了一个较强的局域

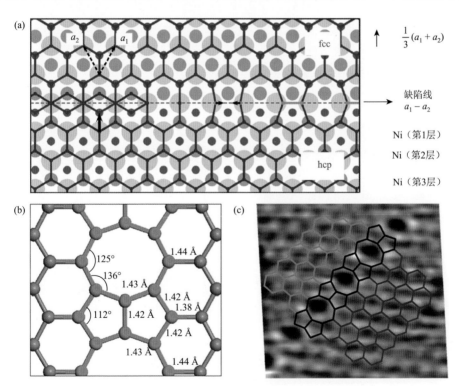

图 4.15　生长在 Ni(111)上石墨烯中的一维（558）线缺陷（a），其结构模型（b）及相应的 STM 图（c）[43]

化 DOS，可以被认为是一个准一维的导电沟道，从而为在原子尺度内有效地控制电荷分布提供了一种切实可行的方法。另外，已有研究结果证实，沿着（558）晶界的轴向方向会有反铁磁性产生，并且该磁性的强度可以通过施加外场或者吸附原子（如 O 和 N）来提高。当在锯齿形石墨烯纳米带中引入（558）晶界时，其自旋依赖的电子性质可通过外加电场进行较好的调节，因而有望应用于自旋滤波器件中。

4.3　缺陷

4.3.1　石墨烯的缺陷

在早期对碳纳米管和石墨结构的研究中，研究者发现了碳纳米管和石墨的多种结构缺陷。由此推断，在原子水平上石墨烯也应该存在缺陷。实际上，真实存在的石墨烯并不是一张绝对平整的由碳六元环构成的二维原子晶体。研究表明，石墨烯本身具有一定的涟漪（ripple），并不绝对平整；而且，由于石墨烯并不是天然条件下存在的材料，受制备方法的限制，其结构中必然存在各种缺陷。这些缺陷对石墨烯的性质有重要影响，是器件设计中必须考虑的因素。同时，利用某些类型的缺陷具有高化学活性能够打开石墨烯带隙的特性，可以通过有效地控制缺陷类型和分布得到有特定功能的石墨烯材料。在石墨烯中，缺陷主要有以下几种类型。

1. Stone-Wales 缺陷（点缺陷）

石墨烯的晶格可以允许非六边形的存在，Stone-Wales（S-W）缺陷是其中最典型的缺陷形式之一。不需要额外引入或者去掉任何的碳原子，将一个碳-碳键旋转 90° 就可以将四个六元环转变为两个五边形和两个七边形，这种缺陷就称为 S-W 缺陷。S-W 缺陷的形成能约为 5 eV，动力学势垒约为 10 eV。同时，消除一个 S-W 缺陷的势垒大约为 5 eV。因此，S-W 缺陷一旦形成，室温下很难自动消除。S-W 缺陷可以由电子束轰击或者在高温环境中快速冷却产生。图 4.16 为点缺陷的 TEM 图和原子结构示意图，其形成的原因可能是高能电子的轰击[44]。

2. 空位缺陷

空位缺陷是材料中最简单的缺陷之一。在实验中，人们已经通过 TEM 和 STM 观察到石墨烯中的单个空位缺陷。由于缺失了一个原子，单个空位处存在 Jahn-Teller 形变，导致三个化学键中的两个向缺失原子的方向移动并形成新的

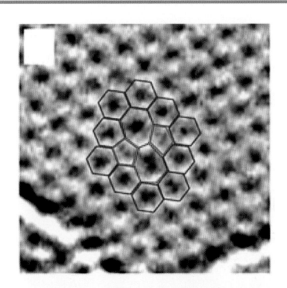

图 4.16　石墨烯中 S-W 缺陷的 TEM 图及其原子结构示意图[44]

化学键。但是，总有一个悬键存在，这也会导致形成一个五元环和一个九元环缺陷。由于有一个碳原子存在不饱和键，石墨烯中空位具有高的形成能（约 8 eV）。理论计算结果表明，石墨烯空位的迁移能为 1.3 eV，在稍高于室温（100～200℃）时，空位便可以在石墨烯中发生迁移。图 4.17 为石墨烯中单空位缺陷的 TEM 图和原子结构示意图[44]。

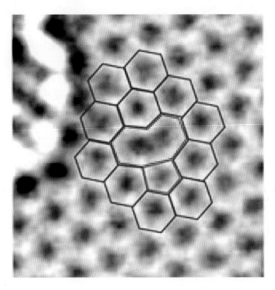

图 4.17　石墨烯中单空位缺陷的 TEM 图及其原子结构示意图[44]

除了单空位缺陷外，石墨烯中还存在多重空位缺陷。双空位可以通过两个单空位的迁移形成，也可以通过同时去除两个碳原子形成。形成双空位时，一般会形成两个五元环和一个八元环（585）的缺陷结构，但其周围的化学键并没有显著的变化。双空位缺陷的形成能远小于两个单空位缺陷的形成能之和，因此双空位在热力学上要比单空位稳定。将双空位中八元环的一个键旋转 90°，形成三个五元环和三个七元环的缺陷形式，要比之前（585）缺陷的能量低约 1 eV。双空位的迁移能约为 7 eV，远大于 1.5 eV 的单空位迁移能。这表明在常规条件下双空位缺陷的迁移是非常困难的。图 4.18 展示了两种已经观察到的多重空位缺陷的 TEM 图及其原子结构示意图[44]。事实上，图 4.18（a）所示的缺陷在形成时经历了类似点缺陷形成时的碳-碳键旋转，这种旋转降低了整体分子的能量，使整个体系更加稳定。图中所示缺陷的形成能介于前两者缺陷的形成能之间，其形成原因是在图 4.18（b）所示的缺陷基础上碳-碳键再次发生了旋转[44]。不难理解，如果破坏性的外部能量持续存在（如高能电子束轰击），石墨烯片层将不断缺失碳原子，多重空位缺陷会变得更加复杂。

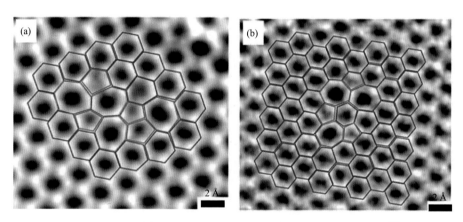

图 4.18　石墨烯中多重空位缺陷的 TEM 图及其原子结构示意图[44]

（a）碳-碳键旋转后的稳定缺陷结构；（b）碳-碳键旋转前的亚稳定缺陷结构

3. 一维线缺陷（晶界）

如上所述，晶界是 CVD 石墨烯薄膜中的主要缺陷类型。这种一维线缺陷一般包括五元环和七元环组成的周期性结构［（57）晶界］和两个五元环与一个八元环组成的周期性结构［（558）晶界］。图 4.19（a）展示了 CVD 石墨烯的线缺陷，可以看出不同晶体取向的石墨烯在边缘交叉的位置开始出现线缺陷[45]。图 4.19（b）是这些线形交叉位置的放大图，从图中可以明显看出线缺陷所造成的紊乱原子排列。类似的石墨烯线缺陷在实验上已经被多次观察到。

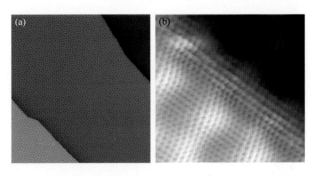

图 4.19　（a）石墨烯线缺陷的 STM 图；（b）原子台阶处的线缺陷放大图[45]

4. 吸附原子缺陷

吸附原子缺陷主要有两种类型，分别为吸附碳原子缺陷和吸附异质原子缺陷。吸附的碳原子处于石墨烯平面外能量最低的位置，是碳-碳键上方桥位的位置。吸附碳原子会导致石墨烯部分原子的杂化方式发生改变。吸附异质原子对石墨烯性能的影响取决于石墨烯和该原子之间的成键类型。吸附过程可以分为物理吸附和化学吸附两种。物理吸附时，只存在范德瓦耳斯力，为弱键结合；化学吸附时，会形成作用较强的共价键。除了完美的石墨烯外，石墨烯缺陷处具有较高的化学活性，可以固定外来异质原子。

图 4.20 是三种典型的面外吸附碳原子缺陷，显示了缺陷的空间排布及其对应碳原子的引入位置[46]。其中，图 4.20（a）为只有一个碳原子被引入石墨烯的情况，图 4.20（b）为两个碳原子被分别引入到石墨烯两侧的情况，图 4.20（c）为两个碳原子被引入到石墨烯一侧的情况。由于面外碳原子引入的缺陷具有非常快的迁移速度或者很高的形成能，实际观测中很难通过各种显微技术（如 TEM 和 STM 等）捕捉到，目前还没有对面外碳原子引入缺陷的观测报道。但基于早期对于活性碳活化机制的研究表明，碳、氧原子可以在碳层表面迁移。因此，面外碳原子引入缺陷的存在性是可以确认的，目前有很多关于这种缺陷的形成能及迁移能量理论值的报道。当然，图 4.20 展示的只是面外碳原子引入缺陷的三种典型例子，实际上，面外碳原子引入缺陷应该存在多种空间构型，且随着引入原子数量的增多，其空间构型也更为复杂。上述理论研究提供了详细的各种面外碳原子吸附引入的缺陷及其迁移能量，为后期选择观测方法和观测条件提供了有意义的数据。面外碳原子缺陷无疑破坏了石墨烯整体的二维空间结构。特别是有些缺陷［图 4.20（b）］改变了碳原子之间的轨道杂化类型，使得石墨烯内部出现 sp^3 杂化轨道成键，这样的缺陷势必影响石墨烯的电学特性。利用这种缺陷的研究也正在开展，但是如何实现对缺陷结构的调控极具挑战性。

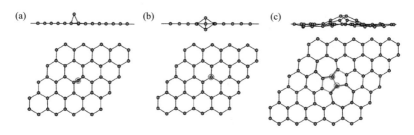

图 4.20 石墨烯上的碳吸附原子：（a）在桥连位置的单原子吸附；（b）在哑铃位置的双原子吸附；（c）两个相邻吸附原子产生的反 S-W 缺陷[46]

面外杂原子引入缺陷：在 CVD 生长过程或者强氧化条件下，由于使用了金属元素或者含氧的氧化剂，石墨烯表面不可避免地掺入了金属原子或者含氧官能团等。这些杂质原子以强的化学键或者弱的范德瓦耳斯力与石墨烯中的碳原子发生键合，构成了面外杂原子引入缺陷。相关研究证实，面外金属杂原子在石墨烯表面可以发生明显的迁移。图 4.21 显示了 TEM 观测到的这种运动，其中 L 为铂原子，E 为铂原子簇[47]。从图 4.21 中可以看出，在 290 s 的观测时间内，铂原子发生了明显迁移，铂原子簇也分裂为更小的簇在石墨烯表面运动。基于上述实验观察，目前已经开展了大量关于金属原子在石墨烯上构成缺陷的理论研究，主要涉及金属原子的吸附和表面运动以及石墨烯的电、磁性质与此类缺陷的关系。

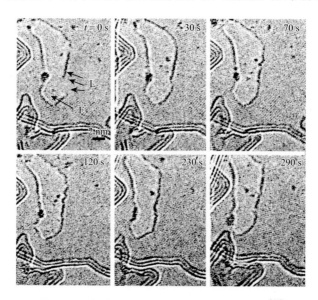

图 4.21 铂原子在石墨烯表面迁移的 TEM 图[47]

除金属原子外，由强氧化剂导致的面外杂原子引入型缺陷，则是另一种使石墨烯原有性质（如电、力、磁等性质）发生变化的缺陷。此类引入型缺陷通常为氧原子或者羟基、羧基等含氧官能团。这种缺陷主要来源于石墨烯的一类制备方法，即 Hummers 法。此方法的基本工艺路线为使用强氧化剂（如浓硫酸、浓硝酸、高锰酸钾等）对石墨进行处理，石墨片层在强氧化剂作用下被剥离并带上含氧官能团后，利用还原方法（如热还原、还原剂处理等）对含氧官能团进行消除，从而达到制备石墨烯的目的。图 4.22 给出了经强氧化剂处理后，由氧原子引入缺陷的石墨烯结构图[48]。经强氧化剂处理后得到的含氧官能团的石墨烯在水中的分散性很好，这与本征石墨烯有很大不同。基于其特殊性和广泛的应用前景，这种材料有特定的名称，即氧化石墨烯（graphene oxide，GO）。

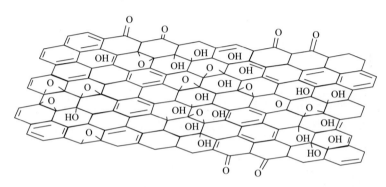

图 4.22 石墨烯的面外氧原子引入缺陷结构[48]

然而，石墨烯上被引入的氧原子在后续还原过程中很难被完全去除。无论采用热还原还是使用还原剂，最终制备出的石墨烯总会含有一定量的残余氧，这些氧的含量及存在形式可以使用 X 射线光电子能谱（XPS）表征出来。进一步对还原后氧化石墨烯的拉曼光谱研究表明，代表缺陷结构的 D 峰与代表 sp^2 杂化的振动模式 G 峰的强度比值基本没有变化，甚至比值增大。这意味着还原处理后，石墨烯缺陷的相对含量没有变化，或者含量增加，这是由于氧原子脱除时会同时脱除一部分的碳原子，造成本征缺陷。

面内异质原子取代型缺陷：一些原子如氮、硼等，可以形成三个化学键，因此可以取代石墨烯中碳原子的位置，这些异质原子构成了石墨烯面内掺杂型取代缺陷。图 4.23 显示了含有此类缺陷的石墨烯的原子结构模型[49]。当然，通过生长方法的控制，不仅能使石墨烯中单独存在氮或者硼缺陷，还可以让二者同时存在。例如，拥有氮和硼掺杂型缺陷的石墨烯在催化活性等方面性质优异。这种性质的变化机制可以理解为，氮和硼的引入改变了石墨烯局部区域的电子云，使得这些区域具有更高的活性。当然，作为异质原子，氮和硼本身也具有其自身独特的性质，这些性质在石墨烯上的显现也改变了石墨烯自身的性质。此部分内容将在 4.5 节和 5.5 节中进一步阐述。

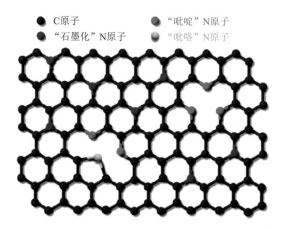

图 4.23　石墨烯面内氮原子取代型缺陷模型[49]

4.3.2　石墨烯缺陷的形成原因

总结目前的研究，石墨烯缺陷的形成原因可以分为三种情况：粒子束轰击、化学处理及晶体生长缺陷，以下将分别论述这三种情况。

粒子束轰击：当具有合适能量的电子束轰击石墨烯表面时，石墨烯上的碳原子由于能量作用会离开原来的碳六元环，这些碳原子或者完全离开石墨烯表面，或者在其表面进行迁移，形成新的缺陷。不难理解，既然电子束可以使碳原子脱离其在石墨烯中的原始位置，也可以作用于石墨烯中的异质掺杂原子，从而造成石墨烯掺杂原子缺陷。目前，基于此认识，已有利用电子束还原 GO 的报道。当然，不只是电子束，如果能量适合，不同种类的离子束（氩离子束、氦离子束等）、α 粒子、γ 射线等也可以作用于石墨烯，产生相应的缺陷。2010 年，A. Jorio 等[50]详细对比了氩离子束辐照后石墨烯缺陷的变化过程。从图 4.24 的拉曼光谱中可以清楚地发现，缺陷峰 D 峰的相对强度随着氩离子密度（$10^{11} \sim 10^{14}$ Ar$^+$/cm^2）的增大而增大，表明石墨烯中的缺陷在氩离子束辐照下增多[51]。

化学处理：为了制备石墨烯或者对石墨烯进行改性，有些时候会使用含有氧、氮、硼等元素的化学试剂或者气氛处理石墨烯原料。这些处理不可避免地向石墨烯中引入了掺杂原子缺陷。当然，这些缺陷有时是由制备石墨烯的工艺条件造成的，而有些则是出于改性石墨烯的目的故意引入的缺陷，如向石墨烯中引入氮原子或者硼原子以改善石墨烯性能。

晶体生长缺陷：采用 CVD 方法可以生长出大尺寸、低缺陷密度的石墨烯。在各种制备石墨烯的方法中，此方法制备的石墨烯的拉曼光谱表现出极低的缺陷浓度，因而被认为是一种非常有前景的制备方法。然而，此方法制备石墨烯实际上是通过碳原子在金属表面进行形核生长的。对于典型的多晶石墨烯生长，由于

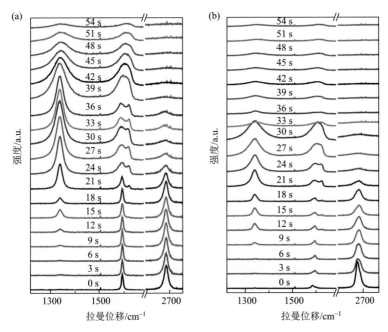

图 4.24　基底上（a）和悬空（b）的石墨烯在氩离子束轰击不同时间后的拉曼光谱[51]

形核的随机性，不同区域生长的石墨烯晶粒无法保证具有相同的晶体取向，因此生长出来的石墨烯薄膜会产生一定密度的线缺陷，即晶界。

4.3.3　石墨烯缺陷对其性质的影响

石墨烯缺陷的形成原因多样，形成的位置也多表现为随机和不可控性，因此难以对石墨烯缺陷与性质的关系进行量化。即使如此，由于石墨烯潜在的巨大应用前景，相关理论和实验研究已经开展起来。理论研究的困难主要是由两方面原因造成的：一方面，理论模拟中本征缺陷的浓度很难保持和实际制备的石墨烯一致，这是由于接近实际的模型不可避免地使用大的石墨烯原子模型，这将给理论计算带来极大的运算量，甚至造成运算失效；另一方面，异质原子引入的缺陷在石墨烯中具体存在的位置和形成过程还无法直接观察，只能通过表征结果进行推测，也给相应的理论模拟带来了一定难度。尽管如此，关于石墨烯缺陷的模拟还是解释了缺陷石墨烯表现出的很多特点。更重要的是，理论模拟可以揭示石墨烯潜在的应用价值，并指导实验研究方向。下面，将石墨烯缺陷对其性质的影响研究分为磁学、电学、力学、热学和化学性质等五个方面进行论述。

1. 磁学性质

尽管理论上理想石墨烯本身并非磁性材料，但是具有缺陷的石墨烯却在磁场中表现出响应信号，这极大地引起了科学家们的兴趣。2009 年，南开大学陈永胜研究组[41]研究了氧化石墨烯及由其高温还原制备的石墨烯材料的磁化曲线，发现与氧化石墨烯不同，在惰性气氛下 400℃和 600℃还原的氧化石墨烯在室温下具有铁磁性，如图 4.25 所示。研究认为，这样的铁磁性是由高温状态下氧化石墨烯脱除含氧官能团后形成的本征缺陷导致的。但在高温还原过程中具体会出现哪种本征缺陷，这些缺陷又怎么影响石墨烯的磁学性质，还有待研究。显然，这个问题有其本身的复杂性，这在研究结果中也有所体现。例如，800℃还原的氧化石墨烯在室温下不具有铁磁性，不满足 400℃和 600℃还原的氧化石墨烯的磁性规律。2010 年，I. V. Grigorieva 等[42]明确指出，石墨烯粉体在 2～300 K 的温度范围内没有铁磁性。就研究结论来看，多个研究组的结果似乎相悖。但如果仔细比较，则不难发现，具有铁磁性的石墨烯是还原的氧化石墨烯，非铁磁性的石墨烯是利用溶剂超声剥离法制备的。显然，两种不同路线制备的石墨烯很可能在二维尺度、三维厚度，特别是晶体缺陷的类型上，不具有可比性。因此，为石墨烯的磁性特征与其缺陷的关系建立统一的机制，是一份任重而道远的工作。

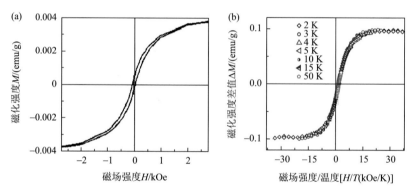

图 4.25　不同石墨烯样品的磁化曲线：（a）利用 Hummers 方法制备氧化石墨烯，并在 400℃下退火还原得到的石墨烯材料；（b）利用溶剂超声剥离石墨方法制备的石墨烯粉体[41]

2. 电学性质

石墨烯缺陷的出现改变了其附近碳原子间价键的键长，同时改变了部分碳原子杂化轨道的类型，键长和轨道的变化使得缺陷区域的电学特性发生了变化。

石墨烯的点缺陷和单空位缺陷都可以在石墨烯表面形成电子波散射中心，进而影响电子的传输，最终导致石墨烯导电性下降。在目前制备石墨烯的众多方法中，点缺陷和单空位缺陷往往无法避免，这是目前制备出的石墨烯的导电性与理想状态存在差距的重要原因，也为后续研究的方向指明了道路，即减少石墨烯的本征缺陷以提高其导电性。

相比于本征缺陷对石墨烯电学性质的影响，掺杂原子引入的缺陷对石墨烯电学性质影响则表现得更加复杂和有趣。2013 年，成会明、任文才研究组[52]开发了一种无刻蚀的臭氧处理方法，即简单地将石墨烯暴露于臭氧中，通过调控时间和温度，实现了 CVD 石墨烯薄膜中连续可调的电阻和透光率。初始暴露臭氧时，石墨烯薄膜的电阻会因为 p 型掺杂而降低，但随后由于表面氧化的进行，石墨烯薄膜的电阻和透光率相应增加。另外，也有理论研究指出，石墨烯上的氧原子缺陷如 C—O—C 缺陷，如果位置合理，则可能让石墨烯依旧保持金属导电特性。这些研究结论并非是相悖的，对石墨烯的理论研究目前多使用计算模拟的方法，其使用的模型虽然在一定程度上是经过证实的某一种石墨烯缺陷结构，但是这种结构是否能单独存在，如何制备出这样的结构等都需要进一步研究。

与引入氧原子缺陷不同，大量研究表明氮、硼原子形成的石墨烯面内外原子取代缺陷可以提高石墨烯的导电性。2009 年，S. Roche 等[53]发现氮原子和硼原子在石墨烯上能引起共振散射效应，进而影响了石墨烯的电学性质。同时，氮原子和硼原子的位置、石墨烯的二维宽度及自身的对称性，将影响由氮、硼原子的引入造成的石墨烯电学性质变化的最终结果，如图 4.26 所示。

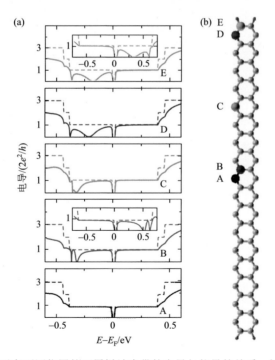

图 4.26　（a）硼原子在不同位置的石墨烯纳米带的电导与能量的关系，插图为引入氮原子的计算结果，轴题同对应大图；（b）石墨烯纳米带单胞中的异质元素掺杂位置，灰色球为碳原子，粉色球为饱和的氢原子，标记为 A～E 的彩色球为硼或氮原子[53]

3. 力学性质

本征石墨烯的杨氏模量可以达到 1 TPa，但是缺陷会影响其模量，不同的缺陷影响也不同。2011 年，清华大学的徐志平研究组[54]研究了石墨烯点缺陷和单空位缺陷对其力学强度的影响，发现随着两种缺陷浓度的增加，石墨烯的杨氏模量均下降。其中，单空位缺陷浓度与杨氏模量变化呈线性关系；点缺陷浓度与杨氏模量变化率的关系表现为非线性，且随着浓度增加，杨氏模量变化率逐渐出现平台，即杨氏模量后期对点缺陷浓度不敏感。2014 年，N. Koratkar 等[51]研究了石墨烯局部出现 sp³ 杂化碳原子和空位缺陷后力学性质的变化，发现石墨烯的弹性模量对于 sp³ 杂化型缺陷的浓度不敏感，但对于空位缺陷浓度却表现为强的敏感性，空位缺陷会使得石墨烯的弹性模量大幅度减小，如图 4.27 所示。

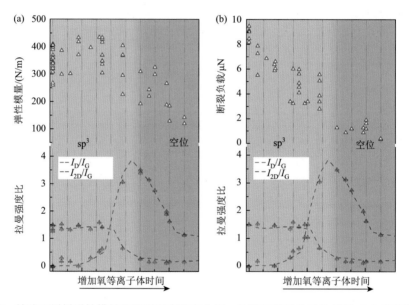

图 4.27　缺陷石墨烯弹性模量和断裂强度的变化图：缺陷石墨烯的弹性模量（a）和断裂负载（b）随氧等离子体轰击时间增加的变化，以及拉曼 I_D/I_G 和 I_{2D}/I_G 的对应变化图[51]

在 sp³ 型缺陷区域，弹性模量保持不变，但在空位缺陷状态下弹性模量急剧下降。与此不同，在 sp³ 型缺陷区域和空位缺陷区域断裂强度不断减小

针对引入缺陷对石墨烯力学性质的影响也有相关报道。研究发现，具有 C—O—C 杂原子缺陷的石墨烯，其杨氏模量相比无缺陷石墨烯下降 42.4%，但抗拉强度却基本没有变化。杨氏模量的下降是由于氧原子的引入，石墨烯片层发生弯曲，石墨烯在受力后形变加大造成的[55]。然而，石墨烯的抗拉强度依靠于 C—C 键的强度，具有 C—O—C 缺陷的石墨烯，与氧连接的两个碳原子本身依然是互相连接的，

因此即使有 C—O—C 缺陷的存在，石墨烯的抗拉强度变化也较小。另有研究表明，即使在石墨烯上线性排列 4 个 C—O—C 缺陷，断裂时的抗拉强度也只是从 116 GPa 变化为 97 GPa，这样的变化说明 C—O—C 缺陷对于石墨烯抗拉强度的影响很小。但是，如果其他种类含氧官能团（如羟基等）共同存在于石墨烯上，即使高温还原至 1050℃，由含氧官能团脱除造成的新的本征缺陷的出现，石墨烯的抗拉强度也会受到很大影响。理论计算表明，这时石墨烯的抗拉强度则降低为 63 GPa。

综上，石墨烯的本征缺陷，特别是空位缺陷，对其断裂强度的影响比掺杂引入缺陷更大，而引入型缺陷则更多地影响石墨烯的杨氏模量。

4. 热学性质

本征石墨烯具有很高的热导率，约为 5300W/(m·K)，但缺陷将使其热导率发生巨大改变。例如，如果石墨烯中存在点缺陷或者单空位缺陷，其热导率将随着缺陷浓度的变大而迅速变小，降至无缺陷状态的 20%。有趣的是，当缺陷浓度进一步提高时，热导率减小速度趋缓。对于这种变化，一般认为是石墨烯的缺陷浓度比较低时，缺陷成为热流散射中心，因而削弱了石墨烯的导热能力；当缺陷逐渐增多时，缺陷之间彼此并域，散射中心也彼此交叉，使得散射中心数目增速减慢，因而石墨烯导热能力的减弱趋于缓慢[54]。

通过 MD 模拟，也可以研究石墨烯外引入型缺陷对其热导率的影响。例如，研究发现当石墨烯上某些碳原子变为 sp^3 杂化，假设这样的碳原子仍然保持和其他三个碳原子相连，另外一个价键和氢原子相连，那么氢原子导致的面外杂原子引入型缺陷将使得石墨烯的热导率减小。即使向石墨烯中 2.5% 的碳原子引入这种缺陷，石墨烯的热导率也将减小 40%。进一步研究还表明，随机散乱分布的氢原子缺陷，比集中存在于某一区域时对石墨烯热导率的危害大，如图 4.28 所示[56]。

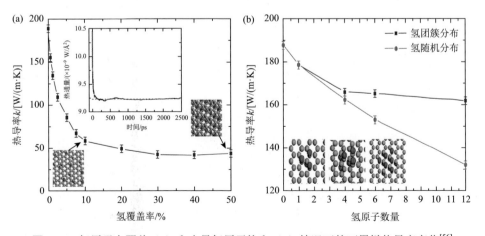

图 4.28　氢原子全覆盖（a）和少量氢原子饱和（b）情况下的石墨烯热导率变化[56]

5. 化学性质

如上所述，氮原子掺杂能够提高石墨烯的化学活性，此类掺杂石墨烯可用于催化以及锂离子电池领域。除了增加化学活性外，将硼原子引入石墨烯后还可能改变石墨烯的光吸收，这有可能为石墨烯在光催化领域的研究带来新的方向。

对于石墨烯外引入型缺陷带来的应用，更多的研究集中于氧原子引入缺陷，或者说对于氧化石墨烯的探讨。究其原因，可以归结为两点：其一，氧化石墨烯带有羟基、羧基等含氧官能团，这使得氧化石墨烯具有亲水性，可以均匀分散于水中。并且氧化石墨烯与很多盐类或者亲水聚合物存在氢键或者离子键作用，从而使得这些物质可以在水中均匀地负载在氧化石墨烯上或者与氧化石墨烯混合，这样得到的复合材料可以应用于催化、锂离子电池、超级电容器等多个领域，并表现出优良的性质。其二，氧化石墨烯可以看成是在石墨烯表面引入含氧官能团和缺陷形成的一类衍生物，在一定程度上保留了石墨烯大分子片层的结构，这使得氧化石墨烯具有自组装性质，并且本身有很好的成膜性，因而在膜领域具有很好的应用前景。

4.3.4 石墨烯缺陷的调控方法

石墨烯的缺陷与其性质关系密切，为了使石墨烯具有某些特性以实现特定用途，需要对石墨烯的缺陷进行精确调控。为了增加石墨烯的化学活性或者裁剪石墨烯构建纳米器件，需要引入石墨烯缺陷；而为了提高石墨烯晶体的有序化和电学、力学、热学等性质，则需要减少石墨烯缺陷。

1. 引入缺陷

石墨烯的本征缺陷和引入缺陷均可以通过合适的实验方法来实现。相比较而言，引入缺陷在实验上更便于操作，这是由于引入缺陷可以通过化学试剂和石墨烯相互作用得到。只要所用的化学试剂在某种条件下足够活泼，就可以实现与石墨烯的反应，反应的结果是其他杂原子被键合到石墨烯上。这类方法中最典型的是向石墨烯中引入含氧官能团，即氧化石墨烯的制备。

制造石墨烯本征缺陷一般有两类方式。一种是利用高能粒子束轰击石墨烯表面，使得石墨烯上碳原子达到溢出能量而缺失，从而制造缺陷[51]。例如，使用氩离子束可以在石墨烯上辐照出本征缺陷空位，这种方法在构建石墨烯纳米器件上具有很好的前景。另外一种方式是使用化学方法，先向石墨烯上负载具有催化活性的金属原子，然后利用在某一气氛下金属原子催化石墨烯上的碳原子，使其成为气体溢出，从而制造本征缺陷。例如，使用铂原子负载于石墨烯上，而后在氢气气氛下加热至 1000℃，利用铂催化碳原子与氢气反应形成烃类制造缺陷，这样制备的石墨烯由于缺陷处存在悬键而具有很高的吸附活性，有望作为二氧化碳储存材料应用。

2. 减少缺陷

为了减少石墨烯缺陷，可以采取两种方式：其一为使用合适的制备方法，使得制备出的石墨烯本身就具有较低的缺陷浓度；其二则是对已经含有较多缺陷的石墨烯进行缺陷修复，以减少缺陷。

相比于其他规模化的制备方法，CVD 法的主要优势在于能够制备出缺陷浓度低的石墨烯[19, 57]。如何进一步降低缺陷浓度、提高结晶质量一直是 CVD 石墨烯可控制备研究的重要内容。如第 2 章中所介绍的，采用合适的金属生长基底、降低形核浓度（如单晶结构）、提高生长温度、优化前驱体和载气的组分等方法都可以有效降低石墨烯的缺陷浓度。

使用 Hummers 法制备的氧化石墨烯，由于具有多种含氧缺陷而在性质上与石墨烯相差很大。为了使氧化石墨烯恢复石墨烯在电学、力学、热学等方面的特性，必须对其进行还原等后期缺陷修复。还原过程可以使用很多方法，如高温热还原法、化学还原剂还原法、电化学还原法、光催化还原法、水/溶剂热还原法及微波还原法。虽然这些还原方法均可以在一定程度上减少石墨烯由于含氧官能团引入的缺陷，但是往往伴随着碳原子的缺失，从而形成本征缺陷。也有研究表明，将氧化石墨烯置于甲烷等离子体中，在去除引入缺陷的同时，也可以修复缺失碳原子的石墨烯区域。利用氧化石墨烯修复得到石墨烯是规模化生产石墨烯的主要工艺路径之一，因此各种修复方法有待丰富和深入研究。

4.3.5　双层石墨烯的结构缺陷

石墨烯按照不同的堆叠方式进行构筑，会形成类石墨结构。如果石墨烯本身是完美无缺陷的，那么在所形成的类石墨结构中，层与层之间将不会出现以化学键结合的碳原子。但是，由于石墨烯往往存在本征缺陷（空位、悬键或者处于迁移状态的碳原子），因此即使只有两层石墨烯形成堆叠结构，有缺陷的石墨烯片层在进行堆叠时，相邻层碳原子之间也有可能形成新的化学键，导致形成新的缺陷。图 4.29 给出了三种可能的双层石墨烯中的结构缺陷[58]。

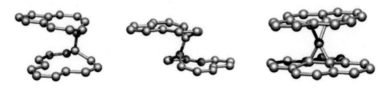

图 4.29　双层石墨烯的三种典型结构缺陷[58]

不难想象，如果堆垛过程涉及更多层石墨烯，则结构缺陷将更加复杂，这些复杂的缺陷很可能将最终影响构筑材料的宏观结构，从而影响其物理化学性质。另外，由于单片石墨烯在空间尺度上并非无限大，因此不同堆叠区域的石墨烯在构筑类石墨结构时必然涉及缝合过程。如果该过程进行得不充分，则会导致材料长程有序度不足，最终造成材料的一维缺陷。但是，实验直接观察到石墨烯的堆叠缝合过程有一定困难，这是因为观察过程也涉及类石墨结构的形成。自然界中天然石墨的形成经历了复杂且长时间的物理化学变化，整个过程很难被直观地实时观察，而人为条件下的气相碳化形成的类石墨结构（如炭黑等）的形成时间又过于短暂，无法选择合适的方法捕捉堆叠缝合过程。因此，如果想观察石墨烯的堆叠缝合过程，以及该过程中可能存在的缺陷结构，必须解决两个问题：其一是选择合适的研究对象，该类结构形成的过程应具有合适的堆叠缝合时间；其二是发展新的表征方法，直观地捕捉堆叠缝合阶段的结构信息。

4.4　褶皱

4.4.1　石墨烯中的涟漪与褶皱

由于石墨烯在电学、力学、热学、光学、磁学等方面独特的性质，其在微纳电子器件、量子计算单元、生物工程以及航空航天等领域具有广阔的应用前景。而涟漪作为石墨烯独立存在的必要条件，以及各种方法制备的石墨烯中难以避免出现的褶皱（wrinkle），与石墨烯的特性密不可分。因此，研究石墨烯的褶皱和涟漪特征及规律，以及二者对石墨烯性能的影响，具有重要的科学研究和应用价值。

2004 年从石墨中剥离出独立稳定存在的石墨烯表明二维原子晶体在有限尺寸下是可以独立稳定存在的。但严格来讲，自由存在的石墨烯不能完全处于二维平面内，而是存在类似水面波纹的涟漪结构，如图 4.30 所示。通过 TEM 和 STM 观察也证实了这一结论。作为石墨烯的本质属性，随机分布的涟漪平衡了二维结构在热力学上的不稳定性[59]。

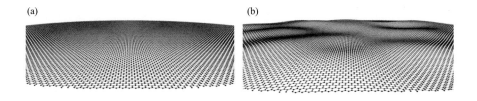

(a)　　　　　　　　　　　　　　　(b)

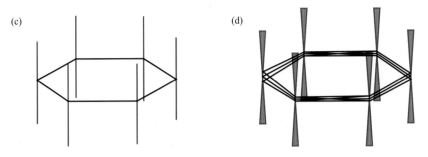

图 4.30　平整（a）和涟漪化（b）的石墨烯表面；（c，d）对应的倒易空间示意图[59]

　　然而，石墨烯在不同的制备过程中均会产生褶皱，其对石墨烯的性能会造成更大的影响。例如，褶皱会破坏石墨烯的六边形对称晶格结构，产生长程散射势垒导致电阻率增大，降低石墨烯纳米带的导电性能[60]；褶皱的波峰和波谷处的碳原子与氢更容易发生反应等[61]。然而随机形成的褶皱虽然对石墨烯的性能有影响，但其具有随机性，无法加以利用。只有将石墨烯褶皱周期化、规律化和调谐化，才能使基于褶皱调谐的石墨烯具有应用价值。研究发现，可以通过基底材料的形貌以及石墨烯的负热膨胀系数控制石墨烯的内应变，进而控制褶皱的伸展方向、波长和振幅等。例如，通过调节内应变，进而调节周期性的褶皱形态，调节宽度达 1.5 μm，长度达 22.8 μm，而石墨烯带的电阻则从 3.6 kΩ 变为 59 kΩ。另外，如果在褶皱峰谷处嵌入其他物质用于修饰和改性石墨烯，则石墨烯的性能会变得更加丰富。因此，基于褶皱的应变控制是一种调控石墨烯性能的有效手段。

　　在石墨烯的制备过程中，缺陷、化学官能团、热波动以及热胀率差异导致的内应变均可以诱发形成褶皱。然而石墨烯褶皱的物理本质尚未明晰。有研究者认为褶皱的产生增加了石墨烯的弹性能量，并以此降低该体系的自由能；也有研究者认为褶皱的产生是二维平面内的压缩导致面外变形的结果。

　　一般而言，褶皱是薄膜表面的一种典型的构型失稳现象，不仅存在于二维的石墨烯，同时在自然界各种宏观和微观结构中也普遍存在，如地质褶皱、皮肤褶皱以及微纳米尺度褶皱（花蕊表面、细胞褶皱及各种薄膜中的褶皱）等。不同尺度的薄膜表面，其褶皱出现的作用各不相同。宏观尺度的薄膜，其表面产生的褶皱多引起负面作用，例如，高精度的结构构件表面的褶皱，将直接影响其表面精度、载荷传递以及构件的动态力学特性；充气拱、充气环及充气支撑臂等受力结构，如果其表面出现褶皱，承载能力将大幅降低。微纳米结构表面的薄膜，其产生的褶皱多发挥有利作用，例如，聚酯薄膜制成的柔性太阳能电池，其表面的微观褶皱可以提高电池的发电效率，进而提高其输出功率。

4.4.2 褶皱的分类

目前，利用 CVD 方法已经在 Ni、Cu、Pt、Ru、Mo、Au、Ir 等金属基底表面上生长出石墨烯[14-19, 57, 62, 63]。其中以多晶铜箔作为基底生长石墨烯最为常用[15]，但由于石墨烯的热膨胀系数与 Cu 的热膨胀系数不同，因此降温过程中在石墨烯表面会形成褶皱。

褶皱作为 CVD 石墨烯的主要缺陷之一，对石墨烯的电学性能和稳定性有较大影响。研究者利用 AFM 对石墨烯表面的褶皱进行了观测，发现褶皱达到一定高度就会塌陷弯曲。他们按照构型的不同将褶皱分为三种结构：涟漪型褶皱；直立塌陷型褶皱（standing collapsed wrinkle），呈现双曲正高斯曲率形状，有特定的褶皱方向且贯穿整条褶皱；折叠型褶皱（folded wrinkle），如图 4.31 所示。研究者通过量化计算，解释了褶皱的高度和宽度之间的相互关系，并且对石墨烯褶皱部位进行了电学输运测量，发现石墨烯表面上的不同形态褶皱，对其载流子迁移率的影响也不同[60]。此外，表面褶皱导致石墨烯作为金属抗氧化保护层的作用也明显减弱。

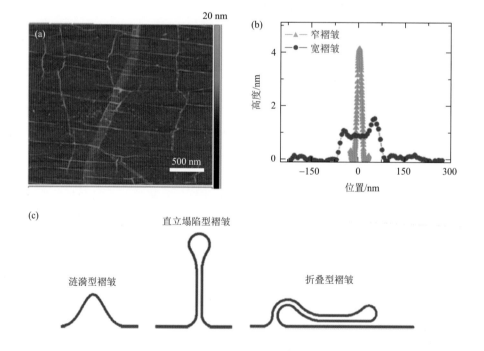

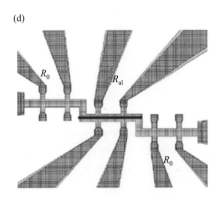
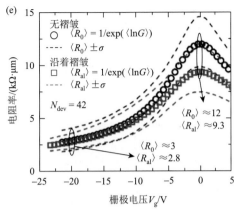

图 4.31　（a）富含褶皱的石墨烯薄膜在 SiO_2/Si 基底上的 AFM 图；（b）宽和窄的褶皱的剖面高度图；（c）石墨烯三类褶皱的示意图：涟漪型褶皱、直立塌陷型褶皱和折叠型褶皱；（d）沿着褶皱方向的霍尔器件示意图；（e）沿着褶皱方向的电阻率随栅极电压的变化图[60]

　　另外，金属基底上生长的石墨烯通常需要特殊处理或者转移到其他合适的绝缘基底上，才能进行微纳电子器件的制作和测量。然而，转移过程也会不同程度地破坏石墨烯的结构和性能。因此，在半导体或者绝缘体基底上直接生长石墨烯并制成微纳米器件，是石墨烯器件应用的重要途径。然而，也有研究表明，在碳化硅上外延生长的石墨烯，由于碳化硅表面的原子结构不同，也能导致石墨烯产生不同的褶皱形貌，且褶皱形貌强烈依赖于生长温度。石墨烯与碳化硅表面原子的晶格失配，是导致石墨烯产生不同褶皱形貌的重要原因[64]。此外，石墨烯的褶皱形貌同时还直接影响了其与硅基底表面的结合稳定性。

4.4.3　褶皱的应用

　　褶皱的产生对石墨烯的物理性能会造成很大影响。研究人员通过施加热载荷并产生热应力，诱发石墨烯出现可调控的、兼具方向性和规律性的褶皱，进而调控石墨烯的物理性能，达到对石墨烯器件设计的目的（具体数据请参考第 5 章中图 5.55 及相应描述）[65]。

　　同时，也有研究人员采用非线性折叠技术加工出石墨烯周期性结构。首先，把石墨烯转移到施加拉应力的聚二甲基硅氧烷（PDMS）柔性基底上，通过释放基底上的应力，使石墨烯在 PDMS 恢复自然状态的过程中形成具有纳米周期的褶皱状折叠结构，如图 4.32 所示。通过调控施加在基底上的预应力，进而可以控制折叠石墨烯的周期和折叠幅度。在具有纳米级周期性折叠结构的石墨烯薄膜中接入电极，可以制作成应力传感器[66]。

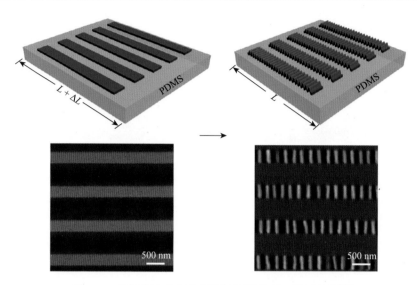

图 4.32　利用预应力制作周期性褶皱状的石墨烯结构[66]

由于石墨烯褶皱对其性能有着重要影响，因此研究人员对其进行了广泛和深入的研究。Y. N. Dong 等[67]通过将 C_{60} 与石墨烯发生接触，从而引入褶皱结构，同时研究了褶皱的传导特性。J. K. Choi 等[68]研究了褶皱的取向性与石墨烯晶格结构之间的关系。W. L. Wang 等[69]利用 TEM 等技术观察并对比了单层以及少层石墨烯上褶皱的形貌与结构之间的关系。S. K. Deng 等[70]通过第一性原理计算了含褶皱石墨烯的电子结构，以及褶皱对能带结构的影响。M. Imam 等[71]分析了 Ir 基底上石墨烯褶皱的产生，以及基底对褶皱的影响及其所导致的电子结构变化。R. Breitwieser 等[72]利用 STM 技术对石墨烯褶皱的形貌进行了观察，并对褶皱的产生机制进行了研究。E. J. G. Santos 等[73]对含褶皱石墨烯中出现的空位缺陷进行了研究，并着重研究了缺陷对含褶皱石墨烯微观磁性的影响。J. H. Warner 等[74]对含褶皱石墨烯中出现的空位缺陷与位错缺陷及其形貌产生机制进行了研究。Z. Wang 等[75]通过第一性原理计算了含褶皱石墨烯的稳定性，并重点研究了内应变、褶皱形貌等因素对稳定性的影响。Locatelli 等[76]对 Ir 基底上石墨烯中褶皱的产生进行了研究，并分析了温度对褶皱特性的影响。

4.4.4　褶皱的理论研究

目前，石墨烯褶皱的理论研究主要采用连续介质力学方法、分子力学方法和 MD 方法等三种方法。

连续介质力学方法通常用于研究膜结构的褶皱问题，需要将石墨烯等效成薄膜模型或薄壳模型。薄膜模型利用张力场理论，假定材料的抗弯刚度为零，不能承受压应力，褶皱产生的判定准则为某方向拉应力为零。薄壳模型材料具有一定的抗弯刚度，能够承受一定的压缩和弯曲变形。褶皱产生的判定准则为结构中的压应力达到某一临界值。预测的初始临界载荷和失效载荷不仅与结构弹性模量和泊松比等参数有关，而且还与材料的厚度有关。

分子力学方法研究石墨烯褶皱，需要借助广泛适用的分子力场描述碳-碳键间的相互作用，通过描述石墨烯各原子之间的运动与势能之间的关系，进而获取结构特征和性能，适合研究复杂分子的稳定构象以及振动问题。

MD 方法研究石墨烯褶皱，目前主要集中在不同石墨烯构型起皱以及载荷与褶皱波长数值关系等问题的研究上。Dong 等[77]用 MD 方法计算了石墨烯纳米带在不同手性、不同温度下的剪切模量、剪切强度，发现石墨烯褶皱对其力学性能有着重要影响，同时褶皱的幅值与波长比不随温度变化而变化。N. Yang 等[78]研究折叠石墨烯时发现，折叠处对低频率声子有散射效应，因此可以通过折叠和改变层间耦合作用来对石墨烯的热传导进行调控。结果显示，增大折叠数量和压缩层间距离均会导致石墨烯的热导率降低，且调谐幅度最大可以达到初始石墨烯热导率的 30%。N. Xu 等[79]还采用非平衡的 MD 方法，通过在石墨烯纳米带一端注入能量，另一端释放相同能量，形成温度梯度，进而产生热流。通过分析 90°折叠的石墨烯后发现，面内和面外两种模式的声子能量发生分离，进而在折叠处产生热阻，并且热阻随着折痕角的增大而减小，在 135°时热阻几乎为零。这种现象是由在弯曲区域声子能量散射/反射和压缩应变效应所导致的。Y. F. Guo 等[80]通过在石墨烯的两侧施加温度梯度，利用非平衡 MD 方法研究了石墨烯褶皱的热泳运动，发现褶皱运动的加速度与分度梯度近似线性相关，该结果表明褶皱热泳运动有望成为一种新的能量转换机制。

4.4.5 褶皱的性质

由于褶皱处缺陷的活化能较低，因此褶皱相比于石墨烯平面更容易被破坏。研究人员通过对石墨烯单晶晶粒进行氧气刻蚀，发现相较于无褶皱区域，石墨烯表面的褶皱结构更容易被刻蚀，同时在高温下，褶皱结构被刻蚀的速度明显加快[61]。同时，通过对 Cu 基底进行电子背散射表征，发现褶皱的形貌和密度分布与 Cu 基底的晶体取向有着密切的关系，即高指数面对应相对较低的褶皱密度[81, 82]。研究人员利用四探针方法，测量了褶皱区域的载流子输运性质[28]。根据不同载流子浓度下的电阻率，利用 Drude 输运模型，可以计算出石墨烯晶界或者褶皱处的载流子迁移率。计算结果表明，石墨烯晶界区域的迁移率要比本征石墨烯低三到四个数量级，而褶皱部位的迁移率为本征石墨烯的 $1/6\sim1/5$，如图 4.33 所示。

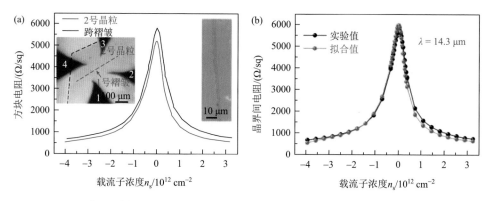

图 4.33　（a）跨石墨烯褶皱与单晶石墨烯的电学输运特性对比，右插图为该石墨烯褶皱的光学照片；（b）经过褶皱的电学输运测试数据与模型拟合的数据对比曲线[28]

4.4.6　低褶皱石墨烯的制备

褶皱对石墨烯的力学、电学、热学和化学性能等具有重要影响。褶皱部位会影响石墨烯的电学输运性能，能降低微纳米器件的电流开关比并提高器件的整体电阻。S. S. Chen 等[83]通过微区拉曼表征发现褶皱部位会降低石墨烯的热导率。石墨烯的褶皱会引起各向异性的电子移动，局部电荷积累，以及防腐蚀性能、机械强度、热导率的降低，尤其是其表面不均匀性会影响实际应用。因此，为了保持石墨烯的优异性质，需要去除石墨烯晶界，同时抑制石墨烯褶皱。

由于锗基底和石墨烯之间存在较弱的相互作用力，以及锗与石墨烯之间的相近热膨胀系数，韩国 J. H. Lee 等[63]在氢饱和锗基底上生长出几乎无褶皱的单晶石墨烯薄膜。成会明、任文才研究组[19]和韩国 Kwon 等[68]利用 Pt 和石墨烯之间较小的热膨胀系数的差异，将 Pt 作为生长平整石墨烯的合适基底，制备出了具有低褶皱高度的高质量、大晶粒尺寸的石墨烯薄膜。另外，通过将生长基底平整化，也可以在一定程度上降低石墨烯的褶皱高度。2015 年，韩国成均馆大学的 Y. H. Lee 研究组[84]采用电化学抛光后的铜箔生长石墨烯，得到了无大密度晶界缺陷和低褶皱密度的石墨烯薄膜。2017 年，刘忠范研究组[85]利用单晶蓝宝石基底上平整的Cu(111)薄膜，生长出极低褶皱密度的石墨烯薄膜。2020 年，高力波研究组[86]开发出质子辅助技术并提出质子渗透模型。基于此，他们通过解耦石墨烯和生长基底之间的相互作用力，使得高温生长的石墨烯在降温过程中能够相对自由地滑动，最终在平整的 Cu(111)基底上生长出完全无褶皱的超平整、晶圆级的石墨烯薄膜。2021 年，韩国基础科学研究所 R. S. Rouff 研究组[87]通过精确控制 CVD 过程中的生长温度，生长出无折叠的低褶皱密度的单层石墨烯薄膜。更多内容请参考本书第 2 章。

然而，利用 CVD 方法生长在金属表面上的石墨烯薄膜，金属作为石墨烯生长的催化剂和基底，不仅不利于有效地表征石墨烯的各种物理、化学性能，同时也阻碍了石墨烯在电学、光学、磁学等性质方面的直接应用。在不平整基底上的石墨烯也无法利用微纳加工技术制作功能性器件，同时，大面积石墨烯薄膜也不能脱离支撑基底而独立、稳定地存在。因此，必须将石墨烯从初始金属生长基底上剥离并转移至半导体或绝缘基底上，以实现后续的应用功能开发。但是，在转移到目标基底的过程中，不可避免地会引入一系列新问题（包括形成额外的褶皱）。当前，亟需解决转移过程对石墨烯薄膜和目标基底的破坏，以及减少残余物、褶皱、折叠（folds）和裂纹（cracks）的问题，以保证转移后的薄膜具有连续性、均一的性质且表面清洁等，最终达到高保真转移的效果。目前 CVD 石墨烯的转移方法包括经典的 PMMA 转移法[15]、干式转移法[88, 89]、面对面转移法[90]等。更多内容请参考本书第 3 章。

4.4.7 褶皱石墨烯的新特性

褶皱可以让石墨烯表面存在极高的黏附力，使得石墨烯和聚合物基底形成紧密的力学结合，从而提高石墨烯增强复合材料的力学性能。

2010 年，N. Levy 等[91]发现，石墨烯上的气泡或褶皱能诱导一个高达 300T 以上的赝磁场。同时，可以通过调控石墨烯褶皱的构型、方向、波长和波幅等，来满足不同应用的需要。

通过将石墨烯转移到可收缩的聚合物膜上，利用聚合物膜加热后的收缩作用将石墨烯压缩，使其产生褶皱。在第一次收缩后，将膜溶解掉，然后取石墨烯置于另一个新的聚合物膜上，再重复上述操作。这种连续收缩的做法可以大大地压缩石墨烯片层，使它们缩小到原来尺寸的四十分之一以内。

2011 年，美国布朗大学的 R. H. Hurt 研究组[92]发现，石墨烯在增加多重褶皱后，疏水性质会显著提升。当水接触到疏水表面时，便形成水珠并滑落。水珠与表面的浸润角超过 160°，即意味着极少的水珠表面才能接触到材料，因而该材料被认为具有超疏水性。此种改变对于产生自洁净的表面很有帮助。同时，石墨烯的褶皱还可以增强其电化学性能，这对电池的电极应用更为有利。虽然直接生长或转移到绝缘基底表面的石墨烯会出现褶皱，但都是无规则的。因此，石墨烯褶皱的可控制备和大面积组装也是一个备受关注的研究方向。目前主要发展出了两种方法，一种是通过预拉伸的弹性基底或者加热热塑性基底的方式，产生多级的石墨烯褶皱。这样产生的褶皱仍然附着在基底上，如果想在随后的力学性能测试分析中避免基底的干扰，就需要将褶皱悬空或悬浮起来。另一种是在预先刻蚀好的二氧化硅沟槽上转移石墨烯，将其悬浮在沟槽上，再通过高温退火处理产生褶皱。这种方法目前只能应用于单片的石墨烯，而且只对单层或少层的石墨烯有效。另外，在基于对转移过程中石墨烯褶皱形成机制理解的基础上，刘忠范研究组在未改变石墨烯薄膜晶粒取向的前提下构造了石墨烯褶皱数组[93]。

石墨烯的褶皱除了能改变其浸润性外，也能改变其传感特性。2013 年，X. H. Zhao 研究组[94]测量了水滴在褶皱化石墨烯上的浸润角，如图 4.34 所示。将弹性体（elastomer）夹在石墨烯片层间，对弹性体施加电压会带来麦克斯韦应力，此应力会减小弹性体的厚度并增大弹性体的面积，从而引起在可见光范围内的透明度改变。因此，褶皱化的石墨烯也可以用作压力传感器，并且器件的电阻率也随应力而变化。

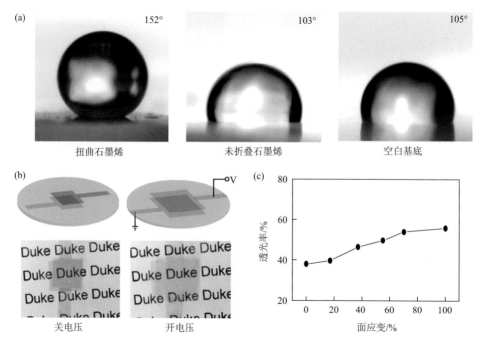

图 4.34 （a）褶皱化石墨烯薄膜的浸润性对比；（b）电压驱动的石墨烯/弹性体的厚度变化；
（c）透光率随面应变的变化图[94]

由于高比表面积和优异的导电性，石墨烯被广泛用于锂离子电池和超级电容器的电极。褶皱状石墨烯在此应用方面很有优势，因为这种石墨烯片层更加柔韧，在增加比表面积的同时可抑制堆叠。有研究结果发现，通过堆积多层褶皱状石墨烯，可以开发出透明、可延展的超级电容器，而褶皱对确保可持续的伸展非常重要[95]，如图 4.35 所示。此外，石墨烯上的褶皱提供了快速的锂离子扩散通道，激发势垒约 0.1 eV，低于平整石墨烯（0.3 eV）。褶皱也额外提供了锂化时的扩展冗余，解决了"体积膨胀引起电极开裂"这一难题。

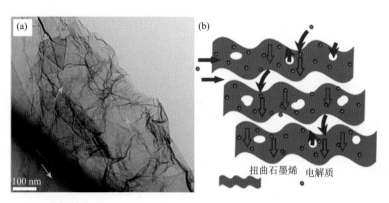

图 4.35　（a）褶皱状的石墨烯粉体；（b）基于高度褶皱状石墨烯的超级电容器工作示意图[95]

石墨烯上载流子浓度分布受其拓扑结构主导，同时也与石墨烯的局域掺杂有关。显然，石墨烯的褶皱或其他拓扑结构反过来也会影响石墨烯的化学性质。有报道称，复合材料中功能化石墨烯表面的褶皱提供了其与聚合物基底的良好耦合和相互作用。而当石墨烯表面没有褶皱时，聚合物基底则不易与其连接。

石墨烯的褶皱也可以用来制作其他石墨烯结构。如图 4.36 所示，通过设计基底的表面形貌，并采用合适的转移技术，可以在硅片表面得到褶皱状石墨烯[96]。通过等离子体刻蚀这种周期性褶皱石墨烯即可制备大面积的定向石墨烯纳米带（宽度小于 10 nm）。

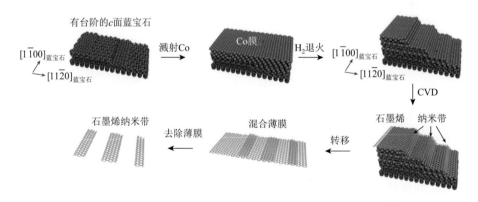

图 4.36　利用金属台阶生长石墨烯纳米带阵列的生长示意图[96]

美国 Illinois 大学的研究人员[97]通过实验证实改变石墨烯表面的应力，使其表面产生"褶皱"结构，增大褶皱密度，可以提高其吸光性，这对于石墨烯在光电领域的应用具有重要意义。提高石墨烯在可见光范围内的光吸收率是石墨烯在光电传感领域应用的一个重要前提条件，这是完全基于具有可调应变光敏感性和波长选择性的石墨烯的拉伸光电探测器。这种利用石墨烯褶皱的方法为提高石墨烯的光吸收提供了一种新途径，使单层石墨烯高敏感探测器成为可能。

由于褶皱状石墨烯结构具有独特的拉伸性能，褶皱石墨烯基的摩擦纳米发电机（TENG）可以在压缩、拉伸以及它们的混合模式下运行（图 4.37）[98]。另外，通过将给定的平面石墨烯片层收缩到更小的区域，基于更加高度褶皱的石墨烯基摩擦纳米发电机，可以提供更高的输出电压，从而具有为新兴可穿戴电子产品开发出更小、更好性能的发电机的优越潜力。

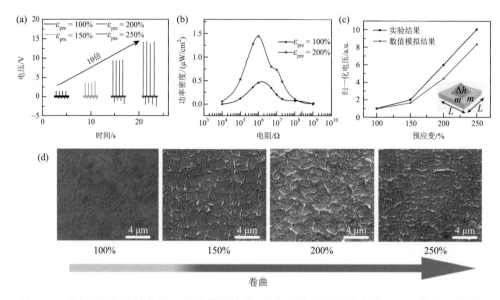

图 4.37   具有不同褶皱度的 TENG 的输出性能：（a）具有不同预应变的 TENG 的输出电压；（b）峰值功率密度与 TENG 的负载电阻之间的关系；（c）归一化的输出电压与预应变关系图；（d）具有不同预应变的褶皱石墨烯的 STM 图[98]

4.5 掺杂

石墨烯是一种具有六角形晶格结构的单层碳原子材料，具有优异的电学输运性能，在超高频晶体管、柔性电子器件、集成电路和其他新型器件等方面具有广阔的应用前景[99-101]。然而，本征石墨烯没有带隙[102]。因此，将其作为场效应晶体管（field effect transistor，FET）中的沟道材料，其通路状态将无法彻底关闭，从而无法应用于逻辑计算器件[103-105]。解决此瓶颈最直接的方法是在石墨烯中打开足够的带隙，从而允许对载流子输运特性进行有效控制。

目前，虽然已经发展出若干种打开带隙的方法，如裁剪成石墨烯纳米带来实现一维边界态的量子约束[106]，通过对少层石墨烯施加电场[103, 104]，引入大的应变[107]以及基底接触掺杂[108-110]等，但这些方法仍然存在各种性能或者应用中的问题。例如，最具代表性的硅基半导体在保持较高载流子迁移率的前提下，开关比为 $10^4 \sim 10^7$，其带隙至少保持为 340 meV[105, 111, 112]。而目前基于石墨烯的电子器件在性能上与硅基半导体仍存在较大差距。

通过引入异质原子掺杂来改变晶体结构也是打开石墨烯带隙的可行途径之一。异质原子硼或氮作为掺杂物，由于与碳原子具有相似的尺寸，易于在石墨烯的生长或者化学官能化掺杂中引入，取代石墨烯晶格中的碳原子，分别作为电子（n 型）或者空穴型（p 型）的掺杂物质。理论研究表明，如果形成超晶格结构的周期性排列硼原子或氮原子，则能够打开石墨烯的带隙[113]。然而，掺杂原子在晶格中随机分布则并不会产生带隙[114]。进一步研究发现，如果在石墨烯晶格中去除碳原子空位，无论是周期性掺杂的超晶格[115]，还是限制在两个石墨烯亚晶格其中之一的随机分布[116]，都能导致可调控的带隙。并且在后一种情况下，该体系中还会诱导出一定的磁性[117, 118]。

虽然这些发现很有吸引力，但是这些方式的可操作性以及未来器件应用所必需的可控性，都限制了该领域的研究进展。使用氮掺杂进行石墨烯的带隙和载流子浓度调控，在最近几年取得了显著的进展。然而，该方向的研究目前也遇到了相应的瓶颈，将在下面详细介绍。

4.5.1　氮掺杂石墨烯简介

在过去的十余年中，利用氮原子掺杂实现对石墨烯载流子特性和能带结构进行调控，一直是一项难度与重要性并存的研究课题[49]。CVD 是最早用于该方向研究的方法，即使用氨作为氮源，通过高温裂解、电弧放电[119]等途径，将氮和碳源共同沉积在金属基底表面[120]，可以生长出厘米级、高质量的氮掺杂石墨烯晶粒和连续薄膜。而且通过调节氮源的浓度，可以实现石墨烯薄膜中氮掺杂浓度的连续可调。该材料可应用于石墨烯基的场效应晶体管，以及包括生物、气敏传感在内的多种传感器件中[121]。值得注意的是，该方法生长的氮掺杂石墨烯可以调制出高达 200 meV 的带隙[122]。如果在氮掺杂石墨烯生长过程中加入硼源进行共掺杂，通过进一步优化生长参数，可以将带隙增大到 600 meV 左右，异质原子的总掺杂浓度约为 6%[110]。硼的单独掺杂也可以诱导出带隙，带隙大小可随掺杂浓度的变化而调节[123, 124]。采用氮和硼共掺杂的生长方法，可以在石墨烯片层中镶嵌纳米级的 B-N 结构区域，因此其掺杂打开带隙的精确控制机制，可能与 B 和 N 随机分布的诱因不同。虽然这些 B-N 结构区域的间隙相当大，但电子的散射效应依旧会对其输运特性产生一定的影响。最近也有理论预测这种亚晶格的不对称，即掺杂原子如果只分布在一个亚晶格中，其载流子输运过程中预计将会产生非常低的散射概率。在这样的体系中，电子波函数主要存在于没有掺杂的亚晶格上，其输运过程几乎可以不受阻碍，这对于克服异质原子的散射是很有希望的[125, 126]。

直到 2011 年，单个氮原子掺杂对石墨烯电学性质的影响，才由 L. Y. Zhao 等[127]通过对 CVD 方法生长的氮掺杂石墨烯进行 STM 和 STS 测量首次在实验上确认。他们发现"石墨式"氮原子的 n 型掺杂的影响范围可超过若干个碳原子的六角形晶格长度，同时掺杂氮原子及其附近晶格具有明显的亚晶格分离特征，见图 4.38。然而，远离氮原子后的晶格中的不对称现象并不明显。

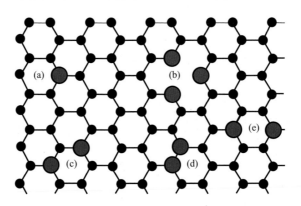

图 4.38 实验中观察到的常见取代型氮掺杂在石墨烯晶格中的结构示意图：（a）一个"石墨式"氮；（b）三个"吡啶式"氮；（c）一组 N_2^{AA} 氮配对；（d）一组 N_2^{AB} 氮配对和（e）一组 $N_2^{AB'}$ 氮配对[127]

4.5.2 氮掺杂石墨烯亚晶格不对称性的实验观察

在 CVD 方法能够可控生长出氮掺杂石墨烯后，研究人员通过 STM 和 STS 对其进行观察和表征，并对其载流子输运特性进行了研究[125]。他们发现，相同亚晶格中存在氮掺杂偏析，即局部发生了氮元素团聚，这至少在小尺度上被认为是一种新奇的现象。通过在生长过程中改变氨气的比例，也可以调控掺杂的氮原子浓度。理论研究表明，使用这种方法氮掺杂的石墨烯可以获得可调节的带隙。

此后，其他研究组也开展了类似和更加深入的研究[128]。通过重复生长该系列氮掺杂石墨烯，他们发现通过增加生长过程的气体压强，即从高真空到常压，会在石墨烯中引入大量的 N_2^{AA} 氮配对。这种情况一般被认为是由更多的分子间相互碰撞而引起的。使用相同的生长基底和气体源，在反应时间为 5 min 和温度为 800℃时最利于氮掺杂石墨烯的生长。然而，在较短生长时间（一般少于 10 min）的条件下，单氮原子掺杂更为常见。这种产物中的氮原子掺杂浓度约为 0.25%。

2013 年，Zhao 等[129]研究了硼异质掺杂对石墨烯晶格及其物性的影响。他们以二硼烷（B_2H_6）作为硼掺杂前驱体，采用低压 CVD 方法制备出了硼掺杂浓度达到 0.3%左右的石墨烯。对硼掺杂和氮掺杂石墨烯体系进行了详细对比，在硼掺杂体系中未发现硼原子分布的亚晶格不对称，即掺杂的硼原子在两种亚晶格之间是均匀分布的。他们认为造成上述差异的原因是铜生长基底与硼掺杂原子之间存在强相互作用，而氮原子与基底之间的相互作用比较弱。

对于氮在石墨烯中的不对称掺杂，也有研究人员进行了深入研究，他们同样使用了 CVD 法，但使用吡啶（C_5H_5N）代替了传统的氨气/甲烷混合物作为氮和碳的前驱体[130]。图 4.39 是使用这种方法生长的大面积氮掺杂石墨烯的 STM 图，其显示了两个不同亚晶格的清晰区域，其中锐利的边界被认为是由于生长基底的台阶破坏了其不对称性而产生的。该生长方法采用抛光的铜(111)单晶基底，因此生长的薄膜处于同一原子平台上的面积更大，便于表面测量。该方法生长的氮掺杂典型浓度约为 0.2%，与之前的氨气/甲烷方法非常相似。通过将该方法生长的氮掺杂石墨烯与本征石墨烯薄膜、氮离子体轰击的本征石墨烯、氨气热处理的本征石墨烯进行比较，在后处理氮掺杂样品中未发现亚晶格不对称构型，表明在石墨烯薄膜的生长过程中就存在亚晶格的不对称性。最近也有实验表明[131]，使用氮离子体轰击石墨烯再进行高温退火，在冷却过程中石墨烯中的氮掺杂原子可能存在局部重构，而这种现象在简单的退火过程中并未观察到[132]。

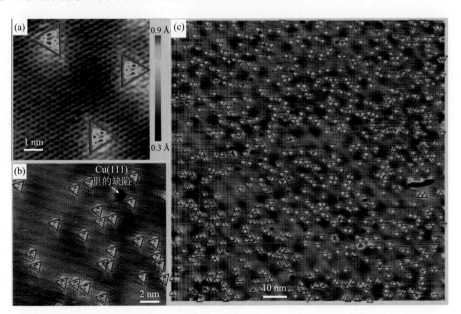

图 4.39　不同扫描范围的氮掺杂石墨烯的 STM 图：（a）7 nm²；（b）20 nm²；（c）100 nm²[130]

上述研究的共同之处是都使用了单晶铜基底，并在 800～900℃ 的生长温度范围，且生长时间均超过了 10 min，同时使用了氨或吡啶前驱体，产物中的氮掺杂浓度都达到了 0.3%。然而，在对其他方法生长的氮掺杂石墨烯[133, 134]的大面积 STM 研究中，并没有发现亚晶格不对称的现象。一种可能的解释是亚晶格的不对称并不是一个典型的现象，因此需要提高其生长过程的可控性。此外，也存在观察统计遗漏的可能性。因此，深入研究掺杂机制，对于理解该现象在其他生长方法和掺杂原子中的普适性至关重要，有望实现对石墨烯物性的调控。

4.5.3 偏析效应的理论模型

显然，两个等价亚晶格之间任何程度的不对称性都意味着石墨烯晶格的对称性被破坏。目前主要提出了两种理论来解释氮掺杂石墨烯亚晶格不对称性的形成机制，即边界生长模型[130, 135]和交互模型[128]。

边界生长模型认为，在生长阶段，氮掺杂原子首先连接在石墨烯边界的最合适位置，这将诱导该区域内的所有掺杂原子形成相同的亚晶格结构。研究人员通过 DFT 计算了铜(111)基底上的石墨烯纳米带，并重现实验中的参数。通过对比能量优选位点上相同亚晶格上的单个氮原子与另一个在相反亚晶格上的氮原子，发现二者的形成能相差 1.3 eV。基于该模型，可以推论出亚晶格偏析的分离区域位于石墨烯晶界[130]。但是，实验中尚未观察到这一现象。通过紧束缚模型和 DFT 相结合[128, 136]，理论计算表明掺杂原子之间的相互作用被认为是另一种可能的成因，即交互模型。通过紧束缚模型可以计算出，在长程的掺杂原子相互作用中，Friedel 式的振荡微扰是向原始体系中添加异质原子引起的[137]，并因此导致了体系中费米能级的变化。这一机制可以解释晶体晶界和偏析域之间的不通用性，也可以解释为什么氮掺杂后再经过高温退火也会导致掺杂原子更倾向于占据相同的亚晶格。此外，该理论还预测这种相互作用以及最近邻距离随着掺杂浓度的增加而减小。同时，理论还预测了一个临界掺杂浓度，超过这个浓度就不会出现亚晶格的不对称，这是因为掺杂原子在亚晶格之间均匀分布时会出现能量最小值。这个临界浓度的精确值依赖于杂质在紧束缚状态下的各种参数。根据已知参量，该模型可以预测该临界值在 0.1%～0.8%之间。与实验报道的亚晶格不对称样品中最高掺杂浓度（0.3%）相比，需要有更多的实验结果来进一步确认是否存在这样一个临界浓度。如果对临界浓度的预测是准确的，那么偏析态氮掺杂石墨烯的带隙将被锁定在 100 meV 左右[125]。这个数值是来自紧束缚模型和 DFT 相结合的结果。然而，该带隙仍然低于石墨烯基 FET 所需的数值。

除此之外，进一步的 DFT 计算发现，氮掺杂原子之间的相互作用通常是相互排斥的[136]。更具体地说，当两个掺杂原子被紧密地放置在一起时，除了 N_2^{AB} 外，对于相反的亚晶格构型，该原子排布时系统能量最小。这与实验观测相矛盾，他们在观测中发现了大量的 N_2^{AA} 缺陷。再借助紧束缚模型计算，当两个相同的掺杂原子占据相同的亚晶格时[138]，彼此靠近的异质原子确实会存在一个能量最小值，但是这种方法忽略了二者之间的库仑相互作用，而库仑相互作用在偏析过程中占主导地位。有趣的是，通过 DFT 对这类氮配对进行研究，发现能

量最低的是 $N_2^{AB'}$，大约比 N_2^{AA} 低 0.3 eV。这似乎与二者常见的实验观测结果不一致。最后，该理论计算还表明，当两个 N_2^{AA} 氮配对处于相同的亚晶格时，它们的总能量更低。然而，进一步的研究表明，一个 N_2^{AA} 氮配对在石墨烯片层中的总形成能非常高。这些掺杂原子可能来自边缘生长，但氮原子能够在石墨烯晶格中形成稳定的 N_2^{AA}，再次表明这可能不是完整的图像，因为在这种情况下完整的石墨烯薄膜已经生长完成。

这种亚晶格分布的不对称性，是否只存在于氮掺杂的情况，或者是否可以在其他种类的异质掺杂中发现？过去的理论结果表明，这种效应在一定稀释浓度时，在某些异质原子吸附过程中是可以预期的[139]。然而最近的研究也表明，这种效应也可能发生在其他种类掺杂原子上。虽然实验上发现了双层外延石墨烯中的钼（Mo）掺杂原子，也会出现在相同的亚晶格结构中，但其分布机制目前尚不清楚[140]。硼在类似于氮掺杂的生长条件下，与基底的相互作用对于亚晶格间的偏析则表现得更为关键。研究人员认为铜基底和硼掺杂原子之间的强相互作用导致其破坏了任何形式的不对称性[129]。因此，可以提出这样的问题：是否可以找到一种合适的生长基底来生长出亚晶格偏析的硼掺杂石墨烯，从而得到本征 p 型掺杂的石墨烯效果？与此同时，还可以提出：这种情况是否可以推广到其他种类的掺杂原子？这其中还包括了石墨烯与铝（Al）、银（Ag）、金（Au）、铂（Pt）基底之间存在着弱相互作用，它们能够保持石墨烯完整的电子结构[141]。然而镍等基底与石墨烯之间的相互作用则强得多[142]，极大影响了石墨烯的电子结构。另一个悬而未决的问题是，是否存在临界掺杂浓度，从而能把可实现的带隙调制到将来用于晶体管器件所需的阈值以内。目前所有关于亚晶格不对称的实验结果都表明异质掺杂浓度非常低，约为 0.3%。确定临界掺杂浓度将促进对亚晶格偏析机制的理解，并有助于阐明杂质间的相互作用和边界生长效应是否为互补效应等。

4.5.4 预测的电学性质

氮掺杂对石墨烯电学性能影响的研究最早是基于理论计算的预测。通过掺入周期性排列的硼和氮异质原子，很容易在石墨烯中打开带隙[113]。然而，实验中难以获得大面积均匀的异质结超晶格结构。进一步的计算研究表明，如果异质原子随机分布在同一亚晶格中，也可以打开带隙[126]。深入的 DFT 研究表明，当掺杂浓度在 8% 以内且异质原子都处于同一亚晶格中时，带隙将随着掺杂浓度的增加而增大[143]，并能够产生约 550 meV 的带隙。该数值已经超过互补金属氧化物半导体（CMOS）和集成电路所需的带隙范围[112, 125]，如图 4.40 所示。

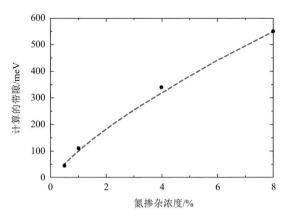

图 4.40 氮掺杂浓度与带隙的关系图[112, 125]

黑点为计算值，红色虚线表示拟合的变化趋势

即使亚晶格之间的掺杂比为 4:1，也能够诱导出带隙。虽然数值较小，但这对于实际应用仍然具有一定的意义，因为完美的不对称掺杂较难实现。在实现近弹道电子输运的基础上，异质原子的亚晶格偏析仍然可以用于诱导出磁性[144-146]以及产生自旋极化电流[147, 148]。

在研究掺杂原子位点及其对石墨烯纳米带的性能影响方面，也已经开展了大量工作。使用掺杂原子周期性分布的 DFT 方法[149, 150]以及更为普遍的 Kubo-Greenwood 方法[126]的计算都表明，当把掺杂原子放置在同一亚晶格上时，与随机分布相比，周期性掺杂可以增强石墨烯的电子输运特性，而且能够打开带隙。图 4.41 给出了载流子输运特性与不对称掺杂和完全随机掺杂的关系。很明显，电子在不对称掺杂体系的器件中将受到更少的散射，并因此导致其量子电导的增加，使其更加接近施加负偏压后的本征系统。

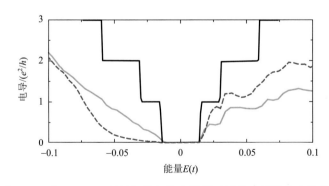

图 4.41 具有 15 nm 宽、7.5 nm 长的氮替代掺杂散射区域的石墨烯纳米带的量子电导[149]

能量单元为束缚态近邻碳原子间的跃迁能，$t = 2.7$ eV，图中为本征态（黑色）、随机掺杂（绿色）和单种类亚晶格掺杂（红色）体系中的量子电导值，其中掺杂浓度为 1%

需要注意的是，石墨烯纳米带的对称性破坏是通过边界效应开始的，这会产生优选的亚晶格[151]，这种机制与大面积掺杂石墨烯的成因明显不同。

4.6 边界

4.6.1 石墨烯边界的性质

石墨烯由于内在的优异电学、力学、热学、光学等性能而受到广泛关注和研究[152]。本征石墨烯中存在的狄拉克费米子，极易诱导出整数或者分数量子霍尔效应[99, 153-155]。本征石墨烯的载流子迁移率可达 200000 cm²/(V·s)，大约是硅的 100 倍[99, 152-154, 156-158]。此外，石墨烯是自然界中强度最高的材料之一[159-162]，其杨氏模量为 1.0 TPa，断裂强度为 130 GPa[160]。这些特性使石墨烯成为众多应用中极具潜力的材料，如场电子发射器、场效应晶体管、气体/化学传感器、太阳能电池、功能性复合材料等[99, 158, 163-166]，特别是柔性电子以及未来微电子领域的下一代半导体材料等。

石墨烯在未来微电子领域中的应用主要面临两方面的挑战：①规模化、低成本地制备高质量石墨烯；②在保持石墨烯足够高质量的前提下，有效打开石墨烯的带隙。到目前为止，石墨烯的制备方法主要有：块体石墨的胶带剥离法[152, 153, 165]；块体石墨的化学剥离法[158, 165]；SiC 单晶表面外延法[164, 167, 168]；CVD 法[14, 15, 164, 166]。在这些方法中，CVD 法最具有潜力制备出高质量、大面积的石墨烯薄膜。虽然 CVD 法制备的石墨烯有望解决第一个挑战，但是如何破解第二个挑战，即有效打开石墨烯的带隙，则要困难得多。目前已经发展出多种打开石墨烯带隙的方法，包括石墨烯量子点、纳米带[169]、化学/物理异质掺杂[170-176]、基底掺杂[109]、引入点缺陷或者线缺陷[46, 177, 178]、电场调控[179, 180]等。然而，这些方法大多数会导致石墨烯的载流子迁移率显著降低。其中，将石墨烯裁剪成具有一定宽度的纳米带，则是其中少数几种既能够打开带隙，同时又不大幅度降低石墨烯迁移率的方法之一。

根据边界结构，石墨烯纳米带可分为三种类型：扶手椅形（armchair）、锯齿形（zigzag）和手性（chiral）石墨烯纳米带边界。边界特征为线性的扶手椅形或者锯齿形位点，其周期分别为 0.426 nm 和 0.246 nm，扶手椅形和锯齿形位点也可任意组合，见图 4.42[181]。石墨烯纳米带的性质强烈依赖于边界类型和边界之间的距离（即宽度）。在这三种石墨烯纳米带中，锯齿形石墨烯纳米带由于自旋极化而具有明显的磁性。理论研究表明，通过施加平面电场或者化学修饰，锯齿形石墨烯纳米带可以转变为半金属 [图 4.43（a）][169, 182-184]。与锯齿形石墨烯纳米带不同的是，扶手椅形石墨烯纳米带具有三种芳香族六元环构型，而这种周期性的构型又强烈影响着石墨烯纳米带的能带特征［图 4.43（b）］。如果 $N = 3M + 2$，则扶手椅形石墨烯纳米带为金属性；如果 $N = 3M$ 或者 $3M + 1$，则扶手椅形石墨烯纳米带为半导体性（M 为整数，N 表示垂直扶手椅形边界的原子数）[185]。此外，每种半导体性石墨烯纳米带的带隙大小都与其自身的宽度成反比。宽度在 2～3 nm 之间的石墨烯纳米带具有与 Ge 或 InN 相类似的带隙（0.5～1 eV），而宽度在 1～2 nm 的扶手椅形石墨烯纳米带则具有与 Si、InP 或 GaAs 相类似的较大带隙（1～2 eV）[186]。

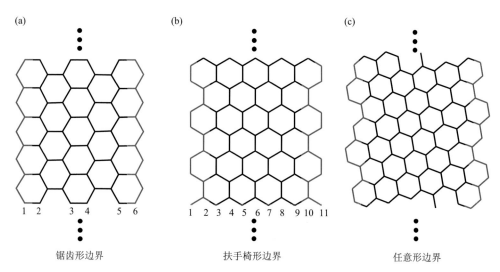

(a) 锯齿形边界　(b) 扶手椅形边界　(c) 任意形边界

图 4.42　不同种类的石墨烯纳米带：（a）锯齿形边界的石墨烯纳米带；（b）扶手椅形边界的石墨烯纳米带；（c）普通手性的石墨烯纳米带[181]

数字表示石墨烯纳米带中垂直于锯齿形或者扶手椅形边界的原子数

除了纳米带的带隙外，纳米结构石墨烯的其他电子或者磁学性能也强烈依赖于其边界构型［图 4.43（c）］[187]。基于紧束缚近似（TBA）的理论研究表明，石墨烯的锯齿形边界呈现出一种特殊的边界状态，其轨道强烈局限在边界上，与两侧靠近费米能级的一对平带相对应。锯齿形边界处的局域电导状态使其具有区别于其他类型边界的特性[188]。DFT 计算表明，锯齿形石墨烯纳米带的基态具有反铁磁性（antiferromagnetic），即锯齿形石墨烯纳米带的每条边都具有铁磁性（ferromagnetic），但两条对应边界的自旋方向相反，因此它们之间的耦合呈现反铁磁性[189]。因为向上和向下的电流可以通过两个独立的反铁磁边界，这种独特的磁耦合使锯齿形石墨烯纳米带成为自旋电子学中最有前景的候选材料之一。因此，石墨烯的电学性质和潜在的特色应用在很大程度上取决于量子限域效应，而该效应则对边界宽度和边界的晶体取向非常敏感。正因为如此，近年来对石墨烯的限域效应和边界特性的研究发展十分迅速。

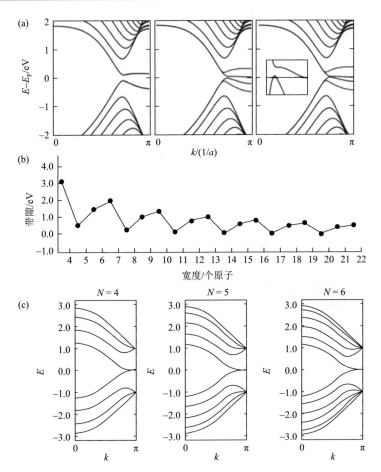

图 **4.43**　（a）从左到右，16 个原子宽度的锯齿形边界石墨烯纳米带，在外部电场 $E_{ext} = 0.0 \text{ V/Å}$、
0.05 V/Å 和 0.1 V/Å 时的自旋分辨能带结构[182]；（b）具有扶手椅形边界的石墨烯纳米带的带隙
　　与宽度的关系[185]；（c）多种宽度的锯齿形边界石墨烯纳米带计算得到的能带结构[187]

4.6.2　石墨烯边界的结构及其稳定性

　　石墨烯边界的几何形状以及边界之间的距离，对石墨烯的多种性质具有显著
影响。在石墨烯的制备过程中，其边界也一直在发生变化。不同晶体取向的边界
可以被不同的化学基团功能化，也可以被基底钝化或者进行原子重构。在本节中，
将首先回顾本征石墨烯和石墨烯衍生物的边界结构及其稳定性。

1. 本征石墨烯的边界

　　用不同的实验方法可以制备出多种石墨烯边界，并能够对其晶体取向进行原子
级的表征。其中，锯齿形或扶手椅形的边界比其他种类的边界更容易被观察到。采
用胶带剥离法制备的石墨烯片层，其边界主要为锯齿形或者扶手椅形，而两者

所占的比例类似［图 4.44（a）］[99, 188, 190]。在超高真空（ultra-high vacuum）条件下，外延生长在 SiC(0001) 表面上的石墨烯岛状晶粒中，扶手椅形边界占主要比例［图 4.44（b）］[191]。在 CVD 法生长的石墨烯中，由于可调节的实验参数比较多，如生长基底的类型、气体压强、生长温度、碳源中的碳氢比等，生长出的石墨烯晶粒的边界的晶体取向比较复杂。许多报道表明，铜箔上生长的石墨烯晶粒锯齿形边界所占的比例比较高［图 4.44（c）］[17, 20, 192-194]。此外，石墨烯边界的碳原子可以在高温或者电子辐照下被激发，而采用球差校正的 TEM 可以清晰地观察到单层石墨烯中的碳原子会向空位缺陷处迁移，并引起边界的晶型重构［图 4.44（d）］[195]。同时，对 66 nm 宽的石墨烯纳米带施加 1.6 V 电压后，也可以大大提高其边界的结晶度，构型以单种类锯齿形或者扶手椅形为主［图 4.44（e）］[196]。

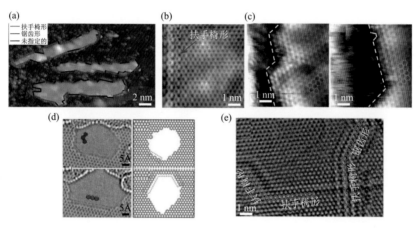

图 4.44　（a）三种标记边界类型的石墨烯纳米带的 STM 图[188]；（b）高分辨率 STM 图，显示了生长在 SiC(0001) 表面石墨烯晶粒的扶手椅形边界[191]；（c）CVD 法生长的石墨烯晶粒，在两条锯齿形边界（虚线）附近的 STM 图[194]；（d）悬浮石墨烯片层中的孔洞形成（左上）的球差校正 TEM 图[195]；（e）大电流退火后得到的石墨烯边界的高倍放大图[196]

2. 本征石墨烯的边界应力及其弛豫行为

研究人员对本征石墨烯边界的原子结构和热稳定性也开展了深入的理论研究。通过基于紧束缚近似的 MD 模拟发现，本征的扶手椅形或者锯齿形石墨烯纳米带，其晶体构型在 2000 K 温度下可以维持 25 ps 以上[197]。扶手椅形和锯齿形石墨烯边界的六边形结构分别在 2500 K 和 3000 K 时开始断裂。其中，扶手椅形石墨烯纳米带的形成能与宽度之间存在 3 原子数的周期性变化关系，而锯齿形石墨烯纳米带的形成能几乎与其宽度无关［图 4.45（a，b）］[197, 198]。利用 DFT 也可以得到相似的结论［图 4.45（c，d）］。本征锯齿形和扶手椅形石墨烯边界的形成能分别为 13.46 eV/nm 和 10.09 eV/nm[199]。扶手椅形和锯齿形边界形成能之间的差异归因于它们不同的原子结构。扶手椅形边界相邻两个原子之间的 C—C 键长减小为 1.23 Å，并形成 C≡C 三键。同时，扶手椅形边界的 π 电子进行配对，降低了其形成能。与存在悬键的边界相比，钝化的扶手椅形和锯齿形边界之间的形成能差异显著减小。例如，氢饱和的扶手椅形边界的形成能比锯齿形边界的形成能还要低，每个原子只有 0.2 eV[198]。

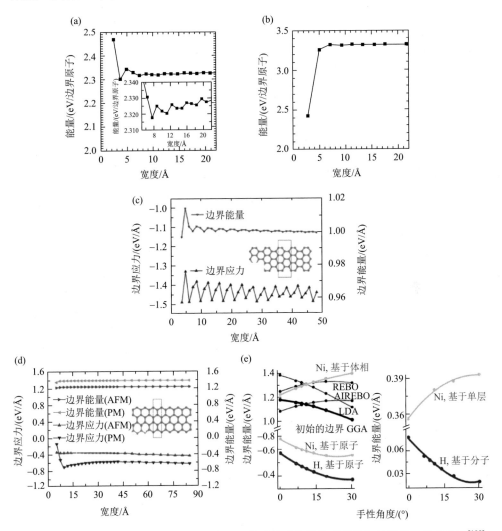

图 **4.45** （a，b）本征石墨烯纳米带锯齿形和扶手椅形边界的形成能与纳米带宽度的关系[198]；（c）以纳米带宽度为变量的扶手椅形边界的应力和边界能量[200]；（d）以纳米带宽度为变量，锯齿形反铁磁（AFM）和铁磁性（PM）边界的应力和边界能量[200]；（e）以边界类型为变量，不同石墨烯边界的边界能量[192]

通过计算石墨烯任意边界处的类扶手椅形和锯齿形位点的数量，任意边界的形成能可以写成[192]

$$r'(\theta) = 2r'_A \sin(\theta) + 2r'_Z \sin(30° - \theta) = |r'| \cos(\theta + C') \tag{4.1}$$

其中，θ 是该边界与最近的锯齿形边界之间的夹角；相位角 C' 取决于官能团的化学势或者它们的相对稳定性。该数值计算结果见图 4.45（e），表明通过改变官能团的化学势，可以改变扶手椅形、锯齿形或混合边界的相对稳定性。

晶体表面的原子排列通常不同于晶体的整体原子排列，这在表面科学中被称为"表面重构"。例如，原子间距离变短或变长的趋势导致正或者负的表面应力，并对其内部晶格施加正或者负的表面压力。由于二维的石墨烯在三维空间中具有额外的自由度，表面应力被降低为边界应力，并因此会导致一系列新奇的现象。例如，这种边界应力可能引起石墨烯纳米带的不稳定，并诱导其转变成非平面的结构。通过 DFT 计算表明，本征的扶手椅形和锯齿形边界都处于压应变状态，对应的边界应力分别为 –2.248 eV/A 和 –2.640 eV/A[201]。该理论结果还指出，氢饱和可以大大降低锯齿形和扶手椅形边界的边界应力，分别达到 0.006 eV/A 和 –0.017 eV/A。此外还有结果表明，扶手椅形边界的应力是以边界长度 3（原子数计量）为周期振荡，而锯齿形边界的应力对宽度不敏感 [图 4.45（c，d）][200]，这与形成能的结论相似。

在二维石墨烯中，由于结构弛豫的第三个自由度，较大的边界应力导致石墨烯片层发生翘曲或产生涟漪，并以宏观的石墨烯片层变形为代价，以此降低其边界形成能。也有理论研究表明，石墨烯的变形对其尺寸、形状以及边界应力大小等高度敏感[202, 203]。如果涟漪的穿透深度明显小于石墨烯尺寸，则变形仅局限在边界附近 [图 4.46（a）]。相反，如果片层的尺寸与穿透深度相当（就像在窄的石墨烯纳米带中），变形可以跨越整个片层，导致形状发生巨大变化 [图 4.46（b）]。K. V. Bets 和 B. I. Yakobson[203]通过理论计算模拟了不同温度下石墨烯纳米带的形变 [图 4.46（c）]。在温度为 700 K 时，由于碳原子的热运动，石墨烯纳米带在三维空间中呈现一系列的不规则形状。当温度降低到 300 K 时，石墨烯纳米带则呈现出一种在大尺度稳定的一维形变。而在温度接近 0 K 时，石墨烯纳米带则会变成类似"麻花"形状的同步扭曲结构。

3. 本征石墨烯边界的原子重构

除了产生扭曲或形成涟漪外，通过化学键饱和边界是石墨烯片层减少边界应力影响的另一种途径。理论模拟已经提出许多可能存在的重构边界模型，如图 4.47（a）所示[204]。锯齿形边界中，相邻的两个六边形重构出成对的五边形-七边形（57），或者扶手椅形边界中，两个单独的六边形重构为相邻的七边形组成（677）。而五边形重构，即扶手椅形（56）边界，则具有不同的规律，这需要在扶

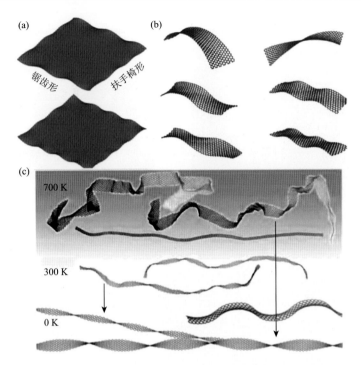

图 **4.46**　（a）具有 AIREBO 势的 16.62 nm×16.57 nm 石墨烯片层，其晶格在弛豫后形成弯曲的形状[202]；（b）7.62 nm×2.37 nm 石墨烯纳米带的晶格弛豫后的形状[202]；（c）石墨烯纳米带在不同温度下的形状[203]

手椅形边界的每个位点上添加另一个碳原子。通过 DFT 计算发现，重构后的锯齿形边界构型（57）的形成能大幅降低至 3.5 eV/nm，是最稳定的悬空石墨烯边界。相比之下，重构后的扶手椅形（56）和扶手椅形（677）边界的形成能都高于初始的扶手椅形边界。同时，在原子分辨 TEM 的表征研究中直接观测到了本征石墨烯中的重构边界构型，包括锯齿形（57）和扶手椅形（677），见图 4.47（c，d）[205]。

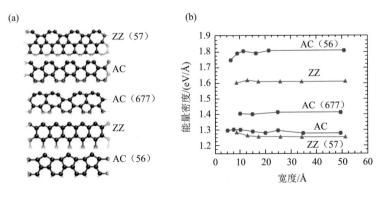

(c) 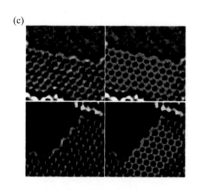   (d)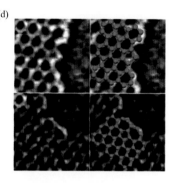

图 4.47　（a）石墨烯边界的几何构型：（从上到下）重构的锯齿形（57）、扶手椅形、重构的扶手椅形（677）、锯齿形、五边形扶手椅形（56）[204]；（b）石墨烯各种边界的形成能[204]；（c）锯齿形边界重构的高分辨 TEM 实验证据[205]；（d）扶手椅形边界重构的高分辨 TEM 实验证据[205]

4. 多层石墨烯的边界

上述提到的所有石墨烯边界，无论是本征的还是重构的，其边界形成能都非常高，约为 10 eV/nm，并且边界应力也很高。如果不进行化学键饱和，这些活性边界悬键会与其他材料发生键合。例如，两个悬空的活性石墨烯边界之间也可能形成强的 C—C 键，并导致多层石墨烯的边界封闭[206-212]。

如图 4.48（a）所示，通过 TEM 对热处理后的石墨烯边界进行观测发现，大多数闭合的边界都沿着锯齿形或者扶手椅形的方向[207]。此外，将石墨烯再加热直至高温升华，可以直观观察此过程中封闭石墨烯边界的动力学演化[208]。在图 4.48（b）中，一个空洞最初出现在最上层，并开始向石墨烯双层的边界移动。随着下层碳原子的升华，其下层边界与顶层结合，形成稳定的双层边界结构。类似地，石墨表面的三层石墨烯边界结构的动力学过程也有报道。如图 4.48（c）所示，在多层石墨烯中，这些封闭边界比开放边界更稳定。这是因为闭合的边界消除了相邻边的悬键，并形成了稳定的 sp^2 网络[196]。由于层间的范德瓦耳斯附着力与曲率能之间的竞争，边界附近的原子层间距大于 0.34 nm。

沿着扶手椅形或者锯齿形方向由两个单层边界形成闭合的石墨烯边界在能量上更具有优势，因为它不会破坏石墨烯晶格的六角形网络 ［图 4.49（a）］[206]。与此相反，对于沿任何其他倾角闭合的双层边界，所形成的边界结构都将引入高能态的拓扑缺陷，如（57）构型。类似地，J. Zhang 等[209]通过统计各种折叠石墨烯片层，并利用它们的相对形成能解释它们之间的差异。如图 4.49（b）所示，100 个样品的双层边界中有 1/3 为扶手椅形边界，1/3 为锯齿形边界，其余为随机取向的手性边界。如此高的扶手椅形边界或者锯齿形边界比例，可以通过形成能与折叠角度之间的关系来解释。如图 4.49（c）所示，0°和 30°位置出现了两个能量极小值。对折叠石墨烯纳米带的 DFT 计算发现，其堆积模式也与其宽度有关，见图 4.49（d，e）[212]。

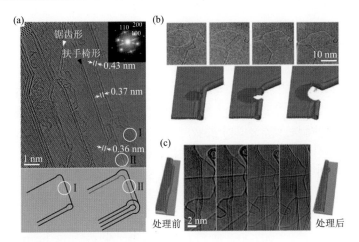

图 4.48　（a）热解石墨热处理后的高分辨 TEM 图，表明沿着锯齿形或者扶手椅形方向的边界
呈现直线封闭[207]；（b）石墨烯双层边界的实验证据[207]；（c）焦耳加热后的石墨烯边界变化[196]

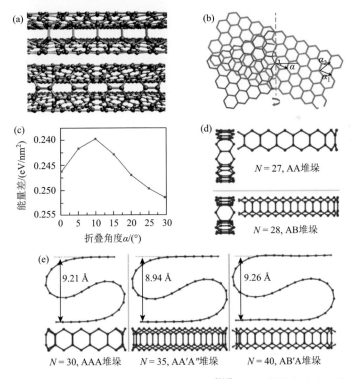

图 4.49　（a）锯齿形和扶手椅形双层边界的近景视图[206]；（b）折叠角度为 α 的石墨烯折叠片
层；（c）在不同折叠角度情况下的折叠石墨烯和展开石墨烯的能量差[209]；（d）不同宽度石墨烯
的弛豫结构的侧视和俯视图：$N=27$（AA 堆垛，上）和 $N=28$（AB 堆垛，下）；（e）双折叠
石墨烯纳米带显示了在 $N=30$ 时的 AAA 堆垛结构（左），$N=35$ 时的 AA'A″堆垛结构（中），
以及 $N=40$ 时的 AB'A 堆垛结构（右）[212]

4.6.3 石墨烯边界的制造

石墨烯边界可以通过多种方法制造，包括胶带剥离法[99, 188, 190]、CVD法[15, 16, 18-20, 166, 194, 213, 214]、溶液超声法[215]、等离子体刻蚀和纳米粒子催化裁剪法[62, 164, 166, 216-228]等。其中，等离子体刻蚀和纳米粒子催化裁剪是自上而下的制备方式，可以控制石墨烯纳米带的宽度以及晶体取向，受到了比较大的关注。除此之外，有机小分子表面自组装也是目前常用的精准控制石墨烯边界和制备结构可控的石墨烯纳米带的方法，详见本书第 2 章，此处不再赘述。

1. 刻蚀石墨烯

等离子体刻蚀法。2007 年，研究人员利用电子束光刻（e-beam lithography）和氧等离子体刻蚀技术相结合，通过刻蚀石墨烯片层成功制备出 1 mm 长、20～500 nm 宽的石墨烯纳米带[164]。如图 4.50（a）所示，通过在石墨烯纳米带顶部沉积钯（Pd）电极，以硅作为背栅，可以制作石墨烯纳米带场效应晶体管（FET）器件。尽管"自上而下"的光刻和等离子体刻蚀技术与电子器件的制作工艺具有良好的兼容性，但是由于技术精度的限制，这两种方法很难制造出宽度小于 10 nm 且边界连续、规整的石墨烯纳米带。对于石墨烯纳米带的器件应用而言，减小宽度是打开其带隙的最佳途径。2009 年，研究人员利用化学合成的纳米线作为刻蚀掩模版，同样利用等离子体刻蚀技术，制备出了宽度小于 10 nm 的石墨烯纳米带，如图 4.50（b）所示[213]。2010 年，研究人员设计了一种利用氢等离子体从石墨烯边界选择性刻蚀的工艺，制备了宽度小于 5 nm 的石墨烯纳米带[229]。除了宽度外，控制石墨烯纳米带的晶体取向也是其应用的关键。利用各向异性的干刻蚀方法，通过控制等离子体强度、温度和持续时间等参数，可以高效地制备出锯齿形边界的石墨烯纳米带，见图 4.55（c）[230]。

STM 裁剪法。为了控制石墨烯纳米带的晶体取向，通过 STM 施加恒定的偏置电压同时移动 STM 针尖，可以将石墨烯纳米带的边界裁剪为所需要的方向[231]。该方法可以精确地裁剪出石墨烯纳米带的结构，并将石墨烯纳米带的宽度缩小到 2.5 nm，对应的带隙约为 0.5 eV。

纳米粒子催化裁剪法。用催化剂纳米粒子裁剪石墨烯是另一种制备规整、取向可控的石墨烯边界的方法。2009 年，L. C. Campos 等[232]首先报道了可以利用镍纳米粒子对石墨烯片层进行各向异性的切割。在高温和氢气的环境中，与石墨烯接触的镍纳米粒子可以有效降低氢分解以及氢原子与石墨烯边界碳原子反应的势垒，从而对石墨烯产生刻蚀。随着镍纳米粒子周围越来越多的碳原子被刻蚀，镍粒子沿着特定的方向前行，并在石墨烯片层中留下一条一维沟道。其切割方向主要沿着扶手椅形或者锯齿形的晶体取向，刻蚀沟道通常会沿着石墨烯蜂窝晶格取

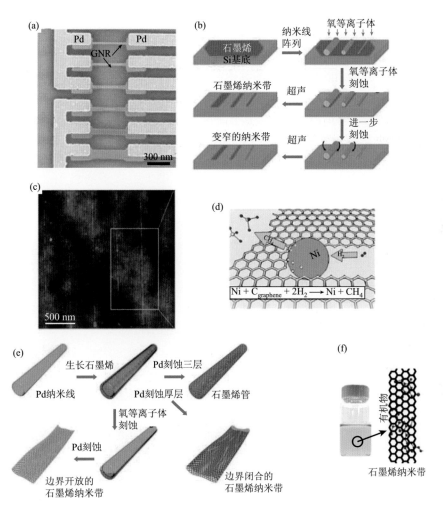

图 4.50　（a）在 SiO$_2$/Si 基底上制备的石墨烯纳米带器件的 SEM 图：石墨烯纳米带的宽度从上到下分别为 20 nm、30 nm、40 nm、50 nm、100 nm 和 200 nm[164]；（b）以纳米线为掩模版的氧等离子体刻蚀法制备石墨烯纳米带的工艺原理图[213]；（c）在 500℃下氢气等离子体刻蚀获得的典型石墨烯纳米带的 AFM 图[230]；（d）在氢气气氛中，镍纳米粒子催化裁剪石墨烯片层的示意图[232]；（e）利用 Pd 纳米线包覆碳纳米管进行等离子体刻蚀，制备边界闭合与开放的石墨烯纳米带的工艺示意图[233]；（f）含有稳定悬浮石墨烯纳米带的聚合物 PmPV/DCE 溶液[106]

向发生 60°或者 120°的转变，见图 4.50（d）。同样，铁纳米粒子也具有裁剪少层石墨烯片层的能力。详细研究表明，石墨烯表面粗糙度为 0.5 nm，金属粒子切割的沟道主要沿直线方向。类似地，利用钴纳米粒子也可以在少层的石墨烯片层上刻蚀沟道，其主要沿扶手椅形晶体取向。对于利用镍纳米粒子裁剪的沟道，宽度在 10 nm 以上时的晶体取向主要为锯齿形，而几乎所有小于 10 nm 的沟道都是沿着扶手椅形方向，如图 4.50（d）所示[233-236]。除了金属纳米粒子外，成会明、任文才研究组发现非金属 SiO_x 纳米粒子也可以用来裁剪石墨烯片层，并发现不同宽度的沟道都优先沿着锯齿形晶体取向[237]。

其他化学方法。除了上述裁剪方法之外，多种液相化学裁剪方法也被用于大规模制备石墨烯纳米带，但可控性要低于上述方法。例如，研究人员开发了溶液中的化学剥离法制备宽度小于 10 nm 的石墨烯纳米带[106]。其中，首先将石墨加热到 1000℃，然后再分散在含有 PmPV 的 1, 2-二氯乙烷（DCE）溶液中，通过超声波处理 30 min 后即可在溶液中得到石墨烯纳米带。该方法制备的石墨烯纳米带具有规整且锯齿形占优的边界，见图 4.50（f）。

2. 切开单壁和多壁碳纳米管

沿着碳纳米管的纵向展开是另一种规模化制备石墨烯纳米带的方法，同时该方法还具有宽度、边界结构、放置位置以及对齐方式可控的优势，能够较好地兼容器件集成工艺[62, 166, 217-221, 223-228]。与刻蚀石墨烯片层的方法类似，可以利用等离子体刻蚀[217, 225]、化学刻蚀[218, 219]、金属催化切割[62, 166, 226]、STM 裁剪[221]、电化学[220, 228]等多种方法切开碳纳米管制备石墨烯纳米带。

4.6.4 CVD 石墨烯的边界

虽然采用 CVD 法生长石墨烯已经取得了显著的进展，但在原子尺度上的生长机制仍然不够完善。在石墨烯生长过程中，所有的碳原子都从催化剂表面首先吸附到石墨烯边界。因此，对石墨烯生长机制的理解关键在于阐明石墨烯边界的晶体取向、稳定的结构以及碳原子在不同边界上的结合势垒。在本节中，首先总结了各种 CVD 法生长的石墨烯的边界类型，然后回顾了近年来关于生长中的石墨烯边界重构理论研究以及石墨烯边界的稳定结构。

1. CVD 石墨烯的形貌和边界

在 CVD 生长过程中，受催化剂类型、温度、载气和压强等实验参数的影响，石墨烯的生长呈现出从正六边形到不规则的分形形状等多种形状。这些不同形状的石墨烯的边界包含了各种晶体取向，包括锯齿形、扶手椅形和混合形。

正六边形石墨烯晶粒。大量实验中观察到的单晶正六边形石墨烯晶粒是以锯齿形边界为主，如图 4.51（a）所示[17, 18, 20, 193, 210, 214, 238]。例如，在低碳源比例的情况下，采用常压 CVD 法可以在铜表面生长出正六边形的单层或者少层石墨烯晶粒，其边界主要为锯齿形取向[18]。2012 年，刘云圻研究组[17, 20]利用液态铜作为生长基底生长出致密的正六边形石墨烯晶粒阵列，如图 4.51（b）所示。很明显，这些正六边形的石墨烯晶粒是受到石墨烯的六角晶格或者催化基底致密表面的对称性所控制，如 Cu(111)的对称性等。

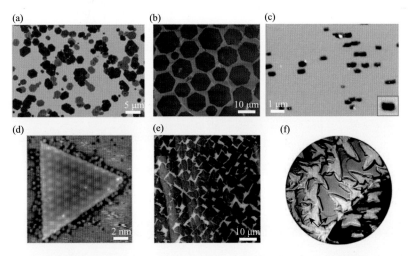

图 4.51　（a）铜表面生长的正六边形石墨烯晶粒的 SEM 图[17]；（b）液态铜表面生长的阵列排布的正六边形石墨烯晶粒图像[20]；（c）980℃时在铜上形核的长方形石墨烯晶粒图像[214]；（d）在铜表面生长的三角形石墨烯晶粒的 STM 图[239]；（e）类星形的枝状晶石墨烯晶粒图像[16]；（f）842℃时在 Cu(100)上生长的石墨烯晶粒的低能电子显微镜图[240]

长方形石墨烯晶粒。石墨烯晶粒的形状也不完全受到生长基底表面晶体对称性的影响。例如，实验发现可以在 Cu(111)表面生长出长方形的石墨烯晶粒，而在相同生长条件下，非 Cu(111)表面也可以生长出六边形晶粒，见图 4.51（c）[214]。在多晶铜箔表面生长出的长方形石墨烯晶粒的尺寸随着生长温度的升高而增大[241]。然而，正方形的石墨烯晶粒及其排布的矩阵更容易在 Cu(100)表面上形成[242]。

三角形石墨烯晶粒。最近，实验发现 Cu(111)表面可以生长出锯齿形边界的单晶三角形石墨烯晶粒，见图 4.51（d）[239]。这一观察结果表明，石墨烯晶格和生长基底的对称性对石墨烯的形貌控制同样重要。当二者都不占优时，所生长石墨烯的对称性则可能会进一步降低。

不规则形状石墨烯晶粒。对于生长在铜表面的石墨烯晶粒，最常见的晶粒形状是不规则的，如不同温度下在铜箔上生长的枝状晶石墨烯，见图 4.51（e）[15, 16, 213, 243]。类似地，在 Cu(100)表面生长的石墨烯晶粒为四叶状多晶结构[240, 244]。相对于生长基底的晶面取向，发射状的四叶石墨烯中也都存在着不同的晶体取向，其中长轴的石墨烯分支最接近 Cu(100)的面内取向，见图 4.51（f）。不规则形状石墨烯晶粒的出现也表明了石墨烯的生长在一定条件下为扩散受限模式。

值得注意的是，通过改变实验条件可以有效地改变石墨烯晶粒的形状。例如，通过改变载气中氢气的分压，可以改变以甲烷为碳源、生长在铜箔上的石墨烯晶粒的形状[193]。低氢气分压下生长的石墨烯晶粒的形状相对不规则，而高氢分压下生长的晶粒大多数为正六边形，见图 4.52。同时，随着碳源流量的增大，规则的石墨烯晶粒形状也变得不规则。

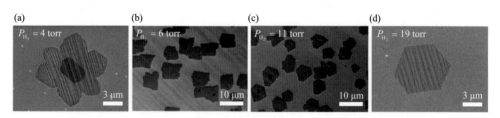

图 4.52　不同氢气分压下，在铜表面生长的石墨烯晶粒的 SEM 图[193]

2. CVD 石墨烯中化学键饱和边界的稳定性

在 CVD 生长过程中，石墨烯的边界与生长基底存在较强的相互作用，因此其生长过程也受到基底表面的较大影响。生长基底表面的石墨烯边界能否实现类似真空中的原子重构呢？每种石墨烯边界（包括扶手椅形和锯齿形）最稳定的形貌是什么？碳原子是如何与每一种石墨烯边界结合的？结合时的势垒是多少？回答这些问题对于深入理解石墨烯在 CVD 生长中的形状演化以及原子尺度下的生长过程显得尤为重要。

2012 年，研究人员利用 DFT 计算了铜、钴、镍的(111)表面上扶手椅形和锯齿形石墨烯边界的稳定性，见图 4.53（a）[199]。结果表明，与真空中本征石墨烯边界形成鲜明对比，金属表面的化学键饱和显著降低了所有类型石墨烯边界的形成能，而且无论是初始的石墨烯边界还是重构的边界，其稳定性的排序也与真空中的情况不同。在镍和钴表面,石墨烯各种边界的形成能只有真空中形成能的 1/2；如果在铜表面，相对于真空中的形成能，其也能够减少 30%～40%，小于镍和钴表面的结果，见图 4.53（b）。详细的形成能计算表明，在所有计算的金属表面上，带有五边形、七边形或者两者成对的重构边界都不稳定，从而排除了高温生长的石墨烯边界存在大量拓扑缺陷的可能性。对比这三种金属表面，铜上石墨烯的锯齿形边界是最稳定的，而镍和钴表面上石墨烯最稳定的是扶手椅形边界，并形成了与自由碳原子形成的扶手椅形位点，见图 4.53（a）。

理论研究表明，CVD 生长过程中也可能形成其他的石墨烯边界类型。根据生长基底表面的类型不同，石墨烯边界可能会被生长基底的原子键合[245]。在金、铜、镍和铑的(111)表面，纯的锯齿形边界比与生长基底原子键合后的锯齿形边界更加稳定。同时，在与石墨烯相互作用较弱的金和典型的铜表面对比后发现，扶手椅

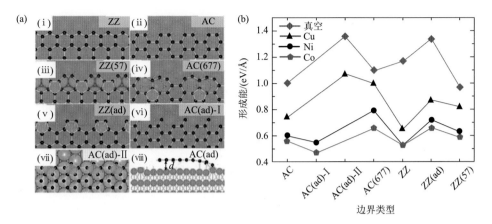

图 4.53　（a）金属表面上的典型石墨烯边界构型：（ⅰ）本征锯齿形边界；（ⅱ）本征扶手椅形边界；（ⅲ）重构的锯齿形边界（57）；（ⅳ）重建的扶手椅形边界（677）；（ⅴ）在锯齿形边界的每个原子上增加一个碳原子，重构出新锯齿形边界（ad）；在每个扶手椅形边界上附加一个碳原子重构成：（ⅶ）在铜(111)上的扶手椅形（ad-Ⅱ）和（ⅵ）在钴(111)上的扶手椅形（ad-Ⅰ）及其侧视图（ⅷ）；（b）真空中和金属表面的各种石墨烯边界的形成能[199]

形边界更容易与生长基底原子键合，见图 4.54（a）。这种现象可以用金属-金属相互作用以及金属-石墨烯相互作用二者之间的竞争来解释。对于具有高内聚能的金属，将其原子从体相中拉出到表面上是非常困难的，因此与石墨烯的原子键合通常难以发生，见图 4.54（b）。

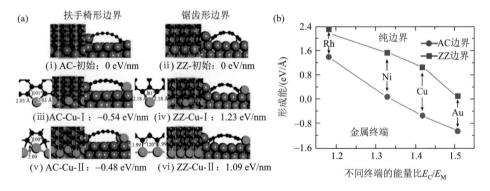

图 4.54　（a）在 Cu(111)表面上，优化的扶手椅形和锯齿形石墨烯边界结构的俯视和侧视图，同时列举了各种结构的边界形成能：（ⅰ，ⅱ）本征扶手椅形和锯齿形边界；（ⅲ，ⅳ）由孤立铜原子键合的扶手椅形和锯齿形边界（标记为 AC-Cu-Ⅰ/ZZ-Cu-Ⅰ）；（ⅴ，ⅵ）由线状铜链原子键合的扶手椅形和锯齿形边界（标记为 AC-Cu-Ⅱ/ZZ-Cu-Ⅱ），黑色和红色的小球分别代表碳原子和铜原子，键合石墨烯边界的铜原子用绿色标出；（b）以 E_C/E_M 为相对结合参数，在金、铜、镍、铑的(111)表面上，金属表面原子键合石墨烯边界（AC-Cu-Ⅰ/ZZ-Cu-Ⅱ）的形成能，E_C 和 E_M 分别是碳原子在金属表面的吸附能和金属块体的内聚能[245]

3. CVD 石墨烯边界的生长动力学

石墨烯晶粒的形状一般是边界形成能最小化或者生长动力学的综合结果。根据 Wulff 结构重构规律[199]，晶粒的稳态形状是一种平面上的内包线，即与表面自由能的极坐标图垂直，见图 4.55（a）。从生长动力学的角度来看，准稳态的动力学形状也是一个平面上的内包线，与生长速度的极坐标图垂直，见图 4.55（b）[245]。

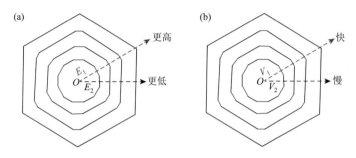

图 4.55　采用自由能准则（a）和动力学准则（b）的 Wulff 结构示意图[245]

在热力学平衡条件下，石墨烯晶粒的稳态形状是由边界形成能最小化或者 Wulff 结构重构规律决定的。然而，实际情况下，生长动力学对石墨烯晶粒形状的影响更为重要。其中，生长速度，包括石墨烯边界取向等参数，对确定生长的石墨烯晶粒的形状至关重要。

考虑石墨烯边界与生长基底表面键合的生长动力学研究也表明，石墨烯的扶手椅形边界在铜表面的键合显著降低了碳原子结合的势垒，从 2.47 eV 降低到 0.80 eV，从而有助于扶手椅形边界的快速生长，见图 4.56（a）[245]。其中，C-Cu-C 结构是在第一个碳原子到达时形成的。通过铜原子和碳原子之间的位置交换，将第一个碳原子固定在石墨烯边界仅需要越过一个较低的势垒（0.80 eV）。而对于第二个原子的加入，势垒更是降低到 0.58 eV。对于石墨烯的锯齿形边界，为了在其上形成一个新的六边形，需要在边界上按顺序加入三个碳原子。加入第一个碳原子的势垒为 0.91 eV，见图 4.56（b）。当第二个碳原子到达时，它从表面拉出一个铜原子，并与第一个碳原子在锯齿形边界形成一个五边形。铜和第二个碳原子的交换势垒为 0.88 eV。为了在锯齿形边界形成一个完美的新六边形，将第三个悬浮碳原子添加到一个六边形上，其势垒高达 2.20 eV。

图 4.56（c）给出了在典型的生长温度（$T = 1300$ K）下生长速度函数与手性角 θ 的关系。考虑到铜原子的键合，在扶手椅形边界上结合碳原子的势垒（0.8 eV）远低于锯齿形边界上，因此生长速度随着 θ 的增加而增加。该计算结果与大量的实验观测是高度吻合的，即铜上生长的石墨烯晶粒中锯齿形边界占优。相比之下，在不考虑金属键合的情况下，生长的石墨烯晶粒为扶手椅形边界，见图 4.56（c）。

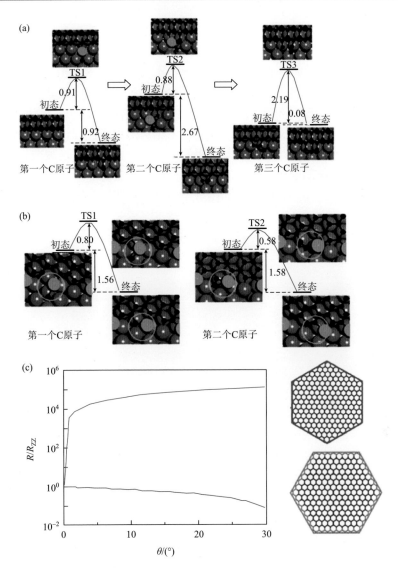

图 4.56　（a）将两个碳原子合并到本征的扶手椅形石墨烯边界（上），以及边界原子被 Cu(111) 表面原子结合的能量势垒（单位：eV）（下），并展示了将每个碳原子合并到石墨烯边界的初始过渡态（TS）和最终结构的俯视图；（b）三个碳原子与铜表面石墨烯锯齿形边界的结合过程，图中列出了第一个（左）、第二个（中）和第三个（右）碳原子结合的能量势垒，并展示了将每个碳原子合并到石墨烯边界的初始过渡态和最终结构的俯视图；（c）任意石墨烯边界和锯齿形边界的生长速度比值（R/R_{ZZ}）与其手性角 θ 的函数关系，蓝色和红色的线分别代表了没有铜原子键合和有铜原子键合的扶手椅形位点[245]

　　在实验上，成会明、任文才研究组[246]发现，通过改变 CVD 体系中氢气和甲烷的比例，可以使锯齿形六边形石墨烯晶粒发生刻蚀或者刻蚀之后再次生长，进而可以控制获得从锯齿形到与锯齿形呈约 19°角度范围内的一系列混合形边界，如图 4.57 所示。其中石墨烯的生长和刻蚀是一个可逆过程，其结构和边界主要受动力学而非成核过程控制。他们进一步发现，不同边界的生长和刻蚀速度不同，在与锯齿形边界取向呈 0°～19°的角度范围内，石墨烯边界的生长和刻蚀速度随倾角的增加而增大，见图 4.58（a，b）。其中锯齿形边界的生长和刻蚀速度最慢，19°边界的速度最快，而扶手椅形边界的速度快于锯齿形边界。理论研究表明，这主要是不同结构的边界上扭结浓度不同造成的：在锯齿形边界上增加或去除碳原子需要的能量要高于扶手椅形边界，而在扭结处增加或去除碳原子需要的能量可忽略不计［图 4.58（c～h）］。因此，如图 4.58（i～k）所示，根据经典的 Wulff 结构重构理论，随着生长过程的进行，最后只留下了生长速度最慢的锯齿形边界；反之，随着刻蚀过程的进行，最后形成了刻蚀速度最快的边界，即与锯齿形边界呈 19°夹角的混合形边界。

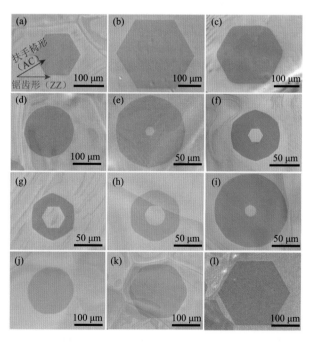

图 4.57　"生长-刻蚀-再生长"过程中铂基底表面单晶石墨烯晶畴边界和形貌演变的 SEM 图：（a，b）生长阶段：在 700 sccm 氢气和 3.7 sccm 甲烷条件下，生长时间分别为 15 min（a）和 30 min（b）的六边形单晶石墨烯晶畴；（c～g）刻蚀阶段：以（b）为起点，在 700 sccm 氢气和 3.3 sccm 甲烷条件下，刻蚀 4 min（c）、7 min（d）、10 min（e）、11.5 min（f）和 12 min（g）后得到的单晶石墨烯晶畴；（h～l）再生长阶段：以（g）为起点，在 700 sccm 氢气和 3.5 sccm 甲烷条件下，再生长 0.5 min（h）、2 min（i）、3 min（j）、5 min（k）和 9 min（l）得到的单晶石墨烯晶畴，所有图中水平方向为石墨烯晶畴的锯齿形边界方向

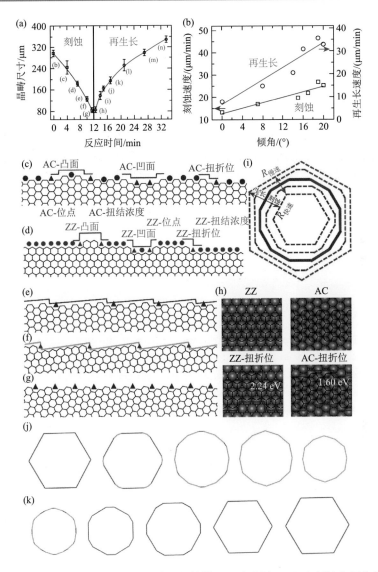

图 4.58　单晶石墨烯生长/刻蚀动力学的边界依赖性及理论分析：（a）在刻蚀和再生长过程中单晶石墨烯晶畴尺寸随反应时间的变化关系；（b）石墨烯的生长和刻蚀速度随边界平均倾斜角 θ 的变化关系；扶手椅形（c）和锯齿形（d）边界上凸面、凹面和扭折位的形成；任意一个倾斜边界可以看成是扶手椅形（e）或锯齿形（f）边界与一定数量的扭折位的组合；（g）与锯齿形边界夹角为 19.1° 的斜边展示了最大的扭折浓度；（h）计算 Pt(111) 表面上锯齿形和扶手椅形边界扭折位形成能的模型；（i）晶体生长（向外箭头）和刻蚀（向内箭头）过程中二维动力学 Wulff 模型示意图，红线和蓝线分别代表生长/刻蚀慢的边和快的边；基于刻蚀/再生长动力学的边界依赖性和动力学 Wulff 模型理论得出的石墨烯在刻蚀（j）和生长（k）过程中的形貌变化，红线、蓝线和绿线分别代表锯齿形、扶手椅形和 19° 边界

到目前为止，石墨烯边界的研究仍面临着几个主要挑战：①特定晶体取向和宽度石墨烯边界的精准制备，这将直接决定其器件性能；②各种稳定态边界重构（开放边界和闭合边界）的性质尚不明确，这将会带来不同的性能与应用方向；③CVD 生长过程中碳原子与石墨烯边界结合的机制仍需要更加清晰的解释；④CVD 石墨烯纳米带或者量子点的有效转移。只有解决这些挑战，才能实现具有强烈边界特征影响的石墨烯纳米带和量子点等在器件中的应用。

参 考 文 献

[1] Wu J B，Zhang X，Tan P H，et al. Electronic structure of twisted bilayer graphene. Acta Physica Sinica，2013，62（15）：157302.

[2] dos Santos J M B L，Peres N M R，Castro Neto A H. Graphene bilayer with a twist：Electronic structure. Physical Review Letters，2007，99（25）：256802.

[3] Hass J，Varchon F，Millan-Otoya J E，et al. Why multilayer graphene on 4H-SiC(000$\bar{1}$) behaves like a single sheet of graphene. Physical Review Letters，2008，100（12）：125504.

[4] de Heer W A，Berger C，Wu X S，et al. Epitaxial graphene. Solid State Communications，2007，143（1-2）：92-100.

[5] Kim K S，Walter A L，Moreschini L，et al. Coexisting massive and massless Dirac fermions in symmetry-broken bilayer graphene. Nature Materials，2013，12（10）：887-892.

[6] Cao Y，Fatemi V，Demir A，et al. Correlated insulator behaviour at half-filling in magic-angle graphene superlattices. Nature，2018，556（7699）：80-84.

[7] Cao Y，Fatemi V，Fang S，et al. Unconventional superconductivity in magic-angle graphene superlattices. Nature，2018，556（7699）：43-50.

[8] Andrei E Y，MacDonald A H. Graphene bilayers with a twist. Nature Materials，2020，19（12）：1265-1275.

[9] Koshino M. Interlayer screening effect in graphene multilayers with ABA and ABC stacking. Physical Review B，2010，81（12）：125304.

[10] Nery J P，Calandra M，Mauri F. *Ab-initio* energetics of graphite and multilayer graphene：Stability of Bernal versus rhombohedral stacking. 2D Materials，2021，8（3）：035006.

[11] Zhang F，Sahu B，Min H K，et al. Band structure of ABC-stacked graphene trilayers. Physical Review B，2010，82（3）：035409.

[12] Menezes M G，Capaz R B，Louie S G. *Ab initio* quasiparticle band structure of ABA and ABC-stacked graphene trilayers. Physical Review B，2014，89（3）：035431.

[13] Kim K，Coh S，Tan L Z，et al. Raman spectroscopy study of rotated double-layer graphene：Misorientation-angle dependence of electronic structure. Physical Review Letters，2012，108（24）：246103.

[14] Reina A，Jia X T，Ho J，et al. Large area，few-layer graphene films on arbitrary substrates by chemical vapor deposition. Nano Letters，2009，9（1）：30-35.

[15] Li X S，Cai W W，An J H，et al. Large-area synthesis of high-quality and uniform graphene films on copper foils. Science，2009，324（5932）：1312-1314.

[16] Li X S，Magnuson C W，Venugopal A，et al. Graphene films with large domain size by a two-step chemical vapor deposition process. Nano Letters，2010，10（11）：4328-4334.

[17] Wu B, Geng D C, Guo Y L, et al. Equiangular hexagon-shape-controlled synthesis of graphene on copper surface. Advanced Materials, 2011, 23 (31): 3522-3525.

[18] Yu Q K, Jauregui L A, Wu W, et al. Control and characterization of individual grains and grain boundaries in graphene grown by chemical vapour deposition. Nature Materials, 2011, 10 (6): 443-449.

[19] Gao L B, Ren W C, Xu H L, et al. Repeated growth and bubbling transfer of graphene with millimetre-size single-crystal grains using platinum. Nature Communications, 2012, 3: 699.

[20] Geng D C, Wu B, Guo Y L, et al. Uniform hexagonal graphene flakes and films grown on liquid copper surface. Proceedings of the National Academy of Sciences of the United States of America, 2012, 109 (21): 7992-7996.

[21] Thrower P A, Reynolds W N. Microstructural changes in neutron-irradiated graphite. Journal of Nuclear Materials, 1963, 8 (2): 221-226.

[22] Simonis P, Goffaux C, Thiry P A, et al. STM study of a grain boundary in graphite. Surface Science, 2002, 511 (1-3): 319-322.

[23] Liu Y Y, Yakobson B I. Cones, pringles, and grain boundary landscapes in graphene topology. Nano Letters, 2010, 10 (6): 2178-2183.

[24] Yazyev O V, Louie S G. Topological defects in graphene: Dislocations and grain boundaries. Physical Review B, 2010, 81 (19): 195420.

[25] Yazyev O V, Louie S G. Electronic transport in polycrystalline graphene. Nature Materials, 2010, 9(10): 806-809.

[26] Kou L Z, Tang C, Guo W L, et al. Tunable magnetism in strained graphene with topological line defect. ACS Nano, 2011, 5 (2): 1012-1017.

[27] Tsen A W, Brown L, Levendorf M P, et al. Tailoring electrical transport across grain boundaries in polycrystalline graphene. Science, 2012, 336 (6085): 1143-1146.

[28] Ma R S, Huan Q, Wu L M, et al. Direct four-probe measurement of grain-boundary resistivity and mobility in millimeter-sized graphene. Nano Letters, 2017, 17 (9): 5291-5296.

[29] Ma C X, Sun H F, Zhao Y L, et al. Evidence of van Hove singularities in ordered grain boundaries of graphene. Physical Review Letters, 2014, 112 (22): 226802.

[30] Huang P Y, Ruiz-Vargas C S, van der Zande A M, et al. Grains and grain boundaries in single-layer graphene atomic patchwork quilts. Nature, 2011, 469 (7330): 389-392.

[31] Grantab R, Shenoy V B, Ruoff R S. Anomalous strength characteristics of tilt grain boundaries in graphene. Science, 2010, 330 (6006): 946-948.

[32] Wei Y J, Wu J T, Yin H Q, et al. The nature of strength enhancement and weakening by pentagon-heptagon defects in graphene. Nature Materials, 2012, 11 (9): 759-763.

[33] Zhang J F, Zhao J J. Mechanical properties of bilayer graphene with twist and grain boundaries. Journal of Applied Physics, 2013, 113 (4): 043514.

[34] Lee G H, Cooper R C, An S J, et al. High-strength chemical-vapor deposited graphene and grain boundaries. Science, 2013, 340 (6136): 1073-1076.

[35] Song Z G, Artyukhov V I, Yakobson B I, et al. Pseudo Hall-Petch strength reduction in polycrystalline graphene. Nano Letters, 2013, 13 (4): 1829-1833.

[36] Mortazavi B, Potschke M, Cuniberti G. Multiscale modeling of thermal conductivity of polycrystalline graphene sheets. Nanoscale, 2014, 6 (6): 3344-3352.

[37] Yang B C, Wang S W, Guo Y Z, et al. Strength and failure behavior of a graphene sheet containing bi-grain-boundaries. RSC Advances, 2014, 4 (97): 54677-54683.

[38] Sha Z D，Wan Q，Pei Q X，et al. On the failure load and mechanism of polycrystalline graphene by nanoindentation. Scientific Reports，2014，4：7437.

[39] Shekhawat A，Ritchie R O. Toughness and strength of nanocrystalline graphene. Nature Communications，2016，7（1）：10546.

[40] Xu J，Yuan G W，Zhu Q，et al. Enhancing the strength of graphene by a denser grain boundary. ACS Nano，2018，12（5）：4529-4535.

[41] Wang Y，Huang Y，Song Y，et al. Room-temperature ferromagnetism of graphene. Nano Letters，2009，9（1）：220-224.

[42] Sepioni M，Nair R R，Rablen S，et al. Limits on intrinsic magnetism in graphene. Physical Review Letters，2010，105（20）：207205.

[43] Lahiri J，Lin Y，Bozkurt P，et al. An extended defect in graphene as a metallic wire. Nature Nanotechnology，2010，5（5）：326-329.

[44] Meyer J C，Kisielowski C，Erni R，et al. Direct imaging of lattice atoms and topological defects in graphene membranes. Nano Letters，2008，8（11）：3582-3586.

[45] Coraux J，N'Diaye A T，Busse C，et al. Structural coherency of graphene on Ir(111). Nano Letters，2008，8（2）：565-570.

[46] Banhart F，Kotakoski J，Krasheninnikov A V. Structural defects in graphene. ACS Nano，2011，5（1）：26-41.

[47] Gan Y J，Sun L T，Banhart F. One- and two-dimensional diffusion of metal atoms in graphene. Small，2008，4（5）：587-591.

[48] Park S，Hu Y C，Hwang J O，et al. Chemical structures of hydrazine-treated graphene oxide and generation of aromatic nitrogen doping. Nature Communications，2012，3：638.

[49] Wei D C，Liu Y Q，Wang Y，et al. Synthesis of N-doped graphene by chemical vapor deposition and its electrical properties. Nano Letters，2009，9（5）：1752-1758.

[50] Ferreira E H M，Moutinho M V O，Stavale F，et al. Evolution of the Raman spectra from single-, few-, and many-layer graphene with increasing disorder. Physical Review B，2010，82（12）：125429.

[51] Zandiatashbar A，Lee G H，An S J，et al. Effect of defects on the intrinsic strength and stiffness of graphene. Nature Communications，2014，5：3186.

[52] Yuan J T，Ma L P，Pei S F，et al. Tuning the electrical and optical properties of graphene by ozone treatment for patterning monolithic transparent electrodes. ACS Nano，2013，7（5）：4233-4241.

[53] Biel B，Blase X，Triozon F，et al. Anomalous doping effects on charge transport in graphene nanoribbons. Physical Review Letters，2009，102（9）：096803.

[54] Hao F，Fang D N，Xu Z P. Mechanical and thermal transport properties of graphene with defects. Applied Physics Letters，2011，99（4）：041901.

[55] Xu Z P，Xue K. Engineering graphene by oxidation：A first-principles study. Nanotechnology，2010，21（4）：045704.

[56] Chien S K，Yang Y T，Chen C K. Influence of hydrogen functionalization on thermal conductivity of graphene：Nonequilibrium molecular dynamics simulations. Applied Physics Letters，2011，98（3）：033107.

[57] Wu T R，Zhang X F，Yuan Q H，et al. Fast growth of inch-sized single-crystalline graphene from a controlled single nucleus on Cu-Ni alloys. Nature Materials，2016，15（1）：43-47.

[58] Telling R H，Ewels C P，El-Barbary A A，et al. Wigner defects bridge the graphite gap. Nature Materials，2003，2（5）：333-337.

[59] Meyer J C, Geim A K, Katsnelson M I, et al. The structure of suspended graphene sheets. Nature, 2007, 446(7131): 60-63.

[60] Zhu W J, Low T, Perebeinos V, et al. Structure and electronic transport in graphene wrinkles. Nano Letters, 2012, 12 (7): 3431-3436.

[61] Wang B, Zhang Y H, Zhang H R, et al. Wrinkle-dependent hydrogen etching of chemical vapor deposition-grown graphene domains. Carbon, 2014, 70: 75-80.

[62] Laura Elias A, Botello-Mendez A R, Meneses-Rodriguez D, et al. Longitudinal cutting of pure and doped carbon nanotubes to form graphitic nanoribbons using metal clusters as nanoscalpels. Nano Letters, 2010, 10 (2): 366-372.

[63] Lee J H, Lee E K, Joo W J, et al. Wafer-scale growth of single-crystal monolayer graphene on reusable hydrogen-terminated germanium. Science, 2014, 344 (6181): 286-289.

[64] Lalmi B, Girard J C, Pallecchi E, et al. Flower-shaped domains and wrinkles in trilayer epitaxial graphene on silicon carbide. Scientific Reports, 2014, 4: 4066.

[65] Bao W Z, Miao F, Chen Z, et al. Controlled ripple texturing of suspended graphene and ultrathin graphite membranes. Nature Nanotechnology, 2009, 4 (9): 562-566.

[66] Wang Y, Yang R, Shi Z W, et al. Super-elastic graphene ripples for flexible strain sensors. ACS Nano, 2011, 5 (5): 3645-3650.

[67] Dong Y N, He Y Z, Wang Y, et al. A theoretical study of ripple propagation in defective graphene. Carbon, 2014, 68: 742-747.

[68] Choi J K, Kwak J, Park S D, et al. Growth of wrinkle-free graphene on texture-controlled platinum films and thermal-assisted transfer of large-scale patterned graphene. ACS Nano, 2015, 9 (1): 679-686.

[69] Wang W L, Bhandari S, Yi W, et al. Direct imaging of atomic-scale ripples in few-layer graphene. Nano Letters, 2012, 12 (5): 2278-2282.

[70] Deng S K, Berry V. Wrinkled, rippled and crumpled graphene: An overview of formation mechanism, electronic properties, and applications. Materials Today, 2016, 19 (4): 197-212.

[71] Imam M, Stojic N, Binggeli N. First-principles investigation of a rippled graphene phase on Ir(001): The close link between periodicity, stability, and binding. Journal of Physical Chemistry C, 2014, 118 (18): 9514-9523.

[72] Breitwieser R, Hu Y C, Chao Y C, et al. Flipping nanoscale ripples of free-standing graphene using a scanning tunneling microscope tip. Carbon, 2014, 77: 236-243.

[73] Santos E J G, Ayuela A, Sanchez-Portal D. First-principles study of substitutional metal impurities in graphene: Structural, electronic and magnetic properties. New Journal of Physics, 2010, 12: 053012.

[74] Warner J H, Margine E R, Mukai M, et al. Dislocation-driven deformations in graphene. Science, 2012, 337 (6091): 209-212.

[75] Wang Z, Devel M. Periodic ripples in suspended graphene. Physical Review B, 2011, 83 (12): 125422.

[76] Vlaic S, Kimouche A, Coraux J, et al. Cobalt intercalation at the graphene/iridium(111) interface: Influence of rotational domains, wrinkles, and atomic steps. Applied Physics Letters, 2014, 104 (10): 101602.

[77] Xia D, Li Q, Xue Q Z, et al. Super flexibility and stability of graphene nanoribbons under severe twist. Physical Chemistry Chemical Physics, 2016, 18 (27): 18406-18413.

[78] Yang N, Ni X X, Jiang J W, et al. How does folding modulate thermal conductivity of graphene? . Applied Physics Letters, 2012, 100 (9): 093107.

[79] Xu N, Zhang C, Kong F J, et al. Transport properties of corrugated graphene nanoribbons. Acta Physico-Chimica Sinica, 2011, 27 (9): 2107-2110.

[80] Guo Y F，Qiu J P，Guo W L. Mechanical and electronic coupling in few-layer graphene and *h*-BN wrinkles：A first-principles study. Nanotechnology，2016，27（50）：505702.

[81] Braeuninger-Weimer P，Burton O J，Zeller P，et al. Crystal orientation dependent oxidation modes at the buried graphene-Cu interface. Chemistry of Materials，2020，32（18）：7766-7776.

[82] Deng B，Wu J X，Zhang S S，et al. Anisotropic strain relaxation of graphene by corrugation on copper crystal surfaces. Small，2018，14（22）：1800725.

[83] Chen S S，Li Q Y，Zhang Q M，et al. Thermal conductivity measurements of suspended graphene with and without wrinkles by micro-Raman mapping. Nanotechnology，2012，23（36）：365701.

[84] Nguyen V L，Shin B G，Duong D L，et al. Seamless stitching of graphene domains on polished copper(111) foil. Advanced Materials，2015，27（8）：1376-1382.

[85] Deng B，Pang Z Q，Chen S L，et al. Wrinkle-free single-crystal graphene wafer grown on strain-engineered substrates. ACS Nano，2017，11（12）：12337-12345.

[86] Yuan G W，Lin D J，Wang Y，et al. Proton-assisted growth of ultra-flat graphene films. Nature，2020，577（7789）：204-208.

[87] Wang M H，Huang M，Luo D，et al. Single-crystal，large-area，fold-free monolayer graphene. Nature，2021，596（7873）：519-524.

[88] Kim K S，Zhao Y，Jang H，et al. Large-scale pattern growth of graphene films for stretchable transparent electrodes. Nature，2009，457（7230）：706-710.

[89] Bae S，Kim H，Lee Y，et al. Roll-to-roll production of 30-inch graphene films for transparent electrodes. Nature Nanotechnology，2010，5（8）：574-578.

[90] Gao L B，Ni G X，Liu Y P，et al. Face-to-face transfer of wafer-scale graphene films. Nature，2014，505（7482）：190-194.

[91] Levy N，Burke S A，Meaker K L，et al. Strain-induced pseudo-magnetic fields greater than 300 tesla in graphene nanobubbles. Science，2010，329（5991）：544-547.

[92] Guo F，Kim F，Han T H，et al. Hydration-responsive folding and unfolding in graphene oxide liquid crystal phases. ACS Nano，2011，5（10）：8019-8025.

[93] Song Y Q，Gao Y Q，Liu X T，et al. Transfer-enabled fabrication of graphene wrinkle arrays for epitaxial growth of AlN films. Advanced Materials，2022，34（1）：2105851.

[94] Zang J F，Ryu S，Pugno N，et al. Multifunctionality and control of the crumpling and unfolding of large-area graphene. Nature Materials，2013，12（4）：321-325.

[95] Yan J，Liu J P，Fan Z J，et al. High-performance supercapacitor electrodes based on highly corrugated graphene sheets. Carbon，2012，50（6）：2179-2188.

[96] Ago H，Ito Y，Tsuji M，et al. Step-templated CVD growth of aligned graphene nanoribbons supported by a single-layer graphene film. Nanoscale，2012，4（16）：5178-5182.

[97] Kang P，Wang M C，Knapp P M，et al. Crumpled graphene photodetector with enhanced，strain-tunable，and wavelength-selective photoresponsivity. Advanced Materials，2016，28（23）：4639-4645.

[98] Chen H M，Xu Y，Bai L，et al. Crumpled graphene triboelectric nanogenerators：Smaller devices with higher output performance. Advanced Materials Technologies，2017，2（6）：1700044.

[99] Geim A K，Novoselov K S. The rise of graphene. Nature Materials，2007，6（3）：183-191.

[100] Chen J H，Jang C，Xiao S D，et al. Intrinsic and extrinsic performance limits of graphene devices on SiO_2. Nature Nanotechnology，2008，3（4）：206-209.

[101] Novoselov K S, Fal'ko V I, Colombo L, et al. A roadmap for graphene. Nature, 2012, 490 (7419): 192-200.

[102] Allen M J, Tung V C, Kaner R B. Honeycomb carbon: A review of graphene. Chemical Reviews, 2010, 110 (1): 132-145.

[103] Lin Y M, Jenkins K A, Valdes-Garcia A, et al. Operation of graphene transistors at gigahertz frequencies. Nano Letters, 2009, 9 (1): 422-426.

[104] Zhang Y B, Tang T T, Girit C, et al. Direct observation of a widely tunable bandgap in bilayer graphene. Nature, 2009, 459 (7248): 820-823.

[105] Schwierz F. Graphene transistors. Nature Nanotechnology, 2010, 5 (7): 487-496.

[106] Li X L, Wang X R, Zhang L, et al. Chemically derived, ultrasmooth graphene nanoribbon semiconductors. Science, 2008, 319 (5867): 1229-1232.

[107] Naumov I I, Bratkovsky A M. Gap opening in graphene by simple periodic inhomogeneous strain. Physical Review B, 2011, 84 (24): 245444.

[108] Novoselov K S. Mind the gap. Nature Materials, 2007, 6 (10): 720-721.

[109] Zhou S Y, Gweon G H, Fedorov A V, et al. Substrate-induced bandgap opening in epitaxial graphene. Nature Materials, 2007, 6 (10): 770-775.

[110] Chang C K, Kataria S, Kuo C C, et al. Band gap engineering of chemical vapor deposited graphene by *in situ* BN doping. ACS Nano, 2013, 7 (2): 1333-1341.

[111] Avouris P. Graphene: Electronic and photonic properties and devices. Nano Letters, 2010, 10 (11): 4285-4294.

[112] Kim K, Choi J Y, Kim T, et al. A role for graphene in silicon-based semiconductor devices. Nature, 2011, 479 (7373): 338-344.

[113] Casolo S, Martinazzo R, Tantardini G F. Band engineering in graphene with superlattices of substitutional defects. Journal of Physical Chemistry C, 2011, 115 (8): 3250-3256.

[114] Lherbier A, Blase X, Niquet Y M, et al. Charge transport in chemically doped 2D graphene. Physical Review Letters, 2008, 101 (3): 036808.

[115] Martinazzo R, Casolo S, Tantardini G F. Symmetry-induced band-gap opening in graphene superlattices. Physical Review B, 2010, 81 (24): 245420.

[116] Palacios J J, Fernandez-Rossier J, Brey L. Vacancy-induced magnetism in graphene and graphene ribbons. Physical Review B, 2008, 77 (19): 195428.

[117] Pereira V M, dos Santos J M B L, Castro Neto A H. Modeling disorder in graphene. Physical Review B, 2008, 77 (11): 115109.

[118] Cresti A, Ortmann F, Louvet T, et al. Broken symmetries, zero-energy modes, and quantum transport in disordered graphene: From supermetallic to insulating regimes. Physical Review Letters, 2013, 110 (19): 196601.

[119] Guan L, Cui L, Lin K, et al. Preparation of few-layer nitrogen-doped graphene nanosheets by DC arc discharge under nitrogen atmosphere of high temperature. Applied Physics A: Materials Science & Processing, 2011, 102 (2): 289-294.

[120] Zhang C H, Fu L, Liu N, et al. Synthesis of nitrogen-doped graphene using embedded carbon and nitrogen sources. Advanced Materials, 2011, 23 (8): 1020-1024.

[121] Wang Y, Shao Y, Matson D W, et al. Nitrogen-doped graphene and its application in electrochemical biosensing. ACS Nano, 2010, 4 (4): 1790-1798.

[122] Usachov D, Vilkov O, Grueneis A, et al. Nitrogen-doped graphene: Efficient growth, structure, and electronic properties. Nano Letters, 2011, 11 (12): 5401-5407.

[123] Tang Y B, Yin L C, Yang Y, et al. Tunable band gaps and p-type transport properties of boron-doped graphenes by controllable ion doping using reactive microwave plasma. ACS Nano, 2012, 6 (3): 1970-1978.

[124] Fan X F, Shen Z X, Liu A Q, et al. Band gap opening of graphene by doping small boron nitride domains. Nanoscale, 2012, 4 (6): 2157-2165.

[125] Lherbier A, Botello-Mendez A R, Charlier J C. Electronic and transport properties of unbalanced sublattice N-doping in graphene. Nano Letters, 2013, 13 (4): 1446-1450.

[126] Botello-Mendez A R, Lherbier A, Charlier J C. Modeling electronic properties and quantum transport in doped and defective graphene. Solid State Communications, 2013, 175: 90-100.

[127] Zhao L Y, He R, Rim K T, et al. Visualizing individual nitrogen dopants in monolayer graphene. Science, 2011, 333 (6045): 999-1003.

[128] Lv R T, Li Q, Botello-Mendez A R, et al. Nitrogen-doped graphene: Beyond single substitution and enhanced molecular sensing. Scientific Reports, 2012, 2: 586.

[129] Zhao L Y, Levendorf M, Goncher S, et al. Local atomic and electronic structure of boron chemical doping in monolayer graphene. Nano Letters, 2013, 13 (10): 4659-4665.

[130] Zabet-Khosousi A, Zhao L Y, Palova L, et al. Segregation of sublattice domains in nitrogen-doped graphene. Journal of the American Chemical Society, 2014, 136 (4): 1391-1397.

[131] Telychko M, Mutombo P, Ondracek M, et al. Achieving high-quality single-atom nitrogen doping of graphene/SiC(0001) by ion implantation and subsequent thermal stabilization. ACS Nano, 2014, 8(7): 7318-7324.

[132] Bangert U, Pierce W, Kepaptsoglou D M, et al. Ion implantation of graphene-toward IC compatible technologies. Nano Letters, 2013, 13 (10): 4902-4907.

[133] Wang H B, Maiyalagan T, Wang X. Review on recent progress in nitrogen-doped graphene: Synthesis, characterization, and its potential applications. ACS Catalysis, 2012, 2 (5): 781-794.

[134] Joucken F, Tison Y, Lagoute J, et al. Localized state and charge transfer in nitrogen-doped graphene. Physical Review B, 2012, 85 (16): 161408.

[135] Deretzis I, La Magna A. Origin and impact of sublattice symmetry breaking in nitrogen-doped graphene. Physical Review B, 2014, 89 (11): 115408.

[136] Hou Z F, Wang X L, Ikeda T, et al. Interplay between nitrogen dopants and native point defects in graphene. Physical Review B, 2012, 85 (16): 165439.

[137] Lambin P, Amara H, Ducastelle F, et al. Long-range interactions between substitutional nitrogen dopants in graphene: Electronic properties calculations. Physical Review B, 2012, 86 (4): 045448.

[138] Lawlor J A, Power S R, Ferreira M S. Friedel oscillations in graphene: Sublattice asymmetry in doping. Physical Review B, 2013, 88 (20): 205416.

[139] Cheianov V V, Syljuasen O, Altshuler B L, et al. Sublattice ordering in a dilute ensemble of monovalent adatoms on graphene. EPL, 2010, 89 (5): 56003.

[140] Wan W, Li H, Huang H, et al. Incorporating isolated molybdenum (Mo) atoms into bilayer epitaxial graphene on 4H-SiC(0001). ACS Nano, 2014, 8 (1): 970-976.

[141] Khomyakov P A, Giovannetti G, Rusu P C, et al. First-principles study of the interaction and charge transfer between graphene and metals. Physical Review B, 2009, 79 (19): 195425.

[142] Xu Z P, Buehler M J. Interface structure and mechanics between graphene and metal substrates: A first-principles study. Journal of Physics-Condensed Matter, 2010, 22 (48): 485301.

[143] Rani P, Jindal V K. Designing band gap of graphene by B and N dopant atoms. RSC Advances, 2013, 3 (3):

802-812.

[144] Singh R，Kroll P. Magnetism in graphene due to single-atom defects：Dependence on the concentration and packing geometry of defects. Journal of Physics-Condensed Matter，2009，21（19）：196002.

[145] Santos E J G，Sanchez-Portal D，Ayuela A. Magnetism of substitutional Co impurities in graphene：Realization of single π vacancies. Physical Review B，2010，81（12）：125433.

[146] Nair R R，Sepioni M，Tsai I L，et al. Spin-half paramagnetism in graphene induced by point defects. Nature Physics，2012，8（3）：199-202.

[147] Rakyta P，Kormanyos A，Cserti J. Effect of sublattice asymmetry and spin-orbit interaction on out-of-plane spin polarization of photoelectrons. Physical Review B，2011，83（15）：155439.

[148] Park H K，Wadehra A，Wilkins J W，et al. Spin-polarized electronic current induced by sublattice engineering of graphene sheets with boron/nitrogen. Physical Review B，2013，87（8）：085441.

[149] Owens J R，Cruz-Silva E，Meunier V. Electronic structure and transport properties of N_2^{AA}-doped armchair and zigzag graphene nanoribbons. Nanotechnology，2013，24（23）：235701.

[150] Chen T，Li X F，Wang L L，et al. Semiconductor to metal transition by tuning the location of N_2^{AA} in armchair graphene nanoribbons. Journal of Applied Physics，2014，115（5）：053707.

[151] Power S R，de Menezes V M，Fagan S B，et al. Model of impurity segregation in graphene nanoribbons. Physical Review B，2009，80（23）：235424.

[152] Novoselov K S，Geim A K，Morozov S V，et al. Electric field effect in atomically thin carbon films. Science，2004，306（5696）：666-669.

[153] Novoselov K S，Geim A K，Morozov S V，et al. Two-dimensional gas of massless Dirac fermions in graphene. Nature，2005，438（7065）：197-200.

[154] Zhang Y B，Tan Y W，Stormer H L，et al. Experimental observation of the quantum Hall effect and Berry's phase in graphene. Nature，2005，438（7065）：201-204.

[155] Castro Neto A H，Guinea F，Peres N M R，et al. The electronic properties of graphene. Reviews of Modern Physics，2009，81（1）：109-162.

[156] Novoselov K S，Jiang D，Schedin F，et al. Two-dimensional atomic crystals. Proceedings of the National Academy of Sciences of the United States of America，2005，102（30）：10451-10453.

[157] Bolotin K I，Sikes K J，Jiang Z，et al. Ultrahigh electron mobility in suspended graphene. Solid State Communications，2008，146（9-10）：351-355.

[158] Oostinga J B，Heersche H B，Liu X L，et al. Gate-induced insulating state in bilayer graphene devices. Nature Materials，2008，7（2）：151-157.

[159] Liu F，Ming P B，Li J. *Ab initio* calculation of ideal strength and phonon instability of graphene under tension. Physical Review B，2007，76（6）：064120.

[160] Lee C G，Wei X D，Kysar J W，et al. Measurement of the elastic properties and intrinsic strength of monolayer graphene. Science，2008，321（5887）：385-388.

[161] Zhao H，Min K，Aluru N R. Size and chirality dependent elastic properties of graphene nanoribbons under uniaxial tension. Nano Letters，2009，9（8）：3012-3015.

[162] Min K，Aluru N R. Mechanical properties of graphene under shear deformation. Applied Physics Letters，2011，98（1）：013113.

[163] Schedin F，Geim A K，Morozov S V，et al. Detection of individual gas molecules adsorbed on graphene. Nature Materials，2007，6（9）：652-655.

[164] Chen Z H，Lin Y M，Rooks M J，et al. Graphene nano-ribbon electronics. Physica E：Low-Dimensional Systems & Nanostructures，2007，40（2）：228-232.

[165] Choi W B，Lahiri I，Seelaboyina R，et al. Synthesis of graphene and its applications：A review. Critical Reviews in Solid State and Materials Sciences，2010，35（1）：52-71.

[166] Talyzin A V，Luzan S，Anoshkin I V，et al. Hydrogenation，purification，and unzipping of carbon nanotubes by reaction with molecular hydrogen：Road to graphane nanoribbons. ACS Nano，2011，5（6）：5132-5140.

[167] Dikin D A，Stankovich S，Zimney E J，et al. Preparation and characterization of graphene oxide paper. Nature，2007，448（7152）：457-460.

[168] Eda G，Fanchini G，Chhowalla M. Large-area ultrathin films of reduced graphene oxide as a transparent and flexible electronic material. Nature Nanotechnology，2008，3（5）：270-274.

[169] Guo Y F，Guo W L，Chen C F. Semiconducting to half-metallic to metallic transition on spin-resolved zigzag bilayer graphene nanoribbons. Journal of Physical Chemistry C，2010，114（30）：13098-13105.

[170] Sofo J O，Chaudhari A S，Barber G D. Graphane：A two-dimensional hydrocarbon. Physical Review B，2007，75（15）：153401.

[171] Ryu S M，Han M Y，Maultzsch J，et al. Reversible basal plane hydrogenation of graphene. Nano Letters，2008，8（12）：4597-4602.

[172] Boukhvalov D W，Katsnelson M I，Lichtenstein A I. Hydrogen on graphene：Electronic structure，total energy，structural distortions and magnetism from first-principles calculations. Physical Review B，2008，77（3）：035427.

[173] Panchokarla L S，Subrahmanyam K S，Saha S K，et al. Synthesis，structure，and properties of boron- and nitrogen-doped graphene. Advanced Materials，2009，21（46）：4726-4730.

[174] Yu S S，Zheng W T，Wang C，et al. Nitrogen/boron doping position dependence of the electronic properties of a triangular graphene. ACS Nano，2010，4（12）：7619-7629.

[175] Fuhrer M S，Lau C N，MacDonald A H. Graphene：Materially better carbon. MRS Bulletin，2010，35（4）：289-295.

[176] Vanin M，Mortensen J J，Kelkkanen A K，et al. Graphene on metals：A van der Waals density functional study. Physical Review B，2010，81（8）：081408.

[177] Peng X G，Ahuja R. Symmetry breaking induced bandgap in epitaxial graphene layers on SiC. Nano Letters，2008，8（12）：4464-4468.

[178] Appelhans D J，Carr L D，Lusk M T. Embedded ribbons of graphene allotropes：An extended defect perspective. New Journal of Physics，2010，12：125006.

[179] Ohta T，Bostwick A，Seyller T，et al. Controlling the electronic structure of bilayer graphene. Science，2006，313（5789）：951-954.

[180] Samarakoon D K，Wang X Q. Tunable band gap in hydrogenated bilayer graphene. ACS Nano，2010，4（7）：4126-4130.

[181] Zhang X Y，Xin J，Ding F. The edges of graphene. Nanoscale，2013，5（7）：2556-2569.

[182] Son Y W，Cohen M L，Louie S G. Half-metallic graphene nanoribbons. Nature，2006，444（7117）：347-349.

[183] Hod O，Barone V，Peralta J E，et al. Enhanced half-metallicity in edge-oxidized zigzag graphene nanoribbons. Nano Letters，2007，7（8）：2295-2299.

[184] Kan E J，Li Z Y，Yang J L，et al. Half-metallicity in edge-modified zigzag graphene nanoribbons. Journal of the American Chemical Society，2008，130（13）：4224-4225.

[185] Martin-Martinez F J，Fias S，Van Lier G，et al. Electronic structure and aromaticity of graphene nanoribbons.

Chemistry: A European Journal, 2012, 18 (20): 6183-6194.

[186] Barone V, Hod O, Scuseria G E. Electronic structure and stability of semiconducting graphene nanoribbons. Nano Letters, 2006, 6 (12): 2748-2754.

[187] Nakada K, Fujita M, Dresselhaus G, et al. Edge state in graphene ribbons: Nanometer size effect and edge shape dependence. Physical Review B, 1996, 54 (24): 17954-17961.

[188] Ritter K A, Lyding J W. The influence of edge structure on the electronic properties of graphene quantum dots and nanoribbons. Nature Materials, 2009, 8 (3): 235-242.

[189] Jiang D E, Sumpter B G, Dai S. First principles study of magnetism in nanographenes. Journal of Chemical Physics, 2007, 127 (12): 124703.

[190] Neubeck S, You Y M, Ni Z H, et al. Direct determination of the crystallographic orientation of graphene edges by atomic resolution imaging. Applied Physics Letters, 2010, 97 (5): 053110.

[191] Rutter G M, Guisinger N P, Crain J N, et al. Edge structure of epitaxial graphene islands. Physical Review B, 2010, 81 (24): 245408.

[192] Liu Y Y, Dobrinsky A, Yakobson B I. Graphene edge from armchair to zigzag: The origins of nanotube chirality?. Physical Review Letters, 2010, 105 (23): 235502.

[193] Vlassiouk I, Regmi M, Fulvio P F, et al. Role of hydrogen in chemical vapor deposition growth of large single-crystal graphene. ACS Nano, 2011, 5 (7): 6069-6076.

[194] Tian J F, Cao H L, Wu W, et al. Direct imaging of graphene edges: Atomic structure and electronic scattering. Nano Letters, 2011, 11 (9): 3663-3668.

[195] Girit C O, Meyer J C, Erni R, et al. Graphene at the edge: Stability and dynamics. Science, 2009, 323 (5922): 1705-1708.

[196] Jia X T, Hofmann M, Meunier V, et al. Controlled formation of sharp zigzag and armchair edges in graphitic nanoribbons. Science, 2009, 323 (5922): 1701-1705.

[197] Kawai T, Miyamoto Y, Sugino O, et al. Graphitic ribbons without hydrogen-termination: Electronic structures and stabilities. Physical Review B, 2000, 62 (24): R16349-R16352.

[198] Okada S. Energetics of nanoscale graphene ribbons: Edge geometries and electronic structures. Physical Review B, 2008, 77 (4): 041408.

[199] Gao J F, Zhao J J, Ding F. Transition metal surface passivation induced graphene edge reconstruction. Journal of the American Chemical Society, 2012, 134 (14): 6204-6209.

[200] Huang B, Liu M, Su N H, et al. Quantum manifestations of graphene edge stress and edge instability: A first-principles study. Physical Review Letters, 2009, 102 (16): 166404.

[201] Jun S. Density-functional study of edge stress in graphene. Physical Review B, 2008, 78 (7): 073405.

[202] Shenoy V B, Reddy C D, Ramasubramaniam A, et al. Edge-stress-induced warping of graphene sheets and nanoribbons. Physical Review Letters, 2008, 101 (24): 245501.

[203] Bets K V, Yakobson B I. Spontaneous twist and intrinsic instabilities of pristine graphene nanoribbons. Nano Research, 2009, 2 (2): 161-166.

[204] Koskinen P, Malola S, Hakkinen H. Self-passivating edge reconstructions of graphene. Physical Review Letters, 2008, 101 (11): 115502.

[205] Koskinen P, Malola S, Haekkinen H. Evidence for graphene edges beyond zigzag and armchair. Physical Review B, 2009, 80 (7): 073401.

[206] Feng J, Qi L, Huang J Y, et al. Geometric and electronic structure of graphene bilayer edges. Physical Review B,

2009，80（16）：165407.

[207] Liu Z，Suenaga K，Harris P J F，et al. Open and closed edges of graphene layers. Physical Review Letters，2009，102（1）：015501.

[208] Huang J Y，Ding F，Yakobson B I，et al. *In situ* observation of graphene sublimation and multi-layer edge reconstructions. Proceedings of the National Academy of Sciences of the United States of America，2009，106（25）：10103-10108.

[209] Zhang J，Xiao J L，Meng X H，et al. Free folding of suspended graphene sheets by random mechanical stimulation. Physical Review Letters，2010，104（16）：166805.

[210] Robertson A W，Warner J H. Hexagonal single crystal domains of few-layer graphene on copper foils. Nano Letters，2011，11（3）：1182-1189.

[211] Kim K P，Lee Z H，Malone B D，et al. Multiply folded graphene. Physical Review B，2011，83（24）：245433.

[212] Le N B，Woods L M. Folded graphene nanoribbons with single and double closed edges. Physical Review B，2012，85（3）：035403.

[213] Bai J W，Duan X F，Huang Y. Rational fabrication of graphene nanoribbons using a nanowire etch mask. Nano Letters，2009，9（5）：2083-2087.

[214] Wu Y M A，Robertson A W，Schaeffel F，et al. Aligned rectangular few-layer graphene domains on copper surfaces. Chemistry of Materials，2011，23（20）：4543-4547.

[215] Wu Z S，Ren W C，Gao L B，et al. Efficient synthesis of graphene nanoribbons sonochemically cut from graphene sheets. Nano Research，2010，3（1）：16-22.

[216] Han M Y，Oezyilmaz B，Zhang Y B，et al. Energy band-gap engineering of graphene nanoribbons. Physical Review Letters，2007，98（20）：206805.

[217] Jiao L Y，Zhang L，Wang X R，et al. Narrow graphene nanoribbons from carbon nanotubes. Nature，2009，458（7240）：877-880.

[218] Kosynkin D V，Higginbotham A L，Sinitskii A，et al. Longitudinal unzipping of carbon nanotubes to form graphene nanoribbons. Nature，2009，458（7240）：872-876.

[219] Higginbotham A L，Kosynkin D V，Sinitskii A，et al. Lower-defect graphene oxide nanoribbons from multiwalled carbon nanotubes. ACS Nano，2010，4（4）：2059-2069.

[220] Kim K P，Sussman A，Zettl A. Graphene nanoribbons obtained by electrically unwrapping carbon nanotubes. ACS Nano，2010，4（3）：1362-1366.

[221] Paiva M C，Xu W，Proenca M F，et al. Unzipping of functionalized multiwall carbon nanotubes induced by STM. Nano Letters，2010，10（5）：1764-1768.

[222] Cai J M，Ruffieux P，Jaafar R，et al. Atomically precise bottom-up fabrication of graphene nanoribbons. Nature，2010，466（7305）：470-473.

[223] Guo Y F，Jiang L，Guo W L. Opening carbon nanotubes into zigzag graphene nanoribbons by energy-optimum oxidation. Physical Review B，2010，82（11）：115440.

[224] Wang J L，Ma L，Yuan Q H，et al. Transition-metal-catalyzed unzipping of single-walled carbon nanotubes into narrow graphene nanoribbons at low temperature. Angewandte Chemie International Edition，2011，50（35）：8041-8045.

[225] Kumar P，Panchakarla L S，Rao C N R. Laser-induced unzipping of carbon nanotubes to yield graphene nanoribbons. Nanoscale，2011，3（5）：2127-2129.

[226] Parashar U K，Bhandari S，Srivastava R K，et al. Single step synthesis of graphene nanoribbons by catalyst particle size dependent cutting of multiwalled carbon nanotubes. Nanoscale，2011，3（9）：3876-3882.

[227] Jiao L Y，Wang X R，Diankov G，et al. Facile synthesis of high-quality graphene nanoribbons. Nature Nanotechnology，2010，5（5）：321-325.

[228] Shinde D B，Debgupta J，Kushwaha A，et al. Electrochemical unzipping of multi-walled carbon nanotubes for facile synthesis of high-quality graphene nanoribbons. Journal of the American Chemical Society，2011，133（12）：4168-4171.

[229] Xie L M，Jiao L Y，Dai H J. Selective etching of graphene edges by hydrogen plasma. Journal of the American Chemical Society，2010，132（42）：14751-14753.

[230] Yang R，Zhang L C，Wang Y，et al. An anisotropic etching effect in the graphene basal plane. Advanced Materials，2010，22（36）：4014-4019.

[231] Tapaszto L，Dobrik G，Lambin P，et al. Tailoring the atomic structure of graphene nanoribbons by scanning tunnelling microscope lithography. Nature Nanotechnology，2008，3（7）：397-401.

[232] Campos L C，Manfrinato V R，Sanchez-Yamagishi J D，et al. Anisotropic etching and nanoribbon formation in single-layer graphene. Nano Letters，2009，9（7）：2600-2604.

[233] Yu W J，Chae S H，Perello D，et al. Synthesis of edge-closed graphene ribbons with enhanced conductivity. ACS Nano，2010，4（9）：5480-5486.

[234] Datta S S，Strachan D R，Khamis S M，et al. Crystallographic etching of few-layer graphene. Nano Letters，2008，8（7）：1912-1915.

[235] Schaeffel F，Warner J H，Bachmatiuk A，et al. On the catalytic hydrogenation of graphite for graphene nanoribbon fabrication. Physica Status Solidi B：Basic Solid State Physics，2009，246（11-12）：2540-2544.

[236] Ci L J，Xu Z P，Wang L L，et al. Controlled nanocutting of graphene. Nano Research，2008，1（2）：116-122.

[237] Gao L B，Ren W C，Liu B L，et al. Crystallographic tailoring of graphene by nonmetal SiO_x nanoparticles. Journal of the American Chemical Society，2009，131（39）：13934-13936.

[238] Luo Z T，Kim S C，Kawamoto N，et al. Growth mechanism of hexagonal-shape graphene flakes with zigzag edges. ACS Nano，2011，5（11）：9154-9160.

[239] Chen X，Liu S Y，Liu L C，et al. Growth of triangle-shape graphene on Cu(111) surface. Applied Physics Letters，2012，100（16）：163106.

[240] Wofford J M，Nie S，McCarty K F，et al. Graphene islands on Cu foils：The interplay between shape，orientation，and defects. Nano Letters，2010，10（12）：4890-4896.

[241] Zhang B，Lee W H，Piner R，et al. Low-temperature chemical vapor deposition growth of graphene from toluene on electropolished copper foils. ACS Nano，2012，6（3）：2471-2476.

[242] Li Z C，Wu P，Wang C X，et al. Low-temperature growth of graphene by chemical vapor deposition using solid and liquid carbon sources. ACS Nano，2011，5（4）：3385-3390.

[243] Acik M，Chabal Y J. Nature of graphene edges：A review. Japanese Journal of Applied Physics，2011，50（7）：070101.

[244] Nie S，Wofford J M，Bartelt N C，et al. Origin of the mosaicity in graphene grown on Cu(111). Physical Review B，2011，84（15）：155425.

[245] Shu H B，Chen X S，Tao X M，et al. Edge structural stability and kinetics of graphene chemical vapor deposition growth. ACS Nano，2012，6（4）：3243-3250.

[246] Ma T，Ren W C，Zhang X Y，et al. Edge-controlled growth and kinetics of single-crystal graphene domains by chemical vapor deposition. Proceedings of the National Academy of Sciences of the United States of America，2013，110（51）：20386-20391.

第5章

石墨烯的性质

石墨烯之所以能够在世界范围内引发前所未有的研究热潮，根本原因在于其独特的物性和优异的综合性能，有望为物理、化学和材料等学科及相关产业带来变革性的发展。本章对石墨烯的典型性质进行了概括性的介绍，包括电学、光学、力学、热学和化学反应特性等。对石墨烯性质的研究早期主要关注其电子输运特性，导致了包括量子霍尔效应、室温量子霍尔效应等在内的诸多重要的科学发现。而受限于表征技术，石墨烯光学性质的研究直到 2008 年才开始起步，相继揭示了其高透光率、独特的光吸收和等离激元等特性，有报道预计石墨烯的颠覆性应用会率先发生在光学领域。在此期间，研究人员还陆续开展了石墨烯的力学、热学、磁学等性质的研究。2018 年，魔转角石墨烯的问世及其独特的超导、铁电、铁磁等性质，让石墨烯性质的研究焕发出了新的活力，把人们对石墨烯物性的认知带到了新高度。其中，多数开创性的研究都是基于胶带剥离法制备的高质量石墨烯片，因此本章中采用较多的篇幅介绍相关的代表性工作，从而体现出石墨烯的本征性质。不过，随着制备技术的进步，CVD 石墨烯在一些方面也已经表现出与本征石墨烯相接近的性质或性能。而且，CVD 石墨烯的结构可调控性也促进了石墨烯的光学、力学和热学等性质的研究，加深了对石墨烯性质变化规律的认识。本章也对相应的研究内容进行了阐述。

5.1 电学性质

石墨烯的 π 态（成键态）电子形成价带，$π^*$ 态（反成键态）电子形成导带，导带和价带在 K 空间的 6 个点上接触，这些接触点被称为狄拉克点或者电中性点。根据晶格对称性，K 空间的 6 个狄拉克点可以精简为 2 个彼此独立的狄拉克点，即 K 和 K' 点。在大多数情况下，石墨烯的电子输运可以采用低能量近似的方式进行模拟。在此近似下，在狄拉克点附近时，石墨烯的能带具有线性的色散关系，可以看作 2 个圆锥以顶对顶的方式在狄拉克点接触。石墨烯的能带有两大特点：第一是零带隙，这既不同于半导体中导带与价带的完全分离，又不同于金属中导带和价带有所交叠，石墨烯的导带与价带正好接触，因此也被称为半金属；第二是其独特的色散关系，这与传统二维半导体在导带底和价带顶具有抛物线性的色散关系完全不同，石墨烯在狄拉克点附近具有线性色散关系，即满足：

$$E = \pm v_F \hbar k \tag{5.1}$$

其中，v_F 是石墨烯中电子的费米速度，大约为 10^6 m/s；$\hbar$ 是约化普朗克常数；k 是波矢。这种线性的色散关系非常类似光子，因此石墨烯中的电子动力学需要采用包含相对论效应的狄拉克方程进行描述。然而，电子本身是费米子，所以石墨烯中的电子也被称为狄拉克费米子。除了石墨烯以外，拓扑绝缘体中的电子也具有类似的性质。

根据相对论力学，石墨烯中电子的能量可以表示为

$$E = \sqrt{m^2 v_F^4 + p^2 v_F^2} \tag{5.2}$$

其中，m 是电子的有效质量；$p = \hbar k$，是电子的动量。将色散关系式（5.1）代入到式（5.2）中，就可以得到电子的有效质量为零。石墨烯能带的线性色散关系也带来了独特的能态密度分布。根据色散关系，石墨烯的电子能态密度可以表述为

$$g(E) = \frac{|E|}{2\pi \hbar^2 v_F^2} \tag{5.3}$$

在理想情况下，石墨烯中的电子是无质量的狄拉克费米子。正是这种反常的电子特性导致了许多奇特的物理现象，如双极性、超高的载流子迁移率、量子霍尔效应、克莱因（Klein）隧穿等。因此，对石墨烯的能带理论和电学输运性质的研究具有深刻的物理意义。此外，许多研究者也开展了调控石墨烯电学性质的研究，包括带隙、电导率、超导等。

5.1.1　电场作用下的双极性

从电子特性的角度看，石墨烯是一种零带隙半导体，狄拉克方程是石墨烯晶体对称的直接结果。石墨烯六角晶格由两个等价碳亚晶格 A 和 B 组成，并且其类似余弦曲线状的能带与亚晶格在布里渊区边界零点交叉，导致了对于$|E| < 1$ eV 能谱的锥形截面。

外电场作用会改变石墨烯的能带。理想石墨烯在没有外电场时费米能级处于导带与价带之间，即在布里渊区六个角处的费米能级，与价带的顶部和导带的底部重合在一起。当有外电场作用时，石墨烯的费米能级会发生移动，随着电场方向的不同，费米能级会向价带或者导带移动，从而出现石墨烯的费米能级处于价带或者导带内部。当石墨烯的费米能级处于导带或者价带之中时，其中的电子或者空穴非常容易发生跃迁形成自由电子或者自由空穴，即石墨烯中会产生大量载流子，使载流子浓度迅速增大。随着对石墨烯施加的电场（V_g）方向改变，其费米能级也会发生从导带到价带或者从价带到导带之间的移动，石墨烯中的载流子

类型也会发生从 n 型到 p 型或者从 p 型到 n 型的转变，所以石墨烯又被称为双极型半导体，见图 5.1。从上述描述中可以知道，理想石墨烯在没有外电场时电阻值是最大的，当存在外电场作用时，无论电场方向怎样变化，都会导致载流子浓度的增加。对于理想石墨烯，当 $V_g = 0$ V 时，费米能级位于狄拉克点位置。

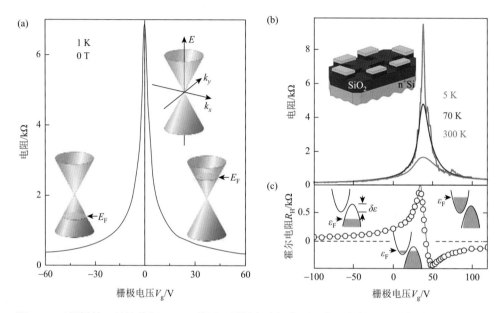

图 5.1　石墨烯的双极性特征：（a）单层石墨烯在电场作用下的双极性，测量条件为温度 1 K，零磁场；（b）在不同温度下，石墨烯的纵向电阻随栅极电压的变化；（c）在 70 K 时，石墨烯的霍尔电阻随栅极电压的变化图，显示了载流子类型和浓度随着电场效应而发生变化[1, 2]

5.1.2　超高的载流子迁移率

2004 年，A. K. Geim 研究组[2]通过场效应和霍尔效应测试发现石墨烯的室温载流子迁移率约为 4000 cm²/(V·s)，低温下可达 10000～15000 cm²/(V·s)。2005 年，他们通过测量石墨烯在弱磁场下随温度的磁阻变化，研究了石墨烯中载流子的局域化，发现石墨烯中载流子的迁移率受温度变化的影响较小，表现出微米尺度的弹道传输特性，即受极大抑制的弱局域化效应[3]。

对于实际的石墨烯电学器件，当导电沟道很短且载流子处于弹道输运时，其费米速度约为光速的 1/300，即 $v_F \approx 1 \times 10^6$ m/s。长程相互作用（库仑作用或声学声子）导致的散射在石墨烯中受到极大抑制。石墨烯中载流子的平均自由程可以达到微米级。石墨烯中的光学声子频率很高，约为 1600 cm⁻¹，这导致只有在很高的电场作用下载流子才会受到光学声子的散射。因此，石墨烯中的电子饱和速度非常高，可以达到约 4×10^5 m/s，是 GaAs 的 2 倍，硅的 4 倍，InP 的 8 倍，而且基本不随场强的增加而降低。同时，当电输运的沟道很长且处于扩散-迁移的输运区域时，器件就会表现出超高的载流子迁移率[4]。

对于在常规 SiO_2/Si 基底上的石墨烯，其室温载流子迁移率通常在 4000～20000 $cm^2/(V\cdot s)$ 之间，低温下为 5000～60000 $cm^2/(V\cdot s)$。目前，主要基于场效应和霍尔效应来测量石墨烯的载流子迁移率。其中，场效应载流子迁移率的测量通常采用 2005 年 Philip Kim 研究组[5]所报道的方法。对于典型的表面氧化层为 300 nm SiO_2 的 Si 基底，其电容 $C_g = 115$ $aF/\mu m^2$，载流子浓度的计算方法为 $n = C_g V_g/e$，测量电阻 R_{xx} 是考虑了形状因子后的纵向电阻，类似于方块电阻，那么载流子迁移率为 $\mu = 1/(e\cdot R_{xx}\cdot n)$，如图 5.2 所示。

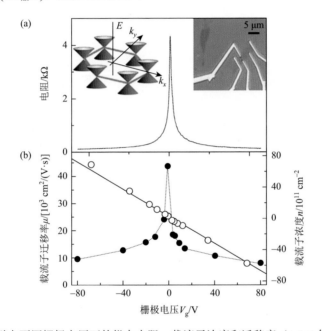

图 5.2　石墨烯在不同栅极电压下的纵向电阻、载流子浓度和迁移率（1.7 K 低温下测试）：（a）石墨烯纵向电阻随栅极电压的变化图，左插图是石墨烯能带在狄拉克点附近的色散关系，右插图是石墨烯霍尔器件的光学照片；（b）当栅极电压变化时，计算获得的石墨烯载流子浓度（空心圆）和迁移率（实心圆）[5]

在 2004～2008 年期间，研究者发现尽管理论上石墨烯具有超高的载流子迁移率，但实测值远低于理论值。大量研究表明，测试采用的基底对其迁移率具有显著的影响。因此，将石墨烯悬空起来进行电学输运测量或者寻找更为适合石墨烯的基底成为这一时期的重要研究内容。2008 年，Eva Andrei 研究组[6]率先实现了悬空石墨烯的电学测量，其载流子迁移率相比于基底上的数值提升了 1～2 个数量级，在低温下可达到 280000 $cm^2/(V\cdot s)$（图 5.3）。

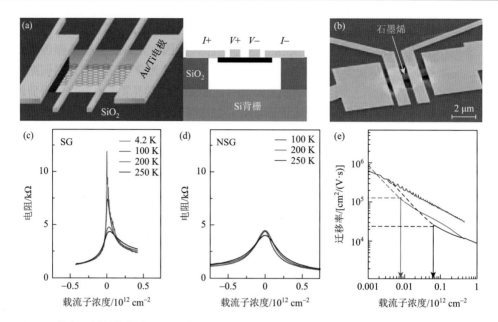

图 5.3　悬空石墨烯的载流子迁移率：（a）悬空石墨烯器件的结构示意图（俯视左视图、剖面图）；（b）悬空石墨烯 FET 器件的 SEM 图；（c）不同温度下，悬空石墨烯纵向电阻在不同载流子浓度下的变化图；（d）不同温度下，非悬空石墨烯的电阻在不同载流子浓度下的变化图；（e）在 100 K 时，悬空石墨烯（红线）与非悬空石墨烯（黑线）的迁移率随载流子浓度的变化趋势图，蓝线为弹道传输的预测线[6]

　　然而，制作悬空石墨烯的工艺比较复杂，并且悬空石墨烯只能制作顶栅电极进行调控，不适用于一些特殊电学测量所需的器件构型。一种更加合适的超平整基底，同样具有层状结构和较大带隙（5.97 eV）的绝缘体——六方氮化硼（h-BN）则应运而生。h-BN 也被称为白石墨，具有良好的电绝缘性、导热性、耐高温、极为稳定的化学性能和耐酸性，介电常数 $\varepsilon = 3\sim4$，击穿电压为 0.8 V/nm。2010 年，James Hone 研究组[7]率先研究了 h-BN 基底上石墨烯的特性。如图 5.4 所示，他们发现相较于 SiO$_2$/Si 基底，石墨烯在 h-BN 基底上具有极高的平整度，并且其室温迁移率可达 40000 cm^2/(V·s)，远高于同样测量条件下 SiO$_2$/Si 基底表面的石墨烯。然而，进一步的研究发现，在石墨烯与 h-BN 的贴合过程中，其界面处通常会残留气体、水等物质，影响了 h-BN 基底的作用效果。同时，石墨烯的上表面仍然会受到大气中的水分子和其他物质的吸附污染。因此，他们在 2013 年开发了一种范德瓦耳斯剥离技术（van der Waals peel off technique）来制作石墨烯/h-BN 异质结[8]。这种方法制作的异质结成功地避免了界面处的吸附污染，并且能够方便地制作更多层的二维材料异质结。该方法也逐渐成为通过剥离样品制作垂直异质结的主流方法。他们发现利用多层 h-BN 片层将单层石墨烯进行上下表面封装，石墨烯的室温迁移率可以突破 140000 cm^2/(V·s)，在低温超过 1000000 cm^2/(V·s)，平均自由程超过了器件的沟道尺寸 15 μm。目前，*h*-BN 封装石墨烯迁移率的最高值已经超过 1×10^6 cm^2/(V·s)，与界面完美的二维电子气结构相当[8]。

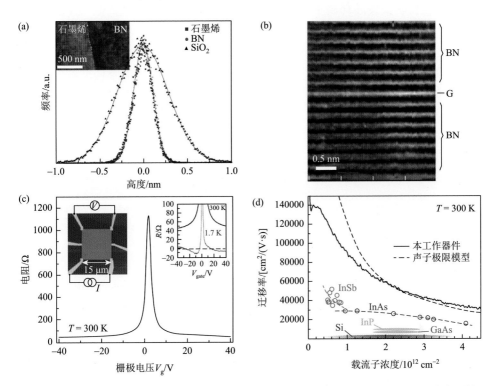

图 5.4　采用 *h*-BN 作为基底的石墨烯及其电学特性：（a）石墨烯放置在 *h*-BN 和硅片表面的平整度对比，插图是在 *h*-BN 上石墨烯的 AFM 图；（b）采用 *h*-BN 封装石墨烯的 TEM 剖面图；（c）室温下封装石墨烯的四探针电阻随着电场效应的变化图，左插图是采用边界接触的封装石墨烯器件的光学照片，右插图是室温和低温下电输运的对比图；（d）室温下不同载流子浓度时封装石墨烯的载流子迁移率（黑线），虚线是基于声子极限模型计算的迁移率极限，同时对比了其他高迁移率材料的迁移率数据[7, 8]

5.1.3　优良的电导率

本征石墨烯的导带与价带在狄拉克点处相交，当费米能级位于狄拉克点时，石墨烯具有极低的载流子浓度 n 以及超高的载流子迁移率 μ，因此电导率 $\sigma = ne\mu$ 在狄拉克点处呈现比较低的数值。由于石墨烯与外界接触，气体分子吸附和基底等都将不可避免地与石墨烯产生电荷转移，即对石墨烯造成掺杂。一般情况下，石墨烯的费米能级通常处于价带之中，即产生了 p 型掺杂。对于本征石墨烯，包括完美的六元环晶格和去除外界的掺杂因素，在狄拉克点附近的电导率仍然低于量子化电导率（e^2/h）的一半。在高浓度电子或者空穴掺杂时，方块电阻最低可以达到 40 Ω/sq，几乎达到了石墨烯方块电阻的理论值[9]。

优良的导电性能使得石墨烯在导电薄膜领域具有重要应用前景，其中 CVD 石墨烯因生长质量较高和易于规模化放大，具有明显的优势。但是，CVD 石墨烯中仍存在一些晶体缺陷，以及在随后的转移过程中引入的转移缺陷，使其方块电阻通常在 300~800 Ω/sq 范围内。进一步采用 HNO₃、金属纳米粒子等进行掺杂，使石墨烯的费米能级更加远离狄拉克点，则单层石墨烯薄膜的方块电阻可以达到 150~300 Ω/sq，如图 5.5 所示[9]。

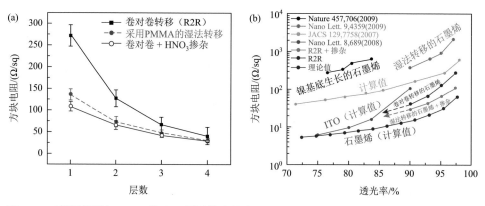

图 5.5　石墨烯薄膜与 HNO₃ 掺杂石墨烯的方块电阻：（a）CVD 生长的石墨烯薄膜的方块电阻随层数的变化，以及采用 HNO₃ 掺杂后的方块电阻；（b）常用的透明导电薄膜材料 ITO 与本征石墨烯、CVD 生长的石墨烯薄膜和掺杂石墨烯的方块电阻对比[9]

5.1.4　量子霍尔效应

整数、分数量子霍尔效应（quantum Hall effect，QHE）是二维电子体系在极低温和强磁场条件下呈现出来的、独特的强关联属性。1980 年，Vonklitzing K[10] 在低温（1.5 K）和强磁场（15 T）下测量金属/氧化物/半导体反型层中二维电子气（2DEG）的霍尔效应中发现，霍尔电阻随二维电子浓度 n 的变化曲线上出现了一系列数值为 $h/e^2 = 25815.807\ \Omega$ 且具有一定宽度的电阻平台。整数 QHE 最令人惊奇之处是电阻 R_H 的平台值与 h/Ne^2（N 为正整数，也称为朗道能级因子）的相对误差可小于 10^{-7}~10^{-8} 数量级，而且与材料体系、载流子导电类型等无关，是一种普适现象。

1982 年，贝尔实验室的 D. C. Tsui、H. L. Stormer 和 A. C. Gossard 三位科学家[11]，在填充因子为 1/3 和 2/3，以及更多分数（p/q，q 和 p 都为整数，并且 q 为奇数）填充因子的位置，同样观察到一系列分数霍尔电阻平台 hp/qe^2，这就是典型的分数 QHE 现象。为了能够观察到分数 QHE，材料需要具有低的缺陷浓度和高的载流子迁移率。从物理机制上讲，分数 QHE 所含的物理内涵要比整数 QHE

更为深刻，它反映了在低温强磁场条件下，电子间的强关联相互作用在近乎理想的二维体系中形成了新的不可压缩量子液体态。

1. 石墨烯的半整数 QHE

理论物理学家利用 2 + 1 维度量子电动力学描述了外加垂直磁场作用下石墨烯中朗道能级的形成，其能量表述为

$$E_N = \text{sgn}(N)\sqrt{2e\hbar v_F^2 |N| B} \tag{5.4}$$

其中，N 是整数，表示朗道能级因子，对电子近似时 $N>0$，对空穴近似时 $N<0$，特别是当朗道能级（LL）形成在 $N = 0$ 时，电子和空穴是简并的。

2005 年，A. K. Geim 研究组[3]和 Philip Kim 研究组[5]分别在实验中观察到了石墨烯的 QHE。如图 5.6（a）所示，在高磁场下，霍尔电阻 R_{xy} 出现平台并且纵向电阻 R_{xx} 等于零，这都是 QHE 的标准特征。霍尔平台对应的量子电导倍数即为量子霍尔态的填充因子 v。当利用栅极电压（V_g）调控石墨烯的费米能级 E_F 时，即载流子从电子转变为空穴时，也观察到了反号的霍尔电阻，证明了其载流子的对称性。在固定磁场（$B = 14\,T$），调控费米能级就得到了图 5.6 数据，而 R_{xy} 的量子化条件也可描述为

$$R_{xy}^{-1} = \pm g_s(N+1/2)e^2/h \tag{5.5}$$

其中，N 是非负整数，正负号 $\pm$ 分别代表空穴和电子。在 QHE 中，填充因子 $v = \pm g_s(N + 1/2)$。在对石墨烯的测量中，$v = \pm2$，±6，±10，±14，…量子霍尔态都已被观察到。每个 LL 具有的简并度 $g_s = 4$，基于自旋简并及亚晶格简并的假设，必须在 LL 的能级能量 E_N 远大于塞曼（Zeeman）自旋分裂能量时才成立。因此，在非常高的磁场下，该假设必须修正。有别于传统的 QHE，石墨烯的量子化条件多了半整数，其差异主要来自 LL 必须考虑相对论修正以及考虑电子和空穴的对称性。

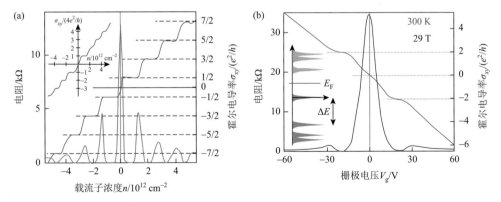

图 5.6　（a）石墨烯的半整数 QHE，该数据在 4 K 和 14 T 的条件下获得；（b）石墨烯的室温 QHE，测量条件为 $T = 300\,K$，$B = 29\,T$[3, 12]

石墨烯中另一个特别的量子现象是室温 QHE[12]。基于传统材料体系的大部分量子现象，包括 QHE，都必须在相当低的温度下才能发生，通常低于液氮温度（4.2 K）。然而，石墨烯由于无质量的且具有相对论效应的载流子，同时在室温时具有比较少的散射，因此使得室温 QHE 成为可能。如图 5.6（b）所示，在 $B = 29$ T 垂直磁场下，在 $\sigma_{xy} = \pm 2e^2/h$ 处观察到了平台，正负号分别为空穴和电子。石墨烯的 QHE 在如此高的温度下还能存在，主要来自无质量的相对论载流子所关联的大回旋带隙。从上述公式中可以简单地估算出在 LL 中当 $N = 0$ 与 $N = \pm 1$ 时的带隙，在 $B = 45$ T 时 $\Delta E \approx 2800$ K，是室温时热能 k_BT 的 10 倍。当然还有其他原因，例如，石墨烯的高载流子迁移率从低温到室温都没有显著变化，使得朗道能级形成 $\omega_c \tau = \mu B \gg 1$（其中，$\omega_c$ 是载流子的频率，τ 是散射时间）在不太强的磁场下就可以实现。

2. 石墨烯的分数 QHE

在石墨烯中测量出了半整数 QHE，甚至在室温下也观测到了 QHE。那么，石墨烯中是否也能出现分数 QHE 呢？其实现途径与提高石墨烯的载流子迁移率的方式相同，即采用悬空石墨烯和更为平整的 h-BN 基底。

2009 年，Eva Y. Andrei 研究组[13]和 Philip Kim 研究组[14]分别采用悬空石墨烯观测到分数 QHE。由于缺乏底电压的调控，他们仅观察到填充因子为 1/3 的霍尔平台。2011 年，Philip Kim 研究组采用 h-BN 作为基底，测出了填充因子更为丰富的分数 QHE，包括 1/3、2/3、4/3、7/3、8/3、10/3、11/3、13/3 等，这也预示着在石墨烯中蕴含着丰富的电子-电子强关联相互作用，如图 5.7 所示[15]。

3. 双层石墨烯的 QHE

由于 AB 堆垛的双层石墨烯在电中性点附近具有抛物线型的能带结构，因此其在强磁场下的 LL 呈现出与单层石墨烯不同的特征。双层石墨烯的 LL 对应的

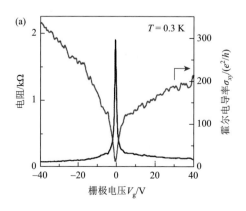

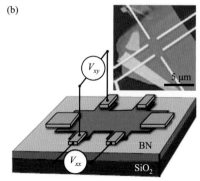

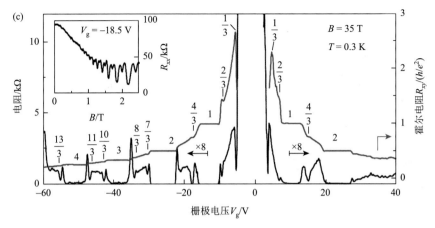

图 5.7　石墨烯的分数 QHE：（a）在零磁场下的电输运曲线，测量温度为 0.3 K；（b）石墨烯在 h-BN 基底上的霍尔器件示意图以及光学照片；（c）石墨烯的纵向电阻与霍尔电阻随栅极电压的变化，测量条件是 0.3 K 和 35 T，插图是在固定栅极电压–18.5 V 时的 SdH 振荡曲线[15]

态密度为 gB/Φ_0，g 为简并度，B 为磁感应强度，$\Phi_0 = h/e$ 为磁通量。在能带中心附近，$E_F = 0$ eV 处的 LL 态密度是其他能级态密度的 2 倍，意味着 LL 除了自旋简并和谷简并外，还有额外的双重简并度。在能带中心附近，量子化的霍尔平台呈现整数序列：$\sigma_{xy} = \pm N(4e^2/h)$，$N$ 为大于或等于 1 的整数，不存在霍尔电导率为零的平台，这与二维自由费米子系统中的现象不同。这时，双层石墨烯中的 QHE 类似于单层石墨烯，即 σ_{xy} 通过中性点时存在跃变阶梯，对应于中心 LL 半满的状态。但是，在双层石墨烯中，零能量处的跃变阶梯高度为 $8e^2/h$，是其他相邻阶梯高度的 2 倍。通常情况下，每当一个额外的 LL 被占据时，霍尔电导率将增加 $4e^2/h$。然而，根据态密度分布，$E_F = 0$ eV 处的 LL 具有 8 重简并，态密度是其他能级态密度的 2 倍。也就是说，从最低的空穴平台转换到最低的电子平台所需要的载流子数量是其他相邻霍尔平台之间转换所需载流子的 2 倍，因而相应平台间的转换宽度为其他平台转换宽度的 2 倍。在能带边缘附近，量子霍尔电导率可以表示为：$\sigma_{xy} = \pm 2Ne^2/h$，$N$ 为正整数，只具有自旋简并度，和传统 QHE 相同。

　　自从发现单层石墨烯的 QHE 以及认识到双层石墨烯可能存在不同的 QHE，在随后的 2006 年，A. K. Geim 研究组[16]就率先从实验上证实了双层石墨烯中的整数 QHE。如图 5.8 所示，与单层石墨烯类似，通过采用悬空的双层石墨烯或者采用 h-BN 作为基底或封装双层石墨烯，提升了双层石墨烯的晶体质量和减少了晶格散射，双层石墨烯中也可以呈现分数 QHE，同时除了更多种类的填充因子，如 23/7、17/5 等外，还显示出双层石墨烯内存在更为复杂的电子-电子强关联相互作用[17]。

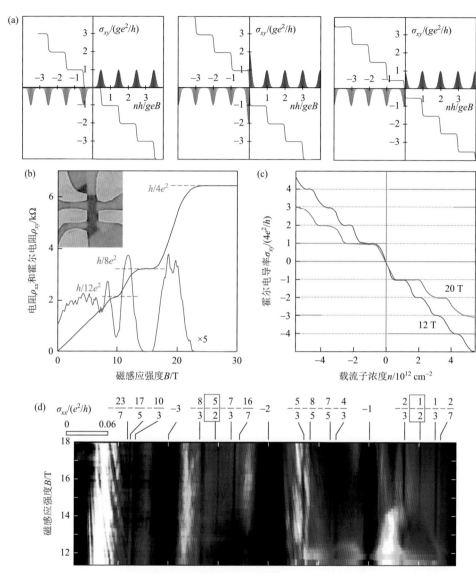

图 5.8 双层石墨烯的 QHE：（a）三种整数 QHE：左为常规二维电子气系统、中为双层石墨烯、右为单层石墨烯；（b）在电子掺杂浓度为 2.5×10^{12} cm^{-2} 时的纵向电阻和霍尔电阻随着磁感应强度的变化图，插图是典型的双层石墨烯霍尔器件的 SEM 图；（c）在磁感应强度为 12 T 和 20 T 时，双层石墨烯的霍尔电导率随着载流子浓度的变化图，表现为整数 QHE；（d）封装在 h-BN 中双层石墨烯的分数 QHE，纵向电导在不同填充因子和磁感应强度下的变化图，测量条件为 $T = 20$ mK 和位移场 $D = -100$ mV/nm[16, 17]

4. CVD 单层石墨烯的 QHE

由于超高的载流子迁移率和容易测量的 QHE 是高质量石墨烯的代表性特征，

因此这两个特征值也逐渐成为表征其他方法制备的石墨烯高结晶质量的重要指标。2006 年，Walt A. de Heer 研究组[18]在 SiC 外延方法生长的石墨烯中测量出了 QHE。2009 年，研究人员采用 CVD 方法成功生长出单层石墨烯，并表征出与胶带剥离的石墨烯样品接近的载流子迁移率。2010 年，B. H. Hong 研究组[9]基于 QHE 测试验证了 CVD 石墨烯具有高的结晶质量。他们利用转移至 SiO$_2$/Si 基底上 CVD 石墨烯薄膜制作的霍尔器件，在低温（6 K）和强磁场（9 T）下可以呈现至少 3 个霍尔平台，如图 5.9（a）所示。

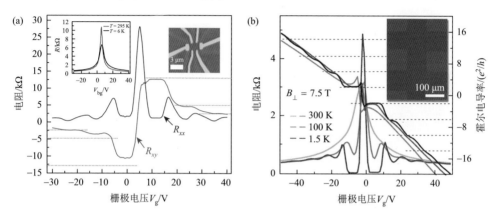

图 5.9　转移到 SiO$_2$/Si 基底上 CVD 石墨烯薄膜的 QHE：（a）常规 CVD 石墨烯薄膜的纵向电阻与霍尔电阻随着栅极电压的变化图，测量条件是 $T = 6$ K 和 $B = 9$ T，左插图是在零磁场下的纵向电阻随着栅极电压的变化图，右插图是典型的石墨烯霍尔器件的光学照片；（b）超平整 CVD 石墨烯薄膜在超大沟道宽度下的 QHE，测量条件分别为 $T = 1.5$ K、100 K 和 300 K，$B_\perp = 7.5$ T，插图是石墨烯大尺寸霍尔器件的光学照片[9, 19]

　　然而，CVD 方法生长的石墨烯总是不可避免地存在褶皱，严重影响了样品的均匀性和高质量，因此在大尺寸 CVD 石墨烯中一直没有观测到 QHE。大部分 CVD 石墨烯的 QHE 数据仍是在 10 μm 尺度内实现的，甚至在超强磁场（>20 T）下也难于突破 100 μm。高力波研究组[19]通过质子辅助方法成功地生长出晶圆级、无褶皱的超平整 CVD 石墨烯。他们测量了石墨烯 QHE 在不同沟道宽度下的表现，分别为 2 μm、20 μm、100 μm、500 μm。对于超平整石墨烯薄膜，QHE 出现的阈值条件，即 1.5 K 的低温和不太强的磁场（<1 T），和本征石墨烯几乎相当。更为重要的是，对于超大线宽（>100 μm）的 CVD 石墨烯，霍尔平台呈现的阈值几乎不变，甚至室温下仍可呈现，如图 5.9（b）所示。

5.1.5　基于石墨烯的超晶格物理

　　将石墨烯放置在 h-BN 基底上不仅极大提升了其电学特性，而且石墨烯与 h-BN 之间形成了异质结，即二维材料在界面位置形成了依赖于范德瓦耳斯力的层间垂直异质结。此外，两种二维材料通过共价键将两个不同的原子单层无缝连接在一起还可以形成平面异质结。采用不同的二维材料，同时控制它们之间的堆叠或者连接方式，则可以获得更多新奇的异质结构。这些二维材料的异质结可以具备单一二维材料所不具备的特性，在功能上实现一加一大于二，甚至远大于二的效果。由于 h-BN 基底能够提升石墨烯的综合电学特征，因此石墨烯/h-BN 垂直异质结成为整个二维材料异质结家族中研究最广泛且深入的一员。

1. 石墨烯/h-BN 超晶格的霍夫斯塔特蝴蝶图

类比于 GaAs 与 $Al_xGa_{1-x}As$ 等所形成的超晶格界面，石墨烯/h-BN 垂直异质结也被称为石墨烯/h-BN 莫尔超晶格，如图 5.10（a）所示。这是因为石墨烯与 h-BN 之间仅存在相对较小的晶格失配量（1.7%）和相同的晶体结构（六角蜂窝状），不同之处在于石墨烯中两个不同的子晶格分别被 h-BN 的硼原子和氮原子占据。当石墨烯与 h-BN 以一定转角堆叠在一起时，由于二者之间存在晶格失配，因此会出现一定周期的六角蜂窝状的莫尔条纹。这种莫尔条纹的周期非常敏感地依赖于石墨烯与 h-BN 基底之间的相对转角。这种依赖关系可以用以下函数来表示：

$$\lambda = \frac{(1+\delta)a}{\sqrt{2(1+\delta)(1-\cos\theta)+\delta^2}} \tag{5.6}$$

其中，λ 是莫尔条纹的周期；δ 是石墨烯与 h-BN 的晶格失配量，其值大约为 1.7%；a 是石墨烯的晶格常数；θ 是石墨烯与 h-BN 的相对转角。随着石墨烯与 h-BN 之间相对转角的增大，莫尔条纹的周期急剧减小：当 $\theta = 0°$ 时，可以得到最大的莫尔周期，为 14.7 nm；而当 $\theta = 1.1°$ 时，莫尔条纹的周期减小到约 9.7 nm。

石墨烯与 h-BN 基底形成的超晶格的层间距大约为 0.39 nm，在范德瓦耳斯力的作用范围内。另外，莫尔周期性的超晶格还在空间上具有约 20 pm 的高低起伏，导致部分区域的碳原子离 h-BN 基底更近，即范德瓦耳斯相互作用更强。因此，这种周期性的莫尔图案可以看作石墨烯受到一个微弱的周期势调控，进而对石墨烯的能带产生显著的影响，见图 5.10（b）中插图。从能带图中可以看到在偏离本征狄拉克点 200 meV 左右的位置出现了新的态密度极小点（红绿交叉点），称其为超晶格狄拉克点（SDP）。

2013 年，A. K. Geim 研究组[20]和 Philip Kim 研究组[21]分别对石墨烯/h-BN 超晶格进行低温下的电学输运特性测量，发现在狄拉克点两侧的对称位置分别出现了两个电阻极大的点，其电阻值随着温度的降低而升高，如图 5.10（b）所示。这两个点具有类似在狄拉克点处的电学特征，表现为绝缘体。他们将这两个电阻值异常的点归因于超晶格对石墨烯能带的调制，对应于超晶格狄拉克点。继续将磁场和栅极电压作为自变量，分别测量了霍尔电阻和纵向电阻。以纵向电阻为例，朗道扇形图可以解释为：随着磁场增大，二维电子气体系逐渐进入量子霍尔态。

当体系的费米面处在相邻的两个 LL 之间时，纵向电阻出现极小值，对应于朗道扇形图中白色区域。同时，在相应的位置，霍尔电阻出现平台。他们发现无论是纵向电阻还是霍尔电阻，在超晶格狄拉克点附近出现了类似狄拉克点处的结构。随着磁场增加，超晶格狄拉克点发散出两个对称的电阻峰，这两个电阻峰的斜率与填充因子为 2 的 LL 斜率相同，表明它们具有相同的简并度，并将其解释为石墨烯超晶格体系在磁场下出现的霍夫斯塔特（Hofstadter）子能带。随着磁场增强，超晶格形成的子能带能谱与原始的 LL 能谱相互交叠，形成一系列分形的结构，即霍夫斯塔特蝴蝶图（Hofstadter butterfly），如图 5.10（c，d）所示。值得一提的是，同年中国科学院物理研究所的张广宇研究组在采用 CVD 方法在 *h*-BN 上直接生长出的石墨烯中，也测出了相应的超晶格狄拉克点[22]，体现出了 CVD 方法在制备基于石墨烯的二维材料超晶格中的优势。

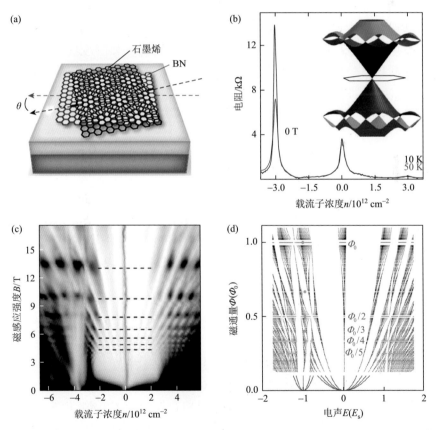

图 5.10　石墨烯/*h*-BN 莫尔超晶格诱发的新物性：（a）石墨烯与 *h*-BN 在转角 *θ* 时形成的莫尔图案示意图；（b）*θ*≈1.2° 的石墨烯/*h*-BN 超晶格的电阻在不同温度和载流子浓度下的变化图，插图是一种可能的石墨烯/*h*-BN 超晶格的新色散关系图；（c）纵向电导随着载流子浓度和磁感应强度的变化图，白色是 0 Ω，黑色是 2.2 mS；（d）石墨烯/*h*-BN 超晶格的霍夫斯塔特蝴蝶图[20, 21]

2. 转角双层石墨烯的超导

自 2009 年开始，转角双层石墨烯的相关研究逐渐受到关注，实验上首先观测到了角度依赖的范霍夫奇点，并证明了该体系低能区具有角度依赖的费米速度。随着转角的变小，转角双层石墨烯体系在低能区的费米速度不断下降，在第 1 个魔角时，费米速度降为零，体系中低能量能带结构中出现平带。理论预测第 1 个魔角出现在 1.0°～1.5°。2015 年，在实验上首次测量到转角双层石墨烯中的平带，对应的魔角大小约为 1.11°[23]。当转角在魔角附近，费米能级穿过体系的平带或低能量范霍夫奇点时，转角双层石墨烯中载流子的动能很小甚至为零。此时，体系中的电子-电子相互作用能远大于载流子动能，从而有望产生强关联量子物态。

2018 年，Pablo Jarillo-Herrero 研究组[24, 25]连续报道了关于魔转角双层石墨烯中存在强关联态和反常的超导性质，使科学家们对魔转角双层石墨烯体系的更多新奇电子态和电学性质产生了极大的关注和讨论。如图 5.11 所示，他们首先利用大面积石墨作为底栅电极，在其上依次转移厚 h-BN 片层、第一层单层石墨烯、第二层单层石墨烯、厚 h-BN 片层进行封装，并以大面积石墨烯作为顶栅电极。其中，在转移第二层石墨烯时控制其与第一层石墨烯的旋转角度。电输运测量结果表明，当平带被 1/2 填充时，魔转角双层石墨烯展现出莫特（Mott）绝缘体态；更令人激动的是，通过栅极调节载流子浓度对该莫特绝缘体态进行有效掺杂，该体系则表现出反常的超导特性，超导转变温度可达约 1.7 K。他们指出魔转角双层石墨烯中的超导可能和铜基高温超导特性相似。由于魔转角双层石墨烯体系相对于铜氧化合物高温超导体系要简单得多，更易于表征和调控，因此对其进行深入研究有望揭示高温超导机制这一困扰了物理学家三十多年的难题。

3. 转角双层石墨烯的量子反常霍尔效应

Haldane[26]在 1988 年首次在一个二维蜂窝状六角格子模型中理论预言了量子反常霍尔（QAH）效应。在实验上要实现 QAH，需要材料体系同时满足三个非常苛刻的条件：①边缘导电、体内绝缘；②具有长程铁磁序；③不需要外加磁场。因此，制备 QAH 材料体系成为一项巨大的挑战。2013 年，薛其坤研究组[27]制备出了 $Cr_{0.15}(Bi_{0.1}Sb_{0.9})_{1.85}Te_3$ 磁性薄膜材料，并且在极低温（30 mK）下首次观测到了 QAH。此后，寻找能够在更高温度下呈现 QAH 的新材料便成为研究者关注的下一个难题和挑战。

2020 年，Goldhaber-Gordon 研究组[28]和 Andrea Young 研究组[29]分别在转角为 1.20° 和 1.15° 的魔转角双层石墨烯中，在 3/4 的填充位观察到了 QAH。

如图 5.12 所示，Andrea Young 研究组的结果表明，石墨烯中 QAH 在 6 K 时仍可以出现磁滞回线，在 3 K 时仍可呈现非常准确的量子化霍尔平台。这使得转角石墨烯成为继磁性掺杂的拓扑绝缘体体系之后，另一个实现该效应的材料体系。

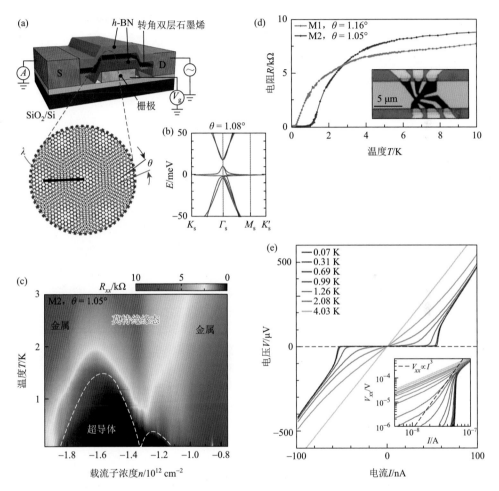

图 5.11　魔转角双层石墨烯的莫特绝缘态和超导：（a）魔转角双层石墨烯电学器件的示意图，转角产生的莫尔周期波长为 λ；（b）在转角 $\theta = 1.08°$ 时，计算得到的双层石墨烯的能带图，在打开的带隙中产生了平带；（c）转角为 1.05° 的双层石墨烯的纵向电阻随着载流子浓度和温度的变化图，在适当的载流子浓度时出现了莫特绝缘态和超导态；（d）两个魔转角双层石墨烯的变温电阻曲线都在低温区域出现了零电阻，插图是测量器件的光学照片；（e）器件 M2 在不同温度时的电流-电压（V_{xx}-I）曲线，插图采用对数坐标绘制，显示此系列曲线遵从 BKT 转变，即符合二维超导特征[24, 25]

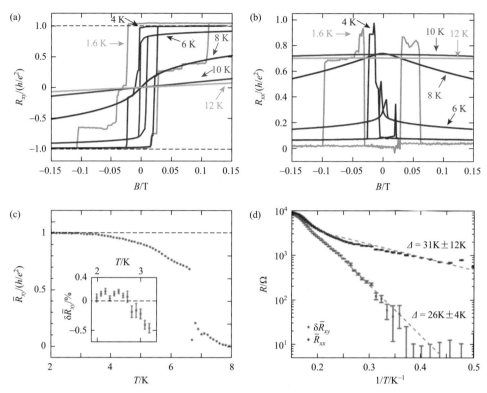

图 5.12 魔转角双层石墨烯的 QAH：（a）转角为 1.15°的魔转角双层石墨烯在载流子浓度 $n = 2.37 \times 10^{12}$ cm^{-2} 时的霍尔电阻在不同温度下随磁感应强度的变化图；（b）相同测量条件时，纵向电阻在不同温度下随磁感应强度的变化图；（c）场对准的霍尔电阻在磁场为零时随温度的变化图；（d）两种电阻在磁场为零时随温度倒数的变化图，图中 R_{xy} 表示霍尔电阻，R_{xx} 和 R 都表示电阻，$\bar{R}_{xy}$ 表示场对准的霍尔电阻，$\bar{R}_{xx}$ 表示场对准的电阻，场对准的霍尔电阻差值的计算方法 $\delta\bar{R}_{xy} = h/e^2 - \bar{R}_{xy}$，$B$ 表示磁感应强度，T 表示温度[28]

4. 双层石墨烯/*h*-BN 超晶格的铁电性能

铁电材料通常由晶胞内正负电荷中心在空间上分离所形成，具有可调控的电偶极子。一般而言，石墨烯并不会表现出铁电性能。然而，2020 年，Pablo Jarillo-Herrero 研究组[30]在基于 AB 堆垛双层石墨烯与 *h*-BN 基底形成的莫尔超晶格中发现了非常规的铁电性能。如图 5.13 所示，他们发现，通过使双层石墨烯与顶部或底部 *h*-BN 基底对齐，引入面外电场（电势）后，石墨烯电阻出现了明显的电滞行为。同时，他们构建双层石墨烯传感器，直接验证了石墨烯中存在铁电极化现象。该现象表明，在双层石墨烯/*h*-BN 莫尔超晶格中存在异常的电子结构。这种新兴的莫尔铁电性能有望实现超快、可编程且原子级超薄的碳基存储。

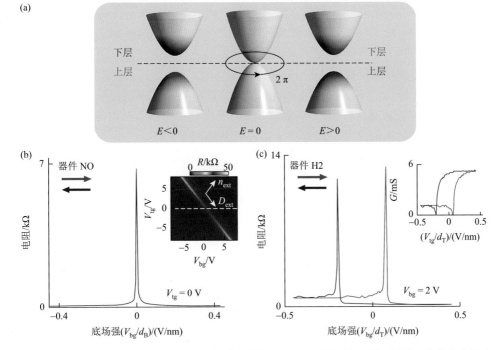

图 5.13　双层石墨烯/h-BN 莫尔超晶格的铁电性能：（a）AB 堆垛的双层石墨烯，其带电中性点附近的色散关系以及在电极化状态下的变化；（b）AB 堆垛双层石墨烯在电场作用下的纵向电阻变化图，插图是在双电极作用下的电阻扫描图；（c）双层石墨烯与 h-BN 存在一定的转角时，纵向电阻随着电场作用的变化图，显示出现了铁电态，插图是对应的电导图[30]

5.1.6　能带调控

由于石墨烯的导带与价带之间没有带隙，因此制作成晶体管器件时，其关态电流与传统硅基器件相比要大得多，即无法完全进入关闭状态，从而很难实现开关特性。若要将基于石墨烯的晶体管运用于逻辑电路，其较低的电流开关比是研究者必须解决的第一个难题。从改进石墨烯的制备方法到后期的掺杂处理和对石墨烯进行裁剪，研究者一直尝试在石墨烯中引入带隙。目前，对于石墨烯的能带调控大致分为四类，即电场调控双层石墨烯；异质或者基底掺杂石墨烯；裁剪石墨烯成为量子点、纳米带和纳米筛；多晶石墨烯的晶界。

1. 电场调控双层石墨烯

AB 堆垛形成的双层石墨烯，其内部的两个单层石墨烯形成反演对称电子耦合结构。这种耦合结构使得其在四个能谷中产生大量的狄拉克费米子，并在每个石墨烯层中产生两个赝自旋。如果在没有任何堆叠次序的情况下，其电子结构将会与单层石墨烯相同。2006 年，E. McCann[31]从理论上预测，如果在垂直于双层石墨烯的面外方向加入一个电场，会导致其时间反演对称性和中心反演对称性破坏，进而产生一定大小的带隙，此带隙与载流子浓度存在线性相关性。对于三层石墨烯，由于引入额外的一层原子，从而增加了它的复杂性。三层石墨烯有两种可能的堆叠方式，即典型的 ABA 堆叠方式和 ABC 堆叠方式。ABA 堆叠方式产生的能带与 AB 堆垛的双层石墨烯类似，在狄拉克锥处产生抛物线结构的能带，但缺失了双层石墨烯所具有的能带调控。ABC 堆叠方式的三层石墨烯与 AB 堆垛的双层石墨烯更加相似，而且能够产生明显的带隙。

2006 年，E. Rotenberg 研究组[32]通过 ARPES 测量了外延生长在 SiC 表面的双层石墨烯在不同载流子浓度下的带隙变化，发现在适当掺杂后，双层石墨烯可以打开约 260 meV 的带隙。2008 年，A. F. Morpurgo 研究组[33]利用胶带剥离的 AB 堆垛双层石墨烯，测量了双外电场对带隙的影响，发现可以打开约 10 meV 的带隙，如图 5.14 所示。在随后的大量实验中，研究者发现通过外电场可以使得双

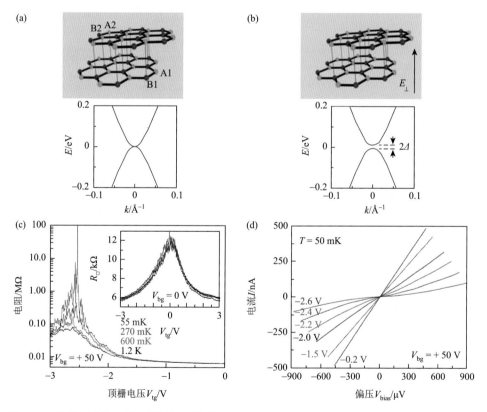

图 5.14 场效应诱导双层石墨烯打开带隙：（a）AB 堆垛双层石墨烯的晶格结构与在电中性点附近的抛物线色散关系；（b）双层石墨烯在电场作用下打开 2Δ 的带隙；（c）在不同温度时，底栅电压 V_{bg} 为 50 V，方块电阻随着顶栅电压 V_{tg} 的变化图，插图是底栅电压为 0 V 时的对比图；（d）在 50 mK 时，底栅电压为 50 V，不同顶栅电压下的电压-电流转移特征曲线[33]

层石墨烯产生带隙，但是其数值较小，通常不超过 300 meV。然而，与其他能带调控方式相比，双层石墨烯晶体管不会因边缘不规整而影响电学性能，而且制备方法也更加简单，因此有观点认为双层石墨烯晶体管更有可能达到较高的电流开关比，在实际应用中具有较大的潜力。

此后，采用 CVD 方法生长出的 AB 堆垛双层石墨烯，也可以通过外电场的方式打开石墨烯带隙[34-37]，具有类似的电场调控效应。

2. 掺杂调控石墨烯

对石墨烯引入内应力（可以被认为同质掺杂），利用其他物质对石墨烯进行异质掺杂，包括平面掺杂（面接触）、点掺杂（吸附）以及晶格内异质掺杂等，都被用于调控石墨烯的能带结构以打开带隙。施加应力可以改变石墨烯的晶格结构，并诱导改变石墨烯的能带特征[38, 39]。异质元素掺杂，如晶格内引入 B 或者 N 原子，可以使本征石墨烯通过能带结构的改变，产生从金属性到半导体性的转变[40]。

2009 年，A. K. Geim 研究组[41]通过氢气等离子体对石墨烯进行氢化处理，即在不破坏石墨烯的六边形晶格结构和单原子厚度的情况下，在每个碳原子上都增加一个氢原子，制备出具有新特性的石墨烯衍生物——石墨烷。随后他们对石墨烷进行了电学输运特征研究。如图 5.15 所示，随着氢化程度的提高直至完全氢化的石墨烷，石墨烯的电导率逐渐减小，最终达到绝缘态。尽管石墨烷的成功制备打开了带隙，但是石墨烯的迁移率也从氢化前的 14000 $cm^2/(V·s)$ 降到了 10 $cm^2/(V·s)$，

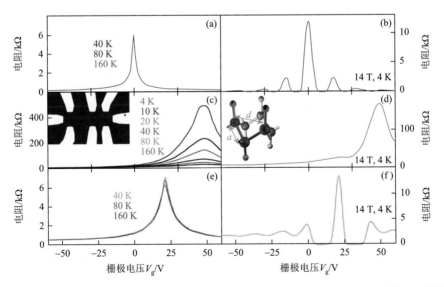

图 5.15　氢化石墨烯打开带隙：本征石墨烯（a）、氢化石墨烯（c）、脱氢后石墨烯（e）的纵向电阻在不同温度下随栅极电压的变化图；本征石墨烯（b）、氢化石墨烯（d）、脱氢后石墨烯（f）的霍尔电阻在低温（4 K）和强磁场（14 T）时随栅极电压的变化图[41]

半导体输运特征的电流开关比并不是非常高。同样，其他掺杂方法用来调控石墨烯的带隙也都遇到了类似的问题。这类方法都不同程度地影响了石墨烯的载流子传输特性。

此后，将 CVD 方法制备的石墨烯进行氢化和能带调控则成为一种常见的方式。例如，2016 年，J. Hong 研究组采用氢化的 CVD 石墨烯薄膜，制作出了具有 3.9 eV 的带隙且在室温下有着 10^3 电流开关比的氢化石墨烯器件[42]。

3. 石墨烯量子点、纳米带、纳米筛

2006 年，S. G. Louie 研究组[43]从理论上预言，利用量子限域效应和边界效应，如形成石墨烯量子点、纳米带或者纳米筛等结构，可以打开石墨烯的带隙。2007 年，Philip Kim 研究组[44]采用微纳米加工的方式将石墨烯裁剪出宽度仅为 24 nm 的纳米带，并采用电学输运的方式测量发现其产生了 $10\sim150$ meV 的带隙。2008 年，A. K. Geim 研究组[45]采用类似的微纳米加工方式，加工出直径约 30 nm 的石墨烯量子点，并且量子点与外界的石墨烯片层存在更窄的接触宽度。他们通过电学输运测量发现这种石墨烯量子点可以实现单电子传输，存在周期性的库仑阻塞效应。在经过一系列的量子点带隙与相应直径统计后，他们发现直径约 40 nm 的量子点的平均带隙仅为 10 meV，如图 5.16 所示。

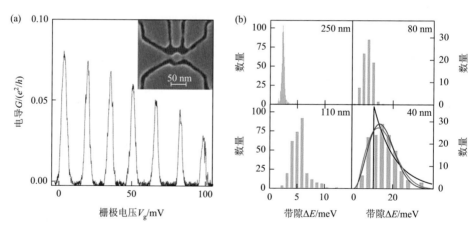

图 5.16 石墨烯量子点器件：（a）由直径约为 30 nm 的量子点制作而成的石墨烯单电子晶体管，插图是相关的 SEM 图；（b）石墨烯量子点在不同直径时所对应的带隙统计图[45]

2008 年，H. J. Dai 研究组[46]率先发现在化学法制备的石墨烯产物中也存在石墨烯纳米带。如图 5.17 所示，电学输运研究表明，当纳米带的宽度较小时可以打开带隙，并且电流开关比可以达到 10^7，几乎达到了常规半导体的水平。在宽度小于 10 nm 的纳米带中，其载流子迁移率保持在 $100\sim200$ cm^2/(V·s)。然而，这种

方法的产量较低，而且纳米带的宽度不可控，同时其载流子迁移率也受到了很大影响。

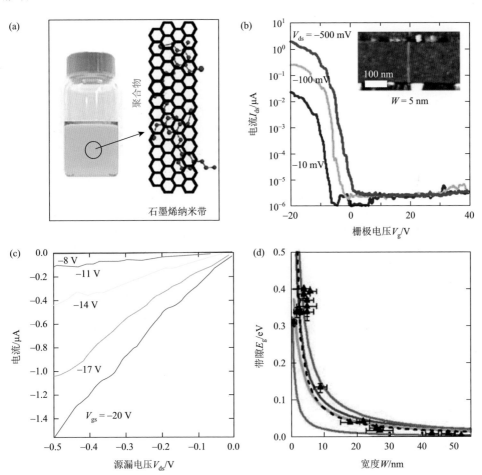

图 5.17　化学剥离的石墨烯纳米带及其电学输运特征：（a）化学剥离石墨烯纳米带及其结构示意图；（b）宽度为 5 nm，厚度为 1.5 nm 的石墨烯纳米带的电学输运特征，插图是相关 FET 的 AFM 图；（c）在一定栅极与源极之间电压 $V_{gs} = -20$ V 时，源漏电压-电流的转移特征曲线；（d）石墨烯纳米带的宽度与对应带隙的统计图[46]

目前，制备石墨烯纳米带的代表性方法主要包括 CVD 方法和有机化学合成法。有机化学合成法在第 2 章中已有详细介绍，这里不再赘述。下面简要介绍 CVD 方法直接生长石墨烯纳米带的工作。

如图 5.18 所示，2017 年谢晓明、王浩敏研究组[47]采用 Ni 粒子裁剪 h-BN 基底，在其上形成 5～50 nm 的沟道，然后再利用 CVD 方法在沟道处生长出 5～50 nm 宽度的石墨烯纳米带。他们在 6 nm 的石墨烯纳米带中，采用电学输运的方法测量出了带隙。2021 年，他们[48]同样采用纳米粒子刻蚀的方法，控制刻蚀出具有 ZZ 或者 AC 边界的 *h*-BN 沟道，然后生长出 3～8 nm 的石墨烯纳米带。电学性能测量表明其产生了 0.3～0.6 eV 的带隙，同时具有 1500～2500 cm²/(V·s)的载流子迁移率。

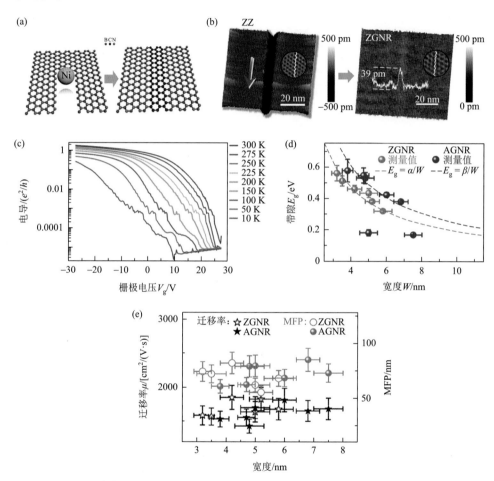

图 5.18 CVD 方法生长的石墨烯纳米带及其电学输运特征：（a）采用纳米粒子刻蚀 *h*-BN 基底并在沟道中生长石墨烯纳米带的示意图；（b）左侧 AFM 图是在 *h*-BN 上刻蚀的沟道，右侧 AFM 图是在沟道中生长的具有 ZZ 边界的石墨烯纳米带；（c）宽度为 4.8 nm 的石墨烯纳米带在不同温度下的电学输运特征；（d）石墨烯纳米带的宽度与对应带隙的统计图；（e）石墨烯纳米带的宽度与对应载流子迁移率和载流子平均自由程（MFP）的统计图[48]

类似于石墨烯量子点和纳米带，2010 年段镶锋研究组[49]采用微纳米加工方法裁剪出具有网孔结构的石墨烯纳米筛。如图 5.19 所示，孔洞的直径可以在 10～100 nm 之间调控，孔洞之间的颈壁宽度也可在 5～50 nm 之间调控，并且尺寸分布也比较均一。电学输运测量表明颈壁宽度比较窄时可以打开石墨烯的带隙，同时电流开关比可达 10^2 以上。但是，纳米筛的制备较为复杂，而且受限于微纳米加工工艺的精度，因此该方法的后续研究较少。不过，石墨烯纳米筛的孔结构对促进石墨烯在水处理、DNA 检测等其他方面的应用研究具有一定的启示作用。

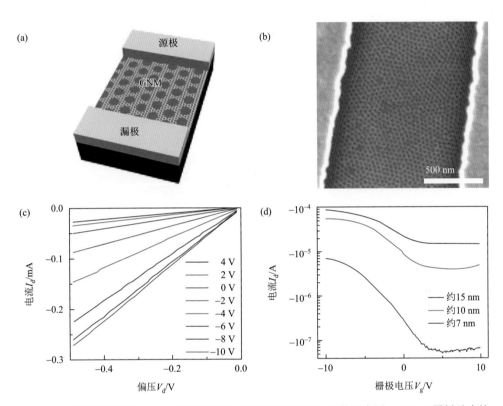

图 5.19　石墨烯纳米筛：（a）基于石墨烯纳米筛制作的 FET 器件示意图；（b）石墨烯纳米筛 FET 的 SEM 图，其中纳米筛中孔间距为 39 nm，孔之间的石墨烯颈壁宽度为 10 nm；（c）不同栅极电压下电压-电流的输出特性曲线；（d）不同石墨烯带宽度时，源电压为 100 mV 时的电压-电流转移特性曲线[49]

4. 多晶石墨烯的晶界

在石墨烯中引入一定浓度的点缺陷，包括采用等离子体轰击产生点缺陷，或者采用氧化还原方法制造出更大的孔洞等，以及采用 CVD 方法生长的石墨烯中的晶界，也都是调控石墨烯能带的方式。由于篇幅限制，下面仅介绍 CVD 石墨烯中的常见缺陷：晶界。

2009 年，R. S. Ruoff 研究组[50]采用 CVD 方法在铜箔上生长出以单层为主的石墨烯薄膜。这种石墨烯薄膜是多晶，即它是由平均粒径为微米级且具有不同晶体取向的石墨烯晶粒拼接在一起形成的。2010 年，S. G. Louie 研究组[51]就从理论上预言，如果两个相邻晶粒间存在特殊的角度，拼接形成的晶界则具有传输带隙。值得注意的是，这里的传输带隙有别于由于晶格结构改变而引起的能带结构中的带隙。因此，通过在石墨烯中引入不同的晶界结构并以此来调控石墨烯的电学性质也成为调控石墨烯电学性质的一种方式。

2011 年，Q. K. Yu 等[52]率先开展了石墨烯晶界的电学输运研究。如图 5.20 所示，他们发现晶界位置的电阻率远高于单个晶粒内部的电阻率，同时在晶界处出现了一定程度的局域化效应，但仍属于弱局域效应范畴。2016 年，高力波研究组[53]通过控制 CVD 石墨烯的形核密度，生长出平均晶粒尺寸分别为 50 nm 和 100 nm 的纳米晶石墨烯。他们通过电学输运测量发现纳米晶石墨烯都出现了比较强的局域效应，属于安德森（Anderson）局域化。在平均晶粒尺寸为 25 nm 时，还出现了明显的传输带隙。与此同时，石墨烯的载流子迁移率还能保持在 2000 cm^2/(V·s)以上。

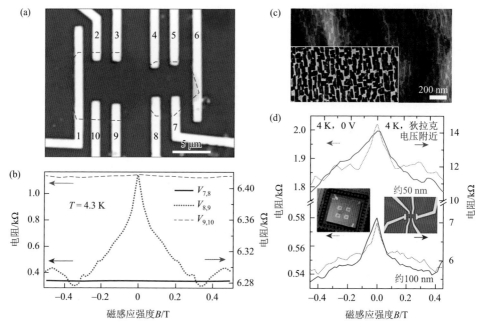

图 5.20　石墨烯晶界的局域效应：（a）基于 CVD 方法生长的相邻石墨烯晶粒及其形成的晶界制作的电学器件；（b）不同测量电极之间的两探针电阻随磁感应强度的变化图，跨越晶界的电阻显示了微弱的局域效应；（c）CVD 方法生长的平均晶粒尺寸为 50 nm 的纳米晶石墨烯，内部存在大量的晶界；（d）平均晶粒为 50 nm（750℃）和 100 nm（800℃）的纳米晶石墨烯，其纵向电阻随磁感应强度的变化图，显示了强局域效应（安德森局域化）[52, 53]

　　光学性质

　　石墨烯具有优异的光学性质：单层石墨烯在较宽的波长范围内吸收率约为 2.3%，透光率高达 97.7%。在几层石墨烯的厚度范围内，厚度每增加一层，吸收率增加 2.3%。大面积的 CVD 石墨烯薄膜同样具有优异的光学性质，且其光学性质也随石墨烯厚度的改变而发生变化。这是由于石墨烯具有独特的低能电子结构。对于本征石墨烯，其费米能级位于狄拉克点处，此时电子可以通过带间跃迁的方式从价带跃迁到导带。而对于 n 型或 p 型掺杂的石墨烯，其费米能级会发生移动。以 n 型掺杂为例，掺入的电子将填充导带底，因此费米能级上移。此时，导带底部和价带顶部的电子吸收一定的能量后都可发生跃迁。电子从导带的低能级跃迁到高能级称为带内跃迁，而价带内的电子至少获得 $2E_F$ 的能量时才可发生带间对称跃迁，即激发电子跃迁的光子能量需要满足条件：$h\omega > 2E_F$。如此特殊的能带结构，使石墨烯具有其他半导体材料不具备的特殊光学性质。通过对其电子能带结构的分析与研究，可以更深入地了解和更合理地利用石墨烯的特殊光学性质。

5.2.1　线性光学性质

　　二维石墨烯布里渊区 K 点处的能量与动量呈线性关系，其载流子的有效质量为零，这是石墨烯区别于传统材料电子结构的一个显著特点。这种独特的能带关系赋予了石墨烯独特的物理性质，如 QHE 和室温下的载流子近弹道传输等。然而对于仅有单原子层的石墨烯，其高的透光率和相对较高的吸收率，以及在不同频率下对光学的响应等，也同样极具吸引力。如图 5.21 所示，2008 年，A. K. Geim 研究组[54]率先采用悬空石墨烯测量了其在可见光频段内的透光率，发现本征单层石墨烯的透光率只取决于其精细结构常数 $\alpha = e^2/hc$，相应的吸收率为 $A = \pi\alpha \approx 2.3\%$，其透光率高达 97.7%。而本征单层石墨烯的动力学光导 G 与入射光频率无关，可以表示为 $G = e^2/4h$。因此，其透光率则表示为 $T \equiv (1 + 2\pi G/c)^{-2}$，反射率表示为 $R \equiv \pi^2\alpha^2 T/4 \approx 1.3 \times 10^{-4}$。由于单层石墨烯的反射率相对于透光率很低，因此透光率 $T \approx 1 - \pi\alpha$。多层石墨烯的光学吸收率与石墨烯的层数近似成正比，表示为 $N\pi\alpha$，其中 N 为石墨烯层数。此后不久，T. F. Heinz 研究组[55]对石墨烯在红外到远红外频段的透光率进行了测量，发现单层石墨烯在宽光谱范围内仍然表现出与可见光波段相同的光吸收性质，约为相同厚度 GaAs 的 50 倍。然而，对于 CVD 生长的大面积石墨烯，由于存在层数不均一的情况，因此其透光率通常要低于上述理论数值。例如，单层的 CVD 石墨烯薄膜大多数存在不均匀的少层岛状结构，其透光率一般在 97% 左右[9, 56]。

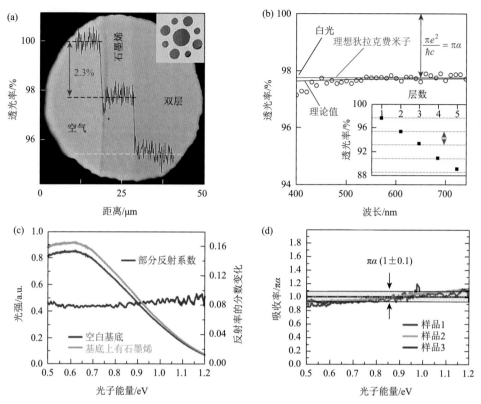

图 5.21 石墨烯的光学透光率：（a）悬空石墨烯的光学照片，其中含有单层和双层石墨烯；（b）单层石墨烯在可见光波段的透射光谱，插图是透光率随层数的变化；（c）硅片上单层石墨烯在 0.5～1.2 eV 入射光时的反射率；（d）硅片上单层石墨烯在 0.5～1.2 eV 入射光时的吸收率[54, 55]

因为在一定的能量范围内，石墨烯中的电子能量与动量呈线性关系，所以电子可视为无质量的相对论粒子，即狄拉克费米子。通过化学掺杂或电学调控的手段，可以有效地调节石墨烯的化学势，诱导石墨烯的光学透过性由"绝缘态"向"金属态"转变。在随机相位近似条件下，石墨烯的动力学光学响应可根据久保公式获得，并采用下面的公式表示：

$$\sigma = \sigma_{\text{inter}} + \sigma_{\text{intra}} \tag{5.7}$$

其中，σ_{inter} 是带间跃迁对应的光电导率；σ_{intra} 是带内光电导率。石墨烯的带内光电导率和带间光电导率均与其化学势和入射光频率相关。从其理论表达式和光吸收实验结果中发现，带内光电导率 σ_{intra} 在太赫兹（THz）和远红外波段占主导；而在近红外和可见光区域，总光电导率主要依赖带间跃迁过程。值得注意的是，带内光电导率 σ_{intra} 与石墨烯的表面等离激元（surface plasmon）传输密切相关。

5.2.2 非线性光学性质

当入射光所产生的电场与石墨烯内碳原子的外层电子发生共振时，石墨烯的电子云相对于原子核的位置发生偏移，并产生极化，由此导致了石墨烯的非线性光学性质。当入射光的强度较弱时，上述偏移量（X）所导致的电极化强度（P）与入射光的光矢量 E 呈现线性依赖关系，即 $P = \chi^{(1)}E$，其中 $\chi^{(1)}$ 为一阶线性极化率。

当入射光的强度很强且电子云相对于原子核的位置产生很大的偏移时，电极化强度 P 与 χ、E 呈现非线性依赖关系，即 $P = \chi^{(1)}E + \chi^{(2)}E^2 + \chi^{(3)}E^3 + \cdots + \chi^{(n)}E^n$，其中 n 为正整数，$\chi^{(2)}$ 和 $\chi^{(3)}$ 分别为二阶和三阶非线性极化率，均与石墨烯的饱和吸收特性、光学双稳态等非线性光学性质相关，如图 5.22 所示。

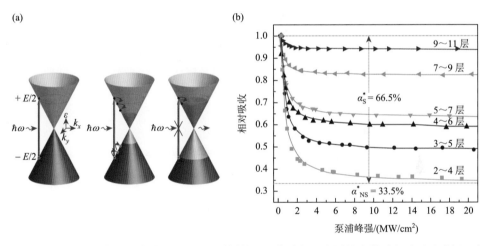

图 5.22 石墨烯的饱和吸收过程：（a）石墨烯的光吸收过程，左图是光激励电子跃迁过程，中图是弱入射光时的带间光吸收，右图是强入射光时的饱和光吸收；（b）不同层数的石墨烯随着入射光强度的增加，发生了非线性的饱和吸收[57]

对于一阶线性极化率 $\chi^{(1)}$，通常用复数的方式来表示，其实数部分代表了石墨烯的折射率，而虚数部分代表其光学损耗或光学增益。通过对石墨烯施加一垂直电场，则可以有效调控 $\chi^{(1)}$ 的数值，进而改变石墨烯的折射率等线性光学特性。而对于二阶非线性极化率 $\chi^{(2)}$，由于石墨烯晶胞的反演对称性，$\chi^{(2)}$ 通常认为是 0。然而，对于有应力、无序或功能化的石墨烯，其晶胞的对称性会被破坏，此时 $\chi^{(2)}$ 不可忽略。例如，在不具备反演对称性的石墨烯衍生物中，当对其施加频率为 ω 的光场时，将产生频率为 2ω 的二次谐波，可以应用在激光倍频和高分辨率光学显微镜等方面；当对其同时施加频率为 ω_1 和 ω_2 的光场时，则可以产生更多不同和频率的二次谐波，如 $\omega_1 \pm \omega_2$。

石墨烯的光学非线性大多数取决于其三阶非线性极化率 $\chi^{(3)}$，其值的大小取决于单位体积内极化强度与外电场三次幂的比值。然而，石墨烯的厚度极薄，其表面导电性呈现各向同性，因此采用传统的模型无法完全理解石墨烯光学的非线性。一种更加合理的方法是采用面电流积分总和的 n 阶导数来描述其光学非线性。其中一阶电流 $J_1 = e^2 E/(4h)$，反映了石墨烯的线性光学响应。对于具有对称结构的晶体而言，空间函数 $V(x) = V(-x)$，因此其二阶电流 $J_2 = 0\,\text{A}$。其三阶电流可表示为 $J_3 = J_3(\omega) + J_3(3\omega)$，即 J_3 是由两项与三个光子作用相关的三阶电流叠加形成，即 $J_3(\omega)$ 和 $J_3(3\omega)$ 相叠加。其中 $J_3(\omega)$ 和 $J_3(3\omega)$ 均与 ω^4 成反比，与 E^3 成正比，且与石墨烯的许多非线性光学性质相关，如饱和吸收、自聚焦、克尔效应、光学双稳态及孤波传播等。

5.2.3 光吸收

1. 石墨烯光吸收的原理

从能带跃迁的角度分析，光与石墨烯的相互作用主要有两种：带间跃迁和带内跃迁。哪种跃迁方式占主导取决于光子的能量。在远红外和太赫兹光谱区域，电子响应主要为带内跃迁（自由载流子响应），可以很好地用德鲁德（Drude）模型来描述。由于光速远大于石墨烯中的费米速度（$v_F \approx c/300$），因此直接通过带内跃迁吸收一个光子不能满足动量守恒，必须伴有其他的声子或缺陷散射过程[58]。此波段的石墨烯电子响应类似金属中的自由电子响应，可以诱导表面等离激元。如果将石墨烯加工成亚波长的微结构，则可以将其变成可调太赫兹超材料。在近红外及可见光波段，光响应主要为带间跃迁。此时，在紧束缚模型近似下，带间跃迁的光电导表现为与频率无关的特点，吸收系数仅由精细结构常数 α 决定，从而导致频率无关的普适光吸收 $A = \pi\alpha \approx 2.3\%$。在这种情况下，由于泡利阻塞原理，可以通过调节费米能级的位置来调控石墨烯的光吸收。常用的调控方法有栅极电压、化学掺杂、强光泵浦等。在紫外区域，其带间跃迁接近于鞍点（saddle point），此时光吸收超过了普适吸收值，具有激子的效应。

自由载流子响应可以由简单的德鲁德模型来描述，其与频率相关的光电导率 $\sigma(\omega) = \sigma_0/(1 + i\omega\tau)$，其中，$\sigma_0$、$\tau$ 和 ω 分别是直流面电导率、电子弛豫时间和入射光的角频率，在垂直入射时光的吸收与石墨烯面电导率的关系为 $A(\omega) = (4\pi/c)\text{Re}[\sigma(\omega)]$。为了描述德鲁德模型与材料微观参数的关系，通常引入德鲁德因子（Drude weight）$D = \pi\sigma_0/\tau$，其与自由载流子吸收的集体振动强度有关。在传统的半导体或金属中，德鲁德因子 $D = \pi ne^2/m = \omega_p^2/4$，其中 n 和 m 分别是载流子浓度和有效质量，ω_p 是等离激元的振荡频率。石墨烯的自由载流子响应使得它能够像金属一样在其表面传导等离激元，因此石墨烯等离激元学（plasmonics）成为目前石墨烯光学性质研究的一个重要方向。由于石墨烯中的电子为无质量的狄拉克费米子，石墨烯等离激元与传统金属的等离激元相比具有以下特点：①具有更强的局域性，可比衍射极限降低 10^6 倍；②可通过电磁学或化学方法改变载流子浓度调控等离激元；③等离激元具有更长的弛豫时间，可以达到数百个光学周期，突破了传统等离激元的大欧姆损耗瓶颈。

由于波矢失配的原因，不能实现直接通过光吸收来激发表面等离激元的传播，而需要把石墨烯做成光栅结构，才可以利用其结构附加的波矢来实现激发。另一种方法就是在石墨烯微纳米结构中，直接激发其局域表面等离激元的共振，这在实验上已经实现。

对于非本征态的石墨烯，掺杂导致其在长波长范围偏离了普适的吸收，对于在一定温度 T 下，化学势接近费米能量 E_F，频率依赖的光电导率可以表示成[59]：

$$\sigma(\omega) = \frac{e^2}{8\hbar\left[\tanh\left(\frac{\hbar\omega + 2E_F}{4k_BT}\right) + \tanh\left(\frac{\hbar\omega - 2E_F}{4k_BT}\right)\right]} \tag{5.8}$$

除了利用基底或者气体吸附等掺杂石墨烯以外，还可以通过栅极电压和化学方法等手段来调控石墨烯的载流子浓度，即通过可控掺杂的方式来调控带间跃迁。由于石墨烯中的电子具有较高的费米能量和线性的色散关系，因此石墨烯的费米能级可以通过改变栅极电压的方法调控数百毫电子伏的能量，从而导致带间跃迁光吸收的剧烈改变，即光子能量小于 $|2E_F|$ 的跃迁被抑制，大于 $|2E_F|$ 的跃迁不受影响。通过改变栅极电压的方法，利用 SiO$_2$/Si 基底，通常可以调控出最高达 5×10^{12} cm^{-2} 的载流子浓度[5]。如果采用离子液体等方式来调控石墨烯，则石墨烯中的载流子浓度最高可达 10^{14} cm^{-2}[60]，从而使得可调控的光频率达到可见光。正是石墨烯这种良好的可调控特性，使其能够应用于基本的物理研究和各种光电子技术。

2. 光与石墨烯相互作用的增强方式

考虑其单原子层的厚度，石墨烯表现出超高的光学吸收，达到了 2.3%。但是作为一种与光相互作用的材料，该绝对值依然很低，说明光与石墨烯的相互作用较弱。石墨烯的很多光学特性都受限于这种较弱的光吸收，如石墨烯基光存储、光学传感、光电探测、光电调控、光伏等领域。因此，如何增强光与石墨烯的相互作用成为石墨烯在光学方面应用的重要问题。目前已经报道的增强光与石墨烯相互作用的方式主要有三种：①通过激发表面等离激元来增强光与石墨烯的相互作用[61-65]；②通过在石墨烯的上下表面添加光学谐振腔，使得光多次穿透石墨烯从而增强光与石墨烯的相互作用[66,67]；③将光引入硅波导中并形成多次反射，增强光与石墨烯的相互作用[68-71]。下面将分别讨论这三种光与石墨烯相互作用增强的方法。

1）金属-石墨烯微结构

表面等离激元是一种表面电磁波，它在表面处场强最大，在垂直于表面方向时则呈指数衰减，能够被电子激发，也能被光波激发。通过表面等离激元共振来增强光与石墨烯的相互作用，一般需要将石墨烯放置在制作好的金属纳米结构或者纳米粒子上，当入射光满足表面等离激元的共振条件时，就会使得金属表面产生很强的光学吸收，进而增强光与石墨烯的相互作用[61-64, 69]。

2011 年，段镶锋研究组[65]通过金纳米粒子增强了光和石墨烯的相互作用。如图 5.23 所示，这种增强效应不仅将光电流的量子效率提高了 15 倍以上，而且还能够实现多彩的效果。他们通过诱导表面等离激元的共振，实现了光与石墨烯相互作用的增强，而且可以根据金纳米结构或者不同尺寸来实现仅在某一局部区域内的增强。然而，石墨烯的宽带特性并没有很好地体现出来，而且这种增强方式需要使用高精度的微纳米加工工艺，导致其应用成本比较高。这种效应很快在 CVD 石墨烯薄膜中实现，并应用到石墨烯基光电探测器中[72]。

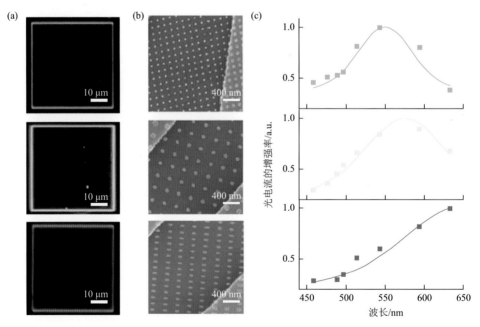

图 5.23　周期性金纳米结构附着在石墨烯表面诱导的光与石墨烯相互作用增强结果：（a）（从上到下）50 nm 直径和 30 nm 高，100 nm 直径和 30 nm 高，100 nm 长、50 nm 宽和 30 nm 高的金点阵的暗场光学照片；（b）（从上到下）对应于光学照片的 SEM 图；（c）（从上到下）对应的光电流的增强率[65]

2）微腔-石墨烯结构

该结构的工作原理是将石墨烯固定在光学谐振腔中，并使光多次穿透石墨烯，即两者发生多次相互作用，从而显著提高石墨烯的光学吸收。

如图 5.24 所示，T. Mueller 研究组[66]通过反射镜镀膜原理，在石墨烯的上下表面制作合适的反射膜，这样入射光就会在上下镜面之间形成多次振荡，进而使得光多次穿过石墨烯片层，最终显著增强了石墨烯的光学吸收。他们实现了光在谐振腔中的振荡高达 26 次，使单层石墨烯的光学吸收率超过 60%。这种方法虽然能够大幅度地增强光与石墨烯的相互作用，但是从反射率随入射光波长的变化曲线不难看出，这种通过多层膜反射的方法对入射光的波长有着比较严格的要求。每层镀膜的材料和厚度都必须根据所要使用的入射光波长进行优化设计，这就明显减少了样品吸收增强的波长种类。与通过表面等离激元共振的方法类似，这种通过设置光学谐振腔来增强光与石墨烯相互作用的方法，对于宽带吸收的增强也有极大的限制。另外，这种方法需要在石墨烯的上下反射面镀多层膜，这对于石墨烯这种单原子层材料，不仅制作工艺比较复杂，而且也难以发挥其高柔性的特点。然而 CVD 石墨烯则使得这类制作工艺简化，并实现了宽角度、高吸收率、针对不同波段的吸收体等[73]。

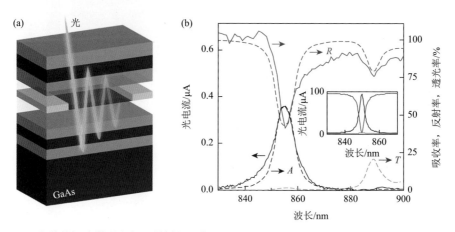

图 5.24　光学谐振腔增强光与石墨烯相互作用：（a）增强光学相互作用的原理图；（b）对单层石墨烯的增强相互作用，红色是反射率（R），绿色是透光率（T），蓝色是吸收率（A），虚线是理论计算结果[66]

3）波导-石墨烯结构

波导-石墨烯结构的工作原理是通过光纤或者直接聚焦空间中的光，将光引入硅波导中，而硅波导能够使光在其内部反射传播而损失较少的能量。如果将石墨烯覆盖在硅波导表面，那么入射光就会在波导内形成多次反射，与石墨烯进行多次作用，从而达到增强光与石墨烯相互作用的目的。

如图 5.25 所示，2013 年，D. Englund 研究组[68]通过引入硅波导增强了光与石墨烯相互作用。硅波导的直径一般是微米量级，将石墨烯平铺在波导上，让石墨烯和波导表面充分接触。当波导中引入光后，光就会与石墨烯充分作用，产生非常强的光学吸收。由于波导内的光几乎不产生能量损失，几乎可以实现石墨烯对入射光的 100%吸收，因此是目前光吸收增强作用最强的方法。而且，该方法还在近红外波段有良好的宽带特性。对于单层石墨烯，通过引入硅波导来增强光与石墨烯相互作用还具有超快光电响应的优点，其光电响应可在皮秒量级，是目前为止石墨烯的最快光电响应速度。由于硅本身在可见光频段的宽带吸收特性，这种硅波导-石墨烯结构的方法可实现在可见光频段的宽带响应。目前，由于 CVD 石墨烯的众多优势，结合 CVD 石墨烯的硅波导日益成为该领域的主流。

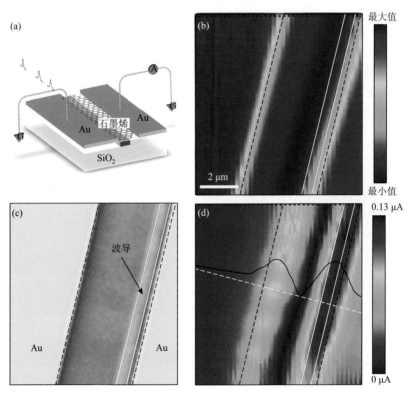

图 5.25　硅波导增强光与石墨烯相互作用的结果：（a）硅波导增强光与石墨烯相互作用的示意图；（b）石墨烯放置在硅波导上的扫描反射图，显示了金属电极边缘位置；（c）对应位置的 SEM 图，白线标注位置是硅波导；（d）在零偏压下的空间分辨光电流图，硅波导位置石墨烯的光电流被显著增强[68]

　　虽然以上三种方式都有诸多优点，尤其是将光引入硅波导中形成多次反射来增强光与石墨烯的相互作用，能够实现近 100%的光学吸收、近红外宽带和皮秒量级超快光电响应，但是这三种方式都不同程度地限制了石墨烯的宽带特性，并且都存在制作工艺复杂的问题。

5.2.4　等离激元

对于局域在小尺度上的等离激元电磁模式，其传输损耗很大。如何有效减小表面等离激元的传输损耗已经成为等离激元学所面临的一个亟待解决的问题。另外，金属等离激元的动态调制完全依赖于与其相邻的功能材料（如量子点、液晶等电光材料），但在纳米尺度上集成这些功能材料不仅会增加器件制备的难度，而且增大了体系的不稳定性。

石墨烯等二维材料的成功制备为解决表面等离激元学中的这些难题提供了突破口。首先，石墨烯具有良好的电光调制特性，相比具有复杂电子态的金属材料，它的电子结构是相对简单的线性色散关系。这导致石墨烯中载流子的类型和浓度可以通过外加偏压的方法来调节，使得石墨烯成为一个良好的电光调制平台。靠近石墨烯的光学器件（如纳米天线、光学吸收体等）的响应谱线，也可以通过调节石墨烯的载流子浓度来实现动态调控。其次，掺杂石墨烯可以在一个宽带范围内激发等离激元模式，其支持的频率范围依赖于掺杂浓度，通常在中远红外波段。石墨烯等离激元同时具有比金属等离激元更好的电磁局域能力和更低的本征损耗[57, 67, 74-76]。最后，石墨烯具有超高的电子迁移率，使其兼具优异的电学性能和光学性能。与石墨烯材料相结合的传统硅电子学，以及逐渐发展起来的石墨烯基电子学，为石墨烯光子学以及石墨烯等离激元学提供了新的研究方式和应用平台，使得基于碳材料的低功耗、高性能的电光集成器件成为可能[69, 77-80]。

1. 等离激元的光学激发

石墨烯等离激元的光学激发是指通过某种方式将自由空间中的电磁辐射转化为石墨烯等离激元。对于两种模式不同的电磁辐射，它们之间的耦合需要其能量相同、动量相同、能量传播方向一致并且能量分布区域有重叠。当二者具有无差别的局域化尺度并且各个场分量的空间对称性一致时，将达到最佳的耦合效率。自由空间中的光波和石墨烯等离激元之间的耦合显然远离了这种最佳状态。石墨烯等离激元是高度局域化的电磁表面波，它的各个场分量在垂直于石墨烯表面的方向上呈指数衰减（电磁模式尺度通常在微米量级），它的波矢量一般是自由空间光波矢的几十倍。这些特征表明对石墨烯等离激元的光学激发需要克服巨大的动量失配，多数情况下石墨烯等离激元的激发效率很低。由于石墨烯等离激元的波矢与自由空间中的光波矢差距悬殊，传统用于激发金属等离激元的动量匹配方法，如棱镜耦合法等，不再适用于石墨烯等离激元的激发[81]。有理论研究根据衰减全反射原理，尝试利用高折射率棱镜构造出经典的 Otto 结构，在太赫兹波段激发石墨烯等离激元[82]。但是，这需要石墨烯具有高于常规实验测量值 2～3 倍的费米能量（如 0.9 eV）和高折射率的棱镜（折射率大于 4），并不具有实际可行性。同时，这种方式还依赖于大尺度的棱镜结构，不适合微纳集成器件应用，并且以部分牺牲了石墨烯等离激元的电磁局域性能为代价，无法完全发挥出石墨烯等离激元在光与物质相互作用中的优势。目前，对于石墨烯等离激元的光学激发主要有以下四种可行方案。

1）入射光直接照射石墨烯微纳结构以激发石墨烯等离激元

典型的方法是把石墨烯加工成特定的微纳结构，利用红外光垂直照射该微纳结构。在入射光中高频电场的驱动下，石墨烯中的电子等离子体与光子发生共谐振荡，从而激发石墨烯等离激元。石墨烯等离激元的激发需要入射光子的能量恰好与石墨烯中电子等离子体的振荡能量相吻合。石墨烯微纳结构中的电子等离子体受限于结构边界，只能够具有由结构尺度决定的分立能量本征值。所以，电子等离子体的振荡能量除了取决于电子浓度外，还取决于结构的几何尺寸。因此这种方式的激发频率取决于微纳结构的几何尺寸。

另外，对于非圆形的石墨烯结构，不同方向所容许的电子等离子体的振荡能量也不同，导致激发光子能量依赖于入射光的偏振。2011 年，F. Wang 研究组[83]研究了石墨烯纳米带中等离激元的激发情况。如图 5.26 所示，当入射光子具有垂直

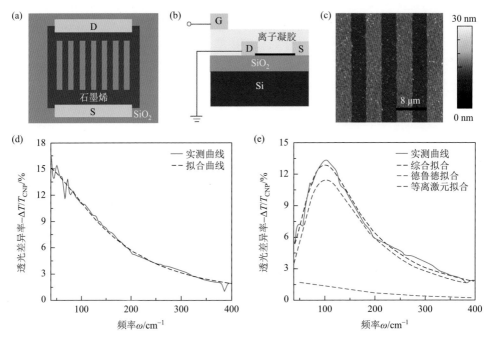

图 5.26 石墨烯带阵列的吸收光谱与局域化的等离激元：（a）石墨烯微米条带阵列的俯视图，S 表示源极，D 表示漏极，G 表示栅极；（b）石墨烯微米条带阵列在离子液体调控载流子浓度下的工作原理；（c）石墨烯微米条带阵列的 AFM 图；（d）平行于石墨烯带阵列的等离激元共振吸收峰随频率的变化；（e）垂直于石墨烯带阵列的等离激元共振吸收峰随频率的变化[83]

于条带方向的电场分量时，石墨烯等离激元被激发出来，在消光光谱（extinction spectrum）中出现一个峰值；但当入射光子偏振方向平行于条带时，则没有激子的特征峰出现。在平面波垂直照射情况下，石墨烯微纳结构支持的等离激元是局域化的等离激元，其波矢 k_{GP} 和激发光的电场分量平行，并由沿着入射光电场方向的石墨烯结构尺寸 W 决定，即 $k_{GP} = \pi/W$。为了保证探测信号具有较高的信噪比，通常实验中测试的样品为石墨烯微结构的阵列，相邻微结构中的电荷体系相互作用使得电子等离子体的能量本征值降低，导致等离激元的激发频率红移。

2）周期性散射体激发石墨烯等离激元

根据弗洛凯（Floquet）原理，周期性结构对光的散射会造成其横向波矢分量变化 $2\pi/\Lambda$ 的整数倍（Λ 为散射体在入射光偏振方向上的周期）。通过设置结构的几何参数，散射光的波矢会覆盖石墨烯等离激元的波矢。此时，如果将石墨烯置于周期性散射体的近场范围内，石墨烯等离激元将被激发。研究表明，利用金属光栅[84]和电介质光栅[85, 86]均可以得到高效的石墨烯等离激元的激发效率，尤其是金属结构在中红外和太赫兹波段相当于理想导体，其对光的散射能力强，更适合于近场光学调控。如果在每个周期性元胞内对金属结构做更加精细的设计，如引入亚波长尺度的共振机制，则可以完成更高效的动量匹配过程，如超材料的开口环元胞阵列结构对石墨烯等离激元的激发[87]。

另外，如果将石墨烯铺在正弦形波纹基底上，利用正弦形的石墨烯起伏结构结合波纹基底对入射光的散射作用，也可以高效激发石墨烯等离激元[88]。由于石墨烯是柔性材料，对于起伏不剧烈的波纹基底，石墨烯的轮廓完全由基底决定。此时，石墨烯等离激元的激发可以导致这种结构对特定频率的入射电磁辐射达到完全吸收[89]。

3）单个散射体近场激发石墨烯等离激元

鉴于偶极子振荡辐射的近场光中包含所有的空间波矢分量，在石墨烯附近构造偶极子则可激发石墨烯等离激元[90]。偶极子在石墨烯中的散射场一般包含两种成分，一种是石墨烯等离激元，另一种是沿着石墨烯方向快速衰减的倏逝场（它的能量在 $2\sim3$ 个表面波波长范围内衰减殆尽）。沿着石墨烯方向距离偶极子光源 $1\ \mu m$ 以外的区域中，主要的表面波成分是石墨烯等离激元。

金属针尖的尖端在入射的高频电磁辐射下，相当于产生了一个偶极子振荡。如果将石墨烯置于被照明的针尖下方，则可实现石墨烯等离激元的近场激发。这是散射型扫描近场光学显微镜（scanning near-field optical microscope，SNOM）的理论基础。2012 年，F. H. L. Koppens 研究组[61, 63, 91]首先采用近场来激发石墨烯中的等离激元。如图 5.27 所示，被光入射的针尖产生的近场波矢分布直接由针尖几何的尺寸所决定。越细的针尖产生的倏逝场成分分布越广，越容易激发石墨烯等离激元。然而，针尖越细，其散射截面越小，用于激发石墨烯等离激元的光功率密度越低。为了提高石墨烯等离激元的激发效率，可以采用另外的散射体来提高特定倏逝场分量的散射截面。例如，置于石墨烯表面的金纳米棒在针尖照明下，可以更高效地实现石墨烯等离激元的激发[92]。

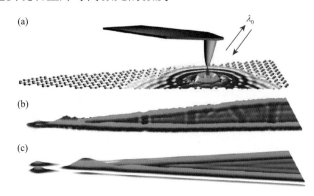

图 5.27　散射型 SNOM 观察石墨烯等离激元的传播与局域化：（a）散射型 SNOM 在石墨烯上产生等离激元的工作原理；（b）在 SiC 基底上石墨烯带的 SNOM 放大图，入射波长 $\lambda_0 = 9.7 \, \mu m$；（c）在距离石墨烯表面 60 nm 时模拟的光学态局域密度，拟合参数：$\mu = 1000 \, cm^2/(V \cdot s)$，费米能量 $E_F = 0.4 \, eV$[63]

4）其他束缚模式激发石墨烯等离激元

上述三种激发方法主要依靠近场散射机制。除此之外，还可以通过其他强局域化模式来激发石墨烯等离激元。在电磁辐射自由空间中非束缚模式转变为某种束缚模式的过程中必然会有能量损失，这种耦合损耗的大小不但取决于两种模式的波矢失配程度，而且与耦合过程有关，即两种电磁模式的耦合过程是一种非保守过程，如声子激发激元、高掺杂半导体的表面等离激元等都是局域化程度略低于石墨烯等离激元的表面波，因此更容易通过传统方法得到激发。然后，再通过表面束缚模式激发石墨烯等离激元，就可以绕过直接由自由空间中的光激发石墨烯等离激元所要解决的巨大波矢失配问题。这种方式最高可达到约 25%的耦合效率[93]。

对比这四种方法，对于局域化石墨烯等离激元的激发，通过周期性结构的近场散射机制可以获得较高的激发效率。而传导型的石墨烯等离激元，则可通过单个偶极散射体或者其他局域化程度略低的表面波激发，后者具有更高的激发效率。

2. 等离激元的定向传导

基于石墨烯等离激元的微纳集成器件中，等离激元波导作为光信号的载体将是一个不可或缺的部件。最简单的石墨烯等离激元波导是平整基底上的一片石墨烯薄膜。不过，这只是在垂直于石墨烯平面方向上一个维度的束缚光波，不能限制波导在石墨烯所在平面内的衍射行为。为了实现石墨烯在平面内的定向导波功能，需要对石墨烯所在平面方向上构筑限域结构，也就是一维的定向导波结构。已有大量工作提出了石墨烯等离激元波导的具体设计方案[94, 95]。基于石墨烯波导结构的光学性质具有一系列的共性特征，例如，石墨烯质量越好，掺杂浓度越高，则导波损耗越小等。这里不讨论石墨烯材料引起的共性特征，如电光调制特性、高度局域性、对介电环境敏感等，而是按照限域原理，总结现有石墨烯等离激元导波结构的设计方案以及结构本身所引起的特性，并概述基于石墨烯等离激元波导的功能器件。

1）基于石墨烯条带结构的等离激元波导

最简单的情形是单根石墨烯带构成的波导。石墨烯带中导波模式的局域化尺度直接取决于带的宽度。为了在垂直于传导方向上得到高局域化的等离激元模式，石墨烯带的宽度一般制作得比较小。2013 年，Y. R. He 研究组[94]通过有限元模拟计算出宽度为 40 nm 的石墨烯带上传导频率为 30 THz（对应自由空间中光波长为 10 μm）导波的情形。此时，导模作为基模在条带中传播，其波长约为 100 nm，对应的模式体积则是 200 nm×100 nm×40 nm，约为自由空间光波模式体积的一百万分之一。单根石墨烯带也可以支持高阶的石墨烯等离激元导模，其等离激元模式均为驻波模式，内载流子呈现出首尾相接反向排列的两偶极子、四偶极子等分布，而低阶模式的局域化程度一般低于高阶模式[96]。基模的局域化程度最低，其电磁场更易于受到周边电磁模式的影响。于是，邻近的横向或者纵向排列的两根石墨烯带之间的电磁场，会通过耦合形成一系列杂化模式[94, 96]。这些杂化模式具有不同于基模的色散关系，其具有更高的局域化程度或者更小的传播损耗。如图 5.28 所示，Q. Dai 研究组[97]通过实验发现，在没有基底声子影响的情况下，石墨烯等离激元之间的耦合强度随着间距的减小呈指数增加，并且其变化规律不受石墨烯的介电环境、条带宽度以及费米能级等的影响。另外，如果将石墨烯带卷曲成一维结构，如半径约 100 nm 的纳米管结构[98]，其所支持的基模等离激元能量将在石墨烯区域均匀分布，也可以直接采用碳纳米管实现类似的模式传导[99]。

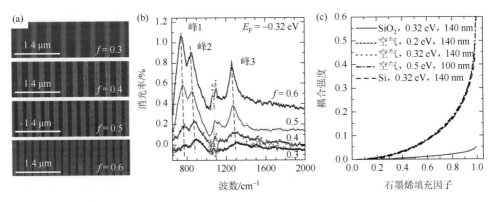

图 5.28 石墨烯与基底声子耦合对等离激元的影响：（a）不同间距的石墨烯纳米带阵列的 SEM 图，带宽都是 140 nm；（b）费米能量 $E_F = -0.32$ eV 时，石墨烯纳米带阵列所对应的消光光谱；（c）在不同基底上，具有不同宽度的石墨烯纳米带阵列，其等离激元的耦合强度随间距的变化规律[97]

2）由差异介电环境构造的石墨烯等离激元波导

在这种类型的波导中，石墨烯是连续的，保证其导电特性不会受到影响。对于金属表面等离激元，不同电介质实现某一方向光波局域的方法并不能在该方向上实现真正的亚衍射局域。然而，对于石墨烯等离激元，因其本身高度局域化的特征，这种方式可以保证其亚衍射局域特性。与石墨烯带波导类似，这种波导既支持基模，也支持高阶模式，模式的能量分布取决于电介质带的宽度和光子频率。其中对于基模，导波能量几乎全部局域在由电介质带界定的范围内。如果将电介质带夹在两层石墨烯中间，相当于构造了两个可以发生模式耦合的电介质加载型石墨烯等离激元波导，则可在电介质空间内形成高度局域化的导模。这种杂化模的能量大部分都分布在远离石墨烯的区域，比起非杂化情形，具有更小的传输损耗。2013 年，Q. F. Xu 研究组[85]从实验上实现了利用基底结构设计对石墨烯等离激元的激发，通过将基底刻蚀成条形凹槽阵列在整片石墨烯中激发出等离激元，如图 5.29 所示。

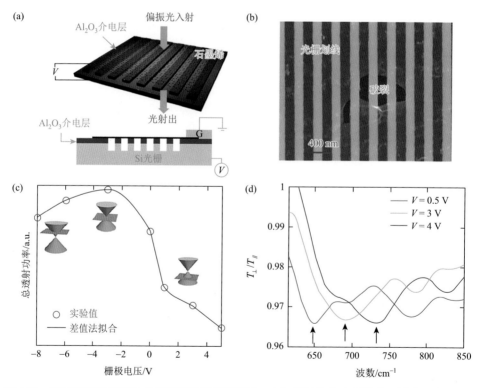

图 5.29　通过基底结构设计来调控石墨烯等离激元：（a）通过将基底刻蚀成凹槽阵列达到对全部石墨烯中激发等离激元的示意图；（b）石墨烯在凹槽阵列（周期 $\Lambda = 400$ nm）上的 SEM 图；（c）随着栅极电压变化时，太赫兹辐射总透射功率的变化图；（d）在 $\Lambda = 100$ nm 时，石墨烯等离激元的共振随着栅极电压的调控变化图[85]

3）由不同掺杂石墨烯区域构造的等离激元波导

石墨烯的面电导率依赖于费米能级相对于狄拉克点的位置。电场效应所引起的掺杂，其费米能级随着场效应的变化而变化。因此，可以通过改变石墨烯/SiO$_2$/Si 结构中的 SiO$_2$ 层厚度来调节石墨烯的空间电导率分布，进而构筑石墨烯等离激元波导[100, 101]。通过改变石墨烯与电极的距离，可以实现石墨烯面内的绝缘体/金属/绝缘体结构，从而实现对等离激元模式的传导。同时，通过理论计算，这种方式可以把频率为 30 THz 的石墨烯等离激元压缩在宽度为 200 nm 的区域内，并且通过这种方式还可以设计出基于石墨烯的超材料，从而实现对光波的任意控制，如变换光学器件以及傅里叶光学器件等。当然，把通常的 SiO$_2$ 层替换成其他绝缘层（如 Al$_2$O$_3$）也可以实现类似的导波功能[102]。对于基底电介质的厚度发生突变的位置，石墨烯的电导率并不是随之突变，而是随空间位置发生缓慢变化。这种缓变的面电导率分布并不影响这种结构对等离激元的传导能力，只是改变了导波的性质。

与之类似，外加电场也可以引起石墨烯带中电子的定向移动，进而在石墨烯中形成 p-n 结[103]。在 p 型和 n 型区域，石墨烯具有不同的面电导率，在特定情况下，p 型和 n 型区域的界面处可形成等离激元导波。这种等离激元的导波结构依赖于外加偏压或者入射电磁波的电场，可以通过改变外加电场或者施加静磁场的方式改变导波性质，实现动态调控。如图 5.30 所示，2019 年，A. C. Ferrari 研究组[104]采用集成了波导的等离激元增强的石墨烯基光电探测器，实现了在带宽 42 GHz 时仍高达 12.2 V/W 的相应效率。

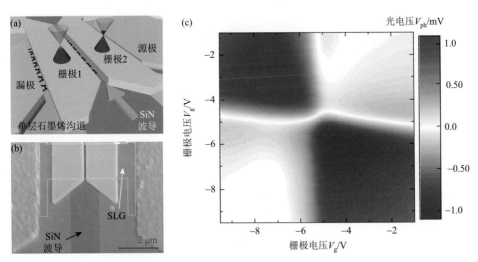

图 5.30　等离激元增强型石墨烯基光电探测器：（a）采用 p-n 结的石墨烯基光电探测器的结构示意图，分离的两个栅电极起到形成 p-n 结的作用；（b）该分离电极光电探测器的 SEM 图；（c）在零偏压下的石墨烯基光电探测器的光电流扫描图[104]

上述三种方式可以实现对石墨烯等离激元在石墨烯面内的定向传导。实际上，石墨烯作为柔性材料，上述波导设计中不一定要采用平面结构。一定限度内弯曲的石墨烯也可以很好地传导等离激元导波，并且弯曲损耗非常小[105]。这是因为石墨烯等离激元的局域化尺度很大，以至于散射到自由空间中的光波所要克服的动量失配远大于通过一个弯曲波导。另外，对基底材料的研究[106]以及对平行于石墨烯平面的叠层结构的设计[95]，可以减小导模的传输损耗或者提高导模的抗扰动能力，从而有助于设计出信号稳定性好、抗干扰能力强的石墨烯等离激元波导器件。

5.3 力学性质

石墨烯的界面力学问题决定着材料的性能和寿命等，尤其是在纳米尺度下，表界面效应更为显著。因此，通过详细测量石墨烯的各种力学性质，并建立基础的力学理论与模型，可以加深对石墨烯物性的认识。同时，也亟需相应的实验力学表征以研究纳米尺度下石墨烯的变形与失效机制，为纳米器件的结构设计、可靠性与服役特性的预测提供依据。

自从 2004 年在实验中成功剥离出高质量的单层石墨烯后，人们就开始对单层石墨烯的力学性质开展了大量研究工作，包括理论预测和实验研究两个方面。然而，目前对于原子厚度的纳米薄膜，无论是研究方法还是研究内容都面临着诸多挑战，主要体现在超薄样品的制备和加载、高精度的操纵和定位、高分辨的载荷和变形检测等方面。近年来，随着扫描探针、电子显微镜和光谱技术的发展以及微纳米加工技术的出现，这些困难正在被一一克服。由于篇幅所限，主要介绍有关石墨烯的本征力学性质和界面力学等方面的最新进展，也包括发展相对成熟的微纳测试与表征技术，同时探讨影响材料力学性质及行为的因素（如缺陷等）并分析其微观尺度下的作用机制。

对石墨烯的力学性质的研究方法主要包括实验测量和数值模拟两种途径。当前，随着微纳米测量技术的发展，纳米压痕技术被广泛用于研究材料的微纳米力学性质，其中最普遍的是研究材料的弹性模量和硬度。纳米压痕主要通过测量加载卸载过程中压头作用力和位移，获得被测材料的弹性模量和硬度。

5.3.1 弹性模量

弹性模量，也称为杨氏模量，是材料最基本也是最重要的力学参数之一。对弹性模量的理论研究方法主要有第一性原理计算法、MD 模拟以及原子间相互作用势等。2006 年，Y. Huang 等[107]指出可直接从原子间相互作用势中解得单层石墨烯的拉伸和弯曲刚度，杨氏模量与载荷的种类有关，并不是一个常数。2009 年，B. W. Li 研究组[108]基于 MD 模拟计算得到单层石墨烯的杨氏模量为 1.05 TPa。测量石墨烯平面薄膜弹性模量的方法也是层出不穷，但由于完美石墨烯小尺寸的限制，各实验方法均有其优缺点，实验结果的准确性常常不得而知，目前尚无统一确定的实验方法。针对单层石墨烯薄膜的实验方法主要有三种，分别为两端固定悬空梁测试法、小孔悬空测试法和压差膨胀法。

两端固定悬空梁测试法的测试原理是将石墨烯两端固定在基底上，中间部分悬空，然后利用探针在横梁中心进行加载，测得石墨烯的弹簧常数进而算得其弹性模量。如图 5.31 所示，P. L. McEuen 研究组[109]测得胶带剥离的单层石墨烯的杨氏模量为 0.5 TPa，远小于体态石墨的弹性模量 1 TPa。

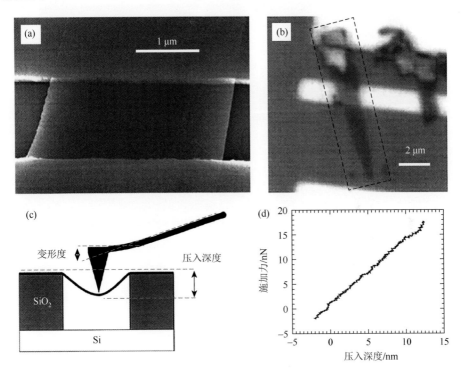

图 5.31　悬空梁测试法测试石墨烯的力学性质：（a）石墨烯横跨硅片基底上表面沟道的 SEM 图；（b）石墨烯横跨硅片基底上表面沟道的光学照片；（c）悬空梁测试法的示意图；（d）典型的 AFM 探针施加力与石墨烯的形变曲线[109]

近年来基于 AFM 纳米压痕实验的小孔悬空测试法也被广泛应用于各种薄膜材料的测试中。其实验原理是将石墨烯薄膜覆盖在小孔上，然后用 AFM 针尖在小孔的中心进行加载从而获得石墨烯薄膜的力-位移曲线，根据加载载荷与薄膜中心点压入深度之间的非线性关系可算出石墨烯的弹性模量。2008 年，J. Hone 研究组[110]将胶带剥离法制备的石墨烯转移至带有圆孔阵列的硅基底表面，利用纳米压痕技术，首次实现了单层石墨烯杨氏模量的测量，见图 5.32 和图 5.33。

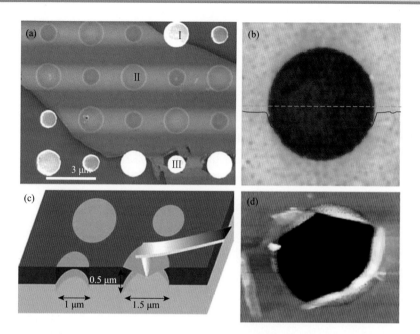

图 5.32　AFM 纳米压痕方法测试石墨烯的力学性质：(a)石墨烯在带有凹孔的硅片上的 SEM 图；
(b) 在凹孔上悬空石墨烯的 AFM 图；(c) 纳米压痕方法测试石墨烯力学性质的示意图；
(d) 针尖压破石墨烯后的 AFM 图[110]

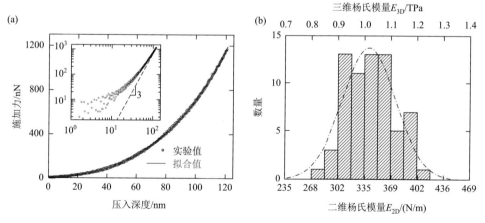

图 5.33　本征单层石墨烯的杨氏模量：(a) 典型的 AFM 探针施加力与石墨烯的形变曲线；
(b) 纳米压痕测量的石墨烯杨氏模量的统计图[110]

　　基于连续介质力学分析，测试所获得的力-位移曲线可以由式（5.9）拟合：

$$F = \pi\sigma_0\delta + \frac{Et}{a^2}\delta^3 \tag{5.9}$$

其中，F 是针尖的下压力；δ 是压入深度；σ_0 是预应力；a 是圆孔半径；E 是杨氏模量；t 是厚度。假设石墨烯厚度为 0.335 nm，得到石墨烯的杨氏模量为 (1.0 ± 0.1)TPa。

2009 年，J. Hone 研究组[111]继续开展了纳米压痕方法对本征石墨烯力学性质的研究，并测量了单层、双层和三层石墨烯的杨氏模量，数值分别为 1.02 TPa、1.04 TPa 和 0.98 TPa。他们认为，在实验误差允许的范围内，单层、双层、三层石墨烯的弹性模量值理论上是一致的。

相比于单晶石墨烯，CVD 方法生长的石墨烯薄膜往往由众多不同取向的晶粒所组成，存在纵横交错的晶界。2013 年，J. Hone 研究组沿用此前的方法测量了 CVD 方法所生长的石墨烯薄膜的杨氏模量。相对于完美石墨烯（单晶石墨烯），多晶石墨烯中的晶界结构会严重影响材料的力学性能。他们研究了不同晶粒尺寸的石墨烯薄膜的力学强度，发现只要在后续处理步骤中避免对样品造成损害和引入褶皱，多晶 CVD 石墨烯薄膜与完美石墨烯的力学性质相差不多，只有在晶界处的强度略有降低，见图 5.34。

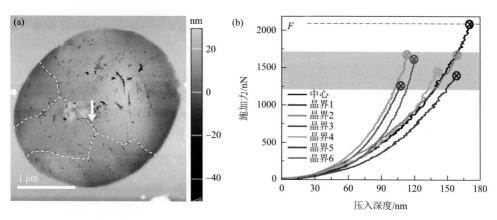

图 5.34　多晶石墨烯薄膜的力学性质：（a）典型的悬空多晶石墨烯的 AFM 图，虚线标注位置是晶界；（b）在不同晶界和晶粒内部测量获得的石墨烯施加力与压入深度曲线[112]

此外，为了研究石墨烯点缺陷的影响，2015 年，G. Lopez Polin 等[113]利用离子束辐照在单层石墨烯中引入单空位缺陷，并采用相同的 AFM 纳米压痕方法表征了其力学性质。如图 5.35 所示，令人惊奇的是，当空位缺陷浓度低于 0.2%时，石墨烯的杨氏模量表现出显著的提升。他们认为这种缺陷诱导的反常强化效应是源于石墨烯薄膜在热涨落中引起的褶皱，主要的依据是由于带有褶皱的薄膜力学响应会软化，而引入空位缺陷可以消除薄膜中长波长的涨落。Z. P. Xu 研究组[114]通过理论计算认为，空位缺陷的引入会使得晶格扩张，sp^2 碳键网络扭曲，进而导致石墨烯薄膜面外屈曲，产生显著的几何效应，最终强化了石墨烯薄膜的力学响应。然而随着缺陷浓度的继续升高，大量的六元环结构被破坏，使得面内刚度转而呈现下降的趋势，这也与功能化石墨烯的纳米压痕测试结果相符合。当石墨烯表面引入含氧官能团后，其面内刚度从初始的 342 N/m 降至(269±21)N/m，并且随着功能化程度的增高而降低。

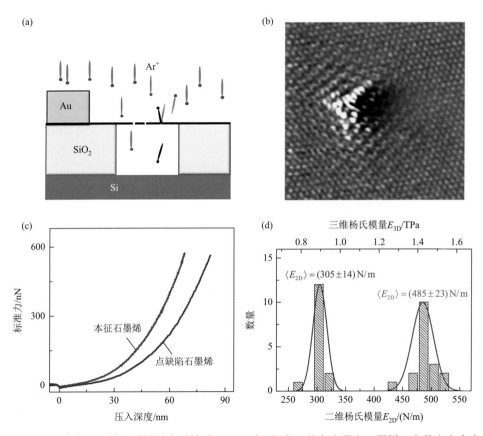

图 5.35　具有点缺陷的石墨烯的力学性质：（a）采用氩离子体轰击悬空石墨烯，在其上产生点缺陷；（b）带有点缺陷的石墨烯的 STM 图；（c）典型的本征石墨烯与点缺陷石墨烯的标准力与压入深度曲线；（d）纳米压痕测量的本征石墨烯与点缺陷石墨烯杨氏模量的统计图[113]

　　2018 年，A. Bongiorno 研究组[115]基于 SiC 基底外延生长的双层石墨烯薄膜，制备出特殊结构的"金刚石烯"。在受到 AFM 针尖挤压时，"金刚石烯"可以变得比钻石更硬，从而难以穿破，如图 5.36 所示。他们详细研究了双层石墨烯在室温下受到挤压时如何实现向类金刚石材料的转变。实验中发现，双层石墨烯在向金刚石相转变时会发生电流的突然下降，这一现象也预示着这种"金刚石烯"材料可能具有特殊的电学和光学特性。

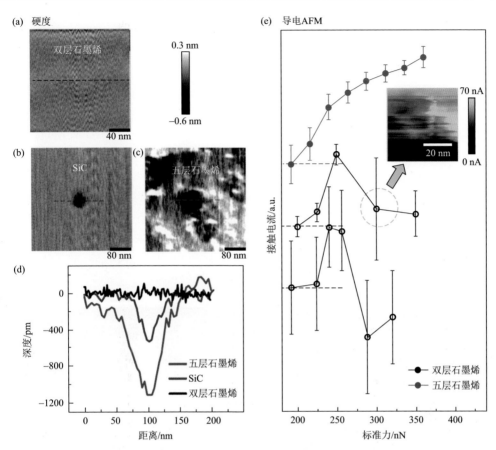

图 5.36 双层石墨烯转变为金刚石烯：（a）在 SiC 上外延生长的双层石墨烯被针尖挤压后的 AFM 图；（b）无石墨烯的 SiC 表面被针尖挤压后的 AFM 图；（c）在 SiC 上外延生长的五层石墨烯被针尖挤压后的 AFM 图；（d）双层石墨烯、本征 SiC、五层石墨烯被针尖挤压后的 AFM 截面深度曲线对比；（e）挤压后双层石墨烯和五层石墨烯的导电 AFM[115]

  基于 AFM 的纳米压痕方法，不仅能够对石墨烯的力学性质进行测量，同样也适用于其他二维材料。已有工作报道，采用类似的方法获得了单层氮化硼和二硫化钼的杨氏模量分别为(1.16±0.1)TPa 和(0.27±0.1)TPa。

  由于压痕实验设计的特殊性，一方面，其测量得到的力学性质其实是与压头接触部分的局部响应，并不能反映二维材料整体的力学响应；另一方面，压痕测试是基于薄膜力学模型，从压力与压入深度关系中提取出二维材料的面内力学性质，这在薄膜存在较大离面位移时会产生较大的偏差。相比较而言，压差膨胀法将薄膜沉积在多孔基底上，通过薄膜两侧压强差进行加载，实现了较为均匀的应变场，能够全面地反映材料的整体力学响应，因而更适合二维材料力学性质的研究。事实上，压差膨胀法一直以来都是测量薄膜材料杨氏模量的常用技术手段。压差膨胀法在

1992 年首次提出，其测试过程是将薄膜材料贴覆于一个微型凹坑上，形成一个封闭型腔，然后将这个型腔置于特殊环境中（如氮气、压缩空气等），使得型腔内外产生压强差，薄膜便会发生变形，根据压强差与薄膜中心点位移之间的函数关系可求得薄膜的弹性模量[116]。早在 2008 年，研究者就基于石墨烯的气体低渗透性，利用这种压差膨胀法，将石墨烯覆盖在具有圆形凹腔的 SiO_2 基底上，通过在微腔内外制造压强差，形成微型鼓泡，如图 5.37 所示[117]。此后，利用 AFM 测量出鼓泡的鼓起高度和半径，便可基于简化公式（5.10）计算出石墨烯的杨氏模量：

$$\Delta P = K(v)Et\delta^3/a^4 \tag{5.10}$$

其中，ΔP 是石墨烯两侧的压强差；$K(v)$ 是与泊松比相关的常数；δ 是鼓起高度；a 是圆孔半径；E 是杨氏模量；t 是石墨烯厚度。实验结果表明，石墨烯的二维杨氏模量高达$(390\pm20)N/m$。在假定厚度为 0.335 nm 的情况下，杨氏模量同样大于 1 TPa。同时，该实验结果也证明了，石墨烯薄膜对于包括氦在内的一般气体是不可穿透的。

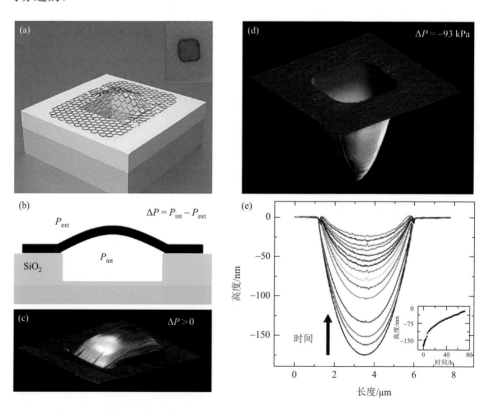

图 5.37　采用压差膨胀法测量石墨烯的杨氏模量：（a）悬空石墨烯的示意图；（b）压差测量的原理图；（c）在内压大于外压时产生石墨烯气泡的 AFM 图；（d）在内压小于外压时石墨烯凹陷的 AFM 图；（e）在不同时间下的石墨烯凹陷高度，以及其随时间变化的曲线[117]

近些年，有研究者将压差膨胀法与显微拉曼光谱技术结合起来，不仅可以实时表征石墨烯薄膜膨胀中心点的局部应变，推算出石墨烯的杨氏模量，还可以采集石墨烯的应变分布，进而获取微纳器件（如谐振器）的关键力学参数。

除了通过气体压强控制压差膨胀来控制石墨烯的变形外，静电力驱动也是一种有效控制其变形的方式。2015 年，K. I. Bolotin 研究组[118]发现在室温下所测得的石墨烯面内刚度只有 20～100 N/m。为了研究力学响应软化的机制，他们分别通过调控温度和纳米切割分析了热涨落扰动以及褶皱形貌对于材料面内刚度测量的影响，结果显示随着温度的降低，该数值仅表现出略微的升高，而当石墨烯被切成条带之后，面内刚度的提升更为显著。这种温度和几何效应更验证了二维材料面外的起伏变形对于力学性能测量的影响。基于此，无论是纳米压痕或是压差膨胀实验，当二维材料受到面外变形时其表面褶皱会逐渐消除，因此所测量的面内刚度会表现应变相关性，即随着应变的增加出现硬化效应。

此外，2017 年，M. J. Buehler 研究组[119]将二维石墨烯熔融和压缩制作成三维材料，从而得到超强超轻的材料，强度比低碳钢强 10 倍，但密度只有后者的 5%，如图 5.38 所示。

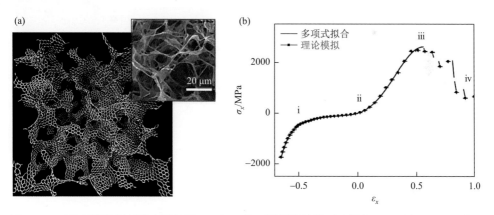

图 5.38　三维石墨烯材料的力学特性：（a）三维石墨烯的结构示意图与 SEM 图；（b）三维石墨烯的应力-应变曲线[119]

5.3.2　弯曲刚度

由于单层二维材料的厚度都在纳米尺度，极低的弯曲刚度使其在变形过程中通常表现出薄膜力学行为，因此在纳米压痕测试和压差膨胀实验中，二维材料的弯曲刚度对于力学性能的影响往往都被忽略。然而，随着层数的增加，这种弯曲刚度效应开始占据主导地位。2008 年，M. Poot 等[120]采用纳米压痕实验测试了多层石墨烯的弯曲刚度和应力特性，并发现弯曲刚度随薄膜厚度的增加而增加，如

图 5.39 所示。在此基础上，2013 年，A. Castellanos-Gomez 等[121, 122]又对多层的二硫化钼和云母进行了力学表征，观察到随着层数的增加，其应力-应变曲线呈现出由非线性薄膜行为到线性板行为的转变，并强调了这种力学行为的转变对二维材料动态力学响应的影响。事实上，对于单层二维材料弯曲刚度的实验测量，一直以来都极具挑战。早在 1982 年，R. M. Nicklow 等[123]通过监测石墨的声子光谱，测得单层石墨烯的弯曲刚度约为 1.2 eV。2012 年，Lindahl 等[124]则研究了电压驱动下双层石墨烯的跳跃屈曲现象，基于连续介质理论描述的力学行为提取出相关力学参数，计算出其弯曲刚度约为 35.5 eV。采用同样的方法还可获得单层和三层石墨烯的弯曲刚度，分别约为 7.1 eV 和 126 eV。理论上，材料的弯曲刚度应与其厚度的三次方成正比，然而双层和三层石墨烯的实验结果均显示不同程度的降低，这表明石墨烯在变形过程中，层与层之间存在相对滑移，因此弱化的层间相互作用也会改变材料的整体力学性能，在后面的讨论中将详细阐述层间相互作用对二维材料力学行为的影响。

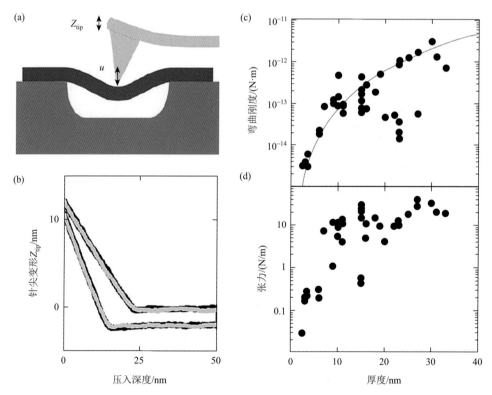

图 5.39　多层石墨烯的弯曲刚度：（a）弯曲刚度的测量示意图；（b）探针施压多层石墨烯时典型的位移曲线；（c）拟合出的弯曲刚度与石墨烯厚度的关系图；（d）拟合出的张力与石墨烯厚度的关系图[120]

5.3.3　断裂强度

断裂，是材料在大规模应用中面临的主要问题之一。对于二维材料，理论强度值通常定义为材料在没有任何缺陷情况下所能承受的最大应力。作为最具有代表性的二维材料，石墨烯是已发现的材料中强度最高的材料，约为 130 GPa（厚度假定为 0.335 nm），这种特性使其成为许多潜在应用的理想材料，如耐磨涂层、防弹衣以及新型复合材料的增强相。现阶段，包括石墨烯在内的二维材料，其断裂强度主要是通过纳米压痕实验测量获得。通常情况下，当探针施压石墨烯薄膜中心使其破坏时，所获得的最大断裂力可以转化为弹性薄膜的面内力学强度，即

$$\sigma_{2D} = \sqrt{\frac{E_{2D}F_{max}}{4\pi R}} \qquad (5.11)$$

其中，E_{2D} 是面内刚度；F_{max} 是最大断裂力；R 是针尖半径。利用该方法同样可以测得双层六方氮化硼的面内断裂强度为(8.8 ± 1.2)N/m，单层二硫化钼的面内断裂强度为(15 ± 3)N/m。但是，根据式（5.11）获得的是依据线性模型得到的断裂强度，通常会高于材料的断裂强度。

值得注意的是，在大多数 CVD 方法生长的二维材料中，缺陷的存在势必会影响材料强度的测量。有理论报道称，两个晶粒拼接的石墨烯，其断裂强度就与其晶界相关[125]。然而，多晶石墨烯中除了纵横交错的晶界外，还存在三联点和空位等缺陷，使得其测量结果更为复杂。2013 年，J. Hone 研究组[112]通过对 CVD 生长的多晶石墨烯进行纳米压痕测试，发现大晶粒石墨烯样品的断裂强度和单晶石墨烯相当，但是小晶粒石墨烯薄膜的断裂强度则略微降低，并且测量结果的分散性更大，如图 5.40 所示。他们认为这与晶界的分布相关。有工作表明，当探针压头作用于晶界上时，压痕实验所获得的断裂强度要比作用于单个晶粒内部得到的数值下降 20%～40%。但考虑到晶界面积只占到力学加载区域很小的比例，从加载区域获取的测量值中，也只有很少的比例能够反映晶界的强度。因此，对

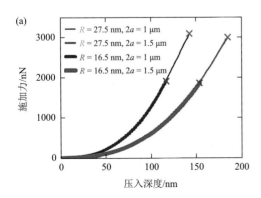

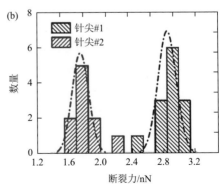

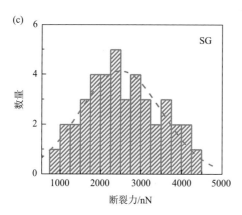
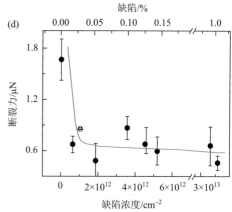

图 5.40 石墨烯的断裂强度：（a）不同针尖半径时，单层石墨烯应力-应变曲线以及断裂时施加的作用力；（b）采用两种针尖测量的石墨烯断裂力的分布图；（c）多晶单层石墨烯的断裂强度统计图；（d）单层石墨烯中点缺陷的浓度与断裂强度的关系图[110, 112, 113]

于不同实验条件下制备的多晶石墨烯，其不同的晶粒尺寸、晶粒形状和晶界角度都会对实验结果造成影响。此外，通过离子轰击或化学修饰所引入的缺陷，由于对石墨烯晶格结构造成了破坏，其断裂强度会显著降低。

5.3.4 断裂韧性

对于已经存在有裂纹缺陷的材料，断裂韧性是描述材料强度的关键属性。在二维材料的应用中，裂纹缺陷往往不可避免，有时甚至为了实现某种功能性而人为地引入这些缺陷，如进行海水淡化、DNA 测序和气体分离等。2019 年，H. T. Wang 等[126]通过在 CVD 法生长的单层石墨烯中预置裂纹，利用自主设计的拉伸实验平台测得其断裂韧性低至 15.9 J/m^2，与硅和玻璃等脆性材料相当。鉴于实验中的技术挑战，更多的研究则采用理论模拟的方法，模拟获得单晶石墨烯的断裂韧性为 12 J/m^2，和实验结果基本一致。对于多晶石墨烯，所测得的结果表现出极大的分散性，也说明断裂韧性和晶粒尺寸以及几何缺陷的分布密切相关。

鉴于较低的断裂韧性在二维材料实际应用中可能带来的危害，亟需寻找相应的增韧机制和方法。目前大量工作表明，人为地引入缺陷可以有效提高二维材料的断裂韧性。例如，有报道称多晶石墨烯中的晶界能够使其断裂韧性提高 50%。然而，由于缺陷的存在，同样会降低材料的强度，因此需要在了解增韧机制的基础上合理设计缺陷类型和浓度，以实现强度和韧性的权衡。现阶段，常见的增韧机制可总结为：缺陷和裂纹之间的相互作用，缺陷诱发的面外变形以及原子级的桥接作用，它们共同影响着材料断裂时的力学响应。例如，2015 年，Lopez-Polin 等通过氩离子辐照单层石墨烯制造出不同浓度的单空位缺陷，当石墨烯在纳米压痕测试中被破坏时，这些缺陷可改变裂纹扩展的方向从而耗散更多能量，使得裂纹被限制在探针附近的局部区域，这与本征石墨烯的大范围撕裂形成鲜明对比。与之类似的方法是增加石墨烯中的晶界密度。如图 5.41 所示，高力波研究组[127]研究了纳米晶石墨烯的力学行为，发现由于其大密度的晶界，在施加压力使石墨烯断裂时，仅发生了小面积的破损。

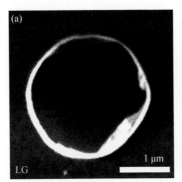
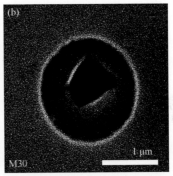

图 5.41　不同晶粒尺寸石墨烯的断裂行为：（a）单晶石墨烯在被针尖压破时，其裂痕的 SEM 图；（b）平均晶粒尺寸为 30 nm 的多晶石墨烯在被针尖压破时，其裂痕的 SEM 图[127]

　　另一种常用的增韧方法是在二维材料中引入剪纸设计。如图 5.42 所示，P. L. McEuen 等[128]制备的石墨烯剪纸就能够承受非常大的拉伸变形而不失效，这是由于在拉伸过程中人为制造的裂纹能够引起石墨烯面外屈曲，使得裂纹尖端局部应力状态更复杂，从而抑制裂纹扩展，提高断裂韧性。

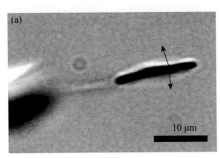
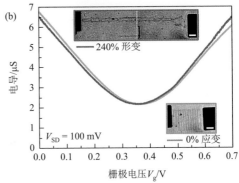

图 5.42　石墨烯剪纸术：（a）在石墨烯中可控引入特定方向裂纹的 SEM 图；（b）加入规律裂纹后的石墨烯展现出超强拉伸行为[128]

5.3.5　黏附作用力

　　二维材料拥有巨大的比表面积，其表面作用力相比于宏观材料变得不可忽略，甚至在一些变形行为中占据主导地位。因此开发相关表征方法，研究二维材料与其他材料之间的界面力学性质，确定界面力学参数，准确地探索二维材料在不同界面作用下的界面力学行为及失效机制，对于发展样品转移技术以及开展柔性器件和微纳机电器件等应用都至关重要。

黏附作用力是某种材料附着于另一种材料表面的能力，在材料的变形、失效等力学问题中都扮演着重要角色。在二维材料黏附特性的实验研究方法中，最具代表性的就是利用压差膨胀法使二维材料与基底脱黏，然后根据石墨烯鼓泡的尺寸参数获得其黏附特性。如图 5.43 所示，J. S. Bunch 等[129]利用压差膨胀法实现了石墨烯薄膜与 SiO_2 基底的界面脱黏，然后利用 AFM 测量石墨烯鼓泡的相关参数。基于式（5.12），获得了单层石墨烯与 SiO_2 基底之间的黏附能为$(0.45\pm0.02)J/m^2$，而多层石墨烯与 SiO_2 基底之间的黏附能为$(0.31\pm0.03)J/m^2$，其中的差异源自不同厚度石墨烯的不同面内刚度。采用这种方法，他们还测量出二硫化钼与 SiO_2 基底之间的黏附能为$(220\pm35)mJ/m^2$。

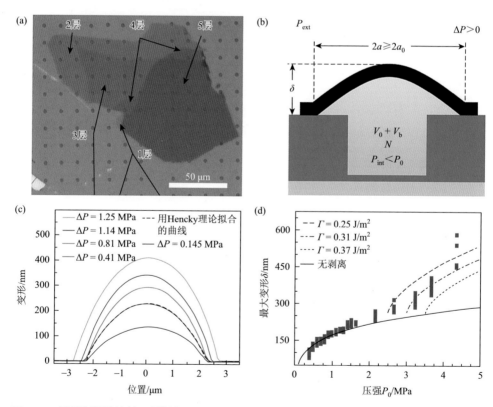

图 5.43　压差膨胀法计算石墨烯与 SiO_2 基底的黏附能：（a）石墨烯在带有通孔的硅片表面的光学照片；（b）压差膨胀法测量黏附力的原理示意图；（c）在不同压强差情况下测量得到的石墨烯气泡的高度图；（d）石墨烯气泡与外部气压的关系图和黏附能的拟合图[129]

$$\Gamma = \frac{5C}{4}\left(P_0 \frac{V_0}{V_0 + V_b(a)} - P_{ext} \right)\delta \tag{5.12}$$

其中，Γ 是界面黏附能；C 是依赖于材料泊松比的常数；P_0 是施加的压力；V_0 是微孔的体积；V_b 是鼓包的体积；a 是微孔的半径；P_{ext} 是室压；δ 是鼓起的高度。

另外，Z. Cao 等[130]先是使用 SU-8 胶将 CVD 生长的石墨烯转移到钻孔的铜基底上，通过注射泵增压使 SU-8 胶/石墨烯复合薄膜向上鼓起，并用全场干涉方法检测鼓泡的高度，进而计算出石墨烯/铜的界面黏附能为 0.51 J/m²。Z. Zong 等[131]利用相似的原理研究了石墨烯与硅基底之间的黏附能。与上述介质不同，他们在石墨烯薄膜与基底之间嵌入金纳米粒子，在石墨烯/基底表面张力的作用下，石墨烯会最大限度地与基底接触，围绕嵌入粒子形成轴对称的气泡。当石墨烯气泡达到稳定状态后，通过测量石墨烯气泡的尺寸参数可以确定石墨烯与基底之间的黏附能为 (151±28)mJ/m²。G. X. Li 等[132]将石墨烯转移到金纳米柱阵列的硅基底上形成鼓泡，利用气泡的尺寸参数测得石墨烯/金界面黏附能为(450±100)mJ/m²。其他测量界面黏附性能的常规方法还包括双悬臂梁断裂实验等。

T. Yoon 等[133]在 Cu/SiO₂/Si 基底上通过 CVD 方法生长单层石墨烯后，将目标基底和石墨烯通过环氧胶黏接技术连接起来，进而利用外力剥离石墨烯。如图 5.44 所示，通过测量裂纹扩展过程中的施加力-位移曲线，可推算出石墨烯与铜基底的

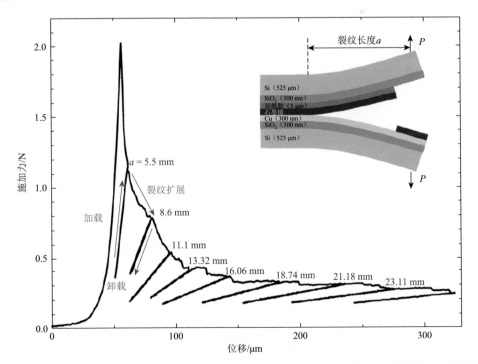

图 5.44　CVD 石墨烯与铜生长基底之间的黏附能测量的施加力-位移曲线，插图是测量示意图[133]

黏附能为(0.72 ± 0.07)J/m^2，这也说明石墨烯与金属之间的界面作用相比于硅这种介电材料要更强。进一步，S. R. Na 等[134]发现，当分离速率超过 250 μm/s 时，石墨烯与铜基底会率先发生界面脱黏，从而有效转移至环氧胶上；但当分离速率低于 25 μm/s 时，石墨烯更容易与环氧胶脱离。这种速率相关的选择性脱黏也反映了界面性能的不同。通过实验测量获得石墨烯与铜基底以及环氧胶之间的界面黏附能分别为 6 J/m^2 和 3.4 J/m^2。这些数值相比于 T. Yoon 等的实验结果高出了一个数量级，其中的原因一方面来自铜箔和环氧胶在撕离过程中会产生屈服而耗散能量；另一方面则可能是实验中使用不同的铜基底，其表面粗糙度决定了界面黏附作用力的差异。而对于二维材料和柔性基底所形成的材料体系，通过测量材料在压缩应力下产生的褶皱形貌也可以研究其界面黏附作用。结合薄膜的力学分析模型，实验中测得单层石墨烯/PET 和多层二硫化钼/PDMS 之间的界面黏附能分别为 0.54 mJ/m^2 和 18 mJ/m^2。

5.3.6 剪切作用力

黏附作用力是表征材料/基底界面 I 型（法向）断裂模式的关键力学参数，而 II 型（切向）断裂模式则由界面剪切作用力主导，通常可由剪滞模型来描述。2014 年，T. Jiang 等[135]利用显微拉曼光谱技术实时监测了 PET 基底上单层石墨烯的应变分布，并提出了非线性剪滞模型，即假定剪切作用力在初始阶段与界面滑移距离呈正比例关系，见图 5.45。然而，由于范德瓦耳斯作用力具有破坏-重建的特性，剪切作用力达到界面剪切强度后可维持不变，基于此计算出的界面剪切强度为 0.46～0.69 MPa。在考虑剪切作用力不能维持界面强度的情况下，Z. H. Dai 等[136]提出，在线性阶段和滑移阶段之间加入损伤阶段，作为保持界面应力连续性的过渡段，即描述界面键合作用开始断裂（剪切应力达到界面剪切强度后）到稳定摩擦（界面键合作用的断裂再形成等引起的）的转变。

2016 年，G. R. Wang 等[137]在对石墨烯/PMMA 材料体系进行动态循环加载时也观察到了界面剪切应力弱化的现象。他们利用 AFM 观测石墨烯表面形貌的演变，发现在多次循环加载过程中石墨烯会产生褶皱，从而减小了石墨烯与基底的接触面积，降低了界面的结合力，应力传递效率也会明显下降。由此可见，纳米界面可能存在的结构变形影响着界面相互作用的强弱。因此，当材料体系受到一定的应变后，由于聚合物的黏弹性以及石墨烯与聚合物之间范德瓦耳斯作用力的可恢复特性，形成的褶皱形貌会在一定程度上消除，恢复至相对平整的状态，界面的相互作用得以重新建立，使得石墨烯内的应变以及界面的剪切作用力也能够几乎恢复至初始状态。为了增强界面的相互作用，同时又能保持这种界面的力学可恢复性，他们对石墨烯表面进行氧化修饰，从而在其与 PMMA 的界面引入氢键作用。该研究结果表明，适度的功能化修饰可以有效提高界面的应力传递效率，

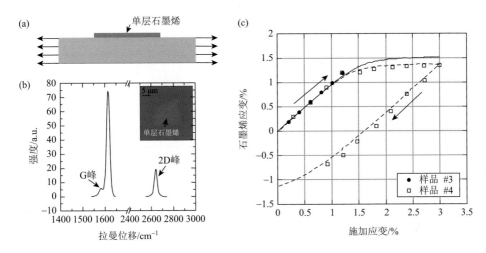

图 5.45　石墨烯的界面剪切强度：（a）采用 PET 作为基底测量石墨烯界面剪切作用力的示意图；
（b）石墨烯在 PET 基底上的拉曼光谱和光学照片；（c）在对石墨烯进行加载和卸载时的中心
应变，依据平台区域数值可以获得界面剪切强度[135]

其剪切强度也可提高 3～4 倍。然而对石墨烯进行过度的功能化，则会破坏其晶格
结构，使得变形过程中产生裂纹并造成永久的失效，进而影响复合材料或柔性器
件的稳定性以及功能性。

　　二维材料在大多数应用中都以多原子层状结构存在，其同质/异质界面处的载
荷传递决定着多层结构的力学稳定性。由于具有原子级光滑的表面，二维材料通
常具有较高的表面能，如石墨烯表面能为 0.37 J/m^2。同时，因其面外的键合能力
较差，二维材料界面处的剪切模量和强度极低，石墨层间剪切强度在兆帕量级。
因此，同质/异质二维材料之间的界面相互作用同样值得关注。然而，多层结构在
二维材料研究中一直被简化为单一整体进行考虑，其层间界面被假定为摩擦力无
穷大，从而忽略了界面滑移对力学响应的影响。针对这一问题，G. R. Wang 等[138]
利用微孔膨胀法测量出双层石墨烯层间的剪切应力，并研究了其对鼓泡变形行为
的影响，如图 5.46 所示。事实上，随着压力的不断升高，石墨烯鼓泡的高度越来
越高，孔外基底上的石墨烯受到孔内鼓泡的拉伸作用，形成向孔内滑移的趋势。
此时，考虑到石墨烯层间相互作用远低于石墨烯与基底的界面作用，石墨烯层间
会先产生剪切作用力以抵抗这种相对滑移的产生。由于石墨烯拉曼特征峰频率对
于应变非常敏感，该剪切作用区域的扩展可以通过拉曼光谱扫描成像来表征。当
孔内外压力差为零时，孔外石墨烯的应变分布相对均匀。随着压力的升高，孔内
石墨烯受到双向拉伸应力，拉曼峰的频率显著降低，与此同时，孔外边缘的应变
也略微降低，并且该区域随着压力进一步升高而呈现出辐射状向外延伸，表明剪
切作用区域的扩展。进一步提取沿直径方向的拉曼频率扫描曲线，可以清楚地确

定剪切作用区域扩展的距离。通过对孔内外的石墨烯分别进行力学分析，即孔内鼓泡沿用 Hencky 理论求解，孔外区域则作为平面应力问题求解，结合孔边缘内外径向力和周向力的连续边界条件，可以推算出双层石墨烯层间的剪切作用只有 0.04 MPa。

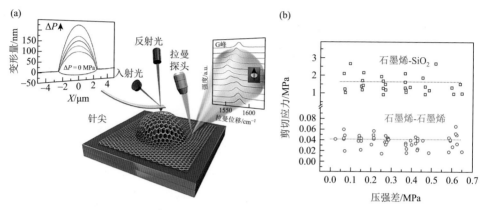

图 5.46　双层石墨烯层间的界面剪切强度：（a）利用双层石墨烯鼓泡以及拉曼光谱表征测量石墨烯层间剪切作用的原理图；（b）石墨烯与 SiO₂ 基底、石墨烯与石墨烯之间的剪切应力统计图[138]

5.3.7　摩擦性能

石墨烯的摩擦性能也是非常重要的一种力学性能。随着微纳米材料的发展，研究两种材料之间如何接触以及两个接触表面之间的黏附力和摩擦力等对发展纳米数据存储设备和微/纳米机电系统（MEMS/NEMS）器件等都具有重要指导意义。由于石墨烯具有高的杨氏模量、低的表面能和石墨片层之间的低剪切强度，其在减小有效接触表面的摩擦力和润滑方面也受到了极大的关注。大量的相关研究表明，石墨烯具有优异的减摩、润滑和抗磨的作用。

2009 年，H. Lee 等[139]基于侧向力显微镜（LFM）研究了胶带剥离石墨烯的摩擦力，发现在相同法向载荷作用情况下，石墨烯的摩擦力介于 SiO₂ 和石墨之间，并且随着石墨烯厚度的增加，摩擦力也逐渐减小。他们认为这种现象是由针尖与石墨烯之间的范德瓦耳斯作用力随着层数的增加而减小造成的。同年，T. Filleter 等[140]研究了 SiC 基底上外延石墨烯的摩擦性能，提出了电子-声子耦合效应是导致单层石墨烯摩擦力大于双层石墨烯摩擦力的主要原因。2013 年，R. J. Cannara 等[141]研究了真空环境下有基底和悬空石墨烯的摩擦力，研究结果表明在低载荷作用下，有基底支撑的石墨烯摩擦力随着层数的增加而减小，而悬空石墨烯的摩擦力随着层数的增加而增加。此外，有基底支撑的石墨烯与针尖之间的黏附力不随层数而发生变化，但悬空石墨烯与针尖之间的黏附力随着层数的增加而增加。2010 年，J. Hone 研究组[142]在单层和多层石墨烯摩擦性能的研究中提出了不同的观点，在排除了针尖与基底之间的黏附力、扫描速度、法向载荷及基底的影响后，发现石墨烯的摩擦力随着层数的增加而减小，并认为这种实验现象是由石墨烯的表面褶皱效应造成的。当针尖在石墨烯表面滑动时，石墨烯会产生局部褶皱，这种褶皱将阻碍针尖的滑动。单层石墨烯贴附在基底上，平面刚度比较小，产生的褶皱程度也更大，因而对探针的阻碍作用也越大，最终所测得的摩擦力也越大。2016 年，X. H. Zheng 等[143]发现当单晶锗与生长在其表面的石墨烯以合适角度堆垛在一起时，石墨烯即使在经历外界剧烈的化学作用后仍然能保持较好的二维平面结构，进而延续其优异的摩擦润滑特性。2016 年，J. Li 研究组[144]通过理论模拟，首次重现了石墨烯摩擦行为的所有关键现象，并提出了二维材料可能存在一种全新的摩擦演化及调控机制。基于此机制，他们提出并论证了通过对二维材料施加可控变形来实现对表面摩擦行为大范围调控的思路。2017 年，S. W. Liu 等[145]设计并制备出一款用于 AFM 的长有石墨烯的微球探针，实现了石墨烯与石墨烯之间微量摩擦力的直接测量，并且获得了拥有鲁棒特性的超低摩擦，即适用于较宽范围的载荷、环境气氛、湿度、扫描范围以及速度等实验条件，同时超滑状态也可以维持较长时间（图 5.47）。此外，这种石墨烯探针也可以在其他二维材料，如 *h*-BN 上获得超滑，从而实现了异质二维材料之间的摩擦测量。

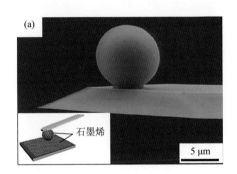 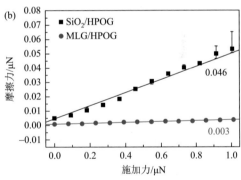

图 5.47　石墨烯与石墨烯之间的摩擦力测量：（a）长有石墨烯的 AFM 微球探针的 SEM 图；（b）传统 SiO$_2$ 微球探针与石墨烯微球探针在石墨表面测量得到的摩擦力[145]

同时，D. Marchetto 等[146]对 SiC 表面的外延石墨烯进行了上百次的往复摩擦实验，发现其摩擦系数仅为 0.08，而且十分稳定，显著低于石墨和 SiC 基底的摩擦系数。他们认为在磨痕处的石墨烯颗粒和暴露的富碳界面层起到了降低摩擦的作用。D. Berman 等[147]采用在摩擦副与钢滑动界面之间滴加石墨烯悬浮溶液的方法，研究了石墨烯的摩擦磨损性能，并发现其摩擦系数仅为 0.15，磨损率也降低了 3~4 个数量级。他们认为这是由于随着摩擦的进行，磨痕表面处形成了高密度的稳定润滑层，这个润滑层显著减小了摩擦副的氧化和摩擦磨损。他们通过进一步研究发现，在氮气环境和低载荷下，钢表面石墨烯的摩擦系数和磨损率均很低。K. S. Kim 等[148]通过 CVD 方法在镍表面生长了多层石墨烯膜，然后将其转移至 SiO₂/Si 基底表面，发现石墨烯有效地减小了 SiO₂/Si 基底的黏着力和摩擦力，摩擦系数也降低了。此外，M. Tripathi 等[149]还发现镍表面石墨烯的摩擦系数低至 0.03，并认为是由于摩擦副与石墨烯之间的接触面积小，尤其在高温 CVD 期间，镍晶粒的生长导致其表面的石墨烯更为粗糙。此后，C. Yan 等[150]又将 CVD 石墨烯薄膜转移至 PET 基底上，发现 PET 的摩擦系数大大降低，而且 PET 的黏滑现象消失，见图 5.48。

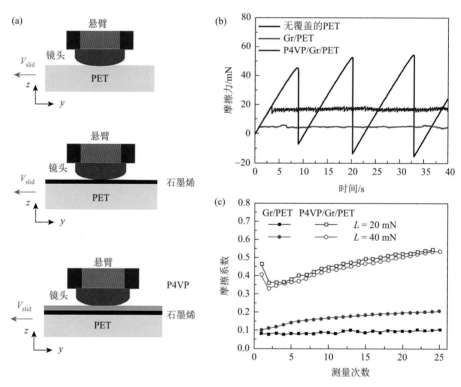

图 5.48　石墨烯与 PET 贴合后的摩擦行为：（a）摩擦行为测量的原理图；（b）PET、带有石墨烯的 PET 和夹层石墨烯的 PET 测量的摩擦力；（c）带有石墨烯的 PET 的摩擦系数随着测量次数的变化图[150]

除此之外，石墨烯还可作为液体润滑添加剂来降低润滑剂的摩擦系数，提高润滑剂的承载抗磨性能。K. Fan 等[151]将氧化石墨烯超声分散在矿物润滑油中，发现基础润滑油的摩擦系数明显降低，而且摩擦副的磨损率也减小了。J. S. Lin 等[152]采用硬脂酸和油酸对石墨烯进行改性以改善其在基础润滑油中的分散性，形成了均匀、稳定的石墨烯调配润滑油，使其具有更低的摩擦系数和更高的承载抗磨能力。氧化石墨烯/聚合物复合材料同样成为近年来的研究热点，这是由于氧化石墨烯在摩擦过程中能够在聚合物-摩擦副的接触界面形成连续转移膜，避免了摩擦副与聚合物表面的直接接触，从而降低聚合物的摩擦系数并减小磨损率。

5.4　热学性质

本征单层石墨烯的热导率（也称导热系数）高达 5300 W/(m·K)，是目前热导率最高的碳材料。石墨烯作为散热膜可以显著改善电子器件的散热能力，从而提高电子器件的工作性能和稳定性，因此基于高热导率石墨烯的热管理材料具有非常广阔的应用前景。此外，由于 CVD 石墨烯的透明性、柔性、可快速加热以及石墨烯片层上温度的均匀性，其也被视为理想的透明电加热材料。

当石墨烯与某种基底材料贴合在一起时，两者之间形成了界面，该界面的传热性能直接影响整体的导热性能。通常使用界面热导率或界面热阻来表征热量穿过两相材料界面的热导率和热阻。固体材料中传导热量的载体主要有电子、声子和光子，不同材料具有不同的导热机制。金属材料的热传导载体是电子，介电材料一般是通过晶格振动导热（声子导热），而在高温下光子导热也起到重要作用。由于碳原子之间强共价键的存在，石墨烯中起决定作用的是声子导热，也就是晶格的振动导热。影响声子导热的主要因素是声子的平均自由程，而声子平均自由程的大小由两个散射过程决定，即声子间碰撞引起的声子（声子散射）以及声子与边界、晶界、杂质和缺陷等作用引起的缺陷散射。对于声子导热介质，存在三种声子碰撞过程，即沿波传播方向的振动、横向振动和面外振动。对于单原子层厚度的石墨烯，在面的上下方向不存在声子散射，声子仅仅在面内传播。然而，由于石墨烯片层的尺寸是有限的，因此存在石墨烯片层边缘的边界散射。声子较大的平均自由程以及大部分热量是由低能量声子所传递，石墨烯的热导率随石墨烯面内尺寸的增大而提高。此外，声子散射受到材料缺陷的影响，使得热导率随缺陷的增多而降低。

5.4.1　热导率的理论研究

采用价力场方法可以有效研究石墨烯的晶格振动。在该方法中，石墨烯内所有原子间的相互作用力可以分为键的伸缩力和键的弯曲力。从经典的热学理论出发，并加入二维声子态密度，对石墨烯的热导率进行计算，得到的标量热导率如下：

$$\kappa = \frac{1}{4\pi k T^2} \sum_{s=1}^{6} \int_0^{q_{max}} \left(\hbar\omega_s(q) v^2(s,q) \tau_{tot}(s,q) \frac{\exp\left[\dfrac{\hbar\omega_s(q)}{kT}\right]}{\left\{\exp\left[\dfrac{\hbar\omega_s(q)}{kT}\right]-1\right\}^2} \right) dq \tag{5.13}$$

其中，k 是玻尔兹曼常数；T 是温度；s 是声子支数；q 是声子波矢；ω_s 是声子频率；τ_{tot}是声子散射总时间。此理论计算的热导率主要由石墨烯的声子频率、声子支数和声子的作用过程等决定。代入相关数值，可以得出石墨烯在不同测量沟道宽度和不同温度下的热导率变化，见图 5.49。

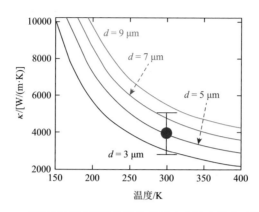

图 5.49 不同宽度石墨烯片层的热导率与温度的关系图[153]

从图 5.49 可以看出，石墨烯的热导率随着温度的增加而减小。在同一温度下，热导率随石墨烯片层宽度的增加而增加。依据经典的热传导理论，随着温度的升高，晶格振动加强，声子运动剧烈，热流中的声子数目增加，声子间的相互作用或碰撞更加频繁，原子偏离平衡位置的振幅增大，引起的声子散射加剧，使声子的平均自由程减小。这是石墨烯的热导率随温度升高而降低的主要原因。对于石墨烯，电子的运动对导热也有一定的贡献，但在高温情况下，晶格振动对石墨烯导热的贡献起主导作用。

5.4.2 单层石墨烯热导率的实验测量

石墨烯热导率的测量方式主要有两种：一种是悬空石墨烯，即石墨烯两端受到支撑，而中心区域处于悬空状态；另一种是有基底支撑的石墨烯，即整个石墨烯片都与基底相接触。由于基底材料对于石墨烯的导热性能有很大影响，因此这两种方式测得的石墨烯导热性能有很大的区别。

2007 年，I. Calizo 等[154]研究发现，石墨烯的拉曼光谱中 G 峰的位置随着温度发生线性变化。基于这个现象，可以利用拉曼光谱方法来测量石墨烯的热导率。2008 年，A. A. Balandin 等[155]首次在实验上获得了单层石墨烯（SLG）的热导率。如图 5.50 所示，他们先将胶带剥离的单层石墨烯转移到带有沟道的 SiO₂/Si 基底上制成悬空石墨烯，再利用共聚焦显微拉曼仪的激光照射悬空石墨烯，实时测出 G 峰的位置随着激光功率的变化，并计算出悬空石墨烯 G 峰随温度变化的温度系数；然后，测出石墨烯对激光功率的吸收率。在计算过程中，他们认为石墨烯对激光功率的吸收率为 13%，并利用理论公式（5.14）计算出室温下单层石墨烯的热导率在$(4.84\pm0.44)\times10^3\sim(5.30\pm0.48)\times10^3$ W/(m·K)之间。

$$\kappa=\frac{\chi_{\mathrm{G}}L}{2hW}\frac{\delta P}{\delta\omega}\qquad(5.14)$$

其中，W 和 h 分别是石墨烯片层的宽度和厚度（$W=5$ μm，$h=0.335$ nm）；L 是石墨烯中心点至基底边缘的距离；χ_{G} 是温度系数；$\delta\omega$ 是拉曼光谱 G 峰的偏移量；δP 是石墨烯吸收激光功率的变化量。2008 年，S. Ghosh 等[156]采用同样的测量和计算方法，获得了室温下悬空单层石墨烯的热导率为 3080～5150 W/(m·K)，并计算出石墨烯中声子的平均自由程为 775 nm。

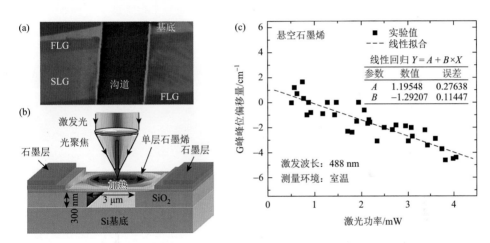

图 5.50　悬空石墨烯的热导率测量：（a）在带有沟道的 SiO$_2$/Si 基底上制作的悬空石墨烯照片，FLG 表示少层石墨烯；（b）采用激光加热样品并同时测量拉曼峰的原理图；（c）在不同激光功率下的拉曼 G 峰峰位偏移量[155]

2009 年，M. Freitag 等[157]将胶带剥离的单层石墨烯连接在钯和铜电极之间，制成 FET，如图 5.51 所示。在通入电流后，利用拉曼光谱仪监测石墨烯的 2D 峰峰位变化。随着电流密度的增加，石墨烯的温度不断升高，2D 峰的位置也随温度变化而变化。然后，他们利用另一个近似公式（5.15）计算出当温度从 300 K 升高至 800 K 时，单层石墨烯的热导率从 5000 W/(m·K)降为 850 W/(m·K)。

$$\kappa=\frac{5000}{1+0.01(T-350)}\qquad(5.15)$$

同样在 2009 年，R. Murali 等[158]利用显微测量技术，将 16～52 nm 宽、层数为 1～5 层的石墨烯带的两端接上电极。研究发现，石墨烯带在通电后逐渐变形直至断裂。通过测量断裂时的电压和电流，以及石墨烯带的温度，就可以推算出石墨烯带的热导率。他们从实验中获得的室温下石墨烯带的热导率在 1000～

1400 W/(m·K)之间。由于石墨烯带的宽度很窄，并且仅可以被加热至 700～800℃，从而可以判断石墨烯带的边界散射和碰撞散射严重影响了热导率。

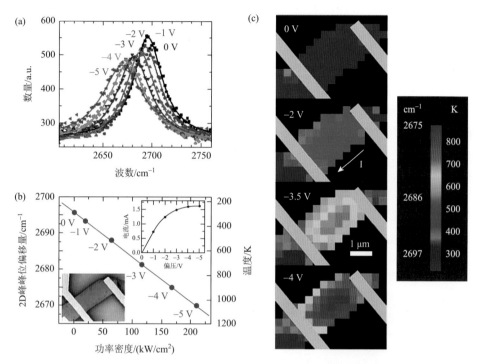

图 5.51　电流加热方式测量单层石墨烯的热导率：（a）不同加载电压下的石墨烯拉曼 2D 峰；（b）不同电加热功率密度下的 2D 峰峰位偏移量；（c）不同加载电压下石墨烯在不同位置的温度图[157]

2010 年，J. H. Seol 等[159]将剥离的单层石墨烯放置在厚度为 300 nm 的 SiO₂梁上，梁的两端接上 4 个金/铬电阻温度计。在石墨烯通电后，通过测量两端温度的变化，可以计算出石墨烯/SiO₂ 的界面热阻 R_s，进而计算出热导 $G = 1/R_s$。然后，他们利用氧等离子体刻蚀掉石墨烯，再重新测定热导 G'。这两次测量获得的热导差值就是石墨烯的热导 G_g。再利用公式 $\kappa = G_g L/(Wt)$，可以计算出石墨烯的热导率 κ。这里的 L、W、t 分别是石墨烯的长度、宽度和厚度。依此获得石墨烯在室温下的热导率大约为 600 W/(m·K)。该数值表示在 SiO₂基底上石墨烯的热导率高于铜等纯金属的热导率，但是低于悬空石墨烯的热导率。导致有基底支撑的石墨烯热导率低于悬空样品的原因是石墨烯与 SiO₂ 界面的声子缺失，以及在弯曲模式下的声子界面散射。

2010 年，W. W. Cai 等[160]首先测量了 CVD 石墨烯的热导率及其与 SiO₂ 的界面热阻。如图 5.52 所示，他们将石墨烯转移到带有金涂层 SiN$_x$基底的阵列小孔上，部分石墨烯薄膜跨在直径为 3.8 μm 的小孔上，另一部分则依然贴附在金膜上。然后，再利用共聚焦显微拉曼仪分别照射悬浮和有金膜支撑的石墨烯膜。由于石墨烯的 G 峰随着温度的升高而出现线性红移，因此测出 G 峰的位置就可以计算出石墨烯的温度，同时可以调整激光的功率以获得不同的加热温度。不同于 A. A. Balandin 等[155] 和 S. Ghosh 等[156] 的测量方法，W. W. Cai 等直接测量激光穿透石墨烯的光学量，而不是测定激光的功率，通过光透射量来确定石墨烯的温度，然后利用式（5.16）计算出热导率。他们获得的悬空石墨烯在 350 K 时的热导率在 1450～3600 W/(m·K) 之间，在 500 K 时在 920～1900 W/(m·K) 之间。在室温下，有基底支撑的石墨烯热导率在 50～1020 W/(m·K) 之间，界面热导在 18.8～44 MW/(m·K) 之间。这个实验结果表明石墨烯与 SiO_2 存在界面热阻。但是，测量结果的误差范围过大。

$$\kappa = \frac{\ln(R/r_0)}{2\pi t(R_m - R_c)}\alpha \qquad (5.16)$$

其中，R 是小孔直径；R_c 是石墨烯与基底的界面热阻；R_m 是测量的热阻；t 是单层石墨烯厚度；r_0 是激光束直径；α 是依赖于温度和位置的贝塞尔函数的量。

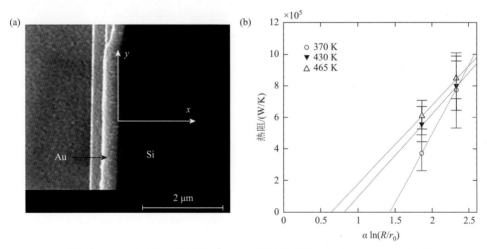

图 5.52　石墨烯与 SiO_2 界面热阻的测量：（a）石墨烯薄膜转移在金和 SiO_2 界面上的 SEM 图；（b）不同温度下的热阻值与函数 $\alpha\ln(R/r_0)$ 的关系图[160]

2010 年，C. Faugeras 等[161] 将胶带剥离的大尺寸石墨烯放置在带透孔的铜基底上，然后利用环氧胶将石墨烯的四周与铜基底粘在一起，铜基底厚 2 mm，小孔直径 44 μm。然后，利用共聚焦显微拉曼仪照射悬空石墨烯的中心部位，从获得的拉曼光谱的斯托克斯峰和反斯托克斯峰的比值可以计算出石墨烯的温度。如果已知石墨烯吸收的激光功率 P，利用公式 $\Delta T \propto P/(\kappa d)$，$d$ 是石墨烯厚度，就可以计算出热导率 κ。他们计算出的石墨烯的热导率为 632 W/(m·K)。这个数值远远低于 A. A. Balandin 等在 2008 年获得的数值。这个工作中假定了石墨烯对于激光的吸收率是 2.3%，而 A. A. Balandin 等的设定值是 13%。如果将假设值提高到 13%，获得的热导率将是 3600 W/(m·K)，仍然低于 A. A. Balandin 等报道的热导率数值。

5.4.3 多层石墨烯与三维石墨烯泡沫的热导率

2010 年，Ghosh 等[162]采用了显微拉曼激光加热方法，测定了胶带剥离的多层石墨烯的热导率。如图 5.53 所示，他们发现拉曼振动峰强度随着激光功率的增加而增加，进而获得室温下双层石墨烯和四层石墨烯的热导率分别为 2800 W/(m·K) 和 1300 W/(m·K)。他们认为热导率随石墨烯层数增加而降低的原因有两个，一是低能声子的横截面耦合，二是声子碰撞散射的变化。

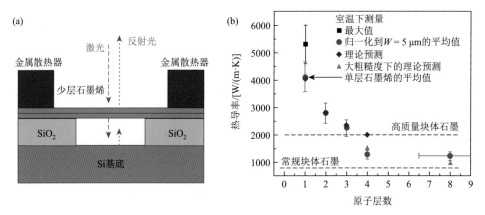

图 5.53 多层石墨烯的热导率测量：（a）采用显微拉曼激光加热方式测量多层石墨烯热导率的示意图；（b）不同层数石墨烯热导率的拟合结果[162]

2011 年，Q. Z. Liang 等[163]测量了通过堆叠石墨烯片层制备的毫米级厚度薄膜材料的热学性能。他们首先制备了表面功能化的多层石墨烯微片，其平均厚度为 7.35 nm，然后利用真空抽滤方法，将多层石墨烯片层排列起来，形成直径约 32 mm、厚度 1.05 mm、密度 1.6 g/cm^3 的石墨烯薄膜材料。此后，利用热力分析仪测定了热膨胀系数，利用激光热导仪测量了热导率，发现其热导率在测量温度范围内变化很小。获得的室温下面内热导率约是 112 W/(m·K)，热膨胀系数约为 -0.71×10^{-6} K^{-1}；垂直面方向的热导率约为 1.62 W/(m·K)，热膨胀系数约为 7.04×10^{-5} K^{-1}。他们将该石墨烯材料作为热界面材料夹在两片硅胶之间，测得三明治结构的等效热导率为 75.5 W/(m·K)，接触热阻为 5.1 mm^2·K/W。此结果证实了多层石墨烯具有巨大的各向异性特征。

同年，M. T. Pettes 等[164]利用显微热阻仪测定了胶带剥离双层石墨烯的热导率。他们首先将双层石墨烯贴合在 PMMA 表面上，然后选择性地腐蚀掉 PMMA，使得石墨烯悬空在硅基底上。通过测量，得到两组样品的室温热导率分别为

(620 ± 80)W/(m·K)和(560 ± 70)W/(m·K)。这些数值远低于理论值，造成差异的原因被认为是残存的聚合物 PMMA 导致在双层石墨烯内部产生了声子散射。

2012 年，M. T. Pettes 等[165]研究了石墨烯泡沫的热导率，如图 5.54 所示。他们首先以泡沫镍为生长基底，采用 CVD 方法在其表面生长出多层石墨烯，然后在腐蚀掉镍基底后，获得了由多层石墨烯和超薄石墨构成的石墨烯泡沫结构。直接通入电流，通过测量电阻的方法获得了石墨烯泡沫的热导率。当石墨烯泡沫的体积浓度为(0.45 ± 0.09)%时，其热导率为 $0.26\sim2.12$ W/(m·K)。而构成石墨烯泡沫的多层石墨烯的热导率为 $176\sim995$ W/(m·K)。他们认为导致石墨烯泡沫的热导率远远低于其组成多层石墨烯和超薄石墨的原因是声子散射，也说明在连续的石墨烯泡沫结构中内部接触热阻对热导率影响很大。

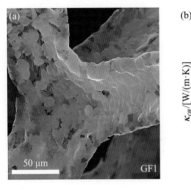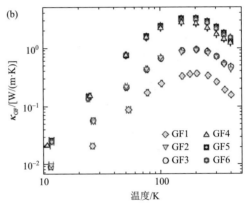

图 5.54　三维石墨烯泡沫结构的热导率测量：（a）典型石墨烯泡沫的 SEM 图；（b）多种类型的石墨烯泡沫在不同温度下的热导率[165]

5.4.4　热膨胀系数

除了热导率之外，另一个受到关注的石墨烯热学性能是热膨胀系数（coefficient of thermal expansion，CTE）。2005 年，N. Mounet 等[166]首先从理论上计算了单层石墨烯的晶格参数和热膨胀系数，发现单层石墨烯的晶格参数随温度的升高而降低，热膨胀系数随温度的升高先降低，直到约 300 K 时再逐渐升高，并且一直到 2500 K 都保持负值。

2009 年，W. Z. Bao 等[167]采用胶带剥离法在带沟道的 SiO_2/Si 基底上制备出悬空的石墨烯，再放入 SEM 腔体内进行加温至 600 K，然后缓慢冷却 2 h 直至 300 K，如图 5.55 所示。在这个过程中，他们记录了一系列悬空石墨烯在沟道中出现周期性褶皱的照片，并结合 AFM 的同位置测量，测定了褶皱的周期性和高度。石墨烯与沟道基底的等效热膨胀系数为 $\alpha_{eff} = \mathrm{d}L/\mathrm{d}t = \alpha + \alpha_t$，$\alpha_t$ 是沟道材料的热膨胀系数，假定为 1.2 倍的硅热膨胀系数；α 是石墨烯的热膨胀系数。将实验数据进行拟合，获得了在 300 K 时，单层石墨烯的热膨胀系数为$-7 \times 10^{-6}\,\text{K}^{-1}$，该值的绝对值高于石墨的面内热膨胀系数（$-1 \times 10^{-6}\,\text{K}^{-1}$）的绝对值。

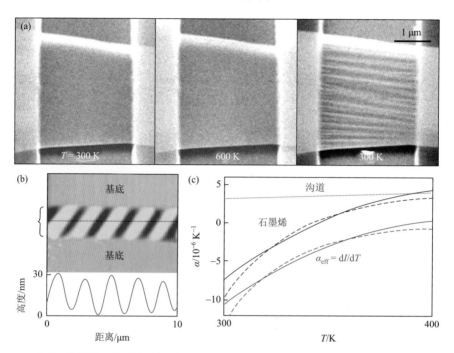

图 5.55　悬空石墨烯的周期性褶皱与热膨胀系数的测量：（a）悬空石墨烯随着温度升高和恢复后的原位 SEM 图；（b）悬空石墨烯在加热后出现褶皱的 AFM 图；（c）石墨烯随着温度变化的拟合热膨胀系数[167]

2009 年，J. W. Jiang 等[168]采用非平衡格林函数方法计算出单层石墨烯的热膨胀系数。当 $T > 300$ K 时，石墨烯的热膨胀系数随温度升高而逐渐从负值变成正值。而且他们计算出，当 $T = 300$ K 时，石墨烯的热膨胀系数为$-6 \times 10^{-6}\,\text{K}^{-1}$，非常接近 W. Z. Bao 等的测量值。此外，他们还发现石墨烯热膨胀系数的绝对值随着与基底耦合作用的增加而降低，高温时的饱和值趋近于 $2 \times 10^{-5}\,\text{K}^{-1}$。

2010 年，V. Singh 等[169]采用谐振法测量了石墨烯的热膨胀系数。他们在带有沟槽的 SiO$_2$/Si 基底上制作出悬空的胶带剥离石墨烯，并将两端接上金电极，使其变成一个石墨烯谐振器。在交变电压作用下，谐振器发生振动，然后测量从 300 K 降至 30 K 过程中石墨烯的共振频率。该频率与内应力呈一定的函数关系。如果已知石墨烯的弹性模量，就可以利用胡克定律求出石墨烯的应变量。该应变量来自石墨烯的热膨胀量，然后就可以得出石墨烯的热膨胀系数。他们的测量结果显示在温度低于 300 K 时，石墨烯的热膨胀系数为负数，其绝对值随温度降低而减小。室温下，石墨烯的热膨胀系数为$-7 \times 10^{-6}\,\text{K}^{-1}$。

2011 年，D. Yoon 等[170]利用显微拉曼光谱技术与原位冷热台技术相结合的方式，测量了单层石墨烯的热膨胀系数。他们首先在 SiO_2/Si 基底上剥离出单层石墨烯，然后将其放在带有光学观察孔的冷热台上。在实验过程中测定石墨烯的拉曼峰都是随着温度的升高而发生红移。拉曼峰的红移源自石墨烯的晶格膨胀和非协调效应，以及石墨烯与 SiO_2/Si 基底的耦合作用。经过参考 SiO_2/Si 的热膨胀系数等，可以计算获得单层石墨烯的热膨胀系数与温度的关系。在室温下，单层石墨烯的热膨胀系数计算为 $(-7.3\sim-8.7)\times10^{-6}\ K^{-1}$。

5.4.5　其他热学性质

从 2007 年开始，石墨烯的热电性质研究一直受到极大的关注。D. Dragoman 等[171]测量了其译贝克系数（Seebeck coefficient，$S = \Delta V/\Delta T$）约为 30 mV/K。2009 年，Y. M. Zuev 等[172]就利用胶带剥离的单层石墨烯，通过制作加热电极和温度传感器，获得了室温下的译贝克系数约为 80 μV/K，其值接近常规热电材料 Bi_2Te_3 的平均值 100 μV/K。研究还发现该系数随着温度的降低而降低，如图 5.56 所示。同时，有众多研究组围绕着石墨烯的掺杂、缺陷、边界、晶界调控等开展了提高其译贝克系数的研究。

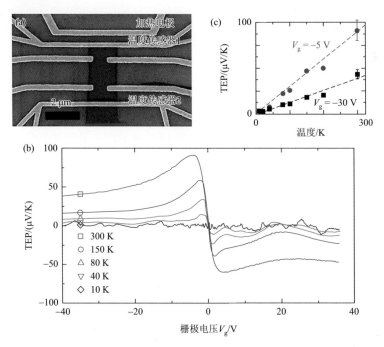

图 5.56　石墨烯热电性质的测量：（a）典型的石墨烯热电测量器件的 SEM 图；（b）热电系数随着石墨烯栅极电压和测量温度的变化；（c）在两种不同栅极电压下石墨烯热电系数随温度的变化图[172]

5.5 化学性质

石墨烯中的电子在轨道运动时，不会因晶格缺陷或引入外来原子而发生较大散射，因此常温下石墨烯的化学性质比较稳定，不溶于稀酸、稀碱。卤素中，只有元素氟能与单质碳材料直接反应。但是，在高温下，石墨烯与氧气发生燃烧反应，生成 CO_2 或 CO；碳还能与许多金属反应，生成金属碳化物；在加热条件下石墨烯较易被酸氧化。另外，石墨烯具有还原性，可被氧化性酸氧化。然而，其化学性质仍然在很大程度上未被探索。目前，对石墨烯化学性质的基本认识是，类似于石墨的表面，石墨烯可以吸附和解吸各种原子和分子（如 NO_2、NH_3、H_2O 等）。弱吸附物通常充当供体或受体，导致载流子浓度大幅度变化，因此石墨烯在大气下也能够保持高导电性。少量的其他吸附物，如 H^+ 或 OH^- 会引起接近 N p 轨道电子的局部（"中间隙"）态，也可以生成导电性差的衍生物，如部分氧化的石墨烯和部分氢化的石墨烯。热退火或化学处理能够将石墨烯还原到其原始状态，并且留下相对较少的缺陷。这种修饰是可逆的，因为石墨烯具有很强的层内相互作用，在化学反应中，碳原子的六元环骨架基本保持不变。

同时，电化学活性较弱、容易发生团聚、不易加工成型等极大地限制了石墨烯更加广泛的应用。因此，石墨烯的功能化改性对拓展其应用就显得至关重要。针对石墨烯的功能化已经开展了广泛的研究，主要是基于其本征结构进行修饰。依据功能化类型，大致可以分为共价键和非共价键功能化。

共价键功能化主要是通过引入基团与石墨烯表面的活性双键或其他含氧基团发生化学反应生成共价键来实现。石墨烯的骨架是稳定的多环芳烃结构，而边缘或缺陷部位具有较高的反应活性。由石墨烯预先氧化制备的氧化石墨烯，其表面含有大量的羟基、羧基、环氧基，这些基团可以发生常见的化学反应来改性石墨烯。根据功能化方式和基团，主要分为羟基、羧基、环氧基、元素掺杂等。

利用非共价键功能化的优点是能保持石墨烯本体结构和优良性能不被破坏，同时还可以改善石墨烯与其他材料复合的性质或者在溶液中的分散性，缺点是不稳定、作用力弱。目前已经报道了很多种表面非共价键功能化改性的方法，主要分为五类：π 共轭作用、氢键、范德瓦耳斯力、离子键以及静电作用。

当前对石墨烯化学性质的研究主要集中在合成方法的发展和基本性质的考察，以及在纳电子器件、超级电容器和锂离子电池领域的应用，涉及少量关于石墨烯在催化领域的应用，这其中很多还是将石墨烯作为催化剂载体应用。尽管有可能存在未知的发现和重要的应用，但是石墨烯的化学性质迄今还没有引起众多化学家的兴趣。一个原因是石墨烯既不是标准的表面也不是标准的分子。然而，主要障碍可能是缺乏适合传统化学研究的样品。从表面化学的角度来看，石墨烯的性质类似石墨，因此可以根据石墨来推测石墨烯的化学性质。石墨烯的化学性质研究在不久的将来或许会成为一个研究热点。

关于石墨烯的化学性质比较多的研究结果是关于氧化石墨或者石墨烯的其他衍生物。因此，下面重点围绕本征石墨烯的化学性质来展开，同时简单介绍部分石墨烯衍生物的化学性质。

5.5.1　耐腐蚀性

石墨烯具有独特的二维片层结构，在涂层中可以层层叠加形成致密隔绝层，使小分子腐蚀介质（水分子、氯离子、OH⁻等）难以通过，起到物理隔绝的作用。同时，石墨烯良好的化学稳定性和热稳定性使其在腐蚀性环境中或高温条件下均能保持稳定。此外，石墨烯的表面效应使得其与水的接触角很大，水分子很难在石墨烯表面铺展，从而起到防水作用。

2011 年，R. S. Ruoff 研究组[173]采用 CVD 方法在铜、铜镍合金表面生长出石墨烯薄膜，观察了在高温（200℃）和双氧水溶液中，石墨烯薄膜对金属基底的防腐蚀性能影响。实验结果显示，在石墨烯覆盖区域外的金属受到了腐蚀，而覆盖了石墨烯薄膜的金属基底表面未被氧化。将覆盖石墨烯薄膜和未覆盖的硬币经双氧水溶液浸泡约 2 min 后，未受保护的铜硬币变成暗褐色，而受保护的硬币则保持原外观。进一步研究发现，石墨烯阻止了腐蚀介质的扩散，从而避免了金属被腐蚀。此外，将带有石墨烯薄膜的铜基底在 200℃的高温和空气条件下加热 4 h后，其结构保持不变，表明石墨烯薄膜具有较高的热稳定性。2012 年，K. I. Bolotin研究组[174]对比研究了单层和多层 CVD 石墨烯对铜和镍的防腐能力。他们用 CVD方法分别在铜和镍金属表面生长了单层和多层石墨烯薄膜，并将铜上的单层石墨烯转移到镍金属表面，用以对比单层和多层石墨烯对镍金属的防腐能力。实验结果表明，石墨烯薄膜将铜和镍的腐蚀速度相较于裸铜和裸镍金属分别降低了 86%和 95%。此外，他们还指出，多层石墨烯的防腐性能优于单层石墨烯，且腐蚀首先出现在石墨烯薄膜的缺陷和断裂处。

2018 年，刘开辉研究组[175]深入研究了 CVD 石墨烯对不同晶面铜箔的防腐蚀性能。如图 5.57 所示，他们分别在(111)和(100)晶面的铜箔上生长出石墨烯单晶晶粒和薄膜，并利用光学成像下的颜色变化对铜表面的氧化进行了定性监测。研究发现，石墨烯薄膜可以保护 Cu(111)表面在潮湿的空气中不被氧化长达两年半以上。相比之下，石墨烯薄膜包覆的 Cu(100)表面则发生了加速氧化。他们认为这归因于石墨烯与 Cu 表面之间的界面耦合差异。对于晶格匹配良好的石墨烯与Cu(111)，强的界面耦合阻止了 H_2O 的扩散进入，但是在 Cu(100)上晶格不匹配的石墨烯形成的褶皱会促进界面处的 H_2O 扩散，从而加速了 Cu 的表面被腐蚀。对于石墨烯/Cu(111)体系，C_{6v} 对称的石墨烯晶格在 C_{3v} 对称的 Cu(111)表面上能够很好地排列，形成一个相对称的系统。但是对于石墨烯/Cu(100)体系，由于 C_{6v} 对称的石墨烯晶格与 C_{4v} 对称的 Cu(100)晶格不匹配，石墨烯晶格与 Cu(100)表面在任何晶格方向都不能很好地结合，形成了不匹配的系统。该结果表明，石墨烯/Cu 的界面结构是影响防腐蚀性能的关键，这为研究石墨烯涂层的精密防腐蚀提供了新的理解。

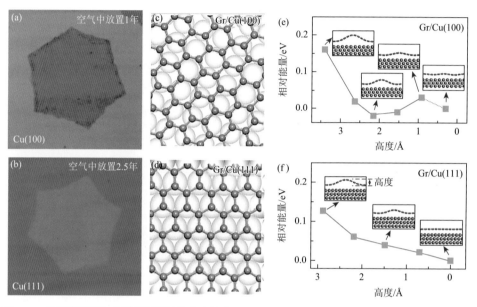

图 5.57　石墨烯薄膜对不同晶面铜的防腐蚀作用：（a，b）在(100)和(111)的铜晶面上生长有石墨烯单晶晶粒，在空气中分别放置 1 年和 2.5 年后的光学照片；（c，d）石墨烯与 Cu(100)和 Cu(111)的晶格取向关系；（e，f）石墨烯在不同褶皱高度时的能量势垒，Cu(100)晶面上的石墨烯更容易出现褶皱[175]

化学剥离法制备的石墨烯可以与氧化物或高分子聚合物复合形成复合材料，作为添加剂提高涂料的防腐蚀性能。2015 年，Z. X. Yu 研究组[176]将纳米 TiO_2 和氧化石墨烯（GO）通过硅烷偶联剂 KH550 复合在一起制备出 GO/TiO_2 复合物，并作为防腐蚀添加剂加入到水性环氧树脂中制备了复合型防腐涂料。电化学交流阻抗测试结果显示，2% GO/TiO_2 添加量的复合环氧树脂涂层具有优异的耐腐蚀性能。TiO_2 负载 GO 后，纳米复合物填料填充到涂层微孔中，使混合物体系不易团聚且分散均匀，而且由于片状 GO 形成的"层压结构"阻隔了水、氧气等腐蚀介质的进入，从而提高了涂层对金属基底的保护作用。

对于石墨烯复合材料而言，石墨烯与高分子聚合物复合，使粒径较小的石墨烯填充到高分子涂料的孔洞和缺陷中，在一定程度上延长了腐蚀介质的扩散路径，从而阻止和延缓了腐蚀介质浸入金属基底，增强了涂层的防腐蚀性能，对基底金属形成良好的防护。此外，复合后的涂料还可以与金属基底发生化学反应，使金属表面发生钝化或形成具有防护性的膜层，以增强涂层的防护能力，进一步提高其耐腐蚀性能。未来还需进一步深入研究石墨烯及其复合材料与基底间形成界面的相称性，以达到更好的防腐效果。

5.5.2　气敏性质

长期以来，气体传感器的敏感材料多由金属氧化物组成，如 SnO_2、ZnO 和 Fe_2O_3 等，它们具有成本低、使用寿命长等优点，可广泛用于检测 H_2O、H_2、CH_4、CO、O_2 及有机醇类气体等。但因金属氧化物的晶界势垒高，所以相应传感器普遍存在选择性差、工作温度高和精度低等问题，限制了在低浓度环境下的检测应用。石墨烯具备气敏性能的原因在于：一方面，石墨烯的单层二维结构使得所有碳原子都能够暴露在目标气体中，有利于与气体分子的充分接触；另一方面，石墨烯的约翰逊噪声（Johnson noise）较低。这两个特征使得石墨烯能够检测到极低浓度的气体，有望弥补半导体气敏材料的不足。

早在 2007 年 K. S. Novoselov 研究组[177]就发现石墨烯气体传感器的检测水平可以达到单个分子或原子。如图 5.58 所示，他们在 SiO_2/Si 基底上用胶带剥离法制备出石墨烯，并通过微纳米加工方法制备出与石墨烯连接的金属电极，然后分别通入浓度 1 ppm 的 NO_2、NH_3、H_2O 和 CO 气体，并检测出石墨烯电阻率随时间的变化。

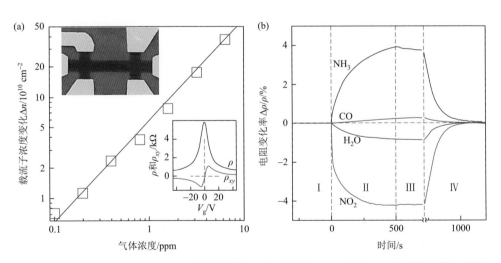

图 5.58　石墨烯气体探测器：（a）石墨烯的载流子浓度变化（Δn）随着 NO_2 气体浓度的变化图；（b）在气体浓度为 1 ppm 时，石墨烯的电阻值随着气体吸附时间的变化图[177]

此后，石墨烯基气体传感器中使用的石墨烯材料大多数是采用胶带剥离法获得的样品，石墨烯的层数和尺寸难以控制，只适用于原型器件和气敏原理的研究，限制了石墨烯气敏材料的进一步开发和利用。CVD 法和化学剥离法等制备方法的发展，极大推动了石墨烯在气体传感器中的应用研究。功能化处理的 CVD 石墨烯具备更加优异的气敏性能。Z. X. Yu 等[176]研究了 Pd 纳米粒子改性 CVD 石墨烯的气敏性能，发现其对 0.1～100 ppm 的 H_2 均有响应，对 10 ppm 的 H_2 灵敏度为 5%，响应时间为 85 s，恢复时间为 331 s。2015 年，F. Rigoni 等[178]研究了 Pt 纳米粒子改性 CVD 石墨烯的 H_2 气敏性能。伏安特性曲线表明，其性能优于采用未改性石墨烯的 H_2 传感器。除金属掺杂外，N. Koratkar 研究组与成会明、任文才研究组合作[179]采用基于泡沫镍生长的三维石墨烯网络制作了气体传感器。如图 5.59所示，泡沫石墨烯对 NH_3 和 NO_2 都有高的响应灵敏度，NH_3 的响应时间比 NO_2长，室温下两者皆不能恢复至初始状态。对泡沫石墨烯进行原位加热，不仅可以加快脱附速度，而且还可以缩短响应时间。泡沫石墨烯的出现不但极大地简化了石墨烯传感器的制备工艺，而且其具有更高的强度和柔韧性，可循环反复使用。

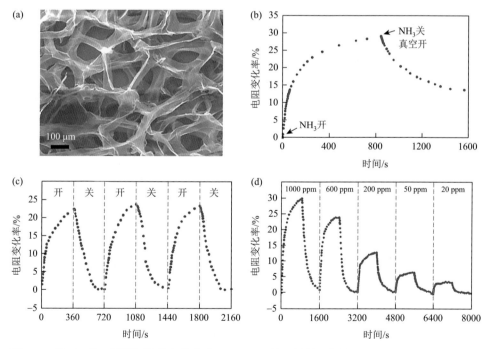

图 5.59 基于三维石墨烯网络的气体传感器：（a）三维石墨烯网络的 SEM 图；（b）气体传感性能：室温下 1000 ppm 的 NH_3，石墨烯的电阻变化率；（c）气体传感的循环性能：室温下 1000 ppm的 NH_3，石墨烯的电阻变化率；（d）气体传感的灵敏性能：室温下依次改变为 1000 ppm、600 ppm、200 ppm、50 ppm 和 20 ppm 的 NH_3，石墨烯的电阻变化率[179]

化学剥离方法制备的氧化石墨烯（GO）和还原氧化石墨烯（rGO）也被广泛应用在气体传感器上。GO 含有羟基、环氧基、羧基和羰基等含氧官能团，具有比表面积大、分散性好等优良特性。GO 吸附的气体分子会作为施主（受主）提供（接受）电子，电荷转移引起 GO 电导率的变化，从而实现对待测气体的检测。基于 GO 的气体传感器的常见结构有电阻型和场效应晶体管（FET）型两种。这些气体传感器对不同的待测气体也有不同的敏感特性。

2011 年，Y. Q. Liu 研究组[180]报道了一种基于 rGO 的电阻式湿度传感器。他们首先将 GO 分散液涂敷在叉指电极上，然后采用激光还原方式将其部分还原成 rGO。结果表明，制备的湿度传感器具有较高的灵敏度，在 11%～95%相对湿度范围内阻抗变化超过 2 个数量级。同年，Y. Yao 研究组[181]制备了一种电容式 GO 湿度传感器。结果表明，其响应时间为 18～45 s，恢复时间为 12～24 s。此外，GO 材料对 NO_2 气体具有十分优异的灵敏度，吸附过程中 GO 提供电子给 NO_2 气体分子。2009 年，B. H. Weiller 研究组[182]通过采用旋涂工艺将 rGO 涂覆在叉指电极阵列上，成功制备了灵敏度为 13%的 NO_2 气体传感器，并可实现室温下检测。为了获得性能更加优异的 NO_2 气体传感器，2013 年，L. Ottaviano 研究组[183]制备了大片径 GO（平均片径 27 μm，最大 500 μm），也采用旋涂法涂覆在 Pt 叉指电极上，制备出 NO_2 气体传感器，检测限可达 20 ppb。

近年来，基于 rGO 的 H_2 气体传感器也得到了广泛研究。2014 年，G. H. Kim 研究组[184]通过热还原法对 GO 进行部分还原，制备了可在室温下工作的 H_2 气体传感器。他们研究了热还原条件对 rGO 的 H_2 气敏性能的影响，分别将 GO 置于 70℃空气中和 200℃及 500℃真空中。结果发现，三种样品分别表现出 n 型、双极性和 p 型半导体特性。最后，选取 500℃退火的 rGO 为 H_2 敏感材料，不掺杂任何贵金属元素。室温下，当 H_2 浓度为 160 ppm 时，其响应时间为 20 s，恢复时间为 10 s，灵敏度为 4.5%。

CH_4 是瓦斯气体中的主要成分，也是一种清洁燃料，广泛应用于日常生活和工业生产中。因此，对 CH_4 气体泄漏监测十分必要。2015 年，R. N. Hou 等[185]研究了 GO 及其热还原产物对 CH_4 气体的敏感性能。结果表明，经 100～250℃还原后，O/C 原子比由 0.43 降至 0.32，含氧官能团逐渐减少，其中 C—OH 含量明显降低，元件灵敏度也有所降低。GO 及其低还原程度产物的气敏元件对 CH_4 气体表现出较高的响应和灵敏度，灵敏度可达 81%左右。除了 GO 及其热还原产物外，发展 GO 复合材料也可以提高对 CH_4 气体的敏感性能。

5.5.3 共价键型功能化

一般，石墨烯的碳-碳化学键非常稳定。从块体石墨中通过胶带剥离法制备的石墨烯内部几乎不存在缺失的碳原子空位，因此化学性质十分稳定，但是其边缘富含悬键、缺陷，因此石墨烯具有与其他有机分子进行化学反应的能力。此外，从物质结构和有机合成的角度来看，石墨烯是由无数苯环聚合在一起组成的超级大分子物质——多环芳烃化合物（polyaromatic hydrocarbon，PAH），因而在一定程度上石墨烯也应该具有多环芳香化合物的一些反应特性，如氢化和氟化等。因此，寻找新的化学反应或者化学物质以实现修饰并由此对石墨烯进行性能和功能调控是石墨烯领域的一个研究热点。

1. 氢化

石墨烯在一定条件下可以与氢气发生加氢反应，而且一旦氢原子加成到石墨烯单层碳原子结构上，高度导电的石墨烯材料将变成绝缘材料。通过加氢可以调变石墨烯的导电能力以及半导体特性，表明可以通过化学方法改变石墨烯的性能，这为制备其他基于石墨烯的化学衍生物铺平了道路。2009 年，A. K. Geim 研究组[41]利用胶带剥离的单层石墨烯，通过加氢反应制备得到了一种新颖的材料，即石墨烷（graphane）。

石墨烷来自石墨烯的加氢，其每个碳原子旁引入了一个氢原子。石墨烷类似石墨烯，是一种二维的烷烃，其名称也是根据有机化学的命名法则，意为饱和的碳氢化合物。相比于类金属的石墨烯，石墨烷本身是绝缘体，通过控制石墨烯上的加氢状态可以表现出半导体特征，因此有望在电子器件领域实现应用。此外，相比于化学性质较为稳定的石墨烯，含有 C—H 结构的石墨烷提供了更多化学修饰改性的可能，更受化学家青睐。当石墨烯上的氢化不完全时，称为氢化石墨烯（hydrogenated graphene，还原氧化石墨烯进行氢化也包括在内）。氢化石墨烯表现出一定的铁磁性以及可根据氢化程度调控的能带结构。此外，由于可以发生可逆的氢化和脱氢，该材料也被认为是一种有潜力的储氢材料。

2009 年，L. Hornekær 研究组[186]对 SiC 外延生长得到的石墨烯进行加氢反应，发现氢原子在石墨烯上的位置有几种不同的分布，分别为邻位双聚体氢（ortho-dimer H）、对位双聚体氢（para-dimer H）、拉长双聚体氢（elongated-dimer H）以及单体氢（monomer H）等，如图 5.60 所示。N. P. Guisinger 研究组[187]开发出一种利用 STM 探针来调控石墨烯上氢原子的方法，即先用氢将石墨烯表面吸附饱和，然后利用电子显微镜的探针对石墨烯表面氢原子定向脱除，从而实现了石墨烯表面吸附原子的精确操控。这种在石墨烯上绘制图案的方法实现了石墨烯衍生物制备的实时化和可视化。P. Jena 研究组[188]利用 DFT 计算得出，半加氢的石墨烯（称为石墨酮，graphone）具有铁磁性，从理论上证明了通过表面氢修饰可以实现对石墨烯电磁性能的调控。此外，这种加氢理论也可用于石墨烯纳米带功能化的理论研究，这为石墨烯纳米带在电路以及晶体管方面的应用提供了理论依据。

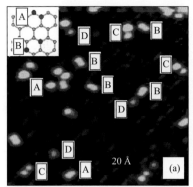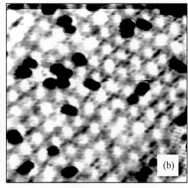

图 5.60 氢在石墨烯上的位置分布:(a) 在 SiC 上生长的石墨烯表面吸附原子氢后的 STM 图,亮色区域为氢原子,插图为石墨烯晶格中的正交和并行二聚体的结构示意图,A~D 分别表示氢原子在石墨烯表面形成的不同构型,A 表示正二聚体,B 表示对二聚体,C 表示拉长二聚体,D 表示单体;(b) 图 (a) 的反相图,暗色区域为氢原子[186]

2. 氟化

氟化处理是纳米碳材料表面功能化的重要技术手段之一。研究者们已开发出一系列碳纳米管氟化处理的方法,得到了具有独特性能的氟化碳纳米管材料。石墨烯与碳纳米管的外表面具有相似的化学形态,特别是石墨烯完全开放的表面结构特征使其拥有更多的反应位点,因此石墨烯的氟化从理论上来讲更容易实现。2009 年,J. M. Kenny 研究组[189]在等离子体辅助下利用 CF_4 对化学法得到的还原氧化石墨烯进行氟化,通过 XPS 和红外光谱分析证明氟原子与石墨烯的碳原子之间通过共价键结合,得到的氟化石墨烯在有机溶剂中具有良好的分散性,使得这种石墨烯衍生物易于在有机环境中进一步功能化。2010 年,A. K. Geim 研究组[190]通过将胶带剥离的石墨烯进行氟化处理而首次获得了氟化石墨烯(fluorographene),如图 5.61 所示。J. M. Dong 研究组[191]首先从理论上研究了石墨烯加氟与其费米能级的内在关系,并通过密度泛函计算了氟化石墨烯能带的变化。G. van Lier 研究组[192]通过对比碳纳米管和石墨烯的气相加氟机制,利用泛函理论证实氟对石墨烯的加成遵循 (1, 2) 和 (1, 4) 的加成机制。

氟化石墨烯是在单原子层的石墨烯上每一个碳原子旁引入一个氟原子,构成 sp^3 杂化形成 σ 键,同时相邻碳原子间也以 sp^3 杂化构成 σ 键。与石墨烯类似,氟化石墨烯同样具有高的机械强度,抗拉伸强度达 100 N/m。与石墨烯不同的是,这种材料具有 3 eV 的带隙,因此对可见光透明,是单原子层厚度的绝缘体。此外,该材料在空气中、400℃的高温下也能稳定存在,类似特氟龙,因此可以称为"二维特氟龙"。值得一提的是,通过将石墨直接氟化制得的氟化石墨已经商业化,用于润滑材料和电池的正极材料。

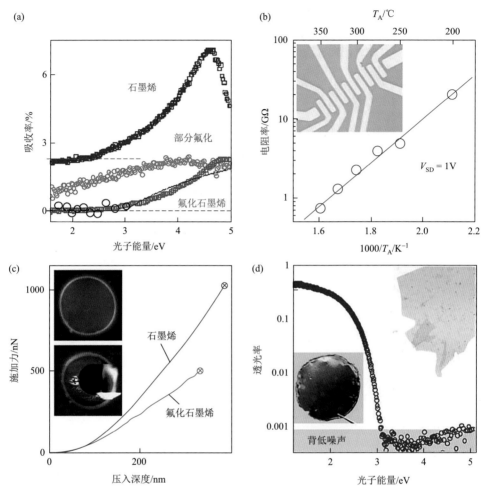

图 5.61　氟化石墨烯：（a）石墨烯和被 XeF$_2$ 氟化后石墨烯的吸收光谱曲线；（b）完全氟化的石墨烯的电阻率随温度的变化图；（c）石墨烯与氟化石墨烯的力学性能测试对比；（d）将氧化石墨烯氟化后获得的"特氟龙"纸的透光率[190]

3. 氧化

氧化是目前研究最为广泛的石墨烯共价功能化方法。可以与石墨烯形成共价键的含氧官能团包括羟基（—OH）、羰基（—C≡O）、羧基（—COOH）、环氧基[—C(O)C—]、酯基（—COO—）等。如图 5.62 所示，由于氧化石墨烯（GO）的表面和边缘富含诸如羟基、羧基以及环氧基等高反应活性的含氧官能团，因此可以将氧化石墨烯作为前驱体，利用其表面丰富的反应基团进行表面化学修饰，然后再将其还原制备不同的石墨烯衍生物。

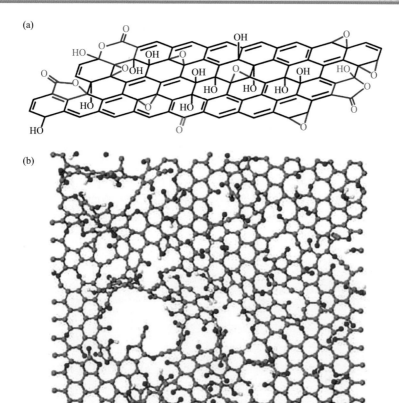

图 5.62　氧化石墨烯的典型晶体结构：（a）带有多种官能团的氧化石墨烯的结构示意图；（b）还原氧化石墨烯的结构示意图，含有很多孔洞、拓扑缺陷和含氧官能团[193]

　　与石墨烯相比，氧化石墨烯的元素组成并不固定。由于存在官能团，氧化石墨烯的厚度可达到(1.1±0.2)nm。同时，完全氧化后的石墨烯的共轭结构遭到了破坏，不再具备导电性，力学性能也大幅降低。但是可以通过化学还原或热还原等手段，恢复其部分共轭结构从而提高性能。例如，2009 年，K. Muellen 研究组[194]利用化学还原和热还原结合得到的还原氧化石墨烯的电导率为 1425 S/cm。2008 年，K. Kern 研究组[195]测得还原氧化石墨烯的杨氏模量为 0.25 TPa，与氧化石墨烯的差别不大。含氧官能团的存在一方面使氧化石墨烯的部分物理性能低于石墨烯，但另一方面也赋予其良好的分散性和反应活性。氧化石墨烯中的含氧官能团很容易与含氨基、羧基、异氰酸酯基等基团的化合物发生反应，从而实现对氧化石墨烯的共价结合改性。

　　氧化石墨烯的片层上含有大量的羟基官能团，基于羟基的功能化改性一般利用酰卤或异氰酸酯与氧化石墨烯的羟基反应生成酯，然后进行进一步不同功能化的修饰。2011 年，M. D. Yan 研究组[196]报道了将氧化石墨烯表面的羟基经酯化和取代反应后，制备了叠氮基化的氧化石墨烯，然后用含炔基的聚苯乙烯（H—C≡C—PS），通过酯化反应将聚苯乙烯接枝到氧化石墨烯表面上，得到了石墨烯基聚苯乙烯。经过改性后的氧化石墨烯在四氢呋喃、二甲基甲酰胺和氯仿等极性溶剂中有较好的溶解性，氧化石墨烯层之间的距离可以通过聚苯乙烯的长度来控制，此方法也可扩展到其他石墨烯高分子复合材料的功能化上。

氧化石墨烯边缘存在大量羧基，而羧基属于活性很高的反应基团，因此关于氧化石墨烯的羧基功能化研究较多。羧基功能化步骤一般先是反应的活化，然后再与含有氨基和羟基的基团脱水，形成酯或者酰胺键。2019 年，Y. Q. Liu 等[197]将聚乙烯亚胺中的氨基与氧化石墨烯的羧基脱水缩合而以共价键的形式连接，使其能够很好地分散在液相中，然后将 FeCo 纳米粒子共价修饰在聚醚酰亚胺末端制备了石墨烯基电纺膜。

氧化石墨烯上的环氧基功能化最常见的是与带氨基或巯基的有机分子发生亲核开环反应。2011 年，G. Q. Shi 研究组[198]合成了蒽醌修饰的氧化石墨烯（AQGO）。他们通过氧化石墨烯上环氧官能团的开环反应将 2-氨基蒽醌（AAQ）的氨基共价接枝到氧化石墨烯上，合成得到 AQGO。之后将 AQGO 还原、组装得到 AAQ 修饰的化学转化石墨烯（CCG）/未修饰 CCG 的复合物多孔水凝胶（AQSGH）电容器。石墨烯以及其自组装水凝胶的片层结构作为 AAQ 的基底，提供了高接枝率、良好导电性以及稳固的力学支撑。

2014 年，C. L. Henderson 研究组[199]将石墨烯接枝硝基苯基团后，进一步经电化学还原生成施电子的氨基，从而实现了对石墨烯的导电性、载流子迁移率等电学性质的调控，如图 5.63 所示。以其构建的场效应晶体管具有以下两点特征：①狄拉克点在修饰后向负栅极电压移动，表明对石墨烯产生了 n 型掺杂；②石墨烯晶体管的电流开关比随修饰时间的延长而增加，表明在一定程度上打开了石墨烯的带隙。这种修饰方法具有快速、可控的特点：反应可以在数秒内完成，并且通过选择性地设定偏压还可以控制受电子的硝基基团与施电子的氨基基团之间的比例，从而实现对石墨烯电学性质的调控。

4. 元素掺杂

元素掺杂可以实现对石墨烯电学性质的调控，是实现石墨烯改性的重要方法之一。通过元素掺杂，可以移动费米面上的狄拉克点从而打开石墨烯带隙。石墨烯的掺杂方式主要有两种：一种是表面掺杂，通常为非共价键吸附，即在石墨烯表面吸附气体分子、有机分子、金属原子、非金属原子等；另一种是面内掺杂，即通过引入杂质原子到石墨烯面内，替换原有的碳原子。这里常用的杂质原子

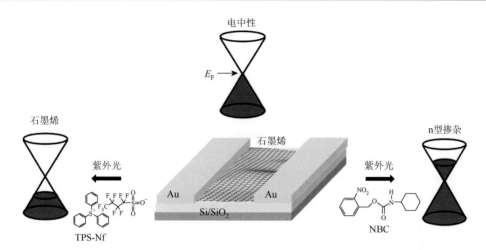

图 5.63　枝接不同官能团后石墨烯的性质变化，TPS-Nf（全氟丁基磺酸三苯基锍盐）和 NBC（2-硝基环己烷氨基酸苄酯）[199]

有硼（B）、氮（N）、氟（F）、硅（Si）、磷（P）、硫（S）等。相较于表面掺杂，面内掺杂的掺杂浓度更可控且稳定性更高，在应用上更具优势。这里以氮掺杂石墨烯为例作简要介绍。

氮原子与碳原子在元素周期表中近邻，具有与碳原子相似的原子半径及电负性，因此氮原子掺杂到石墨烯晶格中不会引起石墨烯晶格大的变化，从而更易实现掺杂。同时，相较于碳原子，具有一个额外电子的氮原子可以作为电子供体，从而提高石墨烯的载流子浓度并增加石墨烯的导电性。少量氮掺杂也可以使石墨烯的费米面移动，重掺杂可以引起晶格变化，从而打开带隙。此外，氮掺杂石墨烯可能具有某些特定的孔洞结构，可以增加石墨烯表面活性吸附位密度，使得金属粒子或气体在石墨烯表面的吸附作用增强。这一特点使得氮掺杂石墨烯具有更加优越的电化学性能，可以开发成高性能的电极材料，有望在储能器件中得到应用。氮掺杂石墨烯中的氮原子主要以三种形式存在：石墨化氮（graphitic N）、吡啶氮（pyridinic N）和吡咯氮（pyrrolic N）[200]，参见第 4 章中图 4.23。石墨化氮是氮原子直接取代六元环中的碳原子形成的，与邻近的三个碳原子相连。在保持石墨烯结构不变的情况下，氮原子的一个额外 π 电子进入导带，形成 n 型掺杂。吡啶氮是氮原子在碳六元环中只与两个碳原子成键形成的结构，剩余的一个孤对电子垂直于平面。吡咯氮是指在石墨烯中，碳五元环的一个碳原子（只与两个碳原子成键）被氮原子替换所形成的氮掺杂结构。氮的掺杂类型可以通过 XPS 表征。

目前已经报道的氮掺杂石墨烯的方法有很多，氮掺杂浓度以及氮掺杂类型因合成方法的不同存在很大差异。目前实验报道的氮掺杂浓度普遍较低，最高仅为 16.4%。这在很大程度上限制了掺杂石墨烯中载流子浓度的调控。此外，氮掺杂石墨烯中的氮原子通常以石墨化氮、吡啶氮和吡咯氮等多种形式共存，并且掺杂氮原子在石墨烯的面内位置无序分布，也使得在输运过程中载流子受到更强的散射，从而大幅降低了载流子迁移率。不同合成方法中碳源和氮源的控制对氮掺杂石墨烯有很大影响。除了以常用的氨气（NH_3）为氮源，CH_4 或其他碳氢化合物气体为碳源进行氮掺杂石墨烯的合成以外，乙腈（C_2H_3N）、吡啶（C_5H_5N）等液态有机物，以及尿素（CH_4N_2O）、三聚氰胺[$C_3N_3(NH_2)_3$]等固态物质也可同时作为前驱体提供碳和氮，从而实现氮掺杂石墨烯的合成。氮源和碳源的选取以及比例调控对氮掺杂石墨烯中的氮含量和氮掺杂类型都有很大影响。如图 5.64 所示，P. M. Ajayan 研究组[201]使用乙腈为原料在铜基底上生长的氮掺杂石墨烯中的氮含量达到 9%。T. Yu 研究组[202]以 C_2H_4 和 NH_3 为原料得到了吡啶氮为主的氮掺杂石墨烯。此外，催化基底、反应温度、气体流速、反应压强、制备方法等都对氮掺杂石墨烯的氮掺杂类型、含量、样品尺寸、层数等有很大影响。制备特定氮掺杂类型及特定掺杂浓度的氮掺杂石墨烯是当前氮掺杂石墨烯应用面临的主要挑战。

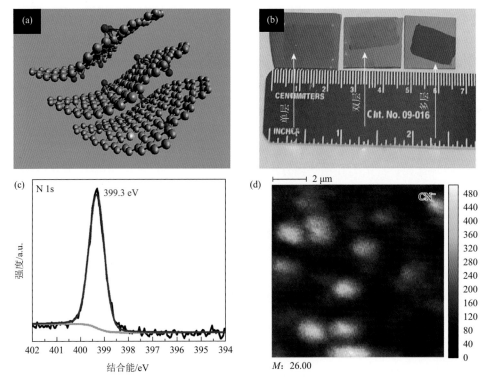

图 5.64　CVD 方法生长的氮掺杂石墨烯：（a）氮掺杂石墨烯的结构示意图；（b）采用乙腈为氮源生长的不同层数氮掺杂石墨烯的光学照片；（c）典型的氮掺杂石墨烯的氮元素 XPS 精细谱；（d）氮掺杂石墨烯的 CN^- 二次离子质谱（SIMS）分布图[201, 202]

另外，还可以通过退火热处理、离子轰击、电弧放电法等后处理的方式，对石墨烯进行元素掺杂，尤其是氮元素。同时，石墨烯中形成取代缺陷、空位缺陷，但保持了其本征二维结构不变。2009 年，H. J. Dai 研究组[203]将氧化石墨烯在 NH_3 气氛中进行升温热处理，获得了不同含氮量的 n 型氮掺杂石墨烯。温度在 300～1100℃之间变化时，氮含量为 3%～5%，其中 500℃时，氮含量达到最大值 5%，如图 5.65 所示。2015 年，S. B. Wang 研究组[204]采用热退火处理石墨烯和硝酸铵的方法制备了 6.54 at%氮含量掺杂的石墨烯，其催化苯酚氧化降解的效率是未掺杂的 5.4 倍。他们还研究了 B、P 或 N 掺杂石墨烯的协同效应。2016 年，A. S. Elahi 等[205]使用热灯丝辅助 CVD 法通过氧化硼粉末与乙醇蒸气在石墨烯表面掺入 B，B 掺杂的石墨烯器件能用于 NO 和 NO_2 等有毒气体的检测。

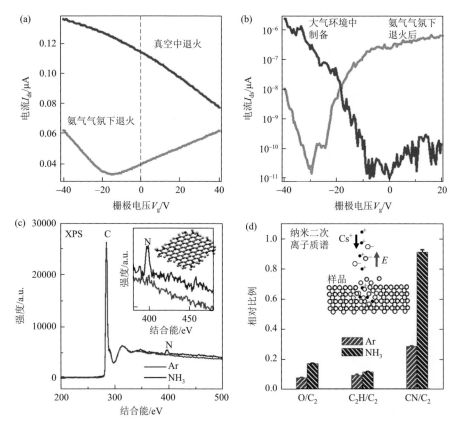

图 5.65　采用后处理方式制备氮掺杂石墨烯：（a）宽度为 125 nm 的石墨烯带在真空和氨气气氛中退火后的电学输运曲线对比；（b）大气环境中制备的石墨烯带为 p 型掺杂，氨气气氛中退火导致 n 型掺杂；（c）石墨烯在氨气和氩气气氛中退火后的 XPS 谱图对比；（d）在氨气和氩气气氛中退火后的二次离子质谱对比[203]

5.5.4　非共价键型功能化

石墨烯的非共价键大致可以分为 π 共轭效应、氢键、范德瓦耳斯力、离子键等。由于本征石墨烯中不存在悬键，因此除了边界或者缺陷位置外，本征石墨烯内部通常不存在除范德瓦耳斯相互作用以外的其他非共价键。下面按照作用类型的不同，简要介绍一下石墨烯的非共价键。

1. π 共轭效应

由于具有高度共轭体系，石墨烯易于与同样具有 π-π 共轭结构或者含有芳香结构的小分子、聚合物发生较强的 π 共轭效应。π 共轭效应是最为吸引人的非共价相互作用。石墨烯中富电子和缺电子区域的 π 共轭效应主要存在两种方式，即面面正对和面面相对滑移，如图 5.66 所示[206]。对于氧化石墨烯，π 共轭效应形式与石墨烯类似，含氧基团主要位于或邻近于边缘而实现结合。

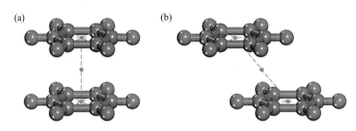

图 5.66　苯环分子 π 共轭效应的两种形式：面面正对（a）和面面相对滑移（b）[206]

2008 年，G. Q. Shi 研究组[207]首先提出了采用带平面芳香环类的物质作为稳定剂来功能化改性石墨烯。他们将水溶性的 1-芘丁酸（PB）和 NaOH 加入氧化石墨烯中，用水合肼在 80℃下反应 24 h 还原得到 PB 功能化的石墨烯薄膜，PB 中的芘环与石墨烯之间的 π 共轭作用使得水溶性的 PB 起到稳定的作用。PB 功能化的石墨烯薄膜电导率达到 2×10^2 S/m，几乎是氧化石墨烯的 7 倍。这种简单地利用带平面芳香环类的物质作为稳定剂来功能化改性石墨烯的方案，为通过 π 共轭进行非共价键功能化修饰石墨烯提供了新途径。

2012 年，M. S. Lee 研究组[208]使用带树枝状聚醚支链的四芘衍生物作为改性剂，利用芳香环芘骨架与石墨相互作用以及聚醚链诱发高亲水性的协同效应，进行分离石墨片层和稳定剥离石墨烯。对比研究发现，相同的芘衍生物却不能改善单壁碳纳米管的分散性，说明碳纳米材料的平面结构是形成有效的 π 堆叠的关键因素。由于 π 共轭作用的存在，四芘衍生物的吸收光谱出现了红移，荧光也发生了猝灭。

2. 氢键

氢键是一种极性较强的非共价键。由于氧化石墨烯带有羧基、羟基等含氧基团，这些基团易于与其他物质产生氢键作用，从而可以利用氢键来对石墨烯及其衍生物进行功能化改性。2009 年，S. Mann 研究组[209]报道了还原氧化石墨烯与 DNA 之间的氢键作用并实现了石墨烯的表面功能化，这在一方面提高了石墨烯的亲水性，使其在水中稳定分散，另一方面还可以实现有机分子在石墨烯表面的负载，如图 5.67 所示。利用氢键作用对石墨烯表面进行功能化改性具有不引入杂质、安全可靠的突出优点，因此在生物医药领域有重要的潜在应用前景。2017 年，Y. J. Wang 研究组[210]利用超声辅助将盐酸阿霉素（DXR）负载在氧化石墨烯上，傅里叶变换红外光谱和紫外光谱的分析结果证实了 DXR 中的羟基、氨基与氧化石墨烯上羟基之间的作用为氢键。

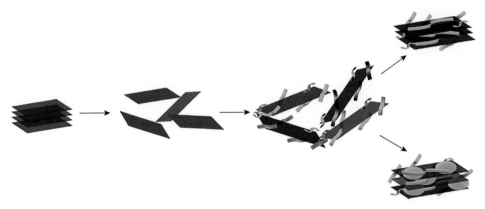

图 5.67　石墨烯与 DNA 之间的氢键作用，实现了在石墨烯表面负载有机分子[209]

3. 范德瓦耳斯力

从晶体结构的角度，石墨可以看作是由石墨烯逐层堆叠而成的。虽然石墨层间存在 π 键相互作用，但是通常认为石墨层间的主要相互作用是范德瓦耳斯力。范德瓦耳斯力也是 h-BN、MoS_2、黑磷等其他层状二维材料之间以及其与金属、氧化物等块体材料相互作用的重要方式。范德瓦耳斯界面能不仅影响石墨烯器件的性能和使用寿命，还影响石墨烯与不同物质接触后的掺杂性能，以及石墨烯在不同基底上的多种性能。

2008 年，P. J. Kelly 等[211]从理论上通过比较不同金属与石墨烯的功函数，得出了石墨烯与不同金属接触后的电荷转移行为，即石墨烯接触金属的掺杂状态，见图 5.68。这一工作对于构建石墨烯的电学、光电、磁性等器件，以及认识石墨烯在不同金属上的掺杂行为，都起到一定的指导作用。

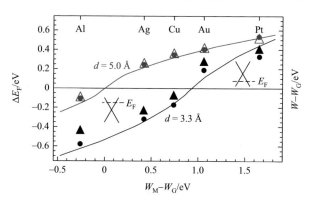

图 5.68　石墨烯与不同金属接触后的掺杂状态[211]

W 表示功函数；W_M 表示金属功函数；W_G 表示石墨烯功函数；ΔE_F 表示费米能级的偏移量；黑色线是石墨烯与金属之间的间距为 3.3 Å，绿色线是 5.0 Å

2012 年，J. R. Cai 等[212]使用电子束蒸镀方法在石墨烯表面修饰了一层 5 nm 厚的 TiO_2。由于 TiO_2 在紫外光区域有吸收，与石墨烯-硫化铅器件类似，紫外光的照射将在 TiO_2 上产生光生载流子。其中，光生电子向石墨烯发生电荷转移，使器件表现出光照电流减小的特性。有趣的是，由于氧气具有从石墨烯得电子的能力，上述光生电子的转移过程可以进而被氧气所猝灭，因此该器件不仅能用作快速有效的紫外光检测器，也可以用作常温常压下的气体传感器。

4. 离子键

离子键相互作用是利用部分功能化的石墨烯与改性分子之间正负电荷的静电吸引来实现石墨烯的非共价键功能化。一般对石墨烯表面进行离子键功能化有两种途径：一是加入与石墨烯表面电荷相反的物质，通过静电吸引的方式引入新的基团；二是直接使石墨烯表面带电荷，再进一步拓展其功能化改性。2011 年，J. B. Baek 等[213]用阴离子型表面活性剂十二烷基苯磺酸钠（SDBS）与氧化石墨烯在超声作用下混合，再用水合肼还原，得到了 SDBS 改性的石墨烯。该改性石墨烯可在水中稳定分散，进一步修饰可得到复合电极材料。

上述研究工作表明，表界面化学修饰可以在一定程度上调控石墨烯的载流子特性，包括打开石墨烯的带隙，进而对石墨烯的电学性质实现进一步的调控，使其具有光检测、气体传感、功能分子监测等诸多功能的应用潜力。由于石墨烯具有高迁移率、高电导率等优良的电学特性，而化学分子又能通过化学反应产生诸多不同的新功能。因此，具有功能调控作用的表面修饰将使石墨烯拥有更广泛的应用价值。而如何在通过化学修饰赋予石墨烯各种新功能的同时保持其高的迁移率和电导率等优异电学特性，是该方向亟需解决的难题。

5.6　其他性质

5.6.1　离子渗透

　　因其完美的六角蜂巢状晶体结构，石墨烯对不同物质的渗透性能一直是石墨烯领域重要的研究方向。研究发现，在常规条件下即使氢原子、氦分子等都难以穿透胶带剥离法制备的高质量石墨烯，即无缺陷的石墨烯对于任何原子都不具有渗透性，如图 5.69 所示[117]。因此，比原子半径更小的离子是否可以穿透石墨烯，则成为科学家关注的一个热点问题。

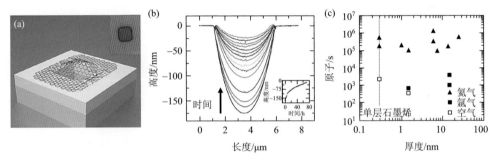

图 5.69　石墨烯形成的氢气气泡：（a）石墨烯覆盖 SiO₂/Si 预制的凹孔；（b）随着时间延长气泡高度的变化图；（c）不同厚度的石墨烯封装的凹孔对于不同气体的漏气率[117]

　　直到 2014 年，研究者发现若想使离子、原子通过单层石墨烯，必须借助粒子加速器。理论科学家也曾预测，在室温条件下，氢原子穿过单层石墨烯需要花费数十亿年。这意味着石墨烯及其他类似的二维晶体，都很难成为可用的质子传导膜，而质子传导膜是氢燃料电池的重要组成部分。然而，根据另一项理论研究，石墨烯和单层的 h-BN 传递质子的效果远优于此前的理论预测，这或可大幅提升氢燃料电池的性能。2014 年，A. K. Geim 研究组[214]在实验上发现纯单层石墨烯和 h-BN 对质子的传导效果出人意料的出色，如图 5.70 所示。他们认为当温度超过 100℃时，石墨烯和 h-BN 作为质子传导膜满足了燃料电池应用所需的导电性条件。同时，不同于其他质子传导材料，除氢以外的原子、离子并不能穿透传导膜。这种石墨烯和 h-BN 的层外质子传输现象与传导膜的电子云分布有关。同时，他们还发现，室温下 h-BN 对质子的传输效果优于石墨烯。较之硼原子，h-BN 晶格内的氮原子对价电子引力更强，其间隙间的电子云也因此更稀薄。而石墨烯中碳原子的对称结构则形成了更均匀、致密的电子云，使质子相对难以穿透。他们还研究了单层 MoS₂，通过模拟发现 MoS₂ 电子云的密度最大，在实验测量中发现 MoS₂ 的质子传导性最差。

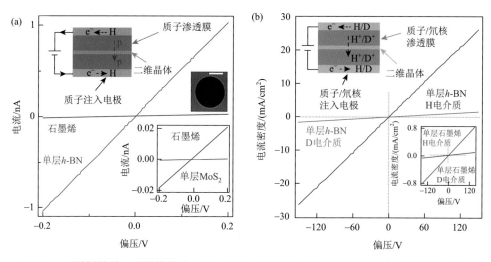

图 5.70 石墨烯的质子和氘核传输：（a）质子对单层石墨烯、h-BN、MoS_2 的渗透率对比；（b）氘核和质子对单层 h-BN 和石墨烯的渗透率对比，质子渗透速率高于氘核[214, 215]

2016 年，A. K. Geim 研究组[215]再次通过实验证实，即使没有晶格缺陷，单层石墨烯对热质子的传输也非常通透。他们认为石墨烯中质子传输过程所需的能量相对较低，约为 0.8 eV 的能量势垒。对氢的同位素氘的测量表明，这种势垒实际上比测量的活化能要高 0.2 eV，这是因为在实验使用的质子传导介质中，质子的初始状态被氧键的零点振荡提升了。石墨烯势垒的最终值比理想石墨烯的理论值低了至少 30%，这引发了一场关于质子渗透的精确微观机制的争论。独立于相关机制的基本原理，石墨烯膜的高质子渗透性结合其对其他原子和分子的不透性，表明了在各种应用中的可能性，包括燃料电池技术和氢的同位素分离。

2018 年，A. K. Geim 研究组[216]发现采用可见光照射 Pt 纳米粒子修饰的石墨烯可以增强质子的传输能力，如图 5.71 所示。由于金属纳米粒子可以在石墨烯周围的区域内诱导出一个平面电场，进而在石墨烯中产生长寿命（＞ps）的热电子，这些电子产生的光电压类似于光照射半导体 p-n 结。石墨烯的光电压 V_{ph} 与它的电子温度 T_e 成正比。他们认为这种局部电压会影响质子的渗透。如果使用 Pd、Ni 或 Pt 纳米金属，即 n 型掺杂金属，平面电场会吸引光产生的电子到纳米粒子。因此，与整个石墨烯膜的负电压类似，这种局部电压 V_{ph} 促使质子和电子向纳米粒子传输，这就使得质子转化成氢原子的速率提高了。通过石墨烯进行质子渗透的速率是 $10^{13} \sim 10^{14}\ s^{-1}$ 的数量级，这比热电子的湮灭速率快 100 倍。相比之下，如果使用 Au 纳米粒子，光产生的电子就会向相反的方向移动，而 V_{ph} 则主要体现在纳米粒子上，这并不会诱导光电流。最终，他们利用电子测量和质谱分析，发现约 $10^4\ A/W$ 的光响应度，这就意味着每个光子在微秒范围内可以转化为 10^4 个质子。这些特性可以与基于硅和二维材料的电子传输的光电探测器相媲美。光质子效应对石墨烯在燃料电池和氢同位素分离中的应用很重要。他们也提出可能对其他应用产生作用，如光诱导水分解、光催化和新的光电探测器。

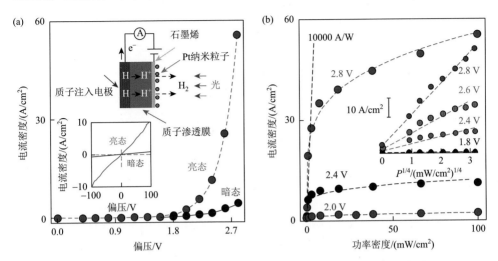

图 5.71　石墨烯质子传输中的光增强效应：（a）Pt 纳米粒子覆盖对石墨烯质子传输的影响，暗态（蓝色）和亮态（红色）下的器件电流，上插图是测试示意图，下插图是低偏压下的电压-电流曲线；（b）在不同偏压下质子电流密度 I 与功率密度 P 的函数关系，插图为光子-质子效应，可描述为 $I \propto P^{1/4}$ [216]

5.6.2　铁磁性

近年来，纳米材料中的磁性已经逐渐成为纳米科学技术领域的研究热点。现有的磁性材料主要都是基于材料中元素的 d 和 f 轨道电子。然而，也有研究表明，一些低维材料可以呈现铁磁性，这一特性出乎很多研究者的意料。通过减少材料的维度可以降低电子的跃迁，从而引起其磁化率的提升。另外，电子的强库仑作用以及运动的高宽比也有助于低维材料中磁性的产生。

石墨烯及其他相关的二维碳材料的铁磁性通常是由其结构中不同类型的缺陷、结构错位、悬键及碳边缘末端等原因引起的。而石墨烯类碳材料中的铁磁性通常被认为是由材料内部的磁矩通过媒介（如电子载体）非直接耦合而引起的。这类通过媒介而产生磁矩的作用被称为 Ruderman-Kittel-Kasuya-Yosida（RKKY）相互作用。而在石墨烯类碳材料中所发生的 RKKY 现象与传统的金属二维材料中的 RKKY 相互作用有所不同。在石墨烯缺陷位置发生的 RKKY 耦合振荡是由其亚晶格中的耦合作用而产生的。这些缺陷位置的晶体结构类似于包含了锯齿形和扶手椅形的边界，以及在两个亚晶格中含有相同数量碳原子的石墨烯晶格。

如果缺陷区域的缺陷浓度较大，就会使缺陷的铁磁发生耦合。同时，邻近位置区域的磁矩则会随着缺陷浓度的增加而明显增加。因此，缺陷不仅可以提供剩余磁矩，还能对石墨烯铁磁性发挥重要的作用。但是，这些磁矩之间是否会产生相互作用及怎样产生相互作用仍然存在争议。尽管如此，石墨烯铁磁性方面的研究结果表明其有望用于发展轻质、高强度、高热导率的磁性材料。

1. 缺陷诱导铁磁性

2007 年，O. V. Yazyev 等[217]利用第一性原理研究了单个碳原子缺陷对石墨烯磁性的影响。如图 5.72 所示，在该研究中主要考虑了两种缺陷：氢吸附缺陷和空位缺陷。从结果可以看出，缺陷的引入会导致其扩展态从而引起磁性。通过进一步分析计算结果发现，一个氢原子吸附缺陷引起的磁矩约为 $1\ \mu_B$，一个空位缺陷可引起的磁矩为 $1.12\sim1.53\ \mu_B$，该数值与缺陷浓度有直接关系。两个磁矩之间的耦合可以是铁磁性，也可以是抗磁性，这主要是由缺陷在石墨烯六角晶格中的不同位置所引起的。同时也可以证明，石墨样品经过辐照后会表现出较高的居里温度，这一性质主要与缺陷引入的本征磁矩有关。

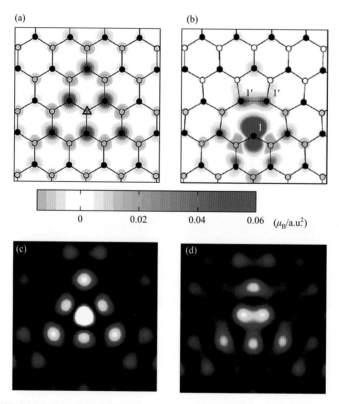

图 5.72 石墨烯中氢化和缺陷诱导的磁性：（a，b）引入碳氢键（三角形）和空位缺陷的石墨烯上的自旋密度投影；（c，d）理论模拟在碳氢键和空位附近的 STM 图[217]

2. 氢化诱导铁磁性

2010 年，Sanchez-Portal 等[218]使用 DFT 研究了不同共价结合方式所产生的 sp³ 缺陷对石墨烯的电子和磁性的影响。研究结果发现，由于磁性的产生与吸附物无关，多数 sp³ 型缺陷均能够诱导铁磁性的出现。当层与层之间建立了弱极性的单共价键时，石墨烯中就会出现 $1.0\ \mu_B$ 的局部自旋磁矩。这种效应类似于氢吸附，它可以在碳层中饱和一个 p_z 轨道。吸附物之间的磁耦合对化学吸附的石墨烯中的亚晶格结构表现出了强烈的依赖性。分子吸附在相同的亚晶格上，铁磁性的交换作用随着距离增加缓慢地衰减，而吸附在相反的亚晶格处则没有发现吸附物的磁性。如果几个 p_z 轨道通过大分子的吸附同时饱和，则可以获得类似的磁性能。该研究结果为采用化学方法来调控石墨烯衍生物的磁性能提出了新思路。

2014 年，F. Yndurain 等[219]通过理论研究了石墨烯中不同点缺陷的磁性能，分别考虑了原子氢、原子氟和单点空位。这三种缺陷具有完全不同的磁性能。局域自旋半磁矩在氢杂质中具有很好的定义，而单氟吸附原子不会引起具有明确定义的磁矩，除非氟浓度至少为 0.5%。在这种情况下，每个缺陷的感应磁矩为 $0.45\ \mu_B$。这种行为被解释为由于氟和石墨烯之间的电荷转移。接近空位的 π 电子产生磁矩的情况与前两种情况不同，感应磁矩的大小随着缺陷的稀释而减小，孤立空位的情况下变为了零。在三种情况下，空穴掺杂抑制了 π 态磁矩的形成。

2016 年，H. Gonzalez-Herrero 等[220]通过研究吸附在石墨烯上的孤立氢原子，证明了吸附在石墨烯上的氢原子可以提供剩余的电子磁矩，费米能级处可产生约 20 mV 的电压。如图 5.73 所示，通过 STM 进行观察，并结合第一性原理计算可知，

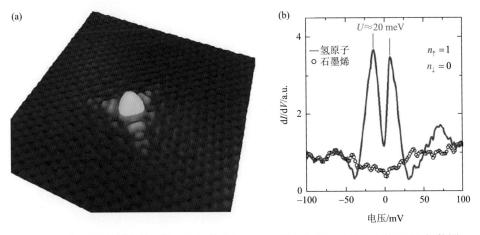

图 5.73　氢诱导石墨烯的磁性：（a）单个氢原子吸附在中性石墨烯表面的 STM 拓扑图（7 nm×7 nm）；（b）在氢原子上测量的 dI/dV 谱，显示在费米能级附近出现完全极化的峰形[220]

这种自旋极化状态发生在与化学吸附氢的碳原子相反的碳亚晶格上，而这种距氢原子几纳米远的原子调制自旋结构，可使得长距离的磁矩之间也发生直接耦合。因此，可以通过使用 STM 尖端以原子精度操纵氢原子，从而调控所选择石墨烯区域的磁性。

3. 掺杂诱导铁磁性

2013 年，N. J. Tang 研究组[221]将还原氧化石墨烯在氨气中进行退火，制得掺氮石墨烯。该掺氮石墨烯在低温下的饱和磁化强度明显增加。2015 年，J. Y. Li 等[222]发现每一个吡咯氮结构的氮原子都可以提供 0.95 μ_B 的净磁矩，但吡啶氮结构的氮原子对石墨烯结构边缘的自旋极化几乎没有影响。基于化学计量的全卤芳烃的脱卤作用及过渡金属的吡啶前驱体可以通过 sp^2 杂化的碳原子来实现对石墨烯的氮掺杂，从而使其具备一定的室温铁磁性，见图 5.74。

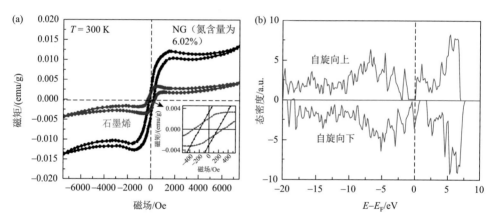

图 5.74　氮掺杂石墨烯的磁性：（a）石墨烯与吡咯氮掺杂石墨烯在室温下的磁化率测量，显示有磁滞回线；（b）理论计算的吡咯氮掺杂石墨烯产生的自旋向上和向下的电子态密度分布[222]

4. 边界诱导铁磁性

2014 年，Tapaszto 研究组[223]采用基于 STM 的纳米裁剪技术制备了具有精确晶体边界取向的石墨烯纳米带，如图 5.75 所示。这其中也包括可以产生强大且稳定磁性的石墨烯单个晶格所形成的边界。实验结果发现，扶手椅形的纳米带表现出了明显的量子限制间隙，但具有锯齿形边界结构的纳米带则可表现出 0.2～0.3 eV 的电子带隙，因此可以通过标记电子相互作用诱发的自旋方向来区分它们不同结构的边界。此外，当带宽增加时，石墨烯表现出由磁性半导体到磁性金属的转变，表明相反的带边界之间的磁耦合能够实现从反铁磁性到铁磁性结构的转变。同时，具有可控锯齿形边缘结构的石墨烯的铁磁性在室温下也可以保持稳定。这一研究发现增强了研究人员对实现石墨烯自旋电子器件在室温下工作的信心。

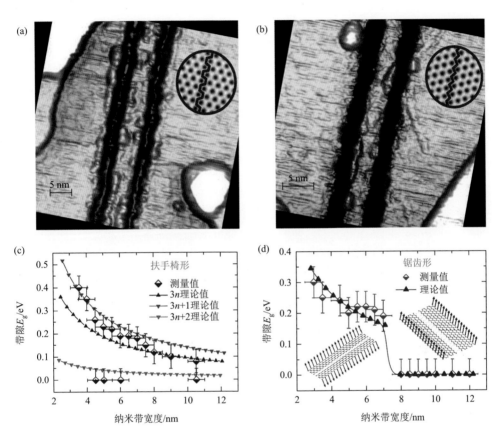

图 5.75 石墨烯纳米带的磁性：（a，b）采用 STM 裁剪术制备的石墨烯纳米带具有确定的扶手椅形和锯齿形边界取向；（c，d）不同边界取向和宽度时，石墨烯纳米带的带隙实验结果和理论计算结果[223]

　　高长径比的石墨烯纳米带可与其生长基底产生强烈的耦合作用和杂化现象，并掩盖纳米带边界的磁性特征，因此其锯齿形边界的磁性现象很难直接观察到。2021 年，Fischer 研究组[224]利用催化反应在加热的基底表面生长出高长径比的石墨烯纳米带，并通过在纳米带和基底之间引入了氮原子取代沿带状边界的一些碳原子。由于取代度低，氮原子对石墨烯纳米带的电子结构和边界磁性影响很小。然而，氮原子的引入使得锯齿形边界碳原子和基底的相互作用大幅减弱，从而使得两个具有能量差的外轨道可以直接通过 STM 和 STS 观察到，该实验结果直接证明了石墨烯纳米带中锯齿形边界的磁性。

5.6.3 浸润性

早在 2009 年，O. Leenaerts 等[225]用 DFT 计算得出，石墨烯薄膜表面的水分子之间的结合能大于其与石墨烯的吸附能，使得水分子团聚为水滴，石墨烯表现为疏水性。2010 年，Yang 研究组[226]测得制备的外延石墨烯薄膜的接触角为 92°。2015 年，Kazakova 等[227]指出随着石墨烯厚度的增加，其疏水性也越强。但是，随着研究的深入，石墨烯表面的疏水性出现了巨大的争议。

2013 年，H. T. Liu 研究组[228]通过红外光谱和 X 射线光电子能谱证明，当石墨烯暴露在环境空气中时，表面容易吸附环境中的碳氢化合物，使得其与水的接触角增加，见图 5.76（a）。随后的热退火以及可控的紫外臭氧处理，能够有效去除表面污染物，与此同时石墨烯与水的接触角减小，见图 5.76（b）。该实验表明，石墨烯表面比之前认为的更加亲水。2022 年，刘忠范研究组[229]使用环境 SEM 测量了悬空的超洁净石墨烯膜上的水接触角，观察到平均值约 30° 的接触角，证实了本征石墨烯固有的亲水性特征，见图 5.76（c）。他们还通过分析水/石墨烯体系中相应的电荷分布，发现电子从石墨烯的 π 带转移到水分子中的 H 原子上，这种 H-π 相互作用决定了石墨烯固有的亲水性。然而，由于石墨烯表面极其容易吸附污染物，将削弱石墨烯和水分子之间的 H-π 相互作用，这也是石墨烯薄膜普遍表现出疏水性的主要原因。

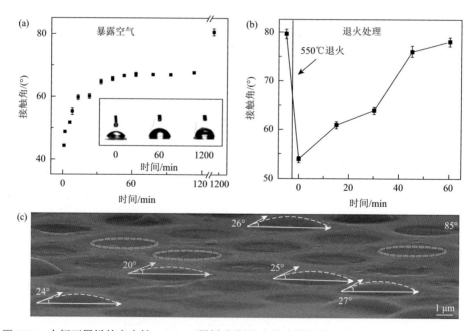

图 5.76 本征石墨烯的亲水性：（a）石墨烯/铜样品上的水接触角随在空气中暴露时间的演化；（b）石墨烯经过退火处理后水接触角减小，再次暴露于空气中后水接触角又增大；（c）超洁净石墨烯的水接触角[228, 229]

参 考 文 献

[1] Geim A K，Novoselov K S. The rise of graphene. Nature Materials，2007，6（3）：183-191.

[2] Novoselov K S，Geim A K，Morozov S V，et al. Electric field effect in atomically thin carbon films. Science，2004，306（5696）：666-669.

[3] Novoselov K S，Geim A K，Morozov S V，et al. Two-dimensional gas of massless Dirac fermions in graphene. Nature，2005，438（7065）：197-200.

[4] Morozov S V，Novoselov K S，Katsnelson M I，et al. Strong suppression of weak localization in graphene. Physical Review Letters，2006，97（1）：016801.

[5] Zhang Y B，Tan Y W，Stormer H L，et al. Experimental observation of the quantum Hall effect and Berry's phase in graphene. Nature，2005，438（7065）：201-204.

[6] Du X，Skachko I，Barker A，et al. Approaching ballistic transport in suspended graphene. Nature Nanotechnology，2008，3（8）：491-495.

[7] Dean C R，Young A F，Meric I，et al. Boron nitride substrates for high-quality graphene electronics. Nature Nanotechnology，2010，5（10）：722-726.

[8] Wang L，Meric I，Huang P Y，et al. One-dimensional electrical contact to a two-dimensional material. Science，2013，342（6158）：614-617.

[9] Bae S，Kim H，Lee Y，et al. Roll-to-roll production of 30-inch graphene films for transparent electrodes. Nature Nanotechnology，2010，5（8）：574-578.

[10] Vonklitzing K，Dorda G，Pepper M. New method for high-accuracy determination of the fine-structure constant based on quantized Hall resistance. Physical Review Letters，1980，45（6）：494-497.

[11] Tsui D C，Stormer H L，Gossard A C. Two-dimensional magnetotransport in the extreme quantum limit. Physical Review Letters，1982，48（22）：1559-1562.

[12] Novoselov K S，Jiang Z，Zhang Y，et al. Room-temperature quantum Hall effect in graphene. Science，2007，315（5817）：1379.

[13] Du X，Skachko I，Duerr F，et al. Fractional quantum Hall effect and insulating phase of Dirac electrons in graphene. Nature，2009，462（7270）：192-195.

[14] Bolotin K I，Ghahari F，Shulman M D，et al. Observation of the fractional quantum Hall effect in graphene. Nature，2009，462（7270）：196-199.

[15] Dean C R，Young A F，Cadden-Zimansky P，et al. Multicomponent fractional quantum Hall effect in graphene. Nature Physics，2011，7（9）：693-696.

[16] Novoselov K S，McCann E，Morozov S V，et al. Unconventional quantum Hall effect and Berry's phase of 2π in bilayer graphene. Nature Physics，2006，2（3）：177-180.

[17] Li J I A，Tan C，Chen S，et al. Even-denominator fractional quantum Hall states in bilayer graphene. Science，2017，358（6363）：648-651.

[18] Berger C，Song Z M，Li X B，et al. Electronic confinement and coherence in patterned epitaxial graphene. Science，2006，312（5777）：1191-1196.

[19] Yuan G W，Lin D J，Wang Y，et al. Proton-assisted growth of ultra-flat graphene films. Nature，2020，577（7789）：204-208.

[20] Ponomarenko L A，Gorbachev R V，Yu G L. et al. Cloning of Dirac fermions in graphene superlattices. Nature，2013，497（7451）：594-597.

[21] Dean C R, Wang L, Maher P, et al. Hofstadter's butterfly and the fractal quantum Hall effect in moiré superlattices. Nature, 2013, 497 (7451): 598-602.

[22] Yang W, Chen G R, Shi Z W, et al. Epitaxial growth of single-domain graphene on hexagonal boron nitride. Nature Materials, 2013, 12 (9): 792-797.

[23] Yin L J, Qiao J B, Zuo W J, et al. Experimental evidence for non-Abelian gauge potentials in twisted graphene bilayers. Physical Review B, 2015, 92 (8): 081406.

[24] Cao Y, Fatemi V, Demir A, et al. Correlated insulator behaviour at half-filling in magic-angle graphene superlattices. Nature, 2018, 556 (7699): 80-84.

[25] Cao Y, Fatemi V, Fang S, et al. Unconventional superconductivity in magic-angle graphene superlattices. Nature, 2018, 556 (7699): 43-50.

[26] Haldane F D M. Model for a quantum Hall-effect without landau-levels: Condensed-matter realization of the "parity anomaly". Physical Review Letters, 1988, 61 (18): 2015-2018.

[27] Chang C Z, Zhang J S, Feng X, et al. Experimental observation of the quantum anomalous Hall effect in a magnetic topological insulator. Science, 2013, 340 (6129): 167-170.

[28] Serlin M, Tschirhart C L, Polshyn H, et al. Intrinsic quantized anomalous Hall effect in a moiré heterostructure. Science, 2020, 367 (6480): 900-903.

[29] Sharpe A L, Fox E J, Barnard A W, et al. Emergent ferromagnetism near three-quarters filling in twisted bilayer graphene. Science, 2019, 365 (6453): 605-608.

[30] Zheng Z R, Ma Q, Bi Z, et al. Unconventional ferroelectricity in moiré heterostructures. Nature, 2020, 588 (7836): 71-76.

[31] McCann E. Asymmetry gap in the electronic band structure of bilayer graphene. Physical Review B, 2006, 74 (16): 161403.

[32] Ohta T, Bostwick A, Seyller T, et al. Controlling the electronic structure of bilayer graphene. Science, 2006, 313 (5789): 951-954.

[33] Oostinga J B, Heersche H B, Liu X L, et al. Gate-induced insulating state in bilayer graphene devices. Nature Materials, 2008, 7 (2): 151-157.

[34] Liu L X, Zhou H L, Cheng R, et al. High-yield chemical vapor deposition growth of high-quality large-area ab-stacked bilayer graphene. ACS Nano, 2012, 6 (9): 8241-8249.

[35] Liu W, Li H, Xu C, et al. Synthesis of high-quality monolayer and bilayer graphene on copper using chemical vapor deposition. Carbon, 2011, 49 (13): 4122-4130.

[36] Lee S, Lee K, Zhong Z H. Wafer scale homogeneous bilayer graphene films by chemical vapor deposition. Nano Letters, 2010, 10 (11): 4702-4707.

[37] Yan K, Peng H L, Zhou Y, et al. Formation of bilayer Bernal graphene: Layer-by-layer epitaxy via chemical vapor deposition. Nano Letters, 2011, 11 (3): 1106-1110.

[38] Gui G, Li J, Zhong J X. Band structure engineering of graphene by strain: First-principles calculations. Physical Review B, 2008, 78 (7): 075435.

[39] Ni Z H, Yu T, Lu Y H, et al. Uniaxial strain on graphene: Raman spectroscopy study and band-gap opening. ACS Nano, 2008, 2 (11): 2301-2305.

[40] Chang C K, Kataria S, Kuo C C, et al. Band gap engineering of chemical vapor deposited graphene by *in situ* BN doping. ACS Nano, 2013, 7 (2): 1333-1341.

[41] Elias D C, Nair R R, Mohiuddin T M G, et al. Control of graphene's properties by reversible hydrogenation:

Evidence for graphane. Science，2009，323（5914）：610-613.

[42] Son J, Lee S, Kim S J, et al. Hydrogenated monolayer graphene with reversible and tunable wide band gap and its field-effect transistor. Nature Communications，2016，7：13261.

[43] Son Y W, Cohen M L, Louie S G. Energy gaps in graphene nanoribbons. Physical Review Letters，2006，97（21）：216803.

[44] Han M Y，Ozyilmaz B，Zhang Y B，et al. Energy band-gap engineering of graphene nanoribbons. Physical Review Letters，2007，98（20）：206805.

[45] Ponomarenko L A，Schedin F，Katsnelson M I，et al. Chaotic Dirac billiard in graphene quantum dots. Science，2008，320（5874）：356-358.

[46] Li X L，Wang X R，Zhang L，et al. Chemically derived，ultrasmooth graphene nanoribbon semiconductors. Science，2008，319（5867）：1229-1232.

[47] Chen L X，He L，Wang H S，et al. Oriented graphene nanoribbons embedded in hexagonal boron nitride trenches. Nature Communications，2017，8：14703.

[48] Wang H S，Chen L X，Elibol K，et al. Towards chirality control of graphene nanoribbons embedded in hexagonal boron nitride. Nature Materials，2021，20（2）：202-207.

[49] Bai J W，Zhong X，Jiang S，et al. Graphene nanomesh. Nature Nanotechnology，2010，5（3）：190-194.

[50] Li X S, Cai W W，An J H，et al. Large-area synthesis of high-quality and uniform graphene films on copper foils. Science，2009，324（5932）：1312-1314.

[51] Yazyev O V, Louie S G. Electronic transport in polycrystalline graphene. Nature Materials，2010，9（10）：806-809.

[52] Yu Q K，Jauregui L A，Wu W，et al. Control and characterization of individual grains and grain boundaries in graphene grown by chemical vapour deposition. Nature Materials，2011，10（6）：443-449.

[53] Gao L B，Xu H，Li L J，et al. Heteroepitaxial growth of wafer scale highly oriented graphene using inductively coupled plasma chemical vapor deposition. 2D Materials，2016，3（2）：021001.

[54] Nair R R，Blake P，Grigorenko A N，et al. Fine structure constant defines visual transparency of graphene. Science，2008，320（5881）：1308.

[55] Mak K F，Sfeir M Y，Wu Y，et al. Measurement of the optical conductivity of graphene. Physical Review Letters，2008，101（19）：196405.

[56] Li X S，Zhu Y W，Cai W W，et al. Transfer of large-area graphene films for high-performance transparent conductive electrodes. Nano Letters，2009，9（12）：4359-4363.

[57] Bao Q L，Zhang H，Wang Y，et al. Atomic-layer graphene as a saturable absorber for ultrafast pulsed lasers. Advanced Functional Materials，2009，19（19）：3077-3083.

[58] 姜小强，刘智波，田建国. 石墨烯光学性质及其应用研究进展. 物理学进展，2017，37（1）：22-36.

[59] Mak K F，Ju L，Wang F，et al. Optical spectroscopy of graphene：From the far infrared to the ultraviolet. Solid State Communications，2012，152（15）：1341-1349.

[60] Ye J T，Craciun M F，Koshino M，et al. Accessing the transport properties of graphene and its multilayers at high carrier density. Proceedings of the National Academy of Sciences of the United States of America，2011，108（32）：13002-13006.

[61] Fei Z，Andreev G O，Bao W Z，et al. Infrared nanoscopy of Dirac plasmons at the graphene-SiO_2 interface. Nano Letters，2011，11（11）：4701-4705.

[62] Kim J T，Choi S Y. Graphene-based plasmonic waveguides for photonic integrated circuits. Optics Express，2011，19（24）：24557-24562.

[63] Chen J N，Badioli M，Alonso-Gonzalez P，et al. Optical nano-imaging of gate-tunable graphene plasmons. Nature，2012，487（7405）：77-81.

[64] Yan H G，Li X S，Chandra B，et al. Tunable infrared plasmonic devices using graphene/insulator stacks. Nature Nanotechnology，2012，7（5）：330-334.

[65] Liu Y，Cheng R，Liao L，et al. Plasmon resonance enhanced multicolour photodetection by graphene. Nature Communications，2011，2：579.

[66] Furchi M，Urich A，Pospischil A，et al. Microcavity-integrated graphene photodetector. Nano Letters，2012，12（6）：2773-2777.

[67] Grigorenko A N，Polini M，Novoselov K S. Graphene plasmonics. Nature Photonics，2012，6（11）：749-758.

[68] Gan X T，Shiue R J，Gao Y D，et al. Chip-integrated ultrafast graphene photodetector with high responsivity. Nature Photonics，2013，7（11）：883-887.

[69] Liu M，Yin X B，Ulin-Avila E，et al. A graphene-based broadband optical modulator. Nature，2011，474（7349）：64-67.

[70] Pospischil A，Humer M，Furchi M M，et al. CMOS-compatible graphene photodetector covering all optical communication bands. Nature Photonics，2013，7（11）：892-896.

[71] Wang X M，Cheng Z Z，Xu K，et al. High-responsivity graphene/silicon-heterostructure waveguide photodetectors. Nature Photonics，2013，7（11）：888-891.

[72] Liu N，Tian H，Schwartz G，et al. Large-area，transparent，and flexible infrared photodetector fabricated using p-n junctions formed by N-doping chemical vapor deposition grown graphene. Nano Letters，2014，14（7）：3702-3708.

[73] Safaei A，Chandra S，Leuenberger M N，et al. Wide angle dynamically tunable enhanced infrared absorption on large-area nanopatterned graphene. ACS Nano，2019，13（1）：421-428.

[74] Avouris P，Freitag M. Graphene photonics，plasmonics，and optoelectronics. IEEE Journal of Selected Topics in Quantum Electronics，2014，20（1）：6000112.

[75] de Abajo F J G. Graphene plasmonics：Challenges and opportunities. ACS Photonics，2014，1（3）：135-152.

[76] Kim K，Choi J Y，Kim T，et al. A role for graphene in silicon-based semiconductor devices. Nature，2011，479（7373）：338-344.

[77] Castro Neto A H，Guinea F，Peres N M R，et al. The electronic properties of graphene. Reviews of Modern Physics，2009，81（1）：109-162.

[78] Low T，Avouris P. Graphene plasmonics for terahertz to mid-infrared applications. ACS Nano，2014，8（2）：1086-1101.

[79] Xia F N，Wang H，Xiao D，et al. Two-dimensional material nanophotonics. Nature Photonics，2014，8（12）：899-907.

[80] Xia F N，Yan H G，Avouris P. The interaction of light and graphene：Basics，devices，and applications. Proceedings of the IEEE，2013，101（7）：1717-1731.

[81] Pirruccio G，Moreno L M，Lozano G，et al. Coherent and broadband enhanced optical absorption in graphene. ACS Nano，2013，7（6）：4810-4817.

[82] Gan C H. Analysis of surface plasmon excitation at Terahertz frequencies with highly doped graphene sheets via attenuated total reflection. Applied Physics Letters，2012，101（11）：111609.

[83] Ju L，Geng B S，Horng J，et al. Graphene plasmonics for tunable Terahertz metamaterials. Nature Nanotechnology，2011，6（10）：630-634.

[84]　Davoyan A R, Popov V V, Nikitov S A. Tailoring Terahertz near-field enhancement via two-dimensional plasmons. Physical Review Letters, 2012, 108 (12): 127401.

[85]　Gao W L, Shi G, Jin Z H, et al. Excitation and active control of propagating surface plasmon polaritons in graphene. Nano Letters, 2013, 13 (8): 3698-3702.

[86]　Gao W L, Shu J, Qiu C Y, et al. Excitation of plasmonic waves in graphene by guided-mode resonances. ACS Nano, 2012, 6 (9): 7806-7813.

[87]　Fan Y C, Wei Z Y, Zhang Z R, et al. Enhancing infrared extinction and absorption in a monolayer graphene sheet by harvesting the electric dipolar mode of split ring resonators. Optics Letters, 2013, 38 (24): 5410-5413.

[88]　Ferreira A, Peres N M R. Complete light absorption in graphene-metamaterial corrugated structures. Physical Review B, 2012, 86 (20): 205401.

[89]　Farhat M, Guenneau S, Bagci H. Exciting graphene surface plasmon polaritons through light and sound interplay. Physical Review Letters, 2013, 111 (23): 237404.

[90]　Nikitin A Y, Guinea F, Garcia-Vidal F J, et al. Fields radiated by a nanoemitter in a graphene sheet. Physical Review B, 2011, 84 (19): 195446.

[91]　Fei Z, Rodin A S, Andreev G O, et al. Gate-tuning of graphene plasmons revealed by infrared nano-imaging. Nature, 2012, 487 (7405): 82-85.

[92]　Alonso-Gonzalez P, Nikitin A Y, Golmar F, et al. Controlling graphene plasmons with resonant metal antennas and spatial conductivity patterns. Science, 2014, 344 (6190): 1369-1373.

[93]　Nikitin A Y, Alonso-Gonzalez P, Hillenbrand R. Efficient coupling of light to graphene plasmons by compressing surface polaritons with tapered bulk materials. Nano Letters, 2014, 14 (5): 2896-2901.

[94]　He S L, Zhang X Z, He Y R. Graphene nano-ribbon waveguides of record-small mode area and ultra-high effective refractive indices for future VLSI. Optics Express, 2013, 21 (25): 30664-30673.

[95]　Sensale-Rodriguez B. Graphene-insulator-graphene active plasmonic Terahertz devices. Applied Physics Letters, 2013, 103 (12): 123109.

[96]　Christensen J, Manjavacas A, Thongrattanasiri S, et al. Graphene plasmon waveguiding and hybridization in individual and paired nanoribbons. ACS Nano, 2012, 6 (1): 431-440.

[97]　Yang X X, Kong X T, Bai B, et al. Substrate phonon-mediated plasmon hybridization in coplanar graphene nanostructures for broadband plasmonic circuits. Small, 2015, 11 (5): 591-596.

[98]　Yuan Y Z, Yao J Q, Xu W. Terahertz photonic states in semiconductor-graphene cylinder structures. Optics Letters, 2012, 37 (5): 960-962.

[99]　Lamata I S, Alonso-Gonzalez P, Hillenbrand R, et al. Plasmons in cylindrical 2D materials as a platform for nanophotonic circuits. ACS Photonics, 2015, 2 (2): 280-286.

[100]　Vakil A, Engheta N. Transformation optics using graphene. Science, 2011, 332 (6035): 1291-1294.

[101]　Vakil A, Engheta N. Fourier optics on graphene. Physical Review B, 2012, 85 (7): 075434.

[102]　Forati E, Hanson G W. Surface plasmon polaritons on soft-boundary graphene nanoribbons and their application in switching/demultiplexing. Applied Physics Letters, 2013, 103 (13): 133104.

[103]　Mishchenko E G, Shytov A V, Silvestrov P G. Guided plasmons in graphene p-n junctions. Physical Review Letters, 2010, 104 (15): 156806.

[104]　Muench J E, Ruocco A, Giambra M A, et al. Waveguide-integrated, plasmonic enhanced graphene photodetectors. Nano Letters, 2019, 19 (11): 7632-7644.

[105]　Lu W B, Zhu W, Xu H J, et al. Flexible transformation plasmonics using graphene. Optics Express, 2013,

21（9）：10475-10482.

[106] Arrazola I，Hillenbrand R，Nikitin A Y. Plasmons in graphene on uniaxial substrates. Applied Physics Letters，2014，104（1）：011111.

[107] Huang Y，Wu J，Hwang K C. Thickness of graphene and single-wall carbon nanotubes. Physical Review B，2006，74（24）：245413.

[108] Jiang J W，Wang J S，Li B W. Young's modulus of graphene：A molecular dynamics study. Physical Review B，2009，80（11）：113405.

[109] Frank I W，Tanenbaum D M，van der Zande A M，et al. Mechanical properties of suspended graphene sheets. Journal of Vacuum Science & Technology B，2007，25（6）：2558-2561.

[110] Lee C，Wei X D，Kysar J W，et al. Measurement of the elastic properties and intrinsic strength of monolayer graphene. Science，2008，321（5887）：385-388.

[111] Lee C，Wei X D，Li Q Y，et al. Elastic and frictional properties of graphene. Physica Status Solidi B：Basic Solid State Physics，2009，246（11-12）：2562-2567.

[112] Lee G H，Cooper R C，An S J，et al. High-strength chemical-vapor deposited graphene and grain boundaries. Science，2013，340（6136）：1073-1076.

[113] Lopez-Polin G，Gomez-Navarro C，Parente V，et al. Increasing the elastic modulus of graphene by controlled defect creation. Nature Physics，2015，11（1）：26-31.

[114] Song Z G，Artyukhov V I，Yakobson B I，et al. Pseudo Hall-Petch strength reduction in polycrystalline graphene. Nano Letters，2013，13（4）：1829-1833.

[115] Gao Y，Cao T F，Cellini F，et al. Ultrahard carbon film from epitaxial two-layer graphene. Nature Nanotechnology，2018，13（2）：133-138.

[116] Vlassak J J，Nix W D. A new bulge test technique for the determination of Young modulus and Poisson ratio of thin-films. Journal of Materials Research，1992，7（12）：3242-3249.

[117] Bunch J S，Verbridge S S，Alden J S，et al. Impermeable atomic membranes from graphene sheets. Nano Letters，2008，8（8）：2458-2462.

[118] Nicholl R J T，Conley H J，Lavrik N V，et al. The effect of intrinsic crumpling on the mechanics of free-standing graphene. Nature Communications，2015，6：8789.

[119] Qin Z，Jung G S，Kang M J，et al. The mechanics and design of a lightweight three-dimensional graphene assembly. Science Advances，2017，3（1）：e1601536.

[120] Poot M，van der Zant H S J. Nanomechanical properties of few-layer graphene membranes. Applied Physics Letters，2008，92（6）：063111.

[121] Castellanos-Gomez A，Poot M，Amor-Amoros A，et al. Mechanical properties of freely suspended atomically thin dielectric layers of mica. Nano Research，2012，5（8）：550-557.

[122] Castellanos-Gomez A，van Leeuwen R，Buscema M，et al. Single-layer MoS_2 mechanical resonators. Advanced Materials，2013，25（46）：6719-6723.

[123] Zabel H，Kamitakahara W A，Nicklow R M. Neutron-scattering investigation of layer-bending modes in alkali-metal graphite-intercalation compounds. Physical Review B，1982，26（10）：5919-5926.

[124] Lindahl N，Midtvedt D，Svensson J，et al. Determination of the bending rigidity of graphene via electrostatic actuation of buckled membranes. Nano Letters，2012，12（7）：3526-3531.

[125] Grantab R，Shenoy V B，Ruoff R S. Anomalous strength characteristics of tilt grain boundaries in graphene. Science，2010，330（6006）：946-948.

[126] Zhang Z L, Zhang X W, Wang Y L, et al. Crack propagation and fracture toughness of graphene probed by Raman spectroscopy. ACS Nano, 2019, 13 (9): 10327-10332.

[127] Xu J, Yuan G W, Zhu Q, et al. Enhancing the strength of graphene by a denser grain boundary. ACS Nano, 2018, 12 (5): 4529-4535.

[128] Blees M K, Barnard A W, Rose P A, et al. Graphene kirigami. Nature, 2015, 524 (7564): 204-207.

[129] Koenig S P, Boddeti N G, Dunn M L, et al. Ultrastrong adhesion of graphene membranes. Nature Nanotechnology, 2011, 6 (9): 543-546.

[130] Cao Z, Wang P, Gao W, et al. A blister test for interfacial adhesion of large-scale transferred graphene. Carbon, 2014, 69: 390-400.

[131] Zong Z, Chen C L, Dokmeci M R, et al. Direct measurement of graphene adhesion on silicon surface by intercalation of nanoparticles. Journal of Applied Physics, 2010, 107 (2): 026104.

[132] Li G X, Yilmaz C, An X H, et al. Adhesion of graphene sheet on nano-patterned substrates with nano-pillar array. Journal of Applied Physics, 2013, 113 (24): 244303.

[133] Yoon T, Shin W C, Kim T Y, et al. Direct measurement of adhesion energy of monolayer graphene as-grown on copper and its application to renewable transfer process. Nano Letters, 2012, 12 (3): 1448-1452.

[134] Na S R, Suk J W, Tao L, et al. Selective mechanical transfer of graphene from seed copper foil using rate effects. ACS Nano, 2015, 9 (2): 1325-1335.

[135] Jiang T, Huang R, Zhu Y. Interfacial sliding and buckling of monolayer graphene on a stretchable substrate. Advanced Functional Materials, 2014, 24 (3): 396-402.

[136] Dai Z H, Wang G R, Liu L Q, et al. Mechanical behavior and properties of hydrogen bonded graphene/polymer nano-interfaces. Composites Science and Technology, 2016, 136: 1-9.

[137] Wang G R, Dai Z H, Liu L Q, et al. Tuning the interfacial mechanical behaviors of monolayer graphene/PMMA nanocomposites. ACS Applied Materials & Interfaces, 2016, 8 (34): 22554-22562.

[138] Wang G R, Dai Z H, Wang Y L, et al. Measuring interlayer shear stress in bilayer graphene. Physical Review Letters, 2017, 119 (3): 036101.

[139] Lee H, Lee N, Seo Y, et al. Comparison of frictional forces on graphene and graphite. Nanotechnology, 2009, 20 (32): 325701.

[140] Filleter T, McChesney J L, Bostwick A, et al. Friction and dissipation in epitaxial graphene films. Physical Review Letters, 2009, 102 (8): 086102.

[141] Deng Z, Klimov N N, Solares S D, et al. Nanoscale interfacial friction and adhesion on supported versus suspended monolayer and multilayer graphene. Langmuir, 2013, 29 (1): 235-243.

[142] Lee C, Li Q Y, Kalb W, et al. Frictional characteristics of atomically thin sheets. Science, 2010, 328 (5974): 76-80.

[143] Zheng X H, Gao L, Yao Q Z, et al. Robust ultra-low-friction state of graphene via moiré superlattice confinement. Nature Communications, 2016, 7: 13204.

[144] Li S Z, Li Q Y, Carpick R W, et al. The evolving quality of frictional contact with graphene. Nature, 2016, 539 (7630): 541-545.

[145] Liu S W, Wang H P, Xu Q, et al. Robust microscale superlubricity under high contact pressure enabled by graphene-coated microsphere. Nature Communications, 2017, 8: 14029.

[146] Marchetto D, Held C, Hausen F, et al. Friction and wear on single-layer epitaxial graphene in multi-asperity contacts. Tribology Letters, 2012, 48 (1): 77-82.

[147] Berman D, Erdemir A, Sumant A V. Reduced wear and friction enabled by graphene layers on sliding steel surfaces in dry nitrogen. Carbon, 2013, 59: 167-175.

[148] Kim K S, Lee H J, Lee C, et al. Chemical vapor deposition-grown graphene: The thinnest solid lubricant. ACS Nano, 2011, 5 (6): 5107-5114.

[149] Tripathi M, Awaja F, Paolicelli G, et al. Tribological characteristics of few-layer graphene over Ni grain and interface boundaries. Nanoscale, 2016, 8 (12): 6646-6658.

[150] Yan C, Kim K S, Lee S K, et al. Mechanical and environmental stability of polymer thin-film-coated graphene. ACS Nano, 2012, 6 (3): 2096-2103.

[151] Fan K, Chen X Y, Wang X, et al. Toward excellent tribological performance as oil-based lubricant additive: Particular tribological behavior of fluorinated graphene. ACS Applied Materials & Interfaces, 2018, 10 (34): 28828-28838.

[152] Lin J S, Wang L W, Chen G H. Modification of graphene platelets and their tribological properties as a lubricant additive. Tribology Letters, 2011, 41 (1): 209-215.

[153] Nika D L, Pokatilov E P, Askerov A S, et al. Phonon thermal conduction in graphene: Role of Umklapp and edge roughness scattering. Physical Review B, 2009, 79 (15): 155413.

[154] Calizo I, Miao F, Bao W, et al. Variable temperature Raman microscopy as a nanometrology tool for graphene layers and graphene-based devices. Applied Physics Letters, 2007, 91 (7): 071913.

[155] Balandin A A, Ghosh S, Bao W Z, et al. Superior thermal conductivity of single-layer graphene. Nano Letters, 2008, 8 (3): 902-907.

[156] Ghosh S, Calizo I, Teweldebrhan D, et al. Extremely high thermal conductivity of graphene: Prospects for thermal management applications in nanoelectronic circuits. Applied Physics Letters, 2008, 92 (15): 151911.

[157] Freitag M, Steiner M, Martin Y, et al. Energy dissipation in graphene field-effect transistors. Nano Letters, 2009, 9 (5): 1883-1888.

[158] Murali R, Yang Y X, Brenner K, et al. Breakdown current density of graphene nanoribbons. Applied Physics Letters, 2009, 94 (24): 243114.

[159] Seol J H, Jo I, Moore A L, et al. Two-dimensional phonon transport in supported graphene. Science, 2010, 328 (5975): 213-216.

[160] Cai W W, Moore A L, Zhu Y W, et al. Thermal transport in suspended and supported monolayer graphene grown by chemical vapor deposition. Nano Letters, 2010, 10 (5): 1645-1651.

[161] Faugeras C, Faugeras B, Orlita M, et al. Thermal conductivity of graphene in corbino membrane geometry. ACS Nano, 2010, 4 (4): 1889-1892.

[162] Ghosh S, Bao W Z, Nika D L, et al. Dimensional crossover of thermal transport in few-layer graphene. Nature Materials, 2010, 9 (7): 555-558.

[163] Liang Q Z, Yao X X, Wang W, et al. A three-dimensional vertically aligned functionalized multilayer graphene architecture: An approach for graphene-based thermal interfacial materials. ACS Nano, 2011, 5 (3): 2392-2401.

[164] Pettes M T, Jo I S, Yao Z, et al. Influence of polymeric residue on the thermal conductivity of suspended bilayer graphene. Nano Letters, 2011, 11 (3): 1195-1200.

[165] Pettes M T, Ji H X, Ruoff R S, et al. Thermal transport in three-dimensional foam architectures of few-layer graphene and ultrathin graphite. Nano Letters, 2012, 12 (6): 2959-2964.

[166] Mounet N, Marzari N. First-principles determination of the structural, vibrational and thermodynamic properties of diamond, graphite, and derivatives. Physical Review B, 2005, 71 (20): 205214.

[167] Bao W Z, Miao F, Chen Z, et al. Controlled ripple texturing of suspended graphene and ultrathin graphite membranes. Nature Nanotechnology, 2009, 4 (9): 562-566.

[168] Jiang J W, Wang J S, Li B W. Thermal expansion in single-walled carbon nanotubes and graphene: Nonequilibrium Green's function approach. Physical Review B, 2009, 80 (20): 205429.

[169] Singh V, Sengupta S, Solanki H S, et al. Probing thermal expansion of graphene and modal dispersion at low-temperature using graphene nanoelectromechanical systems resonators. Nanotechnology, 2010, 21 (16): 165204.

[170] Yoon D, Son Y W, Cheong H. Negative thermal expansion coefficient of graphene measured by Raman spectroscopy. Nano Letters, 2011, 11 (8): 3227-3231.

[171] Dragoman D, Dragoman M. Giant thermoelectric effect in graphene. Applied Physics Letters, 2007, 91 (20): 203116.

[172] Zuev Y M, Chang W, Kim P. Thermoelectric and magnetothermoelectric transport measurements of graphene. Physical Review Letters, 2009, 102 (9): 096807.

[173] Chen S S, Brown L, Levendorf M, et al. Oxidation resistance of graphene-coated Cu and Cu/Ni alloy. ACS Nano, 2011, 5 (2): 1321-1327.

[174] Prasai D, Tuberquia J C, Harl R R, et al. Graphene: Corrosion-inhibiting coating. ACS Nano, 2012, 6 (2): 1102-1108.

[175] Xu X Z, Yi D, Wang Z C, et al. Greatly enhanced anticorrosion of Cu by commensurate graphene coating. Advanced Materials, 2018, 30 (6): 1702944.

[176] Yu Z X, Di H H, Ma Y, et al. Preparation of graphene oxide modified by titanium dioxide to enhance the anti-corrosion performance of epoxy coatings. Surface & Coatings Technology, 2015, 276: 471-478.

[177] Schedin F, Geim A K, Morozov S V, et al. Detection of individual gas molecules adsorbed on graphene. Nature Materials, 2007, 6 (9): 652-655.

[178] Shin D H, Lee J S, Jun J, et al. Flower-like palladium nanoclusters decorated graphene electrodes for ultrasensitive and flexible hydrogen gas sensing. Scientific Reports, 2015, 5: 12294.

[179] Yavari F, Chen Z P, Thomas A V, et al. High sensitivity gas detection using a macroscopic three-dimensional graphene foam network. Scientific Reports, 2011, 1: 166.

[180] Guo Y L, Wu B, Liu H T, et al. Electrical assembly and reduction of graphene oxide in a single solution step for use in flexible sensors. Advanced Materials, 2011, 23 (40): 4626-4630.

[181] Yao Y, Chen X D, Guo H H, et al. Graphene oxide thin film coated quartz crystal microbalance for humidity detection. Applied Surface Science, 2011, 257 (17): 7778-7782.

[182] Fowler J D, Allen M J, Tung V C, et al. Practical chemical sensors from chemically derived graphene. ACS Nano, 2009, 3 (2): 301-306.

[183] Prezioso S, Perrozzi F, Giancaterini L, et al. Graphene oxide as a practical solution to high sensitivity gas sensing. Journal of Physical Chemistry C, 2013, 117 (20): 10683-10690.

[184] Wang J W, Singh B, Park J H, et al. Dielectrophoresis of graphene oxide nanostructures for hydrogen gas sensor at room temperature. Sensors and Actuators B: Chemical, 2014, 194: 296-302.

[185] Chen J G, Peng T J, Sun H J, et al. Influence of thermal reduction temperature on the humidity sensitivity of graphene oxide. Fullerenes Nanotubes and Carbon Nanostructures, 2015, 23 (5): 418-423.

[186] Balog R, Jorgensen B, Wells J, et al. Atomic hydrogen adsorbate structures on graphene. Journal of the American Chemical Society, 2009, 131 (25): 8744-8745.

[187] Sessi P，Guest J R，Bode M，et al. Patterning graphene at the nanometer scale via hydrogen desorption. Nano Letters，2009，9（12）：4343-4347.

[188] Zhou J，Wang Q，Sun Q，et al. Ferromagnetism in semihydrogenated graphene sheet. Nano Letters，2009，9（11）：3867-3870.

[189] Bon S B，Valentini L，Verdejo R，et al. Plasma fluorination of chemically derived graphene sheets and subsequent modification with butylamine. Chemistry of Materials，2009，21（14）：3433-3438.

[190] Nair R R，Ren W C，Jalil R，et al. Fluorographene：A two-dimensional counterpart of Teflon. Small，2010，6（24）：2877-2884.

[191] Zhou J，Liang Q F，Dong J M. Enhanced spin-orbit coupling in hydrogenated and fluorinated graphene. Carbon，2010，48（5）：1405-1409.

[192] Osuna S，Torrent-Sucarrat M，Sola M，et al. Reaction mechanisms for graphene and carbon nanotube fluorination. Journal of Physical Chemistry C，2010，114（8）：3340-3345.

[193] Loh K P，Bao Q L，Eda G，et al. Graphene oxide as a chemically tunable platform for optical applications. Nature Chemistry，2010，2（12）：1015-1024.

[194] Liang Y Y，Frisch J，Zhi L J，et al. Transparent，highly conductive graphene electrodes from acetylene-assisted thermolysis of graphite oxide sheets and nanographene molecules. Nanotechnology，2009，20（43）：434007.

[195] Gomez-Navarro C，Burghard M，Kern K. Elastic properties of chemically derived single graphene sheets. Nano Letters，2008，8（7）：2045-2049.

[196] Liu L H，Yan M D. Functionalization of pristine graphene with perfluorophenyl azides. Journal of Materials Chemistry，2011，21（10）：3273-3276.

[197] Zhu H X，Yang Y Q，Duan H J，et al. Electromagnetic interference shielding polymer composites with magnetic and conductive FeCo/reduced graphene oxide 3D networks. Journal of Materials Science-Materials in Electronics，2019，30（3）：2045-2056.

[198] Zhang L，Shi G Q. Preparation of highly conductive graphene hydrogels for fabricating supercapacitors with high rate capability. Journal of Physical Chemistry C，2011，115（34）：17206-17212.

[199] Baltazar J，Sojoudi H，Paniagua S A，et al. Photochemical doping and tuning of the work function and Dirac point in graphene using photoacid and photobase generators. Advanced Functional Materials，2014，24（32）：5147-5156.

[200] Wei D C，Liu Y Q，Wang Y，et al. Synthesis of N-doped graphene by chemical vapor deposition and its electrical properties. Nano Letters，2009，9（5）：1752-1758.

[201] Reddy A L M，Srivastava A，Gowda S R，et al. Synthesis of nitrogen-doped graphene films for lithium battery application. ACS Nano，2010，4（11）：6337-6342.

[202] Luo Z Q，Lim S H，Tian Z Q，et al. Pyridinic N-doped graphene：Synthesis，electronic structure，and electrocatalytic property. Journal of Materials Chemistry，2011，21（22）：8038-8044.

[203] Wang X R，Li X L，Zhang L，et al. N-doping of graphene through electrothermal reactions with ammonia. Science，2009，324（5928）：768-771.

[204] Duan X G，O'Donnell K，Sun H Q，et al. Sulfur and nitrogen Co-doped graphene for metal-free catalytic oxidation reactions. Small，2015，11（25）：3036-3044.

[205] Jafari A，Ghoranneviss M，Elahi A S. Growth and characterization of boron doped graphene by hot filament chemical vapor deposition technique（HFCVD）. Journal of Crystal Growth，2016，438：70-75.

[206] Georgakilas V，Tiwari J N，Kemp K C，et al. Noncovalent functionalization of graphene and graphene oxide for

energy materials, biosensing, catalytic, and biomedical applications. Chemical Reviews, 2016, 116 (9): 5464-5519.

[207] Xu Y X, Bai H, Lu G W, et al. Flexible graphene films via the filtration of water-soluble noncovalent functionalized graphene sheets. Journal of the American Chemical Society, 2008, 130 (18): 5856-5857.

[208] Park J U, Nam S, Lee M S, et al. Synthesis of monolithic graphene-graphite integrated electronics. Nature Materials, 2012, 11 (2): 120-125.

[209] Patil A J, Vickery J L, Scott T B, et al. Aqueous stabilization and self-assembly of graphene sheets into layered bio-nanocomposites using DNA. Advanced Materials, 2009, 21 (31): 3159-3164.

[210] Chen Y H, Wang Y L, Shi X T, et al. Hierarchical and reversible assembly of graphene oxide/polyvinyl alcohol hybrid stabilized pickering emulsions and their templating for macroporous composite hydrogels. Carbon, 2017, 111: 38-47.

[211] Giovannetti G, Khomyakov P A, Brocks G, et al. Doping graphene with metal contacts. Physical Review Letters, 2008, 101 (2): 026803.

[212] Wang K, Wu J, Liu Q, et al. Ultrasensitive photoelectrochemical sensing of nicotinamide adenine dinucleotide based on graphene-TiO_2 nanohybrids under visible irradiation. Analytica Chimica Acta, 2012, 745: 131-136.

[213] Chang D W, Sohn G J, Dai L M, et al. Reversible adsorption of conjugated amphiphilic dendrimers onto reduced graphene oxide (rGO) for fluorescence sensing. Soft Matter, 2011, 7 (18): 8352-8357.

[214] Hu S, Lozada-Hidalgo M, Wang F C, et al. Proton transport through one-atom-thick crystals. Nature, 2014, 516 (7530): 227-230.

[215] Lozada-Hidalgo M, Hu S, Marshall O, et al. Sieving hydrogen isotopes through two-dimensional crystals. Science, 2016, 351 (6268): 68-70.

[216] Lozada-Hidalgo M, Zhang S, Hu S, et al. Giant photoeffect in proton transport through graphene membranes. Nature Nanotechnology, 2018, 13 (4): 300-303.

[217] Yazyev O V, Helm L. Defect-induced magnetism in graphene. Physical Review B, 2007, 75 (12): 125408.

[218] Santos E J G, Ayuela A, Sanchez-Portal D. First-principles study of substitutional metal impurities in graphene: Structural, electronic and magnetic properties. New Journal of Physics, 2010, 12: 053012.

[219] Yndurain F. Effect of hole doping on the magnetism of point defects in graphene: A theoretical study. Physical Review B, 2014, 90 (24): 245420.

[220] Gonzalez-Herrero H, Gomez-Rodriguez J M, Mallet P, et al. Atomic-scale control of graphene magnetism by using hydrogen atoms. Science, 2016, 352 (6284): 437-441.

[221] Liu Y, Feng Q, Tang N J, et al. Increased magnetization of reduced graphene oxide by nitrogen-doping. Carbon, 2013, 60: 549-551.

[222] Li J Y, Li X H, Zhao P H, et al. Searching for magnetism in pyrrolic N-doped graphene synthesized via hydrothermal reaction. Carbon, 2015, 84: 460-468.

[223] Magda G Z, Jin X Z, Hagymasi I, et al. Room-temperature magnetic order on zigzag edges of narrow graphene nanoribbons. Nature, 2014, 514 (7524): 608-611.

[224] Blackwell R E, Zhao F Z, Brooks E, et al. Spin splitting of dopant edge state in magnetic zigzag graphene nanoribbons. Nature, 2021, 600 (7890): 647-652.

[225] Leenaerts O, Partoens B, Peeters F M. Water on graphene: Hydrophobicity and dipole moment using density functional theory. Physical Review B, 2009, 79 (23): 235440.

[226] Shin Y J，Wang Y Y，Huang H，et al. Surface-energy engineering of graphene. Langmuir，2010，26（6）：3798-3802.

[227] Munz M，Giusca C E，Myers-Ward R L，et al. Thickness-dependent hydrophobicity of epitaxial graphene. ACS Nano，2015，9（8）：8401-8411.

[228] Li Z T，Wang Y J，Kozbial A，et al. Effect of airborne contaminants on the wettability of supported graphene and graphite. Nature Materials，2013，12（10）：925-931.

[229] Zhang J C，Jia K C，Huang Y F，et al. Intrinsic wettability in pristine graphene. Advanced Materials，2022，21：2103620.

第6章

石墨烯的器件应用

石墨烯独特的结构与优异的性质使其具有巨大的应用潜力，尤其在器件领域，如电子器件、光电器件、传感器件等。目前，石墨烯的制备技术越来越成熟，特别是利用 CVD 生长与卷对卷转移技术已可获得大面积、高质量的石墨烯。而且，所得石墨烯适用于光刻、刻蚀等微纳加工技术，为其在器件中的应用奠定了良好的基础。本章将重点介绍 CVD 石墨烯在器件领域中的应用。

6.1 ▶ 电子器件

现代电子信息技术的迅猛发展，对新一代的电子器件提出更小、更轻、更薄、更快、集成度更高的要求。传统的硅基电子器件的特征尺寸能否再依照"摩尔定律"继续缩小已面临巨大挑战，而且随着柔性和可穿戴电子器件的发展，迫切需要开发新型电子器件与材料。

石墨烯具备作为电子器件材料所需的大部分性质，尤其是超高的载流子迁移率以及二维的结构特征。并且理论上其电子迁移率和空穴迁移率相等，因此其 n 型场效应晶体管和 p 型场效应晶体管是对称的。此外，因为其带隙为零，即使在室温下载流子在石墨烯中的平均自由程和相干长度也可为微米级，因而可用于数字晶体管、射频晶体管、忆阻器等电子器件。因此，石墨烯是一种非常有前景的新型电子材料，并于 2007 年被国际半导体技术路线图（ITRS）列为后硅时代最具潜力的新材料之一，从此激起了全球范围内石墨烯电子器件的研究热潮。

6.1.1 数字晶体管

数字逻辑电路是一种用于传递和处理离散信号，以二进制为原理，实现数字信号逻辑运算和操作的电路。无论规模大小，晶体管都是构成数字逻辑电路的最基本电子器件之一。迁移率、开（关）态电流以及电流开关比（I_{on}/I_{off}）等是衡量晶体管的主要性能指标。传统的晶体管主要是由硅材料制成，但受物理原理的制约，小于 10 nm 后生产性能稳定、集成度更高的芯片等产品将非常困难。石墨烯的室温载流子迁移率可以达到 200000 cm^2/(V·s)，是硅中电子迁移率的近 200 倍，饱和速度为 $3 \times 10^7 \sim 6 \times 10^7$ cm/s，是硅的 5 倍。完美的晶格结构使得本征石墨烯中的电子传输几乎不受散射，费米速度接近光速的三百分之一。电子穿过石墨烯几乎没有任何阻力，所产生的热量也非常少。当石墨烯减小到纳米尺度甚至几个苯环的宽度时，同样保持很好的稳定性和电学性能。此外，制作石墨烯器件和电路的工艺与硅工艺兼容。正是由于这些特性，石墨烯数字晶体管及其逻辑电路已成为石墨烯在器件领域应用的一个重要发展方向。

2004 年，Geim 研究组首次通过胶带剥离法制备出石墨烯并证明其具有场效应特性[1]。2007 年，M. C. Lemme 等[2]同样采用胶带剥离法，制备出第一个具有顶栅结构的石墨烯场效应晶体管（FET）。此后，研究人员对石墨烯晶体管进行了大量的研究。但是，由于石墨烯本征零带隙特征所致，石墨烯晶体管大多数存在关态电流过大、电流开关比很小的问题，限制了其在数字逻辑电路中的应用。因此，在室温下打开带隙，同时又不破坏石墨烯本身优异的电学性质，从而能利用石墨烯制成超越硅的具有更低能耗、更高速度的电子元件，成为石墨烯数字晶体管研究的关键。如第 5 章所述，打开石墨烯带隙的方法主要有量子限制（纳米带、纳米筛和量子点）、电场调控双层石墨烯和掺杂。

石墨烯纳米带（graphene nanoribbon，GNR）既保持了石墨烯的许多优异性能又具有带隙，是实现石墨烯在数字晶体管中应用的主要途径之一。石墨烯纳米带的带隙往往依赖于其边缘构型和宽度。根据边缘结构的差异，石墨烯纳米带可分为锯齿形和扶手椅形。一般锯齿形石墨烯纳米带呈现金属性，而扶手椅形石墨烯纳米带可能为金属性或者半导体性。半导体性石墨烯纳米带的带隙随宽度增加呈下降趋势。为了产生足够的带隙，半导体性石墨烯纳米带的宽度一般须小于 10 nm，且 5 nm 以下才有望使 I_{on}/I_{off} 达到逻辑电路所需要的 $10^4 \sim 10^7$[3, 4]。根据所用前驱体材料不同，石墨烯纳米带的制备方法可分为切割或压扁碳纳米管、刻蚀石墨烯、CVD 生长与表面分子自组装等。通过切割碳纳米管法获得的石墨烯纳米带宽度通常大于 10 nm，边界难以控制[5-8]。为了解决这一问题，C. X. Chen 等[9]利用高压和热处理相结合的方法将碳纳米管压扁，制备出宽度小于 10 nm 且具有原子级光滑封闭边缘的半导体性石墨烯纳米带，其最小宽度可低至 1.4 nm。以 2.8 nm 宽石墨烯纳米带为沟道材料制备的 FET 电流开关比超过 10^4，带隙约为 494 meV。同时，该器件的场效应迁移率为 2443 cm^2/(V·s)，开态电导率为 7.42 mS。但是，该方法与切割碳纳米管方法一样也存在石墨烯纳米带产率较低，易形成碳纳米管和石墨烯纳米带的混合物等问题[10]。刻蚀石墨烯的方法可制备层数更加均匀、宽度易控制的石墨烯纳米带[11-16]。但也存在易引入杂质、边缘粗糙和电学性能不够理想等问题。

与切割或压扁碳纳米管法和刻蚀石墨烯法不同，CVD 生长与表面分子自组装法是自下而上制备石墨烯纳米带的方法，可有效地解决污染和缺陷等问题。T. Kato 和 R. Hatakeyama[17]通过传统的光刻技术构建了 Ni 纳米条带基底，利用快速加热等离子体增强 CVD 法在源-漏电极间直接制备了宽度为 23 nm 左右的石墨烯纳米带，带隙约为 58.5 meV，场效应晶体管电流开关比大于 10^4。N. Liu 等[18]以电纺丝的聚合物纳米纤维为模板，采用低压 CVD 法成功制备了石墨烯纳米带。CVD 法的优点是能够大规模地生产石墨烯纳米带，而且当模板呈阵列分布时可以得到石墨烯纳米带阵列，不过也存在难以获得单层结构的问题。

表面分子自组装法主要利用多环芳烃分子等有机化合物分子作为前驱体，可制备超窄的石墨烯纳米带，具有可控性高的特点，但产量低[19, 20]。2017 年，J. P. Llinas 等[21]在金基底上成功生长出只有 9 个原子宽度的石墨烯纳米带（9-AGNRs），其具有规则的扶手椅形边界。该纳米带的宽度只有 1 nm，长度约为 30 nm ［图 6.1（a）］。随后，以其为沟道材料，制备了石墨烯晶体管 ［图 6.1（b，c）］。并通过使用介电常数更大的二氧化铪（HfO_2）取代二氧化硅作为介电材料，大幅缩小了介电层的厚度（仅为 1.5 nm），进而降低了其对器件电学特性的影响。所得器件室温下 I_{on}/I_{off} 达到 10^5 的水平，当源漏间电压 $V_d = -1$ V 时，开态电流（I_{on}）约为 1 μA ［图 6.1（d，e）］。

电场调控双层石墨烯也是打开石墨烯带隙制作数字逻辑晶体管的重要方法。AB 堆垛双层石墨烯层之间的耦合作用使其带隙在电场的调控下可被打开。Y. Zhang 等[22]构筑了双栅双层石墨烯 FET，通过栅极电压的控制，实现了对石墨烯带隙（0～250 meV）的调控。任文才研究组[23]以液态 Pt_3Si/固态 Pt 作为生长基底，采用 CVD 方法制备出英寸级完全 AB 堆垛的均一双层石墨烯连续薄膜。以其制备的大尺寸 FET 的室温载流子迁移率可以达到 2100 cm²/(V·s)，在 1.0 V/nm 位移场下，带隙大于 26 meV。

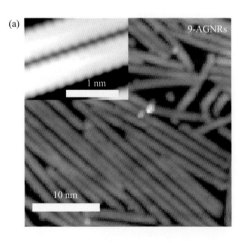

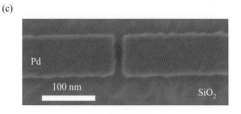

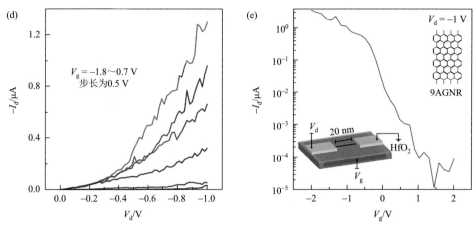

图 6.1　石墨烯纳米带晶体管及其性能：（a）金基底上生长的 9 个原子宽度石墨烯纳米带的扫描隧道显微镜（STM）图（样品电压 $V_s = 1\,V$，隧道电流 $I_t = 0.3\,nA$），插图是其高分辨 STM 图，标尺为 1 nm（$V_s = 1\,V$，$I_t = 0.5\,nA$）；（b）以 Pd 为源漏电极构建的 9 个原子宽度石墨烯纳米带短沟道晶体管示意图；（c）Pd 源漏电极的 SEM 图，标尺为 100 nm；（d）9 个原子宽度石墨烯纳米带短沟道晶体管的 I_d-V_d 特性曲线；（e）9 个原子宽度石墨烯纳米带短沟道晶体管的 I_d-V_g 特性曲线，插图是 9 个原子宽度石墨烯纳米带短沟道晶体管的结构示意图[21]

　　掺杂是引入带隙最直接的方法，这是因为石墨烯零带隙的结构容易受表面吸附和晶格掺杂的影响。表面吸附掺杂主要是石墨烯与表面吸附的掺杂剂之间产生电荷转移[24-30]。晶格掺杂是利用杂原子替代石墨烯平面六角晶格中的碳原子，并与相邻的碳原子成键。一般，掺杂原子的价电子数少于碳原子的价电子数会产生 p 型掺杂，反之则会产生 n 型掺杂，且随着掺杂浓度的增加，石墨烯带隙增大。目前，主要有 N 掺杂[31-34]、B 掺杂[32, 35, 36]、P 掺杂[37]以及 Cl 掺杂[38]等。与表面吸附掺杂相比，石墨烯晶格掺杂相对比较困难，通常需要与石墨烯的制备过程同步进行，并容易破坏石墨烯的结构，但这种掺杂也相对比较稳定。

　　在石墨烯表面和边界上构造异质结以形成异质结晶体管，是目前石墨烯数字晶体管发展的一个新方向。一般分为面内异质结和垂直异质结。面内异质结是一种平面结构，将石墨烯与宽禁带半导体相互接触形成异质结。2013 年，Z. Liu 等[39]通过在图形化的六方氮化硼（h-BN）里 CVD 生长石墨烯的方法获得了氮化硼-石墨烯平面异质结构，并可以制作出各种形状的图案，为石墨烯面内异质结晶体管的制备提供了可能。同时，J. S. Moon 等[40]将单层石墨烯部分氟化，进而得到石墨烯-氟化石墨烯-石墨烯的面内异质结构，以这种异质结构作为沟道材料制造的石墨烯晶体管室温 I_{on}/I_{off} 达到 10^5，关态电流小于 1 μA/mm。

　　垂直异质结（又称范德瓦耳斯异质结）是一种堆叠式的结构，通过将性质不同的二维材料与石墨烯层层相叠以获得大量新奇和优异的物性。因此，可设计丰富多样的新结构、新原理石墨烯基晶体管。2010 年，C. R. Dean 等[41]最先报道了采用堆叠法制备石墨烯/h-BN 异质结构，其室温载流子迁移率可达约 25000 cm²/(V·s)。进一步在其上包覆一层 h-BN 构建出 h-BN/石墨烯/h-BN 垂直异质结构的载流子迁移率在室温下高达约 100000 cm²/(V·s)，在低温下甚至达到约 500000 cm²/(V·s)。2012 年，L. Britnell 等[42]利用石墨烯和氮化硼（或二硫化钼）的垂直异质结设计并制作了垂直结构的隧穿晶体管，分别以几个原子层厚的氮化硼和二硫化钼作为中间势垒层，利用隧穿效应实现了约 50 和 10^4 的电流开关比。随后，T. Georgiou 等[43]对这种结构进行了改进，以二硫化钨替换氮化硼和二硫化钼作为势垒层。由于二硫化钨带隙较小，可调控其电子传输从隧穿机制转变到热电子发射机制，进而获得了高达 10^6 的电流开关比，如图 6.2 所示。然而，垂直异质结隧穿晶体管存在层间相互作用弱从而导致器件性能不稳定等问题。同时，晶格和取向的失配也会降低隧穿晶体管的开关速率和亚阈值摆幅，严重影响其性能。如何解决这些问题将是未来隧穿晶体管研究的重点。

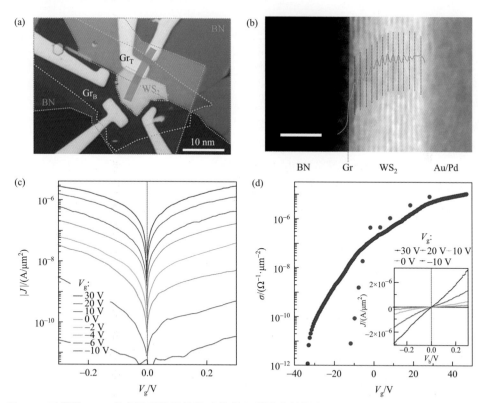

图 6.2 石墨烯-WS₂ 垂直异质结晶体管及其室温隧道传输性能：（a）石墨烯-WS₂ 垂直异质结晶体管的光学照片，Gr_T 表示顶层石墨烯，Gr_B 表示底层石墨烯；（b）异质结横截面的高角环形暗场扫描透射电子显微镜（HAADF-STEM）图；（c）不同 V_g 条件下的 J-V 曲线（对数坐标）；（d）红色圆圈为零偏压电导随 V_g 的变化，蓝色圆圈为 $V_b = 0.02$ V 时电导随 V_g 的变化，插图为不同 V_g 条件下的 J-V 曲线（线性坐标），$T = 300$ K，器件面积为 0.25 μm² [43]

综上，虽然石墨烯许多优异的物性使其在数字晶体管中的应用被寄予厚望，但在不改变其优异电学性能的条件下打开一个较大的带隙仍然是尚未解决的难题。尽管研究者们已经开发了多种方法，但打开的带隙还不足以有效关闭石墨烯晶体管。对于单层石墨烯，虽然可采用多种方法打开带隙，但同时破坏了狄拉克锥点，使得石墨烯的导电性能和迁移率大幅度下降。在双层石墨烯中，施加垂直电场就可以打开一个带隙，但受到介电材料击穿电压的限制，这个带隙还是很小，难以满足室温下的应用需求。掺杂的石墨烯可以保持高的导电性，但晶格掺杂相对比较困难，又容易破坏石墨烯结构，而表面吸附掺杂则存在稳定性较差的不足。目前，已经可以获得高性能的垂直异质结晶体管，但将其用在逻辑电路上还需要解决器件稳定性以及集成等诸多问题。总之，石墨烯在数字晶体管中的应用还需要克服诸多困难。随着对该器件特性以及存在问题的深入研究，发展新的制备技术和方法、设计新的器件结构，有望研制出性能更加优异的数字晶体管。

6.1.2 射频晶体管

简单来说，射频（radio frequency，RF）晶体管是频率较高且适合于工作在高频的倍频器、混频器及放大器等射频电路中的晶体管，广泛应用于通信、调频设备、太赫兹成像等。石墨烯没有带隙，导致其晶体管的关态电流很大，器件电流开关比很小，无法像传统半导体晶体管那样被有效地关闭，不适合直接应用在数字逻辑电路中。但随着栅长 L_G 的缩短，可实现很高的截止频率 f_T，有望发展出高性能的射频器件。更重要的是，在很多情况下射频晶体管的应用可以不考虑电流开关比的大小，并且石墨烯不仅具有高载流子迁移率，还可被电场调控。因此，石墨烯射频晶体管的结构设计、制作、高频特性及其射频电路的研究受到了极大的关注。本节主要介绍近年来石墨烯射频晶体管的结构和性能及其在射频电路方面的研究进展。

石墨烯射频晶体管主要有 2 个重要的频率指标：截止频率 f_T 和最大振荡频率 f_{MAX}。其中，f_T 是当电流增益为 1 时对应的频率，f_{MAX} 是当功率增益为 1 时对应的频率，其表达式分别如式（6.1）、式（6.2）所示。根据公式中的各个参数，就可以得到提高截止频率和最大振荡频率的办法，包括提高跨导 g_m、减小沟道电导 g_D、减小源漏串联电阻 R_{SD} 等。

$$f_T = \frac{g_m}{2\pi C_G} \tag{6.1}$$

$$f_{MAX} = \frac{f_T}{2\left[g_D(R_G + R_{SD}) + 2\pi f_T R_G C_G\right]^{1/2}} \tag{6.2}$$

其中，g_m 是跨导；C_G 是栅电容；g_D 是沟道电导；R_G 和 R_{SD} 分别是栅电阻和源漏串联电阻。

早在 2008 年，I. Meric 等[44]研究了基于胶带剥离的石墨烯顶栅场效应晶体管的电流饱和特性，并首次观察到了饱和晶体管性质。其饱和速度取决于电荷载流子浓度以及界面的散射。尽管 I_{on}/I_{off} 比较低，但是通过顶栅结构实现了对沟道的有效静电调控，使器件的跨导高达 150 μS/μm。这些结果表明，石墨烯有望在模拟和射频电路中获得应用。2010 年，美国 IBM 公司的 Y. M. Lin 等[45]采用聚合物作缓冲层，二氧化铪为顶栅介质层，在 2 in SiC 晶圆的 Si 面上实现了外延生长石墨烯射频晶体管的制备，如图 6.3 所示。栅长为 550 nm 的顶栅器件截止频率为 53 GHz，当栅长进一步缩小到 240 nm，其截止频率达到了 100 GHz，高于相同栅长的 Si 基晶体管的截止频率（$f_T = 40$ GHz），显示了石墨烯在高频电子器件领域的巨大潜力。同年，段镶锋研究组[46]采用氧化铝包覆硅化钴（Co₂Si-Al₂O₃）核壳结构纳米线作为栅极，并通过自对准工艺构建了源极和漏极，进而制备了基于胶带剥离石墨烯的射频晶体管，其栅长由纳米线的直径决定。使用纳米线栅极可以避免在石墨烯中引入缺陷，从而保证了石墨烯高的载流子迁移率；而自对准工艺在保证源极、漏极、栅极精确对位的同时，使器件的阻抗最小化。更为重要的是，所得器件的沟道长度可低至 140 nm，截止频率在 100~300 GHz 之间。

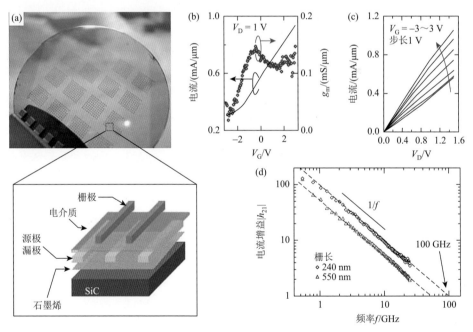

图 6.3　截止频率高达 100 GHz 的石墨烯晶体管：（a）在 2 in 圆晶级 SiC 外延生长石墨烯上制备的器件的照片及顶栅结构石墨烯晶体管的横截面示意图；（b）栅长为 240 nm 的石墨烯晶体管的漏电流（I_D）与在 1 V 漏极电压下栅极电压的关系，右侧坐标轴是器件的跨导（g_m）；（c）不同栅极电压下栅长为 240 nm 的石墨烯晶体管的漏电流与漏极电压（V_D）的关系；（d）240 nm 与 550 nm 栅长晶体管小信号电流增益（$|h_{21}|$）与频率（f）的关系，240 nm 与 550 nm 栅长石墨烯晶体管的 f_T 分别为 53 GHz 和 100 GHz[45]

随后的几年中，人们不断地开发适合石墨烯器件的工艺流程，以避免对石墨烯产生表面污染、造成结构损伤等，并进一步缩小沟道长度来提高射频晶体管的截止频率。2011 年，美国 IBM 公司的 Y. Wu 等[47]制备出截止频率高达 155 GHz 的石墨烯晶体管，且栅长缩小到只有 40 nm 的尺寸。2012 年，段镶锋研究组[48]报道了采用转移栅叠层制作石墨烯射频晶体管，即预先做好顶栅介质层和栅极金属，再将其一起转移到石墨烯上，有效避免了光刻胶与石墨烯的接触。随后，通过自对准工艺制作射频晶体管。采用这种方法制备的基于 CVD 石墨烯的射频晶体管截止频率在 50～200 GHz 之间，基于胶带剥离的石墨烯的射频晶体管的截止频率达到 427 GHz，相应器件结构和性能如图 6.4 所示。卢琪等[49]系统分析了截至 2017 年报道的石墨烯射频场效应晶体管的性能，发现截止频率 f_T 与栅长 L_G 基本符合 $1/L_G$ 的关系。理论结果也表明，当栅长继续缩小到几纳米时，石墨烯晶体管的本征截止频率可提高到几十太赫兹[50]，展示出石墨烯晶体管在高频下的应用潜力。

但是，相比于极高的 f_T，目前石墨烯射频晶体管能实现的最大振荡频率 f_{MAX} 还很低，与硅材料制备的射频晶体管的性能存在一定差距。由式（6.2）可以看出，影响 f_{MAX} 的因素更复杂，它与 f_T、R_G 等多个参数有关。2016 年，南京电子技术研究所的 Y. Wu 等[51]在 T 型栅自对准工艺基础上，使用金作为支撑层用于 CVD 生长石墨烯的转移，不仅避免了聚合物对石墨烯的污染，而且避免了石墨烯在后续光刻过程中被光刻胶污染。在减小工艺流程对石墨烯性能影响的同时，也减小了晶体管 R_G 及寄生电阻，60 nm 栅长 CVD 石墨烯器件的 f_{MAX} 达到 200 GHz，这是迄今石墨烯晶体管 f_{MAX} 的最高值，但仍不能满足未来应用的要求。提高石墨烯的晶体质量、使用双层石墨烯、改进器件结构和工艺等是进一步提升石墨烯晶体管射频特性的研究重点。

石墨烯射频晶体管由于具有极高的 f_T 特性可用于制作高性能的倍频器、混频器和射频放大器等。同时，石墨烯射频晶体管还具有独特的双极性等有别于硅基晶体管的特点，使得一些石墨烯晶体管射频电路具有独特的工作原理和结构[49]。2009 年，H. Wang 等[52]利用石墨烯独特的双极传输特性，设计制作了结构十分简单的石墨烯晶体管倍频器，可以实现输入 10 kHz、输出 20 kHz 的倍频功能，输出频谱的纯度高于 90%。2014 年，清华大学 H. M. Lv 等[53]使用倒置工艺制备出基于 CVD 生长石墨烯的倍频器与集成电路，实现了 4 GHz 的 3 dB 带宽，并且在输入信号为 3 GHz 时，转换增益达到−26 dB，可以实现输入 8 GHz、输出 16 GHz 的倍频功能。此外，C. T. Cheng 等[54]通过使用单层/双层石墨烯沟道结构得到有两个狄拉克点的转移特性曲线，直接构造出三倍频器，可以实现输入 1 kHz、输出 3 kHz 的三倍频功能，输出频谱的纯度高于 94%，显示出石墨烯在高频电子中应用的独特优势。

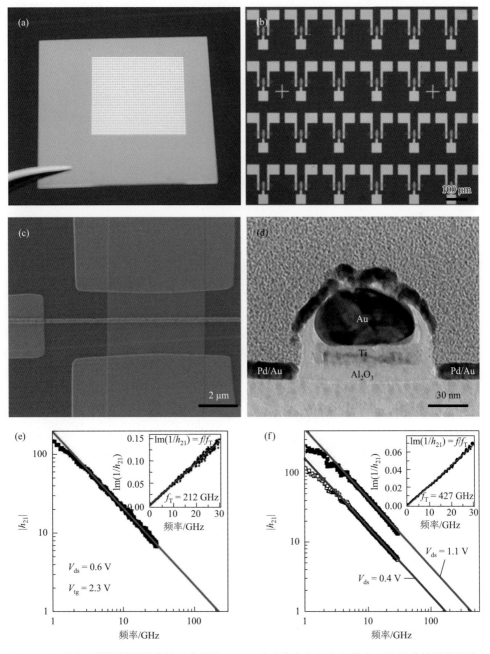

图 6.4 自对准石墨烯射频晶体管及其性能：（a）玻璃基底上的大规模自对准晶体管器件照片；（b）300 nm SiO₂/Si 基底上自对准晶体管的光学照片；（c）自对准晶体管的 SEM 图；（d）器件横截面的 TEM 图；（e，f）46 nm 栅长 CVD 石墨烯和 67 nm 栅长剥离石墨烯器件的小信号电流增益|h_{21}|与频率的关系，其中在 0.6 V 偏压下，CVD 石墨烯器件的截止频率为 212 GHz，在 1.1 V 和 0.4 V 偏压下，剥离石墨烯器件的截止频率分别为 427 GHz 和 169 GHz[48]

混频器是输出信号频率等于两输入信号频率之和、差或为两者其他组合的电路，在无线通信中用于调制频率。2010 年，H. Wang 等[55]利用石墨烯的双极传输特性，制备出了基于 CVD 生长石墨烯的新型混频器，可以有效地消除偶次交调的影响，通过栅极电压将晶体管偏置在狄拉克点的附近，并且引入 10.5 MHz 的射频输入信号及 10 MHz 的本振（LO）信号，得到电路的转换损耗为 35～40 dB，输入三阶交调截取点（third-order intermodulation intercept point，IIP3）为 13.8 dBm。此后，J. S. Moon 等[56]制备了一种阻性混频器，在 LO 功率等于 2.6 dBm 时，得到的 IIP3 高达 27 dBm。H. M. Lyu 等[57]选用交叉耦合的双平衡电路结构设计了石墨烯混频器，当本振频率为 3.5 GHz、射频信号为 3.6 GHz 时，达到 33 dB 的转换损耗和 21 dBm 的 IIP3，并获得了纯净的输出频谱。

射频放大器是射频电路中的一类重要单元，由于石墨烯带隙为零，难以实现输出特性饱和，限制了其在放大器方面的应用。尽管如此，通过改善基底材料使载流子达到速度饱和，以及使用双层石墨烯等方式打开石墨烯材料的带隙，还是可以用于构建射频放大器。2012 年，S. J. Han 等[58]通过缩小栅氧化层厚度小于 2 nm，使基于 CVD 生长石墨烯的短沟道晶体管的漏电流达到了饱和。利用这一方法制备的晶体管本征电压增益可高达 34。2015 年，H. M. Lyu 等[59]提出了石墨烯分布式放大器的结构，在一定程度上弥补了放大性能不足的缺点。仿真结果表明，四节石墨烯分布式放大器可以实现 3.5 GHz 的带宽以及最高 4 dB 的增益。

此外，基于石墨烯的弹道整流器[60]、兆赫兹集成石墨烯环形振荡器（RO）[61]的射频电路的基本结构也已经实现。虽然受石墨烯晶体管射频性能的限制，这些射频器件电路的集成度、性能等仍与商业化的硅、III-IV 族电路有一些差距，但其模块功能的实现利用了石墨烯不同于硅基晶体管的特性简化了电路。随着石墨烯制备技术以及相关集成工艺技术的快速发展，利用石墨烯独特的电学特性（如双极特性等）以发挥石墨烯在射频领域的优势，设计出更多结构简单、性能优异的电路，有望促进石墨烯晶体管在射频领域的应用。

6.1.3 忆阻器

忆阻器（memristor，全称记忆电阻器）是能够"记忆"电流历史而动态改变其内部电阻状态的非线性电阻，被认为是继电阻、电容、电感之后的第四种无源基本电路元件，具有密度高、响应速度快、功耗低和非易失性以及与互补金属氧化物半导体（complementary metal oxide semiconductor，CMOS）工艺兼容性好等特点，在非易失性存储器、非易失性逻辑运算、类脑神经形态计算、人工智能等领域具有广阔的应用。应用背景的不同，对忆阻器性能指标的要求也不尽相同。其中，转变电压、高低电阻比、保持时间、循环次数等是最基本的要求。

石墨烯及其相关材料因为独特的导电和阻变性能在忆阻器中的应用受到了广泛关注。石墨烯忆阻器通常采用"三明治"结构，即功能层夹在两层电极层中间[62-64]，具有结构简单、处理信息速度较快、储存信息量大的特点。石墨烯及其相关材料既可作为忆阻器的功能层又可作为电极层。其中，将氧化石墨烯（GO）薄膜作为阻变层，结合易氧化金属电极（如 Al、Cu）或半导体（如 ITO）和惰性金属电极（如 Pt、Au）形成的金属/绝缘层/金属（半导体）（MIM 或 MIS）结构最为常见[65]。其主要是通过 GO 薄膜与活性金属电极之间形成的无定形态界面层导电丝的断裂和连接来实现开关。2009 年，C. L. He 等[64]在 GO 材料中最早发现了阻变现象。通过真空抽滤法制备 GO 膜作为中间阻变层，采用 Pt 和 Cu 作为电极，该器件高低电阻比约为 20，循环 100 次保持不变，转变电压小于 1 V，保持时间长于 10^4 s，展现了良好的阻变性能。2013 年，G. Khurana 等[63]制备了 Pt/GO/ITO 结构器件，保持时间长于 10^4 s，高低电阻比约为 10^4，可循环 100 次。其阻变特性的主要机制是 GO 与 ITO 电极间的氧迁移。

近期的研究发现，在阻变层的两侧电极都使用惰性金属（如 Pt、Au）的情况下，GO 同样可以实现阻变效果[66]。这主要是因为在热或电场的作用下 GO 被部分还原，导致电阻率发生变化。当 GO 被转变为还原氧化石墨烯（rGO）时，忆阻器由高阻态转变为低阻态，而当氧离子迁移至 rGO 材料中，又可再次将其氧化为 GO，忆阻器又回到高阻态。相较于活性金属，使用惰性金属电极的阻变机制更加简单，器件也更加稳定。2021 年，任文才研究组与孙东明研究组[66]利用非金属催化的 CVD 法制备了多层石墨烯，然后采用单侧臭氧氧化的方法制备了具有垂直氧化梯度的多层石墨烯。以这种梯度氧化的石墨烯为阻变层且两侧均使用惰性 Au 电极构建了石墨烯基忆阻器，其保持时间约为 10^6 s，电流开关比约为 10^5，循环次数大于 10^4。该忆阻器还具有优异的柔韧性，在弯曲应变为 0.6%时，电流开关比仍然高于 10^3。

虽然以氧化石墨烯作为阻变层制得的忆阻器具有良好的性能，但在器件厚度和阻变特性方面与传统氧化物相比尚未表现出明显的优势。而利用石墨烯作为忆阻器的电极则更能发挥其结构与性能方面的优势[67, 68]。石墨烯本身仅为单原子层厚度，能够进一步降低器件的整体厚度，尤其适合发展柔性器件。2010 年，J. Liu 等[69]报道了利用 rGO 作为电极制备的体异质结聚合物忆阻器，高低电阻比为 $10^4 \sim 10^5$。2011 年，Y. Ji 等[70]制作了一种由 CVD 生长的多层石墨烯作透明顶电极，有机聚酰亚胺（PI）：6-苯基 C61 丁酸甲酯（PCBM）复合膜作为活性层的忆阻器。0.3 V 电压下高低电阻比高达 10^6，同时具有优异的柔性。在较大的弯折条件下，开态电流仍没有明显的变化［图 6.5（a）］，并且经过 10000 次的弯折循环，仍保持稳定［图 6.5（b）］。此外，在不同弯折条件下，电流保持时间高达 10^4 s［图 6.5（c）］，经过 10000 次的弯折循环、10^4 s 后电流仍保持稳定［图 6.5（d）］。2018 年，

M. Wang 等[71]报道了一种以二维层状硫氧化钼作阻变层，石墨烯作为上下电极（石墨烯/MoS$_{2-x}$O$_x$/石墨烯）的忆阻器。他们利用二维材料定向转移的工艺，将石墨烯、硫氧化钼、石墨烯堆叠在一起，形成的界面具有原子级平整度，能够实现非常稳定的开关，可擦写次数超过 2×10^7 次，擦写速度小于 100 ns，并且拥有很好的非易失性。更重要的是，该忆阻器能够在高达 340℃的温度下稳定工作并且保持良好的开关性能。通过对样品在不同工作状态下的 HAADF-STEM 及 X 射线光电子能谱表征揭示了该忆阻器中基于氧离子迁移的工作机制。导电通道在开关过程中一直受到石墨烯和层状硫氧化钼的保护，保证了导电通道在高温擦写过程中的稳定性，对推动忆阻器在高温电子器件领域的应用具有重要意义。

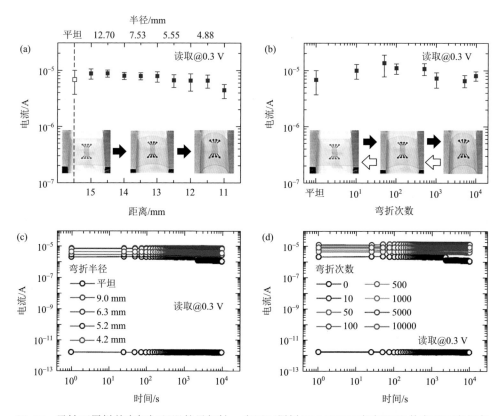

图 6.5 柔性石墨烯基有机忆阻器的柔韧性：多层石墨烯/PI：PCBM/铝忆阻器件在不同弯折条件下（a）和不同弯折次数（b）时的开态电流分布；器件在不同弯折条件下（c）和不同弯折次数（d）时的保持时间[70]

　　阻变存储器是新型的非易失存储器，是忆阻器的一个重要应用方向。2015 年，任天令研究组[72]首次报道了基于石墨烯电极的栅控阻变存储器，采用 CVD 制备的双层 AB 堆垛的石墨烯单晶畴作为阻变存储器的底电极，利用金属铝与石墨烯界面处形成的 5 nm 自然氧化层 AlO_x 作为阻变层。通过施加栅极电压，可以打开双层石墨烯的带隙，使电场穿透石墨烯进而调控 AlO_x 中氧离子的浓度，从而实现了通过栅极电压调控阻变存储器的存储窗口。随着背栅电压的增加，置位（SET）窗口不断增大，SET 电压可在 0.27～4.5 V 之间连续可调。当背栅电压为−10 V 时，SET 电压仅为 0.27 V，而当背栅电压为 0 V 时，SET 电压为 2.1 V，高低电阻比为 10^3。当背栅电压为 35 V 时，SET 电压增加到 4.5 V，高低电阻比达到 10^5。

　　除了"三明治"结构外，平面结构忆阻器因结构和制作工艺简单也引起了人们的关注。通过在平面基底上并列排布双电极，然后将阻变材料和两电极结合即可制成忆阻器。例如，O. O. Ekiz 等[73]报道了一种基于 GO 膜（厚度 30～60 nm）的平面结构忆阻器。此外，还可将 GO 与聚合物或金属氧化物复合作为阻变层，石墨烯插入到氧化物与金属电极界面作为遂穿电子层等[74]。类脑神经网络是忆阻器的一类非常重要的应用[75]。传统 CMOS 结构的晶体管在处理逻辑运算上有着速度快、处理效率高、功耗低等优势。但随着人工智能的发展，对处理感知类的操作任务提出了更高的要求，如图像识别、语音识别、语音重构等功能[76]。在执行此类功能时，忆阻器较 CMOS 晶体管具有突出的优势，不仅功耗低、运行速度快，而且可以并行处理数据。石墨烯基忆阻器在该领域有着重要的应用。2020 年，T. F. Schranghamer 等[77]将 CVD 生长的单层石墨烯转移至 p^{++}-Si/TiN/Pt/Al_2O_3 上，成功构建了水平结构的石墨烯基忆阻器，其包含多达 16 个阻态，用该器件搭建的人工神经网络具有更好的计算稳定性与计算精度。2022 年，D. Kireev 等[78]将 CVD 石墨烯作为沟道材料、Nafion 为栅介质制备了突触晶体管，能够更好地完成图像分类任务且具有良好的透明性、柔韧性和生物相容性。2023 年，X. Feng 等[79]以 CVD 石墨烯作为沟道材料、离子液体作为栅极制备了突触晶体管。在外电场的作用下，在离子液体/石墨烯沟道界面形成双电层，从而调节沟道中的载流子浓度，实现了突触行为。上述这些结果为高精度、高集成度、低功耗的人工神经网络的实现提供了一种可能的解决方案。

6.1.4　柔性电子器件

　　柔性电子器件是将电子器件制作在柔性、可延展的基板上，具有可以弯曲、伸展甚至还可以穿戴在身上的特点，有效地弥补了传统刚性电子器件的局限性，使电子产品更智能化、便携化、轻量化，也更舒适。因此，从市场需求、商业应用以及现代社会对电子产品的需求等角度来讲，柔性电子器件已成为电子行业发展的未来。许多研究机构和公司都投入了大量的资金，开发具有轻便、可弯曲等特性的新型柔性电子器件及相关材料，以促进柔性电子技术的发展。

　　石墨烯具有高的强度和柔韧性，是理想的可弯曲和可拉伸材料。因此，石墨烯在柔性电子器件中的应用前景广阔，有望给电子行业带来变革，这也是石墨烯基电子器件不同于硅电子器件的独特应用。2012 年 C. C. Lu 等[80]以 CVD 生长的石墨烯作为沟道材料，AlO_x 作为栅介质，采用自对准工艺在柔性的聚对苯二甲酸乙二酯［poly(ethylene terephthalate)，PET］基底上制备了柔性的顶栅 FET［图 6.6（a）］，其具有操作电压低（<3V）的特点，电流开关比为 3～6，电子迁移率和空穴迁移率分别达到约 230 $cm^2/(V·s)$ 和 300 $cm^2/(V·s)$［图 6.6（b～e）］。将基底弯折到曲率半径大于 8 mm 时，器件性能未发生明显改变［图 6.6（f）］，说明石墨烯晶体管具有良好的可弯折特性。2015 年，Y. R. Liang 等[81]以 CVD 生长的石墨烯作为沟道材料，YO_x 作为栅介质，在聚萘二甲酸乙二醇酯（polyethylene naphthalate，PEN）基底上制备出电子迁移率、空穴迁移率均超过 10000 $cm^2/(V·s)$ 的柔性晶体管，其中最高的空穴（电子）迁移率可达 24000 $cm^2/(V·s)$ ［20000 $cm^2/(V·s)$］。以此为基础，制备了石墨烯倍频器，电路的输入频率为 10 kHz 时，倍频器的转换增益达到约 13.6 dB，频谱纯净度达到 96.6%。进一步将输入频率提高至 11 MHz 时，转换增益约为 17.7 dB，频谱纯净度为 97.7%。

与在刚性基底上的器件不同，石墨烯柔性晶体管需要制作在柔性基底上。一般情况下，选择柔性的聚合物 PET 和 PEN 基底，其不仅具有优异的弯曲和拉伸稳定性，而且透光性好，因此所得器件还兼具较高的透明性。但是，这两类柔性基底一般承受不了高温，不利于高质量高介电常数介质的制备[82,83]。为了解决基底耐温性差的问题，许多研究者提出以具有较好耐温性的聚酰亚胺（PI）薄膜作为柔性器件的基底。2016 年，W. Wei 等[84]利用 CVD 生长石墨烯作为沟道材料，

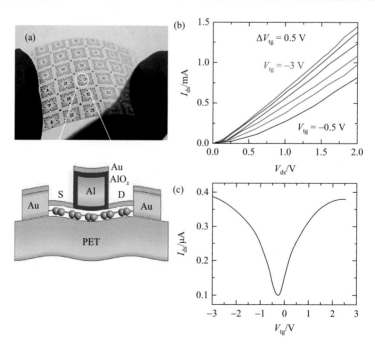

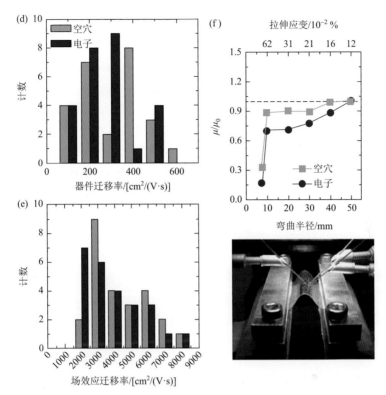

图 6.6　柔性基底上制备的自对准石墨烯 FET 的电学和力学性质：（a）PET 基底上器件阵列的光学照片以及器件的结构示意图；石墨烯 FET 的输出（b）和转移（c）性质；器件迁移率（d）和场效应迁移率（e）的直方统计图；（f）器件归一化迁移率与弯曲半径和拉伸应变的关系[80]

AlO$_x$ 作为栅介质，在一种耐高温的 Kapton 聚酰亚胺薄膜（玻璃化转变温度约 360℃）上制备了柔性的双底栅 FET。该石墨烯晶体管的截止频率 f_T 可达 39 GHz，最大振荡频率 f_{MAX} 可达 13.5 GHz，而且在弯折到曲率半径为 12 mm 时，f_T 和 f_{MAX} 变化为 10%～15%，最好的情况下小于 10%。三点弯曲实验发现，当曲率半径为 40 mm 时反复弯折 1000 次，f_T 变化小于 15%，f_{MAX} 变化小于 25%。

　　选择可低温制备的栅介质是避免柔性基底不能承受高温的另一种有效途径，这对柔性石墨烯电子器件发展更有意义。目前，较常用的有离子凝胶[85-87]和 GO[88]。其中，离子凝胶可以直接通过溶液法来实现，其对电子绝缘，却对离子导电，能产生较大电容，因而器件可在低压工作并产生较大的导通电流。2010 年，B. J. Kim 等[85]利用具有较高电容的离子凝胶，包括聚苯乙烯-甲基丙烯酸甲酯-苯乙烯三嵌段共聚物与 1-乙基-3-甲基咪唑双三氟甲磺酰亚胺盐离子液体作为栅介质，在 PET 上制备了柔性的石墨烯 FET，其可在低压条件（<3V）下工作，性能与硅基器件相当，而且具有很好的柔韧性。2012 年，他们进一步发展了气溶

胶喷墨打印技术来制备离子凝胶栅介质，以 CVD 石墨烯作为沟道材料、源/漏电极和栅极在 PET 上制备了具有共面栅极结构的晶体管阵列和互补反相器，器件仅由石墨烯和离子凝胶两种材料构成，透光率高于 80%[87]。所得晶体管具有较低的操作电压（<2 V），空穴迁移率和电子迁移率分别为(892±196)cm^2/(V·s)和(628±146)cm^2/(V·s)，在弹性应变 0%～2%范围内反复弯折 5000 次后，载流子迁移率变化约 20%，显示了良好的柔韧性。同时，还具有很好的稳定性，在大气条件下放置 1 个月，性能几乎不变。GO 的介电常数大于二氧化硅，能实现栅介质的作用，既可以通过溶液法又可以在制备并转移石墨烯的基础之上增加一步氧化工艺制备。2012 年，S. K. Lee 等[88]以 Langmuir-Blodgett（LB）法制备的 GO 膜为栅介质，沟道材料、源/漏电极和栅极均由 CVD 石墨烯构成，在 PET 上制备了具有底栅结构的全石墨烯薄膜晶体管。该器件的空穴迁移率和电子迁移率分别达到 300 cm^2/(V·s)和 250 cm^2/(V·s)，且柔韧性优异，在弹性应变 0%～3.5%范围内（相当于弯曲半径 4.13 mm）弯折，载流子迁移率变化 10%。

从以上结果可以看到，石墨烯不仅可以作为沟道材料，还可以用作电极材料。相对于金属电极而言，将石墨烯作为柔性电极具有轻质、高透光率和高柔韧性等诸多优点。值得指出的是，石墨烯与有机材料具有很好的相容性，因此石墨烯与有机材料接触时具有更好的结合特性和较低的电子注入势垒，有利于载流子输运，增大迁移率，使其非常适用于有机电子器件的电极。2011 年，W. H. Lee 等[89]以 CVD 生长的石墨烯作为源/漏电极，并五苯为活性材料，PEDOT：PSS 为栅极，聚 4-乙烯基苯酚为栅介质，在聚芳酯（polyarylate）基底上制备了柔性的有机场效应晶体管（OFET），整个器件制备过程均在室温下完成。所得 OFET 平均迁移率约为 0.12 cm^2/(V·s)，且具有很好的透明性和柔韧性。同时，石墨烯作为电极，还特别适合于构建柔性且透明的全二维材料电子器件。J. Yoon 等[90]利用 CVD 石墨烯作为源/漏电极，胶带剥离的 MoS$_2$ 为沟道材料在 PET 基底上构建了柔性且透明的晶体管，MoS$_2$/石墨烯界面接触势垒约为 22 meV，与 MoS$_2$/金属界面势垒相当。所得器件在 400～800 nm 波长范围内平均透光率约为 74%，电流开关比大于 10^4，场效应迁移率约为 4.7 cm^2/(V·s)，在曲率半径 r±2.2 mm 拉伸和压缩条件下电学性质稳定。在 $r=\infty$ 和 2.7 mm 间反复弯折 10000 次后，场效应迁移率降低 30%，但经 200℃热处理 2 h 后性能可恢复。S. Das 等[91,92]以 CVD 生长的单层石墨烯为电极，3～4 原子层的 h-BN 为栅介质，双层 WSe$_2$ 为沟道材料，在 PET 基底上构建了全二维材料的柔性透明薄膜晶体管，整个器件仅为 10 个原子层厚，在可见光谱范围内透光率高达约 88%。在 2%平面应变的情况下，器件的性能无变化。

目前，CVD 工艺已经实现了大面积石墨烯薄膜的制备，在柔性电子器件中，其既可以作为沟道材料、电极材料，又可以作为导电互连材料等，并且与栅介质（如 GO、离子凝胶和其他有机材料）都具有很好的兼容性。因此，CVD 石墨烯在柔性电子器件领域应用潜力巨大。但是，与刚性器件相同，为实现 CVD 石墨烯在大面积柔性电子器件中应用，需要解决的问题还很多，包括控制工艺条件进一步提高石墨烯的结晶质量并实现层数的控制，打开石墨烯的带隙而不影响其他性能等。此外，如何选择表面平整、耐高温的柔性基底，以及能在低温下制备且具有良好柔性的高质量栅介质也是柔性电子器件所面临的挑战。

6.2 ▶ 光电器件

光电器件是指根据光电效应制作的器件，其工作原理都是建立在光电效应的物理基础上。光电器件种类繁多，包括光电探测器、太阳能电池和发光二极管等。石墨烯除了具备极高的电子迁移率外，还具有很宽的光谱吸收范围。单层石墨烯在较宽的波长范围内的吸收率约为 2.3%，具有高达 97.7% 的透光率，使得石墨烯在光电领域具有广阔的应用前景[93, 94]。

6.2.1　光电探测器

光电探测器是一种把光信号转化为电信号的器件，在射线测量和探测、工业自动控制、导弹制导、红外热成像、红外遥感等国民经济和军事领域用途广泛。根据电信号转化方式不同，光电探测器可分为光伏型、光电导型和晶体管型等。光伏型是利用半导体 p-n 结制成的光电探测器。当入射光照射到异质结上时，形成了电子-空穴对（激子），电子-空穴对在内建电场的作用下分离，电子进入 n 区，空穴进入 p 区，产生光生电压。光电导型是指在光照下产生光生载流子，半导体材料的整体载流子浓度发生改变，从而使器件等效电阻发生变化的光电探测器。晶体管型是基于光栅压效应，半导体材料在光照下产生光生载流子，如果光生载流子被束缚在陷阱中便会形成局域电场，等效于在沟道中施加了一个栅极电压，从而产生光电流。由于工作原理的不同，光电探测器的特征参数也不尽相同，主要包括响应度、响应时间、光谱响应范围、探测度、等效噪声功率、外量子效率（EQE）等。目前已发展有硅基、InGaAs、PbS、InSb、HgCdTe、量子阱和第二类超晶格等探测器，响应度大多数在 A/W 量级，工作带宽从千赫兹到兆赫兹不等。随着探测器的发展，对光电探测器的响应度、响应范围和高频探测提出了更高的要求。

石墨烯具有高的载流子迁移率，零带隙特性使其能够在很宽的光谱范围内（紫外到中波红外）受光激发而产生电子-空穴对，而带内光跃迁更使其光吸收范围扩展至远红外和太赫兹，这些优点使其在光电探测方面具有极大的应用潜力。2009 年，F. Xia 等[95]利用胶带剥离法获得的石墨烯作为沟道材料，以 Ti/Pd/Au（0.5 nm/20 nm/20 nm）金属膜作为源漏电极，300 nm SiO$_2$/Si 为背栅基底，通过光刻、电子束蒸发等工艺制备出了第一个石墨烯基光电探测器，实现了石墨烯的超快光电探测。其响应度为 0.5 mA/W，在 40 GHz 的调制频率范围内，光响应无衰退现象。通过计算得到石墨烯的理论本征工作带宽高于 500 GHz，远高于常用的光电探测器，掀起了基于石墨烯基光电探测器的研究热潮。

2010 年，T. Mueller 等[96]改进了器件的结构，提出使用 Pd 和 Ti 两种不同金属制作电极，并采用叉指电极增强了内建电场对载流子的分离作用。该器件在通信波段 1.55 μm 的条件下响应度为 6.1 mA/W，在其他波长（0.514 μm、0.633 μm 和 2.4 μm）下也获得了相对较大的光响应度[97, 98]。2012 年，L. Vicarelli 等[99]开发了一种利用天线耦合的石墨烯 FET 作为太赫兹探测器，其能够在室温下工作，实现了对 0.3 THz 电磁波的灵敏探测，等效噪声功率为 200 nW/Hz$^{1/2}$。2013 年，M. Mittendorff 等[100]采用对数周期天线作为光耦合器，研制出了基于石墨烯材料的宽带太赫兹探测器，响应时间小于 10 ps，响应度为 5 nA/W。2014 年，D. Spirito 等[101]采用顶栅结构或者埋入式栅结构研制出双层石墨烯 FET，可用于太赫兹探测器，在 0.29～0.38 THz 频率范围内获得了 1.3 mA/W 的响应度和 2×10^{-9} W/Hz$^{1/2}$ 的等效噪声功率。这些结果进一步验证了石墨烯在高速、宽带以及高频光探测领域的应用潜力。

上述探测器中所用的石墨烯均是通过胶带剥离的方法获得，难以规模化应用。因此，基于 CVD 法制备的高质量石墨烯的探测器逐渐引起了重视。2014 年，A. Zak 等[102]利用蝶型天线，将 CVD 石墨烯应用到场效应晶体管太赫兹探测器中，器件性能可与胶带剥离的石墨烯探测器相媲美。室温下，该器件可探测频率为 0.6 THz 的信号，最大响应度为 14 V/W，最小等效噪声功率为 515 pW/Hz$^{1/2}$。2018 年，G. Wang 等[103]将选择性离子注入与 CVD 生长技术结合，在同一基底的相邻区域内分步注入 n 型掺杂离子和 p 型掺杂离子，成功构建出水平石墨烯 p-n 结阵列氮掺杂石墨烯/硼掺杂石墨烯（N-doped graphene/B-doped graphene），其具有优异的光探测性能，在 532～1550 nm 范围内探测度可达约 10^{12} Jones，响应度可达 1.4～4.7 A/W。上述这些研究为基于 CVD 石墨烯基光电探测器的规模应用提供了可能。

然而，石墨烯带隙为零，作为沟道材料，导致光电探测器的暗电流较大，无法彻底"关断"，而且石墨烯中的光生激子复合过快不能有效分离，难以达到很高的探测度。此外，虽然石墨烯在全波段都有吸收，但是单层石墨烯对光的吸收率只有 2.3%，因此光生载流子的浓度也被限制在一个较低的水平，使得探测器的响应度非常低，限制了石墨烯在光电探测领域的应用。目前，已发展了多种方法来进一步提高石墨烯基光电探测器的性能，主要包括：①打开石墨烯的带隙[104-106]；②将石墨烯与光学结构集成；③将石墨烯与其他材料复合；④与其他二维材料构建异质结构。

在前面已经详细介绍了打开石墨烯带隙的方法，包括量子限制法（将石墨烯制成纳米带）、双层结构和化学掺杂等。利用这种产生带隙的石墨烯制备的光电探测器有望具有较低的暗电流和更高的电流开关比。2012 年，E. Ahmadi 等[105]计算了扶手椅形石墨烯纳米带（A-GNRs）p-i-n 结构红外光电探测器的光响应。结果发现，单层 A-GNRs 探测器最大光响应度随着纳米带宽度的增加而增加。同时，通过增加 A-GNRs 的层数可以增加光响应度。随后，他们还计算了 A-GNRs 探测器的暗电流及其与栅极电压、纳米带宽度和温度的关系，发现暗电流随着温度的增加而增加。对于窄的 A-GNRs，暗电流随着栅极电压的增加而增加；而对于宽的 A-GNRs，暗电流随着栅极电压增加而降低。这些结果说明，为了获得高性能的探测器，应该控制合适的纳米带宽度、层数和栅极电压以及温度。2014 年，IBM 公司的 M. Freitag 等[107]将 CVD 石墨烯转移到 SiO_2/Si 表面，然后利用电子束光刻技术制成宽度分别为 90 nm 和 130 nm 的纳米带阵列，研究了其在中红外波段的光电流谱，发现控制纳米带宽度、基底的静电掺杂等可以调控光电探测器对特定频段的光响应。

　　将石墨烯材料与光学结构集成，如等离子体结构[108]、光波导结构[109]和光学谐振腔型结构[110]，可以加强石墨烯与光的相互作用以及对光的吸收，从而增强光响应度。T. J. Echtermeyer 等[108]将胶带剥离石墨烯与 Ti/Au（3 nm Ti，80 nm Au）等离子体结构（指宽 110 nm，间距 300 nm 的光栅结构）结合，这种等离子体结构吸收入射光后可以将其有效地转化成表面等离子体，提高入射光吸收。同时，利用表面等离子体激发产生的光场增强有效地增加了局部电场强度，增强了光电流，从而使光电探测器的效率提高 20 倍，在 514 nm 时响应度可达 11 mA/W。X. Gan 等[109]利用胶带剥离的双层石墨烯制备了一种将石墨烯与硅波导结合的光电探测器，具有高的响应度、高速和宽频探测的特点。石墨烯与硅波导光学模式相互作用的延长，使所得探测器在 1450～1590 nm 波长范围内，响应度均超过 0.1 A/W。零偏压下，光谱响应超过 20 GHz。由于常用的硅波导光吸收较高，从而限制了石墨烯基光电探测器的探测范围。J. Goldstein 等[111]将 CVD 石墨烯作为背栅和沟道材料，并与 $Ge_{28}Sb_{12}Se_{60}$ 透明波导集成，制备得到了探测波长可达 5.2 μm 的光电探测器。该器件中石墨烯的内部光响应由光热电响应占主导，等效噪声功率为 $1.1 \text{ nW/Hz}^{1/2}$，在 1 MHz 范围内的光响应无衰减，响应度达到 1.5 V/W。M. Furchi 等[110]将胶带剥离的石墨烯集成在法布里-珀罗谐振腔中制备了光电探测器。谐振腔上下高反镜对光的多次反射，使探测器可吸收 60%的光，高出石墨烯吸收率的 26 倍，从而使得微腔光电探测器在 865 nm 的光响应度达到 21 mA/W。然而，打开石墨烯带隙的同时会破坏石墨烯本身的超高载流子迁移率，通过谐振腔或光波导等结构对光吸收的增强也非常有限，石墨烯基光电探测器的性能仍有待提高。

　　第三种方法是将石墨烯与其他材料复合，如高分子材料、量子点材料、钙钛矿材料、二维材料等，从而形成杂化结构。这种杂化结构不仅有利于对光的吸收，而且能够促进界面和结区中的激子分离，可明显提高石墨烯基光电探测器的性能。2012 年，Z. H. Sun 等[112]将 CVD 石墨烯与经过吡啶覆盖的硫化铅量子点（PbS QDs）结合制备出红外探测器［图 6.7（a）］，并研究了其在近红外波段的光电特性。结果发现，当入射波长为 895 nm 时，该器件的响应度随源漏电极电压增加而增加，随入射光功率密度的减小而增加，当功率小到一定程度（30 pW）时响应度可达到 10^7 A/W［图 6.7（b，c）］。机制分析表明，当光照射在器件表面时，PbS QDs 中产生了电子-空穴对，在内建电场的作用下电荷分离并向石墨烯转移，因为电子和空穴从 PbS QDs 转移到石墨烯上传输速率的不同，净负电荷累积在 PbS QDs 层中，空穴转移到石墨烯上［图 6.7（d）］，从而增强了器件的光电性能。更重要的是，可以在柔性基板上制备上述器件。图 6.7（e，f）给出了柔性 PET 基板上 PbS QDs/石墨烯光电探测器弯折前后响应度的变化。结果显示，弯折 1000 次后，器件性能没有发生明显改变，并与计算结果相吻合。2022 年，该研究组改进了器件结构，制备了以石墨烯/PbS QDs/石墨烯异质结构为沟道的光晶体管[113]，光响应速度快，在入射波长 1064 nm、30 mW/cm^2 的光脉冲条件下，V_{DS} 为 1V 时器件光响应时间约为 71 ms。同时，异质结构的费米能级可以由栅极电压进行调控，以及 PbS QDs 薄膜中大量的陷阱态，使器件对不同辐照度的近红外光响应与栅极电压具有强烈的依赖关系。此外，栅极电压控制的量子点层中的电荷捕获和释放过程使器件具有随时间变化的光电流增强和抑制特性，从而具有暗态和感光的自适应特性，有望用于光学成像器件的仿生设计。

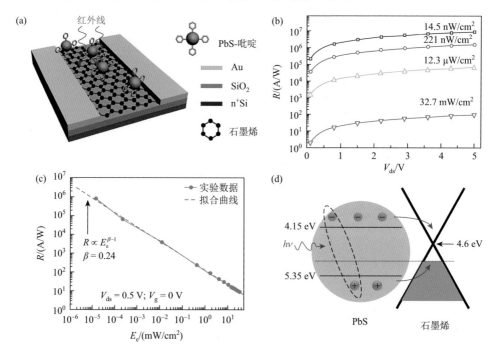

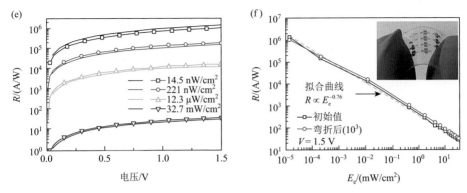

图 6.7　PbS QDs/石墨烯光电探测器的结构与性能：（a）PbS QDs/石墨烯光电探测器的结构示意图；（b）光响应度随电压的变化（入射波长为 895 nm）；（c）光响应度随入射功率密度的变化；（d）光照下 PbS QDs/石墨烯异质结中的电荷产生示意图；柔性 PET 基底上制备的 PbS QDs/石墨烯探测器弯折（1000 次）前（实线）、后（点线）的光响应变化（e）及随入射光功率密度的变化（f）[112]

　　近些年，有机-无机杂化钙钛矿材料（如 $CH_3NH_3PbX_3$，X 为卤素）发展迅速，其具有优异的可见光吸收能力、长载流子扩散距离等优势，与石墨烯杂化制成光电探测器可同时发挥钙钛矿对可见光的良好吸收以及石墨烯优异的导电性。2015 年，Y. Lee 等[114]将 CVD 石墨烯与 $CH_3NH_3PbI_3$ 钙钛矿进行杂化制成光电探测器，其结构如图 6.8（a，b）所示。图 6.8（c）给出了器件光响应度和 EQE 与入射光功率的关系，可见在 0.1 V 偏压和 1 μW 功率下，光响应度可达 180 A/W，

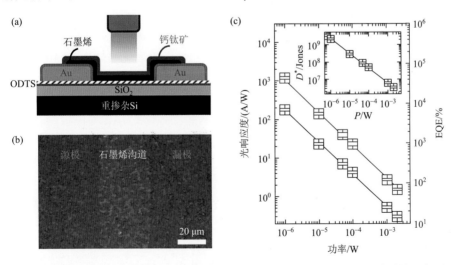

图 6.8　石墨烯-钙钛矿杂化探测器的结构与性能：石墨烯-钙钛矿杂化探测器的结构示意图（a）与光学照片（b），ODTS 表示正十烷基三甲氧基硅烷；（c）光响应度和 EQE 与入射光功率的关系，插图为光探测度与入射光功率的关系[114]

EQE 可高达约 5×10^4%，探测度可以达到约 10^9 Jones。据预测，如果功率降低到 1 pW，光响应度可达约 10^6 A/W。高的性能主要归因于石墨烯与钙钛矿间有效的电荷转移。光照条件下诱导钙钛矿材料产生了电子-空穴对。如果没有石墨烯存在，这些电子-空穴对在几皮秒内即可发生复合。但是，石墨烯中的电子可以传输到钙钛矿层填充其由光子吸收导致的价带中的空态，使得光生电子保持在钙钛矿的导带中，从而限制了光生电子-空穴对的复合，提高了器件的性能。

除石墨烯外，其他二维原子晶体材料，如绝缘的 h-BN、半导体性的黑磷、过渡族金属二硫属化合物（MoS_2、WS_2、WSe_2）等也相继出现。独特的二维结构使这些材料展现出优异的光电特性，作为光电探测器的沟道材料受到了广泛关注[115]。将石墨烯与这些不同带隙的二维晶体材料堆叠形成异质结，有望制备出更高性能的光电探测器。例如，2013 年，L. Britnell 等[116]制备出 h-BN/石墨烯/WS_2/石墨烯/h-BN 的叠层结构光电探测器，外量子效率达到 30%。K. Roy 等[117]将胶带剥离石墨烯与 MoS_2 堆叠在 SiO_2/Si 基底上构建了石墨烯/MoS_2 垂直异质结构光电探测器，130 K 和室温下的光响应度分别高达 1×10^{10} A/W 和 5×10^8 A/W。但由于较低的载流子迁移率，以 CVD 石墨烯堆叠在 MoS_2 上构建的器件的光响应度则低得多。W. J. Yu 等[118] 利用 CVD 石墨烯和胶带剥离的 MoS_2 制备了两种异质结构器件：石墨烯/MoS_2/石墨烯和石墨烯/MoS_2/金属（Ti）器件，在外电场作用下获得了比平行结构更为有效的调制作用。其中，石墨烯/MoS_2/金属（Ti）器件实现了最大 55%的外量子效率 ［图 6.9（a～c）］。2014 年，W. Zhang 等[119]利用 PMMA 将 CVD 生长的石墨烯转移到 CVD 生长的 MoS_2 表面制备了石墨烯/MoS_2 垂直异质结构探测器 ［图 6.9（d～f）］。其中，MoS_2 吸收光子产生电子-空穴对并在石墨烯/MoS_2 界面分离，由于垂直电场的作用，电子向石墨烯移动，而空穴束缚在 MoS_2 层，从而形成光电流。所得器件光响应度高达 1.2×10^7 A/W（源漏电压 V_{ds} 为 1 V；入射光功率密度为 0.01 W/m^2），室温下光增益高达 10^8。值得指出的是，这种结构的探测器可以在柔性基板上进行构建。H. Xu 等[120]将 CVD 法生长的石墨烯和 MoS_2 依次转移到 PET 基底上，以 Cr/Au 为电极制备了柔性的光电探测器 ［图 6.9（g）］。其响应度随着 V_{ds} 的增加而增加，入射光强度为 0.22 mW/cm^2、V_{ds} = 1 V 时，可达 62 A/W ［图 6.9（h）］。并且器件具有优异的柔韧性，反复弯折 1000 次后，性能几乎不变 ［图 6.9（i）］。

此外，C. H. Liu 等[121]采用 CVD 石墨烯构建了石墨烯/Ta_2O_5/石墨烯异质结构光电探测器，实现了超宽频光探测，室温下从可见光到中红外范围内均表现出较好的探测性能，在中红外的光响应度大于 1 A/W。K. Zhang 等[122]采用 CVD 石墨烯构建了高敏感的石墨烯/$MoTe_2$/石墨烯异质结构近红外探测器，在 1064 nm 和 473 nm 激发波长下，光响应度分别可达约 110 mA/W 和 205 mA/W，外量子效率分别约为 12.9%和 53.8%。由这些结果可以看出，CVD 石墨烯通过与

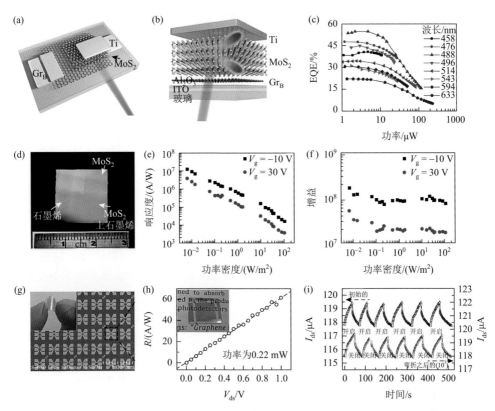

图 6.9 基于石墨烯/MoS$_2$ 异质结构的探测器的结构与性能：石墨烯/MoS$_2$/Ti 异质结构探测器的三维结构示意图（a）、侧视图（b）及其在不同激发波长下的外量子效率（c）[118]；SiO$_2$/Si 基底上构建的石墨烯/MoS$_2$ 异质结构探测器的宏观照片（d）、光响应度（e）和光增益（f）[119]；PET 基底上构建的柔性石墨烯/MoS$_2$ 异质结构探测器的宏观照片（g）、光响应度（h）和柔韧性（i）[120]

其他二维材料构建异质结构，可以设计并制备出不同结构和功能的光电探测器，应用十分广泛。但是，这些叠层异质结构探测器中，CVD 石墨烯多用作器件的电极。而半导体性 MoS$_2$、WS$_2$、MoTe$_2$ 等二维材料可以弥补石墨烯零带隙的劣势，常被用于沟道材料。

总之，石墨烯基光电探测器是一个新兴的研究方向，人们通常采用胶带剥离的石墨烯来探索新型的器件结构及其潜在的应用。但是胶带剥离法制备高质量石墨烯的产率低、可控性差，难以实现器件的规模化制备。近年来，CVD 石墨烯在光电探测器领域的研究也逐渐受到重视，性能也可以达到胶带剥离石墨烯器件的水平。不过，CVD 石墨烯的质量仍然需要进一步提高，例如，提升石墨烯的载流子迁移率从而达到胶带剥离石墨烯的水平，将有效提高光电探测器的信号传输速率；减少 CVD 石墨烯在生长过程中引入的褶皱，可以改善其与电极材料的接触，减小接触电阻，提高电极对石墨烯中光生载流子的收集效率，从而提升其光响应度；减少转移介质等对 CVD 石墨烯表面的杂质污染，避免因杂质引入导致石墨烯与其他半导体材料之间出现晶格失配和费米能级钉扎的现象。随着多学科交叉方法的不断融入，包括二维材料表面掺杂、与量子点复合、异质结构构建、与光学结构集成等，结合对 CVD 生长石墨烯方法的优化，石墨烯基光电探测器的性能将会有进一步的提升。

6.2.2 太阳能电池

光伏效应是指适当波长的光照射到 p-n 结、异质结及肖特基势垒时，产生电动势形成电池的现象[123]。太阳能电池就是利用光伏效应将太阳能转化为电能的器件。根据所用光伏材料种类的不同，太阳能电池可分为：硅太阳能电池（单晶硅、多晶硅薄膜和非晶硅薄膜太阳能电池）、以无机盐为光伏材料的多元化合物薄膜太阳能电池（硫化镉、碲化镉、砷化镓等III-V化合物，铜铟硒等多元化合物）、染料敏化太阳能电池[124]、钙钛矿太阳能电池和有机太阳能电池[125, 126]等。短路电流密度（short circuit current density，J_{SC}）、开路电压（open circuit voltage，V_{OC}）、填充因子（fill factor，FF）和功率转化效率（power conversion efficiency，PCE）等是太阳能电池的主要参数。它们之间存在如下关系：

$$PCE = \frac{J_{SC} \times V_{OC} \times FF}{P_{inc}} \qquad (6.3)$$

其中，P_{inc} 是入射到太阳能电池表面的能量。

石墨烯及其衍生物可作为透明电极、界面修饰层、阻挡层、电子传输层、空穴传输层、电子受体材料等，用于各种太阳能电池的不同功能层。例如，清华大学朱宏伟研究组[127]提出并制备了石墨烯-硅新型异质结太阳能电池。较高的功函数使石墨烯与 n 型硅结合形成异质结，起到分离光生载流子的作用。同时，石墨烯又作为透明电极传输载流子，获得的器件效率为 1.5%。Z. L. Zhu 等[128]在钙钛矿吸收层和 TiO$_2$ 介孔层之间插入一超薄层石墨烯量子点（graphene quantum dots，GQDs），成功组装了氟掺杂氧化锡（fluorine tin oxide，FTO）/m-TiO$_2$/TiO$_2$/GQDs/CH$_3$NH$_3$PbI$_3$/Spiro-OMeTAD/Au 结构钙钛矿太阳能电池，效率明显提高，可达 10.15%。B. Dunham 等[129]利用石墨烯对水分子和银离子的阻挡作用，将 CVD 石墨烯转移在 CH$_3$NH$_3$PbI$_3$ 钙钛矿活性层表面作为阻挡层，提高了钙钛矿太阳能电池的热稳定性和湿度稳定性。南开大学陈永胜研究组[130]采用一种功能化的石墨烯材料替代富勒烯的派生物 PCBM 作为电子受体，用于混合异质结有机太阳能电池中，所得器件的效率为 1.4%，证明了石墨烯作为有机太阳能电池受体的可行性。

常见的 CVD 石墨烯为大面积薄膜，且具有高的透光率和导电性，因此更适合用作太阳能电池的透明电极材料。目前应用于透明电极的材料一般为金属氧化物，如 ITO、FTO，俗称导电玻璃。然而导电玻璃存在一些缺点，如价格昂贵，原料稀缺，ITO 玻璃中的金属铟离子容易自发扩散，对红外光谱有较强的吸收性以及较差的化学与热稳定性，作为染料敏化太阳能电池对电极时，需在其表面镀一层铂来增强其导电性。因此，这种材料已难以满足器件低成本、高稳定性的实际需要。另外，导电玻璃本征的脆性也无法满足器件柔性化发展的必然需求。作为一种超薄的材料，石墨烯较低的载流子浓度使其反射率低，较容易穿过更大波长范围的光，如可透过大部分红外线。另外，石墨烯强度高、柔韧性好、化学性质稳定。它不仅可以替代现有器件中的导电玻璃解决其成本、稳定性等问题，而且在未来的柔性太阳能电池中具有广阔的应用前景。随着制备技术的不断提升，CVD 石墨烯的产量和性能不断改善，其作为太阳能电池透明电极受到了广泛关注，已用于替代染料敏化太阳能电池的 ITO/FTO 光阳极、对电极镀铂 ITO/FTO、钙钛矿太阳能电池和有机太阳能电池的 ITO/FTO 透明电极的研究。石墨烯的柔韧性好，作为透明电极的一个独特优势就是可应用于柔性器件。因为有机太阳能电池是有望率先实现柔性化的电池，所以石墨烯作为有机太阳能电池透明电极的研究相对较多。下面以有机太阳能电池为例说明石墨烯作为透明电极的应用情况。

有机太阳能电池是基于有机活性材料的薄膜太阳能电池器件，其结构主要包括透明阳极（阴极）、空穴（电子）提取层、活性层（给体与受体）、电子（空穴）提取层、金属阴极（阳极）等，其光电转换主要经历了光子吸收、激子产生、激子扩散、电荷分离、电荷传输以及电荷引出几个过程。当入射光线的能量大于活性有机材料的带隙时，活性材料吸收光子形成激子（空穴-电子对），激子又被分离成自由空穴和自由电子，经过传输到达对应的电极（阳极和阴极），最终被电极收集和引出。透明电极在这个过程中起到了透过光线与引出电荷的重要作用。

2010 年，L. G. de Arco 等[131]采用 CVD 法在多晶 Ni 表面生长了少层石墨烯，并通过 PMMA 转移至 PET 表面，然后以其为透明阳极制备了结构为 PET/石墨烯/PEDOT：PSS/CuPc/C_{60}/BCP/Al 的有机太阳能电池，所得器件 V_{OC} = 0.48 V、J_{SC} = 4.73 mA/cm^2、FF = 0.52、PCE = 1.18%。虽然石墨烯的透明导电性能（方块电阻为 3.5 kΩ/sq、透光率为 89%）明显低于 ITO（方块电阻为 25 Ω/sq、透光率为 96%），但石墨烯器件的效率达到了 ITO 器件的 93%。更重要的是，石墨烯器件具有优异的柔韧性，弯曲角度为 138°（曲率半径 4.1 mm）仍可保持较好的性能。而对于 ITO 器件，弯曲角度为 60°时，性能明显下降。为了降低石墨烯电阻，改善器件性能，2012 年，C. L. Hsu 等[132]利用四氰基对醌二甲烷（TCNQ）对石墨烯进行了掺杂，以 TCNQ 掺杂的三层 CVD 石墨烯作为透明阳极制备了结构为玻璃/石墨烯/TCNQ/石墨烯/TCNQ/石墨烯/PEDOT：PSS/P3HT/PC_{61}BM/Ca/Al 的有机太阳能电池，效率达到了 2.58%。2014 年，H. Park 等[133]以石墨烯作为透明阳极，依次将 PEDOT：PSS 和 MoO$_3$ 涂覆在石墨烯上作为电荷提取层，使电极功函数由 4.3 eV 提高到 5.3 eV，有效地阻隔了电子向阳极移动，降低了载流子的复合概率，所得器件结构为 PEN/石墨烯/PEDOT：PSS/MoO$_3$/PT7B：PC$_{71}$BM/Ca/Al，效率高达 6.1%，但与 ITO 作为阳极电极所得器件的效率（8%～9%）仍有差距。

除了透光率、导电性和功函数外，较大的粗糙度有可能导致器件较高的漏电流，因此也是影响有机太阳能电池效率的一个关键因素，所以采用表面平整的石墨烯对于提高器件的功率转化效率十分必要。2019 年，任文才研究组[134]发展了一种 PMMA/松香树脂（rosin）双层结构作为转移介质的方法，获得了表面洁净、粗糙度较小的大面积石墨烯。以其为阳极制备了柔性有机太阳能电池，并与 ITO 和 PMMA 转移石墨烯有机太阳能电池进行了对比。石墨烯有机太阳能电池的结构如图 6.10（a）所示，包括透明石墨烯阳极、空穴提取层 MoO$_x$、活性层 BQR：PC$_{71}$BM 以及 Ca 与 Al 组成的金属阴极。器件具有优异的柔韧性 ［图 6.10（b）］，有效面积可达 0.2 cm^2。图 6.10（c，d）给出了石墨烯有机太阳能电池的电流密度与电压（*J-V*）以及 EQE 曲线，由此可以得到其最佳 PCE 高达 6.4%，明显优于 PMMA 转移石墨烯器件，达到了 ITO 器件的 82%。值得指出的是，以双层结构转移石墨烯制备的有机太阳能电池器件未对石墨烯电极采用任何化学掺杂或者与高导电性的银纳米线等材料进行复合，因此这种以石墨烯为透明电极的有机太阳能电池器件性能仍有较大的提升空间。

为了进一步降低石墨烯的粗糙度，2020 年，韩国蔚山国立科学技术研究所 D. Koo 等[135]制备了一种聚酰亚胺-石墨烯（PI@Gr）透明电极。其中，PI 既作为石墨烯转移时的载体膜，又作为石墨烯电极的基底，完全避免了转移介质残留的影响，获得了超洁净、表面平整的石墨烯电极。更重要的是，石墨烯与 PI 间具有较高的附着力（7.02 nN），提高了电极的力学稳定性。同时，PI 明显改善了柔性石墨烯电极的热稳定性，400℃时，方块电阻仍不受影响。以其为阳极制备了柔性有机太阳能电池，其光电转换效率高达 15.2%，是目前报道的柔性有机太阳能电池效率的最高值，甚至可媲美玻璃/ITO 基刚性电池（15.7%）。

除了作为阳极外，通过在石墨烯表面沉积低功函数材料（Cs$_2$CO$_3$、ZnO、TiO$_x$ 等）作为电子提取或传输层，石墨烯还可作为有机太阳能电池的阴极。H. Park 等[133]将 n 型半导体金属氧化物 ZnO 沉积在石墨烯表面作为电子传输层，制备了结构为石英（或 PEN）/石墨烯/ZnO/PTB7：PC$_{71}$BM/MoO$_3$/Ag 的有机太阳能电池。在此器件中，石墨烯作为底阴极，所得器件效率为 6.9%，接近 ITO 器件的结果（PCE = 7.6%）。M. S. A. Kamel 等[136]利用 PECVD 在玻璃基底上直接制备了石墨烯作为透明阴极，然后旋涂 ZnO 进而制备了结构为玻璃/石墨烯/ZnO/P3HT：PC$_{70}$BM/MoO$_3$/Ag 的有机太阳能电池，器件效率为 1.14%，达到了 ITO 器件效率的 72%，证明了石墨烯用作有机太阳能电池透明阴极的潜力。

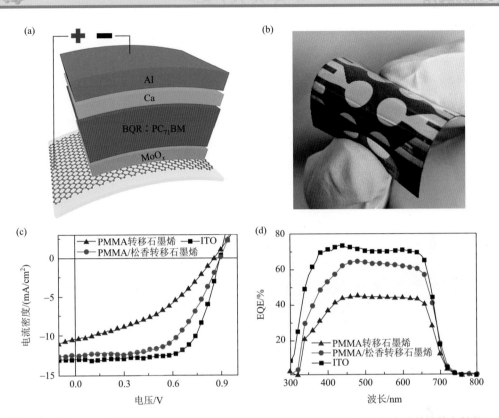

图 6.10　以 PMMA/松香树脂双层结构转移石墨烯为阳极制备的有机太阳能电池的结构与性能：（a）器件结构；（b）石墨烯有机太阳能电池的柔性展示；不同阳极有机太阳能电池的电流密度与电压（*J-V*）（c）和 EQE 曲线（d）[134]

　　石墨烯功函数可调的特点使全石墨烯半透明有机太阳能电池成为可能，其中如何将石墨烯转移到太阳能电池表面作为顶电极是关键。2016 年，麻省理工学院的 Y. Song 等[137]开发了一种以乙烯-乙酸乙烯作为助黏界面层的室温聚二甲基硅氧烷（PDMS）转印方法，在以石墨烯为底阴极的有机太阳能电池上沉积了石墨烯顶阳极，从而得到了全石墨烯电极有机太阳能电池，具体结构为 PEN/石墨烯/PEDOT：PSS/ZnO/PDTPDFBT：PCBM/MoO₃/石墨烯。其光电转换效率可达 3.7%，在可见光范围的透光率可达 60%，而且具有优异的柔韧性。2018 年，D. H. Shin 等[138]利用双（三氟甲烷磺酰）胺（TFSA）掺杂的石墨烯作为底阳极，三乙烯四胺（TETA）掺杂的石墨烯作为顶阴极制备了结构为 PET/石墨烯/TFSA/PEDOT：PSS/P3HT：PCBM/ZnO/TETA/石墨烯的半透明有机太阳能电池[图 6.11（a，b）]。在器件制备过程中，他们分别制备了 PET/石墨烯/TFSA/PEDOT：PSS 和 P3HT：PCBM/ZnO/TETA/石墨烯叠层，然后将两部分叠在一起，并在边角处用聚合物胶黏剂固定，使两部分紧密结合。掺杂后的石墨烯电极不但表面更加平整，而且导电性得到显著改善，功函数也得到了调控。TFSA 掺杂后的石墨烯方块电阻由约 775 Ω/sq 降低到约 185 Ω/sq，功函数由(4.56±0.04) eV 提高到 (4.88±0.02) eV，TETA 掺杂的石墨烯电阻和功函数则分别降低到 220 Ω/sq 和 (4.49±0.03) eV。当光从阳极部分进入，器件的效率可达 3.30%，反之则为 3.12% [图 6.11（c）]。如果在器件一端放置反光镜，则效率进一步提高了 30%。此外，该器件具有优异的透光性，在约 650 nm 处的透光率可以达到 70% [图 6.11（d）]。这种半透明的柔性有机太阳能电池有望为未来柔性透明电子提供能源供给。

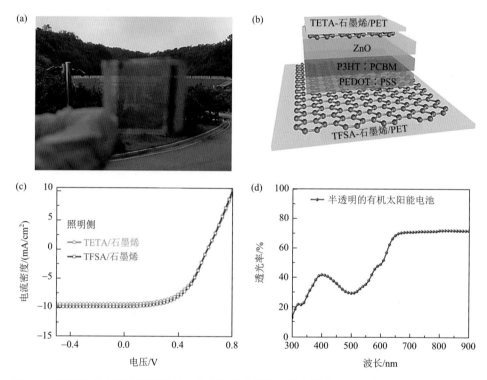

图 6.11 全石墨烯电极半透明柔性有机太阳能电池的结构与性能：器件实物照片（a）与结构（b）；器件的电流密度与电压（*J-V*）曲线（c）和透光率（d）[138]

综上，CVD 石墨烯作为透明电极在有机太阳能电池中的应用已经取得了积极的进展，不仅增加了有机太阳能电池的透明性，而且促进了其柔性化。但基于石墨烯电极的有机太阳能电池的光电转换效率与 ITO 器件相比还存在差距。X. Wang 等[139, 140]详细讨论了石墨烯透明电极光电性能与其层数的关系，以及基于石墨烯电极的有机太阳能电池的能量损耗，发现较高的方块电阻导致器件较低的 J_{SC} 和 FF，是石墨烯器件效率较低的最主要原因。A. Y. Ali 等[141]利用低温（600℃）CVD 法生长了石墨烯，由于质量较低，石墨烯在约 65%透光率下的方块电阻约为 294 Ω/sq，以其为透明电极制备的有机太阳能电池器件的效率比 ITO 器件低得多。因此，如何在不损失透光率的基础上提高 CVD 石墨烯的导电性，使所得有机太阳能电池的光伏性能可与 ITO 器件相当或者更高是亟待解决的关键问题。

6.2.3　有机发光二极管

有机发光二极管（organic light emitting diode，OLED）是一种利用有机薄膜材料产生电致发光的器件[142]。与有机太阳能电池类似，它也具有"三明治"的结构，主要包括透明阳极（阴极）、空穴（电子）注入与传输层、有机发光层、电子（空穴）注入与传输层、金属阴极（阳极）。OLED 是一种双注入型电致发光器件，施加电压时，电子与空穴载流子分别从阴极和阳极注入到器件中的注入层中，在电场的作用下空穴由空穴传输层、电子由电子传输层相向输运，在发光层中空穴与电子相遇并复合产生激子；激子通过辐射跃迁产生光子能量，形成光线；光线逐层透过传输层、注入层与透明电极输出。在整个过程中，透明电极起到了光线输出与电荷注入的作用，是 OLED 器件的重要组成部分，也是影响器件性能的关键。亮度（luminance，L）、电流效率（current efficiency，CE）、功率效率（power efficiency，PE）、量子效率（quantum efficiency）是 OLED 器件的主要性能参数，其中 CE 与 PE 是衡量 OLED 器件性能与转化效率的最常用指标。

电流效率也称亮度效率，是指发光亮度与器件电流密度的比值，单位为 cd/A。其计算公式如式（6.4）所示，其中 J 为电流密度，由电流值除以有效面积得出。

$$\eta_{CE} = \frac{L}{J} \qquad (6.4)$$

功率效率也称流明效率，是指器件向外部发射的光功率与所消耗的电功率的比值，单位为 lm/W。其计算公式如式（6.5）所示，其中 U 为电压。

$$\eta_{PE} = \frac{\pi \times L}{U \times J} \qquad (6.5)$$

量子效率也是发光效率的一种表示形式，分为内量子效率（IQE）和 EQE。IQE 代表产生的光子数与注入的电子数的比值；EQE 则代表观测方向器件表面出射光子数与注入电子数的比值。它们之间的关系如式（6.6）所示。

$$\eta_{EQE} = \eta_{IQE}\left(1 - \sqrt{1 - \frac{1}{n^2}}\right) \qquad (6.6)$$

近似后，

$$\eta_{EQE} \approx \eta_{IQE}\frac{1}{2n^2} \qquad (6.7)$$

其中，n 是发光材料的折射率。

由于性能上的优势，OLED 在彩色平板显示与固态照明领域中应用潜力巨大。作为新一代显示技术，利用 OLED 制成的显示屏，可以被加工在聚合物基底上，除了具有轻薄、高效、自发光、视角广等优点外，还具有优异的柔韧性，已在便携式移动电子设备上得到了应用，并成为下一代可穿戴式电子产品显示器的首选。目前，已有大量研究工作集中在柔性基底上 OLED 器件的研究[143-151]，这也要求其所用透明电极具有优异的柔韧性。作为一种新型的柔性透明电极材料，CVD 石墨烯备受关注。初步结果已表明，基于石墨烯透明电极的 OLED 的性能可以达到甚至优于商用 ITO 的器件，在 OLED 显示领域表现出巨大的应用潜力[143, 144, 152-158]。

与在有机太阳能电池中的应用相似，为了获得高性能的 OLED 器件，优化 CVD 石墨烯的透明导电性、功函数、表面浸润性、表面粗糙度极其重要。其一，石墨烯薄膜的透明导电性与 ITO 相比还存在一定的差距。例如，4 层石墨烯薄膜与 ITO 具有相似的透光性（约 90%@550nm），但其方块电阻（50～100 Ω/sq）却高于 ITO（约 10 Ω/sq）[94, 159]，增加了器件的驱动电压和电荷注入的难度。其二，石墨烯的功函数为 4.2～4.6 eV[93, 160]，与空穴传输层（hole transport layer，HTL）的最高占据分子轨道（HOMO）能级（5.0～6.0 eV）和电子传输层（electron transport layer，ETL）的最低未占分子轨道（LUMO）能级（2.5～3.5 eV）之间都存在一定势垒，无论作为透明阳极还是阴极均不利于电荷的注入。其三，石墨烯价键结构稳定、表面无悬键，不利于其他功能层在其表面的沉积，影响了器件的加工性和实用性。此外，CVD 石墨烯透明电极生长和转移过程中所产生的褶皱，常用的 PMMA 等高分子转移介质的残留以及柔性基底本身不平整等均会造成其表面粗糙[161, 162]。而 OLED 器件的厚度仅为几百纳米到几微米，粗糙的表面易导致器件漏电流大，甚至因尖端放电而短路。所以，如何获得洁净、平整的石墨烯透明电极也是实现其在 OLED 器件中应用的关键。

2012 年，T. H. Han 等[163]探索了石墨烯作为透明阳极在柔性 OLED 器件中的应用。为了降低石墨烯的方块电阻以降低器件启亮电压，研究人员采用 HNO$_3$ 和 AuCl$_3$ 对石墨烯进行了掺杂。其中，AuCl$_3$ 掺杂的四层石墨烯电极的电阻可以降低到约 30 Ω/sq，优于 HNO$_3$ 掺杂的效果。但是，以 AuCl$_3$ 掺杂石墨烯为阳极制备的 OLED 器件效果并不理想，这是因为 AuCl$_3$ 掺杂可以在石墨烯表面产生金团簇，导致器件漏电流增加。石墨烯层数对器件性能影响的研究发现，随层数的增加，HNO$_3$ 掺杂石墨烯阳极 OLED 器件的效率增加，表明电极的电阻对器件的效率影响较大。他们研究了以 HNO$_3$ 掺杂的四层石墨烯为阳极制备的绿色荧光 OLED 器件［图 6.12（a）］的柔韧性，发现器件在弯曲半径为 0.75 cm 的条件下弯折 1000 次，电流效率仍保持不变，显示出优异的柔韧性，而 ITO 器件弯折 800 次后即失效。

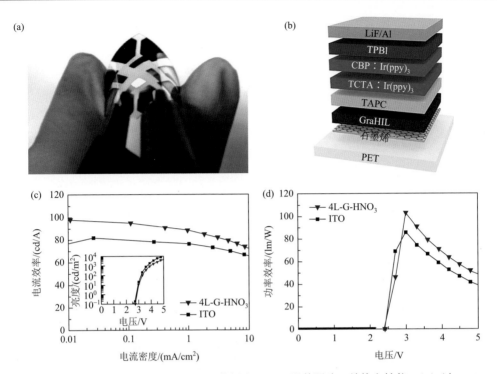

图 6.12 基于石墨烯透明阳极和 GraHIL 的绿光 OLED 器件照片、结构和性能：（a）以 HNO₃ 掺杂的四层石墨烯为透明阳极的柔性绿色荧光 OLED 器件的光学照片；（b）以 GraHIL 改性石墨烯为透明阳极的绿色磷光 OLED 器件的结构；（c）石墨烯和 ITO 绿色磷光 OLED 器件的电流效率随电流密度的变化曲线，插图为亮度随电压的变化曲线；（d）石墨烯和 ITO 绿色磷光 OLED 器件的功率效率[163]

此外，为了提高石墨烯功函数降低其与 HTL 层的势垒，进而提高器件的效率，该研究组还发展了一种梯度空穴注入层材料（GraHIL），由 PEDOT∶PSS 与一种全氟离聚物（PFI）混合而成，使石墨烯的功函数提高到 5.95 eV。在此基础上，以 GraHIL 改性的 HNO₃ 掺杂四层石墨烯作为透明阳极设计并制备了一种绿色磷光 OLED 器件，其具体结构如图 6.12（b）所示。所得器件电流效率可达 98.1 cd/A [图 6.12（c）]，功率效率可达 102.7 lm/W [图 6.12（d）]，均高于相应的 ITO 器件（CE = 81.8 cd/A 和 PE = 85.60 lm/W），表明了石墨烯作为透明电极在柔性 OLED 中具有巨大的应用潜力。HNO₃ 和 AuCl₃ 等化学掺杂虽然可显著改善石墨烯透明电极的导电性，但其稳定性较差，随着时间的增加，薄膜的导电性会不断降低，因而影响器件的稳定性。

2016 年，任文才研究组[164]利用臭氧选区氧化的特点，发展了"臭氧选择性氧化多层石墨烯顶层"的方法，制备出顶层是氧化石墨烯（GO）、底层是石墨烯（Gr）的 GO/Gr 叠层异质结构电极 [图 6.13（a）]。由于 GO 具有较高的功函数、较好的浸润性并对底层石墨烯具有稳定掺杂的作用，相比于原始的三层石墨烯电极，GO/Gr 异质结构电极的透光率和功函数明显改善，透光率由 90.7%提高到 92.4%，功函数由 4.6 eV 提高到 5.3 eV。虽然导电性没有变化，但与原始的两层石墨烯相比，电阻明显降低。更重要的是，GO/Gr 异质结构电极的光电性能具有优异的稳定性，在室温下保存数月，其透光性和导电性均不变，远高于化学掺杂电极的稳定性，对获得高稳定性器件具有重要意义。此外，GO/Gr 电极与 HIL 层的相容性也得到了明显的改善，可以在电极表面获得均匀平整的 MoO_3 HIL 层。可见，这种异质结构电极具有优异的综合性能，可同时提高石墨烯的透明导电性、功函数和浸润性。以 GO/Gr 异质结构薄膜作为阳极，组装了红、绿、蓝、白等多种颜色的柔性 OLED 原型器件，所得器件的效率均高于 ITO 和石墨烯器件的性能。其中，绿光 OLED 器件的最大 CE 和 PE 分别达到了 82.0 cd/A 和 98.2 lm/W，比石墨烯器件的效率分别高了 36.7%和 59.2%，比 ITO 器件的效率分别高了 14.8% 和 15.0%。

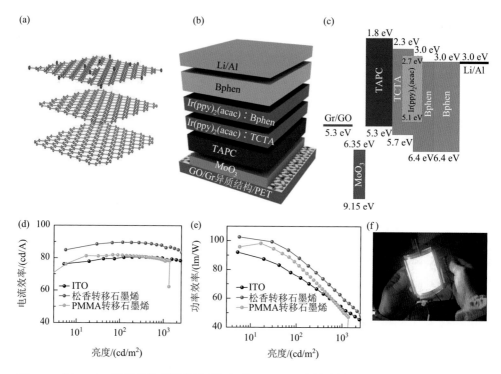

图 6.13　以 GO/Gr 异质结构薄膜为透明阳极的 OLED 器件的结构与性能：（a）GO/Gr 垂直异质结构示意图[164]；三层 GO/Gr 异质结构透明阳极 OLED 器件的结构（b）和能级图（c）；松香转移石墨烯、PMMA 转移石墨烯和 ITO 阳极 OLED 器件的 CE（d）和 PE（e）随亮度的变化曲线；（f）以 5 层 GO/Gr 异质结构为阳极的 4 in 柔性绿光 OLED 器件的实物照片[144]

"CVD-转移"法制得的石墨烯透明电极，由于使用 PMMA 等高分子转移介质，极易产生大尺寸的高分子颗粒残留，这会导致光电器件漏电流大甚至短路，严重影响 OLED 器件的尺寸、性能和寿命[165]。尽管已经有很多关于石墨烯透明电极在柔性 OLED 器件中应用的报道，但是为了提高器件的性能和成品率，器件的尺寸常常受到严重限制。已报道的 OLED 器件的发光面积通常仅为 0.0025～0.24 cm²[155-158, 163, 165-174]，离实际应用还有一定距离。为了解决上述问题，任文才研究组[144]结合理论计算，发展出一种以小分子松香作为转移介质的转移方法，利用其与石墨烯薄膜表面相互作用弱、易溶于有机溶剂等特点，实现了大面积高质量石墨烯薄膜的清洁、无损转移。其表面粗糙度、结构完整性、光电性能及均一性均优于当时已有转移方法获得的样品。以松香转移石墨烯制备的三层 GO/Gr 结构薄膜为电极，制备了结构为 PET/Gr/GO/MoO₃/TAPC/Ir(ppy)₂(acac)：TCTA/Ir(ppy)₂(acac)：Bphen/Bphen/Li/Al 的绿色磷光 OLED 器件［图 6.13（b）］，其能级结构如图 6.13（c）所示。所得器件 CE 高达 89.7cd/A［图 6.13（d）］、PE 高达 102.6 lm/W［图 6.13（e）］，明显优于 PMMA 转移石墨烯和 ITO 器件的效率。在此基础上，以五层 GO/Gr 结构薄膜为阳极研制出 4 in 石墨烯基柔性 OLED 发光器件［图 6.13（f）］，较文献报道的有效发光面积提高了近 2 个数量级，整个器件发光均匀，亮度高达 10000 cd/m²，高于照明和显示的实用要求，并且数次弯折后性能不衰减，具有很好的柔韧性，对促进石墨烯薄膜在 OLED 中的广泛应用具有重要意义。

随后，该研究组[175]进一步提出了增透掺杂的新思路，通过在石墨烯表面涂覆低折射率且高透光的有机质子酸四（五氟苯基）硼酸［tetrakis(pentafluorophenyl) boric acid，HTB］的纳米涂层，对其同时产生强的空穴掺杂（电导率提高 7 倍）和可见光波段的有效增透（透光率 98.8%@550 nm），实现了柔性石墨烯透明导电膜光电性能的大幅提升。与 HNO₃ 和 AuCl₃ 对石墨烯的掺杂不同，HTB 掺杂的石墨烯在环境条件下长期稳定。更重要的是，HTB 掺杂后的石墨烯透明导电膜的功函数明显提高（5.3 eV），表面粗糙度也因掺杂剂薄膜的平整化作用而降低。由于兼具高电导、高透光、高功函和高平整度，以 HTB 掺杂的石墨烯作为透明阳极大幅提升了绿光 OLED 器件的性能，CE（111.4 cd/A）、PE（124.9 lm/W）和 EQE（29.7%）均为已报道的最佳性能。

直接在透明基底上生长石墨烯作为电极，可有效避免 CVD 石墨烯在金属催化基底的去除和转移过程中的污染问题，一直是研究人员关注的方向。2022 年，Z. Weng 等[176]采用 MOCVD 的方法直接在蓝宝石基底上制备了石墨烯薄膜，其透光性大于 97%，方块电阻约为 2290 Ω/sq，经 HNO₃ 蒸气掺杂后可降低到约 450 Ω/sq。以这种直接生长的石墨烯作为透明阳极制备了结构为蓝宝石基底/Gr/NPB/Alq₃/LiF/Al 的绿光 OLED 器件，其内量子效率约为 5.5%，与 ITO 器件相当

（约 5.2%），进一步证实了石墨烯取代 ITO 作为 OLED 器件阳极的潜力。

虽然大多数研究集中在石墨烯作为 OLED 器件底阳极的应用，事实上，利用石墨烯功函数可调的特点，其也可以用作阴极。I. J. Park 等[177]通过 Cs_2CO_3 掺杂将 CVD 石墨烯功函数由 4.64 eV 降低到 4.27 eV，并以 Cs_2CO_3 掺杂的石墨烯作为底阴极成功制备了具有倒置结构（Cs-Gr/ZnO/Alq$_3$/NPB/MoO$_3$/Al）的绿光 OLED 器件。随着转移方法的改进，CVD 石墨烯也可被直接转移到有机功能层表面用作 OLED 器件的顶电极。例如，J. H. Beck 等[178]以带有重氟化聚合物释放涂层的 PDMS 作为转移介质，成功地将 CVD 石墨烯转移至有机功能层表面作为透明顶阴极。该重氟化聚合物释放涂层改变了 PDMS 与石墨烯间的黏附性，使石墨烯更易转印到有机半导体表面，且其与大多数的有机半导体材料均不相溶，所用去除溶剂也不会溶解有机半导体材料。制备的绿光 OLED 器件结构为 ITO/PEDOT：PSS/Spiro-TPD/Alq$_3$/TPBi/石墨烯，具有较好的透明性。J. H. Chang 等[171, 179]发展了一种不用聚合物转移石墨烯的方法。他们利用异丙醇与水混合调节刻蚀液的表面张力，刻蚀生长基底后再用异丙醇与水的混合溶液对刻蚀液进行置换，并将目标基底置于石墨烯之下，最后抽出异丙醇与水的混合溶液，使石墨烯转移到目标基底上。为了降低石墨烯的功函数，在抽出异丙醇与水的混合溶液之前，在溶液中滴加 CsF 和 Cs_2CO_3，即可在目标基底上得到 CsF 和 Cs_2CO_3 掺杂的石墨烯，功函数由 4.4 eV 分别降低到了 3.2 eV 和 3.3 eV。利用该方法成功地将 CsF 掺杂的石墨烯转移到 OLED 器件表面作为顶阴极，获得了透明蓝光 OLED 器件，其在可见光范围内透光率为 75%。但是，由于石墨烯与有机半导体层界面较差，器件的最大亮度仅为 1034 cd/m^2，最大 CE 仅为 3.1 cd/A。任文才研究组[180]研制出了一种新型的 $LiClO_4$ 与环型硅氧烷（TPHP）络合的聚合物电解质 EIL 材料，其具有非常好的黏附作用。由于 Li^+ 与 TPHP 间强的配位键以及 ClO_x^- 对 TPHP 的 n 型掺杂作用，$TPHP(LiClO_4)$ 具有超低功函数且在空气中非常稳定，其改性的石墨烯具有超低的功函数（约 2.2 eV）。在此基础上，以 ITO 为透明阳极，采用热蒸镀的方法依次蒸镀空穴注入层、空穴传输层、发光层、电子传输层，然后将涂覆 $TPHP(LiClO_4)$ 的石墨烯转印在电子传输层表面作为透明阴极，获得了双侧均发光的透明 OLED 器件［ITO/MoO$_x$/Bepp2：Ir(ppy)$_2$(acac)/Bepp2/Bphen：LiF/TPHP(LiClO$_4$)/石墨烯］。其最大亮度约为 9800 cd/m^2，最大电流效率和功率效率分别约为 44.5 cd/A 和 19.9 lm/W，不发光时透光率高达 85%。

OLED 的发光效率是其最为重要的技术指标。为了提高石墨烯基 OLED 器件的发光效率，除了提高石墨烯电极的透明导电性、调控功函数、改善其与相邻功能层的界面相容性、降低表面粗糙度外，还可对石墨烯电极结构进行优化设计。例如，N. Li 等[143]以单层石墨烯为底阳极，分别制备了磷光绿色和白色 OLED 器件，同时在石墨烯电极一侧加装了由高折射率基底和半圆形透镜构成的光输出耦合结构，以提高光取出效率。所得绿光 OLED 器件在亮度为 3000 cd/m^2 时，PE 大于 160 lm/W，在亮度为 10000 cd/m^2 时，CE 大于 250 cd/A。白光 OLED 器件在亮度为 3000 cd/m^2 时，PE 大于 80 lm/W，在亮度为 10000 cd/m^2 时，CE 大于 120 cd/A。J. Lee 等[181]设计了一种具有协同作用的高折射率 TiO$_2$/石墨烯/低折射率 GraHIL 三明治结构，同时提高了微腔共振增强效应并减少了表面等离子基元。以这种三明治结构为底阳极制备的磷光绿色 OLED 器件最大 PE 和 CE 分别可达 160.3 lm/W 和 168.4 cd/A，远高于石墨烯/GraHIL 基器件（PE = 112.6 lm/W，CE = 119.0 cd/A），并高于 ITO/GraHIL 基器件（PE = 104.3 lm/W，CE = 106.2 cd/A）。在此基础上，进一步结合半圆形透镜光输出耦合结构，器件的最大 PE 和 CE 分别可达 250.4 lm/W 和 257.0 cd/A。

综上，通过结构设计和性能优化，基于石墨烯透明电极的 OLED 器件的亮度与效率已达到甚至高出 ITO 器件，且具有优异的柔韧性。因此，随着折叠屏、卷曲屏逐渐被认可，CVD 石墨烯有望用于柔性 OLED 器件。但是，除亮度和效率外，发射光谱、发光色度和寿命、器件的良率等也是评价 OLED 器件的重要性能指标，目前在石墨烯基 OLED 器件研究中关注较少，需要在今后的工作中引起足够的重视，以促进其实用化。

6.2.4　触摸屏

触摸屏是一种有效的人机交互界面，可以代替鼠标、键盘与机械式的按钮面板等，简单地通过手指或其他物体触摸即可对设备进行操作与控制。其具有坚固耐用、反应速度快、节省空间、易于交流等诸多优点。应用范围非常广阔，包括公共信息的查询，如电信局、税务局、银行、电力等部门的业务查询；城市街头的信息查询；工业控制、军事指挥、电子游戏、多媒体教学等。随着信息技术的发展，尤其是智能手机和其他便携式电子设备的普及，对触摸屏的需求迅猛增长，因此对其核心部件——透明电极的需求也与日俱增。

目前，触摸屏普遍使用的还是 ITO 透明电极。但是，柔性、便携、可穿戴已成为未来电子发展的趋势。相应地，所用柔性触摸屏迫切需要新型的柔性透明电极材料。如前所述，CVD 石墨烯是一类理想的、可选择的柔性透明电极材料。与有机太阳能电池和 OLED 等器件不同，触摸屏对透明电极的表面粗糙度、功函数和界面相容性没有很严格的要求，对其导电性的要求也相对较低。因此，触摸屏是 CVD 石墨烯有望率先获得广泛应用的领域之一。但由于触摸屏通常用于显示器上，并需要长期多次的按压，因此要求透明电极具有较高的透光性、均匀的电阻、耐按压、较好的线性度等，这样才能保证触摸屏能长期稳定地发挥作用。

根据工作原理和传输信息的介质，触摸屏可分为电阻式、电容式、声波式和红外式。目前，石墨烯作为透明电极的触摸屏还主要是电阻式，其次是电容式。电阻式触摸屏主要是通过测量电阻的大小来实现对屏幕内容的操作和控制。2010 年，韩国成均馆大学的 S. Bae 等[28]与三星公司合作，最早将石墨烯作为透明电极制作了 3.1 in 柔性四线电阻式触摸屏，主要包括上下两片印刷有银导线的石墨烯透明电极，中间以隔离子隔开，并将其与手提计算机连接。2016 年，J. Sun 等[182]采用 CVD 法在玻璃上直接生长了石墨烯，方块电阻在 400～600 Ω/sq 范围内。其最大特点是与玻璃具有较高的黏附力（17.74 J/m^2），优于 CVD 生长再转移的石墨烯（0.49 J/m^2）。他们以这种石墨烯玻璃作为透明电极制备了 4.5 in 四线电阻式触摸屏，其中以石墨烯玻璃作为底电极、ITO/PET 作为顶电极制作的触摸屏的线性度为 1.3%，达到了工业标准。在大气环境中放置两星期后，触摸性能没有衰减，表现出良好的稳定性。

电容式触摸屏主要基于电流感应原理进行工作。当有导电物体触碰时，就会改变触点的电容，从而可以得出触点的位置。电容式触摸屏不仅可以同时支持多点触控，还可以大大地提升触控时的灵敏度，但也对电极的图形化提出了较高要求。2018 年，任文才研究组[183]发展了一种光学环氧胶辅助的无损转移与高效掺杂技术，实现了高性能柔性石墨烯透明电极的低成本制备。所使用的光学环氧胶可原位生成一种新型的高效 p 型掺杂剂——氟碲酸，可将 CVD 石墨烯方块电阻降低 95%，且电阻非常均匀，在 100 mm×100 mm 面积内标准差仅为 6%，满足了工业上应用的透明电极的标准（<10%）。这种氟碲酸掺杂的石墨烯还具有优异的稳定性，放置两个月后，电阻提高不到 3%。以其为透明电极，采用丝网印刷的方法制作了柔性电容式触摸屏 [图 6.14（a）]，主要过程包括激光刻蚀图形化、丝网印刷银电极导线、粘贴柔性电路板和组装。所得触摸屏即使在弯折的条件下仍可同时实现多点触摸，并具有较高的线性度[图 6.14（b～d）]。触控精度和灵敏度均接近基于 ITO 薄膜的商用触摸屏，并实现了其 10 in 级平板计算机中的应用验证 [图 6.14（e）]。一年后，器件仍然保持很好的触摸性能，显示了较好的使用稳定性。

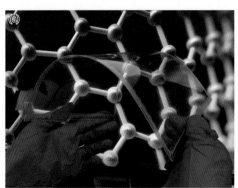

图 6.14 电容式石墨烯柔性触摸屏及其性能：（a）电容式石墨烯柔性触摸屏的照片；多点触摸性能：（b）四点；（c）线性度；（d）边缘；（e）组装有石墨烯触摸屏的平板计算机的照片[183]

石墨烯触摸屏优异的性能引起了企业界的广泛关注。除三星公司之外，无锡格菲电子薄膜科技有限公司、重庆墨希科技有限公司等也相继开发了不同功能的石墨烯触摸屏的生产工艺，并可实现规模化生产。其中，2015 年，重庆墨希科技有限公司发布了石墨烯触控屏手机，实现了石墨烯电容触控屏的规模化应用示范。2017 年，重庆墨希科技有限公司将石墨烯柔性触摸屏与柔性显示屏进行集成，得到了石墨烯柔性屏手机，为 CVD 石墨烯在柔性、可穿戴便携电子中的规模化应用奠定了基础。

6.3　传感器件

传感器是一种检测装置，能感受到被测量的信息，并将其按一定规律变换成为电信号或其他可用信号的器件，通常由敏感元件和转换元件两部分组成。传感器的分类非常复杂，可以按用途、原理、输出信号、制造工艺、测量目、构成和作用形式等分类，还可依其功能与人类感官相对比来分类。石墨烯具有极大的比表面积，所有原子完全与周围环境接触，因此对周围环境的变化非常敏感，如气体浓度、压力、生物分子、DNA 等。而这些变化会引起石墨烯载流子浓度、电阻等性质的变化，并且响应极其灵敏，所以石墨烯通常作为敏感元件。敏感元件的分类包括：化学类，主要基于化学反应的原理；物理类，主要基于力、热、光、电、磁和声等物理效应；生物类，主要基于酶、抗体和激素等分子识别功能。根据敏感元件的基本感知功能，传感器又可分为气敏、热敏、光敏、力敏、磁敏、色敏和味敏等。石墨烯独特的结构和性质使其对包括气体、热、光、压力、磁场、酶等在内的多种物理量都有响应，而且有可能在一个器件上实现多种参数的同时测量[184]。此外，石墨烯很容易功能化，通过选择合适的功能化基团，就可以实现对分子的选择性检测，因此石墨烯在传感器领域的潜在应用十分广泛，下面对几种典型的石墨烯传感器的原理以及 CVD 石墨烯在这些传感器中的应用进行介绍。

6.3.1　气体传感器

　　气体传感器是一种典型的化学传感器，基本原理是将被探测气体的体积分数变化转化成对应的电信号变化。石墨烯气体传感器按照工作原理不同可分为：电阻式气体传感器、场效应管气体传感器、质量气体传感器以及微机电系统（micro electromechanical systems，MEMS）气体传感器。CVD 石墨烯薄膜具有大面积和高质量的特点，使其在场效应管气体传感器和 MEMS 气体传感器的制备与集成方面更具优势。尽管石墨烯气体传感器的工作原理存在差异，但是其性能评价指标通常都包括灵敏度、响应时间和恢复时间、选择性、重复性、检测限、稳定性等。早在 2007 年，F. Schedin 等[185]就利用石墨烯晶体管制备了首个石墨烯气体传感器[图 6.15（a）]，其中的石墨烯是由胶带剥离法制备的。图 6.15（b）为这种石墨烯气体传感器与 1 ppm 不同气体接触引起的电阻率变化，可见其对 1 ppm 的 NH_3、CO、H_2O 和 NO_2 在 1 min 内都有响应，其中 NO_2 效果最为显著。经过优化后甚至在真空环境中能检测到单个 NO_2 气体分子［图 6.15（c）］，达到了气体检测的探测极限，展示了石墨烯在气体检测方面应用的巨大潜力。与其他固态传感器原理相似，当气体分子被吸附在石墨烯表面后，会作为施主提供电子或作为受主接受电子，从而引起石墨烯的电导率发生变化。但是，独特的结构和性质提高了石墨烯的敏感性：其一，石墨烯是严格的二维材料，整个表面都暴露在气体分子中，实现了与气体分子接触的最大化；其二，石墨烯具有高的导电性，并且只有很小的约翰逊噪声（载流子达到平衡状态时的电子噪声），因此少量的额外电子就可以引起载流子浓度显著变化；其三，石墨烯具有完美的结构，缺陷很少，气体分子的吸附和脱附并不会引起较大的热噪声；其四，可以采用四探针法测量石墨烯单晶传感器的电阻率变化，接触电阻较小。所有这些特点都有利于放大信噪比，因此少量电子就足以引起石墨烯传感器载流子浓度的显著变化，并使其检测灵敏度达到单个原子或分子的水平。

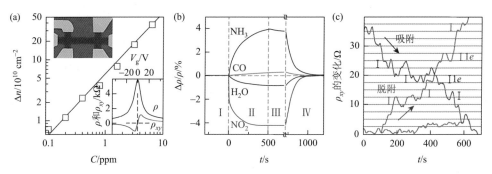

图 6.15　石墨烯对气体分子化学掺杂的敏感性：（a）单层石墨烯中化学诱导的载流子浓度与 NO_2 气体浓度的关系，插图为器件的扫描照片；（b）石墨烯与 1 ppm 不同气体接触引起的电阻率变化；（c）真空中极稀的 NO_2 吸附和脱附时在中性点位置观察的霍尔电阻的变化[185]

虽然胶带剥离制备的石墨烯由于缺陷少具有最小的本征噪声，但样品尺寸通常仅有微米级。CVD 法不但能制备大面积石墨烯薄膜，而且所得石墨烯质量也能达到本征噪声小的要求，因此 CVD 石墨烯气体传感器引起了广泛关注。已报道的可检测的气体包括 O_2、NO_2、NH_3、H_2 和挥发性有机物等[186-191]。其中，对 O_2、NO_2 和 NH_3 的检测限分别可以达到 1.25 vol%（体积分数）、100 ppb 和 500 ppb。M. Shekhirev 等[191]利用 CVD 法制备的石墨烯纳米带作为沟道材料制备了双极性场效应晶体管型传感器，对多种挥发性有机物均具有很好的敏感性。进而，他们构建了电子鼻系统，可以识别不同化学试剂中的物质。

由上述结果可知，石墨烯在高性能气体传感器领域极具应用潜力，具有响应快速、检测限极低等独特的优势，但石墨烯碳原子间的 sp^2 杂化轨道具有较高的化学惰性，导致其吸附气体的敏感度还有待提高，尤其是对特异气体的敏感度。而且脱附过程较长，往往需要较高温度或其他辅助手段才能恢复到初始状态。此外，石墨烯虽然对多种物理量都有响应，可实现多功能探测，但会影响选择性。为了解决这些问题，研究人员发展出了引入缺陷、修饰和掺杂以及集成加热元件等多种方法改善石墨烯传感器的综合性能[192-204]。基于密度泛函理论的第一性原理研究了 NO、NO_2、NH_3 和 CO 等不同分子与石墨烯、缺陷石墨烯、掺杂石墨烯（B、N、Al 和 S 掺杂等）的相互作用，发现引入缺陷和掺杂可提高石墨烯对特定分子的敏感度。例如，B 掺杂的石墨烯对 NO 和 NO_2 都有较强的吸附作用，与 NH_3 也很容易结合，而 S 掺杂的石墨烯只对 NO_2 敏感，缺陷石墨烯与 CO、NO 和 NO_2 分子的吸附能高[205-208]。2012 年，A. Salehi-Khojin 等[194]采用 CVD 法在多晶铜箔上制备了多晶石墨烯，实验研究了晶界和褶皱引起的线缺陷对甲苯和 1,2-二氯苯敏感度的影响。相比于仅具有点缺陷的胶带剥离石墨烯，这些具有线缺陷的 CVD 石墨烯具有更高的敏感度（高出约 50 倍）。为增加线缺陷，他们将 CVD 石墨烯切成 2~5 μm 的条带，使器件的敏感度进一步被提高了 2~4 倍，达到 ppb 级。2017 年，W. Wei 等[209]在 SiO_2 基底上制备了一种长周期光纤光栅（long-period fiber grating，LPFG）并沉积 Ag 固定，然后在其上覆盖 CVD 生长的单层石墨烯得到光纤表面等离子体共振（surface plasmon resonance，SPR）传感器，对甲烷的敏感度达到 0.344 nm/%，与传统的 LPFG 和带有 Ag 涂层的 LPFG SPR 传感器相比分别提高了 2.96 倍和 1.31 倍。同时，石墨烯基 LPFG SPR 传感器还具有优异的响应特性和重复性。

MEMS 气体传感器相对于其他传统传感器而言，具有体积小、功耗低、稳定性高、灵敏度高、响应快和恢复时间短等优点。B. Sharma 和 J. S. Kim[210]利用 MEMS 工艺制备了具有双栅 FET 结构的 H_2 传感器 [图 6.16（a）]。他们首先构建了一个带有微型加热器的双栅 FET 传感器平台，其中一个 FET 对 H_2 敏感，另一个 FET 作为参考。然后利用电子喷涂技术在敏感 FET 的栅电极上沉积石墨烯纳米片，随后在石墨烯上溅射了 Pd/Ag。石墨烯-Pd/Ag 电极暴露于 H_2 中形成了金属杂化物，降低了 Pd/Ag 的功函数，从而使电子向石墨烯转移提高了漏电流。该传感器的检测限低至 1 ppm，在 H_2 浓度为 1000 ppm 时，其漏电流波动幅度很小 [图 6.16（b）]，体现了 MEMS 气体传感器的高稳定性。同时，该 MEMS 气体传感器还具有响应快速和恢复时间短的特性。与上述工作中石墨烯纳米片起到辅助传输的作用不同，CVD 石墨烯可以作为敏感元件用于 MEMS 气体传感器中。T. Liang 等[211]通过 MEMS 技术制备了金叉指电极，随后将 CVD 法制备的单层石墨烯转移至电极上制备了 NH_3 电阻式传感器 [图 6.16（c）]。由于 NH_3 是一种还原性气体，与石墨烯接触后使其表面空穴浓度下降，导致石墨烯的导电性降低，因此传感器的电阻随之增加，从而实现了对 NH_3 的检测。同时，他们发现该气体传感器随着 NH_3 浓度提高，响应度和灵敏度提高 [图 6.16（d）]，且具有优异的稳定性，重复性高达 98.58% [图 6.16（e）]。此外，2016 年 S. Vollebregt 等[212, 213]将与 CMOS 技术相兼容的钼沉积在 SiO_2/Si 基底上作为催化剂生长了石墨烯，由于钼厚度可以低至 25 nm，无需转移，通过湿刻蚀去除钼后石墨烯直接沉积在硅片上。同时，他们还能通过图案化钼催化剂层来调节 CVD 石墨烯的尺寸，使其可以探测 240 ppb 的 NO_2 和 17 ppm 的 NH_3。这些工作为 CVD 石墨烯用于大规模制造 MEMS 气体传感器奠定了基础。

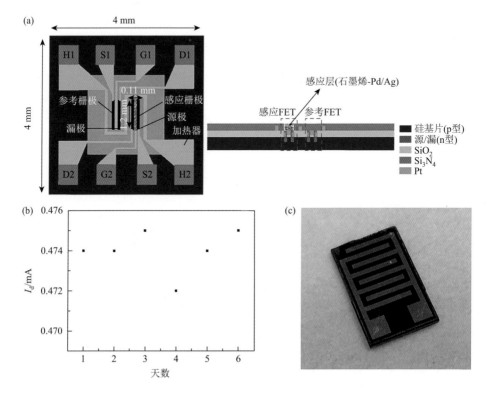

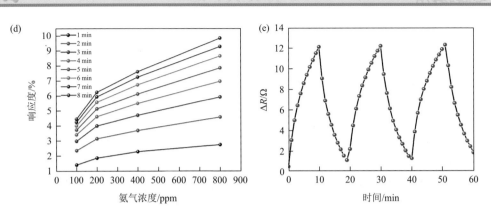

图 6.16　MEMS 工艺制备的石墨烯气体传感器：H_2 双栅 FET 传感器的结构示意图（a）和稳定性测试（b）[210]；NH_3 电阻式传感器的光学照片（c），对不同浓度 NH_3 的响应度（d）及其随时间变化的重复性（e）[211]

　　除了作为敏感元件外，CVD 石墨烯也可以作为气体传感器的加热元件，而石墨烯优异的透光和柔韧性可以构建柔性且透明的高性能传感器。H. Choi 等[195, 214]首先利用 CVD 生长多层石墨烯膜（大比表面积、多种缺陷位），利用其高的敏感性和优异的柔性构建了柔性传感器，可以探测到 200 ppb 以下的 NO_2 气体。室温下暴露在 1 ppm NO_2 中 1 min，电阻变化可达约 6%。在弯曲状态下，同样具有很好的电阻响应。进一步以单层石墨烯作为敏感元件，同时以双层石墨烯为加热元件在聚醚砜基底上制备出了透光率大于 90% 的柔性气体传感器［图 6.17（a～c）］，具有高的敏感性，对 0.5 ppm NO_2 的 $\Delta R/R_0$ 变化大于 10%［图 6.17（d）］，且响应快速和恢复时间短，一个 2 cm×0.6 cm 的器件在 40 ppm NO_2 环境中的恢复时间低于 20 s。这种传感器还具有优异的柔性，虽然在不同弯曲应力（0%～1.4%）的作用下其衰减曲线有一定的变化，但并没有变形［图 6.17（e）］，在 1.4% 应力作用下 $\Delta R/R_0$ 偏差在 5% 以内［图 6.17（f）］，在 0%～1.0% 之间反复弯曲，器件性能变化低于 10%。

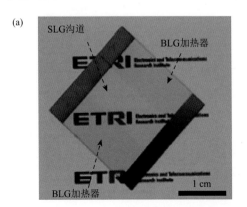

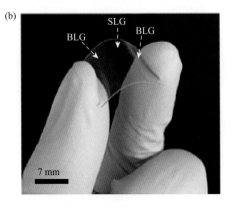

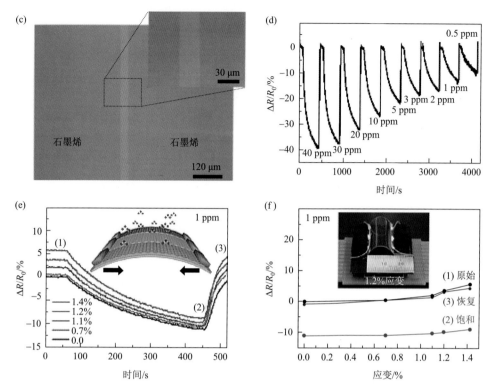

图 6.17 以单层石墨烯（SLG）为敏感元件，双层石墨烯（BLG）为加热元件在聚醚砜（PES）基底上构建的柔性透明传感器：（a，b）柔性透明传感器的光学照片；（c）SLG 敏感元件与 BLG 加热元件界面的光学照片；（d）传感器相对电阻 $\Delta R/R_0$ 随时间的变化（包括在 100～165℃、40～0.5 ppm NO$_2$ 浓度下的恢复步骤）；（e）$\Delta R/R_0$（包括在 100～165℃、1 ppm NO$_2$ 浓度、0～1.4% 弯曲应力作用下的恢复步骤）随时间的变化；（f）1 ppm NO$_2$ 浓度下原始、饱和与完全恢复状态传感器的 $\Delta R/R_0$ 随弯曲应变的变化[214]

综上，石墨烯的优良导电性、大的比表面积以及易被功能化的特点，使其作为气体传感器的敏感元件，不仅可以对不同的气体实现极低的检测限，通过引入缺陷和掺杂等还可提高传感器的敏感性和选择性。由于石墨烯衍生物（氧化石墨烯和还原氧化石墨烯）具有较多的悬挂键和缺陷，更易功能化，因此是目前石墨烯气体传感器的研究重点。而柔性、透明的特点使石墨烯在智能窗、可穿戴传感器领域具有广阔的应用前景。

6.3.2 力学传感器

力学传感器属于物理类传感器，可将作用在感应元件上的力学信号转变成电学信号输出。根据其接收到的力学信号不同主要分为应变传感器和压力传感器；根据输出的电学信号不同可以分为电阻式传感器、电容式传感器、压电式传感器。

尽管区分力学传感器种类的方式还有很多，但评判标准相同，主要包括灵敏度、测量范围、稳定性等。下面简要介绍根据输出信号分类的三种力学传感器。

电阻式传感器是目前最常见的力学传感器，其定义为感应元件受到应变或压力信号时产生变形，因而载流子迁移率发生改变，电阻率也随之变化，此时外部电路将与力学信号呈正比关系的电阻信号输出，从而达到力学传感的目的。灵敏系数（gauge factor，GF）是衡量电阻式应变传感器最重要的参数，其定义[215]为

$$GF = \frac{(R_\varepsilon - R_0)/R_0}{\varepsilon} = \frac{\Delta R/R_0}{\varepsilon} \tag{6.8}$$

其中，R_0 是感应元件的初始电阻值；R_ε 是发生应变时感应元件的电阻值；ε 是受到应力或压力信号时的形变量。

灵敏度（sensitivity，S）也是衡量电阻式压力传感器重要的参数，其定义[216]为

$$S = \frac{\delta(\Delta C/C_0)}{\delta P} \tag{6.9}$$

其中，C_0 是感应元件的初始电导；C 是施加压力后的电导；P 是施加压力。

电容式传感器是指电极板之间的距离因施加外力之后发生变化，从而导致电容发生变化的一类传感器。电容式传感器具有灵敏度较高、响应速度快、制备简单[217]等优点，但也存在易产生寄生电容、抗电磁干扰能力差等缺点。压电式传感器是指感应元件具有压电效应的传感器。敏感元件在受到外力作用时，内部发生电极化，导致元件两端表面产生等量正负电荷，外力去掉后，极化现象也会随之消失。因此，压电式传感器可以通过检测电流或电压的变化来反映力学信号。

近年来，力学传感器在力学测量、健康监测、电子皮肤、人工智能等领域的应用取得了巨大的进展[218-221]，但是由金属和陶瓷材料制成的传统力学传感器存在脆性大、固有硬度大、制造工艺复杂、灵敏性差等缺点[218]，限制了其广泛应用，尤其是在柔性传感领域的应用。因此，基于银纳米线、碳纳米管、石墨烯等新型材料的传感器逐渐发展起来[222-225]。其中，独特的二维结构、优异的柔性和机电性能以及极高的电传输特性，使石墨烯受到了格外关注。

虽然本征石墨烯是一种零带隙材料，但 G. Gui 等[226]利用第一性原理计算发现，加载在石墨烯上的应变非对称分布会改变费米能级附近的电子结构，使石墨烯带隙打开。带隙的变化随应变增加先增加后减小，当应变分布平行于 C—C 键时，带隙可以增加到最大值 0.486 eV；而当应变分布垂直于 C—C 键时，其带隙变化较小，最大值 0.170 eV。此外，G. Cocco 等[227]通过理论计算发现同时施加剪切应变和单轴应变能够把石墨烯的带隙从 0 eV 调节到 0.9 eV。这些结果说明石墨烯存在压阻效应，奠定了石墨烯在电阻式应变传感器领域中的应用基础。

通常情况下，胶带剥离得到的石墨烯内部缺陷少，性能接近理论上完美晶格的石墨烯。然而，M. Huang 等[228]制备了悬空石墨烯器件，对胶带剥离石墨烯的

机电耦合行为分析发现，石墨烯的电阻随应变增加变化缓慢，在 3%应变下的灵敏系数 GF 仅为 1.9。由其电传输特性［图 6.18（a）］可知，石墨烯的最小电导在施加压力过程中无显著变化。这一结果说明胶带剥离法获得的石墨烯虽然存在压阻效应，但是仅通过加载应变改变完美晶格石墨烯的对称结构存在一定的局限性，导致其灵敏度较低。此外，胶带剥离难以获得大尺寸的石墨烯，限制了其应用。

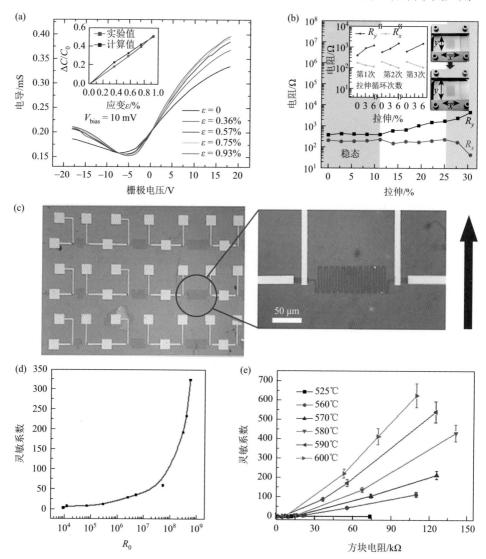

图 6.18　电阻式应变传感器的光学图像及性能：（a）应变石墨烯的电传输特性[228]；（b）CVD 石墨烯应变传感器的应变-电阻关系[231]；PECVD 法制备的纳米石墨烯岛薄膜应变传感器的光学照片（c）和初始方块电阻与灵敏系数的关系（d）；（e）不同生长温度所制得的纳米石墨烯岛薄膜传感器灵敏系数与方块电阻的关系[232, 233]

不同于胶带剥离石墨烯，CVD 生长石墨烯存在一定的晶界和褶皱。石墨烯电导强烈依赖于晶界的拓扑结构[229]，而该拓扑结构可以通过施加应变进行调制，且晶界可以在一定程度上降低石墨烯的对称性，因此晶界的引入可以提升应变传感器的灵敏度；褶皱的引入可在一定程度上释放施加的应变，从而提升石墨烯的机电稳定性和抗拉伸性。2010 年，Y. Lee 等[225]采用 CVD 法合成了晶圆级石墨烯多晶薄膜，对其进行光刻后得到了 300 μm 宽、140 mm 长的石墨烯条带，随后将石墨烯条带转移到 PDMS 基底上形成锯齿形图案并作为应变传感器的电极。该应变传感器在 1%应变下的灵敏系数可以达到 6.1，并且在数次循环之后也没有失效，远远优于胶带剥离石墨烯的应变传感器。X. W. Fu 等[230]采用 CVD 法合成了厘米级的石墨烯，测试其电阻的应变依赖性发现：当应变小于 2.47%时，电阻会随应变缓慢下降，这是因为 CVD 生长过程给石墨烯引入褶皱，所以在此阶段存在应变释放的过程；当应变处于 2.47%～4.5%范围内时，电阻变化非常明显，在此阶段的灵敏系数达到了 151，且在 5%以内的应变都属于弹性形变。K. S. Kim 等[231]将 CVD 生长的大尺寸石墨烯转移到未经处理的 PDMS 基底上进行了单轴应变拉伸测试，发现其应变极限值为 6%；随后将石墨烯转移到预拉伸 12%的 PDMS 基底上以产生与 CVD 生长带来的相似褶皱来提升应变范围，最终得到了 25%的应变极限值［图 6.18（b）］。

此外，石墨烯片层之间的隧穿效应也是电阻变化的来源之一，且隧穿效应导致的电阻变化通常呈指数型变化，因此利用石墨烯片层之间的隧穿效应可以有效提升应变传感器的灵敏度。张广宇研究组[232,233]使用 PECVD 法制备了由准连续的尺寸、密度可调的纳米石墨烯岛拼接成的薄膜，并因此得到了可以循环上千次、灵敏系数在 $10\sim10^3$ 之间可调的应变传感器［图 6.18（c）］。他们发现，方块电阻越大［图 6.18（d）］和形核密度较高［图 6.18（e）］的石墨烯应变传感器具有更高的灵敏系数。他们提出了隧穿模型来解释此现象：方块电阻越大、形核密度越高（生长温度高、晶粒尺寸小）的纳米石墨烯薄膜具有更大的隧穿距离，因此可以获得更高的灵敏系数。除了利用隧穿效应来提升灵敏度之外，还有利用裂纹扩展机制[234]来提升应变传感器灵敏度的方法，在此不再赘述。

除了灵敏度之外，测量范围也是应变传感器很重要的性能参数。二维石墨烯薄膜固有的低拉伸应变限制了其在大量程应变传感器中的应用。三维石墨烯可将加载的应变分解为局部连接内的较小应变，比二维薄膜具有更大的应变范围，同时还具有优异的导电性。任文才研究组[235]提出了一种石墨烯泡沫/PDMS 弹性体作为应变传感器的感应元件。他们使用 CVD 法以泡沫镍作为金属模板生长了三维石墨烯泡沫，随后将 PDMS 渗透到石墨烯泡沫中形成石墨烯泡沫/PDMS 弹性体，得到了应变程度为 50%的应变传感器，其是二维石墨烯器件的 2 倍。随后，F. Pan 等[236]在此方法基础上进行了改进，以多孔铜箔替代泡沫镍作为模板，采用

CVD 法合成了孔隙更小的三维石墨烯，可以进一步分散应力，且与高分子基底有更好的结合力，使应变量提升到了 187%，在 100%应变下的灵敏系数 GF 高达约 1500。同时，该材料还具有非常好的耐久性，在 0%～50%应变范围内（10%/s）可循环 5000 次。随着微型机器人、可穿戴生命体征检测设备的迅速发展，微应变传感器受到了越来越多的重视。Y. F. Ma 等[237]采用 PECVD 方法在铜网上生长了垂直石墨烯管状网格，并将其与 PDMS 复合制备了柔性应变传感器。与石墨烯薄膜相比，垂直石墨烯管状网格上的鳞片结构和微纳结构上的三维形貌增强了裂纹扩展。由于管状网格和垂直石墨烯的应变集中效应，传感器的裂纹数量大大增加，从而提高了传感器对超低应变的灵敏度，在 0%～4%总应变范围内实现了对低至 0.1‰应变的准确响应。

在电阻式传感器中，压力传感器和应变传感器非常类似，在此就不再赘述。电容式传感器多用于压力传感器，其表达式为

$$C = \frac{A\varepsilon_r\varepsilon_0}{d} \tag{6.10}$$

其中，A 是两个电极板正对的面积；ε_r 是介质介电常数；ε_0 是真空介电常数；d 是两极板距离。由式（6.10）可知，电容变化率与两个电极板之间的距离变化程度相关，距离变化越明显，电容式传感器的灵敏度越高。常用的平行板电容式传感器距离变化较小，因此灵敏度较低。石墨烯由于优越的柔韧性，在受到压力加载时距离变化会更大，因此可以用作电容式传感器中的电极。J. Yang 等[238]利用不同的转移方法获得了三种不同粗糙程度的 CVD 石墨烯电极：光滑石墨烯（SGr）电极 [图 6.19（a）]、纳米结构石墨烯（NGr）电极 [图 6.19（b）] 和微结构石墨烯（MGr）电极 [图 6.19（c）]。将这三种电极用于制备压力传感器，发现粗糙度最高的微结构石墨烯压力传感器具有最大的灵敏度（3.19 kPa^{-1}）。因为微结构石墨烯在承受相同负载下会产生更大的变形，使电容变化更为明显 [图 6.19（d）]，从而提升了灵敏度。同时，该传感器具有响应速度快（30 ms）、检测限低、柔韧性和稳定性高的特点。为了进一步提升灵敏度，他们对器件结构进行了改进：使用微结构石墨烯制备了一种三明治式双微结构对称电容式压力传感器 [图 6.19（e）]，灵敏度比单微结构的高 1 倍，达到 7.68 kPa^{-1} [图 6.19（f）]。最终，他们实现了这种微结构电容式压力传感器在昆虫爬行检测和腕部脉搏波监测中的应用演示。

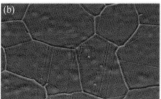

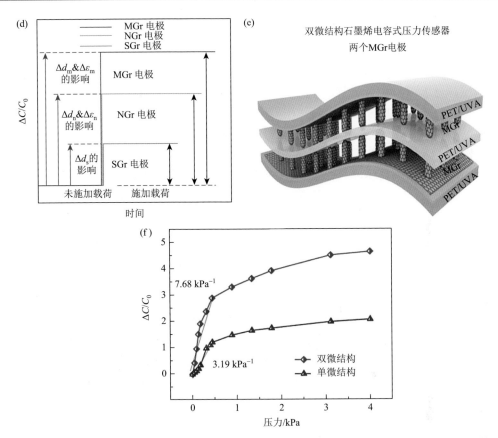

图 6.19 石墨烯电容式压力传感器：光滑石墨烯（a）、纳米结构石墨烯（b）和微结构石墨烯（c）的 SME 图；（d）三种石墨烯电极的电容变化率；（e）双微结构电容式压力传感器结构图，UVA 指紫外固化胶；（f）双微结构和单微结构电容式压力传感器的电容-压力关系图[238]

总之，石墨烯力学传感器目前已经取得了一些积极进展，尤其是在提升灵敏度和测量范围这两个方面，而且由于其优异的柔性，已经初步实现了在柔性电子领域的应用。不同于胶带剥离的石墨烯，CVD 石墨烯在生长过程中引入的晶界和褶皱都对提升灵敏度和扩大测量范围具有积极作用，但是目前控制褶皱和晶界的引入还存在较大的难度，因此所得传感器的可控性还有待改善。除了二维石墨烯膜外，三维石墨烯宏观体的复合材料在力学传感器领域也具有应用潜力，但是石墨烯与其他弹性体材料的具体作用关系还有待深入研究。更重要的是，灵敏度和测量范围通常是一对相互制约的因素，如何制备出同时具备高灵敏度和宽测量范围的石墨烯力学传感器也是下一步需要解决的问题。

6.3.3 生物传感器

生物传感器是生物材料或生物衍生材料与物理化学换能器集成的一种分析器

件。它可以将生物反应的影响通过电信号的方式展现出来，以此实现对生物的检测。根据工作原理的不同，生物传感器可分为免疫生物传感器、酶生物传感器、DNA 生物传感器等。

石墨烯由于具有优异的电学性能，且其超大的比表面积能够固定更多特异性生物分子，因此逐渐成为生物传感领域的热门材料。通过检测分子间特定生物反应导致的电信号变化，可分别制备对应的石墨烯基生物传感器。当选用的生物分子为抗体或抗原时，通过检测其免疫反应导致的石墨烯电信号变化，可以制备免疫生物传感器。当选用的生物分子为酶（如葡萄糖氧化酶）时，通过检测酶促反应导致的石墨烯电信号变化，可以制备酶生物传感器。当选用的生物分子为特定单链 DNA 或核碱基时，通过检测 DNA 杂交反应形成双链 DNA 或碱基对配对导致的石墨烯电信号变化，可以制备 DNA 生物传感器。本节将对上述传感器进行简单的介绍。

功能化石墨烯，如 GO 和 rGO 等，由于其表面丰富的缺陷和化学基团能够促进电荷转移，且具有良好的水溶性、生物相容性与荧光特性等特点，被广泛应用于生物传感器中。利用抗体修饰后的功能化石墨烯接触皮质醇会改变两个平行电极之间的电阻或导电性的特点，Y. H. Kim 等[239]以 rGO 上固定的皮质醇单克隆抗体（c-Mab）作为电传感元件，制备了检测皮质醇的免疫生物传感器，其检测限能够达到 10 pg/mL（27.6 pmol/L）。功能化石墨烯在酶生物传感器中也有重要作用。2009 年，H. Wu 等[240]在玻碳电极（GCE）表面组装葡萄糖氧化酶/Pt/功能化石墨烯片/壳聚糖（GOD/Pt/FGS/壳聚糖）形成 GOD/Pt/FGS/壳聚糖/GCE 检测电极，制备了用于检测葡萄糖的酶生物传感器，检测限为 0.6 μmol/L，且具有良好的可重复性与长期稳定性。另外，功能化石墨烯可以增强 DNA 中鸟嘌呤和腺嘌呤氧化信号。2011 年，M. Muti 等[241]将 GO 纳米片集成在石墨电极上，并固定乙肝病毒脱氧核糖核酸（HBV DNA）探针，用于检测 HBV DNA。使用 GO 修饰后的石墨电极与未修饰的石墨电极相比，DNA 中鸟嘌呤和腺嘌呤氧化信号分别增强了60.1%和119.9%，实现了更高灵敏度的 DNA 检测。

近些年，CVD 石墨烯由于具有优异的电学性能和可大面积制备的优势，在生物传感器领域的重要性也愈发凸显。但是，CVD 石墨烯缺少足够的缺陷和化学基团，为了检测识别不同生物分子，通常会采用具有特异性的生物分子对其进行修饰。修饰可分为共价键结合法与吸附法。前者通过形成共价键固定石墨烯与特异性生物分子，后者则主要通过分子间作用力固定石墨烯表面生物分子。但是共价键会使 CVD 石墨烯产生缺陷，破坏其本征性能。因此，为了保持石墨烯的本征性能并实现更高的检测精度，一般采用吸附法对 CVD 石墨烯进行修饰。同时，为了提高检测灵敏度，CVD 石墨烯常以 FET 沟道材料的形式用于生物传感器中，当特异性生物分子与待检测生物分子接触结合时会使 CVD 石墨烯的电信号变化，通过对此信号的检测可以实现对待检测生物分子的测量。

基于 CVD 石墨烯制备的生物传感器具有无标记、快速响应和高灵敏度等特点，Y. Huang 等[242]制备了基于 CVD 石墨烯 FET 的免疫生物传感器［图 6.20（a）］。该器件以 CVD 石墨烯作为沟道材料，表面经过大肠杆菌抗体修饰。随着大肠杆菌的加入，抗体对大肠杆菌捕获的数量随之增加。带有大量负电荷的大肠杆菌细胞壁使石墨烯的空穴密度增加，电导率随之增加［图 6.20（b）］。该传感器能够检测最低浓度为 10 cfu/mL 的大肠杆菌。除了直接使用完整的抗体（抗原）作为识别物质以外，还可以使用具有识别功能的片段来实现免疫识别。2020 年，Z. Gao 等[243]使用单链可变片段（scFv），构筑了基于石墨烯 FET 的免疫生物传感器，用于检测莱姆病。通过 scFv 与抗原结合导致 CVD 石墨烯的狄拉克点电压正向移动，实现了对四种不同的莱姆病抗原（P66、GroES、GroEL 和 FlaB）的检测，检测限低至 2 pg/mL，与使用亲代免疫球蛋白抗体相比，检测限是后者的 1/4000，极大提高了莱姆病的检测精度。

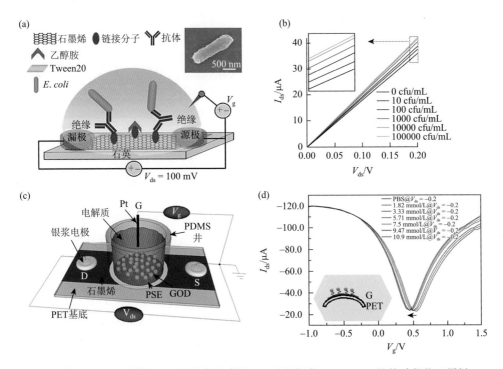

图 6.20　基于 CVD 石墨烯 FET 的生物传感器：（a）大肠杆菌 anti-*E. coli* 抗体功能化石墨烯 FET 检测大肠杆菌的示意图，插图为大肠杆菌抗体功能化石墨烯的 SEM 图；（b）大肠杆菌 anti-*E. coli* 抗体功能化石墨烯 FET 器件与不同浓度 *E. coli* 孵育后的 I_{ds}-V_{ds} 曲线[242]；（c）电解质栅控 CVD 石墨烯传感器的实验装置；（d）弯曲基板上 FET 器件的电荷转移曲线与葡萄糖浓度的关系（弯曲半径为 6.625 cm，$V_{ds} = -0.2$ V），随着葡萄糖浓度的增加，狄拉克点 V_{Dirac} 向较低值移动[245]

在酶的催化下葡萄糖与谷氨酸可被氧化产生 H_2O_2 和 NH_4OH 从而导致 CVD 石墨烯的电导变化，该变化可以反映出葡萄糖和谷氨酸的含量。基于此原理，2010 年，Y. Huang 等[244]使用葡萄糖氧化酶（GOD）与谷氨酸脱氢酶（GluD）分别修饰 CVD 石墨烯膜并制备了两种基于石墨烯 FET 的酶生物传感器，用于检测葡萄糖与谷氨酸。其中葡萄糖传感器检测限为 0.1 mmol/L，谷氨酸传感器的检测限为 5 μmol/L。将 CVD 石墨烯转移至柔性基底还能够制作出柔性生物传感器。2012 年，Y. H. Kwak 等[245]以 PET 为基底，用 CVD 石墨烯制备了基于电解质栅控 FET 的柔性葡萄糖传感器，它也是一种典型的柔性酶生物传感器 [图 6.20（c）]。在栅极低偏压（高偏压）作用下，通过改变电解质溶液中葡萄糖的浓度，调整电解质电荷传输性能，诱导了石墨烯/电解质界面的空穴（电子）积聚。而积累的空穴（电子）可以 p 掺杂（n 掺杂）CVD 石墨烯沟道材料，从而使其沟道电流改变，这种改变可以反映葡萄糖的含量。该传感器可以检测 3.3～10.9 mmol/L 范围内的葡萄糖 [图 6.20（d）]。

通过 DNA 探针修饰 CVD 石墨烯，Z. Gao 等[246]制备了基于 CVD 石墨烯 FET 的 DNA 生物传感器，并引入三种辅助 DNA（H2、H3、H4）实现对微量目标 DNA 信号的放大与检测。检测时，用于修饰 CVD 石墨烯表面的 DNA（H1）与目标 DNA（T）配对形成 H1·T；然后 T 被 H2 通过置换反应置换，实现对目标 DNA（T）回收。形成的 H1·H2 在 H3 和 H4 存在的情况下，触发杂交链反应（HCR），在 H1·H2 后交替循环聚合 H3 和 H4，将原有目标 DNA（T）的信号放大。在此过程中，FET 狄拉克点的电压发生巨大变化。通过对狄拉克点电压位移的检测，可以实现对微量目标 DNA 的检测，在 1h 内的检测限为 5 fmol/L。该方法克服了 DNA 生物传感器的长度依赖性，为高精度和选择性地进行多重和无标记核酸测试提供了新途径。M. Govindasamy 等[247]采用 CVD 法直接生长的双层石墨烯替代层层堆叠的石墨烯，并通过低损伤等离子体处理获得 GO/Gr 叠层结构。利用带负电荷的癌症标志物 miRNA-21 与 GO/Gr 表面固定 DNA 探针杂交会导致其电阻增加的特性，制备了检测人体血清蛋白中 miRNA-21 浓度的生物传感器，其 miRNA-21 的检测限为 5.20 fmol/L，检测范围为 100 fmol/L～10 nmol/L，有望用于临床检查中癌细胞的探测。

综上，石墨烯基生物传感器在灵敏度、选择性、检测范围、可重复性、响应时间等方面均表现出优异的性能。然而，这些研究很多还处于实验室阶段，距实际应用还有很长的路要走。如何提高石墨烯基生物传感器的检测精度、加快检测速度、实现超稳定检测与低成本制备，都需要更加广泛而深入的研究。此外，利用石墨烯的其他特性构筑生物传感器也值得研究人员关注。例如，石墨烯衍生物实际上可与整个光谱相互作用，即从紫外到太赫兹辐射波段。但基于红外或太赫兹波的石墨烯基生物传感应用还鲜有探索，这些独特的性能都为石墨烯基生物传感器的发展提供了新的思路与方向。

6.3.4 其他传感器

除了以上介绍的气体传感器、力学传感器和生物传感器外，CVD 石墨烯还可应用在磁场传感器、电化学传感器、光化学传感器等领域。对于这些传感器，感应外界变化的灵敏度与检测范围是衡量其性能的重要指标。下面进行简要介绍。

磁场传感器是将由磁场引起的敏感元件的磁性能变化转换成电信号，从而检测磁场的器件，主要分为霍尔元件、磁通门传感器、巨磁阻传感器等，已被广泛应用于航空航天探测、导航定位、地下勘测、医学检验、磁存储等领域。其中，霍尔元件基于霍尔效应制备，是现在最常见的磁场传感器。根据霍尔电压的计算公式可知，霍尔电压与霍尔元件的厚度成反比，与工作电流成正比，因此当霍尔元件的厚度越小、工作电流越大时，霍尔电压越大，可以降低检测限。此外，在实际应用中霍尔元件的温度稳定性十分重要，因此需要发展温度稳定性更好的材料来制备霍尔元件。石墨烯的原子层厚度和高载流子迁移率有利于得到非常高的霍尔电压。此外，相比于传统半导体材料，石墨烯的本征载流子浓度与载流子迁移率受温度影响小[248, 249]，因此其具有高的温度稳定性。同时，石墨烯的强 C—C 键也能保证其在电场和外力作用下有一定的机电稳定性。因此，石墨烯是一种非常适合制备霍尔元件的材料。

2011 年，C. C. Tang 等[250]制备出了石墨烯霍尔元件。他们将 CVD 生长的石墨烯转移到硅片上，随后用光刻技术和氩等离子刻蚀对其进行图案化处理，最后沉积 Au/Cr 作为电极，得到了场灵敏度为 0.12 Ω/G 的霍尔探针。利用石墨烯优异的柔韧性，2016 年，Z. Wang 等[251]提出将 CVD 石墨烯应用在柔性霍尔元件上［图 6.21（a）］，其电压和电流归一化灵敏度分别达到 0.093 V/(V·T)和 75 V/(A·T)［图 6.21（b）］，是当时所有柔性霍尔元件中灵敏度最高的。2019 年，该研究组使用 CVD 石墨烯在 PI 柔性基底上制备了柔性石墨烯霍尔元件[252]，并提出了一种使用交流调制栅极电压驱动石墨烯霍尔元件的概念。由于石墨烯的双极性输运特性，在交流电压作用下能够使传感器的灵敏度提升，得到了灵敏度为 0.05 V/(V·T)、最低检测限为 290 nT/Hz$^{1/2}$ 的柔性霍尔元件。此外，CVD 石墨烯还可与其他材料构成异质结用于制备霍尔传感器。T. Liu 等[253]将石墨烯转移到 $MgAl_2O_4$ 上共同作为基底外延生长了一层具有铁电性质的 $Co_{0.2}Fe_{2.8}O_4$ 薄膜，与直接生长在 $MgAl_2O_4$ 基底上的 $Co_{0.2}Fe_{2.8}O_4$ 薄膜相比，石墨烯的嵌入导致异质结中出现纳米柱结构，从而调节了界面磁学性质。对比这两种材料所制备的霍尔传感器，含有石墨烯结构的霍尔传感器在室温下磁滞更小，反常霍尔电阻对磁场具有更好的线性度，为获得高线性、高灵敏度的石墨烯基霍尔传感器提供了思路。

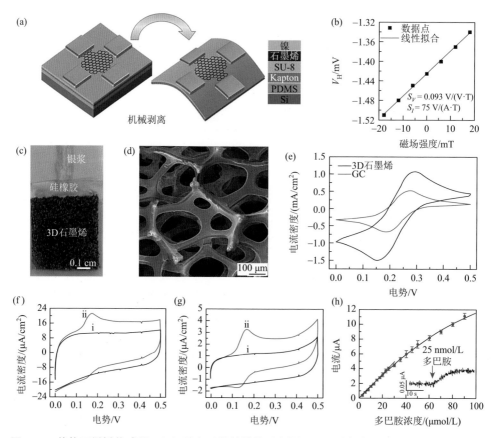

图 6.21 其他石墨烯传感器：（a）霍尔元件的结构示意图；（b）霍尔电压和磁场强度的线性关系[251]；（c）石墨烯泡沫电极照片；（d）石墨烯泡沫电极的 SEM 图；（e）$K_3[Fe(CN)_6]$ 溶液在石墨烯泡沫电极和玻碳（GC）电极表面的 CV 曲线；石墨烯泡沫电极（f）和玻碳电极（g）分别在没有多巴胺（i）和有 20 μmol/L 多巴胺（ii）条件下的 CV 曲线；（h）基于石墨烯泡沫电极的电化学传感器的多巴胺浓度-电流曲线[257]

电化学传感器是以电化学反应原理来检测目标物质的传感器。在电化学传感器中，电极作为转换元件，在电极上修饰能够与目标物质发生电化学反应产生感知信号的材料作为感应元件，转换元件将感知信号转换为电信号，从而对被检测物质进行定性和定量分析。目前，电化学传感器在健康检测、疾病诊断、食品检测、环境污染检测等领域都发挥着非常重要的作用。由于石墨烯可以被不同的官能团修饰，并能与不同的目标检测物质（如 Pb^{2+}、Cd^{2+}、葡萄糖、H_2O_2、多巴胺等）发生反应，且载流子迁移率高，可以迅速将信号传递给电极，因此其可以修饰电极作为感应元件使用。此外，石墨烯具有比表面积大（2630 m²/g）[254]、电化学窗口宽[255]、力学性能强等优异的性质，因此除了能够修饰电极外，也有望替代传统的玻碳电极、金属电极作为电化学传感器中的独立电极使用。

目前，由于 GO 和 rGO 表面上带有官能团可以与不同的目标物质发生化学反应，因此 GO 和 rGO 是石墨烯材料中研究最多的电化学传感器的感应元件。然而，这些石墨烯材料需要通过滴涂、丝网印刷等方法涂覆在电极上，导致敏感元件与电极之间的结合力相对较弱，从而影响器件寿命。为了改善这一情况，X. Wang 等[256]采用 CVD 法直接在钽丝电极上生长石墨烯，得到了能够检测 AA（ascorbic acid，抗坏血酸）、DA（dopamine，多巴胺）、UA（uric acid，尿酸）、Trp（tryptophan，色氨酸）、NO_2^-（nitrite，亚硝酸盐）五种人体血清物质的电化学传感器，检测限分别为 1.58 μmol/L、0.06 μmol/L、0.09 μmol/L、0.10 μmol/L、6.45 μmol/L，信噪比为 3。与 GO 和 rGO 不同，CVD 石墨烯作为感应元件的机制是：石墨烯费米能级与目标检测物的 LUMO、HOMO 能级的位置关系决定了氧化电势，从而影响输出的电化学信号，进而可以实现对不同目标物质的检测。但是，因为 CVD 石墨烯导电性好，所以更多还是作为独立电极使用。其中，任文才研究组在 2011 年提出的 CVD 三维石墨烯泡沫[235]发挥了重要作用。2012 年，X. Dong 等[257]采用 CVD 法制备了三维石墨烯泡沫，然后将其固定在载玻片上，并用银浆制成导线、用硅橡胶绝缘制成了石墨烯泡沫电极［图 6.21（c，d）］。与 $K_3[Fe(CN)_6]$ 在玻碳电极表面的氧化电流相比，石墨烯泡沫电极高 2～3 倍［图 6.21（e）］，说明其反应速率更快，更适用于电化学传感器。随后，将其用于检测多巴胺，通过循环伏安（CV）曲线测试发现，石墨烯泡沫电极的响应幅度比玻碳电极高 6～7 倍［图 6.21（f，g）］，表明在石墨烯泡沫电极上电荷转移速率更快。通过计算，该电化学传感器在线性范围内的灵敏度达到了 619.6 μA·L/(mmol·cm^2)，检测限低至 25 nmol/L［图 6.21（h）］。此外，他们又对该方法进行了改进，在石墨烯泡沫电极上原位生长了可以直接催化葡萄糖氧化的 Co_3O_4 纳米线[258]，所制备的电化学传感器比直接将 Co_3O_4 涂覆在平面玻碳电极上的检测限低了三个数量级。石墨烯基电化学传感器还可以用于可穿戴汗液检测设备。汗液传感器的检测原理是利用离子选择电极探测通过离子选择薄膜上的电化学电势梯度，从而探测汗液中的 Na^+ 浓度。但是在传统的汗液检测器中，离子选择电极和离子选择薄膜中容易出现一层水层，从而影响传感器的灵敏度和寿命。K. K. Yeung 等[259]通过 CVD 法在 CuNi 合金上生长了梯度三维多孔石墨烯，并将其用作离子选择电极，利用石墨烯的疏水性减少了水层的生成。而且与 Au 和二维碳电极相比，三维多孔石墨烯有更大的电化学活性表面积，有利于提升传感器的灵敏度。因此他们获得了当时灵敏度最高[(65.1±0.25) mV/decade（decade 表示十进制）]的可穿戴 Na^+ 汗液传感器。

石墨烯具有全光谱吸收特性，因此在光学传感器领域也具有应用潜力。目前，石墨烯在光学传感器中的应用主要集中在光化学传感器。这是一种将目标检测物的浓度通过光学信号呈现出来的器件，根据原理包括荧光传感器、拉曼传感器等。其中，石墨烯荧光传感器是基于石墨烯的荧光共振能量转移而实现的。

S. He 等[260]发现石墨烯可以通过 π-π 作用与靠近石墨烯的荧光基团发生荧光共振能量转移，起到荧光猝灭剂的作用，并将这一机制用于检测带有荧光基团的单链DNA。拉曼传感器的原理主要是基于表面增强拉曼散射。2010 年，X. Ling 等[261]通过比较单层石墨烯和硅片上同一分子的拉曼信号发现，单层石墨烯上的拉曼信号比硅片上的信号强得多，说明单层石墨烯存在明显的拉曼增强效应。同时，他们发现多层石墨烯、石墨和高定向石墨不存在此效应。因此，可以利用单层石墨烯的表面增强拉曼散射效应制作拉曼传感器，降低传感器的检测限，从而提升传感器性能。

综上，CVD 石墨烯在磁场传感器领域主要用于霍尔元件，而巨磁阻传感器可以解决霍尔元件容易受厚度不均影响这一问题。但是，巨磁阻器件受载流子迁移率影响大，CVD 石墨烯难免会引入一些杂质，限制了其在巨磁阻器件领域的应用。在电化学传感器领域，CVD 石墨烯更多用作电极，其作为敏感元件的研究较少。一方面是因为 CVD 石墨烯转移到电极上无法避免高分子残留的问题，易对石墨烯结构造成影响，降低灵敏度；另一方面是未被功能化的石墨烯难以与被检测物质发生反应产生电化学信号。因此对 CVD 石墨烯的功能化问题也需要进一步研究。CVD 石墨烯在光化学传感器领域应用极少。事实上，CVD 石墨烯也存在荧光共振能量转移现象，因此其在荧光探测器领域的应用从理论上来讲是可行的。此外，CVD 法是制备高质量大面积单层石墨烯最为有效的方法之一，因此有望在石墨烯拉曼传感器领域获得应用。总之，CVD 石墨烯在各类传感器领域都具有潜在应用，随着大面积 CVD 石墨烯质量和可控性的提升、成本的降低以及功能化方法的探索，其在传感器领域的研究也将受到更加广泛的重视，从而成为 CVD 石墨烯的一个重要应用领域。

6.4 　其他光/电器件

除了上述器件之外，CVD 石墨烯凭借自身独特的结构和性能优势还被广泛用于其他光/电器件的研究，如电光调制器、热光调制器、全光调制器等多种光调制器和微纳机电系统等。

6.4.1　石墨烯光调制器

光调制器作为光纤通信系统中的核心元件之一，是发展新一代光纤通信技术的关键。光调制就是使光波的频率、振幅、相位和偏振状态等参数按照一定规律变化，以实现将携带信息的信号叠加在载体光波上的目的。具有这一功能的器件被称为光调制器。调制带宽、速度及深度等是衡量光调制器的重要性能指标，如电信应用需要调制深度至少为 50%（约 3 dB）。传统光调制器主要采用 $LiNbO_3$、半导体以及聚合物等材料作为载体。$LiNbO_3$ 光调制器虽然有较大的调制带宽，但是光电系数低、结构复杂、成本高、难以集成等缺点限制了其进一步发展。半导体光调制器又分为 III～V 族电吸收型光调制器和硅基光调制器。前者具有体积小、成本低和调制效率高等优点，但是受外界因素（如温度）影响较大。硅基光调制器在继承了前者优点的情况下，与现代硅基微电子工艺更兼容，但载流子迁移率不够高、光电效应弱等缺点阻碍了其发展。聚合物光调制器调制带宽大、易成膜、能与 CMOS 工艺兼容，但其热和化学稳定性较低。石墨烯作为一种新兴的光调制器载体材料具有强带间光学跃迁、高载流子迁移率、超宽光学带宽和高稳定性等优势。目前石墨烯光调制器主要分为电光调制器、热光调制器、全光调制器等。

现代信息网络需要将终端的电信号转化为光信号传递，而为了实现电光转化，需要使用具有电光效应的电光调制器。石墨烯具有栅控光吸收与折射率可调的特性，是制备电光调制器的理想材料。2008 年，F. Wang 等[262]提出可以通过栅极电压控制胶带剥离石墨烯的带间光跃迁，就如同在场效应晶体管中用栅极电压控制电荷输运一样。同年，Z. Q. Li 等[263]采用胶带剥离法制备的石墨烯栅控器件验证了上述观点。2011 年，M. Liu 等[264]发现 CVD 石墨烯也具有这一特性，并首次制备了石墨烯基波导电光调制器［图 6.22（a，b）］。通过给外电极施加偏压，可以控制 CVD 石墨烯中的载流子浓度变化。石墨烯的费米能级与载流子浓度密切相关，而费米能级的改变会导致石墨烯光吸收系数的变化进而调制介质中传播的光波参数。石墨烯基波导电光调制器具有宽带宽、尺寸小、调制速度快的优势，在体积远小于传统半导体材料基电光调制器的同时，可以达到同等的光调制效率且与 CMOS 兼容。然而单波导电光调制器空间利用率低，单位空间信息承载与传播量小。J. Wang 等[265]指出可以采用多模波导的模式，即利用 CVD 石墨烯图案化与多模波导中传播光之间的共面相互作用，扩大光通信传输容量。此外，Z. X. Ding 等[266]设计出一种能够对石墨烯光吸收进行精细调控的光纤端面电光调制晶体管结构，利用 CVD 石墨烯制备得到了高集成度、低插入损耗的全光纤电光调制器，最大光反射率调制深度超过 1%。

虽然石墨烯与光之间具有强的相互作用，但是由于吸收系数绝对值小，单层石墨烯的本征调制深度只有约 2.3%（约 0.2 dB），远低于实际应用的需求。因此，提高单层石墨烯的光吸收是增加调制深度的关键。通过将 CVD 石墨烯转移到两面抛光的石英晶圆上，E. O. Polat 和 C. Kocabas[267]制备了基于超级电容器的石墨烯宽带光调制器［图 6.22（c）］。以石墨烯作为电容器的双侧电极，电解质取代绝缘层增加了电容器的电容，可以更有效地调节石墨烯的费米能级，提高器件的动态响应带宽，实现了对 450～2000 nm 范围内光波的调制。同时，通过调节石墨烯层数，以离子液体作为电解质获得了 35% 的调制深度。然而，层数增加会导致调制速度降低。因此他们通过在基底上涂上反射层，在层数不变的情况下增加了光与石墨烯电极的反应。此外，还可以通过干涉增强、图案结构等方式增加调节深度[268, 269]。

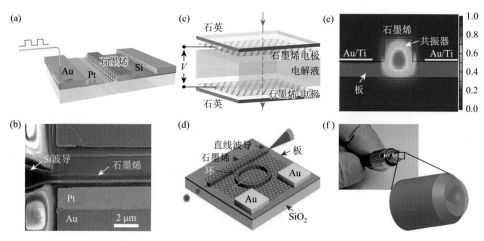

图 6.22 CVD 石墨烯光调制器：石墨烯电光调制器结构示意图（a）和 SEM 图（b）[264]；（c）基于超级电容器的石墨烯宽带光调制器结构示意图[267]；（d）石墨烯辅助热光微环调制器结构示意图；（e）波导处光场分布的截面图，其对应于图（d）中沿绿线方向的光场分布[271]；（f）石墨烯锁模光纤激光器涂有石墨烯薄膜的光纤末端照片及其示意图[273]

温度变化使分子排布发生改变从而影响材料折射率的现象称为热光效应，利用此效应可以制备热光调制器。由于热扩散速率缓慢，温度变化不能立即反映在折射率上，因此热光调制器只适用于低速调制领域。石墨烯因优异的本征高电导率和热导率而被用于热光调制器的电加热器材料。2013 年，J. T. Kim 等[270]将 CVD 石墨烯电加热器集成到石墨烯等离子体波导中。石墨烯加热导致的聚合物折射率的非均匀分布切断了表面长程等离子体极化条纹，从而达到了消光调制的目的。同样利用 CVD 石墨烯，S. Gan 等[271]制备了石墨烯辅助热光微环调制器 [图 6.22（d）]。通过在电极上施加偏压，石墨烯因产生电流而温度升高，从而诱导折射率变化进行光调制 [图 6.22（e）]。在有源区尺寸为 10 μm^2 的条件下，热光调制器操作速度能达到几千兆赫兹，调制深度能达到 7 dB。此外，石墨烯基透明导热体还被用于硅基马赫-曾德尔干涉仪（Mach-Zehnder inter-ferometer）和微盘谐振器中[272]，具有良好的热效应和时间响应性能。

全光调制可以使信号的传递与处理完全依靠光子进行。全光调制器是全光网络的核心元件，石墨烯具有强的非线性光学响应，因此可用于制作全光调制器。Q. Bao 等[273]提出了基于 CVD 石墨烯的锁模光纤激光器 [图 6.22（f）]。作为一种典型的全光调制器，其具有饱和强度低、恢复时间超短、调制深度和宽带可调的优点。此外，由于室温量子磁光效应以及无质量狄拉克电子耦合对表面声波可见性的影响，CVD 石墨烯还可用于制备高性能磁光调制器和声光调制器。同时，CVD 石墨烯的化学和生物特性也可用于光调制。虽然这些器件的制备尚处于空白，但是理论研究的日益完善为下一步发展奠定了基础[274, 275]。因此，CVD 石墨烯在光调制领域极具应用潜力。

6.4.2 微纳机电系统

微米级硅机械马达的出现使机械结构与控制电路集成在微型机电系统中成为可能，并由此诞生了微机电系统（MEMS）。与电子器件一样，不断缩小特征尺寸也是 MEMS 近几十年的发展方向。而且，MEMS 也不仅仅局限于机械和电路的集成，而是一个具有完整功能、独立智能的微型系统，主要由传感器、执行器和相应电路构成。常见的特征尺寸一般在微米甚至纳米量级。当其特征尺寸降低至 100 nm 以下时，又被称为纳机电系统（nano electromechanical system，NEMS）。

NEMS 因纳米级的特征尺寸而具有很多新效应，如量子效应、界面效应等，因而具有诸多 MEMS 不具备的功能与特性，如低能耗、高灵敏度、超高频率、微观尺度上的有效驱动以及对吸附性和表面质量的极高控制能力。同时，NEMS 也对所用材料提出了更高的要求。石墨烯具有优异的电学与力学性能，是用于制备高性能 NEMS 的理想材料。同时，独特的单层原子结构使石墨烯 NEMS 具有超高的灵敏度。因此，基于石墨烯的 NEMS 在传感领域的应用正逐渐成为研究热点。

石墨烯谐振器是一种谐振敏感结构，其可以通过光激发或电激发两种方式驱动。光驱动的核心是石墨烯薄膜在激光的照射下周期性吸热进而膨胀收缩产生振动。电驱动则是对石墨烯与栅极组成的电容器施加交流电压，改变极板之间的静电作用从而使石墨烯产生振动。石墨烯谐振器在 NEMS 中常被用作对力、质量、加速度等物理量的微小变化做出响应[276-279]。石墨烯谐振器有两个重要参数，一是谐振频率 f_0；二是品质因数 Q。谐振频率的表达式[280]为

$$f_0 = \sqrt{\left(A\sqrt{E/\rho} \cdot t/L^2\right)^2 + 0.57 A^2 T / \rho L^2 wt} \qquad (6.11)$$

其中，A 是常数，两端固支梁石墨烯谐振器的 $A = 1.03$，悬臂梁石墨烯谐振器的 $A = 0.162$；E 是石墨烯的杨氏模量；ρ 是石墨烯密度；w、L 与 t 分别是石墨烯的宽度、长度与厚度；T 是所施加张力。由式（6.11）可知，石墨烯的尺寸越小，被施加的张力越大，则谐振频率 f_0 越大。品质因数 Q 是谐振频率 f_0 与半高宽（FWHM）的比值。Q 值越高则谐振器的性能提升潜力越大。此外，Q 和表面积与体积的比 R 的乘积 RQ 值也是衡量谐振器的一个重要因素。石墨烯谐振器的响应精度取决于横截面尺寸和品质因数。例如，在超高真空环境下能探测的最小质量[281]为

$$\Delta m_{\min} = 2 \left(\frac{m_{\text{eff}}}{Q} \right) 10^{-\text{DR}/20} \qquad (6.12)$$

其中，m_{eff} 是谐振器的有效质量；DR 是动态范围，dB。由于 Q 与尺寸呈正相关，因此减小尺寸使 m_{eff} 减小从而提高的谐振器精度会被 Q 减小所带来的负效应抵消，即 Q 与表面积与体积的比 R 成反比。因此，乘积 RQ 的量级也能反映小尺寸谐振器的性能。

早在 2007 年，J. S. Bunch 等[280]便首次制备了静电驱动的石墨烯谐振器。他们采用胶带剥离法获得了不同层数的石墨烯，然后将其覆盖在刻蚀好的 SiO$_2$ 沟道上，形成两端固支梁或悬臂梁。利用光学干涉仪，测得了室温下不同层数石墨烯谐振器的谐振频率（1～170 MHz）与品质因数 Q（20～850），同时也测得了石墨烯的电灵敏度为 8×10^{-4} e/Hz$^{1/2}$。高的杨氏模量、极低的质量与大的表面积使得石墨烯谐振器可以成为理想的质量、力和电荷传感器。石墨烯具有不渗透性，可以承受大于一个大气压的压差。利用这一特性，J. S. Bunch[282]又提出利用胶带剥离石墨烯制备具有封闭微室的石墨烯谐振器。通过压差在石墨烯薄膜上施以均匀的力，测得了挠度与谐振频率随压强的变化关系，并由此得到了单层石墨烯的弹性常数和质量（分别约为 390 N/m 和 9.6×10^{-7} kg/m^2），证明石墨烯具有与石墨相似的刚度。2009 年，C. Chen 等[283]制备了单层石墨烯谐振器，并测试了它们对质量和温度变化的响应。实验结果显示石墨烯表面的吸附物会改变石墨烯的表面张力从而改变谐振频率，使谐振器可以对 2 zg（1 zg = 10^{-21} g）的质量变化做出响应；随着温度降低，谐振频率和品质因数会显著增大，当温度为 5 K 时，品质因数约为 1.4×10^4。

除胶带剥离的石墨烯外，还可以利用碳化硅基底外延生长的石墨烯[284]或者氧化石墨烯[285]来制备石墨烯 NEMS 器件。但是这些石墨烯存在面积小、层数难以控制或者结构不够完整的问题。工业化生产谐振器需要大面积、层数可控的石墨烯，同时还要求其具有优异的本征电性能和机械性能，因此 CVD 石墨烯在谐振器的研究与制备过程中正逐渐发挥积极的作用。

2010 年，A. M. van der Zande 等[286]利用 CVD 生长，结合光刻图案化和转移技术制备了大面积单层悬空石墨烯谐振器矩阵［图 6.23（a～c）］，同时固定了石墨烯所有边以减少谐振频率的变化使器件性能更稳定。结果显示，静电栅压和温度都可以调节谐振频率，而品质因数 Q 随着温度下降而急剧升高。在 10K 时，Q 值达到 9000。2011 年，R. A. Barton 等[287]采用 CVD 石墨烯制备了不同直径的圆形谐振器。随着谐振器尺寸增加，品质因数 Q 值显著提高。室温下，直径为 22.5 μm 的谐振器 Q 值约为 2400。同时，他们还测量了石墨烯谐振器的 RQ 值随尺寸的变化。其中，尺寸最大的圆形谐振器的 RQ 值约为 14000 nm^{-1}，优于同尺寸的高应力氮化硅谐振器。CVD 石墨烯在器件制备过程中常因表面污染而导致器件性能下降。PMMA 既能保护石墨烯不受污染，又能作为光刻胶用于石墨烯的图案。基于此，H. Arjmandi-Tash 等[288]通过在 CVD 石墨烯表面旋涂 PMMA，制备了微米级石墨烯 NEMS 谐振器矩阵。室温下该器件的 Q 值优于其他 CVD 石墨烯谐振器，几乎达到了理论极限。同时，该器件在低温下的共振频率热漂移使他们首次通过实验得到了 CVD 石墨烯在宽温度范围内的热膨胀系数（约为 $-8 \times 10^{-6} \, \text{K}^{-1}$）。

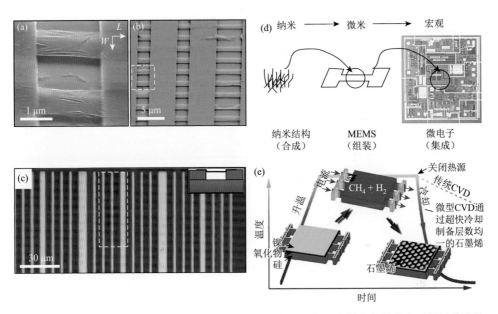

图 6.23　CVD 石墨烯微纳器件的集成：（a）在硅基底上，位于沟道上方的悬空石墨烯薄膜的 SEM 图；（b）悬空石墨烯谐振器集成矩阵的 SEM 图；（c）悬空石墨烯谐振器集成矩阵的光学照片，插图为横截面示意图[286]；（d）纳米结构＋MEMS＋微电子集成系统原理示意图；（e）以微纳结构和微电子集成系统作为生长平台，通过局部加热的方式 CVD 生长石墨烯[293]

　　2014 年，J. Chang 等[289]首次通过静电纺丝在单层 CVD 石墨烯上构建了互补的场效应晶体管和 p-n 结，推动了石墨烯基场效应晶体管和化学电阻等[290, 291]电子器件在 NEMS 气体传感器领域的发展和应用。此外，理论分析显示注入电荷和静电双层效应都可以使石墨烯层产生应变[292]，从而将电能转变为机械能，使石墨烯执行器成为可能。

　　当前对石墨烯 NEMS 研究主要关注的还是单个微纳器件的构建与性能，其微电子学的集成是石墨烯微纳系统应用的关键。集成主要有两种方法：①在相同晶圆上同时构建石墨烯微纳器件、其他器件与相关电路；②在不同基底上分别构建器件与电路，然后转移到同一基底上。X. Zang 等[293]指出，在工业生产时将 MEMS 结构与微电子集成，然后作为纳米结构生长平台，使用适当的催化剂和化学气相沉积气体，通过局部加热可合成石墨烯等纳米材料。如图 6.23（d）

右侧的芯片布满了微电路，其中微纳器件的中心是由纳米尺度材料构成的可移动机械振子，它们一起构成了微纳机电系统。依据这一集成方法，在不破坏微电路的前提下可在局部合成石墨烯［图 6.23（e）］。经过多年的研究，微纳机电系统的集成虽然已经有了长足的发展，但将纳米材料与微电路的高效集成仍是一个充满挑战的领域。

参 考 文 献

[1] Novoselov K S，Geim A K，Morozov S V，et al. Electric field effect in atomically thin carbon films. Science，2004，306（5696）：666-669.

[2] Lemme M C，Echtermeyer T J，Baus M，et al. A graphene field-effect device. IEEE Electron Device Letters，2007，28（4）：282-284.

[3] Li X，Wang X，Zhang L，et al. Chemically derived，ultrasmooth graphene nanoribbon semiconductors. Science，2008，319（5867）：1229-1232.

[4] Han M Y，Oezyilmaz B，Zhang Y，et al. Energy band-gap engineering of graphene nanoribbons. Physical Review Letters，2007，98（20）：206805.

[5] Kosynkin D V，Higginbotham A L，Sinitskii A，et al. Longitudinal unzipping of carbon nanotubes to form graphene nanoribbons. Nature，2009，458（7240）：872-875.

[6] Kim K，Sussman A，Zettl A. Graphene nanoribbons obtained by electrically unwrapping carbon nanotubes. ACS Nano，2010，4（3）：1362-1366.

[7] Elias L A，Botello-Mendez A R，Meneses-Rodriguez D，et al. Longitudinal cutting of pure and doped carbon nanotubes to form graphitic nanoribbons using metal clusters as nanoscalpels. Nano Letters，2010，10（2）：366-372.

[8] Jiao L，Zhang L，Wang X，et al. Narrow graphene nanoribbons from carbon nanotubes. Nature，2009，458（7240）：877-880.

[9] Chen C X，Lin Y，Zhou W，et al. Sub-10-nm graphene nanoribbons with atomically smooth edges from squashed carbon nanotubes. Nature Electronics，2021，4（9）：653-663.

[10] 蔡乐，王华平，于贵. 石墨烯带隙的调控及其研究进展. 物理学进展，2016，36（1）：21-33.

[11] Bai J，Duan X，Huang Y. Rational fabrication of graphene nanoribbons using a nanowire etch mask. Nano Letters，2009，9（5）：2083-2087.

[12] Pan Z，Liu N，Fu L，et al. Wrinkle engineering：A new approach to massive graphene nanoribbon arrays. Journal of the American Chemical Society，2011，133（44）：17578-17581.

[13] Ago H，Kayo Y，Solis-Fernandez P，et al. Synthesis of high-density arrays of graphene nanoribbons by anisotropic metal-assisted etching. Carbon，2014，78：339-346.

[14] Tapaszto L，Dobrik G，Lambin P，et al. Tailoring the atomic structure of graphene nanoribbons by scanning tunnelling microscope lithography. Nature Nanotechnology，2008，3（7）：397-401.

[15] Masubuchi S，Arai M，Machida T. Atomic force microscopy based tunable local anodic oxidation of graphene. Nano Letters，2011，11（11）：4542-4546.

[16] Shin Y S，Son J Y，Jo M H，et al. High-mobility graphene nanoribbons prepared using polystyrene dip-pen nanolithography. Journal of the American Chemical Society，2011，133（15）：5623-5625.

[17] Kato T，Hatakeyama R. Site- and alignment-controlled growth of graphene nanoribbons from nickel nanobars.

Nature Nanotechnology，2012，7（10）：651-656.

[18]　Liu N，Kim K，Hsu P C，et al. Large-scale production of graphene nanoribbons from electrospun polymers. Journal of the American Chemical Society，2014，136（49）：17284-17291.

[19]　Chen Y C，de Oteyza D G，Pedramrazi Z，et al. Tuning the band gap of graphene nanoribbons synthesized from molecular precursors. ACS Nano，2013，7（7）：6123-6128.

[20]　Cai J，Ruffieux P，Jaafar R，et al. Atomically precise bottom-up fabrication of graphene nanoribbons. Nature，2010，466（7305）：470-473.

[21]　Llinas J P，Fairbrother A，Barin G B，et al. Short-channel field-effect transistors with 9-atom and 13-atom wide graphene nanoribbons. Nature Communications，2017，8：633.

[22]　Zhang Y，Tang T T，Girit C，et al. Direct observation of a widely tunable bandgap in bilayer graphene. Nature，2009，459（7248）：820-823.

[23]　Ma W，Chen M L，Yin L，et al. Interlayer epitaxy of wafer-scale high-quality uniform AB-stacked bilayer graphene films on liquid Pt_3Si/solid Pt. Nature Communications，2019，10：2809.

[24]　Yavari F，Kritzinger C，Gaire C，et al. Tunable bandgap in graphene by the controlled adsorption of water molecules. Small，2010，6（22）：2535-2538.

[25]　Moser J，Verdaguer A，Jimenez D，et al. The environment of graphene probed by electrostatic force microscopy. Applied Physics Letters，2008，92（12）：123507.

[26]　Crowther A C，Ghassaei A，Jung N，et al. Strong charge-transfer doping of 1 to 10 layer graphene by NO_2. ACS Nano，2012，6（2）：1865-1875.

[27]　Suk J W，Lee W H，Lee J，et al. Enhancement of the electrical properties of graphene grown by chemical vapor deposition via controlling the effects of polymer residue. Nano Letters，2013，13（4）：1462-1467.

[28]　Bae S，Kim H，Lee Y，et al. Roll-to-roll production of 30-inch graphene films for transparent electrodes. Nature Nanotechnology，2010，5（8）：574-578.

[29]　Farmer D B，Golizadeh-Mojarad R，Perebeinos V，et al. Chemical doping and electron-hole conduction asymmetry in graphene devices. Nano Letters，2009，9（1）：388-392.

[30]　Wei P，Liu N，Lee H R，et al. Tuning the Dirac point in CVD-grown graphene through solution processed n-type doping with 2-(2-methoxyphenyl)-1, 3-dimethyl-2, 3-dihydro-1H-benzoimidazole. Nano Letters，2013，13（5）：1890-1897.

[31]　Wei D，Liu Y，Wang Y，et al. Synthesis of N-doped graphene by chemical vapor deposition and its electrical properties. Nano Letters，2009，9（5）：1752-1758.

[32]　Panchokarla L S，Subrahmanyam K S，Saha S K，et al. Synthesis，structure，and properties of boron- and nitrogen-doped graphene. Advanced Materials，2009，21（46）：4726-4730.

[33]　Zhang C，Fu L，Liu N，et al. Synthesis of nitrogen-doped graphene using embedded carbon and nitrogen sources. Advanced Materials，2011，23（8）：1020-1024.

[34]　Qu L，Liu Y，Baek J B，et al. Nitrogen-doped graphene as efficient metal-free electrocatalyst for oxygen reduction in fuel cells. ACS Nano，2010，4（3）：1321-1326.

[35]　Li X，Fan L，Li Z，et al. Boron doping of graphene for graphene-silicon p-n junction solar cells. Advanced Energy Materials，2012，2（4）：425-429.

[36]　Wang H，Zhou Y，Wu D，et al. Synthesis of boron-doped graphene monolayers using the sole solid feedstock by chemical vapor deposition. Small，2013，9（8）：1316-1320.

[37]　Some S，Kim J，Lee K，et al. Highly air-stable phosphorus-doped n-type graphene field-effect transistors.

Advanced Materials，2012，24（40）：5481-5486.

[38] Wu J，Xie L，Li Y，et al. Controlled chlorine plasma reaction for noninvasive graphene doping. Journal of the American Chemical Society，2011，133（49）：19668-19671.

[39] Liu Z，Ma L，Shi G，et al. In-plane heterostructures of graphene and hexagonal boron nitride with controlled domain sizes. Nature Nanotechnology，2013，8（2）：119-124.

[40] Moon J S，Seo H C，Stratan F，et al. Lateral graphene heterostructure field-effect transistor. IEEE Electron Device Letters，2013，34（9）：1190-1192.

[41] Dean C R，Young A F，Meric I，et al. Boron nitride substrates for high-quality graphene electronics. Nature Nanotechnology，2010，5（10）：722-726.

[42] Britnell L，Gorbachev R V，Jalil R，et al. Field-effect tunneling transistor based on vertical graphene heterostructures. Science，2012，335（6071）：947-950.

[43] Georgiou T，Jalil R，Belle B D，et al. Vertical field-effect transistor based on graphene-WS_2 heterostructures for flexible and transparent electronics. Nature Nanotechnology，2013，8（2）：100-103.

[44] Meric I，Han M Y，Young A F，et al. Current saturation in zero-bandgap，top-gated graphene field-effect transistors. Nature Nanotechnology，2008，3（11）：654-659.

[45] Lin Y M，Dimitrakopoulos C，Jenkins K A，et al. 100-GHz transistors from wafer-scale epitaxial graphene. Science，2010，327（5966）：662.

[46] Liao L，Lin Y C，Bao M，et al. High-speed graphene transistors with a self-aligned nanowire gate. Nature，2010，467（7313）：305-308.

[47] Wu Y，Lin Y M，Bol A A，et al. High-frequency，scaled graphene transistors on diamond-like carbon. Nature，2011，472（7341）：74-78.

[48] Cheng R，Bai J，Liao L，et al. High-frequency self-aligned graphene transistors with transferred gate stacks. Proceedings of the National Academy of Sciences of the United States of America，2012，109（29）：11588-11592.

[49] 卢琪，吕宏鸣，伍晓明，等. 石墨烯射频器件研究进展. 物理学报，2017，66（21）：2218502.

[50] Zheng J，Wang L，Quhe R，et al. Sub-10 nm gate length graphene transistors：Operating at terahertz frequencies with current saturation. Scientific Reports，2013，3：1314.

[51] Wu Y，Zou X，Sun M，et al. 200 GHz maximum oscillation frequency in CVD graphene radio frequency transistors. ACS Applied Materials & Interfaces，2016，8（39）：25645-25649.

[52] Wang H，Nezich D，Kong J，et al. Graphene frequency multipliers. IEEE Electron Device Letters，2009，30（5）：547-549.

[53] Lv H M，Wu H Q，Liu J B，et al. Inverted process for graphene integrated circuits fabrication. Nanoscale，2014，6（11）：5826-5830.

[54] Cheng C T，Huang B J，Liu J L，et al. A pure frequency tripler based on CVD graphene. IEEE Electron Device Letters，2016，37（6）：785-788.

[55] Wang H，Hsu A，Wu J，et al. Graphene-based ambipolar RF mixers. IEEE Electron Device Letters，2010，31（9）：906-908.

[56] Moon J S，Seo H C，Antcliffe M，et al. Graphene FETs for zero-bias linear resistive FET mixers. IEEE Electron Device Letters，2013，34（3）：465-467.

[57] Lyu H M，Wu H Q，Liu J B，et al. Double-balanced graphene integrated mixer with outstanding linearity. Nano Letters，2015，15（10）：6677-6682.

[58] Han S J，Reddy D，Carpenter G D，et al. Current saturation in submicrometer graphene transistors with thin gate

dielectric：Experiment，simulation，and theory. ACS Nano，2012，6（6）：5220-5226.

[59]　Lyu H M，Lu Q，Huang Y L，et al. Graphene distributed amplifiers：Generating desirable gain for graphene field-effect transistors. Scientific Reports，2015，5：17649.

[60]　Singh A K，Auton G，Hill E，et al. Graphene based ballistic rectifiers. Carbon，2015，84：124-129.

[61]　Guerriero E，Polloni L，Bianchi M，et al. Gigahertz integrated graphene ring oscillators. ACS Nano，2013，7（6）：5588-5594.

[62]　Zhuge F，Hu B，He C，et al. Mechanism of nonvolatile resistive switching in graphene oxide thin films. Carbon，2011，49（12）：3796-3802.

[63]　Khurana G，Misra P，Katiyar R S. Forming free resistive switching in graphene oxide thin film for thermally stable nonvolatile memory applications. Journal of Applied Physics，2013，114（12）：124508.

[64]　He C L，Zhuge F，Zhou X F，et al. Nonvolatile resistive switching in graphene oxide thin films. Applied Physics Letters，2009，95（23）：232101.

[65]　Kang Y，Chu Z，Zhang D，et al. The application of graphene derived materials in the memristor. Materials Review，2013，27（4A）：26-30.

[66]　Aziz T，Wei S J，Sun Y，et al. High-performance flexible resistive random access memory devices based on graphene oxidized with a perpendicular oxidation gradient. Nanoscale，2021，13（4）：2448-2455.

[67]　Park W I，Yoon J M，Park M，et al. Self-assembly-induced formation of high-density silicon oxide memristor nanostructures on graphene and metal electrodes. Nano Letters，2012，12（3）：1235-1240.

[68]　Posa L，El Abbassi M，Makk P，et al. Multiple physical time scales and dead time rule in few-nanometers sized graphene-SiO$_x$-graphene memristors. Nano Letters，2017，17（11）：6783-6789.

[69]　Liu J，Yin Z，Cao X，et al. Bulk heterojunction polymer memory devices with reduced graphene oxide as electrodes. ACS Nano，2010，4（7）：3987-3992.

[70]　Ji Y，Lee S，Cho B，et al. Flexible organic memory devices with multilayer graphene electrodes. ACS Nano，2011，5（7）：5995-6000.

[71]　Wang M，Cai S，Pan C，et al. Robust memristors based on layered two-dimensional materials. Nature Electronics，2018，1（2）：130-136.

[72]　Tian H，Zhao H，Wang X F，et al. *In situ* tuning of switching window in a gate-controlled bilayer graphene-electrode resistive memory device. Advanced Materials，2015，27（47）：7767-7774.

[73]　Ekiz O O，Urel M，Guner H，et al. Reversible electrical reduction and oxidation of graphene oxide. ACS Nano，2011，5（4）：2475-2482.

[74]　康越，楚增勇，张东玖，等. 石墨烯衍生材料在忆阻器中的应用. 材料导报，2013，27（4）：26-30.

[75]　LeCun Y，Bengio Y，Hinton G. Deep learning. Nature，2015，521（7553）：436-444.

[76]　Liu C，Chen H，Wang S，et al. Two-dimensional materials for next-generation computing technologies. Nature Nanotechnology，2020，15（7）：545-557.

[77]　Schranghamer T F，Oberoi A，Das S. Graphene memristive synapses for high precision neuromorphic computing. Nature Communications，2020，11：5474.

[78]　Kireev D，Liu S，Jin H，et al. Metaplastic and energy-efficient biocompatible graphene artificial synaptic transistors for enhanced accuracy neuromorphic computing. Nature Communications，2022，13（1）：4386.

[79]　Feng X，Qiao L，Huang J，et al. A novel CVD graphene-based synaptic transistors with ionic liquid gate. Nanotechnology，2023，34（21）：215201.

[80]　Lu C C，Lin Y C，Yeh C H，et al. High mobility flexible graphene field-effect transistors with self-healing gate

dielectrics. ACS Nano，2012，6（5）：4469-4474.

[81]　Liang Y R，Liang X L，Zhang Z Y，et al. High mobility flexible graphene field-effect transistors and ambipolar radio-frequency circuits. Nanoscale，2015，7（25）：10954-10962.

[82]　Yan C，Cho J H，Ahn J H. Graphene-based flexible and stretchable thin film transistors. Nanoscale，2012，4（16）：4870-4882.

[83]　Kim S J，Choi K，Lee B，et al. Materials for flexible，stretchable electronics：Graphene and 2D materials. Annual Review of Materials Research，2015，45：63-84.

[84]　Wei W，Pallecchi E，Haque S，et al. Mechanically robust 39 GHz cut-off frequency graphene field effect transistors on flexible substrates. Nanoscale，2016，8（29）：14097-14103.

[85]　Kim B J，Jang H，Lee S K，et al. High-performance flexible graphene field effect transistors with ion gel gate dielectrics. Nano Letters，2010，10（9）：3464-3466.

[86]　Lee S K，Kim B J，Jang H, et al. Stretchable graphene transistors with printed dielectrics and gate electrodes. Nano Letters, 2011, 11(11): 4642-4646.

[87]　Kim B J，Lee S K，Kang M S，et al. Coplanar-gate transparent graphene transistors and inverters on plastic. ACS Nano, 2012, 6(10): 8646-8651.

[88]　Lee S K，Jang H Y，Jang S，et al. All graphene-based thin film transistors on flexible plastic substrates. Nano Letters，2012，12（7）：3472-3476.

[89]　Lee W H，Park J，Sim S H，et al. Transparent flexible organic transistors based on monolayer graphene electrodes on plastic. Advanced Materials，2011，23（15）：1752-1756.

[90]　Yoon J，Park W，Bae G Y，et al. Highly flexible and transparent multilayer MoS_2 transistors with graphene electrodes. Small，2013，9（19）：3295-3300.

[91]　Das S，Gulotty R，Sumant A V，et al. All two-dimensional，flexible，transparent，and thinnest thin film transistor. Nano Letters，2014，14（5）：2861-2866.

[92]　Das S，Gulotty R，Sumant A V，et al. Correction to all two-dimensional，flexible，transparent，and thinnest thin film transistor. Nano Letters，2016，16（2）：1515.

[93]　Du J，Tong B，Yuan S，et al. Advances in flexible optoelectronics based on chemical vapor deposition-grown graphene. Advanced Functional Materials，2022，32（42）：2203115.

[94]　Du J H，Pei S F，Ma L P，et al. 25th anniversary article：Carbon nanotube- and graphene-based transparent conductive films for optoelectronic devices. Advanced Materials，2014，26（13）：1958-1991.

[95]　Xia F，Mueller T，Lin Y M，et al. Ultrafast graphene photodetector. Nature Nanotechnology，2009，4（12）：839-843.

[96]　Mueller T，Xia F，Avouris P. Graphene photodetectors for high-speed optical communications. Nature Photonics，2010，4（5）：297-301.

[97]　Mueller T，Xia F，Freitag M，et al. Role of contacts in graphene transistors：A scanning photocurrent study. Physical Review B，2009，79（24）：245430.

[98]　Xia F，Mueller T，Golizadeh-Mojarad R，et al. Photocurrent imaging and efficient photon detection in a graphene transistor. Nano Letters，2009，9（3）：1039-1044.

[99]　Vicarelli L，Vitiello M S，Coquillat D，et al. Graphene field-effect transistors as room-temperature terahertz detectors. Nature Materials，2012，11（10）：865-871.

[100]　Mittendorff M，Winnerl S，Kamann J，et al. Ultrafast graphene-based broadband THz detector. Applied Physics Letters，2013，103（2）：021113.

[101] Spirito D，Coquillat D，de Bonis S L，et al. High performance bilayer-graphene terahertz detectors. Applied Physics Letters，2014，104（6）：061111.

[102] Zak A，Andersson M A，Bauer M，et al. Antenna-integrated 0.6 THz FET direct detectors based on CVD graphene. Nano Letters，2014，14（10）：5834-5838.

[103] Wang G，Zhang M，Chen D，et al. Seamless lateral graphene p-n junctions formed by selective *in situ* doping for high-performance photodetectors. Nature Communications，2018，9：5168.

[104] Ahmadi E，Asgari A. Dark current of infrared photodetectors based on armchair graphene nanoribbons. Physica Scripta，2013，T157：014003.

[105] Ahmadi E，Asgari A，Ahmadiniar K. The optical responsivity in IR-photodetector based on armchair graphene nanoribbons with p-i-n structure. Superlattices and Microstructures，2012，52（4）：605-611.

[106] Freitag M，Low T，Zhu W，et al. Photocurrent in graphene harnessed by tunable intrinsic plasmons. Nature Communications，2013，4：1951.

[107] Freitag M，Low T，Martin-Moreno L，et al. Substrate-sensitive mid-infrared photoresponse in graphene. ACS Nano，2014，8（8）：8350-8356.

[108] Echtermeyer T J，Britnell L，Jasnos P K，et al. Strong plasmonic enhancement of photovoltage in graphene. Nature Communications，2011，2：458.

[109] Gan X，Shiue R J，Gao Y，et al. Chip-integrated ultrafast graphene photodetector with high responsivity. Nature Photonics，2013，7（11）：883-887.

[110] Furchi M，Urich A，Pospischil A，et al. Microcavity-integrated graphene photodetector. Nano Letters，2012，12（6）：2773-2777.

[111] Goldstein J，Lin H，Deckoff-Jones S，et al. Waveguide-integrated mid-infrared photodetection using graphene on a scalable chalcogenide glass platform. Nature Communications，2022，13（1）：3915.

[112] Sun Z H，Liu Z K，Li J H，et al. Infrared photodetectors based on CVD-grown graphene and PbS quantum dots with ultrahigh responsivity. Advanced Materials，2012，24（43）：5878-5883.

[113] Zhang M，Chi Z，Wang G，et al. An irradiance-adaptable near-infrared vertical heterojunction phototransistor. Advanced Materials，2022，34（40）：2205679.

[114] Lee Y，Kwon J，Hwang E，et al. High-performance perovskite-graphene hybrid photodetector. Advanced Materials，2015，27（1）：41-46.

[115] Long M，Wang P，Fang H，et al. Progress，challenges，and opportunities for 2D material based photodetectors. Advanced Functional Materials，2019，29（19）：1803807-1803828.

[116] Britnell L，Ribeiro R M，Eckmann A，et al. Strong light-matter interactions in heterostructures of atomically thin films. Science，2013，340（6138）：1311-1314.

[117] Roy K，Padmanabhan M，Goswami S，et al. Graphene-MoS$_2$ hybrid structures for multifunctional photoresponsive memory devices. Nature Nanotechnology，2013，8（11）：826-830.

[118] Yu W J，Liu Y，Zhou H，et al. Highly efficient gate-tunable photocurrent generation in vertical heterostructures of layered materials. Nature Nanotechnology，2013，8（12）：952-958.

[119] Zhang W，Chuu C P，Huang J K，et al. Ultrahigh-gain photodetectors based on atomically thin graphene-MoS$_2$ heterostructures. Scientific Reports，2014，4：3826.

[120] Xu H，Wu J，Feng Q，et al. High responsivity and gate tunable graphene-MoS$_2$ hybrid phototransistor. Small，2014，10（11）：2300-2306.

[121] Liu C H，Chang Y C，Norris T B，et al. Graphene photodetectors with ultra-broadband and high responsivity at

room temperature. Nature Nanotechnology，2014，9（4）：273-278.

[122] Zhang K，Fang X，Wang Y，et al. Ultrasensitive near-infrared photodetectors based on a graphene-MoTe$_2$-graphene vertical van der Waals heterostructure. ACS Applied Materials & Interfaces，2017，9（6）：5392-5398.

[123] Grätzel M. Photoelectrochemical cells. Nature，2001，414（6861）：338-344.

[124] Law M，Greene L E，Johnson J C，et al. Nanowire dye-sensitized solar cells. Nature Materials，2005，4（6）：455-459.

[125] Li G，Shrotriya V，Huang J，et al. High-efficiency solution processable polymer photovoltaic cells by self-organization of polymer blends. Nature Materials，2005，4（11）：864-868.

[126] Burschka J，Pellet N，Moon S J，et al. Sequential deposition as a route to high-performance perovskite-sensitized solar cells. Nature，2013，499（7458）：316-319.

[127] Li X，Zhu H，Wang K，et al. Graphene-on-silicon Schottky junction solar cells. Advanced Materials，2010，22（25）：2743-2748.

[128] Zhu Z L，Ma J N，Wang Z L，et al. Efficiency enhancement of perovskite solar cells through fast electron extraction：The role of graphene quantum dots. Journal of the American Chemical Society，2014，136（10）：3760-3763.

[129] Dunham B，Bal D，Jo Y，et al. Monolayer CVD graphene barrier enhances the stability of planar p-i-n organic-inorganic metal halide perovskite solar cells. ACS Applied Energy Materials，2022，5（1）：52-60.

[130] Liu Z，Liu Q，Huang Y，et al. Organic photovoltaic devices based on a novel acceptor material：Graphene. Advanced Materials，2008，20（20）：3924-3930.

[131] de Arco L G，Zhang Y，Schlenker C W，et al. Continuous，highly flexible，and transparent graphene films by chemical vapor deposition for organic photovoltaics. ACS Nano，2010，4（5）：2865-2873.

[132] Hsu C L，Lin C T，Huang J H，et al. Layer-by-layer graphene/TCNQ stacked films as conducting anodes for organic solar cells. ACS Nano，2012，6（6）：5031-5039.

[133] Park H，Chang S，Zhou X，et al. Flexible graphene electrode-based organic photovoltaics with record-high efficiency. Nano Letters，2014，14（9）：5148-5154.

[134] Zhang D，Du J，Hong Y L，et al. A double support layer for facile clean transfer of two-dimensional materials for high-performance electronic and optoelectronic devices. ACS Nano，2019，13（5）：5513-5522.

[135] Koo D，Jung S，Seo J，et al. Flexible organic solar cells over 15% efficiency with polyimide-integrated graphene electrodes. Joule，2020，4：1021-1034.

[136] Kamel M S A，Stoppiello C T，Jacob M V. Single-step，catalyst-free，and green synthesis of graphene transparent electrode for organic photovoltaics. Carbon，2023，202：150-158.

[137] Song Y，Chang S，Gradecak S，et al. Visibly-transparent organic solar cells on flexible substrates with all-graphene electrodes. Advanced Energy Materials，2016，6（20）：1600847.

[138] Shin D H，Jang C W，Lee H S，et al. Semitransparent flexible organic solar cells employing doped-graphene layers as anode and cathode electrodes. ACS Applied Materials & Interfaces，2018，10（4）：3596-3601.

[139] Wang X，Zhang D，Jin H，et al. Graphene-based transparent conducting electrodes for high efficiency flexible organic photovoltaics：Elucidating the source of the power losses. Solar RRL，2019，3（5）：1900042.

[140] Du J H，Zhang D D，Wang X，et al. Extremely efficient flexible organic solar cells with a graphene transparent anode：Dependence on number of layers and doping of graphene. Carbon，2021，171：350-358.

[141] Ali A Y，Holmes N P，Ameri M，et al. Low-temperature CVD-grown graphene thin films as transparent electrode for organic photovoltaics. Coatings，2022，12（5）：681.

[142] Tang C W, Vanslyke S A. Electroluminescent diodes. Applied Physics Letters, 1987, 51 (12): 913-915.

[143] Li N，Oida S，Tulevski G S，et al. Efficient and bright organic light-emitting diodes on single-layer graphene electrodes. Nature Communications，2013，4：2294.

[144] Zhang Z K，Du J H，Zhang D D，et al. Rosin-enabled ultraclean and damage-free transfer of graphene for large-area flexible organic light-emitting diodes. Nature Communications，2017，8：14560.

[145] Forrest S R. The path to ubiquitous and low-cost organic electronic appliances on plastic. Nature，2004，428（6986）：911-918.

[146] Jiang S，Hou P X，Chen M L，et al. Ultrahigh-performance transparent conductive films of carbon-welded isolated single-wall carbon nanotubes. Science Advances，2018，4（5）：eaap9264.

[147] Xu R P，Li Y Q，Tang J X. Recent advances in flexible organic light-emitting diodes. Journal of Materials Chemistry C，2016，4（39）：9116-9142.

[148] Sekitani T，Nakajima H，Maeda H，et al. Stretchable active-matrix organic light-emitting diode display using printable elastic conductors. Nature Materials，2009，8（6）：494-499.

[149] Wang Z B，Helander M G，Qiu J，et al. Unlocking the full potential of organic light-emitting diodes on flexible plastic. Nature Photonics，2011，5：753-757.

[150] Song J，Li J，Xu J，et al. Superstable transparent conductive Cu@Cu$_4$Ni nanowire elastomer composites against oxidation，bending，stretching，and twisting for flexible and stretchable optoelectronics. Nano Letters，2014，14（11）：6298-6305.

[151] Zou Y，Li Q，Liu J，et al. Fabrication of all-carbon nanotube electronic devices on flexible substrates through CVD and transfer methods. Advanced Materials，2013，25（42）：6050-6056.

[152] Kim D，Lee D，Lee Y，et al. Work-function engineering of graphene anode by bis(trifluoromethanesulfonyl) amide doping for efficient polymer light-emitting diodes. Advanced Functional Materials，2013，23（40）：5049-5055.

[153] Zhang D D，Du J H，Zhang W M，et al. Carrier transport regulation of pixel graphene transparent electrodes for active-matrix organic light-emitting diode display. Small，2023，19（40）：2302920.

[154] Adetayo A E，Ahmed T N，Zakhidov A，et al. Improvements of organic light-emitting diodes using graphene as an emerging and efficient transparent conducting electrode material. Advanced Optical Materials，2021，9：2002102.

[155] Meng H，Dai Y，Ye Y，et al. Bilayer graphene anode for small molecular organic electroluminescence. Journal of Physics D：Applied Physics，2012，45（24）：245103.

[156] Chang H，Wang G，Yang A，et al. A transparent，flexible，low-temperature，and solution-processible graphene composite electrode. Advanced Functional Materials，2010，20（17）：2893-2902.

[157] Wu J，Agrawal M，Becerril H A，et al. Organic light-emitting diodes on solution-processed graphene transparent electrodes. ACS Nano，2010，4（1）：43-48.

[158] Han Y，Zhang L，Zhang X，et al. Clean surface transfer of graphene films via an effective sandwich method for organic light-emitting diode applications. Journal of Materials Chemistry C，2014，2（1）：201-207.

[159] Park I J，Kim T I，Yoon T，et al. Flexible and transparent graphene electrode architecture with selective defect decoration for organic light-emitting diodes. Advanced Functional Materials，2018，28（10）：1704435.

[160] Hecht D S，Hu L B，Irvin G. Emerging transparent electrodes based on thin films of carbon nanotubes，graphene，and metallic nanostructures. Advanced Materials，2011，23（13）：1482-1513.

[161] Lin Y C，Lu C C，Yeh C H，et al. Graphene annealing：How clean can it be？. Nano Letters，2012，12（1）：414-419.

[162] Kim S J, Choi T, Lee B, et al. Ultraclean patterned transfer of single-layer graphene by recyclable pressure sensitive adhesive films. Nano Letters, 2015, 15 (5): 3236-3240.

[163] Han T H, Lee Y, Choi M R, et al. Extremely efficient flexible organic light-emitting diodes with modified graphene anode. Nature Photonics, 2012, 6: 105-110.

[164] Jia S, Sun H D, Du J H, et al. Graphene oxide/graphene vertical heterostructure electrodes for highly efficient and flexible organic light emitting diodes. Nanoscale, 2016, 8 (20): 10714-10723.

[165] Zhu X Z, Han Y Y, Liu Y, et al. The application of single-layer graphene modified with solution-processed TiO_x and PEDOT: PSS as a transparent conductive anode in organic light-emitting diodes. Organic Electronics, 2013, 14 (12): 3348-3354.

[166] Seongbeom S, Jungyoon K, Young-Hwan K, et al. Enhanced performance of organic light-emitting diodes by using hybrid anodes composed of graphene and conducting polymer. Current Applied Physics, 2013, 13 (suppl.2): 144-147.

[167] Joohyun H, Hong Kyw C, Jaehyun M, et al. Blue fluorescent organic light emitting diodes with multilayered graphene anode. Materials Research Bulletin, 2012, 47 (10): 2796-2799.

[168] Kwon K C, Kim S, Kim C, et al. Fluoropolymer-assisted graphene electrode for organic light-emitting diodes. Organic Electronics, 2014, 15 (11): 3154-3161.

[169] Wu X, Li S, Zhao Y, et al. Using a layer-by-layer assembly method to fabricate a uniform and conductive nitrogen-doped graphene anode for indium-tin oxide-free organic light-emitting diodes. ACS Applied Materials & Interfaces, 2014, 6 (18): 15753-15759.

[170] Matyba P, Yamaguchi H, Eda G, et al. Graphene and mobile ions: The key to all-plastic, solution-processed light-emitting devices. ACS Nano, 2010, 4 (2): 637-642.

[171] Chang J H, Lin W H, Wang P C, et al. Solution-processed transparent blue organic light-emitting diodes with graphene as the top cathode. Scientific Reports, 2015, 5: 9693.

[172] Meng H, Luo J, Wang W, et al. Top-emission organic light-emitting diode with a novel copper/graphene composite anode. Advanced Functional Materials, 2013, 23 (26): 3324-3328.

[173] Hwang J, Kyw Choi H, Moon J, et al. Multilayered graphene anode for blue phosphorescent organic light emitting diodes. Applied Physics Letters, 2012, 100 (13): 133304.

[174] Li F S, Lin Z X, Zhang B B, et al. Fabrication of flexible conductive graphene/Ag/Al-doped zinc oxide multilayer films for application in flexible organic light-emitting diodes. Organic Electronics, 2013, 14 (9): 2139-2143.

[175] Ma L P, Wu Z B, Yin L C, et al. Pushing the conductance and transparency limit of monolayer graphene electrodes for flexible organic light-emitting diodes. Proceedings of the National Academy of Sciences of the United States of America, 2020, 117 (42): 25991-25998.

[176] Weng Z, Dixon S C, Lee L Y, et al. Wafer-scale graphene anodes replace indium tin oxide in organic light-emitting diodes. Advanced Optical Materials, 2022, 10 (3): 2101675.

[177] Park I J, Kim T I, Choi S Y. Charge transfer dynamics of doped graphene electrodes for organic light-emitting diodes. ACS Applied Materials & Interfaces, 2022, 14 (38): 43907-43916.

[178] Beck J H, Barton R A, Cox M P, et al. Clean graphene electrodes on organic thin-film devices via orthogonal fluorinated chemistry. Nano Letters, 2015, 15 (4): 2555-2561.

[179] Lin W H, Chen T H, Chang J K, et al. A direct and polymer-free method for transferring graphene grown by chemical vapor deposition to any substrate. ACS Nano, 2014, 8 (2): 1784-1791.

[180] Tong B, Du J, Yin L, et al. A polymer electrolyte design enables ultralow-work-function electrode for

high-performance optoelectronics. Nature Communications，2022，13（1）：4987.

[181] Lee J，Han T H，Park M H，et al. Synergetic electrode architecture for efficient graphene-based flexible organic light-emitting diodes. Nature Communications，2016，7（9）：11791.

[182] Sun J，Chen Z，Yuan L，et al. Direct chemical-vapor-deposition-fabricated，large-scale graphene glass with high carrier mobility and uniformity for touch panel applications. ACS Nano，2016，10（12）：11136-11144.

[183] Ma L P，Dong S，Chen M，et al. UV-epoxy-enabled simultaneous intact transfer and highly efficient doping for roll-to-roll production of high-performance graphene films. ACS Applied Materials & Interfaces，2018，10（47）：40756-40763.

[184] Novoselov K S，Fal'ko V I，Colombo L，et al. A roadmap for graphene. Nature，2012，490（7419）：192-200.

[185] Schedin F，Geim A K，Morozov S V，et al. Detection of individual gas molecules adsorbed on graphene. Nature Materials，2007，6（9）：652-655.

[186] Yavari F，Castillo E，Gullapalli H，et al. High sensitivity detection of NO_2 and HN_3 in air using chemical vapor deposition grown graphene. Applied Physics Letters，2012，100（20）：203120.

[187] Yu K，Wang P，Lu G，et al. Patterning vertically oriented graphene sheets for nanodevice applications. Journal of Physical Chemistry Letters，2011，2（6）：537-542.

[188] Chen C W，Hung S C，Yang M D，et al. Oxygen sensors made by monolayer graphene under room temperature. Applied Physics Letters，2011，99（24）：243502.

[189] Tian W，Liu X，Yu W. Research progress of gas sensor based on graphene and its derivatives：A review. Applied Sciences-Basel，2018，8（7）：1118.

[190] Dutta D，Hazra A，Hazra S K，et al. Performance of a CVD grown graphene-based planar device for a hydrogen gas sensor. Measurement Science and Technology，2015，26（11）：115104.

[191] Shekhirev M，Lipatov A，Torres A，et al. Highly selective gas sensors based on graphene nanoribbons grown by chemical vapor deposition. ACS Applied Materials & Interfaces，2020，12（6）：7392-7402.

[192] Ricciardella F，Vollebregt S，Polichetti T，et al. Effects of graphene defects on gas sensing properties towards NO_2 detection. Nanoscale，2017，9（18）：6085-6093.

[193] Zhang H，Fan L，Dong H，et al. Spectroscopic investigation of plasma-fluorinated monolayer graphene and application for gas sensing. ACS Applied Materials & Interfaces，2016，8（13）：8652-8661.

[194] Salehi-Khojin A，Estrada D，Lin K Y，et al. Polycrystalline graphene ribbons as chemiresistors. Advanced Materials，2012，24（1）：53-57.

[195] Choi H，Jeong H Y，Lee D S，et al. Flexible NO_2 gas sensor using multilayer graphene films by chemical vapor deposition. Carbon Letters，2013，14（3）：186-189.

[196] Choi J H，Lee J，Byeon M，et al. Graphene-based gas sensors with high sensitivity and minimal sensor-to-sensor variation. ACS Applied Nano Materials，2020，3（3）：2257-2265.

[197] Dong L，Zheng P，Yang Y，et al. NO_2 gas sensor based on graphene decorated with Ge quantum dots. Nanotechnology，2019，30（7）：074004.

[198] Mastrapa G C，Freire F L Jr. Plasma-treated CVD graphene gas sensor performance in environmental condition：The role of defects on sensitivity. Journal of Sensors，2019，2019（4）：5492583.

[199] Mu H，Zhang Z，Zhao X，et al. High sensitive formaldehyde graphene gas sensor modified by atomic layer deposition zinc oxide films. Applied Physics Letters，2014，105（3）：033197.

[200] Rigoni F，Maiti R，Baratto C，et al. Transfer of CVD-grown graphene for room temperature gas sensors. Nanotechnology，2017，28（41）：414001.

[201] Srivastava S，Kashyap P K，Singh V，et al. Nitrogen doped high quality CVD grown graphene as a fast responding NO$_2$ gas sensor. New Journal of Chemistry，2018，42（12）：9550-9556.

[202] Xie H，Wang K，Zhang Z，et al. Temperature and thickness dependence of the sensitivity of nitrogen dioxide graphene gas sensors modified by atomic layer deposited zinc oxide films. RSC Advances，2015，5（36）：28030-28037.

[203] Zanjani S M M，Sadeghi M M，Holt M，et al. Enhanced sensitivity of graphene ammonia gas sensors using molecular doping. Applied Physics Letters，2016，108（3）：033106.

[204] Kim J H，Zhou Q，Chang J. Suspended graphene-based gas sensor with 1-MW energy consumption. Micromachines，2017，8（2）：44-48.

[205] Zhang Y H，Chen Y B，Zhou K G，et al. Improving gas sensing properties of graphene by introducing dopants and defects：A first-principles study. Nanotechnology，2009，20（18）：185504.

[206] Liu X Y，Zhang J M，Xu K W，et al. Improving SO$_2$ gas sensing properties of graphene by introducing dopant and defect：A first-principles study. Applied Surface Science，2014，313：405-410.

[207] Dai J，Yuan J，Giannozzi P. Gas adsorption on graphene doped with B，N，Al，and S：A theoretical study. Applied Physics Letters，2009，95（23）：232105.

[208] Leenaerts O，Partoens B，Peeters F M. Adsorption of H$_2$O，NH$_3$，CO，NO$_2$，and NO on graphene：A first-principles study. Physical Review B，2008，77（12）：034306.

[209] Wei W，Nong J，Zhang G，et al. Graphene-based long-period fiber grating surface plasmon resonance sensor for high-sensitivity gas sensing. Sensors，2017，17（1）：2.

[210] Sharma B，Kim J S. MEMS based highly sensitive dual FET gas sensor using graphene decorated Pd-Ag alloy nanoparticles for H$_2$ detection. Scientific Reports，2018，8（1）：5902.

[211] Liang T，Liu R，Lei C，et al. Preparation and test of NH$_3$ gas sensor based on single-layer graphene film. Micromachines，2020，11（11）：965.

[212] Ricciardella F，Vollebregt S，Polichetti T，et al. High sensitive gas sensors realized by a transfer-free process of CVD graphene. 2016 IEEE Sensors Proceedings，2016：697-699.

[213] Vollebregt S，Alfano B，Ricciardella F，et al. A Transfer-free wafer-scale CVD graphene fabrication process for MEMS/NEMS sensors. Proceedings IEEE Micro Electro Mechanical Systems，2016 IEEE 29th International Conference on Micro Electro Mechanical Systems（MEMS），2016：17-20.

[214] Choi H，Choi J S，Kim J S，et al. Flexible and transparent gas molecule sensor integrated with sensing and heating graphene layers. Small，2014，10（18）：3685-3691.

[215] Yang S，Lu N. Gauge factor and stretchability of silicon-on-polymer strain gauges. Sensors（Basel），2013，13（7）：8577-8594.

[216] Pang C，Koo J H，Nguyen A，et al. Highly skin-conformal microhairy sensor for pulse signal amplification. Advanced Materials，2015，27（4）：634-640.

[217] 刘宁. 石墨烯压力传感器的设计与制作. 微纳电子技术，2019，56（9）：720-725.

[218] Mehmood A，Mubarak N M，Khalid M，et al. Graphene based nanomaterials for strain sensor application：A review. Journal of Environmental Chemical Engineering，2020，8（3）：103743.

[219] Nie M，Xia Y H，Yang H S. A flexible and highly sensitive graphene-based strain sensor for structural health monitoring. Cluster Computing-the Journal of Networks Software Tools and Applications，2019，22：S8217-S8224.

[220] Luo Z，Hu X，Tian X，et al. Structure-property relationships in graphene-based strain and pressure sensors for potential artificial intelligence applications. Sensors，2019，19（5）：1250.

[221] Liu X, Tang C, Du X, et al. A highly sensitive graphene woven fabric strain sensor for wearable wireless musical instruments. Materials Horizons, 2017, 4 (3): 477-486.

[222] Park I. Highly stretchable and sensitive strain sensor based on silver nanowire elastomer nanocomposite. ACS Nano, 2014, 8 (5): 5154-5163.

[223] Falvo M R. Bending and buckling of carbon nanotubes under large strain. Nature, 1997, 389: 582-584.

[224] Zeng Z, Liu M, Xu H, et al. A coatable, light-weight, fast-response nanocomposite sensor for the *in situ* acquisition of dynamic elastic disturbance: From structural vibration to ultrasonic waves. Smart Materials and Structures, 2016, 25 (6): 065005.

[225] Lee Y, Bae S, Jang H, et al. Wafer-scale synthesis and transfer of graphene films. Nano Letters, 2010, 10 (2): 490-493.

[226] Gui G, Li J, Zhong J. Band structure engineering of graphene by strain: First-principles calculations. Physical Review B, 2008, 78 (7): 075435.

[227] Cocco G, Cadelano E, Colombo L. Gap opening in graphene by shear strain. Physical Review B, 2010, 81 (24): 241412.

[228] Huang M, Pascal T A, Kim H, et al. Electronic-mechanical coupling in graphene from *in situ* nanoindentation experiments and multiscale atomistic simulations. Nano Letters, 2011, 11 (3): 1241-1246.

[229] Kumar S B, Guo J. Strain-induced conductance modulation in graphene grain boundary. Nano Letters, 2012, 12 (3): 1362-1366.

[230] Fu X W, Liao Z M, Zhou J X, et al. Strain dependent resistance in chemical vapor deposition grown graphene. Applied Physics Letters, 2011, 99 (21): 213107.

[231] Kim K S, Zhao Y, Jang H, et al. Large-scale pattern growth of graphene films for stretchable transparent electrodes. Nature, 2009, 457 (7230): 706-710.

[232] Zhao J, He C, Yang R, et al. Ultra-sensitive strain sensors based on piezoresistive nanographene films. Applied Physics Letters, 2012, 101 (6): 063112.

[233] Zhang G. Tunable piezoresistivity of nanographene films for strain sensing. ACS Nano, 2015, 9 (2): 1622-1629.

[234] Yang T. Tactile sensing system based on arrays of graphene woven microfabrics: Electromechanical behavior and electronic skin application. ACS Nano, 2015, 9 (11): 10867-10875.

[235] Chen Z, Ren W, Gao L, et al. Three-dimensional flexible and conductive interconnected graphene networks grown by chemical vapour deposition. Nature Materials, 2011, 10 (6): 424-428.

[236] Pan F, Chen S M, Li Y, et al. 3D graphene films enable simultaneously high sensitivity and large stretchability for strain sensors. Advanced Functional Materials, 2018, 28 (40): 1803221.

[237] Ma Y F, Li Z J, Han J M, et al. Vertical graphene canal mesh for strain sensing with a supereminent resolution. ACS Applied Materials & Interfaces, 2022, 14 (28): 32387-32394.

[238] Yang J, Luo S, Zhou X, et al. Flexible, tunable, and ultrasensitive capacitive pressure sensor with microconformal graphene electrodes. ACS Applied Materials & Interfaces, 2019, 11 (16): 14997-15006.

[239] Kim Y H, Lee K, Jung H, et al. Direct immune-detection of cortisol by chemiresistor graphene oxide sensor. Biosens Bioelectron, 2017, 98: 473-477.

[240] Wu H, Wang J, Kang X, et al. Glucose biosensor based on immobilization of glucose oxidase in platinum nanoparticles/graphene/chitosan nanocomposite film. Talanta, 2009, 80 (1): 403-406.

[241] Muti M, Sharma S, Erdem A, et al. Electrochemical monitoring of nucleic acid hybridization by single-use graphene oxide-based sensor. Electroanalysis, 2011, 23 (1): 272-279.

[242] Huang Y, Dong X, Liu Y, et al. Graphene-based biosensors for detection of bacteria and their metabolic activities. Journal of Materials Chemistry, 2011, 21 (33): 12358-12362.

[243] Gao Z, Ducos P, Ye H, et al. Graphene transistor arrays functionalized with genetically engineered antibody fragments for lyme disease diagnosis. 2D Materials, 2020, 7 (2): 024001.

[244] Huang Y, Dong X, Shi Y, et al. Nanoelectronic biosensors based on CVD grown graphene. Nanoscale, 2010, 2 (8): 1485-1488.

[245] Kwak Y H, Choi D S, Kim Y N, et al. Flexible glucose sensor using CVD-grown graphene-based field effect transistor. Biosens Bioelectron, 2012, 37 (1): 82-87.

[246] Gao Z, Xia H, Zauberman J, et al. Detection of sub-fM DNA with target recycling and self-assembly amplification on graphene field-effect biosensors. Nano Letters, 2018, 18 (6): 3509-3515.

[247] Govindasamy M, Jian C R, Kuo C F, et al. A chemiresistive biosensor for detection of cancer biomarker in biological fluids using CVD-grown bilayer graphene. Mikrochim Acta, 2022, 189 (10): 374.

[248] Fang T, Konar A, Xing H, et al. Carrier statistics and quantum capacitance of graphene sheets and ribbons. Applied Physics Letters, 2007, 91 (9): 092109.

[249] Chen J H, Jang C, Adam S, et al. Charged-impurity scattering in graphene. Nature Physics, 2008, 4 (5): 377-381.

[250] Tang C C, Li M Y, Li L J, et al. Characteristics of a sensitive micro-Hall probe fabricated on chemical vapor deposited graphene over the temperature range from liquid-helium to room temperature. Applied Physics Letters, 2011, 99 (11): 112107.

[251] Wang Z, Shaygan M, Otto M, et al. Flexible Hall sensors based on graphene. Nanoscale, 2016, 8 (14): 7683-7687.

[252] Uzlu B, Wang Z, Lukas S, et al. Gate-tunable graphene-based Hall sensors on flexible substrates with increased sensitivity. Scientific Reports, 2019, 9: 18059.

[253] Liu T, Shen L, Cheng S D, et al. Interfacial modulation on $Co_{0.2}Fe_{2.8}O_4$ epitaxial thin films for anomalous Hall sensor applications. ACS Applied Materials & Interfaces, 2022, 14 (33): 37887-37893.

[254] Stoller M D. Graphene-based ultracapacitors. Nano Letters, 2008, 8 (10): 3498-3502.

[255] Liu Y, Dong X, Chen P. Biological and chemical sensors based on graphene materials. Chemical Society Reviews, 2012, 41 (6): 2283-2307.

[256] Wang X, Gao D, Li M, et al. CVD graphene as an electrochemical sensing platform for simultaneous detection of biomolecules. Scientific Reports, 2017, 7 (1): 7044.

[257] Dong X, Wang X, Wang L, et al. 3D graphene foam as a monolithic and macroporous carbon electrode for electrochemical sensing. ACS Applied Materials & Interfaces, 2012, 4 (6): 3129-3133.

[258] Dong X C. 3D graphene-cobalt oxide electrode for high-performance supercapacitor and enzymeless glucose detection. ACS Nano, 2012, 6 (4): 3206-3213.

[259] Yeung K K, Li J, Huang T, et al. Utilizing gradient porous graphene substrate as the solid-contact layer to enhance wearable electrochemical sweat sensor sensitivity. Nano Letters, 2022, 22 (16): 6647-6654.

[260] He S, Song B, Li D, et al. A graphene nanoprobe for rapid, sensitive, and multicolor fluorescent DNA analysis. Advanced Functional Materials, 2010, 20 (3): 453-459.

[261] Ling X, Xie L, Fang Y, et al. Can graphene be used as a substrate for Raman enhancement? . Nano Letters, 2010, 10 (2): 553-561.

[262] Wang F, Zhang Y, Tian C, et al. Gate-variable optical transitions in graphene. Science, 2008, 320 (5873): 206-209.

[263] Li Z Q, Henriksen E A, Jiang Z, et al. Dirac charge dynamics in graphene by infrared spectroscopy. Nature

Physics，2008，4（7）：532-535.

[264] Liu M，Yin X，Ulin-Avila E，et al. A graphene-based broadband optical modulator. Nature，2011，474（7349）：64-67.

[265] Wang J，Zhang X，Chen Y，et al. Design of a graphene-based silicon nitride multimode waveguide-integrated electro-optic modulator. Optics Communications，2021，481（15）：126531.

[266] Ding Z X，Xu H T，Xiong Y F，et al. Gate-tunable graphene optical modulator on fiber tip: Design and demonstration. Advanced Optical Materials，2022，10（22）：2201724.

[267] Polat E O，Kocabas C. Broadband optical modulators based on graphene supercapacitors. Nano Letters，2013，13（12）：5851-5857.

[268] Lee C C. Broadband graphene electro-optic modulators with sub-wavelength thickness. Optics Express，2011，20（5）：5264-5269.

[269] Thongrattanasiri S，Koppens F H L，de Abajo F J G. Complete optical absorption in periodically patterned graphene. Physical Review Letters，2012，108（4）：047401.

[270] Kim J T，Chung K H，Choi C G. Thermo-optic mode extinction modulator based on graphene plasmonic waveguide. Optics Express，2013，21（13）：15280-15286.

[271] Gan S，Cheng C，Zhan Y，et al. A highly efficient thermo-optic microring modulator assisted by graphene. Nanoscale，2015，7（47）：20249-20255.

[272] Yu L，Dai D，He S. Graphene-based transparent flexible heat conductor for thermally tuning nanophotonic integrated devices. Applied Physics Letter，2014，105：251104.

[273] Bao Q，Zhang H，Wang Y，et al. Atomic-layer graphene as a saturable absorber for ultrafast pulsed lasers. Advanced Functional Materials，2009，19（19）：3077-3083.

[274] Shimano R，Yumoto G，Yoo J Y，et al. Quantum Faraday and Kerr rotations in graphene. Nature Communications，2013，4：1841.

[275] Thalmeier P，Dora B A，Ziegler K. Surface acoustic wave propagation in monolayer graphene. Physical Review B，2010，81（4）：041409.

[276] Kumar R，Session D W，Tsuchikawa R，et al. Circular electromechanical resonators based on hexagonal-boron nitride-graphene heterostructures. Applied Physics Letters，2020，117（18）：183103.

[277] Jiang S，Gong X，Guo X，et al. Potential application of graphene nanomechanical resonator as pressure sensor. Solid State Communications，2014，193：30-33.

[278] Fazelzadeh S A，Ghavanloo E. Nanoscale mass sensing based on vibration of single-layered graphene sheet in thermal environments. Acta Mechanica Sinica，2014，30（1）：84-91.

[279] Natsuki T，Shi J X，Ni Q Q. Vibration analysis of nanomechanical mass sensor using double-layered graphene sheets resonators. Journal of Applied Physics，2013，114（9）：094307.

[280] Bunch J S，van der Zande A M，Verbridge S S，et al. Electromechanical resonators from graphene sheets. Science，2007，315（5811）：490-493.

[281] Ekinci K L，Huang X M H，Roukes M L. Ultrasensitive nanoelectromechanical mass detection. Applied Physics Letters，2004，84（22）：4469-4471.

[282] Bunch J S. Impermeable atomic membranes from graphene sheets. Nano Letters，2008，8（8）：2458-2462.

[283] Chen C，Rosenblatt S，Bolotin K I，et al. Performance of monolayer graphene nanomechanical resonators with electrical readout. Nature Nanotechnology，2009，4（12）：861-867.

[284] Shivaraman S. Free-standing epitaxial graphene. Nano Letters，2009，9（9）：3100-3105.

[285] Robinson J T. Wafer-scale reduced graphene oxide films for nanomechanical devices. Nano Letters, 2008, 8(10): 3441-3445.

[286] van der Zande A M, Barton R A, Alden J S, et al. Large-scale arrays of single-layer graphene resonators. Nano Letters, 2010, 10 (12): 4869-4873.

[287] Barton R A, Ilic B, van der Zande A M, et al. High, size-dependent quality factor in an array of graphene mechanical resonators. Nano Letters, 2011, 11 (3): 1232-1236.

[288] Arjmandi-Tash H, Allain A, Han Z, et al. Large scale integration of CVD-graphene based NEMS with narrow distribution of resonance parameters. 2D Materials, 2017, 4 (2): 025023.

[289] Chang J, Liu Y, Heo K, et al. Direct-write complementary graphene field effect transistors and junctions via near-field electrospinning. Small, 2014, 10 (10): 1920-1925.

[290] Cheng Z, Zhou Q, Wang C, et al. Toward intrinsic graphene surfaces: A systematic study on thermal annealing and wet-chemical treatment of SiO_2-supported graphene devices. Nano Letters, 2011, 11 (2): 767-771.

[291] Schwierz F. Graphene transistors. Nature Nanotechnology, 2010, 5 (7): 487-496.

[292] Rogers G W, Liu J Z. Graphene actuators: Quantum-mechanical and electrostatic double-layer effects. Journal of the American Chemical Society, 2011, 133 (28): 10858-10863.

[293] Zang X, Zhou Q, Chang J, et al. Graphene and carbon nanotube (CNT) in MEMS/NEMS applications. Microelectronic Engineering, 2015, 132: 192-206.

第7章

总结与展望

　　CVD 法作为一种低成本、规模化可控制备石墨烯的方法，不仅能够生长出结晶质量可与机械剥离法相媲美的石墨烯，还可通过对生长参数的调节、催化基底的选择和处理等实现石墨烯薄膜、石墨烯单晶、纳米晶石墨烯、石墨烯纳米带、石墨烯宏观体、掺杂石墨烯、石墨烯异质结构等多种石墨烯材料的可控制备，甚至可直接在非金属基底上生长石墨烯，从而满足基础研究和不同应用的需求。

　　由于石墨烯的二维属性，层数、褶皱、表面污染物以及晶界对其性能具有重要的影响。因此，大量采用金属基底 CVD 生长石墨烯的研究主要集中于对石墨烯的层数、平整度、洁净度以及晶粒尺寸的调控，以期实现均匀、高质量石墨烯薄膜的制备。近年来，均匀单层石墨烯薄膜的控制制备得到了长足的发展，通过催化基底的设计以及生长工艺的调控，大面积均一单层石墨烯薄膜的可控制备已基本实现。与之相比，少层石墨烯的控制制备则较为复杂，不仅要控制石墨烯的层数，还需兼顾层与层之间堆垛角度的调控。目前基于金属基底的少层石墨烯的层数控制生长，普遍采用严格控制碳源供给浓度和供给量的思路，如采用铜镍合金调控供碳量，采用铜"信封"结构向外侧表面缓慢供给碳等，尚缺乏明确的层数调控理论，无法保证得到的少层石墨烯薄膜的层数均一性。此外，由于普遍采用的固态金属基底与石墨烯存在强相互作用，少层石墨烯的堆垛结构受基底影响较大，而固态金属基底结构和成分的不均匀性往往会导致堆垛的不均匀。虽然采用液态金属基底已经可以获得完全 AB 堆垛结构的晶圆级双层石墨烯，但仍难以实现其他堆垛角度（如魔角）石墨烯的调控生长，而且层数和堆垛均一的三、四层石墨烯的可控生长仍然是制备研究的难点。少层石墨烯薄膜层数和堆垛控制生长的研究目前尚处于较为初期的阶段，还需要大量的深入研究以推动该方向的发展。

　　对于采用金属基底在高温下制备石墨烯，因两者热膨胀系数差异造成的降温过程中压应力释放从而形成褶皱的情况往往难以避免，而褶皱会显著影响石墨烯薄膜的各项性能。通过采用与石墨烯热膨胀系数相差较小的金属基底、降低生长温度等方式减小应力积累，采用铜(111)单晶基底实现外延生长石墨烯以阻止应力释放，以及利用质子解耦金属基底与石墨烯间的相互作用而减少应力积累等方式，有效降低或者避免了在单层石墨烯中形成褶皱，这对于获得具有优异本征性能的石墨烯，推动其研究和应用具有重要意义。在今后的研究中，如何在避免形成褶皱和应力积累的同时提高石墨烯的结晶质量，以及如何制备无褶皱的少层石墨烯还需要开展深入的研究。

晶界是材料中常见的缺陷结构，对石墨烯的性能具有至关重要的影响。采用CVD 法制备出不同晶粒尺寸的石墨烯薄膜以调控晶界密度，是调控石墨烯性能的有效手段。通过预置晶种、采用液态铜基底、等离子体辅助、液态碳源淬火以及析碳渗碳-表面催化相结合等生长方式，目前已经制备出了晶粒尺寸在 3.6 nm～120 μm 范围内的石墨烯薄膜。值得注意的是，通过预置晶种制备得到的石墨烯单晶晶畴阵列，可与现代集成器件技术相结合，定点构筑集成的单晶石墨烯器件，从而避免石墨烯晶界对于器件性能的影响，有望用于发展石墨烯基高性能集成器件。而具有纳米级晶粒尺寸的石墨烯薄膜，其高密度的晶界对石墨烯的性能影响更为显著，如打开带隙、拉曼增强、促进离子传输等，进一步拓展了石墨烯的应用范围。石墨烯单晶的制备普遍采取两种途径：单核长大与多核拼接。目前，基于单核长大的原理，通过采用局域供碳和连续拖拽的方式，可以制备得到英尺级的单晶石墨烯薄膜，但生长速度仅为 2.5 cm/h，生长效率仍有待提升，同时也存在着装置复杂等问题。实现多核拼接生长石墨烯单晶的前提是高品质单晶基底的可控制备。经过近年来的努力，开发了诸如温度梯度驱动、无接触退火等方法，实现了大面积铜(111)单晶箔片的高效连续制备。在 CVD 生长过程中，实现石墨烯晶畴取向完全一致，并完成原子级的完美拼接是决定单晶质量的关键。这对金属基底的质量和均匀性、生长系统的洁净度要求极高，任何扰动或者杂质都有可能导致生长的石墨烯中产生缺陷。目前，采用这种方式制备的石墨烯单晶薄膜的尺寸已可达米级，但在高温氢气刻蚀后，往往会形成大量取向一致的小晶畴，而这与采用单核长大方法制备的单晶石墨烯的实验现象有明显的区别。后者往往仅在边界和中心形核点位置出现刻蚀。由于氢气刻蚀通常是从缺陷处开始，这一实验现象意味着所制备的石墨烯内部可能存在着大量缺陷，其结构类似于"准单晶"。因此，如何进一步提高石墨烯的结晶质量将是此类方法今后需要解决的关键问题。这在很大程度上依赖于发展出大范围内精确表征石墨烯缺陷数量的定量方法。普遍采用的选区电子衍射和高分辨透射电子显微镜技术，虽然能够在几十纳米的范围内精确表征石墨烯晶粒的取向和晶界的数量/结构，但是无法做到晶圆级尺度上的逐点表征。LEED 能够提供毫米级范围内石墨烯晶粒取向的信息，但其分辨率决定了无法确认是否存在小角度晶界，也无法定量表征晶界的比例。液晶技术被用来直接观察石墨烯晶粒的取向，但由于基底晶面取向对液晶的影响等原因，该技术的可靠性还存在争议。此外，石墨烯极高的比表面积（理论比表面积：2630 m^2/g）意味着表面吸附污染物的问题往往难以避免。表面污染物较多将严重影响石墨烯本征性能以及进一步的应用。近年来对 CVD 生长"超洁净"石墨烯的研究表明，CVD 石墨烯是否存在无定形碳等表面污染直接决定了转移后石墨烯的洁净度和器件的界面态。因此，如何确保在生长出高质量石墨烯的前提下，避免表面形成残留污染也是值得进一步研究的方向。

石墨烯纳米带的新结构设计与精准制备已经取得了很大突破，但石墨烯纳米带在电子器件应用方面还存在一系列难题需要解决。目前最紧迫的目标之一是增加石墨烯纳米带的长度以改善电子器件制造工艺并降低其与电极的接触电阻。大多数已报道的石墨烯纳米带器件中的载流子输运主要由肖特基势垒控制，这是由于石墨烯纳米带极小的宽度和较大的带隙，阻碍了对其本征输运性质的表征。因此，设计制备出更宽、带隙更小的稳定石墨烯纳米带结构很有必要。事实上，由于较低的有效质量和较小的肖特基势垒，在小带隙 5-AGNR 和 9-AGNR 中已实现了具有更高开态电流的 FET 器件。另外，小带隙石墨烯纳米带的高密度平行排列将为 FET 器件提供更优异的半导体材料，从而提高 FET 器件的电流阈值并赋予其多通道传输能力。使用石墨烯而不是金属作为接触电极也是降低肖特基势垒和接触电阻的有效途径。下一个亟待解决的问题是，石墨烯纳米带的末端是否可以与石墨烯电极的边缘共价键合甚至融合，以进一步改善电荷传输，从而在器件中获得更高的性能。此外，在非金属基底上直接生长石墨烯纳米带可避免转移过程可能导致的污染和结构破坏。因此，开展新型石墨烯纳米带的结构设计与制备技术研究有望克服石墨烯和碳纳米管的固有局限性，使其成为未来半导体器件与光电器件应用的独特材料。

利用模板导向 CVD 方法可以制备具有高导电性的三维石墨烯网络结构材料，其中的石墨烯无缝连接成为三维全连通的柔性网络。石墨烯的高结晶质量及其完美连接使三维石墨烯网络具有优异的导电性和导热性，远优于采用化学剥离石墨烯通过组装制成的多孔材料，极大拓展了石墨烯的应用领域。通过控制 CVD 条件，采用不同的多孔模板基底，可以制备出具有不同孔结构和形貌的三维石墨烯网络结构材料，展现出了前所未有的优异性能与应用前景。然而，由于 CVD 方法所需的高温条件、牺牲模板及多个转移步骤，相比于化学剥离石墨烯组装法更难于进行放大制备。虽然在实验室已经可以制造出 A4 尺寸的大面积石墨烯泡沫材料，但对于商业应用来说还远远不够，石墨烯三维宏观体的低成本大规模制造是目前亟待解决的问题。采用大型 CVD 生长系统以及实现连续化的生长和转移可以大大提高效率并降低成本。连续流化床 CVD 技术应该适用于从金属或绝缘体颗粒模板放大制备三维多孔石墨烯。以低成本开发具有有序孔结构和不同孔径的新模板仍然是三维石墨烯网络结构材料研究的重要内容。基于新模板，可以制备具有有序孔结构和可控孔径的三维石墨烯网络，用于更多应用领域。为了获得更高质量的三维石墨烯结构，CVD 条件应得到更精确的控制。对于能量储存和转换应用，不同孔（即微孔、中孔和大孔）的分级组合对于改善电极性能至关重要。然而，大多数已报道的三维石墨烯网络结构材料仅具有大孔隙，这导致器件的体积能量密度相对较低。构建分层多孔三维石墨烯结构，以及将电化学活性材料高质量集成到其间隙空间，可以获得高能量密度的超级电容器和电池电极。此外，还需要进一步研究三维石墨烯结构的杂原子掺杂，以提高储能和能源转换器件的电化学活性和催化性能。

根据掺杂剂和掺杂结构的不同，异质原子掺杂赋予石墨烯大量新的结构和物性，这极大地扩展了石墨烯材料的应用领域。由于异质原子很难可控地引入石墨烯晶格，目前石墨烯的异质原子掺杂仍然存在许多挑战，特别是以下难题值得关注：①如何提高掺杂浓度以满足更多应用要求；②带隙的打开与调控工程是石墨烯电子学发展的优先目标之一，如何通过对石墨烯晶格中引入的异质原子团簇的位置、尺寸和密度进行精准控制，从而对其带隙进行有效调控；③有效控制掺杂类型：不同的掺杂类型具有不同的性质，如吡啶氮、吡咯氮和石墨化氮对石墨烯催化性能及电子结构的影响存在很大的区别，但不同掺杂类型的确切作用机制及其成分的精确控制仍然是一个难题；④提高掺杂质量：掺杂的杂原子通常会导致石墨烯形成晶格缺陷或扭曲，而引入石墨化氮团簇则可以在很大程度上避免该问题，这一思路对其他异质原子的高质量掺杂有重要的参考作用。

构筑石墨烯与其他二维材料的异质结构为拓展石墨烯的功能和改善其性能提供了一个新的途径。通过范德瓦耳斯相互作用可以增强协同效应，从而产生新的功能。异质结构还能够弥补石墨烯的不足（如零带隙）以及其他二维材料的不足（如 TMD 的低迁移率等）。由于二维层状材料的丰富多样性，将不同种类的二维层状材料与石墨烯按一定顺序堆叠构筑成的范德瓦耳斯异质结已经展现出前所未有的新物性与新性能。然而，目前通过堆叠法制备的石墨烯范德瓦耳斯异质结还局限于很小的面积，单晶尺寸仅为微米级。而直接生长晶圆级的单晶异质结将是今后的研究目标。此外，目前直接 CVD 外延生长制备的范德瓦耳斯异质结通常只具有最低能量状态的角度。如何实现特定旋转角度特别是小角度范德瓦耳斯异质结的精确控制生长是该领域亟待解决的难题。

转移技术对 CVD 石墨烯的结构和性能具有至关重要的影响，是连接 CVD 生长（主要是金属基底）与物性研究和实际应用的纽带。高效石墨烯转移技术的快速发展极大促进了 CVD 石墨烯在各类器件中的应用研究。在提高转移的完整度、平整度、洁净度以及发展规模化转移技术方面都取得了长足的进步。但是，现有的各种方法均存在各自的优点和局限。以 PMMA 作为转移介质的刻蚀法是目前最具代表性的转移方法。该方法的普适性和可重复性较好，而且适用于向不同类型的目标基底转移，有利于不同研究结果的横向比较，因此在石墨烯的基础研究中得到了广泛使用。但是这种方法也存在很多不足之处。首先，它并不能避免转移造成的石墨烯破损，在转移大尺寸样品时尤为明显。作为一种高分子聚合物，PMMA 难以完全去除干净，转移后会在石墨烯表面形成不同程度的残留污染。而且，典型的 PMMA 湿法工艺也容易在转移过程中引入褶皱。刻蚀工艺也会对样品造成污染，用于规模化转移还会造成金属消耗成本高和环境污染的突出问题。此外，PMMA 薄膜厚度仅为数百纳米，力学强度较低，难以实现工艺放大。因此，该方法不适用于大面积石墨烯薄膜的规模化连续转移。除了向典型的平整基底转移外，采用 PMMA 法向粗糙基底甚至三维基底表面转移石墨烯，以及制备悬空结构的石墨烯更具挑战性，一直存在石墨烯易破损的问题。近几年，通过对新型转移介质的探索和转移工艺的优化，在解决转移介质残留污染和减少褶皱方面取得了诸多进展，发展出了松香、冰片、并五苯、PMMA/OVMs 混合物等多种洁净型转移介质，其表面残留显著减少；而采用石蜡作为转移介质并结合加热转移的湿法转移技术，则可以有效消除大部分转移造成的褶皱。此外，CVD 石墨烯的生长与转移密不可分，生长出高结晶质量且表面无污染的石墨烯是改善转移效果的前提。因此，在洁净 CVD 生长的基础上，结合新型的洁净转移介质，有望真正实现石墨烯的洁净转移。另外，在非刻蚀剥离方法的探索方面也取得了很大进展，发展出了电化学鼓泡剥离、机械剥离等转移方法。电化学鼓泡剥离不仅可以实现对金属基底和石墨烯的无损剥离，而且与典型的转移介质材料都具有良好的兼容性。在提高剥离速度方面，最近也发展出了行之有效的方法。但是，以 PMMA 为转移介质的电化学鼓泡剥离方法也存在转移介质残留的问题。机械剥离法在高效剥离方面具有明显优势，而且避免了转移介质表面污染的问题，但是如何避免石墨烯破损、提高转移的可控性是该方法亟需解决的问题。此外，机械剥离法的适用范围存在明显局限性。目前该方法主要用于与石墨烯界面结合较弱的金属生长基底（如铜），而且对于多孔、表面粗糙和力学强度低的目标基底也难以采用机械剥离转移。因此，发展同时实现洁净和非刻蚀的普适性转移方法是今后研究需要解决的难点问题。对于大面积 CVD 石墨烯的规模化转移，除了满足洁净、无损的基本要求外，还需要满足低成本、高效率和与工业界现有技术兼容等要求。通过十余年的发展，大面积柔性石墨烯薄膜的卷对卷转移取得了较大的进展。其中，调控结合力转移法和目标基底支撑转移法均展现出了良好的应用前景。前者在图形化转移方面具有显著优势，而且转移后的石墨烯平整度较高；而后者与非刻蚀剥离工艺结合可以实现大面积洁净转移，在降低转移成本和提高效率方面具有明显优势。但是，这两种方法也存在明显的局限。前者需要满足石墨烯/目标基底之间的结合力大于石墨烯/转移介质之间的结合力。而且，如何在将石墨烯辊压到目标基底的过程中避免局部应力造成石墨烯破损也是该方法面临的难题。后者主要适用于柔性目标基底，甚至需要采用胶黏剂作为界面结合层。对于转移金属箔表面生长的大面积石墨烯，多数胶黏剂存在影响石墨烯的形貌和本征性质等问题。类似地，大面积石墨烯的破损和不均匀问题较为突出，对于非刻蚀型的剥离过程尤其严重。因此，需要对造成破损的机制进行深入研究，从而有效减少破损并提高转移的一致性。为了真正实现石墨烯的洁净、无损转移并实现对其表面形貌的控制，需要在优化 CVD 生长技术的基础上，对转移过程中石墨烯、生长基底和目标基底之间界面相互作用进行精确控制。因此，发展基于新原理的转移方法仍将是 CVD 石墨烯研究的重要内容。

直接在非金属基底上 CVD 生长石墨烯是一种从根本上解决转移石墨烯造成的各种问题的方法。现阶段，在非金属基底上 CVD 生长高质量石墨烯仍然存在极大的挑战。相比于具有高催化活性的金属基底，在催化惰性的非金属基底上生长石墨烯的结晶质量存在差距。目前，已经有大量研究在铜表面实现了晶圆级甚至米级尺寸的单晶石墨烯。相比之下，仅在蓝宝石和玻璃等极少数非金属基底上实现了晶圆级以上石墨烯的生长，但总体上其结晶质量仍低于金属基底上生长的石墨烯。由于非金属基底相对惰性的表面特性，碳源前驱体在非金属基底上的裂解与扩散势垒高，造成石墨烯的成核密度和缺陷浓度较高，因此其结晶质量仍然无法与在金属基底上生长的石墨烯相比，同时也导致石墨烯的生长速度低。因此，在非金属表面生长石墨烯通常依赖更高的生长温度来促进碳源的分解与扩散。但是，高温生长极大限制了可用的基底材料和应用范围，难以与硅基半导体以及柔性电子器件的工艺兼容。如何利用多种活化手段降低生长温度对石墨烯的器件应用同样重要。此外，石墨烯在非金属表面大面积生长的均匀性控制也是一大难题，是其实现规模化应用的障碍。对玻璃等基底上生长大面积石墨烯的研究表明，对 CVD 生长系统的温度场及气流分布进行优化是有效的解决途径。此外，通过设计选择生长基底，并在生长完石墨烯之后直接将石墨烯和生长基底一起使用，可以充分发挥二者之间的协同优势，是未来石墨烯应用的重要发展方向。

虽然经过十余年的研究，本征单层及多层石墨烯的电学、光学、力学、热学等基本性质已被逐步揭示出来，但针对石墨烯新物理、新效应和新物性的研究仍不断焕发出新的生机。六方氮化硼（h-BN）、多种类型的过渡金属硫族化合物、黑磷等二维材料的相继出现，也为该领域持续注入新的研究活力和科学内涵。范德瓦耳斯组装技术（干法转移）的发展，为构建二维材料的垂直异质结构提供了无限的可能。尤其是得益于 h-BN 作为绝缘层的封装技术，石墨烯新奇物性的发掘得到了重生，如超高的电学质量，为超晶格物理、自旋电子学、谷电子学、转角电子学等领域带来了变革性的研究成果。从霍夫斯塔特蝴蝶效应至 2018 年出现的转角多层石墨烯超导和轨道铁磁性等，多种新奇的物性令人耳目一新。我们相信，石墨烯仍有很多的新奇物性尚待挖掘，并有望再次成为研究热点，刷新人们对碳材料的认知。另外，石墨烯界面处的性能，尤其是界面与界面之间原子尺度的限域空间依然是有待大力挖掘的研究方向。近年来，A. K. Geim 等少数研究组将目光聚焦该领域，发现了大量新奇的科学现象。从多层石墨烯到石墨烯异质结以及其他类型的二维材料异质结，不同层数、不同堆垛方式而构建的层间限域空间，值得继续深入探索。此外，石墨烯零带隙等问题一直困扰相关器件应用的发展，如何在兼顾石墨烯性能的条件下打开带隙是一个亟待解决的难题。由于石墨烯既不是标准的表面，也不是标准的分子，针对石墨烯的化学反应特征也并未得到科学家的充分关注，通过化学修饰的手段在赋予石墨烯各种新功能的同时保持其他的优异性能，进而满足相关的应用需求，或许会成为新一轮的研究热点。从材料结构研究的角度来看，对石墨烯进行改性必将会对其结构特征进行调控。通过深入研究石墨烯的结构，以期找到精确调控其结构的方法，并通过改性石墨烯实现相关应用，将是石墨烯领域长久不衰的研究方向。其中，探索石墨烯的堆垛构型、晶界、缺陷、褶皱、掺杂、边界等典型结构特征及其对石墨烯物理、化学性能的影响具有重要的意义。随着拉曼光谱、TEM、STM 等表征仪器和设备的智能化和精度的提高，石墨烯及其衍生物的微观结构特征逐渐被揭示，但理论方面的研究值得投入更多的关注。值得一提的是，近年来 CVD 制备技术取得了长足的进步，晶圆级单层 CVD 单晶石墨烯的结晶质量已经接近机械剥离制备的微米级高质量样品。量子霍尔效应等重要的物理性质也能够在大尺寸的 CVD 石墨烯中观测到。然而，包括超导、铁电、量子反常霍尔效应等大量的新物性还无法在 CVD 石墨烯中实现。这在很大程度上源于目前还无法直接生长出具有特定堆垛构型的高质量 CVD 石墨烯。由于生长机制的限制，CVD 生长的少层石墨烯仅限于稳定的 AB 堆垛或随机堆垛。在 CVD 方法中引入新的生长控制因素，将是未来石墨烯堆垛构型可控制备的关键。

　　CVD 石墨烯的最大优势在于其不仅继承了石墨烯的本征特性，集优异的电学、光学、力学、热学、柔性耐弯折、化学稳定性于一身，而且易于规模化制备，因此有望带来电子、光电、传感等器件领域的革命性进步。本书重点阐述了 CVD 石墨烯在数字晶体管、射频晶体管、忆阻器等电子器件，光电探测器、太阳能电池、有机发光二极管等光电器件和气体传感器、力学传感器、生物传感器等传感器件方面取得的重要进展。例如，基于 CVD 石墨烯的射频晶体管器件，最高的 f_{MAX} 已经达到 200 GHz，可用于制作高性能的倍频器、混频器和射频放大器等；在光电探测器方面，CVD 石墨烯面内 p-n 结阵列在 532～1550 nm 范围内探测度可达约 10^{12} Jones，响应度可达 1.4～4.7 A/W；将 CVD 石墨烯与 $CH_3NH_3PbI_3$ 钙钛矿进行杂化制成光探测器，在 0.1 V 偏压和 1 μW 功率下，光响应度可达 180 A/W，外量子效率高达约 $5×10^4$%，探测度可以达到约 10^9 Jones；以 CVD 石墨烯为透明电极，制备出了目前光电转换效率最高（15.2%）的柔性有机太阳能电池器件；同样以 CVD 石墨烯为透明电极，制备出了尺寸为 4 in 的柔性 OLED 发光器件；

利用 CVD 生长多层石墨烯膜构建的柔性传感器，可以探测到 200 ppb 以下的 NO_2 气体；利用 CVD 生长的石墨烯宏观体获得了灵敏系数约为 10^6、检测范围为 150% 的力学传感器；基于 scFv 与抗原结合导致 CVD 石墨烯狄拉克点电压正向移动的原理构建了生物传感器，实现了对四种不同的莱姆病抗原的检测，且检测限降低至 2 pg/mL，是使用亲代免疫球蛋白抗体传感器的 1/4000，大大提高了莱姆病的检测精度；利用 PI 柔性基底上的 CVD 石墨烯制备了灵敏度为 0.05 V/(V·T)、最低检测限为 290 $nT/Hz^{1/2}$ 的柔性霍尔元件；将 CVD 石墨烯作为电化学传感器的电极，对多巴胺进行检测，其灵敏度达到了 619.6 $\mu A \cdot L/(mmol \cdot cm^2)$，检测限低至 25 nmol/L。但是，目前基于石墨烯的器件工艺技术还不成熟。虽然在柔性电子/光电/传感器应用中展示出独特的优势，但与商业化的硅、ITO、氧化物半导体等材料相比仍有较大差距。在数字晶体管方面，石墨烯的零带隙特征使器件的电流开关比远低于使用要求。虽然通过量子限制、双层结构和掺杂可在一定程度上改善这一问题，但仍需要解决带隙较小，在打开带隙的同时导电性能和迁移率大幅度下降等难题。与极高的 f_T 相比，目前石墨烯射频晶体管能实现的最大振荡频率 f_{MAX} 与硅材料制备的射频晶体管性能还有明显差距。在光电器件方面，通过将石墨烯与其他材料或结构复合的方法可以同时提升光电探测器的探测度和响应度，但是 CVD 石墨烯生长和转移过程中引入的杂质、褶皱等导致其与其他材料存在界面接触问题，造成响应时间较长；通过增透掺杂的方法，可以实现石墨烯透明导电性的同步提高，但表面电阻仍然较高，有机太阳能电池器件效率仍低于商业的 ITO 器件。虽然 OLED 器件的亮度与效率已达到甚至高出 ITO 器件，且具有优异的柔韧性，但器件良率和寿命等仍需改善。在气体传感器方面，CVD 石墨烯存在恢复速度慢、灵敏度和选择性有待提高等问题；通过在 CVD 石墨烯中引入晶界和褶皱等方法虽能得到灵敏系数很高或检测范围很宽的力学传感器，但对褶皱和晶界的调控还存在较大的难度，因此所得传感器的可控性还有待改善，而且如何同时提高灵敏系数和扩大检测范围也是亟需解决的问题。采用具有特异性的生物分子对 CVD 石墨烯进行修饰，可实现对不同生物分子的检测识别，然而如何提高石墨烯基生物传感器的检测精度、加快检测速度、实现超稳定检测都需要深入的研究。

可以看出，要实现石墨烯器件在电子/光电领域的颠覆性应用，还需要突破几个方面的瓶颈问题，包括：进一步提高 CVD 石墨烯的结晶质量并实现层数、堆垛构型、边界、晶界、褶皱等的控制；打开石墨烯的带隙，而不影响其他优异的性能；开发精确可控的转移技术，实现大面积 CVD 石墨烯向目标基底的无损、洁净和平整转移；实现石墨烯透明导电性同步提高的同时，改善其表面性质并调控其功函数；利用石墨烯独特的结构和性质设计结构简单、性能优异的新型器件。此外，要实现石墨烯在大面积柔性电子器件和集成电路中应用，还需开发表面平整、耐高温的柔性基底以及能在低温下制备且具有良好柔性的高质量栅介质等。事实上，石墨烯及其器件的制备技术以及相关集成工艺同样取得了显著的进展，例如，开发了原子级精确的石墨烯"折纸"术，构筑出新型的准三维石墨烯纳米结构，为石墨烯器件的设计和制备提供了新的机遇；利用石墨烯与其他二维材料堆叠形成垂直异质结构，可设计丰富多样的新结构、新原理石墨烯基晶体管、忆阻器、光电探测器等；提出了以具有较好耐温性质的 PI 膜作为柔性基底，发展了离子凝胶、GO 和 h-BN 等材料作为栅介质，并获得了具有良好柔韧性的晶体管、倍频器、有机太阳能电池、OLED 和气体传感器等柔性器件。石墨烯器件研究的步伐正在加快，相信在不远的将来就会在电子/光电器件领域获得应用。

关键词索引